Biofísica

BIOFÍSICA
Eduardo A.C. Garcia

Sarvier
1ª edição, 1998
1ª reimpressão, 2000 – 2ª reimpressão, 2002
3ª reimpressão, 2006 – 4ª reimpressão, 2007
5ª reimpressão, 2009 – 6ª reimpressão, 2011
7ª reimpressão, 2014
2ª edição, 2015
1ª reimpressão, 2017

Revisão
Maria Ofélia da Costa

Projeto Gráfico/Capa
CLR Balieiro Editores

Impressão/Acabamento
Gráfica Santuário

sarvier

Sarvier Editora de Livros Médicos Ltda.
Rua dos Chanés 320 – Indianópolis
04087-031 – São Paulo – Brasil
Telefax (11) 5093-6966
sarvier@sarvier.com.br
www.sarvier.com.br

Dados Internacionais de Catalogação na Publicação (CIP)
(Câmara Brasileira do Livro, SP, Brasil)

Garcia, Eduardo A.C.
Biofísica / Eduardo A.C. Garcia. – 2. ed. –
São Paulo : SARVIER, 2015.

Bibliografia.
ISBN 978-85-7378-246-2

1. Biofísica 2. Física médica I. Título.

14-13113 CDD-612.014

Índices para catálogo sistemático:
1. Biofísica médica 612.014

Biofísica

EDUARDO A.C. GARCIA, M.D., D.Sc.
Professor Titular de Biofísica
Universidade Federal de Sergipe

2ª edição

Sarvier Editora de Livros Médicos Ltda.

Para

Patrícia, Eduardo e Leninha

AGRADECIMENTOS

Esse livro resultou da experiência docente do autor, bem como da grande influência que recebeu dos seus colegas na Universidade Federal de Sergipe. Muitas colaborações, visando ao aperfeiçoamento do texto, foram feitas por alunos, mas o autor confessa-se estar em grande débito com os professores *Marilene de Paula Carvalho* e *Antonio Edilson do Nascimento,* ambos daquela Universidade. Sem a contribuição deles, essa obra não teria sido realizada. Foi com esmero que sugeriram correções do vernáculo, científicas e pedagógicas sobre o que se escreveu. Além disso, testaram com paciência os capítulos deste texto nos cursos regulares que ministraram.

PREFÁCIO

Este livro foi escrito para os estudantes de Biofísica das áreas que compõem as ciências médicas. Todavia, ele é mais adequado aos alunos de Medicina e de Enfermagem. Nele, a Biofísica é tratada como ferramenta para explicar, à luz da Física e da Biologia, os conhecimentos que alicerçam a prática dessas profissões. A ideia foi escrever um livro que estivesse comprometido com as necessidades do profissional. Por isso, aqui, as leis e os conceitos da Física foram usados visando ajudar a explicar as diferentes expressões dos seres vivos normais e do homem doente. Essa tónica pretende-se que seja a característica principal deste trabalho.

O ensino das ciências básicas no Brasil está a exigir uma completa e rápida mudança de objetivos. O progresso da ciência e da tecnologia tem levado à grande especialização do docente, que, por essa razão, passou a desenvolver sua vida acadêmica manipulando informações pertinentes a um campo científico restrito, quando comparado àquele do conhecimento necessário à prática profissional dos seus alunos. Assim, o ensino das ciências básicas tem sido feito como um fim em si mesmo e não como um meio para preparar os estudantes para os desafios das suas profissões. O quadro é agravado porque os docentes têm cada vez menos conhecimento sobre as habilidades que cada profissão irá exigir dos seus alunos e, dessa forma, não se dispõem a comprometer as suas disciplinas para transformá-las em agentes que possam explicar racionalmente os segredos do ser normal e do doente.

Uma pesquisa feita entre alunos dos dois últimos anos do curso médico da nossa Universidade mostrou que muito pouco do que lhes foi ensinado no ciclo básico permanecia como patrimônio cultural. Na sua grande maioria, os temas haviam sido esquecidos e eram relatados apenas como uma etapa vencida na corrida de obstáculos para galgar o diploma profissional. Aos que advogam o ensino das ciências pela ciência como um fim completo e acabado em si mesmo, aconselho a buscarem conhecer entre os alunos que estão prestes a concluir os seus cursos o que restou do que lhes foi ensinado. Diante da realidade que, certamente, encontrarão, sentir-se-ão encorajados a mudar de rumo, a fim de aumentar a eficiência e a permanência dos seus ensinamentos. Não sendo assim, quase que todo o laborioso esforço de ensinar far-se-á em vão.

Não sou dos que pensam que se deve ensinar apenas e objetivamente aquilo que será, no futuro, o dia a dia da profissão. Estou convencido de que todo conhecimento é essencial e que somente com uma formação sistematizada e completa é possível dar ao aluno não apenas as ferramentas práticas de que precisará, mas também e sobretudo a estrutura para que possa, adiante, acompanhar e compreender os avanços da ciência e, assim, inovar permanentemente a sua conduta profissional. O que advogo é que o conhecimento das ciências básicas deva estar ligado ao conhecimento que tem importância prática inquestionável. Essa proposição visa associar à informação teórica um vetor pedagógico que contribua para que ela possa ser perenizada. Este é o grande desafio para os professores das ciências básicas: encontrar em cada domínio do conhecimento os vetores que, calcados na vida profissional dos seus estudantes, sirvam para conservar ativos os conhecimentos ensinados.

Este livro aborda aspectos biofísicos relacionados com a bioeletricidade, a bioacústica, a biotermologia, a biomecânica, a biofísica das radiações ionizantes, a ressonância magnética nuclear, a biofísica dos ultrassons e a biofísica de alguns dos sentidos humanos. Verão os leitores que se introduziu, estranhamente, um capítulo sobre a física dos sons. Certa vez, ouvi de um professor a seguinte expressão: *Biofísica, yo todavia no lo sé bien lo que sea, pero yo sé muy bien lo que no es Biofísica*. Física dos sons, por exemplo, não é Biofísica. Então, que motivo fez com que esse capítulo fosse incluído no livro? É que entre os absurdos que se passam no ensino secundário do País está aquele de se ter retirado dos programas de Física o ensino da Acústica. Como é possível formar um bom médico ou um bom enfermeiro sem que ele conheça a teoria dos sons? Não é, por acaso, o estetoscópio o símbolo maior da profissão médica? Por isso, esse tema encontra-se aqui abordado. Lastimavelmente, fazendo-se, na Universidade, aquilo que deveria ter sido feito alhures. Como esse, alguns outros tópicos tiveram que aparecer no livro, e os leitores saberão distingui-los e compreender as razões de terem sido incluídos.

A parte que trata da bioeletricidade está mais profundamente desenvolvida do que as outras. O leitor notará isso. A razão é que ela é a especialidade do autor que, com isso, pretendeu deixar uma contribuição escrita sobre os principais conceitos que fundamentam essa área. Neste livro, os assuntos aparecem em uma sequência que não precisa ser obrigatoriamente aquela que se deva adotar nos cursos de Biofísica. As diversas partes do conteúdo estão apresentadas como módulos, podendo o docente estabelecer a sequência dos temas como melhor convier aos seus propósitos.

Com este trabalho, não se pretendeu ter abrangido o domínio da Biofísica. Ele é apenas um minúsculo subconjunto daquilo que se pode entender através dessa ciência. Há muitos e muitos outros campos que sequer foram mencionados. O que se propõe com este texto é contribuir com uma nova fonte escrita para melhorar o estudo e a consulta dos interessados. Na realidade, o tempo disponível para ministrar os cursos de Biofísica, via de regra, não é suficiente para que todos os assuntos aqui tratados possam ser abordados. Por isso, acrescentar mais temas ao livro seria afastá-lo do seu caráter de texto e aproximá-lo da estrutura enciclopédica, o que não se tem como objetivo. Os temas que aqui poderão ser vistos representam uma seleção feita pelo autor entre muitos outros de igual importância. Com o aparecimento desta BIOFÍSICA espera-se que outros cursos-sugestão possam ser propostos, a fim de enriquecer a literatura científica nacional que se encontra, nessa área, tão carente no momento.

Aracaju, Sergipe

E.G.

ÍNDICE ABREVIADO DOS TEMAS

ÍNDICE GERAL

Parte I Bioeletricidade

Parte II Bioacústica

Parte III Biotermologia

Parte IV Biomecânica

Parte V Bio-óptica

Parte VII Técnicas especiais

PARTE I

Bioeletricidade

CAPÍTULO 1

Biofísica das membranas excitáveis

A ELETRICIDADE ANIMAL

Contribuição de Galvani e de Volta. A geração de eletricidade por certos peixes já era conhecida quando LUIGI GALVANI descreveu sua célebre observação sobre a contração da pata de rã. Galvani ensinava anatomia em Bolonha (Itália) e PUELLES (1956) conta que, certo dia, quando trabalhava com rãs decapitadas e penduradas numa haste de cobre observou que, quando a pata do animal tocava o ferro de um balcão próximo, os músculos se contraíam. Conta também uma outra versão. Nesta, Galvani, em 1760, colocou algumas rãs mortas sobre um prato metálico e um dos seus assistentes, usando a máquina eletrostática de Ramsden, aplicou um choque elétrico sobre uma delas, produzindo contração muscular. O fenômeno foi prontamente reconhecido por Galvani como algo especial e a partir daquele momento passou a dedicar-se ao estudo da eletricidade animal.

Galvani observou que, mesmo sem a aplicação de choque elétrico, era possível obter a contração dos músculos das patas posteriores da rã. Para isso, eles eram colocados em contato com o nervo lombar que, por sua vez, era estimulado por um par bimetálico (cobre e zinco). Dos seus experimentos, concluiu: *"o músculo e o nervo constituem uma espécie de condensador de uma própria e peculiar eletricidade que existe em todos os animais vivos"*. Galvani acreditava que *"nos músculos se reúne o fluido elétrico, que logo se difunde pelo corpo mediante a rede de nervos, os quais são condutores naturais do fluido elétrico e que se insinuam com suas extremidades dentro dos músculos"*. Suas principais observações estão no seu livro *De viribus Electricitatis in motu muscularis (1791)*.

Na época de Galvani, ALEJANDRO VOLTA ensinava Física na Universidade de Pavia. Volta, estudando o fenômeno descrito por Galvani, concluiu que os metais podiam produzir eletricidade e, em 1800, construiu o primeiro gerador químico de eletricidade empilhando alternadamente discos de cobre e zinco. Os metais foram separados por papel ou camurça embebidos em solução aquosa acidulada com vinagre. Concluiu dizendo que os músculos e os nervos são apenas condutores de eletricidade e que no par bimetálico usado por Galvani estava a fonte geradora de eletricidade.

Não satisfeito, Galvani redarguiu relatando os resultados de novos experimentos nos quais conseguiu obter a contração dos músculos da pata de uma rã quando eles eram postos em contato com o nervo ciático de uma outra rã. Nesses experimentos não usou o par bimetálico para estimular. Com isso, mostrou que os elementos geradores de tensão e de corrente elétrica estavam situados no animal.

A contenda científica entre Galvani e Volta somente pôde ser resolvida com o desenvolvimento da ciência. Hoje se sabe que ambos estavam certos. De fato, as estruturas nervosas são capazes de iniciar e de propagar estímulos elétricos e estes participam decisivamente na promoção da resposta contrátil muscular. Por outro lado, lâminas bimetálicas podem produzir uma diferença de potencial elétrico suficiente para estimular o aparecimento do impulso elétrico nos nervos.

Registro do fenômeno elétrico no coração. Depois que Galvani chamou a atenção para a eletricidade animal, não tardou muito para que WALLER (1887, 1899) descobrisse que os batimentos cardíacos ocorriam concomitantemente com o aparecimento de correntes elétricas e que elas podiam ser detectadas na superfície do corpo. EINTHOVEN (1913), tendo inventado o galvanômetro de mola, registrou pela primeira vez essas correntes, obtendo os primeiros eletrocardiogramas e abrindo para a ciência uma importante vertente de investigação.

A detecção dos fenômenos elétricos nos nervos precedeu os trabalhos de EINTHOVEN. Em 1850, HELMHOLTZ conseguiu medir a velocidade de propagação da onda de excitação no nervo gastrocnêmico da rã e, pouco depois, BERNSTEIN (1868) obteve o registro da evolução temporal do potencial de injúria do nervo lesado.

Potencial e corrente de injúria. Chamou-se de potencial de injúria à diferença de potencial que se podia medir entre uma região de músculo íntegro e outra de músculo lesado. Nas regiões lesadas, os potenciais refletem o potencial intracelular que é diferente do potencial extracelular. Os potenciais de injúria podem representar de 30 a 60% da magnitude do potencial normalmente existente entre os lados da membrana celular íntegra. A lesão provocada sobre o músculo destrói o sarcolema e, por rompê-lo, expõe o citoplasma, cujo potencial elétrico é menor do que o do meio extracelular. Enquanto as células estão íntegras, com o músculo quiescente, tanto o meio extracelular, quanto o intracelular, são volumes equipotenciais. Todavia, a lesão cria um gradiente de potencial entre a zona lesada e a intata e isso faz com que ocorra um fluxo de corrente elétrica entre essas regiões (**corrente de injúria**).

Potencial transmembrana. A descoberta das correntes de injúria foi fundamental para que se soubesse que a membrana superficial das células vivas se encontra submetida a uma diferença de potencial, que é chamada de **potencial transmembrana** ou **potencial de membrana.** As células não excitáveis, tais como as epiteliais do homem, apresentam um potencial de membrana constante, cujo valor está em torno de -20mV. Nos nervos e nos músculos, contudo, esses potenciais chegam a -90mV. Quando a célula está quiescente, o seu potencial de membrana apresenta valor constante e é chamado de **potencial de repouso**.

A MEMBRANA DAS CÉLULAS

Evolução dos modelos. O conhecimento sobre a estrutura do sarcolema cresceu muito desde os estudos pioneiros de GORTER e GRENDEL (1925). Esses pesquisadores, trabalhando com eritrócitos, mostraram que o conteúdo lipídico das membranas, quando separado e espalhado sobre uma superfície líquida, ocupava uma área duas vezes maior do que a superfície da célula e, assim, postularam existir na membrana plasmática uma bicamada lipídica. Nela, as extremidades hidrofóbicas das moléculas lipídicas deveriam estar voltadas para o interior da membrana, enquanto as suas porções hidrofílicas se dirigiriam para os meios extra e intracelulares.

DANIELLI e DAVSON (1935) previram a participação de proteínas na membrana celular. Eles propuseram um modelo no qual 40 a 50% da massa da membrana era composta por lipídios que se encontravam arrumados em camada dupla. A massa restante (50 a 60%) era formada por proteínas globulares e filamentosas que recobriam os lados da matriz lipídica. Posteriormente, ROBERTSON (1957, 1959) (Fig. 1.1) modificou a ideia original de DANIELLI e DAVSON e propôs que as proteínas estivessem na membrana sob forma globular e situadas completamente fora da bicamada lipídica.

A ideia de uma membrana composta por lipídios e forrada por proteínas não estava compatível com a permeabilidade que as membranas biológicas apresentam aos íons hidrossolúveis. Por isso, STEIN e DANIELLI (1956) desenvolveram a ideia dos poros hidrofílicos (Fig. 1.2) formados por tapetes de proteínas e dispostos transversalmente à membrana, de forma a conectar os meios intra e extracelulares.

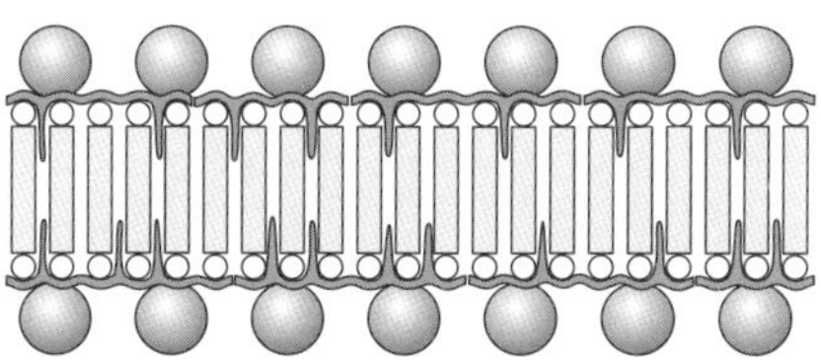

Figura 1.1 Modelo da membrana celular proposto por Robertson. (Modificado de Danielli, J.F., *in* Lacaz-Vieira e Malnic, 1981, p. 69.)

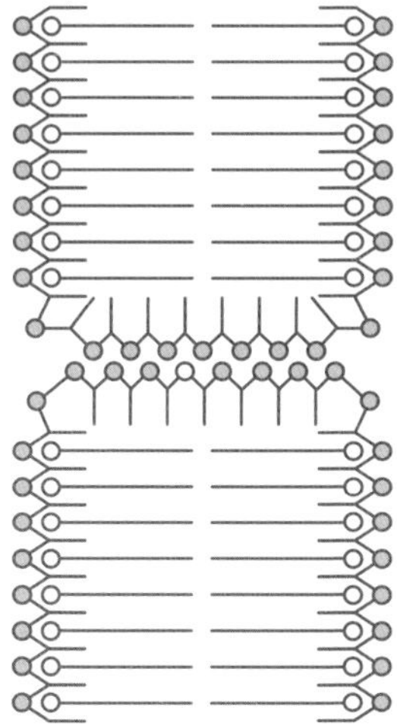

Figura 1.2 Modelo da membrana celular proposto por Stein e Danielli. (Modificado de Stein, W.D. e Danielli, J.F., *in* De Mello, 1972, p. 91.)

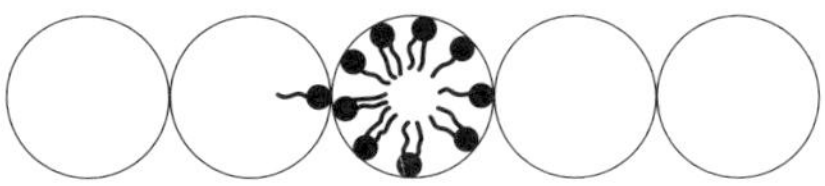

Figura 1.3 Modelo da membrana celular proposto por Lucy e Glauert. (Modificado de Hendler, R.W., *in* Lacaz-Vieira e Malnic, 1981, p. 70.)

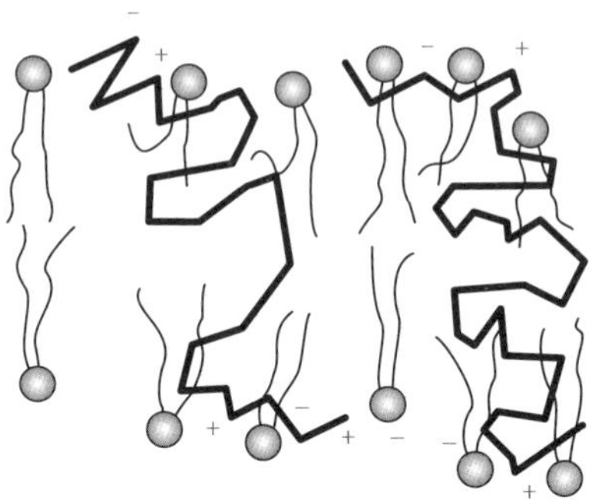

Figura 1.4 Modelo da membrana celular proposto por Benson. (Modificado de Singer, S.J., *in* Lacaz-Vieira e Malnic, 1981, p. 71.)

LUCY e GLAUERT (1964) idealizaram um modelo para a membrana (Fig. 1.3) no qual os lipídios formavam micelas globulares que, por sua vez, estavam revestidas por proteínas.

Em 1966, BENSON sugeriu que as membranas celulares deveriam ser compostas por uma matriz proteica onde os lipídios se dispersavam por entre os sítios hidrofóbicos das proteínas (Fig. 1.4).

LENARD e SINGER (1966), por sua vez, propuseram que o sarcolema fosse formado por uma dupla camada descontínua de lipídios. Fixadas à membrana lipídica estariam as proteínas (Fig. 1.5).

O modelo do mosaico fluido. Muitos foram os esforços para representar a membrana das células. Todavia, à medida que os testes experimentais se tornaram mais rigorosos, os modelos mostraram-se incompletos e, por isso, foram sendo paulatinamente abandonados. Somente em 1972, SINGER e NICOLSON acumularam o conhecimento necessário para formular uma proposta mais consistente. Para estes autores, a membrana celular é constituída por uma matriz lipídica onde existem proteínas globulares parcialmente mergulhadas na matriz lipídica, e outras, as proteínas intrínsecas, que atravessam toda a espessura da membrana, estabelecendo uma ponte entre os meios intra e extracelulares. As proteínas de superfície são chamadas de extrínsecas, enquanto as intrínsecas permitem a comunicação entre o citoplasma e o meio extracelular. Esse modelo propõe que as proteínas devem estar flutuando na matriz lipídica, podendo assim nela submergir ou dela emergir. O aspecto ordenado dessa matriz e a possibilidade da existência de movimentos laterais ou transversais das proteínas de membrana fizeram com que esse modelo ficasse conhecido como **modelo do mosaico fluido** (Fig. 1.6).

O modelo de SINGER e NICOLSON responde a uma série de requisitos morfológicos necessários ao funcionamento celular. Por exemplo: as proteínas que, na matriz lipídica, flutuam parcialmente imersas e voltadas para o meio extracelular atendem às necessi-

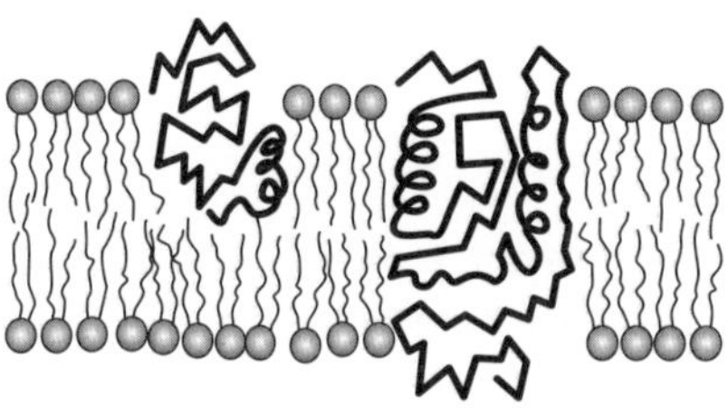

Figura 1.5 Modelo da membrana celular proposto por Lenard e Singer. (Modificado de Lenard, J. e Singer, S.J., *in* Lacaz-Vieira e Malnic, 1981, p. 72.)

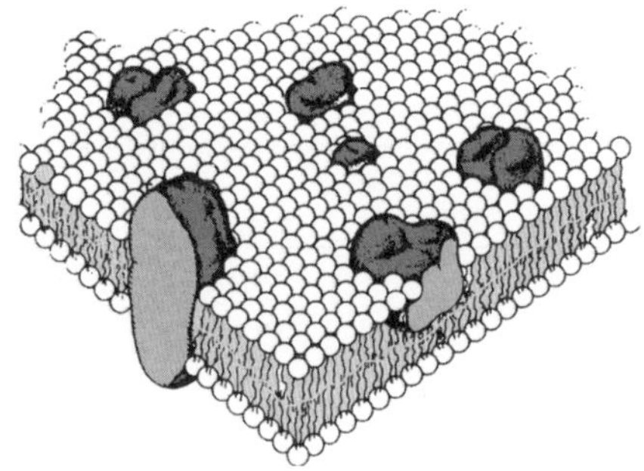

Figura 1.6 Modelo da membrana celular proposto por Singer e Nicolson. (Modificado de Singer, S.J. e Nicolson, G.L., *in* Lacaz-Vieira e Malnic, 1981, p. 73.)

dades topológicas dos receptores de membrana para drogas e hormônios, enquanto aquelas de imersão parcial, mas voltadas para a superfície citoplasmática, atendem aos requisitos posicionais de enzimas associadas à membrana celular, tais como a adenilciclase e a Na^+/K^+/ATPase. Por outro lado, as proteínas intrínsecas, por se alongarem por toda a extensão transversa da membrana, são possíveis *loci* para os canais iônicos hidrofílicos, bem como para os sistemas de transporte de íons e substâncias.

Composição lipídica da membrana celular. Três tipos de lipídios estão presentes na membrana da célula animal (ROUSER, NELSON e FLEISCHER, 1968):

- fosfolipídios:
  - lecitina
  - esfingomielina
  - fosfatidilcolina
  - fosfatidiletanolamina
  - fosfatidilserina
- glicolipídios
- esteroides:
  - colesterol

Fluidez da membrana celular. Estudos têm demonstrado que a zona mais central da membrana celular é dotada de fluidez. As moléculas de colesterol são capazes de reduzir essa fluidez, enquanto os fosfolipídios tendem a aumentá-la. Também, a baixa temperatura, os íons Ca e Mg diminuem a fluidez. O Ca^{++} e o Mg^{++} atuam reduzindo a repulsão elétrica entre os grupos carregados presentes nos fosfolipídios (JAIN, 1972).

HERMAN e FERNANDEZ (1976) e APPEL e ROSES (1976) chamaram a atenção para o fato de que a fluidez das membranas biológicas pode estar alterada em certos estados patológicos, tal como ocorre na doença de Duchenne (distrofia muscular pseudo-hipertrófica),

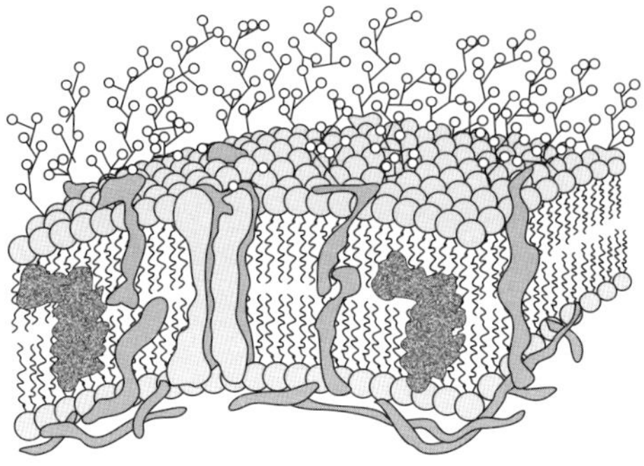

Figura 1.7 Modelo atual da membrana celular. (Modificado de Lossnitzer, K., Pfennigsdorf, G. e Bräuer, H., 1984, p. 22.)

no câncer e na distrofia miotônica. Uma membrana com viscosidade alterada deve responder anormalmente durante suas tarefas elétricas. De fato, BRYANT e MORALES-AGUILERA (1971) mostraram que fibras musculares miotônicas apresentavam condutância anormal para os íons cloreto. Por isso, quando essas fibras são estimuladas com um pulso único, respondem com uma salva de descargas, dificultando o relaxamento muscular.

A membrana celular, além dos lipídios e das proteínas, apresenta na sua superfície externa um glicocálice (**G**) polissacarídico (Fig. 1.7). Essas moléculas estão relacionadas com propriedades imunológicas.

Comportamento elétrico passivo da membrana celular

Circuito RC. A resposta das células a pulsos elétricos sublimiares sugere que a membrana superficial se assemelha a uma associação do tipo resistor-capacitor em paralelo. Considere-se o circuito mostrado na Fig. 1.8, que é constituído por uma fonte eletromotriz (**E**), um resistor (**R**) e um capacitor (**C**).

Nesse tipo de associação, a aplicação de um pulso retangular de voltagem faz a carga do capacitor variar segundo uma função exponencial simples que obedece à equação:

$$q_{(t)} = Q \cdot \left(1 - e^{-\frac{t}{RC}}\right)$$

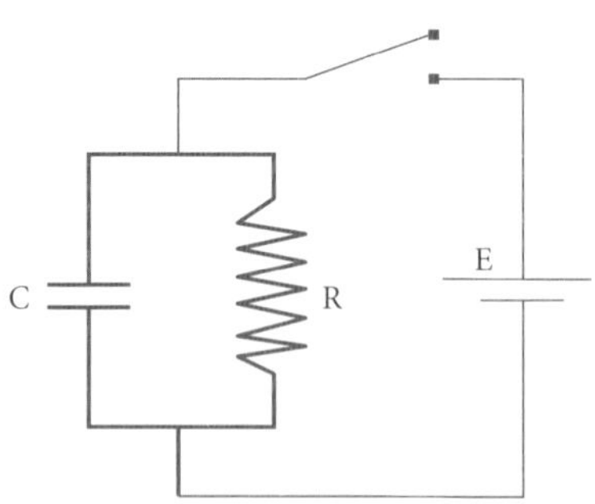

Figura 1.8 Circuito elétrico equivalente à membrana celular. **R** e **C** representam, respectivamente, a resistência e a capacitância da membrana, e **E**, a diferença de potencial existente entre os seus lados.

onde:

$q_{(t)}$ - é a carga do capacitor num tempo t qualquer

Q - é a carga máxima do capacitor

Quando a tensão é desligada pela abertura da chave (I), o capacitor perde progressivamente a carga acumulada. A corrente de descarga passa pelo resistor R e a carga do capacitor varia obedecendo à equação:

$$q_{(t)} = Q \cdot e^{-\frac{t}{RC}}$$

Constante de tempo da membrana. Para esse tipo de circuito elétrico, define-se como **constante de tempo** (τ) o tempo t que é numericamente igual ao produto **RC**. Assim, tem-se que:

- para a carga: $q_{(\tau)} = 0{,}63 \cdot Q$
- para a descarga: $q_{(\tau)} = 0{,}37 \cdot Q$

Assumindo-se que a membrana celular equivale eletricamente a um circuito RC em paralelo, pode-se definir para ela uma constante de tempo (τ_m):

$$\tau_m = R_m \times C_m$$

onde:

R_m - é a resistência da membrana medida em $\Omega \cdot cm^2$

C_m - é a capacitância da membrana medida em $\mu F/cm^2$

Correntes de membrana. R_m pode ser a expressão dos canais hidrofílicos por onde passam os íons, enquanto o capacitor C_m representa o comportamento da bicamada lipídica envolvida pelos meios condutores intra e extracelulares. Por isso, a membrana apresenta duas vias para a passagem de corrente elétrica: uma que obedece à lei de Ohm e está associada aos canais iônicos, e a outra que tem natureza capacitiva e que corresponde ao dielétrico lipídico. Daí, pode-se escrever que:

$$I_m = I_i + I_c$$

onde:

I_m - corrente total de membrana ($\mu A/cm^2$)

I_i - corrente iônica ($\mu A/cm^2$)

I_c - corrente capacitiva ($\mu A/cm^2$)

O POTENCIAL DE REPOUSO

O campo elétrico no interior das membranas biológicas vivas

Rigidez dielétrica das membranas biológicas. As membranas das células vivas estão submetidas a uma diferença de potencial elétrico existente entre as suas superfícies interna e externa. O desenvolvimento do microeletrodo de vidro (LING e GERARD, 1949) permitiu a DRAPER e WEIDMANN (1951) mostrarem que as células do coração possuem um potencial de repouso cujo valor varia de -60mV nas células nodais a -90mV nas células de Purkinje. Essa diferença de potencial, quando aplicada sobre o sarcolema, cuja espessura é de 70Å, cria um campo elétrico importante no interior da membrana. Para ilustrar, admita-se que a espessura da membrana é de 100Å e que o potencial transmembrana seja de 100mV. Nessa situação, a intensidade do campo elétrico (**E**) será de 10.000.000V/m, o que é um campo extremamente forte.

A dificuldade para obter campos elétricos muito intensos está no dielétrico, pois a substância que o constitui deve ter uma rigidez dielétrica suficientemente alta para permitir o desenvolvimento do campo e, consequentemente, o aparecimento de força elétrica de grande magnitude. Os estudos experimentais mostram que a rigidez dielétrica das membranas celulares chega a 20.000.000V/m! Isso significa que essas membranas apresentam uma tensão de ruptura em torno de 200mV. Uma rigidez equivalente pode ser detectada nas bicamadas lipídicas artificiais, o que reforça a tese de que os lipídios da membrana se encontram organizados sob a forma de bicamada (SPERELAKIS, 1979). Para comparação, a Tabela 1.1 relaciona os valores de rigidez dielétrica de alguns materiais.

Tabela 1.1 Rigidez dielétrica de alguns materiais.

Material	Rigidez dielétrica (V/m) × 10^6	Material	Rigidez dielétrica (V/m) × 10^6
Ar	0,8	Papel	14
		Membrana celular	20
Porcelana	4	Polistireno	25
Dióxido de titânio	6	Polietileno	50
Quartzo fundido	8	Teflon	60
Baquelita	12	Âmbar	90
Neopreno	12	Mica	160
Óleo piranol	12		
Vidro Pirex	13	Vácuo	∞

Fonte: Halliday, D. e Resnick, R., 1966, p. 830.

Parâmetros elétricos da membrana celular

Capacitância das membranas. As membranas biológicas possuem uma matriz lipídica que é responsável por suas propriedades dielétricas. Isso implica admitir que, por separar dois meios condutores, as membranas têm propriedades capacitivas. Sua capacitância é de 1μF/cm^2. Em fibras de Purkinje, WEIDMANN (1952, 1970) mediu capacitâncias de até 12μF/cm^2. Este valor, no entanto, reflete também a contribuição dos túbulos T para a capacidade elétrica das células dessas estruturas. Os túbulos T são invaginações do sarcolema que geralmente coincidem com as linhas Z do sarcômero, tal como se pode ver na Fig. 1.9 obtida por McNUTT e FAWCETT (1974).

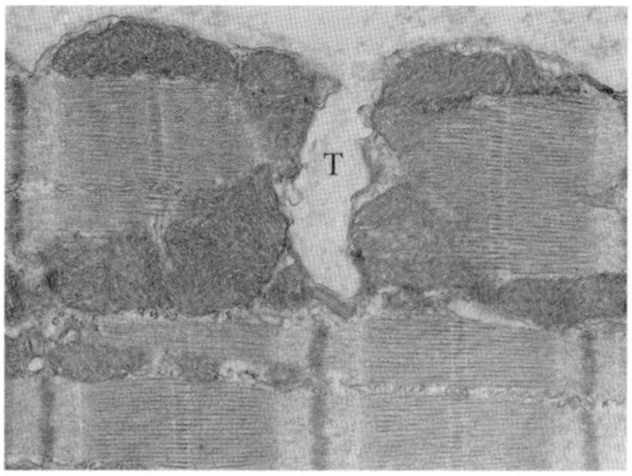

Figura 1.9 Micrografia eletrônica da membrana da célula cardíaca mostrando um túbulo T (31.000×.) (De McNutt, N.S. D.W., *in* Langer e Brady, 1974, e Fawcett, p. 25.)

Resistência das membranas. As membranas artificiais apresentam resistência muito elevada (10^6 a $10^9 \Omega \cdot cm^2$) quando comparadas aos 1.000 ou 8.000$\Omega \cdot cm^2$ das membranas celulares (WEIDMANN, 1952, 1970). Os estudos com membranas artificiais têm mostrado, no entanto, que a inclusão de certas proteínas à sua estrutura faz baixar a resistência, sugerindo ser este um modelo adequado para representar a situação *in vivo.*

A assimetria iônica existente nos meios separados pela membrana celular

O potencial de repouso é gerado em virtude de a membrana apresentar permeabilidade diferente aos diversos íons, bem como pela assimetria na distribuição iônica entre os lados intra e extracelulares (Tabelas 1.2, 1.3 e 1.4). Também, a bomba Na^+/K^+, por ser eletrogênica, contribui para a criação do potencial transmembrana.

Tabela 1.2 Músculo cardíaco.

Íon	Concentração extracelular e (mM)	Concentração intracelular i (mM)	Relação e/i
K^+	4	150	0,027
Na^+	145	15	9,7
Cl^-	120	5	24
Ca^{++}	2	10^{-4}	2×10^4

Fonte: De Sperelakis, 1979, p. 193.

Tabela 1.3 Músculo esquelético da rã.

Íon	Concentração plasmática e (mM)	Concentração intracelular i (mM)	Relação e/i
K^+	2,25	124	0,018
Ca^{++}	2,1	4,9	0,43
Na^+	109	10,4	10,5
Cl^-	77,5	1,5	51,7

Fonte: De Conway, 1957.

Tabela 1.4 Axônio gigante da lula.

Íon	Concentração sanguínea e (mM)	Concentração no axoplasma i (mM)	Relação e/i
K^+	20	400	0,05
Na^+	440	50	8,8
Cl^-	560	40-150	14-3,7
Ca^{++}	10	0,4	25

Fonte: De Hodgkin, 1958.

A suspeita de DEAN

Desde os trabalhos pioneiros de DEAN (1941), usando sódio e potássio radioativos, é conhecido que a membrana superficial das células, mesmo durante o repouso, é permeável a vários íons. Para explicar a baixa concentração do sódio e a alta concentração do potássio no meio intracelular, DEAN propôs a existência de "some sort of a pump possibly located in the membrane which can pump out the sodium or, what is equivalent, pump in the potassium". De fato, a investigação comprovou que a membrana das células pode bombear sódio e potássio para seus gradientes eletroquímicos.

A bomba de sódio e potássio

A descoberta da bomba Na^+/K^+. HODGKIN e KEYNES (1955), estudando os fluxos de íons radioativos em axônio gigante de sépia (*Sepia officinalis*, L.), observaram que o sódio intracelular passava para o meio extracelular transportado por um sistema que consumia energia metabólica. Para realizar os experimentos, os autores mantiveram axônios gigantes de *Sepia* em água do mar artificial contendo sódio radioativo. O axônio foi estimulado durante um determinado período, a fim de levar o sódio radioativo para o axoplasma. Depois, o axônio foi cuidadosamente lavado e, em seguida, mergulhado em água do mar cujo sódio não era radioativo. Em seguida, monitoraram o aparecimento de radioatividade no meio extracelular, o que indicava existir um efluxo do sódio marcado.

A Fig. 1.10 mostra o efluxo de sódio radioativo em função do tempo do experimento. Nos primeiros 100 minutos, o axônio estava mergulhado em água do mar artificial, quando, então, foi adicionado dinitrofenol (DNP) ao banho, a fim de bloquear a cadeia respiratória. Em torno dos 200 minutos, a solução do banho foi trocada, voltando-se para a água do mar. Pôde-se observar que o sódio se moveu de uma região de baixa concentração (axoplasma) para outra onde estava mais concentrado (banho). A energia para esse processo foi fornecida pelo ATP e isso pôde ser evidenciado com o bloqueio imposto pelo DNP. Observe-se que, em presença do DNP, o efluxo de sódio foi drasticamente reduzido. HODGKIN e KEYNES observaram ainda que o transporte de Na^+ para fora da célula dependia da presença de K^+ no exterior e que a eficiência desse mecanismo de bombeamento variava com a temperatura.

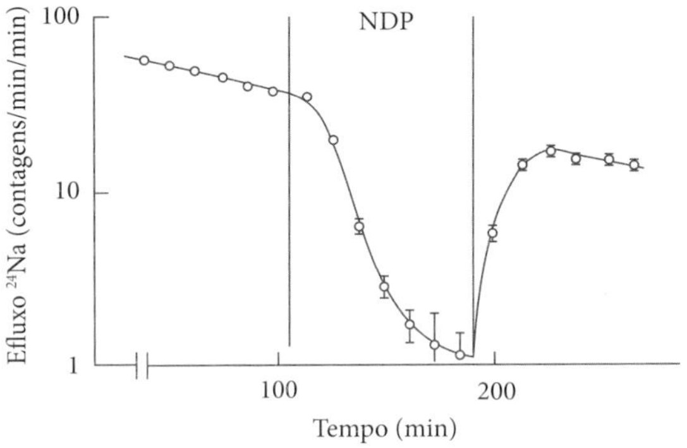

Figura 1.10 Efeito do dinitrofenol (**DNP**) sobre o efluxo de sódio radioativo no axônio gigante da *Sepia officinalis*. (Modificado de Hodgkin, A.L. e Keynes, R.D., *in* Aidley, 1971, p. 25.)

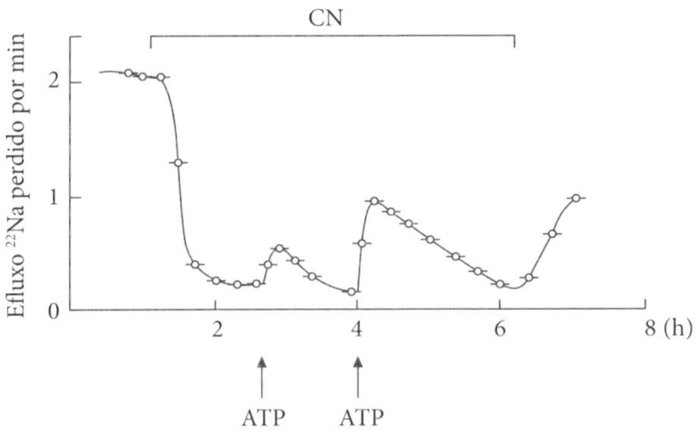

Figura 1.11 Efeito do cianeto (**CN**) sobre o efluxo de sódio radioativo no axônio gigante da lula (*Loligo forbesi*). (Modificado de Caldwell, P.C. *et al.*, *in* Aidley, 1971, p. 25.)

Experimento de Caldwell. Em 1960, CALDWELL *et al.* completaram os experimentos de Hodgkin e Keynes, injetando ATP no interior de axônios cujas cadeias respiratórias tinham sido bloqueadas pelo cianeto (Fig. 1.11). Eles observaram que o efluxo de Na^+ radioativo dependia da concentração de ATP no meio intracelular.

Os experimentos de Hodgkin e Keynes e de Caldwell *et al.* vieram comprovar a suspeita levantada por Dean de que a célula possuía um sistema de transporte ativo para bombear íons. A esse sistema chamou-se de bomba de sódio e potássio.

Localização intracelular e eficiência da bomba Na^+/K^+. A bomba Na^+/K^+ está localizada na membrana celular e, provavelmente, também nos túbulos T (SPERELAKIS, 1979). Para transportar sódio para fora e potássio para dentro da célula, ela retira energia da hidrólise do ATP. Para cada ATP hidrolisado, três íons Na^+ são removidos da célula e dois íons K^+ são levados para dentro dela. Assim, a cada ciclo, uma carga positiva é transferida para o meio extracelular. A corrente gerada pela bomba Na^+/K^+ ajuda a formar o potencial transmembrana, sendo responsável, no entanto, por uma parcela muito pequena da diferença de potencial observada no repouso. Quando ela é estimulada a bombear íons em grande velocidade, sua corrente passa a contribuir de modo relevante para a formação do potencial de membrana, atuando para hiperpolarizar a célula (VASSALLE, 1970).

Os glicosídeos cardíacos, especialmente a ouabaína, são capazes de inibir a bomba Na^+/K^+. A Na^+/K^+/ATPase, que constitui a proteína identificada como a bomba Na^+/K^+ (SKOU, 1990), encontra-se mergulhada na matriz lipídica da membrana celular, tendo, contudo, acesso às duas superfícies dessa estrutura.

Afinidades da bomba Na^+/K^+. O Na^+ intracelular (SEJERSTED, WASSERSTROM e FOZZARD, 1988) e o K^+ extracelular (KEYNES, 1961) ativam o funcionamento da bomba. A afinidade da bomba para o Na^+ no lado citoplasmático é cerca de 3 vezes maior do que a afinidade do K^+ pelo mesmo sítio de ligação. Pelo lado extracelular, contudo, a afinidade da proteína pelo K^+ é 100 vezes maior do que para o Na^+. O Li^+ pode substituir com menor eficiência o Na^+ no lado intracelular, enquanto os cátions monovalentes competem com o potássio. A afinidade do sítio externo de ligação decai na ordem: $K^+ > Rb^+ > NH_4^+ > Cs^+ > Li^+ > Na^+$.

Co-transporte e contratransporte. A bomba Na^+/K^+ transforma a energia química decorrente da hidrólise do ATP numa distribuição assimétrica dos íons sódio e potássio. Por essa razão, o sódio se torna mais concentrado no exterior, enquanto o citoplasma apresenta alta concentração de potássio. Esses gradientes de concentração são usados como fonte de energia para que se processem os fenômenos da despolarização e da repolarização das células excitáveis. Também, servem para promover os diversos fluxos iônicos (Fig. 1.12) dos tipos co-transporte e contratransporte. No co-transporte, a movimentação de um cátion arrasta consigo um ânion, e no contratransporte, substâncias ou íons de mesma polaridade são trocados entre os lados interno e externo da membrana.

Foram identificados os seguintes fluxos:

1. co-transportes
   - para dentro da célula:
     Na^+/Cl^-
     $Na^+/K^+, 2Cl^-$
     Na^+/açúcares$^-$
     Na^+/aminoácidos$^-$
   - para fora da célula: K^+/Cl^-
2. contratransportes:
   $2Na^+/Ca^{2+}$
   Na^+/H^+
   H^+/K^+

Estrutura da bomba Na^+/K^+. A Na^+/K^+/ATPase é formada por dois polipeptídios: um, denominado alfa, tem 1.015-1.018 aminoácidos e uma massa molecular de 112kDa,

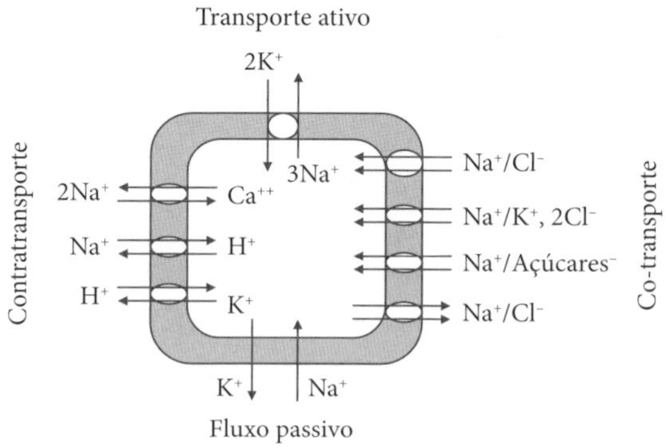

Figura 1.12 Transporte iônico através da membrana celular. (Modificado de Skou, J.C., 1992, p. 96.)

e o outro, beta, que é uma glicoproteína com 302 aminoácidos. Além dessas cadeias, foi também identificada na composição da enzima uma proteína com massa molecular de 35kDa (JORGENSEN, 1988). A subunidade alfa tem função catalítica, enquanto a beta está relacionada com a estabilidade da inserção da enzima na matriz lipídica (SKOU, 1992).

A ATPase flutua na matriz lipídica da membrana celular. Essa matriz, além de permitir à proteína uma mobilidade lateral, é fundamental para que ela se expresse como uma enzima. Nos dizeres de SKOU (1992): "The lipids are to say, the solvent for the protein. The lipids are also necessary for activity". A ATPase ativa, extraída da membrana com a ajuda de detergentes, arrasta consigo cerca de 50 moléculas de fosfolipídios e aproximadamente 40 moléculas de colesterol para cada unidade $(\alpha\beta)_2$ (SKOU, 1992). Se a proteína é, por algum processo, separada dos lipídios, a sua atividade desaparece, mas a adição de novos lipídios permite que ela seja restabelecida (JORGENSEN, 1988).

MAUNSBACH *et al.* (1988) relataram os esforços feitos para determinar a arquitetura da bomba Na^+/K^+. Os resultados mostraram que a molécula se apresenta como uma estrutura em forma de U. Cada um dos seus braços tem cerca de 100Å de comprimento e está afastado do outro por uma distância de aproximadamente 20Å (Fig. 1.13).

Eles se posicionam no sentido transversal à membrana e suas extremidades abertas estão voltadas para o meio extracelular, avançando para fora da célula cerca de 20Å. Pela face

Figura 1.13 Modelo tridimensional da bomba de sódio e potássio. (De Maunsbach, A.B. *et al.*, *in* Skou, 1992, p. 97.)

interna, a enzima introjeta-se 40Å e grande parte do seu volume está mergulhado no citoplasma (± 40%). No interior da membrana estão 42% desse volume, enquanto cerca de 18% se encontra no fluido extracelular.

Isoformas da bomba Na^+/K^+. A resposta da Na^+/K^+/ATPase à ouabaína não é igual para todos os tecidos biológicos. Três isoformas da enzima, que se caracterizam por conterem diferentes sequências de aminoácidos, já foram identificadas. Elas foram denominadas α_1, α_2 e α_3 e ocorrem em proporções diferentes nos diversos tecidos. Entre elas, as isoformas α_2 e α_3 são mais sensíveis aos glicosídios cardíacos. A isoforma α_2, encontrada nos músculos e nos adipócitos, tem a sua afinidade ao sódio aumentada pela insulina (YODA e YODA, 1987).

Modelo da bomba Na^+/K^+. Os trabalhos de POST, HEGYVARY e KUME (1972), GLYNN (1985), YODA e YODA (1987), JORGENSEN e ANDERSEN (1988) e outros levaram à concepção de um novo modelo de funcionamento para a bomba Na^+/K^+. De acordo com essa teoria, a proteína pode ser encontrada em dois estados de conformação, referidos como E_1 e E_2. ALBERS-POST propôs para esse sistema de transporte o modelo que está resumido na Fig. 1.14 (GLYNN, 1985; SKOU, 1992).

A Na^+/K^+/ATPase, que é magnésio-dependente, apresenta-se no estado E_2 quando não está em presença de cátions monovalentes. Nesse estado, ela pode estar ligada ao K^+ ou então pode ligar-se ao Na^+ extracelular. Sua afinidade para o K^+ é, contudo, baixa, mas, uma vez a ele ligada ($E_2\ K_2^+$), a enzima o sequestra e evolui para uma conformação E'_2, formando o complexo $E'_2\ K_2$. Esse sequestro deve ser entendido como uma redução do coeficiente de partição do K^+ entre o meio e o complexo $E'_2\ K_2^+$. A ligação do Na^+ com a enzima no estado E_2 faz com que a conformação mude para E_1, produzindo o complexo $E_1\ Na_3^+$. Assim, uma primeira equação de equilíbrio pode ser representada por:

$$E'_2\ K_2^+ \leftrightarrow E_2\ K_2^+ \leftrightarrow E_2 \leftrightarrow E_2\ Na_3^+ \leftrightarrow E_1\ Na_3^+$$

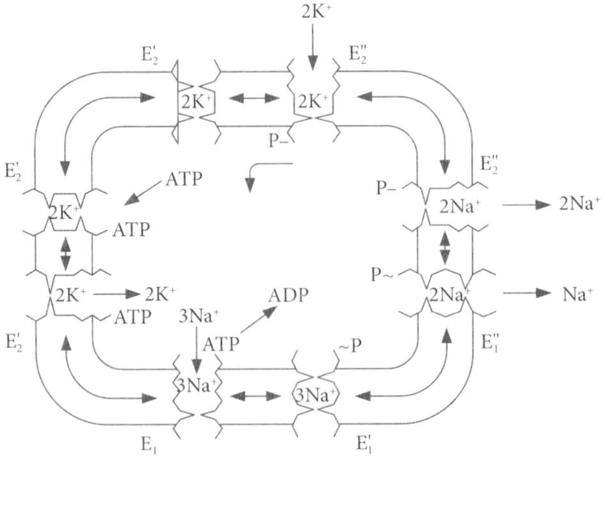

Figura 1.14 Modelo para o funcionamento da bomba de sódio e potássio. (Modificado de Skou, J.C., 1992, p. 98.)

O complexo $E_1\ Na_3^+$ é capaz de catalisar a transferência de um radical fosfato do ATP para a enzima. Concomitantemente com esse ganho de energia, o Na^+ é sequestrado, formando-se o complexo $E_1'{*}P\ Na_3^+$ (o asterisco indica haver ligação de alta energia). Esse complexo é instável e, por isso, a enzima muda rapidamente para o estado E_1'', onde o Na^+ não mais está ocluído ($E_1''{*}P\ Na_3^+$). Como o Na^+, nessa fase, tem maior grau de liberdade, ele acaba por se desprender da enzima e ela, então, evolui para a conformação E_2''-P onde permanece a ligação com um fosfato de baixa energia. Daí:

$$E_1\ Na_3^+ \leftrightarrow E_1\ Na_3^+\ ATP \leftrightarrow E_1'{*}P\ Na_3^+ \leftrightarrow E_1''{*}P\ Na_3^+ \leftrightarrow -\ E_2''\text{-}P$$

A forma E_2''-P apresenta alta afinidade ao K^+. A ligação do K^+ à enzima produz uma desfosforilação e um sequestro concomitante do íon. Todavia, a incorporação de uma nova molécula de ATP faz com que o K^+ ganhe maior liberdade, podendo ser trocado pelo Na^+. Assim:

$$E_2''\text{-}P \leftrightarrow E_2''\text{-}P\ K_2^+ \leftrightarrow E_2'\ K_2^+ \leftrightarrow E_2'\ K_2^+\ ATP \leftrightarrow E_2\ K_2^+\ ATP \leftrightarrow E_1\ Na_3^+\ ATP$$

Regulação da bomba Na^+/K^+. A bomba Na^+/K^+ é regulada pelo K^+ extracelular e pelo Na^+ intracelular. Nas concentrações fisiológicas de Na^+ e K^+ a bomba opera com 10 a 15% da sua capacidade máxima de bombeamento. Assim, quando o músculo tem seu trabalho aumentado, como ocorre nas taquicardias, a atividade de bombeamento pode ser aumentada, a fim de manter constantes os gradientes de concentração dos íons Na^+ e K^+ (SKOU, 1992).

A insulina, a epinefrina e a norepinefrina estimulam a atividade da Na^+/K^+/ATPase. Esse efeito é imediato. Também o hormônio da tireoide e os corticosteroides aumentam o bombeamento, mas, nesse caso, somente após um tempo necessário para que novas moléculas da enzima possam ser produzidas via síntese *de novo* (CLAUSEN, 1986).

A difusão de íons e a formação do potencial de repouso da membrana celular

Para compreender a formação do potencial de repouso das células, suponha-se que a membrana celular seja seletivamente permeável a alguns íons. Considere-se a situação mostrada na Fig. 1.15 onde uma membrana semipermeável separa os meios 1 e 2. Nela, a concentração do cátion **S** no lado **1** está representada por $[S]_1$, e a concentração desse íon no lado **2,** por $[S]_2$. A tendência difusional de **S** é a de migrar do lado de maior concentração para o de menor concentração, gerando um fluxo difusional Φ_D. Por isso, no tempo t = 0 haverá um fluxo resultante que se dirige do lado 1 para o lado 2, transferindo positividade para este lado e criando um gradiente de potencial elétrico entre as faces da membrana. À medida que a substância carregada S passa para o lado 2, a diferença de potencial nos lados da membrana cresce. Todavia, o desenvolvimento de um gradiente de potencial elétrico correspondente à positividade do meio 2 e à negatividade do meio 1 dificulta o fluxo de cátions de 1 para 2, criando, assim, um **fluxo elétrico** (Φ_E) que se opõe ao **fluxo difusional** (Φ_D).

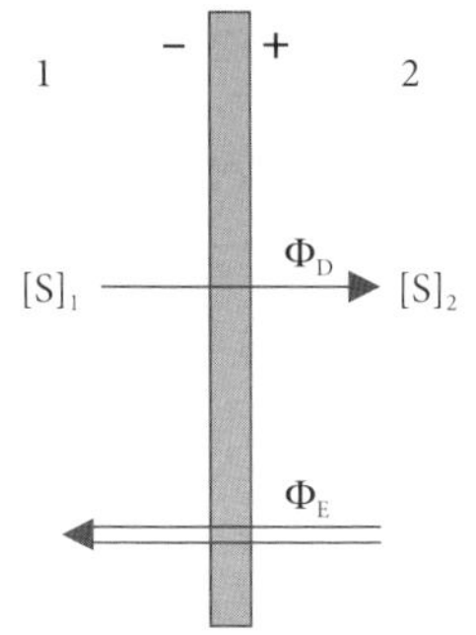

Figura 1.15 Fluxos de uma substância **S** através de membrana semipermeável. $[S]_1$ e $[S]_2$, concentração da substância **S** nos lados **1** e **2**, respectivamente; Φ_E, fluxo difusional devido a forças elétricas; Φ_D, fluxo difusional devido a forças térmicas (fluxo químico).

Potencial de equilíbrio de um íon e a equação de Nernst. À soma das energias potenciais elétrica e química existentes num determinado meio chama-se de **energia potencial eletroquímica** (Ψ). A força que move uma determinada espécie iônica de um lado para outro da membrana surge da diferença de energia potencial eletroquímica ($\Delta\Psi$) existente entre os lados considerados. Na situação de equilíbrio, isto é, quando o potencial de membrana se torna constante, o fluxo do íon, do lado 1 para o lado 2, é igual ao seu fluxo dirigido do lado 2 para o lado 1. Isso faz com que o fluxo resultante se torne nulo. Nessa condição, tem-se que $\Delta\Psi = \mathbf{0}$, o que significa que $\Psi_1 = \Psi_2$. Chama-se de **potencial de equilíbrio de um íon** à diferença de potencial existente entre as faces de uma membrana permeável ao íon, quando o fluxo desse íon é nulo, isto é, quando é nulo o gradiente eletroquímico do íon entre os lados da membrana.

A equação que determina o valor do potencial de equilíbrio ($\mathbf{V}_s$) de um íon **s** qualquer para o qual a membrana é permeável foi desenvolvida por NERNST e tem a forma:

$$\mathbf{V}_s = \frac{\mathbf{RT}}{\mathbf{zF}} \ \mathbf{ln} \ \frac{[\mathbf{S}]_1}{[\mathbf{S}]_2}$$

onde:

R - é a constante universal dos gases perfeitos
T - é a temperatura do sistema em graus Kelvin
z - é a valência do íon
F - é a constante de Faraday
$[S]_1$ - é a concentração do íon no lado 1
$[S]_2$ - é a concentração do íon no lado 2

Considerando-se os valores das concentrações do Na^+, K^+, Cl^- e Ca^{++} vistos na Tabela 1.2, pode-se calcular pela equação de Nernst o potencial de equilíbrio de cada íon. Esse potencial seria o potencial de repouso da membrana caso ela fosse permeável apenas ao íon considerado (Tabela 1.5).

Os sinais de positividade ou de negatividade vistos na Tabela 1.5 referem-se ao valor do potencial elétrico intracelular, considerando-se o meio extracelular com potencial nulo.

Tabela 1.5 Músculo cardíaco.

Íon	Potencial de equilíbrio (mV)
Ca^{++}	+129
Na^{+}	+60
Cl^{-}	-83
K^{+}	-94

Os valores dos potenciais de equilíbrio que estão relacionados na Tabela 1.5 foram calculados para uma temperatura de 37°C. Dessa Tabela, depreende-se que o Ca^{+} e o Na^{+} não devem ser os principais determinantes do potencial de repouso. De fato, no repouso, a membrana celular é muito pouco permeável a esses íons.

A contribuição do potássio para formar o potencial de repouso das células musculares

Os experimentos de Hodgkin e Horowicz. Pode-se concluir a partir dos dados da Tabela 1.5 que os candidatos mais fortes para a geração do potencial de repouso são os íons potássio e cloreto. Para elucidar qual deles é o principal responsável por esse potencial, HODGKIN e HOROWICZ (1959) realizaram um conjunto de experimentos em músculo de rã nos quais mantiveram constante a concentração extracelular de potássio e variaram a concentração extracelular de cloreto. A Fig. 1.16 mostra um dos seus resultados. Nela se pode observar que, durante os transientes de concentração do cloreto, o potencial da membrana variou de modo não sustentado, retornando sempre ao potencial de repouso que se manteve inalterado em torno dos -100mV tanto com o cloreto externo alto (120mM) como durante o teste com baixo cloreto (30mM).

Quando foram feitos experimentos semelhantes mantendo-se constante o cloreto e fazendo-se variar a concentração extracelular de potássio, o que observaram foi que o potencial da membrana variava de modo sustentado, isto é, mantinha-se alterado, enquanto persistisse a alteração da concentração externa do potássio (Fig. 1.17). Esses resultados mostram que o potencial da membrana celular é controlado principalmente pelo gradiente de concentração de potássio e que o cloreto ajusta suas concentrações nos meios intracelular e extracelular, de acordo com o nível do potencial existente na membrana.

Depois dos experimentos de HODGKIN e HOROWICZ (1959) ficou evidente que os íons cloreto se distribuem passivamente entre os lados da membrana, não contribuindo para a formação do potencial de repouso. Este depende essencialmente dos movimentos de potássio através da membrana celular. Durante o repouso, a membrana é mais permeável ao K^{+} do que ao Na^{+}. Por isso, o potencial de repouso da célula está muito próximo do potencial de equilíbrio do potássio.

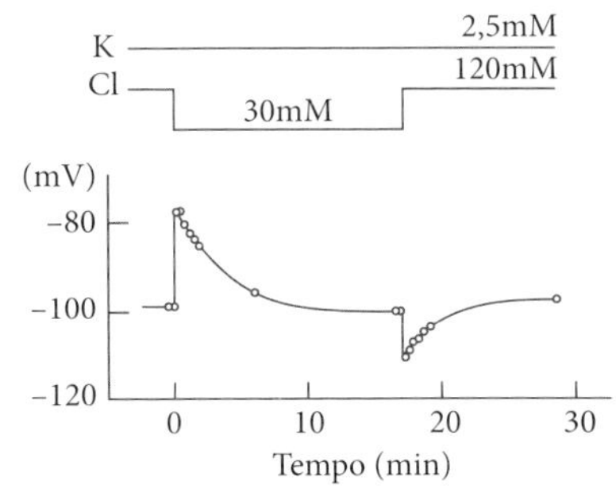

Figura 1.16 Efeito da variação da concentração extracelular de cloreto sobre o potencial de repouso de célula do músculo esquelético da rã. (Modificado de Hodgkin, A.L. e Horowicz, P., *in* Aidley, 1971, p. 33.)

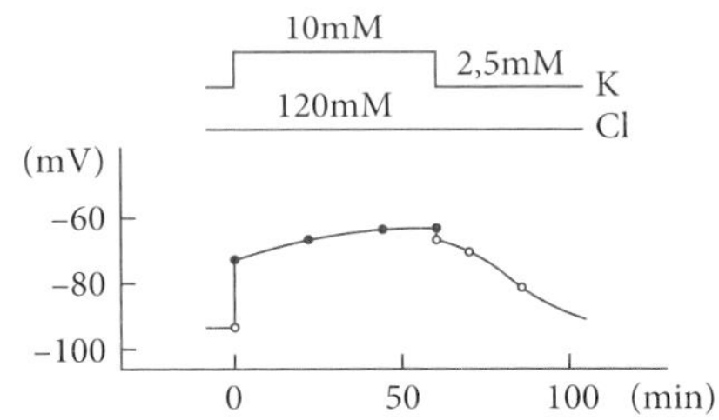

Figura 1.17 Efeito da variação da concentração extracelular de potássio sobre o potencial de repouso de célula do músculo esquelético da rã. (Modificado de Hodgkin, A.L. e Horowicz, P., *in* Aidley, 1971, p. 34.)

Hodgkin e Horowicz (1959) mediram o potencial de membrana em músculo esquelético de rã e encontraram que ele obedecia à equação de Nernst, quando a concentração extracelular de potássio era maior do que 10mM (Fig. 1.18). Todavia, para concentrações menores que 10mM, os resultados experimentais não se ajustavam às previsões teóricas. Para explicar o desvio da curva do potencial de membrana em concentrações de potássio extracelular mais baixas, os autores admitiram haver uma pequena corrente despolarizante transportada pelo sódio e, assim, conseguiram ajustar os resultados experimentais, usando a equação:

$$V_m = 58 \cdot \log \frac{[K]_0 + 0{,}01[Na]_0}{140} \text{ mV}$$

Experimentos com miocárdio de mamífero. No coração, um estudo semelhante mostrou que o potencial de membrana é mais negativo quando o potássio externo está em torno de 1mM. Em átrio de coelho, PAES de CARVALHO (1976) obteve o resultado mostrado na Fig. 1.19. O aumento da concentração extracelular de K^+ reduz o gradiente de concentração desse íon, diminuindo o seu efluxo e, consequentemente, promovendo a despolarização da membrana.

No experimento de PAES de CARVALHO (1976) vê-se ainda que a redução do potássio extracelular abaixo de 1mM promove também uma despolarização. Esta se deve à diminuição da permeabilidade da membrana ao íon. Esse achado corroborou o que WEIDMANN (1956) e VAUGHAN WILLIAMS (1959) já haviam encontrado.

Fatores que alteram o potencial de repouso

Além do potássio, o potencial de repouso das células pode ser alterado pela:

- diminuição da atividade da bomba Na^+/K^+, como ocorre nas intoxicações digitálicas (PAGE e STORM, 1965);

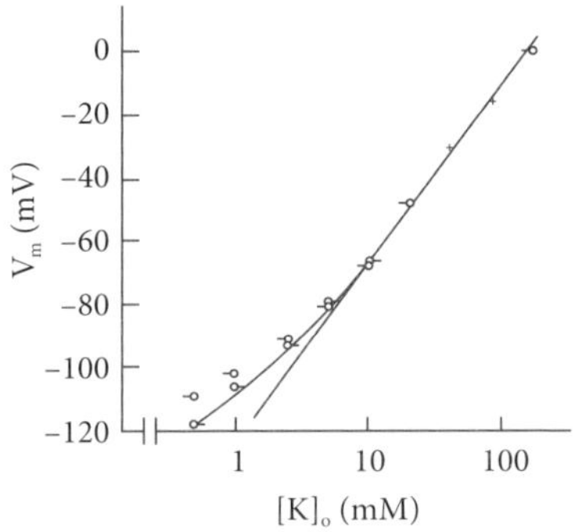

Figura 1.18 Efeito da concentração extracelular de potássio sobre o potencial de repouso de célula do músculo esquelético da rã. (Modificado de Hodgkin, A.L. e Horowicz, P., *in* Aidley, 1971, p. 29.)

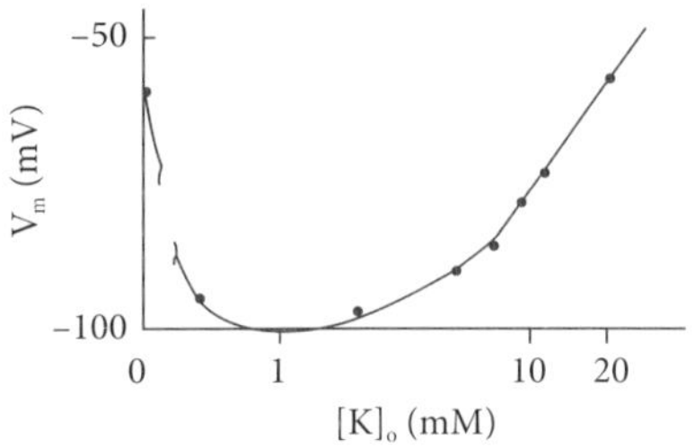

Figura 1.19 Efeito da concentração extracelular de potássio sobre o potencial de repouso de célula do miocárdio. (Modificado de Paes de Carvalho, A. e Mayer Jr., C.H., *in* Krieger, 1976, p. 11.)

- diminuição da produção de ATP, como na anoxia ou na inibição metabólica por venenos como o dinitrofenol e o cianeto (HODGKIN e KEYNES, 1955; CALDWELL, HODGKIN, KEYNES e SHAW, 1960);
- ação de drogas que alteram a permeabilidade da membrana aos íons que formam o potencial de repouso, como ocorre, por exemplo, com a acetilcolina que, aumentando a permeabilidade ao K^+, hiperpolariza a célula (PAES de CARVALHO, HOFFMAN e LANGAN, 1966; HOFFMAN e SUCKLING, 1953; HUTTER e TRAUTWEIN, 1956; TRAUTWEIN e DUDEL, 1958; HUTTER, 1961) ou com as substâncias conhecidas como abridoras do canal de potássio ("potassium channel openers") e as oclusoras do canal de potássio ("potassium channel closers").

As principais correntes iônicas que atravessam a membrana celular

Durante o repouso, a resistência da membrana permanece constante e o potencial das células miocárdicas apresenta-se, geralmente, invariável. Nessa situação, o interior das células é negativo em relação ao meio extracelular. Hodgkin e Horowicz mostraram que o potencial de repouso é formado principalmente pela movimentação dos íons potássio. Na situação de equilíbrio, contudo, a corrente de saída transportada pelo potássio é contrabalançada pela corrente de entrada transportada pelos íons sódio. Assim, durante o repouso, a corrente total que atravessa a membrana é nula e isso pode ser representado por:

$$\mathbf{I_m = I_{Na} + I_K = 0}$$

A diferença de potencial que serve de gradiente motor para uma dada corrente iônica é igual à diferença entre o potencial de membrana ($\mathbf{V_m}$) e o potencial de equilíbrio do íon **i** ($\mathbf{V_i}$). Assim, para o Na^+ e K^+ tem-se que:

$$\mathbf{V_m - V_{Na} = I_{Na} \cdot R_{Na}}$$

$$\mathbf{V_m - V_K = I_{K^-} \cdot R_K}$$

onde:

R_{Na} - é a resistência da membrana à passagem dos íons sódio

R_K - é a resistência da membrana à passagem dos íons potássio

Representando em termos de condutância da membrana, teremos:

$$\mathbf{I_{Na} = (V_m - V_{Na}) \cdot G_{Na}}$$

$$\mathbf{I_K = (V_m - V_K) \cdot G_K}$$

As expressões obtidas para quantificar as correntes de sódio e potássio permitem prever-se que uma dada corrente iônica é nula, quando não há gradiente eletroquímico ($V_m - V_i = 0$) ou quando a membrana é impermeável ao íon ($G_i = 0$) ou, ainda, quando ambos os fatores coexistirem.

Considerando-se os fluxos passivos do sódio e do potássio durante o repouso, pode-se obter uma equação para o potencial de membrana, partindo-se da expressão:

$$\mathbf{(V_m - V_{Na})\, G_{Na} + (V_m - V_K)\, G_K = 0}$$

donde,

$$\mathbf{V_m = \frac{G_{Na} \cdot V_{Na} + G_K \cdot V_K}{G_{Na} + G_K}}$$

onde:

V_m – é o potencial de membrana

V_{Na} – é o potencial de equilíbrio do sódio

G_{Na} – é a condutância da membrana ao sódio

V_K – é o potencial de equilíbrio do potássio

G_K – é a condutância da membrana ao potássio

O componente capacitivo da corrente somente ocorre durante o intervalo de tempo em que há variação de voltagem da membrana. A corrente no capacitor de membrana é dada por:

$$\mathbf{I_c = C_m \frac{dV_m}{dt}}$$

Esse componente é importante durante os processos de despolarização e de repolarização das células, mas é nulo durante o potencial de repouso, período em que a voltagem transmembrana se mantém constante, e é pouco significante durante o platô dos potenciais de ação cardíacos.

O equivalente elétrico da membrana celular passiva

Na Tabela 1.5 pode-se ver que duas das espécies iônicas contribuem para a negatividade do meio interno da célula: são os íons K^+ e Cl^-. Os fluxos de Na^+ e Ca^{++}, por sua vez, tendem a positivar o citoplasma. Combinando estes conhecimentos com o fato de a membrana responder como uma associação do tipo RC em paralelo, então, um circuito equivalente para a membrana em repouso pôde ser proposto (Fig. 1.20).

O POTENCIAL DE AÇÃO DO AXÔNIO

A descoberta do potencial de ação e os primeiros experimentos com potenciais de injúria

Nos músculos e nervos, normalmente, o potencial de ação é o sinal elétrico que se propaga para transmitir informação ou para iniciar a contração. O conhecimento da sua natureza, bem como das leis que governam o seu espalhamento, é fundamental para que sejam compreendidos os mecanismos sensoriais e o funcionamento do músculo normal e patológico. No coração, no músculo liso e em certos epitélios excitáveis, o impulso elétrico propagado necessita passar de uma célula para outra. Isso é realizado através de regiões especializadas sobre as quais se falará adiante.

Experimento de Erlanger e Gasser. Em 1937, Erlanger e Gasser registraram em nervo lesado por compressão uma onda elétrica capaz de propagar-se. A Fig. 1.21 mostra um esquema da montagem experimental usado. Nela, a região mais escura do

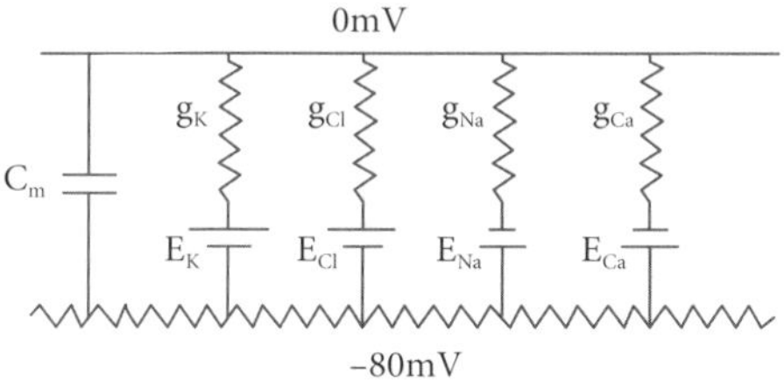

Figura 1.20 Equivalente elétrico da membrana celular passiva mostrando o capacitor de membrana (C_m), as condutâncias para os íons potássio ($\mathbf{g_K}$), cloreto ($\mathbf{g_{Cl^-}}$), sódio ($\mathbf{g_{Na}}$) e cálcio ($\mathbf{g_{Ca}}$), bem como as forças eletromotrizes geradas pelo fluxo desses íons. A membrana está polarizada, sendo o seu potencial intracelular igual a -80mV. (Modificado de Sperelakis, N., *in* Berne, Sperelakis e Geiger, 1979, p. 217.)

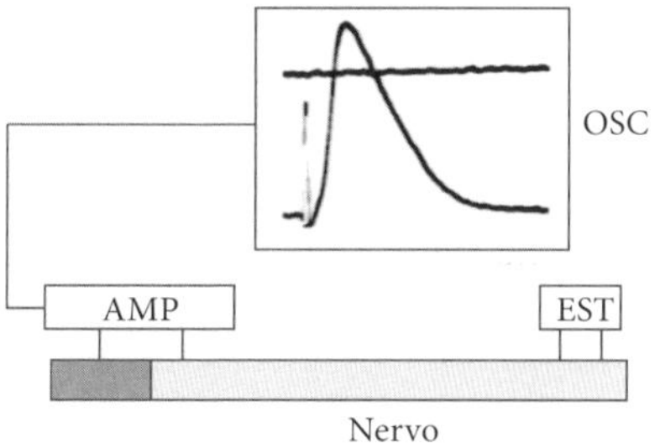

Figura 1.21 Registro de um potencial de ação propagado em axônio de gato. A região escura no nervo representa uma área lesada por compressão. Os eletrodos ligados ao amplificador (**AMP**) medem a diferença de potencial entre a membrana íntegra e a lesada. O estimulador (**EST**) foi colocado distante da zona de registro e o sinal obtido foi visualizado em osciloscópio (**OSC**). (Modificado de Erlanger, J. e Gasser, H.S., *in* Ruch e Patton, 1965, p. 30.)

nervo representa a área cuja membrana foi lesada para permitir o registro do potencial intracelular (potencial de injúria). Um eletrodo foi colocado sobre a região lesada e outro sobre a membrana íntegra. A diferença de potencial captada por eles foi amplificada (**AMP**) e visualizada num osciloscópio (**OSC**). O nervo foi estimulado (**EST**) através de pulsos elétricos aplicados a uma das suas extremidades. Sob determinadas condições de estimulação, os autores observaram na tela do osciloscópio um pequeno e rápido sinal correspondente ao estímulo aplicado (artefato do estímulo), que era seguido por uma onda à qual se chamou de potencial de ação.

Esforços semelhantes foram feitos no nervo da minhoca (AIDLEY, 1971). A Fig. 1.22 mostra o esquema experimental usado nesses experimentos. O cordão nervoso desse animal foi dissecado, expondo-se duas regiões. Em uma delas foi aplicado o estímulo (**EST**), enquanto na outra estavam dois eletrodos posicionados na superfície do nervo e conectados a um amplificador (**AMP**), e este, a um osciloscópio (**OSC**). Um pulso de estimulação adequado fazia aparecer um potencial de ação na região de registro.

Os experimentos com nervo de minhoca permitiram demonstrar que o intervalo de tempo entre o estímulo e a resposta elétrica do nervo crescia à medida que a distância entre os eletrodos de estimulação e os de registro era aumentada (Fig. 1.23). O gráfico da distância contra os respectivos intervalos de tempo é linear, e o coeficiente angular da reta que se pode obter reflete a velocidade de propagação do impulso nervoso.

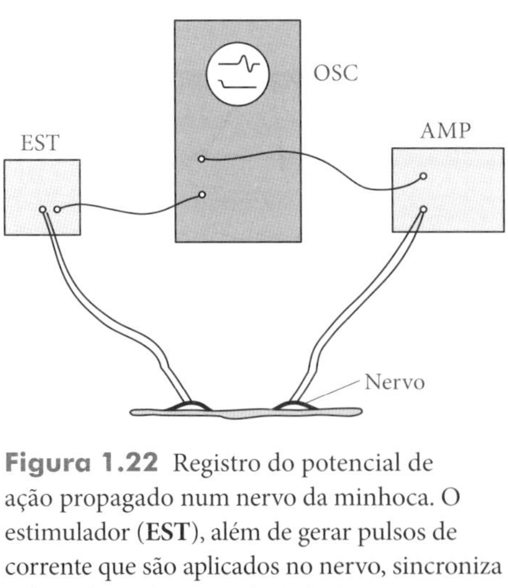

Figura 1.22 Registro do potencial de ação propagado num nervo da minhoca. O estimulador (**EST**), além de gerar pulsos de corrente que são aplicados no nervo, sincroniza o feixe do osciloscópio (**OSC**). Os sinais elétricos obtidos sobre o nervo são amplificados (**AMP**) e visualizados na tela do osciloscópio. (Modificado de Aidley, 1971, p. 38.)

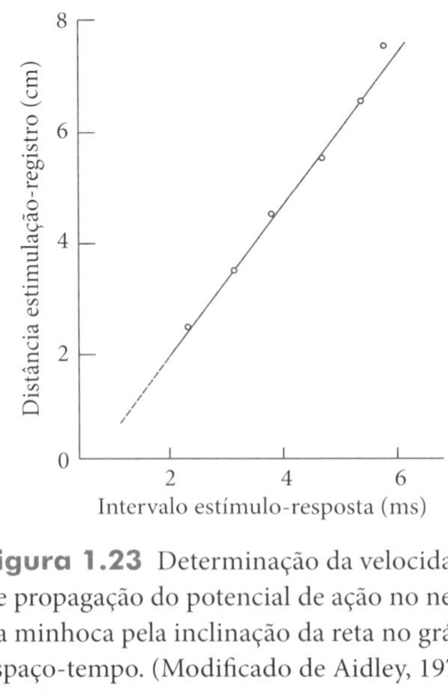

Figura 1.23 Determinação da velocidade de propagação do potencial de ação no nervo da minhoca pela inclinação da reta no gráfico espaço-tempo. (Modificado de Aidley, 1971, p. 39.)

A teoria de Bernstein e o "overshoot"

BERNSTEIN (1902, 1912) imaginou que a membrana celular deveria servir para separar o citoplasma do meio extracelular e que ambos eram condutores de eletricidade. A membrana deveria possuir baixa condutividade. Para explicar a formação do potencial de repouso, Bernstein propôs que a membrana celular seria, no repouso, permeável unicamente ao potássio e que, por isso, a diferença de potencial que se formaria através dela seria igual ao potencial de equilíbrio do potássio. Ao ser estimulada, no entanto, a membrana tornar-se-ia permeável a todos os íons presentes nos meios intra e extracelular. A movimentação desses íons, provocada pelas diferenças de potenciais eletroquímicos existentes para cada um deles, levaria o potencial da membrana ativa para valores próximos a zero. Explicou ainda que o retorno ao potencial de repouso normal deveria ser realizado à custa de um aumento seletivo da permeabilidade da membrana para os íons potássio.

A teoria de Bernstein foi abalada com os primeiros registros do potencial de ação feitos com o eletrodo intracelular. HODGKIN e HUXLEY (1939), trabalhando em Plymouth (Inglaterra), e CURTIS e COLE (1940), em Woods Hole, Massachusetts (Estados Unidos da América do Norte), desenvolveram a técnica de registro intracelular, colocando um eletrodo de vidro com diâmetro de 100μm no interior de axônios gigantes descobertos por YOUNG (1936) em lulas e caranguejos. Os resultados obtidos foram surpreendentes, pois, durante a atividade elétrica, o potencial da membrana sofria uma inversão de polaridade.

Isso significava que o interior celular, normalmente negativo, tornava-se positivo em relação ao potencial do meio extracelular, ultrapassando o valor zero do potencial de membrana e destruindo a teoria de Bernstein para a membrana ativa. À reversão do potencial de membrana chamou-se de "**overshoot**". A Fig. 1.24 mostra um registro feito em axônio gigante de lula (HODGKIN e HUXLEY, 1945). Nota-se que o potencial de repouso é de aproximadamente -45mV e que o potencial de ação apresenta uma fase de despolarização (**D**), um "overshoot" de 40mV, uma fase de repolarização **(R),** uma hiperpolarização pós-repolarização.

Os primeiros resultados obtidos com o microeletrodo de vidro

O aperfeiçoamento do microeletrodo de vidro feito por LING e GERARD (1949) tornou possível a obtenção de registros mais fiéis do potencial de ação de axônios e de fi-

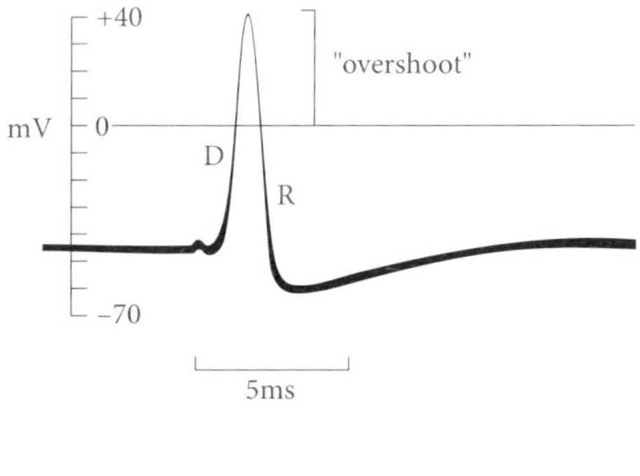

Figura 1.24 Registro intracelular do potencial de ação do axônio gigante da lula, mostrando o "overshoot". (Modificado de Hodgkin, A.L. e Huxley, A.F., *in* Aidley, 1971, p. 40.)

bras musculares. Os estudos feitos com esse microeletrodo permitiram determinar com maior precisão o potencial de repouso, bem como o curso temporal do potencial de ação das células excitáveis. Em 1950, NASTUK e HODGKIN registraram potenciais de ação do músculo sartório da *Rana temporaria* e, no ano seguinte, HODGKIN (1951) resumiu os resultados obtidos por diversos investigadores mostrando em diferentes tecidos biológicos a presença do "overshoot".

DRAPER e WEIDMANN (1951), usando o microeletrodo de vidro, registraram os primeiros potenciais de ação do músculo cardíaco. Eles se apresentam com uma forma característica e, entre outros aspectos, distinguem-se daqueles do axônio por serem muito mais longos, podendo alcançar durações entre 150 e 500ms (Fig. 1.25).

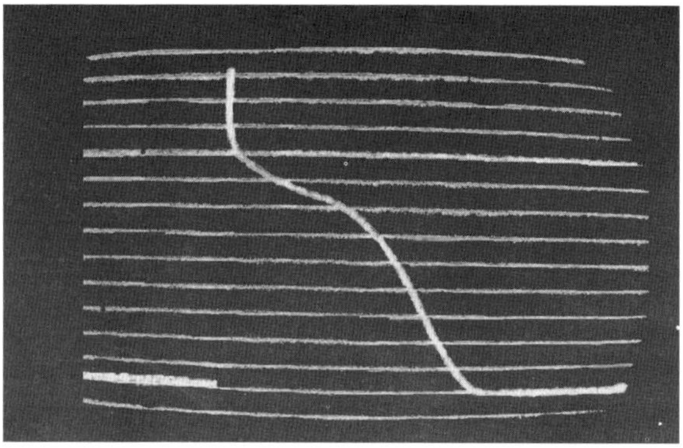

Figura 1.25 Potencial de ação de célula da fibra de Purkinje de cão obtido com eletrodo intracelular. (Modificado de Draper, M.H. e Weidmann, S., 1951, p. 79.)

A teoria do sódio e do potássio

Os estudos iniciais feitos por HODGKIN e KATZ (1949) em axônio gigante de lula permitiram a esses autores tentar uma explicação para a formação do potencial de ação nessa estrutura biológica. Eles observaram que o sódio estava mais concentrado na água do mar do que no axoplasma e que o oposto ocorria com relação ao potássio. O meio extracelular desse animal tem composição iônica parecida com aquela da água do mar. Em vista disso, os potenciais de equilíbrio desses íons deveriam forçar a membrana a assumir polaridades contrárias. Isto significava que, se o potencial da membrana dependesse exclusivamente do potássio, o interior da célula seria negativo com respeito ao exterior. Caso a membrana celular fosse mais permeável ao sódio, o citoplasma ficaria positivo. Baseados nesse raciocínio, explicaram o potencial de repouso como sendo decorrente de uma maior condutância da membrana ao potássio e propuseram que o "overshoot" deveria estar associado a um aumento da permeabilidade da membrana ao sódio.

Para testar essa ideia os autores reduziram progressivamente a concentração extracelular de sódio e observaram uma diminuição concomitante da amplitude do potencial de ação gerado. A Fig. 1.26 mostra três potenciais de ação. Em 1, o axônio estava em água do mar

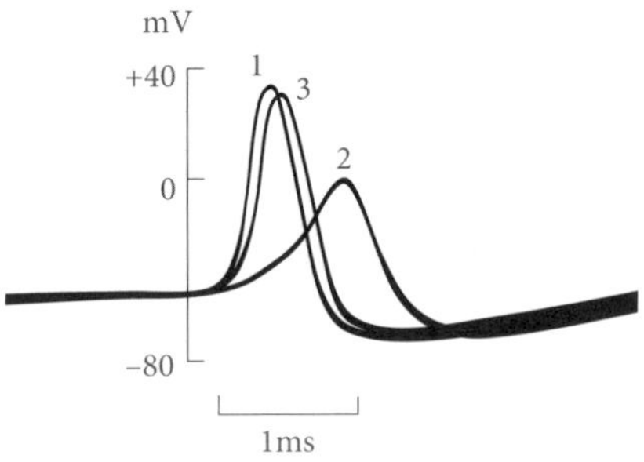

Figura 1.26 Efeito da concentração extracelular do sódio sobre o potencial de ação do axônio gigante da lula. O registro 1 foi obtido em nervo mergulhado em água do mar com concentração normal de sódio (solução-controle). Em 2, o potencial de ação apresentou amplitude e taxa de crescimento diminuídas. Estes efeitos foram provocados pela redução do sódio extracelular (solução-teste). O registro 3 mostra a recuperação da resposta elétrica, após o retorno à solução-controle. (Modificado de Hodgkin, A.L. e Katz, B., *in* Aidley, 1971, p. 73.)

com concentração de sódio normal, enquanto em 2 o sódio extracelular foi reduzido para 33% do normal. Sob esta condição, a amplitude do potencial de ação sofreu grande redução, mas esse efeito pôde ser revertido com o retorno à solução inicial (curva 3).

Resultados semelhantes aos de HODGKIN e KATZ (1949) foram também encontrados em nervo mielinizado de rã (HUXLEY e STÄMPFLI, 1951), em axônio de insetos (NARAHASHI, 1963), em músculo esquelético de rã (NASTUK e HODGKIN, 1950) e em músculo cardíaco de mamífero (DRAPER e WEIDMANN, 1951).

Em 1951, HODGKIN reforçou as ideias originais de HODGKIN e KATZ (1949) e propôs, fundamentando-se em resultados experimentais, que a fase de despolarização do potencial de ação era produzida por uma entrada de sódio do meio externo para o interior da célula, enquanto a repolarização ocorria como consequência de uma rápida fuga de íons potássio do meio citoplasmático para o meio extracelular.

O estudo das correntes de membrana com a técnica do "voltage clamp"

A técnica do clampeamento de voltagem da membrana celular ("voltage clamp") desenvolvida por COLE (1949), MARMONT (1949), HODGKIN, HUXLEY e KATZ (1949) e outros trouxe novos conhecimentos sobre as correntes de membrana e reforçou os argumentos da teoria do sódio e do potássio. A técnica inicial consistia em se colocar um ou mais eletrodos no interior de um axônio calibroso e longo. Por meio dele era possível fazer passar através da membrana uma corrente controlada, cuja cinética podia ser medida, a fim de manter o potencial de membrana em um nível constante e desejado. A Fig. 1.27 mostra esquematicamente as bases dessa importante técnica. Nela se pode ver um eletrodo inserido ao longo de um axônio mantido em água do mar artificial. Uma chave comutadora permite que a voltagem possa ser trocada rapidamente, partindo de um nível controle (1) para um pulso de teste (2). A aplicação desse pulso desequilibra as correntes que fluem pelo axolema e, para manter a voltagem de membrana no novo nível, é necessário que o equipamento compense as correntes iônicas que atravessam a membrana.

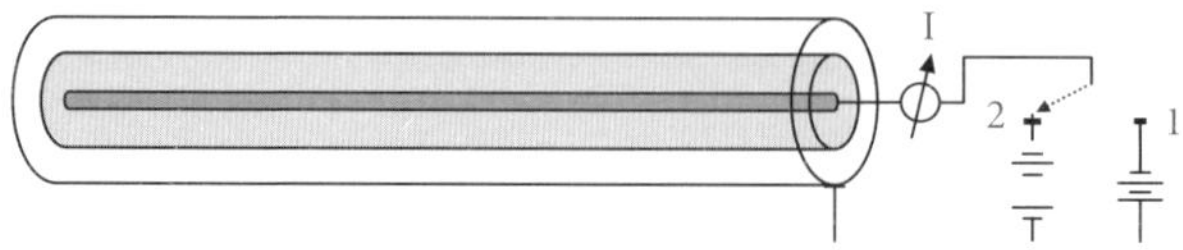

Figura 1.27 Esquema da técnica do "voltage clamp". O cilindro mais escuro representa um eletrodo colocado ao longo de um axônio gigante. O cilindro mais externo representa o meio extracelular, e I, um amperímetro. 1 e 2 são fontes de potencial elétrico. (Modificado de Ruch e Patton, 1965, p. 50.)

HODGKIN, HUXLEY e KATZ (1952) e HODGKIN e HUXLEY (1952a-d), usando a técnica de "voltage clamp", fizeram as determinações do curso temporal das correntes transportadas pelos íons. A Fig. 1.28 mostra um desses registros (HODGKIN e HUXLEY, 1952a). O traçado superior representa a variação do potencial interno do axônio, que se encontrava inicialmente em torno de -50mV. A passagem de um pulso longo de corrente despolarizante fez com que o potencial do axoplasma variasse para +10mV. Os registros **A**, **B** e **C** são da corrente de membrana obtida com o axônio mergulhado em água do mar (A e C), mas em **B** a preparação estava mergulhada em água do mar onde o sódio tinha sido substituído por cloreto de colina (a colina não atravessa a membrana celular). As curvas de corrente mostraram três fases distintas. Primeiro ocorreu uma rápida corrente de saída, resultante da descarga do capacitor de membrana (1). Em seguida, durante aproximadamente 1ms, houve uma corrente (2) que se dirigiu para dentro do axônio e, finalmente, apareceu uma grande corrente (3) que se dirigiu para fora da célula

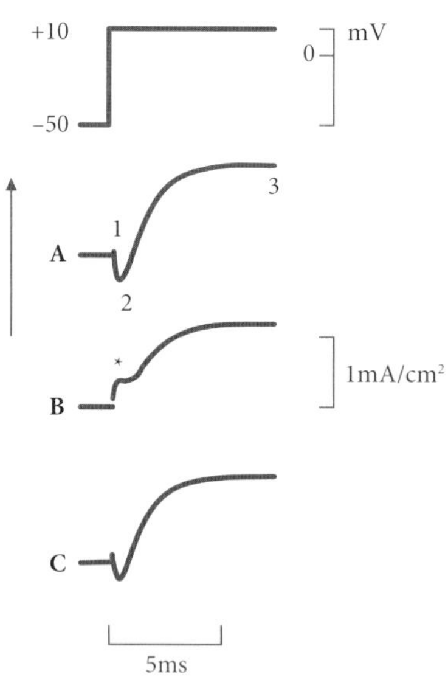

Figura 1.28 Registro temporal das correntes iônicas que atravessam a membrana do axônio gigante da lula. O traçado superior mostra as voltagens de clampeamento da membrana. Nos traçados **A** e **C**, o nervo estava mantido em água do mar artificial, enquanto em **B** o sódio da solução foi substituído por colina. A seta indica o sentido das correntes que se moveram do meio intracelular para o extracelular. (Modificado de Hodgkin, A.L. (1958) e Hodgkin, A.L. e Huxley, A.F. (1952), *in* Aidley, 1971, p. 80.)

e que se manteve enquanto durou o pulso despolarizante. A retirada do sódio externo aboliu a corrente (2) para dentro, substituindo-a por uma corrente (*) para fora, como se pode ver no traçado B.

Esses resultados sugerem que a corrente (2) de entrada estava sendo transportada pelos íons sódio e que a despolarização da membrana promoveu um rápido aumento da condutância a esse íon. Quando o meio externo continha sódio, a corrente dirigiu-se para dentro em virtude do gradiente de potencial eletroquímico, pois a concentração do sódio extracelular era mais elevada do que a intracelular. Todavia, quando se retirou o sódio da solução externa, a concentração desse íon existente no axoplasma, apesar de pequena, tornou-se maior do que a concentração externa, favorecendo o fluxo de sódio para fora.

A contraprova de que a corrente para dentro (2) estava sendo transportada pelo sódio foi feita aplicando-se pulsos despolarizantes de diversas intensidades, de modo a determinar em que voltagem de membrana a corrente mudava de sentido. Isso foi feito por HODGKIN, HUXLEY e KATZ (1952) e por HODGKIN (1958). A Fig. 1.29 obtida por HODGKIN (1958) mostra um desses registros. A análise das curvas será limitada ao intervalo de tempo demarcado pela barra horizontal. Note-se que os pulsos despolarizantes de 91 e 104mV produziram, nesse intervalo, uma pequena corrente de entrada (valores negativos), enquanto o de 130mV e o de 143mV transformaram esse componente numa corrente dirigida para fora da célula (valores positivos). O pulso de 117mV, no entanto, manteve, aproximadamente, a corrente de membrana no nível existente antes do pulso. Nos experimentos realizados, a concentração extracelular de sódio foi ajustada para fornecer um potencial de equilíbrio em torno de 117mV. Por isso, esse resultado reforçou a suspeita de que o sódio era o íon transportador da corrente de entrada. Os estudos de HODGKIN e HUXLEY (1953) mostraram que a corrente dirigida para fora do axônio era transportada pelo potássio.

As curvas temporais das correntes de sódio e de potássio que atravessam o axolema foram conhecidas a partir dos estudos de HODGKIN (HODGKIN e HUXLEY, 1952; HODGKIN, 1958). A Fig. 1.30 mostra que, quando um pulso despolarizante de 56mV foi aplicado a um axônio gigante mantido em água do mar com concentração normal de

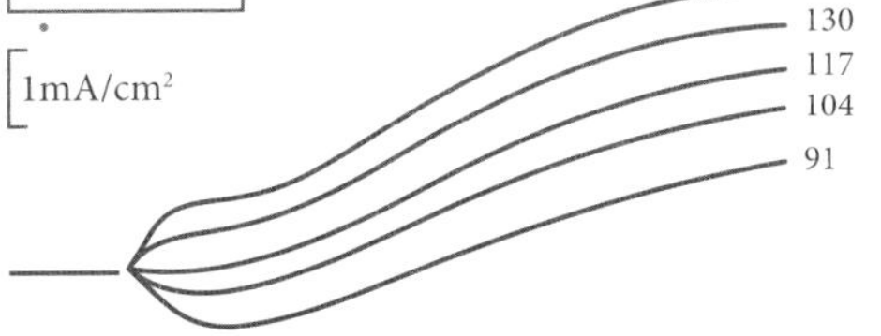

Figura 1.29 Registro da corrente de membrana no axônio gigante da lula. A linha horizontal, que precede as curvas, representa o nível de corrente nula. As curvas situadas acima deste nível equivalem às correntes que saíram do axônio para o meio extracelular, e as que estão situadas abaixo dele, às correntes que migraram em direção ao axoplasma. Os potenciais de clampeamento estão indicados ao lado. (Modificado de Hodgkin, A.L. (1958) e Hodgkin, A.L., Huxley, A.F. e Katz, B. (1952), *in* Aidley, 1971, p. 80.)

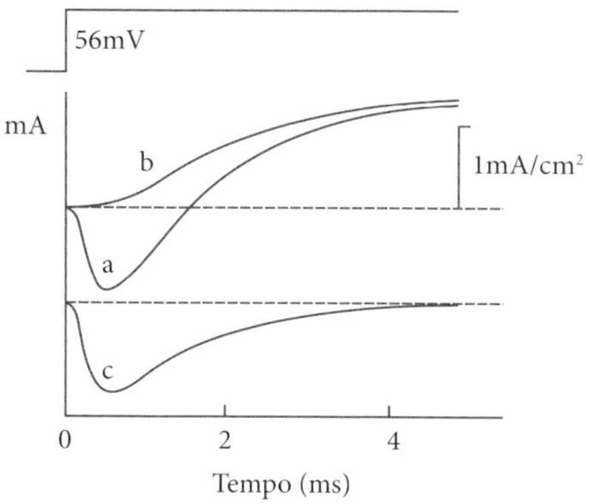

Figura 1.30 Correntes de membrana obtidas por "voltage clamp". A curva **a** corresponde à corrente total que atravessa a membrana do axônio gigante da lula. As curvas **b** e **c**, às correntes transportadas pelos íons potássio e sódio, respectivamente. (Modificado de Hodgkin, A.L. (1958) e Hodgkin, A.L. e Huxley, A.F. (1952), *in* Aidley, 1971, p. 83.)

sódio, obteve-se a corrente de membrana mostrada na curva **a.** Essa corrente apresentou um componente dirigido para dentro da célula (corrente negativa) e outro para fora (corrente positiva). Quando um pulso semelhante foi aplicado no axônio banhado por água do mar, mas cujo sódio havia sido substituído por colina, a corrente inicial de entrada desapareceu, resultando numa corrente toda dirigida para fora da célula (curva **b**). Pela teoria do sódio e potássio, a curva **b** representaria a corrente transportada principalmente pelo potássio. Assim, a diferença entre as curvas **a** e **b** deveria representar a corrente de entrada transportada pelo sódio (curva **c**).

Os experimentos de HODGKIN e HUXLEY (1952a) e HODGKIN (1958) permitiram conhecer a variação da condutância da membrana do axônio gigante para os íons sódio e potássio, durante um pulso despolarizante de longa duração. A Fig. 1.31 mostra que, com a aplicação do pulso, a condutância ao sódio aumenta rapidamente, mas esse aumento não é sustentado e, assim, a condutância retorna ao valor original ainda na vigência do pulso estimulador. A condutância ao potássio, no entanto, eleva-se progressivamente até atingir um valor máximo e nele se mantém enquanto dura a despolarização da membrana do axônio.

Em 1952, Flodgkin e Huxley propuseram que o potencial de ação do axônio era formado por uma corrente de entrada de sódio e uma corrente de saída de potássio. Obtiveram experimentalmente as curvas de condutância da membrana a esses íons e formularam um modelo físico-matemático para explicar a formação do potencial de ação nessa estrutura biológica. No entender dos autores, a fase de despolarização do potencial de ação se deve a um aumento da condutância da membrana ao sódio, e a de repolarização, a uma maior fuga de potássio. A Fig. 1.32 mostra três curvas:

- potencial de ação do axônio (curva não sombreada);
- condutância do sódio (G_{Na});
- condutância do potássio (G_K).

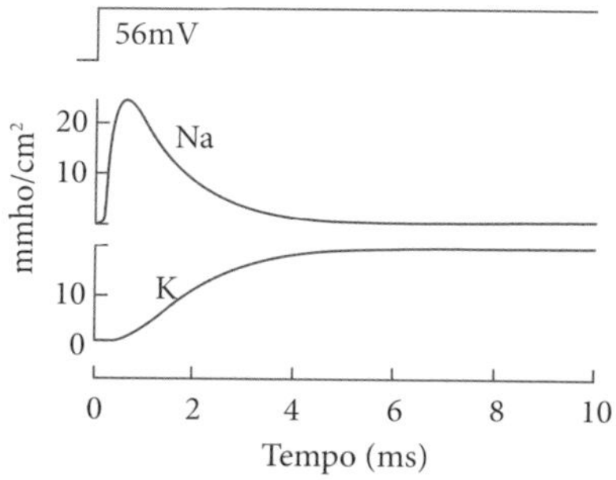

Figura 1.31 Condutância da membrana do axônio gigante da lula para os íons sódio e potássio. (Modificado de Hodgkin, A.L. (1958), *in* Aidley, 1971, p. 83.)

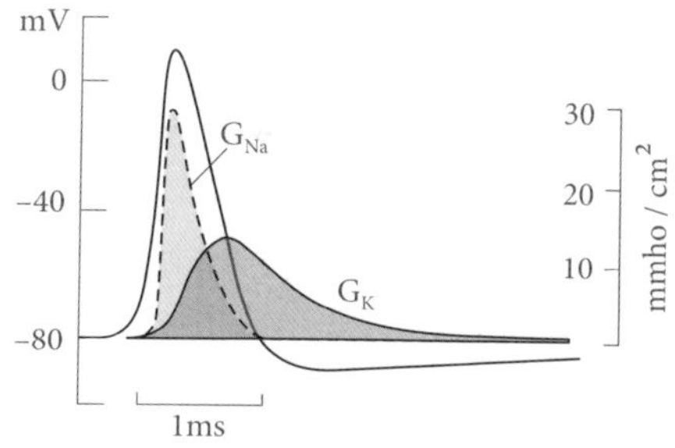

Figura 1.32 Superposição do potencial de ação do axônio gigante da lula com as curvas de condutância do axolema para o sódio (G_{Na}) e o potássio (G_K). (Modificado de Hodgkin, A.L. (1958), *in* Ruch e Patton, 1965, p. 54.)

Observe-se que a condutância ao sódio cresce mais rapidamente e mais intensamente do que a do potássio, mas esse aumento dura pouco tempo. Como a condutância da membrana ao potássio permanece aumentada por um tempo mais longo, a célula, além de se repolarizar, hiperpolariza-se.

O modelo de Hodgkin e Huxley e suas equações

Estrutura do modelo. HODGKIN e HUXLEY (1952a-d) propuseram um modelo para explicar o comportamento elétrico passivo e ativo da membrana do axônio gigante da lula (Fig. 1.33). Segundo eles, o controle dos canais de sódio se faz por partículas do **tipo M** (partículas de ativação) e do **tipo H** (partículas de inativação). Os canais de potássio, por sua vez, por não apresentarem inativação, seriam controlados apenas por partículas do **tipo N**.

Os autores estenderam a ideia física do modelo postulando que não seria obrigatório que as partículas existissem de forma diferenciada. Como alternativa, sugeriram a possibilidade de haver translocação de sítios carregados durante as mudanças de conformação sofridas pelas moléculas que compõem a estrutura da membrana celular. Do ponto de vista do raciocínio físico, no entanto, é mais fácil raciocinar com partículas do que com o movimento de centros de cargas das moléculas.

As partículas idealizadas por Hodgkin e Huxley são negativas e se movem entre dois compartimentos situados próximo às faces externa e interna da membrana. A força para movê-las tem dupla natureza: elétrica e térmica. Por possuírem carga negativa, durante o repouso, quando o citoplasma é fortemente negativo, as partículas se concentram preferencialmente no compartimento mais externo (Fig. 1.33A). Algumas, no entanto, podem estar no "pool" da superfície interna, em virtude da agitação térmica. A despolarização da membrana (Fig. 1.33B) força a migração das partículas do compartimento externo para o compartimento interno. Primeiramente, migram as partículas do tipo M, por

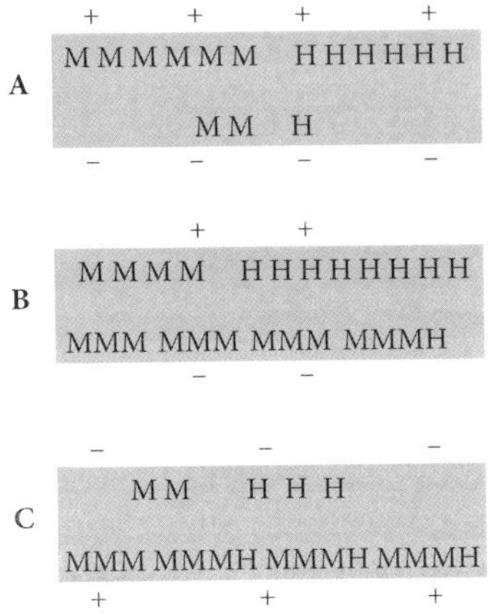

Figura 1.33 Comportamento das partículas tipo **M** e **H** com a despolarização da membrana celular. Em **A**, a membrana está em repouso, enquanto em **B** e **C** está em processo de despolarização. As partículas se localizam no interior da membrana. No esquema, a face superior de cada membrana está voltada para o meio extracelular. (De acordo com o modelo de Hodgkin, A.L. e Huxley, A.F., 1952.)

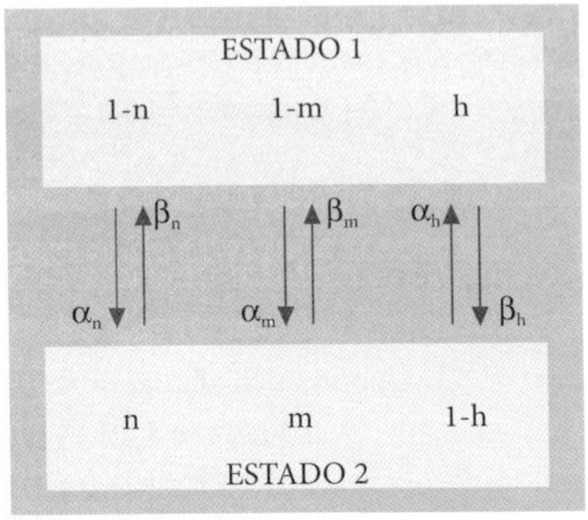

Figura 1.34 Modelo da cinética das partículas **N**, **M** e **H.** As constantes α e β representam as taxas de troca entre os compartimentos designados por Estado 1 e Estado 2. As partículas **N** e **M** são ativadoras dos canais de potássio e sódio, respectivamente. As partículas **H** inativam os canais de sódio. (De acordo com Hodgkin e Huxley, 1952.)

terem cinética mais rápida. A presença de três delas no compartimento interno é responsável pela abertura de um canal de sódio. Com o tempo, e mantida a despolarização, as partículas do tipo H movem-se para o compartimento interno (Fig. 1.33C), provocando a inativação desses canais.

A generalização dos conceitos físicos aplicados à membrana de Hodgkin e Huxley pode ser feita considerando-se que as cargas ou partículas **N**, **M** e **H** poderiam existir em dois estados distintos, aos quais chamaremos de Estado 1 e Estado 2 (Fig. 1.34). Os autores postularam que, para abrir um canal de Na^+, seria necessário que três partículas **M** migrassem do Estado 1 para o Estado 2 e que a presença adicional de uma partícula **H** nesse estado conduziria à inativação do canal aberto. A ativação do canal de potássio dar-se-ia pela reunião de quatro partículas **N** no Estado 2.

De acordo com o modelo de Hodgkin e Huxley, para um pulso de despolarização de longa duração e que mantenha a voltagem da membrana constante, as partículas **M** devem mover-se do Estado 1 para Estado 2 com uma constante cinética α_m e voltar ao Estado 1, obedecendo a uma constante cinética β_m. A variação do potencial de membrana, durante a despolarização, impõe às partículas **M** um movimento ordenado, levando-as para o Estado 2. Todavia, essa variação de potencial arrasta também partículas do tipo H e do tipo N. As do tipo H migram com uma constante de troca β_h e retornam ao Estado 1 com uma constante cinética α_h. Assim, os canais de sódio são ativados, porque α_m é maior do que β_h. As partículas **N**, por sua vez, movem-se do "pool" 1 para o 2 com uma constante α_n e retornam ao Estado 1, obedecendo a uma constante de troca β_n. Quatro partículas **N** no Estado 2 abrem um canal de potássio. O baixo valor de α_n, quando comparado ao de α_m, é responsável pelo crescimento lento da condutância da membrana ao potássio. Pela teoria de Hodgkin e Huxley os alfas e os betas são variáveis que dependem exclusivamente da voltagem.

"Gating current". O modelo de HODGKIN e HUXLEY pressupõe a movimentação organizada de cargas elétricas no interior da membrana. Nos anos 1970, ARMSTRONG e BEZANILLA(1973,1974,1975, 1977), BEZANILLAe ARMSTRONG (1974a,b; 1975a,b), BEZANILLA *et al.* (1982) e BEZANILLA (1985), usando uma técnica especial (técnica da média coerente), detectaram uma fraca corrente precedendo a abertura dos canais de sódio. A ela chamaram de **corrente de abertura dos canais de sódio** ("sodium gating current"), confirmando, assim, as previsões teóricas de Hodgkin e Huxley.

Equações do modelo. O modelo de Hodgkin e Huxley está baseado na cinética entre dois compartimentos ou entre dois estados distintos. Para descrever matematicamente as curvas de condutância ao potássio e ao sódio, HODGKIN e HUXLEY (1952d) propuseram que a condutância a esses íons deveria variar com o tempo e com a diferença de potencial aplicada sobre a membrana. Assim:

$$\mathbf{g_K = G_K \cdot n^4}$$
$$\mathbf{g_{Na} = G_{Na} \cdot m^3 \cdot h}$$

onde:

- g_K - é a condutância da membrana ao potássio num tempo **t** qualquer
- g_{Na} - é a condutância da membrana ao sódio num tempo **t** qualquer
- G_K - é a condutância máxima da membrana ao potássio
- G_{Na} - é a condutância máxima da membrana para o sódio
- m - é uma variável adimensional responsável pela ativação dos canais de sódio
- h - é uma variável adimensional responsável pela inativação dos canais de sódio
- n - é uma variável adimensional responsável pela ativação dos canais de potássio

Considerando que as partículas se movem entre dois estados, podem-se encontrar as equações que governam a variação das suas quantidades em um dado estado. Assim, os autores propuseram que as variáveis **n**, **m** e **h** devem obedecer às seguintes equações:

$$\mathbf{\frac{dn}{dt} = \alpha_n (1 - n) - \beta_n n}$$

$$\mathbf{\frac{dm}{dt} = \alpha_m (1 - m) - \beta_m m}$$

$$\mathbf{\frac{dh}{dt} = \alpha_h (1 - h) - \beta_h h}$$

As correntes transportadas pelo sódio e pelo potássio foram descritas por Hodgkin e Huxley como:

$$\mathbf{I_{Na} = G_{Na} \cdot m^3 \cdot h(V_m - V_{Na})}$$
$$\mathbf{I_K = G_K \cdot n^4 (V_m - V_K)}$$

onde:

V_m - é a diferença de potencial através da membrana
V_{Na} - é o potencial de equilíbrio do sódio
V_K - é o potencial de equilíbrio do potássio

A contribuição de outros íons para formar a corrente de membrana foi reunida numa única corrente à qual chamaram de **corrente de vazamento** (I_L). Dessa sorte, postularam que a corrente total de membrana ($\mathbf{I_m}$) seria o resultado da soma das correntes capacitiva ($\mathbf{I_c}$), iônica ($\mathbf{I_i}$) e de vazamento ($\mathbf{I_L}$). Assim:

$$\mathbf{I_m = I_c + I_i + I_L}$$

ou:

$$\mathbf{I_m = C_m \frac{dV}{dt} + G_{Na} \cdot m^3 \cdot h (V_m - V_{Na}) + G_K \cdot n^4 (V_m - V_K) + G_L (V_m - V_L)}$$

onde:

G_L - é a condutância da membrana aos íons que compõem a corrente de vazamento
V_L - é o potencial de equilíbrio dos íons que compõem a corrente de vazamento

A excitação da membrana do axônio

A Fig. 1.35 mostra esquematicamente como a membrana do axônio responde à estimulação artificial. O gráfico representa o curso temporal do potencial transmembrana ($\mathbf{V_m}$) para diversos estímulos (**I**) aplicados. O potencial de repouso é –80mV. Todos os pulsos de estimulação apresentam duração constante, mas intensidade variada, tanto para os estímulos despolarizantes (+), quanto para os hiperpolarizantes (–).

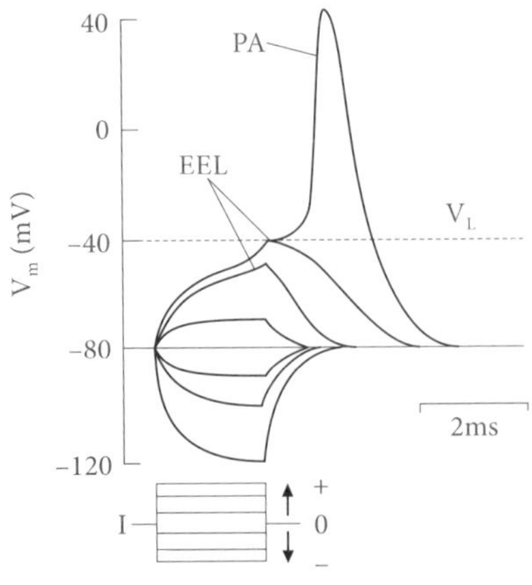

Figura 1.35 Excitação da membrana do axônio. Os pulsos de corrente (**I**) estão superpostos. Três deles produziram hiperpolarização (pulsos negativos), e três, despolarização. $\mathbf{V_L}$ representa a voltagem limiar; **PA**, potencial de ação; **EEL**, estado excitatório local. (Modificado de Katz, 1966, p. 77.)

Resposta passiva. A aplicação de pulsos de corrente despolarizante torna o potencial intracelular menos negativo. Se a corrente de estimulação é pequena, isto é, quando é suficiente apenas para mover o potencial de membrana cerca de 10mV, então, a variação de potencial obedece a uma função exponencial crescente. Ao ser desligado o pulso de estimulação, a membrana retorna ao potencial de repouso seguindo uma variação que é também exponencial. Esse tipo de resposta ocorre quando não há variação da resistência da membrana, por isso, é chamada de **resposta passiva**. Quando o estímulo é um pouco mais intenso, a resistência da membrana sofre uma pequena e transitória alteração e, nesse instante, sua resposta não mais obedece a uma função exponencial simples. Durante a variação da resistência da membrana produz-se um **estado excitatório localizado (EEL).**

Resposta ativa. Quando o estímulo é capaz de elevar rapidamente o potencial da membrana além de 20mV acima do repouso, então, a membrana apresenta uma queda acentuada da sua resistência. Nesse instante, ocorre um grande influxo de sódio, que torna positivo o meio intracelular. O potencial no qual se inicia a rápida entrada de Na^+ é chamado de **potencial limiar ou limiar de excitação celular**. Os estímulos supraliminares fazem surgir nos nervos e músculos uma resposta ativa chamada de **potencial de ação (PA)**, que é capaz de se propagar com forma constante.

Gradiente mínimo excitador e a acomodação da membrana. O potencial limiar das células excitáveis não é constante, mas pode ser alterado em função do estado de polarização da membrana. Estímulos hiperpolarizantes prolongados aproximam o potencial limiar do potencial de repouso. Os estímulos despolarizantes, por sua vez, tendem a afastar o potencial limiar do potencial da membrana.

A velocidade com que o potencial de membrana varia pode ser maior ou menor do que aquela com que varia o potencial limiar. Assim, nas variações muito lentas da voltagem de membrana, o potencial limiar pode afastar-se do potencial da membrana e, por mais que seja despolarizada, a célula não responderá ativamente. Nesse caso, diz-se que houve **acomodação da membrana**. Para que um potencial de ação seja gerado é preciso que o estímulo seja capaz de fazer o potencial da membrana variar com uma velocidade mínima, conhecida como **gradiente mínimo excitador**. O modelo de Hodgkin e Huxley permitiu a compreensão do fenômeno da acomodação. Se a variação do potencial de membrana for feita lentamente haverá tempo suficiente para que as partículas **H** acompanhem o movimento das partículas **M** e, consequentemente, nenhum canal de sódio será ativado.

O POTENCIAL DE AÇÃO DO CORAÇÃO

A resposta elétrica do miocárdio

A Fig. 1.36 mostra o registro da diferença de potencial existente entre um eletrodo de referência (eletrodo-terra) mantido na solução que banha o coração e um microeletrodo.

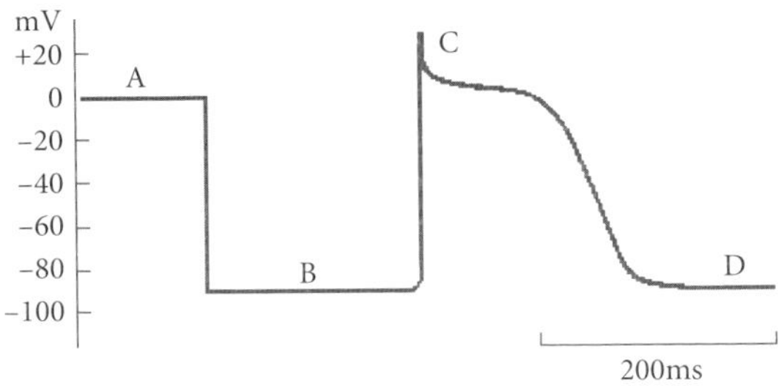

Figura 1.36 Etapas de um registro do potencial intracelular no miocárdio. Em **A**, o microeletrodo estava no meio extracelular, e em **B**, **C** e **D**, no intracelular. **B** e **D** correspondem ao potencial de repouso, e **C** representa um potencial de ação miocárdico.

Em **A**, a diferença de potencial registrada é de 0mV porque o microeletrodo está situado na mesma solução onde está também o eletrodo-terra. Em **B**, a ponta do microeletrodo penetrou numa célula cardíaca. Nesse instante aparece uma diferença de potencial de aproximadamente 90mV (potencial de repouso). Quando uma excitação adequada chega a essa célula, surge então uma resposta característica conhecida como potencial de ação (C). Este se caracteriza por possuir uma fase de despolarização, um platô e uma fase de repolarização.

Semelhanças e dessemelhanças com o nervo. A célula miocárdica apresenta, como o nervo, o fenômeno da acomodação. Isto significa que para a deflagração do potencial de ação é necessário haver uma velocidade mínima de crescimento do potencial de membrana em direção ao potencial limiar.

A Fig. 1.37 mostra a resposta elétrica de uma célula miocárdica submetida a vários pulsos de estimulação. Os pulsos (**I**) hiperpolarizantes deslocam o potencial da membrana para valores mais negativos. Os despolarizantes, além de mover o potencial da membrana para valores menos negativos, alteram, a partir de determinada despolarização, a condutância da membrana. No traçado correspondente às variações do potencial referente ao pulso despolarizante de intensidade intermediária, nota-se, como nos nervos, que já ocorre um pequeno defeito na curva de resposta da membrana. Isso se deve a um estado alterado da condutância da membrana. Quando o pulso despolarizante é ainda mais intenso, o limiar de excitação é alcançado e surge um potencial de ação, cujas características de amplitude e duração estão mostradas na Fig. 1.37.

Muito do que se sabe dos mecanismos de geração dos potenciais de ação decorre dos estudos desenvolvidos no axônio gigante da lula. Na maioria das células miocárdicas, à semelhança do axônio, a entrada rápida de sódio é o mecanismo responsável pela geração dos potenciais de ação (WEIDMANN, 1956; HOFFMAN e CRANEFIELD, 1960; CORABOEUF, 1960). Todavia, os experimentos de CORABOEUF e OTSUKA (1956) mostraram que, ao contrário do nervo, a amplitude do potencial de ação de células ventriculares da cobaia não diminuía progressivamente com as reduções da concentração extracelular de Na^+, apesar de haver drástico declínio na taxa máxima da despolarização.

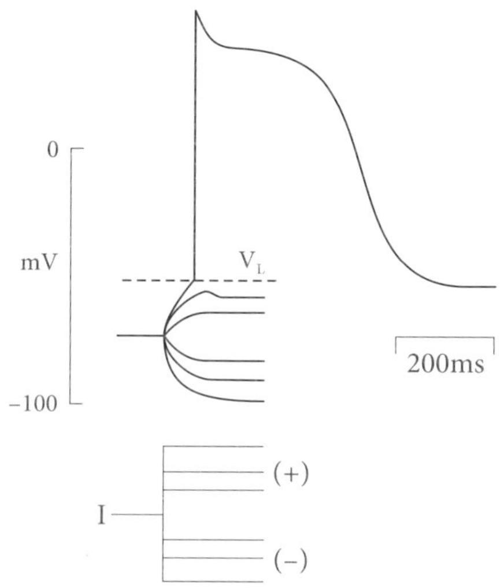

Figura 1.37 Excitação da membrana da célula miocárdica. Os pulsos de corrente (**I**) estão superpostos. Três deles são hiperpolarizantes (pulsos negativos), e três, despolarizantes. $\mathbf{V_L}$ representa a voltagem limiar. O potencial de ação surge quando a voltagem ultrapassa $\mathbf{V_L}$. A curva de despolarização da membrana, que se aproxima do limiar, apresenta um estado excitatório local. (Modificado de Paes de Carvalho, A., *in* Krieger, 1976, p. 15.)

As fases do potencial de ação cardíaco. O potencial de ação do miocárdio se distingue do potencial de ação do nervo por possuir um longo platô de despolarização que determina a sua duração (150 a 500ms). Cinco fases foram definidas por Weidmann para esses potenciais, conforme se vê na Fig. 1.38. A **fase 0** corresponde à despolarização da célula; a **fase 1**, a uma rápida, precoce e incompleta repolarização; a **fase 2**, também chamada de **platô,** corresponde ao tempo durante o qual a célula permanece despolarizada e o seu potencial mantém-se quase constante; a **fase 3** é a fase de repolarização propriamente dita, pois, durante esse intervalo de tempo, a célula recupera o nível inicial do potencial de repouso; a **fase 4,** finalmente, é aquela que corresponde à diástole elétrica. Com exceção das células nodais e das fibras de Purkinje, as células cardíacas são capazes de manter um potencial de membrana constante durante essa fase.

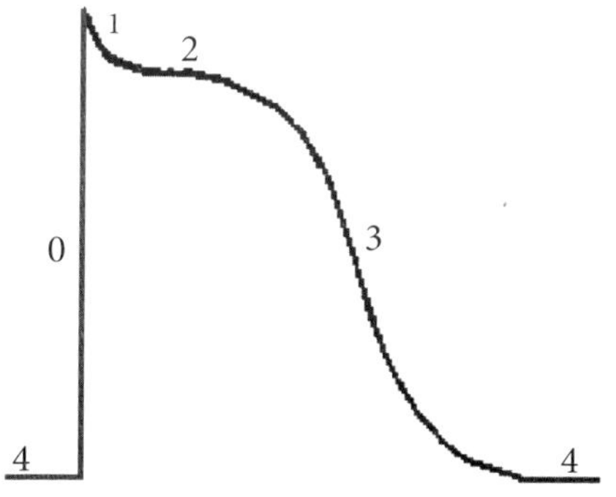

Figura 1.38 Fases do potencial de ação cardíaco.

Os componentes e os tipos do potencial de ação cardíaco. WRIGHT e OGATA (1961) perceberam que o potencial de ação cardíaco era constituído por dois componentes. Todavia, coube a PAES de CARVALHO, HOFFMAN e LANGAN (1966) demonstrar que eles podiam ser separados e que cada resposta podia propagar-se isoladamente. A esses componentes chamaram de rápido e lento. O componente rápido muito se assemelha ao potencial de ação do nervo. Sua despolarização depende essencialmente da entrada de sódio pelos canais de cinética rápida. O componente lento é a resposta elétrica característica das células miocárdicas. Ele apresenta uma taxa de despolarização muito menor do que aquela do componente rápido e sua velocidade de propagação no tecido cardíaco é pequena.

No coração, PAES de CARVALHO (1976) reconheceu existirem três formas básicas de potenciais de ação. A morfologia dessas respostas está mostrada na Fig. 1.39. Os potenciais do tipo **A** apresentam componente rápido (seta) bem desenvolvido que é responsável pela amplitude do potencial de ação. Eles são encontrados no miocárdio de trabalho e de condução ventricular. Nos do tipo **B**, o componente rápido é pouco desenvolvido e a amplitude desses potenciais é dada pela intensidade do componente lento. Esses potenciais são vistos nas células de transição que se situam em torno dos nódulos SA e AV. Os do tipo **C** não têm componente rápido e, por isso, na Fig. 1.39 estão indicados com um sinal de interrogação. Esses podem ser vistos nas células nodais.

Condutância da membrana durante o potencial de ação. Durante o processo de excitação, a membrana celular muda do seu estado passivo (resistência constante) para um estado ativo (resistência variável). A membrana ativa se caracteriza pelo fato de apresentar alterações da sua condutância para diversos íons. Para ilustrar, a Fig. 1.40 mostra, durante um potencial de ação, como varia a condutância da membrana para os íons: sódio, potássio e cálcio.

Logo após a aplicação de um pulso despolarizante e supralimiar, a condutância ao sódio aumenta, tornando-se cerca de 30 vezes maior do que a condutância ao potássio. Contudo, ela não se mantém elevada, pois os canais de sódio sofrem inativação. Durante o platô, a membrana ainda apresenta uma permeabilidade aumentada para o sódio, que penetra na célula pelos canais lentos. Somente com a completa repolarização é que a condutância ao sódio retorna ao seu valor de repouso.

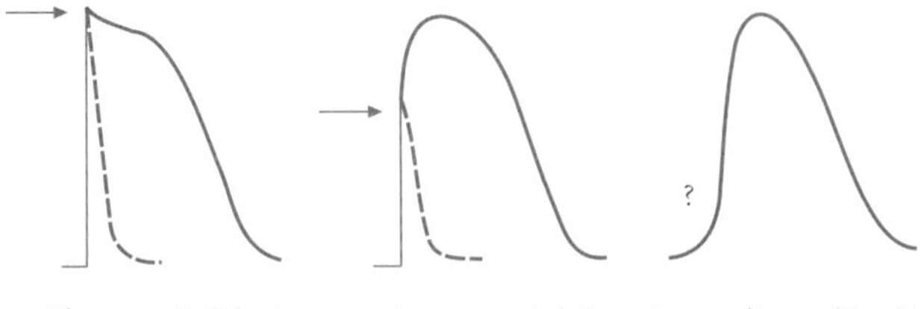

Figura 1.39 Formas do potencial de ação cardíaco. (De Paes de Carvalho, A. *et al.*, *in* Krieger, 1976, p. 25.)

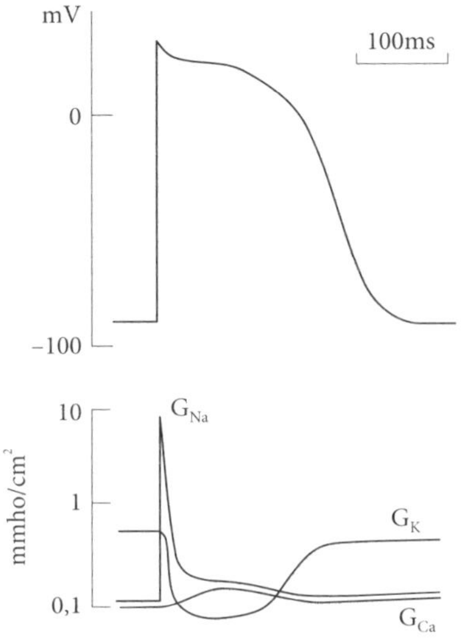

Figura 1.40 Variações da condutância da membrana da célula do miocárdio para os íons sódio (**G_{Na}**), potássio (**G_K**) e cálcio (**G_{Ca}**). A curva superior representa o potencial de ação miocárdico que resulta do fluxo desses íons. (Modificado de Paes de Carvalho, A., *in* Krieger, 1976, p. 23.)

A condutância da membrana ao potássio, por sua vez, apresenta um comportamento diferente daquele observado no nervo. Na célula cardíaca, com a despolarização, a condutância dos canais de potássio reduz-se temporariamente. Essa diminuição da corrente transportada pelo potássio para fora da célula colabora para manter a célula despolarizada. Com o tempo, no entanto, a condutância ao potássio retorna ao seu valor de repouso. Nesse instante ocorre um grande fluxo de saída de potássio, agora movido tanto pelo gradiente de concentração, como pelo gradiente elétrico, que passa a favorecer a saída de íons positivos. A fuga de potássio contribui para negativar o citoplasma, produzindo, assim, a repolarização das células.

No repouso, a célula miocárdica apresenta uma condutância muito pequena para os íons cálcio. No entanto, durante o platô do potencial de ação essa condutância aumenta e, como é muito elevado o gradiente de concentração do cálcio entre os lados da membrana, o aumento da condutância, apesar de pequeno, permite que ocorra um importante influxo desse íon.

As células marca-passo são encarregadas de promover a autoestimulação do coração, determinando, assim, o seu ritmo. Essas células estão localizadas principalmente nos nódulos e nas bordas do anel valvar, mas também podem ser encontradas em qualquer ponto do tecido cardíaco. O seu potencial de ação é típico e se caracteriza, fundamentalmente, pela variação contínua do potencial de membrana durante a diástole elétrica (fase 4). Esse fenômeno, que está mostrado na Fig. 1.41, é chamado de **despolarização diastólica lenta (DDL)** e se deve a uma progressiva redução da permeabilidade da membrana ao íon potássio (NOMA e IRISAWA, 1976). Como o efluxo de potássio diminui, o influxo lento de Na^+ e de Ca^{++} despolariza lentamente a célula e conduz o potencial de membrana até o limiar de excitação. Quanto maior for a taxa de variação da DDL, maior

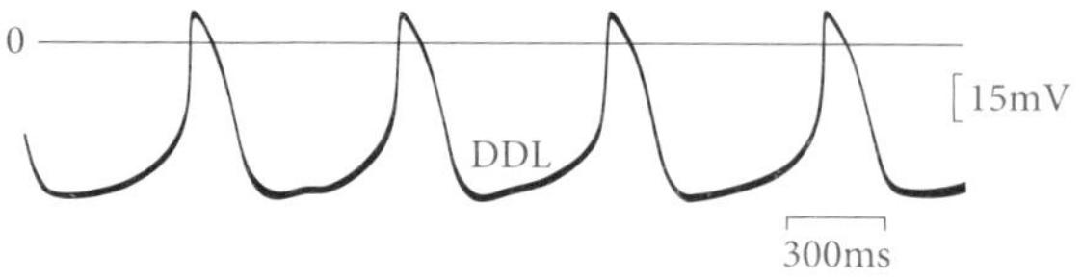

Figura 1.41 Potenciais de ação nodais. **DDL** representa a despolarização diastólica lenta. (Modificado de Gadsby, D.C. e Wit, A.L., *in* Wilkerson, 1981, p. 255.)

será a frequência de disparo das células marca-passo. Vários estudos mostraram que, dessas células, as que possuem maior frequência intrínseca são as do nódulo sinoatrial. Depois delas, seguem-se em ordem decrescente as células do nódulo atrioventricular, as do feixe de His e as das fibras de Purkinje.

Muitos investigadores contribuíram para o conhecimento de como se comporta a condutância da membrana das células (DECK e TRAUTWEIN, 1964; DECK, KERN e TRAUTWEIN, 1964; REUTER, 1967; ROUGIER, VASSORT e STAMPFLI, 1968; MASCHER e PEPER, 1969; VASSORT, ROUGIER, GARNIER, SAUVIAT, CORABOEUF e GARGOUIL, 1969; GIEBISCH e WEIDMANN, 1971; TRAUTWEIN, 1973). Os estudos experimentais mostraram que as fibras de Purkinje podem desenvolver um potencial marca-passo. A Fig. 1.42 mostra, no gráfico superior, o aspecto do potencial de ação observado nessa estrutura. No gráfico inferior, pode-se ver esquematicamente como varia a condutância da membrana dessas células para os íons sódio e potássio. Esse tecido possui canais rápidos de sódio que permitem uma rápida despolarização durante a fase 0. Sob determinadas condições, as fibras de Purkinje podem apresentar, durante a fase 4, uma redução progressiva da condutância ao potássio. Com isso, surge uma DDL e, eventualmente, essas células podem atuar como marca-passo.

As correntes iônicas que formam o potencial de ação cardíaco. A formação do potencial de ação miocárdico depende do concurso de diversas correntes (Fig. 1.43). Elas existem em virtude de gradientes específicos de concentração iônica e de variações bem definidas da condutância da membrana para íons específicos. Essas variações, que são dependentes de voltagem e de tempo, determinam o momento e a intensidade da contribuição de cada espécie iônica para a formação do potencial de ação.

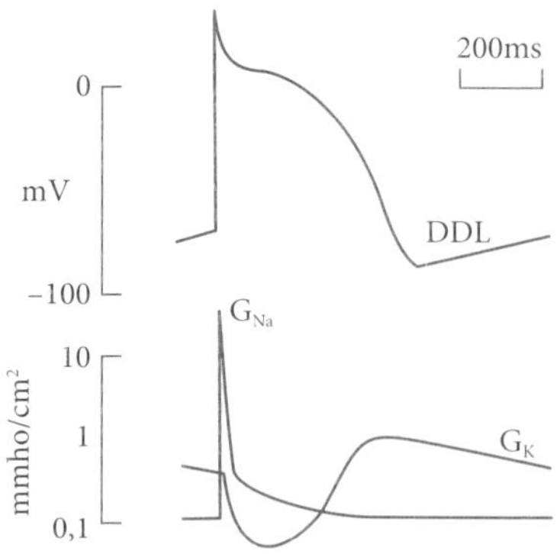

Figura 1.42 Atividade marca-passo em fibra de Purkinje. O gráfico superior mostra a forma do potencial de ação marca-passo que sob determinadas condições pode se desenvolver nessa estrutura. As curvas inferiores referem-se à condutância da membrana dessa fibra, durante esse potencial (Modificado de Paes de Carvalho, A., *in* Krieger, E.M., 1976, p. 23.)

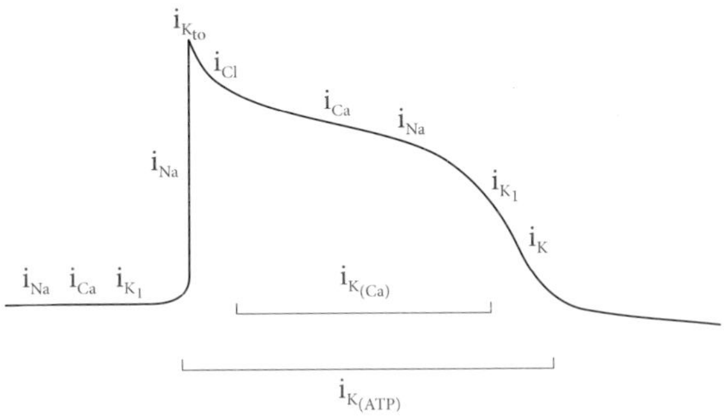

Figura 1.43 Correntes iônicas durante as diversas fases do potencial de ação cardíaco. Ver texto para detalhes.

Durante a fase 4, existem correntes lentas de sódio, cálcio e potássio. Nos potenciais completos, a fase 0 é gerada pelo sódio que, atravessando a membrana celular pelos canais rápidos, permite que a taxa de variação da voltagem da membrana seja muito elevada (500 a 600V/s). Durante o platô, contribuem as correntes de cloreto, sódio e cálcio. Estas duas últimas atravessam a membrana por canais de cinética lenta. Na fase de repolarização, a principal corrente iônica se deve ao potássio. Esse íon transita por muitos subtipos de canais, tais como o K_{to}, K_1, K, $K_{(Ca)}$ e $K_{(ATP)}$.

Em fibras de Purkinje, além das correntes rápidas de sódio ($\mathbf{I_{Na}}$), das correntes lentas de Na^+ e Ca^{++} ($\mathbf{I_{si}}$) e das correntes repolarizantes transportadas pelo K^+, os estudos com "voltage clamp" identificaram uma corrente transportada para fora das células e sensível à remoção do cloreto extracelular. A ela se chamou de corrente dinâmica positiva ($\mathbf{I_{qr}}$) (DECK e TRAUTWEIN, 1964; DUDEL, PEPER, RUDEL e TRAUTWEIN, 1967; FOZZARD e HIRAOKA, 1973; HECHT e HUTTER, 1965; PEPER e TRAUTWEIN, 1968; REUTER, 1968). Foi também identificada uma corrente ($\mathbf{I_{K2}}$) que está relacionada com a atividade marca-passo dessas fibras (NOBLE e TSIEN, 1968).

Correntes marca-passo. O desenvolvimento do ritmo cardíaco decorre da capacidade de autoexcitação das células nodais. Durante a fase 4 dessas células, além de uma diminuição progressiva na corrente de saída transportada pelo potássio, duas correntes iônicas foram descobertas (PETIT-JACQUES, BESCOND, BOIS e LENFANT, 1994). A primeira delas ocorre nos instantes iniciais da DDL e é responsável pela inclinação inicial dessa fase. Essa corrente é transportada por íons Ca ($I_{Ca,\,T}$ – "low-threshold transient current") e a sua cinética é diminuída pelos íons Cs e Cd, bem como pela amiodarona. O BAY K-8644 e a noradrenalina favorecem o aumento dessa corrente marca-passo. A segunda corrente, representada por I_{rs}, ou por $I_{Ca,\,L}$ ("high-threshold long-lasting current"), é transportada pelos íons Ca e Na. Essa corrente aparece na fase final da DDL, conferindo a ela uma nova taxa de variação. O verapamil, a tetrodotoxina (TTX) e a rianodina reduzem a corrente I_{rs}, enquanto o BAY K-8644 e a noradrenalina aumentam sua magnitude (RUBENSTEIN e LIPSIUS, 1989).

Características eletrofisiológicas e farmacológicas dos canais iônicos

A geração dos potenciais elétricos na membrana celular depende fundamentalmente das correntes iônicas que a atravessam. Para isso, os íons mais importantes são: o sódio, o cálcio, o potássio e o cloreto. O fluxo de cada uma das espécies iônicas se faz através de canais apropriados, cuja seletividade, no entanto, é variada. As técnicas de "voltage clamp", "whole-cell clamp", "patch clamp", de incorporação de proteínas em membranas lipídicas artificiais, de isolamento e sequenciamento das proteínas de membrana e de manipulação genética para identificar os *loci* do DNA (p. ex., RUDOLPH, SPIER BYRNS e HOFFMAN, 1992), que são responsáveis pela codificação das proteínas que se incorporam à membrana, têm permitido a compreensão da geometria e dos mecanismos de funcionamento dos canais iônicos. Foram identificadas várias isoformas para cada um dos canais iônicos conhecidos. Uma síntese do que se tem aprendido sobre eles será agora apresentada.

Os canais de sódio. Para gerar o potencial de ação, os íons atravessam a membrana celular por canais hidrofílicos. O canal rápido de Na^+, por exemplo, responde pela fase 0 dos potenciais de ação completos. Esse canal, que é bloqueado pela TTX (NARAHASHI, MOORE e SCOTT, 1964) e pela lidocaína (BIGGER e MANDEL, 1970; CHEN e GETTES, 1976; DAVIS e TEMTE, 1969; SINGH e VAUGHAN WILLIAMS, 1971; WELD e BIGGER, 1975), apresenta inativação quando a célula é despolarizada.

As correntes rápidas de Na^+, além de serem afetadas pela TTX e pela lidocaína (JOSEPHSON, 1988), são também sensíveis à etmozina (MAKIELSKI, UNDROVINAS, HANCK, SHEETS, NESTERENKO, ALPERT, ROSENSHTRAUKH e FOZZARD, 1988). A intensidade dessas correntes depende do potencial da membrana e da concentração extracelular de Ca^{++}. O cálcio tem a propriedade de apressar a inativação dos canais rápidos de sódio (BEELER e REUTER, 1970a; BERNARD, SASSINE e GARGOUIL, 1974). Também a acidose diminui a condutância máxima desses canais (CHESNAIS, CORABOEUF, SAUVIAT e VASSAS, 1975). A quinidina eleva o limiar de excitação do componente rápido e, por isso, reduz a velocidade máxima de despolarização (CHEN, GETTES e KATZUNG, 1975; DECOURET, 1976). O propranolol, por sua vez, é capaz de reduzir a corrente de Na^+. Esse efeito foi mostrado por TARR, LUCKSTEAD, JUREWICZ e HAAS (1973), estudando as correntes iônicas em átrio de rã. A veratrina, ao contrário, facilita a entrada de sódio pelos canais rápidos, porque torna mais lento o fenômeno da inativação (HONERJAGER e REITER, 1975; BARNES e HILLE, 1988). Alguns experimentos têm mostrado que o Li^+ pode substituir o Na^+ durante a fase 0 do potencial de ação (CARMELIET, 1964).

Os canais de cálcio. Durante o platô dos potenciais de ação completos, há um aumento da condutância da membrana ao Ca^{++}. Com isso, este íon, cujo potencial de equilíbrio é muito positivo (+130mV), penetra na célula, ajudando a manter o estado despolarizado e promovendo a contração muscular (BEELER e REUTER, 1970b;

NEW e TRAUTWEIN, 1972a,b; REUTER, 1967; ROUGIER, VASSORT, GARNIER, GARGOUIL e CORABOEUF, 1969). O influxo de cálcio é responsável por uma corrente lenta de entrada ($\mathbf{I}_{si}$) que foi primeiramente registrada durante o platô do potencial de ação de fibras de Purkinje estudadas pela técnica de "voltage clamp" (REUTER, 1967; REUTER, 1968; VITEK e TRAUTWEIN, 1971; BEELER e REUTER, 1970b; NEW e TRAUTWEIN, 1972a,b; ROUGIER, VASSORT, GARNIER, GARGOUIL e CORABOEUF, 1969). Dois canais de Ca^{++} foram identificados:

a) o canal tipo **L** ("large depolarization") com condutância de 25pS, que é ativado em voltagens próximas a 0mV e pode ser bloqueado pelas di-hidropiridinas (nifedipina, nitrendipina), verapamil, D600 e cádmio. Esse canal é regulado por uma proteína G (CALLEWAERT, HANBUER e MORAD, 1989; BEAN, 1989);
b) o canal tipo **T** ("threshold"), que apresenta uma condutância de 8pS, é pouco sensível ao verapamil e ao D600, mas pode ser antagonizado pelo Ni^{++} (TSIEN, LIPSCOMBE, MADISON, BLEY e FOX, 1988) e pelo inseticida tetrametrim (BEAN, 1989).

GODFRAIND e GOVONI (1995), relatando os trabalhos apresentados no "Sixth International Symposium on Pharmacological Control of Ca^{2+} and K^{+}", realizado em Florença, Itália, comunicaram a existência de seis classes de canais de cálcio voltagem-dependentes. Os quatro novos canais que foram acrescentados à lista são os canais de cálcio do tipo **N**, **P**, **Q** e **R**. O canal tipo **N** pode ser irreversivelmente bloqueado pela ω-conotoxina GVIA que é extraída da lesma marinha *Conus geographus* (OLIVEIRA, McINTOSH, CRUZ, LUQUE e GRAY, 1984; McCLESKEY, FOX, FELDMAN, CRUZ, OLIVEIRA, TSIEN e YOSHIKAMI, 1987; AOSAKI e KASAI, 1989; PLUMMER, LOGOTHETIS e HESS, 1989). Os canais tipo **P** podem ser bloqueados pelo peptídio ω-agatoxina IVA (MINTZ, ADAMS e BEAN, 1992). Os canais tipo Q podem ser bloqueados pela ω-conotoxina MVIIC (RANDALL, WENDLAND, SCHWEIZER, MILJANICH, ADAMS e TSIEN, 1993; ZHANG, RANDALL, ELLINON, HORNE, SATHER, TANABE, SCHWARZ e TSIEN, 1993), que é um peptídio obtido por síntese.

Substâncias que alteram as correntes lentas. Além do Ca^{++}, também contribuem para a corrente lenta o influxo de Na^{+} e a redução do efluxo de K^{+} (REUTER e SCHOLZ, 1977). Várias substâncias interferem com as correntes despolarizantes do platô. Foi demonstrado que o Sr^{++} e o Ba^{++} produzem efeitos elétricos semelhantes aos do Ca^{++} (CHESNAIS, CORABOEUF, SAUVIAT e VASSAS, 1971). O Mg^{++}, Ni^{++}, Cd^{++}, Co^{++} e o Ln^{++} reduzem a magnitude das correntes lentas (CORABOEUF e VASSORT, 1968; KOHLHARDT, BAUER, KRAUSE e FLECKENSTEIN, 1973; KIMOTO, SAITO e GOTO, 1974; KOHLHARDT, BAUER, KRAUSE e FLECKENSTEIN, 1973). Esse efeito também é produzido pela acidose (CHESNAIS, CORABOEUF, SAUVIAT e VASSAS, 1971,1975) e pelos bloqueadores do canal de cálcio (verapamil, D600, nifedipina, nimodipina etc.) (CRANEFIELD, 1975; KASS e TSIEN, 1975; KOHLHARDT, BAUER, KRAUSE e FLECKENSTEIN, 1972; NAWRATH, TEN EICK, McDONALD e TRAU-

TWEIN, 1977). Por outro lado, a adrenalina, a noradrenalina, o isoproterenol, o (+)202--791, assim como as substâncias que elevam o nível intracelular do AMPc (cafeína e bloqueadores da fosfodiesterase), aumentam a intensidade das correntes lentas.

A repolarização e os canais de potássio. A resposta elétrica característica do coração é o platô dos seus potenciais de ação. Para a sua formação, além das correntes lentas de Na^+ e Ca^{++}, concorre também um aumento da resistência da membrana à custa de uma diminuição da condutância ao potássio (WEIDMANN, 1951). Quando os canais de potássio são reativados, a célula repolariza. Os estudos usando modernas técnicas da biologia molecular têm revelado que os canais de potássio são tetrâmeros em que cada uma das suas unidades polipeptídicas transpõe seis vezes (SI a S6) a matriz lipídica (MacKINNON, 1991). A unidade S4 parece ser a região onde está localizado o sensor de voltagem desse canal (JAN e JAN, 1992). A sequência de aminoácidos dessa unidade está conservada em todos os canais que são dependentes de voltagem, tais como os canais de sódio e de cálcio.

Testes biofísicos e farmacológicos têm mostrado que existem vários tipos de canais para o potássio. SANGUINETTI e KEATING (1997) relataram que em miócitos cardíacos três diferentes tipos desses canais são responsáveis pela fase de repolarização dos potenciais de ação. No estado de respouso elétrico existe uma corrente de potássio dirigida para fora da célula, que cruza a membrana através de canais que retificam com a despolarização. E o **canal tipo K_I** ("inward rectifier channel"). Durante a fase 0 da resposta ativa, a condutância desses canais diminui, contribuindo para a formação do platô do potencial de ação cardíaco. Todavia, quando a membrana repolariza para cerca de -20mV, tais canais passam novamente a conduzir corrente para fora e se tornam a principal estrutura da membrana responsável pela repolarização. Um outro tipo de canal – o **canal K_{to}** –, chamado de canal de ativação transitória ("transient outward channel"), abre-se rapidamente na fase 0 do potencial de ação, mas logo se inativa, ficando impossibilitado de contribuir para a plena repolarização da célula (fase 3).

Além do canal K_I e do canal K_{to}, um outro canal chamado de retificador com retardo – o **canal K** ("delayed rectifier channel") – apresenta um progressivo aumento de condutância ao potássio à medida que se desenvolve o potencial de ação, produzindo uma corrente máxima de saída próximo ao término do platô (fase 2). Nesse momento, os canais tipo **K_I** que se mantinham desativados, reativam-se, completando a repolarização celular. Os **canais K** apresentam dois subtipos: **K_s**, que não responde ao sotalol, e **K_r**, que é sensível ao sotalol. A corrente **I_K**, que decorre da ativação dos canais tipo K, é reduzida pela amiodarona. Essa substância, ao se contrapor ao aumento da condutância do canal de potássio tipo K, retarda a repolarização celular e alonga a duração do potencial de ação cardíaco.

Canais controlados por ligantes. Alguns canais de potássio são controlados por ligantes. Durante todo o potencial de ação pode-se evidenciar um canal dependente da concentração de ATP intracelular (**K_{ATP}**) e outro que é dependente do cálcio citoplasmático livre (**K_{Ca}**). O canal dependente de ATP mantém-se fechado em presença desse composto. Assim, o ATP funciona como um inibidor da condutância do canal. Em situações em que a concentração do ATP intracelular está reduzida – como na anoxia, por exemplo – o canal é aberto e ocorre uma fuga prematura de K^+ para o meio externo com consequente encurtamento da duração do potencial de ação. Os canais sensíveis ao ATP sofrem inativação que, por sua vez, é influenciada pela concentração intracelular de cálcio (FINDLAY, 1988).

O canal de potássio dependente de Ca^{++} (**K_{Ca}**) é ativado quando a concentração intracelular deste íon aumenta. Vários trabalhos sugeriram a existência desse canal. ISENBERG (1975), injetando eletroforeticamente Ca^{++} no interior das células cardíacas, mostrou que a elevação da concentração do Ca^{++} citoplasmático reduzia a duração do potencial de ação. Desses canais, dois subtipos são conhecidos: o **SK_{Ca}** ("slow"), cuja condutância é ativada lentamente, e o **BK_{Ca}** ("big"), que apresenta condutância elevada.

Além desses canais, no músculo cardíaco KIM e CLAPHAM (1989) e ORDWAY, WALSH e SINGER (1989) relataram a descoberta de um canal de potássio que é controlado pelo ácido araquidônico.

Canais de potássio e proteína G. Alguns canais de potássio são controlados por uma proteína G. Vários neurotransmissores e hormônios, entre os quais a serotonina (5HT), a norepinefrina, o hormônio do crescimento e a acetilcolina, devem, em parte, exercer suas ações, alterando a condutância de canais de potássio. Esses canais sofrem a ação de uma proteína G que é ativada por essas substâncias (KURACHI, NAKAJIMA e SUGIMOTO, 1986; IRISAWA, BROWN e GILES, 1993).

Antagonistas de canais. Vários antagonistas dos canais de potássio já são conhecidos. São substâncias geralmente derivadas de toxinas animais (CASTLE, HAYLETT e JENKINSON, 1989). O peptídio **apamina**, extraído do veneno da abelha, é um bloqueador dos canais de baixa condutância que são ativados pelo Ca^{++} (**SK_{Ca}**) em tecidos como o músculo liso, o neuroblastoma e o hepático. No músculo papilar da cobaia a apamina age de modo oposto, pois encurta o potencial de ação e hiperpolariza as células. Esses efeitos se devem a uma abertura dos canais de potássio induzida pelo veneno (NAKAGAWA, NAKAMURA e ARITA, 1989). Por outro lado, a **iberiotoxina**, obtida do escorpião *Bunthus tamulus*, é um potente e seletivo bloqueador dos canais de potássio de alta condutância (**BK_{Ca}**) (GALVEZ, GIMENEZ-GALLEGO, REUBEN, ROY-CONTANCIN, FEIGENBAUM, KACZOROWSKI e GARCIA, 1990). Também a **caribdotoxina**, isolada do veneno do escorpião *Leirus quinquestriatus hebraeus*, é antagonista desses maxicanais (GIMENEZ-GALLEGO, NAVIA, REUBEN, KATZ, KACZOROWSKI e GARCIA, 1988).

Os canais de potássio de ativação transitória são, por sua vez, bloqueados pela **dendrotoxina** extraída do veneno de cobra (HALLIWELL, OTHMAN, PESHEN-MATTHEWS e DOLLY, 1986), por substâncias sintéticas como a **4-aminopiridina** e a **3,4-diaminopiridina** (YELLEN, 1987). O íon **tetraetilamônio** (TEA) interfere com o canal retificador de ativação retardada, bem como bloqueia o canal $K_{(ATP)}$ (DAVIES, SPRUCE, STANDEN e STANFIELD, 1989). O **sotalol** é um potente bloqueador das correntes dos canais tipo K, tipo $K_{(to)}$ e tipo K_1 (CARMELIET, 1985; BERGER, BORCHARD e HAFNER, 1989), enquanto os seus análogos **E-4031**, **UK-66914** e **UK-68798** bloqueiam especificamente a corrente I_{Kr} (SANGUINETTI e JURKIEWICZ, 1990; GWILT, DALRYMPLE, BURGES, BLACKBURN, DICKINSON, CROSS e HIGGINS, 1991; GWILT, ARROWSMITH, BLACKBURN, BURGES, CROSS, DALRYMPLE e HIGGINS, 1991). O bloqueio de qualquer um dos tipos de canal de potássio repercute na resposta elétrica da membrana celular, alongando a duração dos potenciais de ação.

PCOs e PCCs. Alguns agentes podem aumentar a condutância dos canais K_{ATP}. São as substâncias abridoras dos canais de potássio ("potassium channels openers" – PCOs). Entre elas estão: **cromacalina**, **pinacidil**, **nicorantil**, **minoxidil** e **diazoxida** (YANAGISAWA e TAIRA, 1980; IMANISHI, ARITA, KIYOSUE e AOMINE, 1983; SANGUINETTI, 1992; ESCANDE, THURINGER, LEGUERN, COURTEIX, LAVILLE e CAVERO, 1989). Esses agentes são importantes durante a anoxia miocárdica, pois a grande dispersão de duração dos potenciais de ação facilita o aparecimento de arritmias. Porque encurtam o potencial de ação, elas combatem a dispersão e sincronizam melhor a repolarização miocárdica.

Outra classe importante de drogas é aquela que reúne as substâncias que diminuem a condutância dos canais $\mathbf{K_{ATP}}$. São genericamente chamadas de agentes oclusores dos canais de potássio ("potassium channel closers" – **PCCs**). Neste grupo estão as **sulfonilureias** como a **gliburida**, a **glipizida** (ZUNKLER, LENZEN, MANNER, PANTEN e TRUBE, 1988) e a **tolbutamida**, bem como as **aminopiridinas**, o **TEA** e o seu análogo, *clofilium*. Pelo menos no pâncreas está bem demonstrado que esses compostos facilitam a entrada de glicose e aminoácidos nas células, aumentando a produção de ATP e reduzindo, consequentemente, a saída de potássio através do canal tipo $\mathbf{K_{ATP}}$. Com o efluxo de K^+ diminuído, a célula despolariza e ocorre então uma ativação dos canais de Ca^{++}. O influxo deste íon tem significado bem definido naquele órgão, pois a elevação do Ca^{++} citosólico promove a exocitose da insulina (PETERSEN, 1988).

Canais de cloreto. Vários tipos de canais de cloretos são atualmente conhecidos. Entre eles estão os:

- canais de cloreto regulados pelo AMPc
- canais de cloreto ativados pelo cálcio
- canais de cloreto ativados por substâncias purinérgicas
- canais de cloreto ativados pelo intumescimento celular

Canais de cloreto ativados pelo AMPc. Os estudos de EHARA e ISHIHARA (1989) sugerem que o aumento do AMPc intracelular induzido pela epinefrina é capaz de ativar na célula miocárdica canais de cloreto, cuja corrente contribui para a repolarização. O mecanismo do encurtamento dos potenciais de ação durante as taquicardias induzidas por catecolaminas deve envolver a contribuição desses canais. Muitos tipos de epitélio, como os das vias respiratórias e os dos ductos pancreáticos, possuem nas suas células canais de cloretos. O ácido carboxilantraceno é capaz de bloqueá-los.

Trabalhos mais recentes (HARVEY, 1996; GADSBY, NAGEL e HUANG, 1995; HARVEY, CLARK e HUME, 1990) têm mostrado que as drogas β-adrenérgicas podem ativar canais de cloreto em miócitos ventriculares de mamíferos. A ativação dos canais de cloreto se faz através da fosforilação produzida pela proteinoquinase A (PKA). Os canais de cloreto ativados pelo AMPc são sensíveis à voltagem da membrana. Esses canais apresentam similaridades com os canais reguladores da condutância transmembrana existentes na fibrose cística ("CFTR – cystic fibrosis transmembrane conductance regulator"). Os canais CFTR são encontrados em membranas apicais de muitos epitélios, inclusive o epitélio pulmonar.

Canais de cloreto ativados pelo cálcio. Canais de cloreto ativados pelo íon cálcio foram descritos no músculo cardíaco. O fluxo de cloreto ($I_{Cl\ (Ca)}$) gerado por esses canais ocorre principalmente durante a corrente transiente de saída (I_{to}). Os estudos mostram que esses canais são mais sensíveis ao cálcio liberado pelo retículo sarcoplasmático do que ao cálcio que penetra pela membrana celular (ZYGMUNT, 1994).

Canais de cloreto ativados por substâncias purinérgicas. Em determinadas espécies tem sido mostrado que o ATP e o ADP, mas não o AMP extracelulares podem ativar canais de cloreto na membrana das células ventriculares e atriais (KANEDA, FUKUI e DOI, 1994; LEVESQUE e HUME, 1995; MATSUURA e EHARA, 1992).

Canais de cloreto ativados pelo intumescimento celular. O aumento de volume celular induzido osmoticamente pode ativar canais de cloreto na membrana das células cardíacas (SOROTA, 1992; VANDENBERG, YOSHIDA, KIRK e POWELL, 1994).

Genes "Shaker", "Shab", "Shaw" e "Shal". A formação do potencial de ação miocárdico é um fenômeno de grande complexidade. Muitos canais iônicos estão envolvidos com a formação do potencial de repouso necessário para o aparecimento do potencial de ação, bem como com as variações do potencial de membrana que caracterizam os diversos potenciais de ação encontrados no músculo cardíaco. A caracterização dos canais iônicos e dos seus mecanismos de funcionamento somente está sendo possível após o desenvolvimento das técnicas de canais unitários, de "patch clamp" e do DNA recombinante. Os estudos com os genes "Shaker" (TEMPEL, PAPAZIAN, SCHWARZ, JAN e JAN, 1987; SCHWARZ, TEMPEL, PAPAZIAN, JAN e JAN, 1988; TIMPE, SCHWARZ, TEMPEL, PAPAZIAN, JAN e JAN, 1988), "Shab" (FRECH, VAN DONGEN, SCHUSTER, BROWN e JOHO, 1989), "Shaw" e "Shal" extraídos da *Drosophila* (KURIYAMA, KITAMURA e NABATA, 1995), permitiram reconhecer que eles codificam vários tipos de canais de potássio. Isso tem permitido que esses canais possam ser expressos em sistemas simples, facilitando o estudo das suas propriedades.

Doenças provocadas por defeitos estruturais dos canais iônicos

Muitas doenças cujas. etiologias eram desconhecidas estão sendo esclarecidas à medida que se tem aprofundado o conhecimento genético e biofísico dos canais iônicos. Em 1996, ROJAS, numa revisão dos trabalhos publicados, mostrou que várias patologias que afetam o homem estão relacionadas ao mau funcionamento dos canais iônicos (Tabela 1.6). Essas desordens funcionais podem alcançar tanto tecidos excitáveis, como os não excitáveis.

Tabela 1.6 Canalopatias.

Canal iônico defeituoso	Doença genética
Canal de sódio	Paralisia periódica hipercalêmica (doença de Gamstrop) Paramiotonia congênita (doença de Eulenburg) Miotonia atípica Síndrome do QT longo (gene LQT2)
Canal de cloreto	Fibrose cística Miotonia congênita (doença de Thomsen) Miotonia generalizada (doença de Becker)
Canal de potássio	Síndrome do QT longo (genes LQT1 e LQT3)
Canal de cálcio	Paralisia periódica hipocalêmica Hipertermia maligna

Fontes: Adaptada de Rojas, C.V., *in* NIPS, 11:36-42, 1996, p. 36; Keating, M.T. *et al.*, 1996a,b; SADS repport (18 de novembro de 1996); Dumaine, R. *et al.*, 1996; Curran, M.E. *et al.*, 1995.

1. Doenças provocadas por mutações do canal de sódio

HOFFMAN e SPIER (1993) revisaram os avanços sobre a primeira doença genético-biofísica provocada por canais de sódio dependentes de voltagem que foram sintetizados com erro. Trata-se de uma miotonia não distrófica conhecida como paralisia periódica hipercalêmica. Nesses casos, a crise de paralisia sobrevém de modo agudo e geralmente está associada à ingestão de alimentos ricos em potássio ou então ocorre depois de um esforço físico. A paralisia dos músculos esqueléticos deixa o paciente incapacitado para mover-se. Essa doença, contudo, nunca atinge o diafragma nem o coração e, por isso, apresenta pequena taxa de mortalidade. As crises podem durar minutos ou mesmo dias. Uma doença semelhante foi descrita em cavalos quarto-de-milha (PICKAR, SPIER, SNYDER e CARLSEN, 1991).

Outros estudos (KOCH, RICKER, OTTO, GRIMM, BENDER, ZOLL, LECHMANN-HORN, RUDEL, HARPER e HOFFMAN, 1991; PTACEK, GEORGE, BARCHI, GRIGGS, ROBERTSON e LEPPERT, 1992; PTACEK, TRIMMER, AGNEW, ROBERTS, PETEJAN e LEPPERT, 1991) têm mostrado que alterações muito pequenas da composição da cadeia polipeptídica que forma o canal de sódio é capaz de explicar a sintomatologia encontrada na paramiotonia congênita.

A Fig. 1.44 mostra esquematicamente um modelo do canal de sódio. Trata-se de uma estrutura de natureza proteica formada por quatro domínios (I, II, III, IV) que se inserem na matriz lipídica da membrana celular (M). Essas unidades se reúnem de forma a delimitar um canal hidrofílico no meio delas. Esse canal tem características biofísicas que favorecem a passagem de íons sódio.

A Fig. 1.45 apresenta a α-subunidade do canal de sódio disposta de modo plano e inserida na matriz lipídica da membrana celular (M). Os domínios I, II, III e IV possuem, cada um, seis unidades (1, 2, 3, 4, 5, 6) mergulhadas na matriz lipídica. Além delas, existem várias alças em "loop" voltadas para o meio externo, para o citoplasma, bem como para o interior da membrana. As extremidades da cadeia polipeptídica (NH_2, COOH), contudo, estão situadas no interior da célula. Nessa figura estão indicados os sítios em

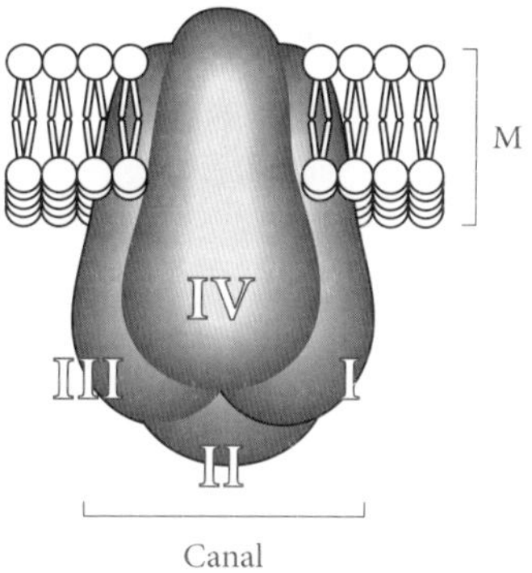

Figura 1.44 Modelo do canal de sódio. (Modificado de Hoffman e Spier, 1993, p. 40.)

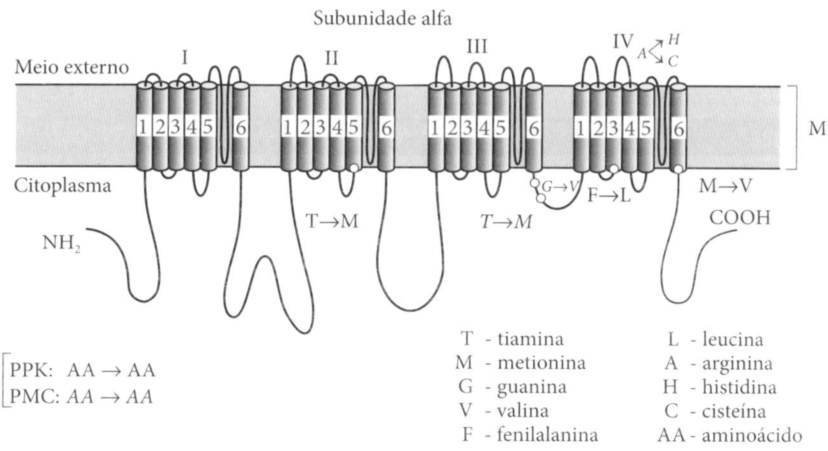

Figura 1.45 Modelo do canal de sódio mostrando os domínios intracelulares (**I, II, III e IV**) e os "loops" mergulhados na membrana e fora dela. Estão também apresentadas as mutações que provocam a paralisia periódica hipercalêmica (**PPK**) e a paramiotonia congênita (**PMC**). Os aminoácidos envolvidos com as mutações são: tiamina (**T**), metionina (**M**), guanina (**G**), valina (**V**), fenilalanina (**F**), leucina (**L**), arginina (**A**), histidina (**H**), cisteína (**C**). As mutações da **PMC** estão em itálico. (Modificado de Hoffman e Spier, 1993, p. 40.)

que foram identificadas as mutações que levam à manifestação fenotípica característica da paralisia periódica hipercalêmica (PPK), bem como aquelas que se expressam como paramiotonia congênita (PMC). As mutações que conduzem à PMC estão mostradas em letras itálicas. Todas as mutações foram observadas em humanos, exceto aquela que ocorre na unidade 3 do domínio IV em que uma fenilalanina é trocada por uma leucina. Essa substituição produz PPK em cavalos quarto-de-milha. Para que a PPK ou a PMC ocorra, é necessário que apenas uma das substituições esteja presente na proteína. Isso implica a existência de subtipos etiológicos para cada uma dessas doenças. Todas essas alterações estruturais da α-subunidade do canal de sódio ocorrem por mutações no cromossomo 17q23.

O estudo eletrofisiológico de canal defeituoso tem permitido o entendimento do seu comportamento anormal. CANNON, BROWN e COREY (1991), usando a técnica do "patch clamp", estudaram canais de sódio com a mutação M → V (metionina substituída por valina). Os autores observaram que esses canais têm sua inativação prejudicada com o aumento da concentração extracelular de potássio. A Fig. 1.46 mostra registros da corrente que atravessa o canal de sódio. Foram estudados canais normais e canais obtidos em pacientes com paralisia periódica hipercalêmica (PPK). Nos canais normais, o pulso de despolarização (–70 para –30mV) promoveu inativação do canal tanto em situação de baixa concentração do potássio (K_o = 3,5mM), quanto em alta concentração do potássio extracelular (K_o = 10mM). Quando as células musculares portadoras de canais PPK, isto é, aqueles que estão relacionados com a paralisia periódica hipercalêmica, foram submetidas ao alto potássio externo, o pulso despolarizante (–80 para –30mV) não foi

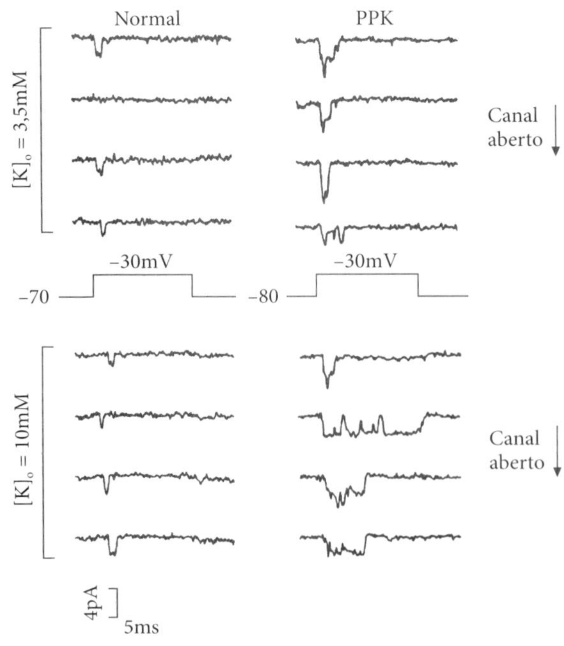

Figura 1.46 "Patch clamp" de canais de sódio de células normais e de células obtidas de um paciente com paralisia periódica hipercalêmica (**PPK**). Os canais associados à **PPK** tendem a permanecer mais tempo em estado aberto durante uma despolarização (–70 para –30mV). O comportamento anormal é mais evidente quando o potássio externo $[\mathbf{K}]_o$ é elevado. (Modificado de Hoffman e Spier, 1993, p. 41.)

capaz de inativar os canais de sódio, e eles continuaram a se abrir de modo aleatório. Essa expressão patológica do canal faz com que haja uma despolarização da membrana das células musculares, levando à paralisia.

Todas as mutações descobertas e que conduzem à PPK ocorrem pela face interna da membrana, sugerindo que o domínio proteico envolvido com o processo de inativação do canal de sódio está voltado para o citoplasma. O mecanismo pelo qual o potássio externo altera esse sítio de inativação não está, contudo, ainda esclarecido.

2. Doenças provocadas por mutações do canal de cloreto

A fibrose cística é uma doença autossômica recessiva decorrente de mutações (mais de 300 já foram identificadas) ao nível do cromossomo 7, que afeta o epitélio das vias aéreas, pancreáticas e os ductos das glândulas sudoríparas. Nessa doença, a membrana das células epiteliais não é capaz de transportar eficientemente os íons cloreto, dificultando o transporte de água para a luz dos tubos e, consequentemente, produzindo espessamento do muco e, em algumas situações, obstruções. Existe uma isoforma desses canais defeituosos, codificada pelo éxon 5, que foi detectada no coração.

Todavia, não se tem ainda uma correlação dessa alteração com uma doença cardíaca.

Na miotonia generalizada e na miotonia congênita, as mutações ocorrem nos genes responsáveis pela codificação dos canais de cloreto que são sensíveis à voltagem. Os indivíduos afetados por essas doenças apresentam redução da força dos membros superiores e dos inferiores, bem como acentuada rigidez muscular, sempre que iniciam um determinado movimento. Essa hipertonia, no entanto, melhora à medida que o paciente se exercita. Nos músculos esqueléticos normais, 70 a 80% da condutância da membrana em repouso se deve aos canais de cloreto. Muitas medidas foram feitas mostrando que essas membranas são 10 vezes mais permeáveis ao cloreto do que ao potássio. Por essa razão, durante o potencial de ação, quando o interior das células se torna positivo, ocorre um grande influxo de íons cloreto para o citoplasma, contribuindo, assim, para apressar a repolarização. A redução dessa corrente faz com que o potencial de ação seja prolongado. Com isso, o influxo de cálcio é maior e essas fibras musculares respondem com excesso de força aos estímulos que recebem. O ácido carboxilantraceno, que é capaz de bloquear os canais de cloreto, produz, simultaneamente, hipertonia muscular.

3. Doenças provocadas por mutações do canal de cálcio

A paralisia periódica hipocalêmica é transmitida hereditariamente por um cromossomo autossômico dominante, o cromossomo 1q32. Essa doença é a mais frequente entre as paralisias periódicas. Durante as crises, que geralmente são noturnas, os pacientes apresentam fraqueza muscular generalizada e o potássio plasmático está diminuído. A região afetada no cromossomo 1q32 codifica a subunidade α_1 do canal de cálcio sensível à voltagem e às di-hidropiridinas que se expressam na membrana celular (canais de cálcio tipo L). Esses canais são compostos por cinco subunidades designadas por α_1,

α_2, β, γ e δ. A subunidade α_1 é responsável pela formação do canal hidrofílico, através do qual passam os íons.

A hipertermia maligna é uma doença potencialmente letal. Ela se manifesta geralmente depois de estresses ou pela inalação de agentes anestésicos gerais. Durante a crise há tetania, hipertermia, aumento do metabolismo e taquicardia. A biofísica molecular dessa doença foi primeiramente estudada em porcos que apresentam uma doença semelhante (hipertermia maligna porcina). Nesses animais ela é transmitida hereditariamente por um gene autossômico recessivo, enquanto nos humanos ela se transmite por um gene autossômico dominante. Em alguns casos da doença humana observou-se o envolvimento do cromossomo 19q12-13.2. Essa região codifica a proteína, que é o receptor da rianodina, e os estudos não conseguiram distingui-la do canal liberador de cálcio que existe no retículo sarcoplasmático. Além disso, a hipertermia maligna está também associada a mutações no *locus* do cromossomo 7q, que codifica as subunidades α_2 e δ dos canais de cálcio sensíveis às di-hidropiridinas (ILES et al., 1994).

4. Doenças provocadas por mutações do canal de potássio

A síndrome do QT longo (SQTL) é uma anormalidade do funcionamento elétrico do coração que geralmente se manifesta por perda da consciência (síncope) quando o indivíduo é submetido a um esforço físico ou a situações de estresse emocional. A doença está associada à morte súbita de recém-nascidos, crianças e jovens, mas pode também ser diagnosticada em adultos de meia-idade. O eletrocardiograma desses pacientes apresenta um intervalo QT muito longo, indicando haver distúrbio no processo de repolarização ventricular.

A SQTL pode ser induzida por várias drogas (SQTL adquirida). Entre elas estão: anti-histamínicos (astemizol, difenil-hidramina), antibióticos (eritromicina, trimetoprima + sulfametoxazol, pentamidina), antiarrítmicos (quinidina, procainamida, disopiramida, sotalol, probucol, bepridil), antifúngicos (cetoconazol, fluconazol, itraconazol), psicotrópicos (tricíclicos, derivados da fenotiazina, haloperidol, risperidona, pimozida), diuréticos (indapamida), procinéticos gastrointestinais (cisaprida) e todas as situações que levam à perda de potássio (sudorese, diuréticos, vômitos, diarreia).

A SQTL pode ser hereditária e desta forma ela se apresenta sob duas variantes: a síndrome de Romano-Ward (tipo autossômico dominante) e a síndrome de Jervell e Lange-Nielsen (tipo autossômico recessivo), que é rara e está sempre associada à surdez congênita.

Muito pouco ainda se sabe sobre a variante de Jervell e Lange-Nielsen e os genes responsáveis por ela não são conhecidos. Os pacientes com síndrome de Romano-Ward apresentam mutações em quatro genes: o que codifica a proteína KVLQT1 (gene LQT1 do cromossomo 11p15.5), o que codifica a proteína HERG (gene LQT2 do cromossomo 7q35-36), o SCN5A, que codifica um tipo de canal de sódio da célula cardíaca (gene LQT3 situado no cromossomo 3p21-24) e o que codifica a proteína Min K (gene

LQT5 situado no cromossomo 21), que produz a síndrome, interagindo com a proteína KVLQT1 (KEATING *et al.*, 1991; WANG *et al.*, 1996; CURRAN *et al.*, 1995). Além destes, já é conhecida a participação de um outro gene localizado no cromossomo 4 (LQT4), mas o seu sítio não foi ainda definido. Os genes LQT1 e LQT3 codificam canais de potássio, enquanto o LQT2 se expressa como canal de sódio.

O rápido desenvolvimento da genética molecular tem permitido que a patogênese de muitas doenças esteja sendo desvendada. Já são conhecidas várias proteínas aberrantes (formadoras ou não de canal iônico) que estão relacionadas com mutações genéticas. Entre tais doenças estão: miocardiopatia familiar hipertrófica, distrofias musculares (doença de Duchenne e doença de Becker), hipercolesterolemia familiar, estenose aórtica supravalvar, síndrome de Marfan, telangiectasia hereditária hemorrágica, e outras (KEATING *et al.*, 1996b).

O acoplamento celular no miocárdio

Os trabalhos pioneiros de ENGELMANN (1877) mostraram que lesões musculares, produzidas mecanicamente, geravam correntes elétricas, as quais chamou de correntes de lesão ou correntes de injúria. Excitava-lhe a curiosidade o fato de que elas desapareciam de modo espontâneo e o faziam mais rapidamente no músculo liso e no coração do que no músculo esquelético. Desde então, ENGELMANN sugeriu que a musculatura lisa e o miocárdio dispunham de mecanismos intrínsecos que lhes permitiam isolar a região lesada das demais.

O coração como um sincício. O coração é um órgão elétrico e também mecânico. O seu músculo apresenta uma estrutura bem diferenciada entre os tecidos excitáveis. Até os achados de Van BREEMEN (1953), ele era considerado um grande sincício anatômico, apesar das suspeitas que já haviam sido levantadas por ENGELMANN, em 1877 e, depois, por ROTHSCHUH, em 1950 e 1951. Segundos estes autores, no miocárdio deveriam existir "barreiras elétricas transversas" que, espaçadas ao longo do citoplasma das fibras cardíacas, impediam que os efeitos de uma lesão localizada se espalhasse por todo o órgão.

A membrana juncional. Van BREEMEN (1953), usando a microscopia eletrônica, mostrou que o músculo cardíaco é constituído por células individualizadas, mas que estão intimamente acopladas entre si. Os trabalhos posteriores de SJOSTRAND e ANDERSSON (1954), MUIR (1957a,b), SJOSTRAND e ANDERSSON-CEDERGREN (1960), MOORE e RUSKA (1957), FAWCETT e SELBY (1958) trouxeram conhecimentos adicionais, quando identificaram que as células do coração estavam interconectadas por membranas juncionais e que elas eram dotadas de regiões especializadas, tanto para a fixação mecânica, como para a transmissão de correntes elétricas.

O acoplamento celular no miocárdio. As "barreiras elétricas transversas", propostas por ROTHSCHUH, ficaram conhecidas como discos intercalares, e a demonstração de que o miocárdio é formado por células individualizadas fez confundir o termo disco intercalar com junção celular (KAWAMURA e JAMES, 1971). O tecido cardíaco deu mostras de complexidade funcional quando WEIDMANN (1952), contrariando as ideias de ENGELMANN e ROTHSCHUH, observou que a aplicação de corrente elétrica numa célula cardíaca podia ser percebida ao longo das células vizinhas. Tudo se passava como se uma onda eletrotônica se espalhasse ao longo das fibras miocárdicas sem que encontrasse no trajeto regiões de alta resistência.

A Fig. 1.47 modificada de WEIDMANN (1952) mostra como varia o potencial das células que estão em torno do ponto em que foi injetada a corrente elétrica. WEIDMANN percebeu que esse comportamento podia ser previsto pela Teoria do Cabo desenvolvida por KELVIN (1855, 1856), HERMANN (1905), COLE e CURTIS (1938) e por HODGKIN e RUSHTON (1946). Assim, tomando esse modelo, calculou a curva que melhor se ajustava aos pontos experimentais. Como o modelo foi capaz de prever o comportamento elétrico passivo do tecido miocárdico, através dele WEIDMANN (1952) mostrou que o valor da resistividade mioplasmática é pequeno (105Ω · cm) se comparado à resistividade da membrana superficial (2.000Ω · cm). Considerando que a via intracelular deveria incluir a contribuição da resistência das membranas juncionais, WEIDMANN conclui que elas teriam uma resistividade muito baixa e, por isso, permitiam que a corrente elétrica pudesse fluir sem dificuldade de uma célula para outra.

A ideia do miocárdio como um sincício funcional foi, depois de WEIDMANN, reforçada por muitos pesquisadores, entre os quais FANGE, PERSSON e THESLEFF (1956), que estudaram o acoplamento celular em embrião de pinto, cujas células foram cultivadas *in vitro*. Também, WOODBURY e CRILL (1961, 1970), a partir de estudos em miocárdio de rato, desenvolveram um modelo matemático para tratar o acoplamento.

Em 1966, WEIDMANN publicou um dos mais importantes trabalhos sobre a natureza sincicial do miocárdio. Estudando a difusão do potássio radioativo ao longo do citoplasma das fibras desse tecido, pôde, enfim, medir com grande precisão a resistência das membranas juncionais. Seus resultados indicaram que a resistência dessas membranas era muito pequena (3Ω · cm^2). Posteriormente, WOODBURY e CRILL (1961, 1970) e HEPPNER e PLONSEY (1970) chegaram a um valor semelhante trabalhando com modelos teóricos.

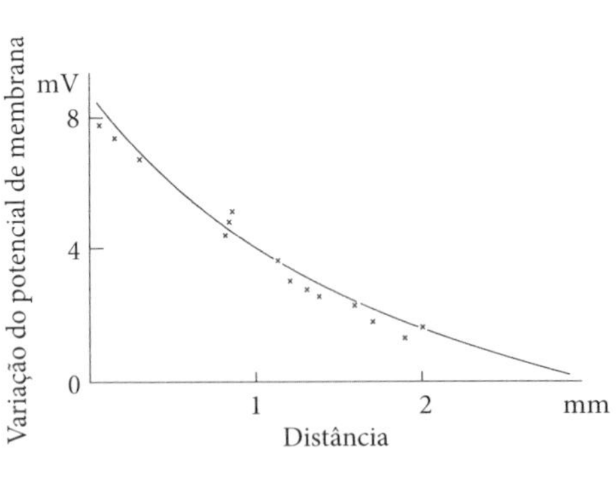

Figura 1.47 Variação do potencial transmembrana de células que estão próximas a um sítio de injeção de corrente. Ver texto para detalhamento. (Modificado de Weidmann, 1952, p. 352.)

As estruturas do disco intercalar. De acordo com McNUTT e FAWCETT (1974), os discos intercalares apresentam-se ao microscópio eletrônico contendo as seguintes estruturas:

- *fascia adherens* (**FA**)
- desmossomos ou *macula adherens* (**MA**)
- *nexus* (**N**)
- regiões não diferenciadas

Na Fig. 1.48 pode-se ver que as regiões da *fascia* e da *macula adherens* são eletrodensas e apresentam com nitidez um espaço extracelular entre as membranas apostas. Os *nexi*, no entanto, são segmentos curtos, também densos, mas neles não se distingue uma separação entre as membranas juncionais, dando a impressão de tratar-se de uma membrana única. As regiões não diferenciadas apresentam densidade normal ao feixe eletrônico e nela as membranas celulares também estão separadas pelo meio extracelular. Os estudos mostraram que os *nexi* são o sítio de baixa resistência e, por isso, estão relacionados com o acoplamento elétrico entre as células.

Muitas evidências experimentais indicaram que o acoplamento celular estava intimamente associado à integridade dos *nexi* (DE MELLO, 1982). CLAPHAM, SHRIER e DE HAAN (1980), trabalhando com cultura de células miocárdicas (Fig. 1.49), observaram que, no momento em que duas delas se tocavam, o valor da resistência de acoplamento era elevado (>100MΩ), mas, quando elas passavam a se contrair de modo sincronizado, a resistência caía, abruptamente, para 20MΩ. Esse achado veio fortalecer a ideia do acoplamento de baixa impedância, pois o fato de as células passarem a funcionar sincronizadamente indicava terem estabelecido entre si uma comunicação elétrica eficiente.

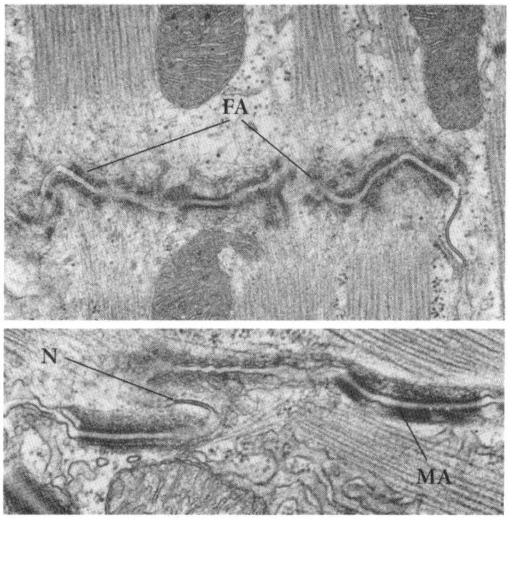

Figura 1.48 Micrografia eletrônica dos discos intercalares (46.000× – figura superior e 51.000× – figura inferior), mostrando regiões de *fascia adherens* (**FA**), *macula adherens* (**MA**) e de *nexus* (**N**). (De McNutt, N.S. e Fawcett, D.W., *in* Langer e Brady, 1974, p. 33.)

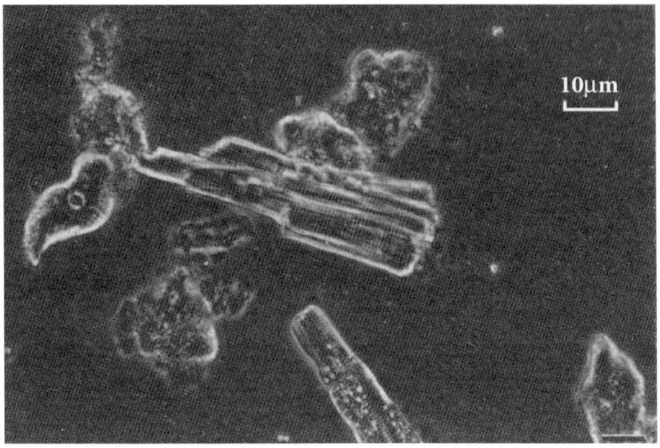

Figura 1.49 Células do miocárdio em meio de cultura. (De Sommer, J.R. e Johnson, E.A., *in* Berne, Sperelakis e Geiger, 1979, p. 118.)

Tabela 1.7 Áreas de estruturas do disco intercalar em fibra de Purkinje.

Estrutura	Área (% ± DP)
Nexus	17,0 ± 3,0
Desmossomo	2,3 ± 0,6
Fascia adherens	1,4 ± 0,5

Fonte: Sommer, J.R. e Johnson, E.A., *in* Berne, Sperelakis e Geiger, 1979, p. 121.

A Tabela 1.7 mostra a relação de áreas entre as diversas estruturas do disco intercalar da fibra de Purkinje de carneiro, segundo os trabalhos de KREIBEL (1969), MATTER (1973), MOBLEY e EISENBERG (1975), SPIRA (1971) e WEINGART et al. (1975).

Desacoplamento elétrico no miocárdio. Os *nexi,* também chamados de junções "gap", são o sítio de baixa impedância entre as células dos tecidos excitáveis. SPERELAKIS e HOSHIKO (1960) e também SPERELAKIS, HOSHIKO e BERNE (1960), estudando a condução elétrica no miocárdio, observaram que soluções hipertônicas promoviam o desacoplamento elétrico entre as células do tecido. Esses pesquisadores observaram que o desacoplamento se devia a uma ruptura dos discos intercalares. Posteriormente, BARR, DEWEY e BERGER (1965) viram que os bloqueios de condução, que eram produzidos por soluções hipertônicas, estavam também associados ao rompimento dos *nexi.* A esta mesma conclusão chegaram DREIFUSS, GIRARDIER e FORSSMANN (1966), DEWEY, BERGER e BARR (1969) e KAWAMURA e KONISHI (1967).

Estrutura dos *nexi*. A anatomia da região dos *nexi* tem sido largamente estudada desde os trabalhos pioneiros de REVEL e KARNOVSKY (1967), REVEL (1968), BRIGHTMAN e REESE (1969), GOODENOUGH e REVEL (1970) e McNUTT e WEINSTEIN (1970). Através do "freeze-cleave" (Fig. 1.50) foram encontradas nessas áreas da

Figura 1.50 Micrografia eletrônica do disco intercalar obtida pela técnica do "freeze-cleave" (163.000×). **NA** e **NB** são, respectivamente, fragmentos das membranas juncionais das células **A** e **B**. O padrão na membrana **NB** sugere a existência de canais, enquanto o de **NA** apresenta pequenas protuberâncias. (De McNutt, N.S. e Fawcett, D.W., *in* Langer e Brady, 1974, p. 37.)

membrana juncional partículas de aproximadamente 50Å de diâmetro (**NA**), as quais formavam arranjos hexagonais e exibiam uma depressão central (**NB**) cujo diâmetro era de 10 a 15Å (MATTER, 1973; McNUTT e WEINSTEIN, 1973).

Os estudos, utilizando a difração dos raios X (HERZBERG e JOHNSON, 1988) em junções "gap" que foram isoladas de fígado de mamífero, indicaram que as estruturas de ligação entre as células muito se assemelhavam a um cilindro oco com 75Å de comprimento, com um diâmetro externo entre 50 e 60Å, e com um diâmetro interno máximo de 20Å. Essas estruturas são formadas por unidades que foram denominadas conexinas. Para que se forme o canal juncional, as conexinas de cada célula devem-se acoplar de modo terminoterminal, como está mostrado na Fig. 1.51 (JONGSMA e GROS, 1991). Nela se pode ver que as conexinas cooperam para formar um canal ao nível dos *nexi.*

A difusão de substâncias fluorescentes entre pares de células ventriculares (IMANAGA, 1987) mostrou que moléculas de até 12Å podiam cruzar as junções "gap". Os trabalhos de CASPAR, GOODENOUGH, MAKOWSKI e PHILLIPS (1977), MAKOWSKI, CASPAR, PHILLIPS e GOODENOUGH (1977) e JONGSMA e GROS (1991) sugeriram um diâmetro de 15Å para os canais juncionais. Esse dado está em concordância com os estudos feitos através da microscopia eletrônica.

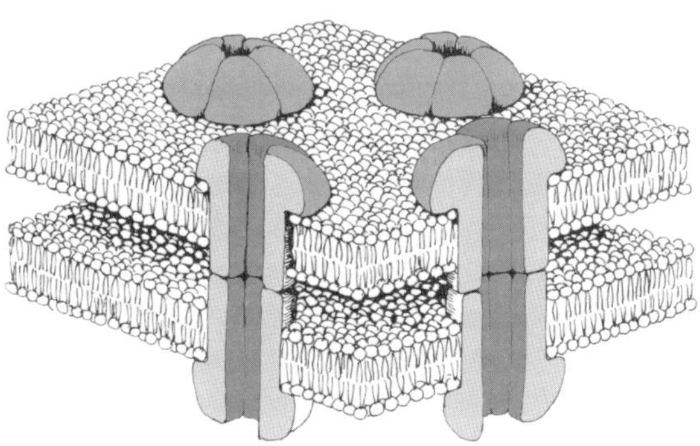

Figura 1.51 Modelo dos canais existentes nos *nexi* apresentando como devem estar posicionadas as conexinas de cada célula. (Modificado de Jongsma e Gros, 1991, p. 34.)

As conexinas. São estruturas formadas por moléculas proteicas. Várias proteínas com massa molecular entre 16 e 70kDa foram isoladas de junções "gap" (HERZBERG e JOHNSON, 1988). Até o momento, três conexinas de mamíferos foram clonadas e sequenciadas:

- conexina-26
- conexina-32
- conexina-43

A conexina-43 é encontrada no coração e está associada à composição das junções "gap", como demonstraram os trabalhos de imunocitoquímica de EL AOUMARI, FROMAGEOT, DUPONT, REGGIO, DURBEC, BRIAND e GROS (1990). Além deles, GROSS, NICHOLSON e REVEL (1983) também evidenciaram, em células do fígado e do coração, a presença de uma outra conexina com peso molecular de 27kDa.

O modelo estrutural para as conexinas sugere que, além de quatro subunidades proteicas ligadas à membrana juncional, elas possuem uma cadeia em "loop" voltada para dentro do citoplasma e duas cadeias mergulhadas no meio extracelular (Fig. 1.52). A subunidade 3, que se encontra no interior da membrana, possui muitos aminoácidos antipáticos. Por isso, pensa-se que ela pode ser a estrutura responsável pela formação do canal hidrofílico.

O canal hidrofílico é formado por seis conexinas, como se vê na Fig. 1.53. Elas se arranjam na membrana celular de forma que as suas subunidades 3 fiquem voltadas para o canal hidrofílico.

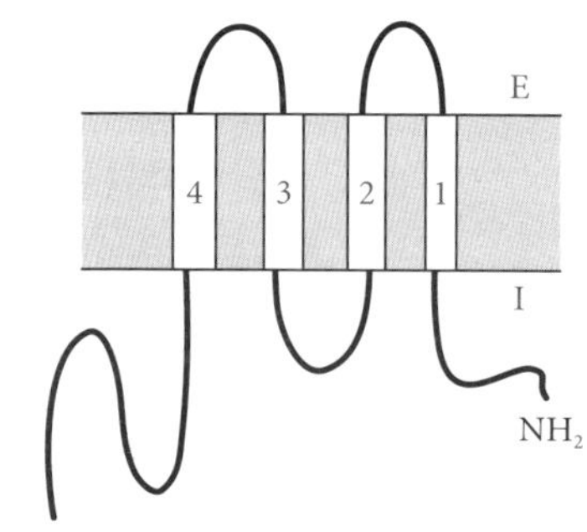

Figura 1.52 Modelo apresentando a inserção de uma conexina na membrana celular. **E** e **I** representam, respectivamente, os meios extra e intracelulares.

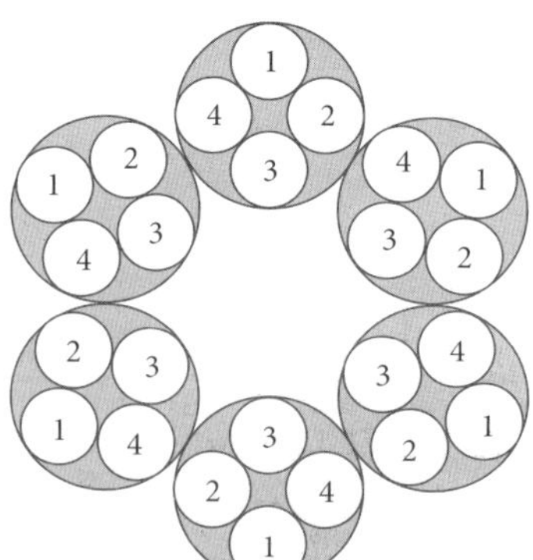

Figura 1.53 Modelo mostrando a disposição espacial das conexinas para formar um canal hidrofílico. Cada hemicanal é formado pela reunião de seis conexinas. A subunidade **3** de cada uma delas volta-se para a luz do hemicanal. (Modificado de Makowski *et al.*, *in* Cameron e Campos de Carvalho, 1993, p. 367.)

Quando duas células se acoplam (Fig. 1.54), as conexinas de cada membrana juncional se unem de forma terminoterminal (SIKERWAR e UNWIN, 1988). Ao longo do eixo do cilindro formado pelas conexinas, existe um canal hidrofílico (MAKOWSKI, CASPAR, PHILLIPS e GOODENOUGH, 1977). Entretanto, nem a difração dos raios X, nem os estudos de reconstrução da conexina com micrografias eletrônicas seriadas puderam mostrar a continuidade desse canal (UNWIN e ENNIS, 1984; UNWIN e ZAMPIGHI, 1980). Parece não haver dúvida, no entanto, de que as conexinas estão relacionadas com os *nexi*. Evidências para isso têm sido enfaticamente dadas pelos trabalhos com anticorpos fluorescentes anticonexina (DUPONT, EL AOUMARI, ROUSTIAU-SEVERE, BRIAND e GROS, 1988; CAMPOS de CARVALHO, TANOWITZ, WITTNER, DERMIETZEL e SPRAY, 1991).

Permeabilidade juncional. A permeabilidade das junções "gap" a moléculas e íons foi bem demonstrada por muitos autores (POLLACK, 1976; PAYTON, BENNETT e PAPPAS, 1969; WEIDMANN, 1966; BENNETT, DUNHAM e PAPPAS, 1967; FURSHPAN e POTTER, 1969; KANNO e LOEWENSTEIN, 1966; PAPPAS e BENNET, 1966; WEINGART, 1972, 1973, 1974; WEINGART, IMANAGA e WEIDMANN, 1974; STEWART, 1978; DE MELLO, 1988).

A Fig. 1.55 mostra que a membrana juncional apresenta menor permeabilidade para moléculas grandes (digoxina). Essa condutância não é, contudo, uma grandeza de valor fixo, mas pode ser modificada por agentes físicos e químicos. SPRAY, HARRIS e BENNETT (1981) e HARRIS, SPRAY e BENNETT (1983) demonstraram que a aplicação de

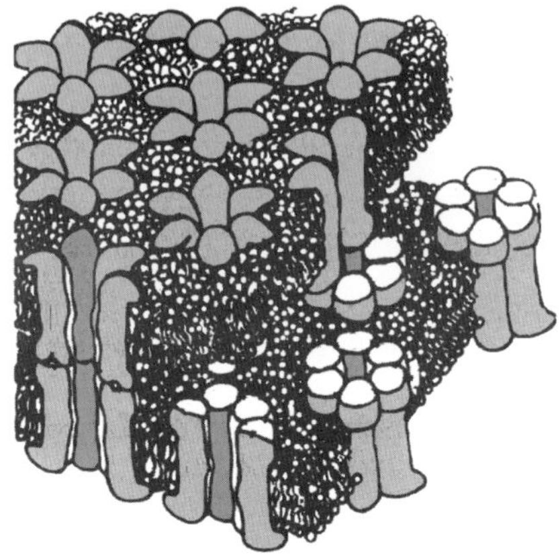

Figura 1.54 União terminoterminal das conexinas de células acopladas formando os canais de comunicação intercelulares ao nível das regiões dos *nexi*. (Modificado de Makowski *et al.*, *in* Cameron e Campos de Carvalho, 1993, p. 367.)

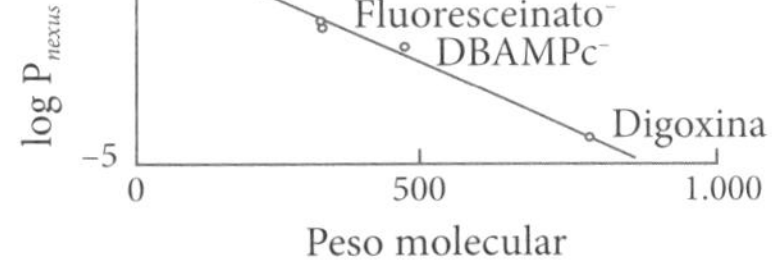

Figura 1.55 Permeabilidade dos canais das regiões de *nexi* para substâncias com pesos moleculares diferentes. (Modificado de Weingart, R., *in* Paes de Carvalho, Hoffman e Lieberman, 1982, p. 46.)

uma diferença de potencial elétrico através da membrana juncional pode promover o fechamento das junções, desacoplando as células. Outros fatores também podem modular a resistência juncional:

- pH;
- cálcio citoplasmático;
- fosfonucleotídeos;
- heptanol;
- octanol;
- halotano.

Fatores que modulam o acoplamento celular. O valor normal do pH intracelular é de aproximadamente 7,1. A acidose desse meio induz o desacoplamento elétrico (SPRAY, HARRIS e BENNETT, 1981, SPRAY, STERN, HARRIS e BENNETT, 1982). Isso ocorre, principalmente, entre os pH 6,1 e 6,8. DE MELLO (1980), com o auxílio de microeletrodo, injetou íons hidrogênios no interior de células de Purkinje de cão. Simultaneamente, fez passar pulsos eletrotônicos de corrente entre duas células vizinhas. Observou (Fig. 1.56) que a relação V_2/V_1 referente às voltagens da membrana das células 1 e 2 diminuía, enquanto a resistência (**R**) de acoplamento aumentava.

A ação do H^+ sobre as conexinas faz-se por ligação desse íon a um resíduo de histidina existente no "loop" intracelular. Essa ligação produz mudança conformacional da proteína, levando à redução da condutância juncional (SPRAY e BURT, 1990). A importância do pH sobre a resistência dos *nexi* torna-se particularmente significativa durante os estados de anoxia, situação em que a célula desenvolve acidose. Esse efeito foi inicialmente sugerido por ENGELMANN (1877). Durante o funcionamento normal, as células apresentam variações fisiológicas do seu pH citoplasmático, contudo, no miocárdio, elas não são suficientes para desfazer a comunicação intercelular (JONGSMA e GROS, 1991; OLIVEIRA-CASTRO e LOEWENSTEIN, 1971).

No músculo cardíaco, DE MELLO, MOTTA e CHAPEAU (1969), DE MELLO e DEXTER (1970), DE MELLO (1982, 1975) e DÉLÈZE (1970) mostraram que o cálcio intracelular elevado promove o desacoplamento das células. A Fig. 1.57 mostra dados obtidos por De Mello. Note-se que a relação entre as voltagens de membrana da célula 1 (local da injeção de corrente) e da célula 2 diminuiu após a injeção intracelular de cálcio numa das células. Concomitantemente, ocorreu aumento da resistência do acoplamento entre elas.

NOMA e TSUBOI (1987), trabalhando com células isoladas de ventrículo da cobaia, observaram que a comunicação elétrica celular diminuía quando o nível do cálcio intracelular se tornava maior que 10^{-7}M e que a 10^{-6}M os canais juncionais, mantidos a um pH de 7,0, eram, irreversivelmente, fechados.

A condutância das junções "gap" varia com a concentração intracelular de ATP (SUGIURA, TOYAMA, TSUBOI, KAMIYA e KODAMA, 1990). Quando ela é menor que 1,5mM, as células cardíacas se desacoplam das vizinhas. Por outro lado, BURT e SPRAY (1988) mostraram que em miócitos de ratos recém-nascidos havia um aumento

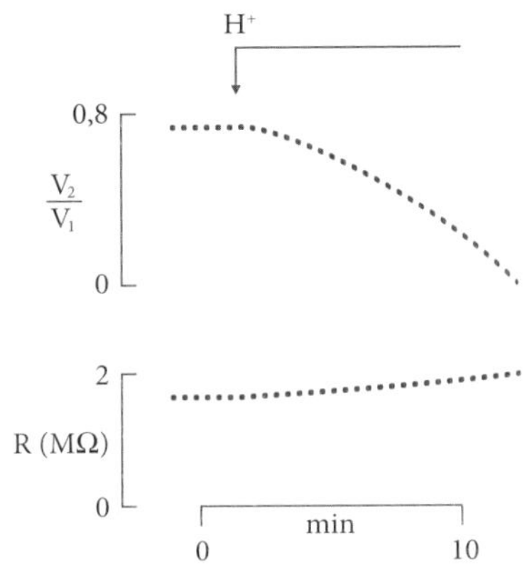

Figura 1.56 Aumento da resistência de acoplamento intercelular (**R**) com a acidose citoplasmática (gráfico inferior). A curva superior mostra que a relação entre as voltagens da célula onde está sendo injetada a corrente ($\mathbf{V_1}$) e de uma outra vizinha ($\mathbf{V_2}$) diminui com a acidificação do meio intracelular. (Modificado de De Mello, W.C., *in* Paes de Carvalho, Hoffman e Lieberman, 1982, p. 67.)

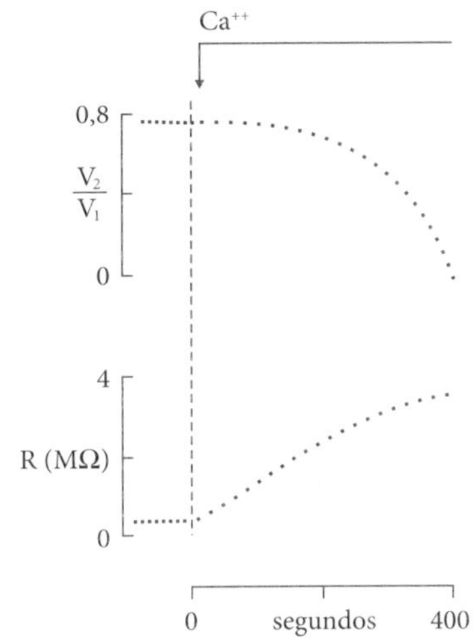

Figura 1.57 Aumento da resistência de acoplamento intercelular (**R**) com a elevação da concentração intracelular de cálcio (gráfico inferior). A curva superior mostra que a relação entre as voltagens da célula onde está sendo injetada a corrente ($\mathbf{V_1}$) e de uma outra vizinha ($\mathbf{V_2}$) diminui com o aumento do cálcio intracelular. (Modificado de De Mello, W.C., *in* Paes de Carvalho, Hoffman e Lieberman, 1982, p. 54.)

na condutância dos *nexi* quando a concentração do AMPc intracelular era aumentada. Também DE MELLO (1984) demonstrou que a injeção intracelular do nucleotídeo pode aumentar o acoplamento elétrico entre as células do coração.

A epinefrina, o isoproterenol, a teofilina, o 8-bromo-AMPc ou o dibutiril-AMPc reduzem a resistência elétrica dos canais juncionais miocárdicos. Essa diminuição foi igualmente observada pela difusão do Lúcifer amarelo em trabécula cárnea do miocárdio de cão (DE MELLO e VAN LOON, 1987; DE MELLO, 1988). Todavia, quando as células miocárdicas possuíam elevado nível de cálcio intracelular foi observada redução do grau de acoplamento (BURT e SPRAY, 1988). Parte desse efeito dual pode ser explicado, considerando-se que o aumento da concentração do AMPc intracelular leva à fosforilação de proteínas relacionadas com os sistemas de transporte. Fosforiladas, elas promovem o bombeamento do Ca^{++} intracelular para o retículo sarcoplasmático, o que favorece a redução do nível citoplasmático desse íon. Como consequência, a resistência dos *nexi* diminui. Todavia, a elevação do AMPc no interior das células também promove um aumento do influxo de Ca^{++} por abrir canais da membrana celular (KUO e GREENGARD,

1969). Esta ação favorece o aumento do cálcio intracelular livre e ele, por sua vez, promove a redução da condutância dos *nexi*. Se o nucleotídeo pode agir diretamente sobre a condutância das junções "gap", isso permanece ainda desconhecido.

O GMPc, quando injetado eletroforeticamente numa célula miocárdica, promove o desacoplamento por reduzir a resistência das membranas não juncionais. Por isso, sua ação muito se assemelha àquela da acetilcolina. Sabe-se hoje que o GMPc é, de fato, o segundo mensageiro desse neurotransmissor (GOLDBERG, 1975).

O octanol (0,l-0,2mM), o heptanol (0,5-3,5mM) e o halotano (1,5-2,0mM) podem promover o desacoplamento celular de modo eficiente, mas reversível (SPRAY e BURT, 1990). Como todas as substâncias lipofílicas, também alteram as propriedades físico-químicas do sarcolema e, por isso, modificam os seus potenciais elétricos.

Influência do acoplamento intercelular nas respostas tissulares. Os conhecimentos relacionados com a membrana juncional, especialmente com os *nexi*, permitiram que sobrevivesse a ideia inicial do coração como um sincício fisiológico. A baixa resistência observada ao nível das junções "gap", além de permitir fluxos importantes de corrente entre as células, favorece a passagem de diversos íons e moléculas pequenas. A continuidade citoplasmática que, desse modo, se estabelece permite a compreensão de como as fibras miocárdicas podem, até certo ponto, obedecer às formulações teóricas propostas por WEIDMANN (1952).

As células miocárdicas, como se disse antes, estão acopladas eletricamente através das junções "gap". Estudos em trabécula cárnea de coração de mamífero mostraram que a densidade dos *nexi* nas trabéculas é maior na direção longitudinal do que na direção transversal. Corroborando os achados da morfologia, CLERC (1976) observou em ventrículo de carneiro que a resistência intracelular das vias perpendiculares à direção das trabéculas era 9,4 vezes maior do que aquela dos trajetos longitudinais. A velocidade de propagação do impulso elétrico, em consequência, era 3 vezes maior na direção longitudinal do que na direção transversa.

O acoplamento elétrico das células miocárdicas, ao admitir sentidos preferenciais para a propagação dos impulsos elétricos, confere às fibras do tecido propriedades elétricas de cabo. Isso significa que a injeção de corrente no interior de uma dada célula provoca alteração do potencial de membrana dessa célula e também, de modo decremental, das células vizinhas com as quais está acoplada (WEIDMANN, 1952). Numa fibra longa, tal como o nervo do crustáceo estudado por HODGKIN e RUSHTON (1946), o decaimento das variações de potencial ao longo do eixo da fibra obedece a uma combinação de funções que são do tipo exponencial e do tipo função-erro. Esse modelo é adequado ao que ocorre em fibras de Purkinje, como foi à sobeja demonstrado por WEIDMANN (1952) e por DÉLÈZE (1970). Nas demais estruturas do coração, todavia, as fibras apresentam-se mais acopladas tridimensionalmente e, por conseguinte, não seguem o modelo simplificado do cabo condutor. Os átrios de rato, por serem estruturas muito finas, são um bom modelo para os estudos de acoplamento planar. Nesse tecido, o decaimento eletrotônico segue uma função tipo Bessel de 2ª ordem, tal como proposto por WOODBURY e CRILL (1961) e por NOBLE (1962).

Constante de espaço. O decaimento exponencial das variações do potencial de membrana que se observa ao longo de uma fibra, na qual se injeta corrente elétrica, permite que seja definida para esse tecido uma constante de espaço. Essa constante é a distância em relação ao ponto de aplicação (x = 0) de corrente em que a variação de voltagem é igual a 37% do valor da variação máxima que se observa no ponto x = 0. O valor da constante de espaço (λ) de um tecido depende diretamente da raiz quadrada do produto do raio da fibra (**a**) pela resistência da membrana ($\mathbf{R_m}$) e, inversamente, da raiz quadrada do dobro da resistência longitudinal ($\mathbf{R_i}$) da fibra:

$$\lambda = \sqrt{\frac{\mathbf{a} \cdot \mathbf{R_m}}{\mathbf{2} \cdot \mathbf{R_i}}}$$

Isso implica dizer que, quanto maior for o raio da fibra ou a resistência de membrana, maior será a constante de espaço do tecido e, como consequência, menor será o decremento do pulso eletrotônico. Ao contrário, quanto maior for a resistência longitudinal do tecido (o que inclui a resistência do mioplasma e a das junções celulares), menor será a constante de espaço e mais rapidamente decaem as variações de potencial produzidas por um pulso de corrente.

A aplicação de corrente permitiu que fossem feitas medidas da constante de espaço das fibras miocárdicas. Os resultados mostraram que elas variam de 800μm (WEIDMANN, 1970) a 1.300μm (KAMIYAMA e MATSUDA, 1966). Esses valores são relativamente grandes quando comparados ao comprimento da célula miocárdica, que é de 125μm.

As células dos nódulos sinusal e atrioventricular apresentam uma densidade de junções "gap" muito menor do que a observada nas células atriais. Apesar disso, essas células mantêm-se eletricamente acopladas. Como a resistência interna ao longo das fibras (R_i) é elevada nessas estruturas, a constante de espaço é pequena (400μm), o que favorece o aparecimento de bloqueios de condução do impulso propagado (DE MELLO, 1977).

A PROPAGAÇÃO DO IMPULSO ELÉTRICO MIOCÁRDICO

O miocárdio é um tecido excitável de estrutura complexa, porque é tridimensional e porque as suas células não têm propriedades elétricas uniformes em todas as regiões do órgão. Apesar disso, os impulsos elétricos podem espalhar-se pelo coração. A onda elétrica propagada serve para promover a contração das fibras miocárdicas, fazendo funcionar a eficiente bomba cardíaca. Na realidade, o coração é composto por duas bombas que se dispõem em série: o coração direito e o esquerdo. Enquanto o direito fornece energia ao sangue para que possa circular pelos pulmões, o esquerdo se encarrega de promover o movimento desse fluido através da grande circulação.

A eficiência do coração como uma bomba se deve a vários fatores, tais como:

- a rapidez e sincronia com que são ativados os ventrículos;
- o fato de que a contração se desenvolve como um fenômeno tudo ou nada, o que implica a inexistência de somação como aquela que se pode observar no músculo esquelético;
- a impossibilidade de que, em situações fisiológicas, ocorram contrações tetânicas;
- o desenvolvimento quase sempre de forma maximal da atividade mecânica.

O potencial de ação de membrana. O ritmo normal do coração de mamífero é gerado no nódulo sinusal. No coelho, foram descritas duas regiões intranodais com propriedades eletrofisiológicas distintas. A zona central funciona como o sítio de geração dos impulsos. Suas células apresentam automaticidade e deflagram os potenciais de ação mais precoces do coração. O acoplamento intercelular permite que elas funcionem de modo sincronizado. Por esse motivo, o potencial de ação marca-passo é gerado simultaneamente em todas as células centrais do nódulo. Esse potencial não se propaga entre as células centrais e é chamado de potencial de ação de membrana. Uma vez gerado, o potencial de ação de membrana excita as células periféricas do nódulo e transforma-se num potencial de ação propagado, cuja velocidade, no entanto, é muito pequena (1 a 11cm/s). Em seguida, o potencial de ação passa para as células atriais, onde ganha amplitude e velocidade (60cm/s).

O potencial de ação propagado. O potencial de ação que se propaga na periferia do nódulo sinusal é muito susceptível a bloqueios de condução em virtude de dois fatores principais:

- o pequeno acoplamento elétrico entre as células nodais, fator que restringe o fluxo de corrente despolarizante entre as células;
- a grande massa de tecido atrial acoplado à borda do nódulo sinoatrial, que funciona como um grande sumidouro de corrente despolarizante, exigindo, por consequência, que as células nodais gerem corrente em quantidade suficiente para suprir a demanda atrial. O conjunto das células atriais, possuindo um potencial de repouso mais negativo que as nodais e apresentando maior capacitância elétrica, induz, sobre as células do nódulo, um efeito hiperpolarizante que se contrapõe à despolarização das células centrais e periféricas dessa estrutura (MILLER e STRAUSS, 1974; STRAUSS, BIGGER, SAROFF e GIARDINA, 1976).

Os potenciais de ação da região central do nódulo sinusal apresentam longo período refratário (165ms). Nas células da periferia o impulso ganha velocidade e diminui seu período refratário (110ms). Uma vez ativados os átrios, o potencial de ação ganha potência, seu fator de segurança cresce, e a onda elétrica se espalha pelas paredes atriais (50-80cm/s) até alcançar o anel valvar e o nódulo atrioventricular.

O circuito local de corrente. A propagação do potencial de ação se faz por circuitos locais de corrente (Fig. 1.58), isto é, a corrente despolarizante gerada em uma célula ($\mathbf{R_{m1}}$, $\mathbf{C_{m1}}$) passa para as vizinhas através das junções "gap" ($\mathbf{C_n}$, $\mathbf{R_n}$), retornando ao ponto inicial após cruzar a membrana das células adjacentes ($\mathbf{R_{m2}}$, $\mathbf{C_{m2}}$) e após percorrer o caminho extracelular ($\mathbf{R_e}$). Assim, durante a propagação do potencial de ação devem ser considerados os seguintes elementos resistivos: $\mathbf{R_m}$ - resistência de membrana; $\mathbf{R_i}$ - resistência longitudinal intracelular que inclui a contribuição dos *nexi;* e $\mathbf{R_e}$ - resistência longitudinal do condutor extracelular (JACK, NOBLE e TSIEN, 1975; BARR, DEWEY e BERGER, 1965). Quando ocorre aumento exagerado em uma ou em várias dessas resistências, a corrente de excitação pode ser reduzida a ponto de sustar a propagação do impulso elétrico.

Transmissão do impulso elétrico no nódulo atrioventricular. A onda elétrica atrial desaparece ao nível do anel valvar. Todavia, alcançando o nódulo atrioventricular ela o invade e, após percorrê-lo, atinge o feixe de His, ganha velocidade (100-200cm/s) e, através dele, chega aos ventrículos. A passagem pelo nódulo atrioventricular se faz com grande retardo, pois ali os potenciais lentos são encarregados de transmitir o impulso a uma velocidade de 5 a 10cm/s.

Microanatomia do miocárdio. Os ventrículos devem ser ativados e desativados sincronicamente para que a contração miocárdica resulte em força efetiva para expulsar o sangue em direção às artérias. Essa é a principal tarefa do impulso elétrico organizado que se propaga.

O músculo cardíaco é estriado (Fig. 1.59). Isso significa que ele possui um padrão bem diferenciado onde as miofibrilas estão distribuídas ordenadamente. As linhas mais densas (**Z**) limitam a unidade contrátil (sarcômero). Ao nível do sarcômero podem ser vistas duas bandas: a banda **A** e a banda **I**. A banda A é mais escura e sua maior densidade decorre do fato de ali existirem tanto miosina quanto actina. Na banda I, além da proteína que forma a linha Z, existem também filamentos de actina.

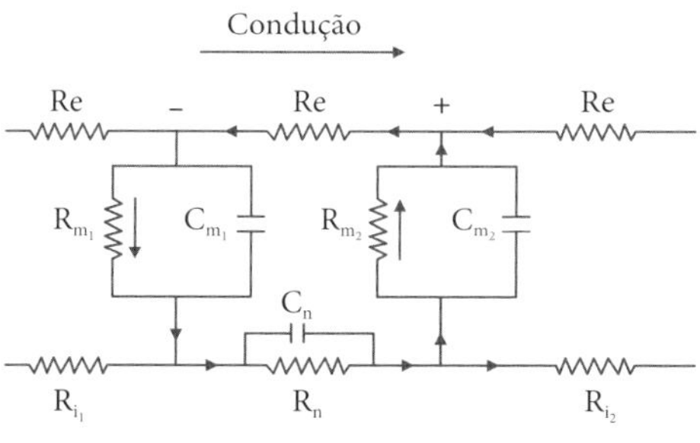

Figura 1.58 Circuito elétrico equivalente ao comportamento elétrico de duas células acopladas por junções "gap" (*nexus.*) $\mathbf{R_e}$, resistência do meio extracelular; $\mathbf{R_i}$, resistência do meio intracelular; $\mathbf{R_m}$, resistência da membrana; $\mathbf{C_m}$, capacitância da membrana; $\mathbf{R_n}$, resistência dos canais juncionais; $\mathbf{C_n}$, capacitância da membrana juncional; **1** e **2** representam, respectivamente, as células **1** e **2**; (-) indica que a célula 1 está mais despolarizada do que a célula 2.

A organização do sarcômero é precisa. Em um corte transversal (Fig. 1.60) podem-se ver os filamentos finos de actina (**I**) e os grossos de miosina (**M**). Quando o plano de corte passa por uma banda A, cada filamento de miosina aparece circundado por seis filamentos de actina (**A**).

O miocárdio está em constante atividade mecânica. Por isso, sua atividade metabólica é intensa. Para suprir as células desse tecido com uma oferta adequada de oxigênio, existe uma intensa rede de vasos sanguíneos. As células são nucleadas (**NUC**) e o consumo de energia é grande nessa estrutura. A presença de muitas mitocôndrias (**MIT**) indica que o metabolismo energético se faz, principalmente, por vias oxidativas (Fig. 1.61). A riqueza de mitocôndria garante energia para a atividade mecânica das miofibrilas (**MF**), bem como para os processos elétricos.

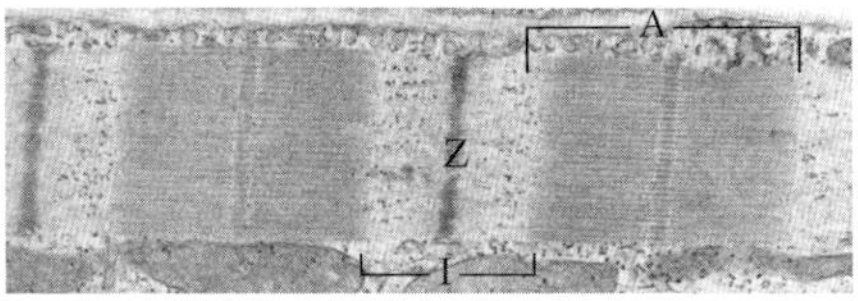

Figura 1.59 Micrografia eletrônica (43.000×) mostrando, em corte longitudinal, um sarcômero da célula do miocárdio. **I**, banda isotrópica; **A**, banda anisotrópica; **Z**, linha Z. (De McNutt, N.S. e Fawcett, D.M., *in* Langer e Brady, 1974, p. 11.)

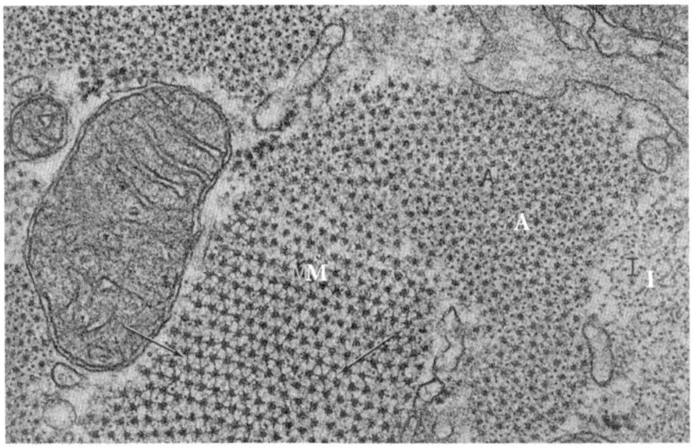

Figura 1.60 Micrografia eletrônica (60.000×) mostrando, em corte transversal, diversas regiões de miofibrilas. **I**, filamentos de actina; **M**, filamentos de miosina; **A**, filamentos de miosina envolvidos por filamentos de actina. (De McNutt, N.S. e Fawcett, D.M., *in* Langer e Brady, 1974, p. 15.)

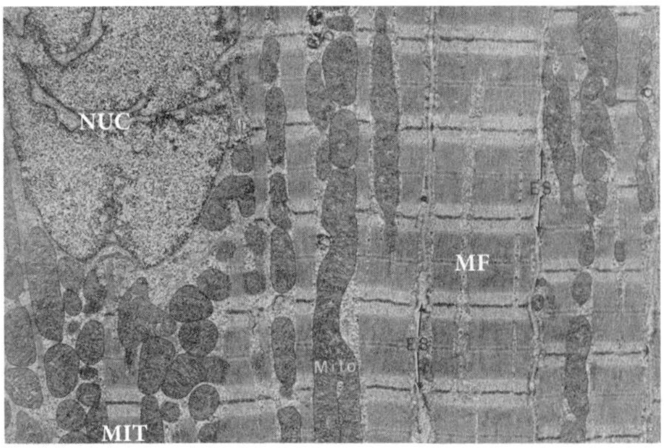

Figura 1.61 Micrografia eletrônica em corte longitudinal (10.000×) mostrando um aspecto geral da estrutura da célula do miocárdio. **NUC**, núcleo; **MF**, miofibrilas; **MIT**, mitocôndrias. (De McNutt, N.S. e Fawcett, D.M., *in* Langer e Brady, 1974, p. 3.)

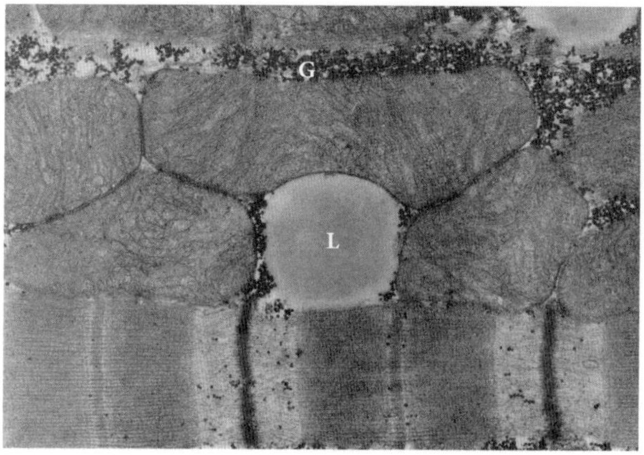

Figura 1.62 Micrografia eletrônica em corte longitudinal (31.000×) mostrando a presença de glicogênio (G) e de um microglóbulo de gordura (L). Também podem ser vistas algumas mitocôndrias, bem como miofibrilas cortadas longitudinalmente. (De McNutt, N.S. e Fawcett, D.M., *in* Langer e Brady, 1974, p. 22.)

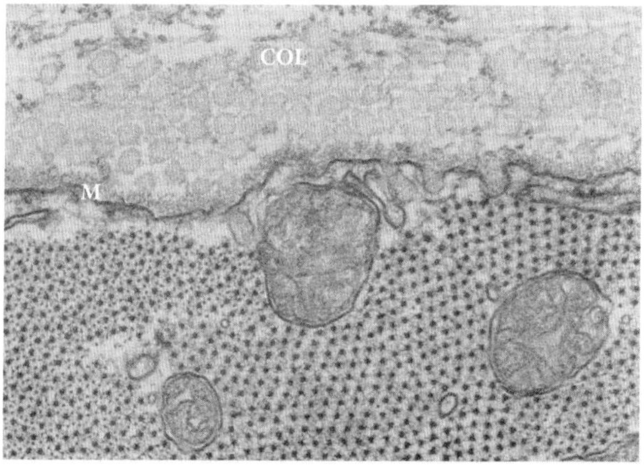

Figura 1.63 Micrografia eletrônica em corte transversal (83.000×) mostrando a riqueza do colágeno extracelular (**COL**). **M**, membrana celular. A região eletrodensa em contato com a membrana é o glicocálice. Também veem-se miofibrilas e duas mitocôndrias. (De McNutt, N.S. e Fawcett, D.M., *in* Langer e Brady, 1974, p. 24.

O coração utiliza muitos substratos para prover-se da energia de que precisa. O metabolismo de gorduras e açúcares fornece a maior parte dessa energia. A Fig. 1.62 mostra a presença de glicogênio (**G**) e de lipídio (**L**) entre os sarcômeros de uma célula cardíaca. O glicogênio apresenta-se como pequenos grânulos escuros medindo entre 150 e 350Å e estão dispersos por todo o citoplasma. Microgotas lipídicas medindo cerca de 0,1μm de diâmetro são encontradas próximas às mitocôndrias.

Na superfície da membrana plasmática (**M,** Fig. 1.63) existe o glicocálice, e, em torno da célula miocárdica, há uma grande quantidade de fibras colágenas (**COL**) cuja importância nos processos mecânicos do coração tem sido cada vez mais destacada.

O correto funcionamento do coração é fundamental para a manutenção do equilíbrio circulatório. Para desenvolver com sucesso sua função de bomba, o órgão precisa de condições anatômicas, biofísicas, bioquímicas e eletrofisiológicas adequadas.

BIBLIOGRAFIA

Aidley, D.J. (1971). The physiology of excitable cells. Cambridge University Press, England.

Aosaki, T., Kasai, H. (1989). Characterization of two kinds of high-voltage-activated Ca-channel currents in chick sensory neurons: differential sensitivity to dihydropyridines and w-conotoxin GVIA. Pflügers Archiv., 414:150-156.

Appel, S.H., Roses, A.D. (1976). Membrane biochemical studies in myotonic muscular dystrophy. In: Membrane and Disease, edited by L. Bolis, J.F. Hoffman, A. Leaf, New York, p.183-195.

Armstrong, C.M., Bezanilla, F. (1973). Currents related to movement of gating particles of the sodium channels. Nature, 142:459-461.

Armstrong, C.M., Bezanilla, F. (1974). Charge movement associated with the opening and closing of the activation gates of the sodium channels. J. Gen. Physiol., 63:533-522.

Armstrong, C.M., Bezanilla, F. (1975). Currents associated with the ionic gating structures in nerve membrane. Ann. NY Acad. Sci., 264:265-277.

Armstrong, C.M., Bezanilla, F. (1977). Inactivation of the sodium channel. II. Gating currents experiments. J. Gen. Physiol., 70:567-590.

Bangham, A.D., Standish, M.M., Watkins, J.C. (1965). The action of steroids and streptolysin S on the permeability of phospholipid structures to cation. J. Mol. Biol., 12:253-259.

Barnes, S., Hille, B. (1988). Veratridine modifies open sodium channels. J. Gen. Physiol., 91:421-443.

Barr, L., Dewey, M.M., Berger, M. (1965). Propagation of action potentials and the structure of the nexus in cardiac muscle. J. Gen. Physiol., 48:797-823.

Barr, L., Dewey, M.M., Evans, H. (1965). Fed Amer. Soc. Exp. Biol. Proc., 24:142, *apud* Spira, A.W. 1971.

Bean, B.P. (1989). Classes of calcium channels in vertebrate cells. Ann. Rev. Pysiol., 51:367-384.

Beeler, G.W., Jr., Reuter, H. (1970a). Voltage clamp experiments on ventricular myocardial fibres. J. Physiol., 207:165-190.

Beeler, G.W. Jr., Reuter, H. (1970b). Membrane calcium current in ventricular myocardial fibres. J. Physiol., 207:191-209.

Bennett, M.V.L., Dunham, P.B., Pappas, G.D. (1967). Ions fluxes through a tight junction. J. Gen. Physiol., 50:1094.

Benson, A.A. (1966). On the orientation of lipids in chloroplast and cell membranes. J. Am. Oil Chem. Soc., 43:265-270.

Berger, F., Borchard, U., Hafner, D. (1989). Effects of (+) and (+ –)-sotalol on repolarizing outward current in sheep current Purkinje fibres. Naunyn Schmied Arch. Pharmacol., 340:696-704.

Bernard, C., Sassine, A., Gargouil, Y.M. (1974). Action of Ca^{++}, Sr^{++} and Ba^{++} on the electrical properties of cardiac membrane. Bioelectrochem. Bioener., 1:200-207.

Bernstein, J.J. (1868). Ueber den zeitlichen verlang der negativen Schwankung des Nervenstroms. Arch Gen. Physiol., 1:173-207, *apud* Scott, 1975.

Bernstein, J. (1902). Untersuchungen zur Thermodynamik der bioelektrischen Ströme. Pflügers Arch. Ges. Physiol., 92:521-562.

Bernstein, J. (1912). Elektrobiologia. Braunscliweig: Friedr. Vieweg e Sohn.

Bezanilla, F. (1985). Gating of sodium and potassium channels. J. Memb. Biol., 88:97-111.

Bezanilla, F., Armstrong, C.M. (1974a). Gating current of the sodium channels: three way to block them. Science, 183:753-754.

Bezanilla, F., Armstrong, C.M. (1974b). Properties of the sodium channel gating current. Cold Spring Harbor Symp. Quant. Biol., 40:297-304.

Bezanilla, F., Armstrong, C.M. (1975a). Kinetic properties and inactivation of the gating currents of sodium channels in squid axon. Phil. Trans. R. Soc. Lond. B, 270:449-458.

Bezanilla, F., Armstrong, C.M. (1975b). Inactivation of gating charge movement. 19th Ann. Meet. Biophys. Soc., Biophys. J. 15:163 a (Abstr.).

Bezanilla, F., White, M.M., Taylor, R.E. (1982). Gating currents associated with potassium channel activation. Nature, 296:657-659.

Bigger, J.T., Jr., Mandel, W.J. (1970). Effect of lidocaine on conduction in canine Purkinje fibers and at the ventricular muscle-Purkinje fiber junction. J. Pharmacol. Exp. Ther. 172:239-254.

Brightman, M.V., Reese, T.S. (1969). Junctions between intimately apposed cell membranes on the vertebrate brain. J. Cell. Biol., 40:648-677.

Bryant, S.H., Morales-Aguilera, A. (1971). Chloride conductance in normal and myotonic muscle fibers and the action of monocarboxylic acids. J. Physiol., 219:367-383.

Burt, J.M., Spray, D.C. (1988). Inotropic agents modulate gap junctional conductance between cardiac myocytes. Am. J. Physiol., 254:H1206-1210.

Caldwell, P.C., Hodgking, A.L., Keynes, R.O., Shaw, T.I. (1960). The effects of injecting "energy rich" phosphate compounds on the active transport of ions in the giant axons of Lolligo. J. Physiol., 152:575.

Callewaert, G., Hanbuer, I., Morad, M. (1989). Modulation of calcium channels in cardiac and neuronal cells by an endogenous peptide. Science, 243:663-666.

Campos de Carvalho, A.C., Tanowitz, H., Wittner, M., Dermietzel, R., Spray, D.C. (1991). A infecção por T. cruzi reduz o acoplamento celular entre miócitos cardíacos em cultura. Resumos VI Reunião Anual FESBE, Caxambu/MG.

Cannon, S.C., Brown, R.H., Corey, D.P. (1991). A sodium channel defect in hyperkalemic periodic paralysis: potassium induced failure of inactivation. Neuron 6:619-626.

Carmeliet, E.E. (1964). Influence of lithium ions on transmembrane potential and cation content of cardiac cells. J. Gen. Physiol., 47:501-530.

Carmeliet, E. (1985). Electrophysiologic and voltage clamp analysis of the effects of sotalol on isolated cardiac muscle and Purkinje fibers. J. Pharmacol. Exp. Ther., 232:817-825.

Caspar, D.L.D., Goudenough, D.A., Makowski, L., Phillips, W.C. (1977). Gap junction structures. I. Correlated electron microscopy and X ray diffraction. J. Cell. Biol., 74:605-628.

Castle, N.A., Haylett, D.G., Jenkinson, D.H. (1989). Toxins in the characterization of potassium channels. Trends Neurol., 12:59-65.

Chageaux, J., Thiery, J., Tung, Y., Kittel, C. (1967). On the cooperativity of biological membranes. Proc. Natl. Acad. Sci. U S A, 57: 335-341.

Chen, C.-M., Gettes, L.S. (1976). Combined effects of rate, membrane potential and drugs on maximum rate of rise (V(max)) of action potential upstroke of guinea pig papillary muscle. Circ. Res., 38:464-469.

Chen, C.-M., Gettes, L.S., Katzung, B.G. (1975). Effect of lidocaine and quinidine on steady-state characteristics and recovery kinetics of dV/dt max in guinea pig ventricular myocardium. Circ. Res., 37:20-29.

Chesnais, J.-M., Coraboeuf, E., Sauviat, M.P., Vassas, J.-M. (1971). Effects des ions H^+, Li^+ et Sr^{2+} sur Ies currents transmembranaires des fibres striales de grenouille. Comptes Rendue, 273:204-207.

Chesnais, J.-M., Coraboeuf, E., Sauviat, M.P., Vassas, J.-M. (1975). Sensitivity to H, Li and Mg ions of the slow inward sodium current in frog atrial fibres. J. Moll. Cell. Cardiol., 7:627-642.

Clapham, D.E., Shrier, A., DeHaan, H.L. (1980). Junctional resistance action potential delay between embryonic cell aggregates. J. Gen. Physiol., 75:633-654.

Clausen, T. (1986). Regulation of active Na,K-transport in skeletal muscle. Physiol. Rev., 66:542-580.

Clerc, L. (1976). Directional differences of impulse spread in trabecular muscle from mammalian heart. J. Physiol., 255:335-346.

Cole, K.S. (1939). Electric impedance of the squid giant axon during activity. J. Gen. Physiol., 22:649-670.

Cole, K.S. (1949). Dynamic electrical characteristics of the squid axon membrane. Arch. Sci. Physiol., 3:253-258.

Cole, K.S., Curtis, H.J. (1938). Electric impedance of "Nitella" during activity. J. Gen. Physiol., 22:37-64; *apud* Cole, K.S., 1939.

Conway, E.J. (1957). Nature and significance of concentration relations of potassium and sodium ions in skeletal muscle. Physiol. Rev., 37:84-132.

Coraboeuf, E. (1960). Aspects cellulaires de l'electrogènese cardiaque chez les vertébrés. J. Physiol. Paris, 52:323-417.

Coraboeuf, E., Vassort, G. (1968). Effects of some inhibitors of ionic permeabilities on ventricular action potential and contraction of eat and guinea - pig hearts. J. Electrocardiol., 1:19-29.

Coraboeuf, E., Deroubaix, E., Hoerte, J. (1976). Control of ionic permeabilities in normal and ischemic heart. Circ. Res., 38(Suppl. 1):92-98.

Coraboeuf, E., Otsuka, M. (1956). L'action des solution hypossodiques sur les potentiels cellulaires de tissu cardiaque des mamifères. Compt. Rend., 243:441-444.

Coraboeuf, E., Weidmann, S. (1954). Temperature effects on the electrical activity of Purkinje fibres. Helv. Physiol. Pharmacol. Acta., 12:32-41.

Cranefield, P.F. (1975). Conduction of Cardiac Impulse. Mt. Kisco, New York, Futura.

Curran, M.E., Splawski, I., Timothy, K.W., Vincent, G.M., Green, E.D., Keating, M.T. (1995). A molecular basis for cardiac arrhythmia: HERG mutation cause long QT syndrome. Cell, 80:795-803.

Danielli, J.F., Davson, H. (1935). A contribution to the theory of permeability of thin films. J. Cell. Comp. Physiol., 5:495-508.

Davies, N.W., Spruce, A.E., Sanden, N.B., Stanfield, P.R. (1989). Multiple blocking mechanisms of ATP-sensitive potassium channels of frog skeletal muscle by tetraethylammonium ions. J. Physiol., 413:31-48.

Davis, L.D., Temte, J.V. (1969). Electrophysiological actions of lidocaine on canine ventricular muscle and Purkinje fibres. Circ. Res., 24:639-655.

Dean, R.B. (1941). Theories of electrolyte equilibrium in muscle. Biol. Symp. 3:331-348.

Deck, K.A., Trautwein, W. (1964). Ionic currents in cardiac excitation. Pflügers Arch., 280:63-80.

Deck, K.A., Kern, R e Trautwein, W. (1964). Voltage clamps technique in mammalian cardiac fibres. Arch. Ges. Physiol. 280:50.

Decouret, P. (1976). The effect of quinidine on membrane electrical activity in frog auricle fibres studied by current and voltage clamp. Br. J. Pharmacol., 57:163-184.

De Mello, W.C. (1972). Electrical Phenomena in the Heart, Academic Press, New York and London.

De Mello, W.C. (1975). Effect of intracellular injection of calcium and strontium on cell communication in heart. J. Physiol., 250:231-245.

De Mello, W.C. (1977). Passive electrical properties of the atrioventricular node. Pfluegers Arch., 371:135-139.

De Mello, W.C. (1980). Influence of intracellular injection of H^+ on the electrical coupling in cardiac Purkinje fibres. Cell Biol. Int. Rep., 4:51-55.

De Mello, W.C. (1982). Cell-to-cell communication in heart and other tissues. Prog. Biophys. Mol. Biol., 39:147-182.

De Mello, W.C. (1984). Effect of intracellular injection of cAMP on the electrical coupling of mammalian cardiac cells. Biochem. Biophys. Res. Commun., 119:1001-1007.

De Mello, W.C. (1988). Cyclic nucleotides and gap-junctional permeability. Braz. J. Biol. Res., 21:1225-1231.

De Mello, W.C., Dexter, D. (1970). Increased rate of sealing in beating heart muscle of the toad. Circ. Res., 26:481-489.

De Mello, W.C., Motta, G.E., Chapeau, M. (1969). A study on the healing over of myocardial cells of toads. Circ. Res. 24:475-487.

De Mello, W.C., Van Loon, P. (1987). Further studies on the influence of cyclic nucleotides on junction permeability in heart. J. Mol. Cell. Cardiol., 19:763-771.

Délèze, J. (1970). The recovery of resting potential and input resistance in sheep heart injured by knife of laser. J. Physiol., 208:547-562.

Dewey, M.M., Berger, W., Barr, L. (1969). The role of the nexus in the spread of excitation in mammalian cardiac muscle. Anat. Rec., 163:178.

Draper, M.H., Weidmann, S. (1951). Cardiac resting and action potentials recorded with an intracellular electrode. J. Physiol., 115:74-94.

Dreifuss, J.J., Girardier, L., Forssmann, W.G. (1966). Étude de la propagation de l'excitation dans le ventricule de rat an moyen des solutions hypertoniques. Pflugers Arch., 292:13-32.

Dudel, J., Peper, K., Rudel, R., Trautwein, W. (1967). The dynamic chloride component of membrane current in Purkinje fibers. Pfluegers Arch., 295:197-212.

Dumaine, R. Wang, Q., Keating, M.T., Hartmann, H.A., Schwartz, P.J., Brown, A.M., Kirsch, G.E. (1996). Multiple mechanisms of Na^+channel-linked long-QT syndrome. Circ. Res., 78:916-924.

Dupont, E., El Aoumari, A., Roustiau-Severe, S., Briand, J.P., Gros, D. (1988). Immunological characterization of rat cardiac gap junctions: presence of common antigenic determinants in heart of other vertebrate species and in various organs. J. Memb. Biol., 104:119-128.

Ehara, T., Ishihara, K. (1990). Anion channels activated by adrenaline in cardiac myocytes. Nature, 347:284-286.

Einthoven, W. (1908). Weiteres uber das Elektrokardio-gramm. Pfluegers Arch. ges. Physiol., 122:517.

Einthoven, W., Fahr, G., De Waart, A. (1913). Uber die Richtung und die manifeste Grosse der Potentialschwankungen im menschlichen Herzen und uber den Einfluss der Herzlage auf die form des Elektrokardiogrammss. Pfluegers Arch. ges. Physiol., 150:275.

Einthoven, W., Fahr, G., De Waart, A. (1950). Über die Richtung und die manifeste Grobe der Potentials schwankungen im menschlichen Herzen und über den Einflub der Herzlage auf die Form des Elektrokardiogramms. Pfliiger's Arch. ges. Physiol., 150:275 (1913). Traduzido para o inglês por Hoff, H.E., Sekelj, P., republicado no Am. Heart J., 40:163 (1950).

El Aoumari, A., Fromageoti, C., Dupont, E., Reggio, H., Durbec, P., Briand, J.P., Gros, D. (1990). Conservation of a cytoplasmic carboxy-terminal domain of conexin-43, a gap junction protein, in mammalian heart and brain. J. Memb. Biol., 115:229-240.

Engelmann, T.W. (1877). Vergleichende Untersuchungen zur Lehre von der Nervenelektricitat. Pfluegers Arch. ges. Physiol., 15:116-148.

Erlanger, J., Gasser, H.S. (1937). Electrical signs of nervous activity. Philadelphia, University of Pennsylvania Press.

Escande, D., Thuringer, D., Leguern, S., Courteix, J., Laville, M., Cavero, I. (1989). Potassium channel openers act through an activation of ATP-sensitive K^+ channels in guinea pig cardiac myocytes. Pfluegers Arch., 414:669-675.

Fange, R., Persson, H., Thesleff, S. (1956). Electrophysiologic and pharmacological observations on trypsin-desintegra-ted embryonic chick hearts cultured "in vitro". Acta Physiol. Scand., 38:173-183.

Fawcett, D.W., Selby, C.C. (1958). Observations on the fine Structure of the turtle atrium. J. Biophys. Biochem. Cytol., 4:63-72.

Findlay, I. (1988). Calcium-dependent inactivation of ATP-sensitive K^+channel of rat ventricular myocytes. Biochem. Biophys. Acta, 943:297-304.

Fozzard, H.A., Hiraoka, M. (1973). The positive dynamic current and its inactivation properties in cardiac Purkinje fibres. J. Physiol., 234:569-586.

Freeh, G.C., VanDongen, A.M., Schuster, G., Brown, A.M., Joho, R.H. (1989). A novel potassium channel with delayed rectifier properties isolated from rat brain by expression cloning. Nature, 340:642-645.

Fricke, H. (1923). The electric capacity of cell suspensions. Physiol. Rev., 21:708-709.

Fricke, H. (1925). The electrical capacity of suspensions with special reference to blood. J. Gen. Physiol., 9:137-152.

Furshpan, E.J., Potter, D.D. (1969). Low resistance junctions between cells in embryos and tissue culture. In: Current topics in development biology, Ed. A.A. Moscona, A.M. Monroy. Vol. 3, p. 95-127, Academic Press, New York.

Gadsby, D.C., Nagel, G., Huang, T.-C. (1995). The CFTR chloride channel of mammalian heart. Annu. Rev. Physiol., 57:387-416.

Galvez, A., Gimenez-Gallego, G., Reuben, J.P., Roy-Contancin, L., Feigenbaum, P., Kaczorowski, G.J., Garcia, M.L. (1990). Purification and characterization of a unique potent peptidyl probe for tlie high conductance calcium-activated potassium channel from venom of the scorpion *Bunthus tamulus.* J. Biol. Chem., 265:11083-11090.

Gettes, L.S., Reuter, H. (1974). Slow recovery from inactivation of inward currents in mammalian myocardium fibres. J. Physiol., 240:703-724.

Gimenez-Gallego, G., Navia, M.A., Reuben, J.P., Katz, G.M., Kaczorowski, G.J., Garcia, M.L. (1988). Purification, sequence, and model structure of charybdotoxin, a potent selective inhibitor of calcium-activated potassium channels. Proc. Natl. Acad. Sci. U S A, 85:3329.

Giebisch, G., Weidmann, S. (1971). Membrane currents in mammalian ventricular heart muscle fibers using a voltage clamp technique. J. Gen. Physiol., 57:290.

Glynn, I.M. (1985). The Na^+/K^+ transporting adenosine triphosphatase. In: The enzymes of biological membranes, Ed. by A.N. Marttonosi, New York, Plenum, vol. 3, p. 28-114.

Godfraind, T., Govoni, S. (1995). Recent advances in the pharmacology of Ca^{2+} and K^+ channels. TIPS, 16:1-4.

Goldberg, N. (1975). Cyclic nucleotides and cell function. In: Cell membranes: biochemistry, cell biology and pathology. Ed. by G. Weismann e R. Glaiborne, HP Publishing Co., NY.

Goldmann, D.E. (1943). Potential, impedance and rectification in membranes. J. Gen. Physiol., 27:37-60.

Gorter, E., Grendel, F. (1925). On bimolecular layers of lipoids on the chromocytes of blood. J. Exp. Med., 41:439-443.

Goodenough, D.A., Revel, J.P. (1970). A fine structural analysis of intercellular junctions in the mouse liver. J. Cell Biol., 45:272-290.

Gross, D.B., Nicholson, B.J., Revel, J.P. (1983). Comparative analysis of the gap junction protein from rat heart and liver. Is there a tissue specificity of gap junctions? Cell, 35:539-549.

Gwilt, M., Arrowsmith, J.E., Blackburn, K.J., Burges, R.A., Cross, P.E., Dalrymple, H.W., Higgins, A.J. (1991). UK-68,798: a novel, potent and highly selective class III antiarrhythmic agent which blocks potassium channels in cardiac cells. J. Pharmacol. Exp. Ther., 256:318-324.

Gwilt, M., Dalrymple, H.W., Burges, R.A., Blackburn, K.J., Dickinson, R.P., Cross, P.E., Higgins, A.J. (1991). Electrophysiologic properties of UK-66,914, a novel class III antiarrhythmic agent. J. Cardiovasc. Pharmacol., 17:376-385.

Halliday, D., Resnick, R. (1966). Física. Ao Livro Técnico S.A., Editora da Universidade de São Paulo, Rio de Janeiro.

Halliwell, J.V., Othman, I.B., Pelchen-Matthews, A., Dolly, J.O. (1986). Central action of dendrotoxin: selective reduction of a Transient K conductance in hippocampus and binding to localized acceptors. Proc. Natl. Acad. Sci. U S A, 83:493-497.

Harris, A.L., Spray, D.C., Bennett, M.V.L. (1983). Control of intercellular communication by a voltage dependent junctional conductance. J. Neurosci., 3:79-100.

Harvey, R.D. (1996). Cardiac chloride currents. N. Physiol. Sci., 11:175-180.

Harvey, R.D., Clark, C.D., Hume, J.R. (1990). Chloride current in mammalian cardiac myocytes. Novel mechanism for autonomic regulation of action potential duration and resting membrane potential. J. Gen. Physiol., 95:1077-1102.

Hecht, H.H., Hutter, O.F. (1965). Action of pH on cardiac Purkinje fibres. In: Electrophysiology of the Heart, Ed. B. Taccardi e G. Marchetti, Oxford, Pergamon.

Helmholtz, H. (1850). Messungen uber den zeitlichen Verlauf der Zuchung animalischer Muskeln und die Fortpflanzungs-geschwindigkeit der Reizung in den Nerven. Arch. Anat. Physiol., 276, *apud* Scott, 1975.

Heppner, D.B., Plonsey, R. (1970). Simulation of electrical interaction of cardiac cells. Biophys. J., 10:1057-1075.

Hermann, L. (1905). Beitrage zur Physiologie und physix des Nerve. Pflugers Arch. Ges. Physiol., 109:95-144; *apud* Jack, J.J.B., Noble, D., Tsien, R.W., 1975.

Herman, B.A., Fernandez, B.S. (1976). Developmental changes in membrane fluidity of cultured myogenic cells. Physiologist, 19:223.

Herzberg, E.L., Johnson, R.G. (1988). Gap junctions. In: Modern cell biology, Ed. by B. Satie, New York, Liss, vol. 7.

Hober, R. (1910). Eine Methode, die elektrische Leitfahigkeit in Innern von Zellen zu Messen. Pfluegers Arch., 133:237.

Hodgkin, A.L., Huxley, A.F. (1939). Action potentials recorded from inside a nerve fibre. Nature, Lond., 140:710.

Hodgkin, A.L., Huxley, A.F. (1945). Resting and action potentials in single nerve fibres. J. Physiol., Lond., 104:176.

Hodgkin, A.L. (1951). The ionic basis of electrical activity in nerve and muscle. Biol. Rev., 26:339-409.

Hodgkin, A.L. (1958). Ionic movements and electrical activity in giant nerve fibres. Proc. R. Soc. B., 148:1-37.

Hodgkin, A.L., Horowicz, P. (1959). The influence of potassium and chloride ions on the membrane potential of single muscle fibres. J. Physiol., 148:127-160.

Hodgkin, A.L., Huxley, A.F. (1952a). Currents carried by sodium and potassium ions through the membrane of the giant axon of Loligo. J. Physiol., 116:449-472.

Hodgkin, A.L., Huxley, A.F. (1952b). The components of membrane conductance in the giant axon of Loligo. J. Physiol., 116:473-496.

Hodgkin, A.L., Huxley, A.F. (1952c). The dual effect of membrane potential on sodium conductance in the giant axon of Loligo. J. Physiol., 116:497-506.

Hodgkin, A.L., Huxley, A.F. (1952d). A quantitative description of membrane current and its application to conduction and excitation in nerve. J. Physiol., 117:500-544.

Hodgkin, A.L., Huxley, A.F. (1953). Movements of radioactive potassium and membrane current in a giant axon. J. Physiol., 121:403-414.

Hodgkin, A.L., Katz, B. (1949). The effect of sodium ions on the electrical activity of the giant axon of the squid. J. Physiol., 108:37-77.

Hodgkin, A.L., Huxley, A.F., Katz (1949). Ionic current underlying activity in the giant axon of the squid. Arch. Sci. Physiol., 3:129-150.

Hodgkin, A.L., Huxley, A.F., Katz (1952). Measurement of current-voltage relations in the membrane of the giant axon of Loligo. J. Physiol., 116:424-448.

Hodgkin, A.L., Keynes, R.D. (1955). Active transport of cations in giant axons from Sepia and Loligo. J. Physiol., 128:28.

Hodgkin, A.L., Rushton, W.A.H. (1946). The electrical constants of a crustacean nerve fiber. Proc. R. Soc. B., 133:444.

Hober, R. (1912). Ein zweites Verfahren die Leitfahigkeit in Innern von Zellen zu Messen. Pfluegers Arch., 148:189-221.

Hober, R. (1913). Messungen der innern Leitfahigkeit von Zellen. Pfluegers Arch., 150:15-45.

Hoffman, B.F., Cranefield, P.F. (1960). Electrophysiology of the heart. New York, McGraw-Hill.

Hoffman, E.P., Spier, S.J. (1993). Sodium channelopathies: dramatic diseases caused by subtle genetic changes. NIPS, 8:38-41.

Hoffman, B.F., Suckling, E.E. (1953). Cardiac cellular potentials: effect of vagal stimulation and acetylcholine. Am. J. Physiol., 173:312.

Honerjager, P., Reiter, M. (1975). The relation between the effects of veratridine on action potential and contracture in mammalian ventricular myocardium. Naunyn Schmied. Arch. Pharmacol., 289:1-28.

Hutter, O.F. (1961). Ion movements during vagus inhibition of the heart. In: Nervous Inhibitions. Proc. Intern. Symposium. Pergamon Press, Oxford, p.144.

Hutter, O.F., Trautwein, W. (1956). Vagal and sympathetic effects on the pacemaker fibers in the sinus venosus of the heart. J. Gen. Physiol., 39:715.

Huxley, A.F., Stämpfli, R. (1951). Effect of potassium and sodium on resting and action potentials of single myelinated nerve fibres. J. Physiol., 112:496-508.

Illes, D.E., Lehmann-Horns, F., Scherer, S.W., Tsui, L.C., Olde Weghuis, D., Suijkerbuijk, R.F., Heytens, L., Mikala, G., Schwartz, A., Ellis, F.R. (1994). Localization of the gene encoding the alpha 2/delta-subunits of the L-type voltage-dependent calcium channel to chromosome 7q and analysis of the segregation of flanking markers in malignant hyperthermia susceptible families. Hum. Mol. Genet., 3:969-975.

Imanaga, I. (1987). Cell-to-cell coupling studied by diffusional methods in myocardial cells. Experientia, 43:1080-1083.

Imanishi, S., Arita, M., Kiyosue, T., Aomine, M. (1983). Effects of SG-75 (nicorandil) on electrical activity of canine Purkinje fibers. Possible increase in potassium conductance. J. Pharmacol. Exp. Ther., 225:198.

Irisawa, H., Brown, H.F., Giles, W. (1993). Cardiac pacemaking in the sinoatrial node. Physiol. Rev. 73:197-227.

Isenberg, G. (1975). Is potassium conductance of cardiac Purkinje fibres controlled by (Ca^{2+})?. Nature, 253:273-274.

Jack, J.J.B., Noble, D., Tsien, R.W. (1975). Electric current flow in excitable cells. Oxford, Clarendon Press.

Jain, M.K. (1972). The Bimolecular Lipid Membrane: A system. New York, Van Nostrand.

Jan, L.Y., Jan, Y.N. (1992). Structural elements involved in specific K^+ channel functions. Annu. Rev. Physiol., 54:537-555.

Jongsma, H.J., Gros, D. (1991). The cardiac connection. NIPS, 6:34-40.

Jorgensen, P.L., Andersen, J.P. (1988). Structural basis for E1-E2 conformational transition in Na,K-pump and Capump. J. Memb. Biol., 103:95-120.

Josephson, I.R. (1988). Lidocaine blocks Na, Ca, and K currents of chick ventricular myocytes. J. Mol. Cell Cardiol., 20:593-604.

Kamiyama, A., Matsuda, K. (1966). Electrophysiological properties of the canine ventricular fiber. J. Physiol., 16:407-420.

Kaneda, M., Fukui, K., Doi, K. (1994). Activation of chloride current by P2-purinoceptors in rat ventricular myocytes. Br. J. Pharmacol., 111:1355-1360.

Kanno, Y., Loewenstein, W.R. (1966). Cell-to-cell passage of large molecules. Nature, 212:629.

Kass, R.S., Tsien, R.W. (1975). Multiple effects of calcium antagonists on plateau currents in cardiac Purkinje fibers. J. Gen. Physiol., 66:169-192.

Katz, A.M. (1993). Cardiac ion channels. N. Engl. J. Med., 328:1244-1251.

Kawamura, K., James, T.N. (1971). Comparative ultrastructure of cellular junctions in working myocardium and the conduction system under normal and pathologic condition. J. Mol. Cell. Cardiol., 3:31-60.

Kawamura, K., Konishi, T. (1967). Ultrastructure of the cell junction of the heart muscle with special reference to its significance in excitation conduction and to the concept of "disease of the intercalated disc". Jap. Circ. J., 31:1533-1543.

Keating, M.T., Atkinson, D., Dunn, C., Timothy, K., Vicent, G.M., Leppert, M. (1991). Linkage of a cardiac arrhythmia, the long QT syndrome, and the Harvey ras-1 gene. Science 252:704-706.

Keating, M.T. *et al.* (1996a). Positional cloning of a novel potassium channel gene: KVLQT1 mutations cause cardiac arrhythmias. Nature Genetics, 12:17-23.

Keating, M.T., Sanguinetti, M.C. (1996b). Molecular genetic insights into cardiovascular disease. Science, 272:681-685.

Kelvin, W.T. (1855). On the theory of the electric telegraph. Proc. R. Soc. Lond. B., 7:382-399; *apud* Jack, J.J.B., Noble, D., Tsien, R.W.

Kelvin, W.T. (1856). On the theory of the electric telegraph. Phil. Mag., 11:146-160.

Kim, D., Clapham, D.E. (1989). Potassium channels in cardiac cells activated by arachidonic acid and phospholipids. Science, 244:1174-1176.

Kimoto, Y., Saito, M., Goto, M. (1974). Effects of caffeine on the membrane potentials, membrane currents and contractility of the bullfrog atrium. Jap. J. Physiol., 24:531-542.

Koch, M.C., Ricker, K., Otto, M., Grimm, T., Bender, K., Zoll, B., Lechmann-Horn, F., Rudel, R., Harper, P.S., Hoffman, E.P. (1991). Linkage data suggesting allelic heterogeneity for paramyotonia congenita and hyperkalemic periodic paralysis. Hum. Genet., 88:71-74.

Kohlhardt, M., Bauer, B., Krause, H., Fleckenstein, A. (1972). Differentiation of the transmembrane Na and Ca channels in mammalian cardiac fibres by the use of specific inhibitors. Pfluegers Arch., 335:309-322.

Kohlhardt, M., Bauer, B., Krause, H., Fleckenstein, A. (1973). Selective inhibition of the transmembrane Ca conductivity of mammalian myocardial fibres by Ni, Co and Mn ions. Pfluegers Arch., 338:115-123.

Kohlhardt, M., Haastert, H.P., Krause, H. (1973). Evidence of non-specificity of the Ca channel in mammalian myocardial fibre membrane. Substitution of Ca by Ba or Mg as charge carriers. Pfluegers Arch., 342:125-136.

Kohlhardt, M., Herdey, A., Kubler, M. (1973). Interchangeability of Ca ions and Sr ions as charge carriers of the slow inward current in mammalian myocardial fibres. Pfluegers Arch., 344:149-158.

Kreibel, M.E. (1969). Spread of excitation and injected current in the tunicate myocardium. Experientia Suppl. 15.

Kuo, J.F., Greengard, P. (1969). Cyclic nucleotide dependent protein kinases: IV. Widespread occurrence of adenosine 3'-5'monophosphate dependent protein kinase in various tissues and phyla of the animal kingdom. Proc. Natl. Acad. Sci. U S A, 64:1249-1355.

Kurachi, Y., Nakajima, T., Sugimoto, T. (1986). On the mechanism of activation of muscarinic K^+ channels by adenosine in isolated atrial cells: Involvement of gap-binding proteins. Pfluegers Arch., 407:264-274.

Kuriyama, H., Kitamura, K., Nabata, H. (1995). Pharmacological and physiological significance of ion channels and factors that modulate them in vascular tissue. Pharmacol. Rev., 47:387-573.

Lenard, J., Singer, S.J. (1966). Protein conformation in cell membrane preparations as studied by optical rotatory dispersion and circular dichroism, Proc. Natl. Acad. Sci. U S A. 56(6):1828-1835.

Levesque, P.C., Hume, J.R. (1995). ATP_o but not cAMPi activates a Cl^- conductance in mouse ventricular myocytes. Cardiovasc. Res., 29:336-343.

Ling, G., Gerard, R.W. (1949). The normal membrane potentials of frog sartorius fibers. J. Cell. Comp. Physiol., 34:383-395.

Loewenstein, W.R. (1966). Permeability of membrane junctions. Ann. NY Acad. Sci., 137:441-472.

Loewenstein, W.R., Nakas, M., Socolar, S.J. (1967). Junctional membrane uncoupling: permeability transformations at a cell membrane junction. J. Gen. Physiol., 50:1868-1891.

Lossnitzer, K., Pfennigsdorf, G., Brauer, H. (1984). Miocárdio, vasos, cálcio. Knoll AG Editores, Ludwigshafen.

Lucy, J.A., Glauert, A.M. (1964). In Symposium on Electron Microscopy; Modena 1963, P. Buffa ed., p. 233. CNR. Roma, *apud* De Mello, 1972.

MacKinnon, R. (1991). Using mutagenesis to study K^+ channel mechanisms. J. Bioenerg. Biomem., 4:647-663.

Mascher, D., Peper, K. (1969). Two components of inward membrane current in myocardial muscle fibers. Arch. Ges. Physiol., 307:190.

Matsuura, H., Ehara, T. (1992). Activation of chloride current by purinergic stimulation in guinea pig heart cells. Circ. Res., 70:851-855.

Makielski, J.C., Undrovinas, A.I., Hanck, D.A., Sheets, M.F., Nesterenko, V.V., Alpert, L.A., Rosenshtraukh, L.V., Fozzard, H.A. (1988). Use-dependent block of sodium current by ethmozin in voltage clamped and internally perfused canine cardiac Purkinje cells. J. Mol. Cell Cardiol., 20:255-265.

Makowski, L., Caspar, D.L.D., Goodenough, D.A., Phillips, W.C. (1982). Gap junction structure III. The effect of variations in the isolation procedure. Biophys. J., 37:189-191.

Makowski, L., Caspar, D.L.D., Phillips, W.C., Goudenough, D.A. (1977). Gap junction structure II. An analysis of the X-ray diffraction data. J. Cell Biol., 74:629-645.

Marmont, G. (1949). Studies on the axon membrane. 1. Anew method. J. Cell Comp. Physiol., 34:351-382.

Matter, A. (1973). A morphometric study on the nexus of rat cardiac muscle. J. Cell Biol., 56:690-696.

Maunsbach, A.B., Skriver, E., Soderholm, M., Hebert, H. (1988). Three-dimensional structure and topography of membrane bound Na,K-ATPase. In: The Na^+,K^+/Pump. Part A: Molecular Aspects. Edited by J.C. Skou, J.G. Norby, A.B. Maunsbach, M. Esmann. New York, Liss, p. 39-56.

McCleskey, E.W., Fox, A.P., Feldman, D.H., Cruz, L.J., Oliveira, B.M., Tsien, R.W., Yoshikami, D. (1987). ω-Conotoxin: Direct persistent blockade of specific types of calcium channels in neurons but not muscle. Proc. Natl. Acad. Sci. USA, 84:4327-4331.

McNutt, N.S., Fawcett, D.W. (1974). Myocardial ultrastructure. In: The mammalian myocardium. Ed. by Glenn A. Langer e Allan J. Brady. John Willey e Sons, N.Y.

McNutt, N.S., Weinstein, R.S. (1970). The ultrastructure of the nexus. A correlated thin section and freeze-cleave study. J. Cell Biol., 47:666-688.

McNutt, N.S., Weinstein, R.S. (1973). Membrane ultrastructure at mammalian intercellular junctions. In: Progress in Biophysics and Molecular Biology. Ed. J.A.V. Butler e D. Noble. Pergamon Press, Oxford, vol. 26, p. 45.

Miller, H.C., Strauss, H.C. (1974). Measurements of sinoatrial conduction time by premature atrial stimulation in the rabbit. Circ. Res., 35:935-947.

Mintz, I.M., Adams, M.E., Bean, B.P. (1992). P-Type calcium channels in rat central and peripheral neurons. Neuron, 9:85-95.

Mobley, B.A., Eisenberg, B.R. (1975). Sciences of components in frog skeletal muscle measured by methods of stereology. J. Gen. Physiol., 66:31-45.

Moore, D.H., Ruska, H. (1957). Electron microscope study of mammalian cardiac muscle cells. J. Biophys. Biochem. Cytol., 3:261; *apud* Sperelakis, N., Hoshiko, T., 1961.

Muir, A.R. (1957a). An electron microscope study of the embryology of the intercalated disc in the heart of rabbit. J. Biophys. Biochem. Cytol., 3:193-202.

Muir, A.R. (1957b). Observations on the fine structure of the Purkinje fibres in the ventricle of the sheep's heart. J. Anat., 91:251-258.

Nakagawa, A., Nakamura, S., Arita, M. (1989). Possible increases in potassium conductance by apamin in mammalian ventricular papillary muscles: a comparison with the effects on enzymatically isolated ventricular cells. J. Cardiovasc. Pharmacol., 14:38-45.

Narahashi, T. (1963). The properties of insect axons. Adv. Insect Physiol., 1:176-256.

Narahashi, T., Moore, J.W., Scott, W.R. (1964). Tetrodotoxin blocade of sodium conductance increase in lobster giant axons. J. Gen. Physiol., 47:965-974.

Nastuk, W.L., Hodgkin, A.L. (1950). The electrical activity of single muscle fibres. J. Cell. Comp. Physiol., 35:39-73.

Nawrath, H., Ten Eick, R.E., McDonald, T.F., Trautwein, W. (1977). On the mechanism underlying the action of D600 on slow inward current and tension in mammalian myocardium. Circ. Res., 40:408-414.

New, W., Trautwein, W. (1972a). Inward membrane currents in mammalian myocardium. Pfluegers Arch., 334:1-23.

New, W., Trautwein, W. (1972b). The ionic nature of slow inward current and its relation to contraction. Pfluegers Arch., 334:24-38.

Noble, D. (1962). The voltage-dependence of the cardiac membrane conductance. Biophys. J., 2:381-393.

Noble, D., Tsien, R.W. (1968). The kinetics and rectifier properties of the slow potassium current in cardiac Purkinje fibres. J. Physiol., 195:185-214.

Noma, A., Irisawa, H. (1976). A time-and voltage-dependent potassium current in the rabbit sinoatrial node cell. Pfluegers Arch., 366:251-258.

Noma, A., Tsuboi, N. (1987). Dependence of junctional conductance on proton, calcium and magnesium ions in cardiac paired cells of guinea pig. J. Physiol., 382:193-211.

Ojeda, C., Rougier, O. (1974). Kinetic analysis of the delayed outward currents in frog atrium. Existence of two types of preparation. J. Physiol., 239:51-73.

Oliveira-Castro, G.M., Loewenstein, W.R. (1971). Junctional membrane permeability. J. Membr. Biol., 5:51-77.

Oliveira, B.M., McIntosh, J.M., Cruz, L.J., Luque, F.A., Gray, W.R. (1984). Purification and sequence of a presynaptic peptide toxin from Conus geographus venom. Biochemistry, 23:5087-5090.

Ordway, R.W., Walsh, J.V. Jr., Singer, J.J. (1989). Arachidonic acid, as well as fatty acids directly activate potassium channels in smooth muscle cells. Science, 244:1176-1179.

Paes de Carvalho, A., Hoffman, B.F., Langan, W.B. (1966). Two components of the cardiac action potential. Nature, 211:938.

Paes de Carvalho, A. (1976). Excitação cardíaca. In: Fisiologia Cardiovascular. Ed. DFCVR-SBC, Fundo Editorial Byk-Procienx, Rio de Janeiro, Brasil.

Page, E., Storm, S.R. (1965). Cat heart muscle in vitro. VIII Active transport of sodium in papillary muscles. J. Gen. Physiol., 48:957.

Pappas, G.D., Bennet, M.V.L. (1966). Specialized junctions involved in electrical transmission between neurons. Ann. NY Acad. Sci., 137:495-508.

Payton, B.W., Bennett, M.V.L., Pappas, G.D. (1969). Permeability and structure of junctional membranes at an electrotonic synapse. Science, 166:1641-1643.

Peper, K., Trautwein, W. (1968). A membrane current related to the plateau of the action potential of Purkinje fibers. Pfluegers Arch., 303:108-123.

Petersen, O.H. (1988). IS1 Atlas. Sci. Biochem., 1:144, apud Robertson, D.W., Steinberg, M.L (1990). Potassium channel modulations: scientific application and therapeutic promise. J. Med. Chem., 33:1529-1540.

Petit-Jacques, J., Bescond, J., Bois, P., Lenfant, J. (1994). Particular sensitivity of the mammalian heart sinus node cells. NIPS 9:77-79.

Philippson, M. (1921). Les lois de la resistance electrique de tissues vivants. Bull. Acad. Royal Med. Belg., 7:387-403.

Plummer, M.R., Logothetis, D.E., Hess, P. (1989). Elementary properties and pharmacological sensitivities of calcium channels in mammalian peripheral neurons. Neuron, 2:1453-1463.

Pickar, J.G., Spier, S.J., Snyder, J.R., Carlsen, R.C. (1991). Altered ionic permeability in skeletal muscle from horses with hyperkalemic periodic paralysis. Am. J. Physiol., 260 (Cell Physiol. 29):C926-C933.

Pollack, G.H. (1976). Intercellular coupling in the atrioventricular node and other tissues of the rabbit heart. J. Physiol., 255:275-298.

Post, R.I., Hegyvary, C., Kume, S. (1972). Activation of adenosine triphosphate in the phosphorylation kinetics of sodium potassium ion transport adenosine triphosphatase. J. Biol. Chem., 247:6530-654.

Ptacek, L.J., George, A.L., Barchi, R.G., Griggs, R.C., Robertson, M., Leppert, M.F. (1992). Mutations in an S4 segment of the adult skeletal muscle sodium channel cause paramyotonia congenita. Neuron, 8:891-897.

Ptacek, L.J., Trimmer, J.S., Agnew, W.S., Roberts, J.W., Petejan, J.H., Leppert, M. (1991). Paramyotonia congenita and hyperkalemic periodic paralysis map to the same sodium channel gene locus. Am. J. Hum. Genet., 49:851-854.

Puelles, R.Z. (1956). Manual de Terapêutica Física, p. 32, Editorial Saber, Valência, Espanha.

Randall, A.D., Wendland, B., Schweizer, F., Miljanich, G., Adams, M.E., Tsien, R.W. (1993). Five pharmacologically distinct high voltage-activated Ca^{2+} channels in cerebellar granule cells. Soc. Neurosci. Abs., 19:1478.

Reuter, H. (1967). The dependence of slow inward current in Purkinje fibres on the extracellular calcium concentration. J. Physiol., 192:479-492.

Reuter, H. (1968). Slow inactivation of currents in cardiac Purkinje fibres. J. Physiol., 197:233-253.

Reuter, H., Scholz, H. (1977). A study of the ion selectivity and the kinetic properties of the calcium dependent slow inward current in mammalian cardiac muscle. J. Physiol., 264:17-47.

Revel, J.P. (1968). Studies on fine structure of intercellular junctions. Proceedings of the electron microscopy society of America. 26th Annual Meeting, Baton Rouge, pp. 40-41, *apud* Kawamura, K., James, T.N., 1971.

Revel, J.P., Karnovsky, M.F. (1967). Hexagonal array of subunits in intercellular junction of the mouse heart and liver. J. Cell Biol., 33:C7.

Robertson, J.D. (1957). New observations on the ultrastructure of the membranes of frog peripheral nerve fibers. J. Biophys. Biochem. Cytol., 3:1043-1048.

Robertson, J.D. (1959). The structure of cell membrane and their derivatives. Biochem. Soc. Symp., 16:3-43.

Rojas, C.V. (1996). Ion channels and human genetic diseases. NIPS 11:36-42.

Rothschuh, K.E. (1950). Ueber den Aufbau des Herzmuskels aus elektrophysiologischen Elementen. Ver. dtsh. ges. Kreislaufforsch., 16:226-231, *apud* Weidmann, S., 1952.

Rothschuh, K.E. (1951). Ueber der funktionellen Aufbau des Herzens aus elektrophysiologischen Elementen und uber den Mechanisms der Erregungsleitung im Herzen. Pfluegers Arch. ges. Physiol., 253:238-251, apud Weidmann, S., 1952.

Rougier, O., Vassort, G., Stampfli, R. (1968). Voltage clamp experiments on frog atrial heart fibres with the sucrose gap technique. Pfluegers Arch., 301:91-108.

Rougier, O., Vassort, G., Gamier, D., Gargouil, Y.-M., Coraboeuf, E. (1969). Existence and role of a slow inward current during the frog atrial action potential. Pfluegers Arch., 308:91-110.

Rouser, G., Nelson, G.J., Fleischer, S. (1968). Physical fact and function. In: Biological Membranes. Ed. by D. Chapman. Academic Press, New York., pp -69.

Rubenstein, D.S., Lipsius, S.L. (1989). Mechanisms of automaticity in subsidiary pacemakers from cat right atrium. Circ. Res., 64:648-657.

Rudolph, J.A., Spier, S.J., Byrns, G., Hoffman, E.P. (1992). Linkage of hyperkalemic periodic paralysis in Quarter Horses to the horse adult skeletal muscle sodium channel gene. Anim. Genet., 23:241-250.

SADS (Sudden Arrhythmia Death Syndromes Foundation) Repport (18 de novembro de 1996). The Long QT Syndrome, http:/ / www.sads.org.

Sanguinetti, M.C. (1992). Modulation of potassium channels by antiarrhythmic and antihypertensive drugs. Hypertension, 19:228-236.

Sanguinetti, M.C., Jurkiewicz, N.K. (1990). Two components of cardiac delayed rectifier K^+ current. Differential sensitivity to block by class III antiarrhythmic agents. J. Gen. Physiol., 96:195-215.

Sanguinetti, M.C., Keating, M.T. (1997). Role of delayed rectifier potassium channels in cardiac repolarization and arrhythmias. NIPS, 12:152-157.

Sejersted, O.M., Wasserstrom, J.A., Fozzard, H.A. (1988). Na,K, pump stimulation by intracellular Na in isolated, intact sheep cardiac Purkinje fibers. J. Gen. Physiol., 91:445-466.

Schwarz, T.L., Tempel, B.L., Papazian, D.M., Jan, Y.M., Jan, L.Y. (1988). Multiple potassium channel components are produced by alternative splicing at the Shaker locus in Drosophila. Nature, 331:137-142 [errata publicada em Nature 332:740].

Scott, A.C. (1975). The electrophysics of a nerve fiber. Rev. Modern. Phys., 47:487-533.

Sikerwar, S.S., Unwin, N. (1988). Three dimensional structure of gap junctions in fragmented plasma membranes from rat liver. Biophys. J., 54:113-119.

Singer, S.J., Nicolson, G.L. (1972). The fluid mosaic model of the structure of cells membranes. Science, 175:720-731.

Singh, B.N., Vaughan Williams, E.M. (1971). Effect of altering potassium concentration on the action on lidocaine and diphenylhydantoine on rabbit atrial and ventricular muscle. Circ. Res., 29:286-295.

Sjostrand, F.S., Andersson, E. (1954). Electron microscopy of the intercalated discs of cardiac muscle tissue. Experientia, 10:369-370.

Sjostrand, F.S., Andersson-Cedergren, E. (1960). The structure and function of muscle. ed. by Bourne, G.H. vol. I, Academic Press, New York; *apud* Woodbury, J.W., Crill, W.E., 1961.

Skou, J.C. (1970). The energy coupled exchange of Na^+ for K^+ across the cell membrane. The Na^+, K^+ pump. FEBS Lett., 268:313-324.

Skou, J.C. (1990). The energy compled exchange of Na^+ for K^+ across the cell membrane. The Na', K^+-pump. FEBS Lett., 268:314-324.

Skou, J.C. (1992). The Na-K pump. NIPS, 7:95-100.

Sorota, S. (1992). Swelling-induced chloride-sensitive current in canine atrial cells revealed by whole-cell patch-clamp method. Circ. Res., 70:679-687.

Sperelakis, N. (1979). Origin of the cardiac resting potential. In: Handbook of physiology, Ed. by Berne, R., Sperelakis, N., Geiger, S. Waverly Press, Inc., Baltimore.

Sperelakis, N., Hoshiko, T. (1960). Possibility of junctions transmission in cardiac muscle. Fed. Proc., 19:108.

Sperelakis, N., Hoshiko, T., Berne, R.M. (1960). Nonsyncytial nature of cardiac muscle: membrane resistance of single cells. Am. J. Physiol., 19:531-536.

Spira, A.W. (1971). The nexus in the intercalated disc of the canine heart. Quantitative data for an estimation of its resistance. J. Ultrasctruct. Res., 34:409-425.

Sprav, D.C., Burt, J.M. (1990). Structure activity relations of the cardiac gap junction channel. Am. J. Physiol., 258:C195-205.

Spray, D.C., Harris, A.L., Bennett, M.V.L. (1981). Gap junctional conductance is a simple and sensitive function of intracellular pH. Science, 211:712-715.

Spray, D.C., Harris, A.L., Bennett, M.V.L. (1981). Equilibrium properties of a voltage-dependent junctional conductance. J. Gen. Physiol., 77:75-94.

Spray, D.C., Stern, J.H., Harris, A.L., Bennett, M.V.L. (1982). Gap junctional conductance: comparison of sensitivities to H and Ca ions. Proc. Natl. Acad. Sci. USA, 79:441-445.

Sugiura, H., Toyama, J., Tsuboi, N., Kamiya, K., Kodama, I. (1990). ATP directly affects junctional conductance between paired ventricular myocytes isolated from guinea pig heart. Circ. Res., 66:1095-1102.

Stein, W.D., Danielli, J.F. (1956). Discuss. Faraday Soc., 21:989.

Stewart, W.W. (1978). Functional connections between cells as revealed by dye-coupling with a highly fluorescent naphthalinide tracer. Cell, 14:741-759.

Strauss, H.C., Bigger, J.T., Saroff, A.L., Giardina, E.V. (1976). Electrophysiological evaluation of sinus node function in patients with sinus node dysfunction. Circulation, 53:763-776.

Tarr, M., Luckstead, E.F., Jurewicz, P.A., Haas, H.G. (1973). Effect of propranolol on the fast inward sodium current in frog atrial muscle. J. Pharmacol. Exp. Ther., 181:599-610.

Tempel, B.L., Papazian, D.M., Schwarz, T.L., Jan, Y.N., Jan, L.Y. (1987). Sequence of a probable potassium channel component encoded at Shaker locus of Drosophila. Science, 237:770-775.

Timpe, L.C., Schwarz, T.L., Tempel, B.L., Papazian, D.M., Jan, Y.N. eJan, L.Y. (1988). Expression of functional potassium channels from Shaker cDNA in Xenopus oocytes. Nature, 331:143-145.

Trautwein, W. (1973). Membrane currents in cardiac muscle fibers. Physiol. Rev., 53:793.

Trautwein, W., Dudel, J. (1958). Zum Mechanismus der Membranwirkung des Acetylcholins an der Herzmuskelfaser. Pfluegers Arch., 266:324.

Tsien, R.W., Lipscombe, D., Madison, D.V., Bley, K.R., Fox, A.P. (1988). Multiple types of neuronal calcium channels and their selective modulation. Trends Neurosci., 11:431-438.

Unwin, P.N.T., Ennis, P.D. (1984). Two configurations of a channel-forming membrane protein. Nature, 307:609-613.

Unwin, P.N.T., Zampighi, G. (1980). Structure of the junction between communicating cells. Nature, 283:545-549.

Van Bogaert, P.P., Carmeliet, E. (1972). Sodium inactivation and pH in cardiac Purkinje fibers. Arch. Intern. Physiol. Biochim., 80:833-835.

Van Breemen, V.L. (1953). Intercalated discs in heart muscle studied with electron microscope. Anat. Rec., 117:49-56.

Vandenberg, J.I., Yoshida, A., Kirk, K., Powell, T. (1994). Swelling-activated and isoprenaline-activated chloride currents in guinea pig cardiac myocytes have distinct electrophysiology and pharmacology. J. Gen. Physiol., 104:997-1017.

Vassalle, M. (1970). Electrogenic suppression of automaticity in sheep and dog Purkinje fiber. Circ. Res., 27:361.

Vassort, G., Rougier, O., Gamier, D., Sauviat, M.P., Coraboeuf, E., Gargouil, Y.M. (1969). Effects of adrenaline on membrane inward currents. Arch. Ges. Physiol., 309:70.

Vaughan Williams, E.M. (1959). The effect of changes in extracellular potassium concentration on the intracellular potentials of isolated rabbit atria. J. Physiol., 146:411.

Veerecke, J., Carmeliet, E. (1971). Sr action potentials in cardiac Purkinje fibers. I. Evidence for a regenerative increase in Sr conductance. Pfluegers Arch., 322:60-72.

Vitek, M., Trautwein, W. (1971). Slow inward current and action potential in cardiac Purkinje fibres. The effect of Mn^{++} ions. Pfluegers Arch., 323:204-218.

Wada, Y., Goto, M. (1975). Effects of pH on the processes of excitation-contraction coupling of bullfrog atrium. Jap. J. Physiol., 15:605-620.

Waller, A.D. (1899). On the electromotive changes connected with the beat of the mammalian heart, and of the human heart in particular. Phil. Trans. R. Soc. Lond. B., 180:169.

Wang, Q., Shen, J., Splawski, 1., Atkinson, D., Li, Z., Robinson, J.L., Moss, A.J., Towhin, J.A., Keating, M.T. (1995). SCN5A mutations associated with an inherited cardiac arrhythmia, long QT syndrome. Cell, 80:805-811.

Wang, Q., Curran, M.F., Splawski, I., Burn, T.C., Millholland, J.M., VanRaav, T.J., Shen, J., Timothy, K.W., Vincent, B.M., de Jager, T., Schwartz, P.J., Toubin, J.A., Moss, A.J., Atkinson, D.L., Landes, G.M., Connors, T.D., Keating, M.T. (1996). Positional cloning of a novel potassium channel gene: KVLQT1 mutation cause cardiac arrhythmias. Nature Genet., 12:17-23.

Weidmann, S. (1951). Effect of current flow on the membrane potential of cardiac muscle. J. Physiol., 115:227-236.

Weidmann, S. (1952). The electrical constants of Purkinje fibers. J. Physiol., 118:348.

Weidmann, S. (1955). Effects of calcium ions and local anaesthetics on electrical properties of Purkinje fibers. J. Physiol., 129:568-582.

Weidmann, D. (1956). Elektrophysiologie der Herzmuskelfaser. Huber, Bern.

Weidmann, S. (1966). The diffusion of radiopotassium across intercalated disks of mammalian cardiac muscle. J. Physiol., 187:323-342.

Weidmann, S. (1970). Electrical constants of trabecular muscle from mammalian heart. J. Physiol., 210:1041.

Weingart, R. (1972). Cell-to-cell diffusion of TEA in calf hearts. Experientia, 28:732-733.

Weingart, R. (1973). The efflux of TEA in mammalian ventricle. Experientia, 29:749.

Weingart, R. (1974). The permeability to tetraetylammonium ions of the surface membrane and the intercalated disks of sheep and calf myocardium. J. Physiol., 240:741-762.

Weingart, R., Imanaga, I., Weidmann, S. (1975). Low resistance pathway between myocardial cells. In: Recent Advances in studies on cardiac structure and metabolism. Basic functions of cations in myocardium activity. Edited bv A. Fleckenstein, N.S. Dhalla. Baltimore, Maryland: Univ. Park, vol. 5, p. 227-232.

Weld, F.M., Bigger, J.T. (1975). Effect of lidocaine on the early inward transient current in sheep cardiac Purkinje fibers. Circ. Res., 37:630-639.

Woodbury, J.W., Crill, W.E. (1961). On the problem of impulse conduction in the atrium. In: Nervous Inhibition. Ed. By E. Florey, Pergamon Press, NY, p. 124-135.

Woodbury, J.W., Crill, W.E. (1970). The potential in the gap between two abutting cardiac muscle cells. A closed solution. Biophys. J., 10:1076-1083.

Wright, E.B., Ogata, M. (1961). Action potential of amphibian single auricular muscle fiber: a dual response. Am. J. Physiol., 201:1101-1108.

Yanagisawa, T., Taira, N. (1980). Effect of 2-nicotinamide-thyl (SG-75) on the membrane potential of left atrial muscle fibers of the dog.

Yellen, G. (1987). Permeation in potassium channels: implications for channel structure. Annu. Rev. Biophys. Chem., 16:227-246.

Yoda, A.Y., Yoda, S. (1987). Two different phosphorilation cycles of Na,K-ATPase proteoliposomes accompanying Na^+ transport in absence of K^+. J. Biol. Chem., 262:110-115.

Young, J.Z. (1936). Structure of nerve fibres and synapses in some invertebrates. Cold Spring Harbor Symposia on Quantitative Biology, 4:1-6.

Zhang, J.F., Randall, A.D., Ellinon, P.T., Horne, W.A., Sather, W.A., Tanabe, T., Schwarz, T.L., Tsien, R.W. (1993). Distinctive pharmacological and kinetics of cloned neuronal Ca^{2+} channels and their possible counterparts in mammalian CNS neurons. Neuropharmacol., 32:1075-1088.

Zygmunt, A.C. (1994). Intracellular calcium activates a chloride current in canine ventricular myocytes. Am. J. Physiol., 267 (Heart Circ. Physiol. 36): H1984-H1995.

Zunkler, B., Lenzen, S., Manner, K., Panten, V., Trube, G. (1988). Naunyn Schmied. Arch. Pharmacol., 337:225

CAPÍTULO 2

Biofísica da formação das ondas do eletrocardiograma

INTRODUÇÃO

A eletrocardiografia é uma técnica de exame de uso frequente para o diagnóstico das doenças do coração. O eletrocardiograma (ECG) é um exame indispensável na avaliação clínica dos atletas, dos pacientes de risco que necessitam de cirurgia, bem como daqueles que apresentam cardiopatias. Sua maior contribuição está relacionada com o diagnóstico e o acompanhamento dos portadores de arritmias cardíacas, mas também fornece importantes subsídios quando há:

- sobrecarga de pressão das câmaras cardíacas;
- miocardiopatias;
- insuficiência coronariana;
- infarto do miocárdio.

Além disso, o ECG pode apresentar alterações quando há distúrbio eletrolítico, sobretudo naqueles que envolvem o potássio e o cálcio, bem como em algumas endocrinopatias, tal como a tireotoxicose.

Como qualquer exame complementar, o ECG também tem que ser interpretado com cautela e suas informações devem ser assimiladas como auxílio ao juízo clínico, de forma que o médico possa melhor fundamentar o seu diagnóstico e o seu esquema terapêutico.

O fenômeno eletromecânico no coração. No miocárdio, o fenômeno elétrico é independente do fenômeno mecânico. A função essencial do coração é bombear sangue para a rede vascular. Por isso, o coração é, primordialmente, um órgão mecânico. A manifestação mecânica do coração é, contudo, iniciada e coordenada por uma complexa atividade elétrica que, normalmente, tem início no nódulo sinusal. A partir dele, o estímulo elétrico se propaga por todo o coração. Experimentos *in vitro* mostram que a onda de excitação cardíaca pode espalhar-se sem produzir contração miocárdica. Isso implica a possibilidade de que, sob condições eletrolíticas anormais ou por uso de determinadas drogas, o coração possa apresentar manifestações elétricas com características quase normais, mas com atividade mecânica nula.

O acoplamento entre os processos de excitação elétrica e de contração é feito pelo íon cálcio. A entrada desses íons ocorre durante o platô dos potenciais de ação miocárdicos e funciona como um fator determinante para que haja a liberação do cálcio intracelular que está armazenado, principalmente, no retículo sarcoplasmático e nas mitocôndrias. Com isso, a concentração intracelular de cálcio livre aumenta, deflagrando assim a contração muscular. Ao contrário do músculo esquelético, a contração do miocárdio depende do influxo de cálcio que se verifica durante a atividade elétrica. O tratamento com drogas que reduzem a entrada desse íon nas células cardíacas pode, por essa razão, conduzir à insuficiência mecânica do órgão. Nesses casos, o distúrbio hemodinâmico pode ser muito mais grave do que as manifestações eletrocardiográficas.

REFERÊNCIAS ANATÔMICAS DE INTERESSE PARA A ELETROCARDIOGRAFIA

O coração de mamíferos possui uma arquitetura complexa. Ele é genericamente constituído por três camadas:

- endocárdio (a mais interna);
- miocárdio;
- epicárdio (a mais externa).

O coração se encontra situado no mediastino. Numa visão anteroposterior (Fig. 2.1), o ventrículo direito (VD) se apresenta como a câmara mais anteriormente situada, posicionando-se à frente do ventrículo esquerdo (VE). O plano do septo interventricular é, aproximadamente, paralelo ao esterno. Acima do ventrículo direito, estão o átrio direito (AD) e a veia cava superior (VCS). Como a veia cava inferior (VCI), a veia cava superior chega ao átrio direito por sua face posterior. O ventrículo esquerdo está por trás do ven-

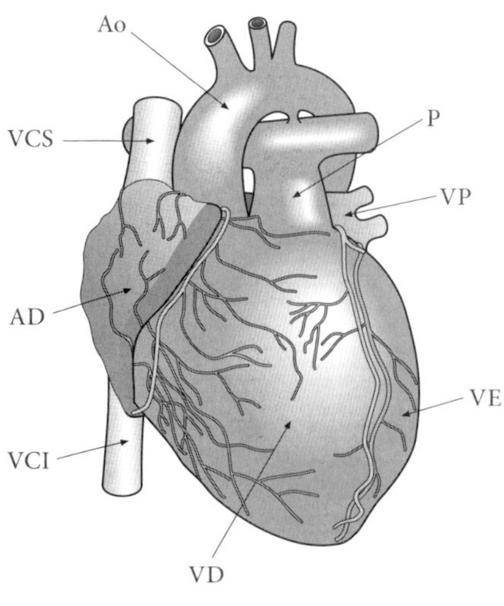

Figura 2.1 Visão anteroposterior do coração. **AD**, átrio direito; **VD**, ventrículo direito; **VE**, ventrículo esquerdo; **VCS**, veia cava superior; **VCI**, veia cava interior; **Ao**, artéria aorta; **P**, artéria pulmonar; **VP**, veias pulmonares. (Modificado de Yahe Shiotani, Universidade de Medicina de Osaka, Japão, Propaganda do Laboratório Boehringer.)

trículo direito, mas sua borda mais esquerda pode ser vista nessa projeção e contribui para formar o contorno inferior esquerdo desse órgão. Das cavidades cardíacas, o átrio esquerdo é a mais posterior e não pode ser visualizada nessa projeção. A este átrio chegam as veias pulmonares (VP). Ao nível do coração, os vasos aórtico (Ao) e pulmonar (P) estão situados muito próximos um do outro, e o cajado da aorta se dobra por sobre a bifurcação da artéria pulmonar.

Eixos do coração. O coração é um órgão móvel. Suspenso pelos grossos vasos da base, ele tem sua ponta apoiada sobre o diafragma. Quando está submetido a forças externas ou quando há aumento assimétrico de suas câmaras, ele pode girar em torno dos eixos (Fig. 2.2):

- anteroposterior (AP);
- transverso (T);
- longitudinal (L).

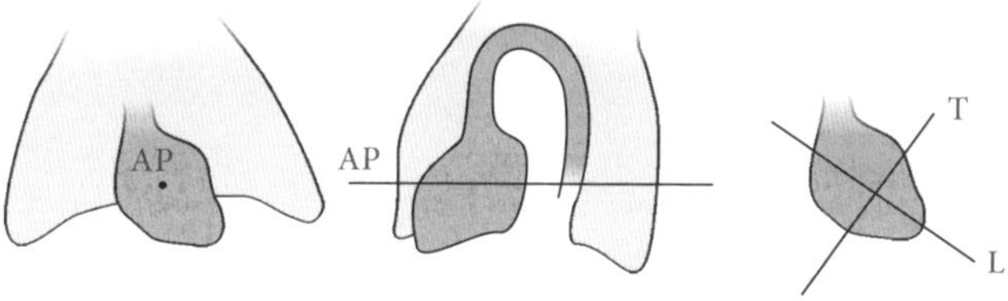

Figura 2.2 Eixos de rotação do coração. **AP**, eixo anteroposterior; **L**, eixo longitudinal; **T**, eixo transversal. (Modificado de Friedman, 1963, p. 82.)

PLANOS GEOMÉTRICOS QUE SERVEM DE REFERÊNCIA PARA O ESTUDO DA ELETROCARDIOGRAFIA

A posição dos vetores elétricos gerados pelo coração é referida com relação aos seguintes planos (Fig. 2.3):

- frontal (PF);
- horizontal (PH);
- sagital (PS).

Em eletrocardiografia, usam-se mais frequentemente os planos horizontal e frontal para conhecer a posição espacial de cada vetor cardíaco.

O plano frontal permite distinguir se o vetor está dirigido:

- para cima ou para baixo
- para a direita ou para a esquerda

Esse plano, contudo, não identifica se o vetor está voltado para a frente ou para trás.

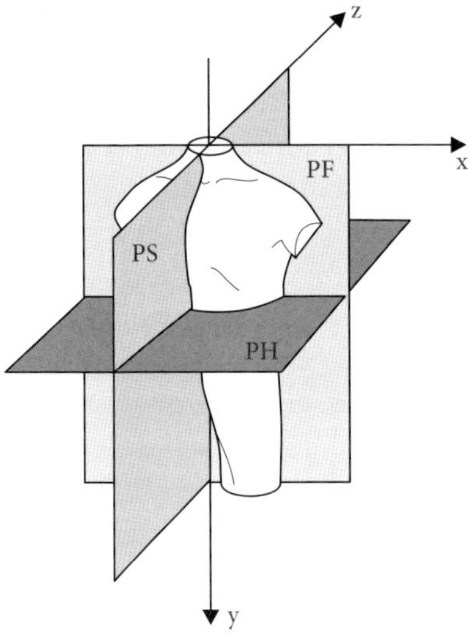

Figura 2.3 Planos de referência para os vetores eletrocardiográficos. **PS**, plano sagital; **PF**, plano frontal; **PH**, plano horizontal. (Modificado de Frank, E., *in* Hamilton e Dow, 1962, p. 340.)

O plano horizontal, por sua vez, distingue quando um dado vetor está dirigido:

- para a frente ou para trás;
- para a direita ou para a esquerda.

Todavia, esse plano não identifica se o vetor está voltado para cima ou para baixo.

A ATIVIDADE ELÉTRICA NO MIOCÁRDIO

Fibras cardíacas. As células do coração estão acopladas por ligações de baixa resistência elétrica chamadas *nexus*. Por isso, o órgão se comporta como se fosse um sincício, pois a corrente elétrica pode fluir facilmente de uma célula para outra. Sendo um tecido excitável, o coração responde a estímulos supralimiares gerando potenciais de ação que se propagam pelo miocárdio. Como as junções celulares são mais abundantes em determinadas direções do que em outras, o tecido cardíaco apresenta vias preferenciais para a propagação do impulso elétrico. Essas vias são chamadas de fibras cardíacas e, de certa forma, apresentam um comportamento elétrico semelhante ao dos axônios não mielinizados.

Vetores de despolarização e de repolarização. Normalmente, as fibras miocárdicas isoladas que primeiro se despolarizam são aquelas que se repolarizam mais precocemente. Por isso, pode-se dizer que, nelas, o sentido de propagação da despolarização é igual ao sentido de propagação da repolarização. A Fig. 2.4, contudo, mostra que o vetor de despolarização (VD) tem sentido contrário ao do vetor de repolarização (VR). Durante o espalhamento da onda de excitação, o vetor de despolarização se propaga com a sua extremidade positiva (ponta) voltada para a frente. Por isso, o sentido do vetor de

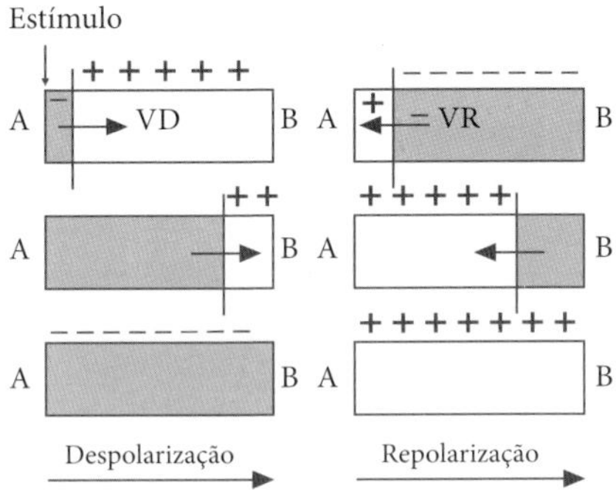

Figura 2.4 Propagação do vetor de despolarização (**VD**) e de repolarização (**VR**). O esquema mostra que, durante a despolarização, o sentido de **VD** coincide com o sentido no qual se espalha a atividade elétrica.

despolarização coincide com o sentido da propagação do impulso elétrico. Na repolarização, ao contrário, o vetor de repolarização se move com a extremidade negativa (cauda) para a frente e, assim, o seu sentido é oposto àquele do processo de repolarização.

Espalhamento do impulso elétrico despolarizante no coração. No coração normal, a despolarização se inicia no nódulo sinusal e, a partir dele, propaga-se para os átrios direito e esquerdo com velocidade de 60 a 80cm/s. A frente da onda propagada se espalha até alcançar a borda das valvas atrioventriculares. Ao chegar ali, o impulso elétrico despolarizante desaparece. Todavia, essa onda de excitação se propaga também até o nódulo atrioventricular, gerando nele potenciais de ação lentos que se propagam com baixa velocidade. Depois de ter percorrido o nódulo AV, o impulso despolarizante chega ao sistema de condução His-Purkinje que leva então a onda aos ventrículos, permitindo que sejam excitados.

Paes de Carvalho et al. (1959) mapearam a propagação da onda de despolarização no átrio direito do coelho. A Fig. 2.5 mostra resumidamente o resultado que encontraram. O átrio está visto pela sua superfície endocárdica e os números indicam o tempo gasto para a onda de despolarização chegar a cada ponto. A região do nódulo sinusal está indicada pelo tempo 0ms.

Um espalhamento semelhante da onda de ativação também foi visto no átrio humano isolado. Os resultados obtidos por Durrer et al. (1970) mostram que o perfil da despolarização atrial humana é parecido com aquele que ocorre no coração do coelho (Fig. 2.6).

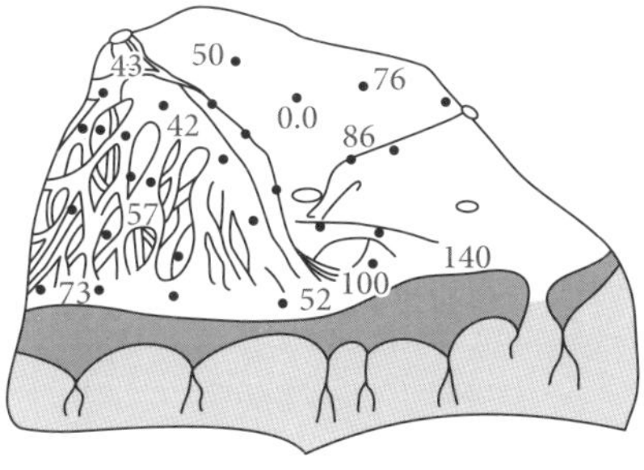

Figura 2.5 Mapeamento da propagação da despolarização no endocárdio de coelho. Os números indicam os tempos gastos para que a frente de onda alcance cada um dos pontos assinalados. (Modificado de Paes de Carvalho A. et al., *in* Ruch e Patton, 1974, p. 71.)

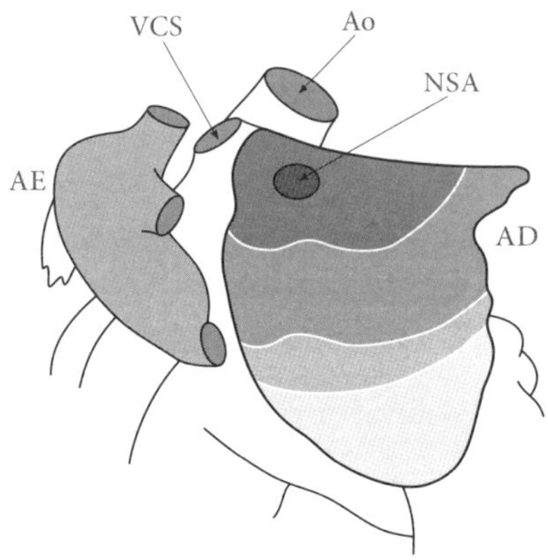

Figura 2.6 Mapeamento da propagação da despolarização em átrio humano. **NSA**, nódulo sinoatrial; **AE**, átrio esquerdo; **AD**, átrio direito; **Ao**, aorta; **VCS**, veia cava superior. Os tons mais claros indicam maior tempo para que a onda de atividade chegue a cada região assinalada. (Modificado de Turrer et al., *in* Ruch e Patton, 1974, p. 70.)

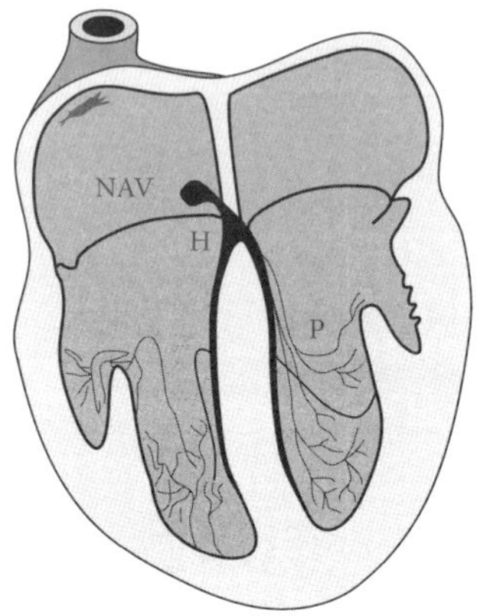

Figura 2.7 Esquema mostrando a posição relativa do nódulo atrioventricular (**NAV**), do feixe de His (**H**) e das fibras de Purkinje (**P**).

A onda de excitação nasce no nódulo sinoatrial (NSA) e dali se propaga em direção aos átrios e ventrículos. A Fig. 2.6 mostra a veia cava superior (VCS) e a aorta (Ao) como referências anatômicas. Em torno do nódulo sinoatrial (área mais escura), foram sombreadas quatro regiões para representar a forma com que a despolarização se distribui nos átrios. Nela, a área mais escura é a que primeiro se ativa, e a mais clara, a que se despolariza mais tardiamente. Os tempos para a excitação alcançar os pontos contidos em cada uma dessas áreas são os seguintes:

- 0-20ms;
- 20-40ms;
- 40-50ms;
- 50-70ms.

No coração normal, a única passagem elétrica entre os átrios e os ventrículos é o nódulo AV (NAV). O trânsito do impulso elétrico através dessa estrutura se faz lentamente (l0cm/s). Ao passar para os ventrículos, a onda percorre primeiro o feixe de His (H) e os seus ramos direito e esquerdo, até alcançar as fibras de Purkinje (P). Nessas estruturas, a velocidade de propagação é muito elevada (200 a 400cm/s) e o impulso rapidamente se dispersa. A rede de Purkinje se estende por quase toda a superfície do endocárdio, distribuindo assim, quase que simultaneamente, o impulso elétrico despolarizante a todos os pontos dos ventrículos (Fig. 2.7). No miocárdio ventricular, no entanto, a velocidade de propagação da onda elétrica volta a diminuir, chegando a valores em torno de 30cm/s.

Qualquer região do miocárdio é, potencialmente, um marca-passo. Assim, quando falham os mecanismos normais de excitação, uma outra área do coração procura manter o ritmo do órgão. Em alguns casos, essas áreas se ativam espontaneamente, mesmo com o nódulo sinusal em funcionamento. Nessa condição, surgem vários tipos de arritmias.

Ativação e repolarização dos átrios

Resultante elétrica. As ondas de despolarização e de repolarização se espalham seguindo trajetórias que são longitudinais à parede dos átrios. Essas estruturas se comportam à semelhança de uma tira miocárdica isolada, pois tanto a repolarização quanto a despolarização se iniciam no mesmo ponto.

A existência de vetores de ativação simultâneos e aplicados a um mesmo suporte permite que, no coração, possam ser determinados os vetores resultantes de cada câmara cardíaca. A Fig. 2.8 mostra, como exemplo, dois tipos de geometria de fibras miocárdicas. Elas estão sendo ativadas por impulsos que se propagam em cada um dos ramos e isso está representado pelos vetores **vl** e **v2**. Se esses vetores forem simultâneos, então é possível encontrar a resultante elétrica em cada uma dessas situações. No primeiro caso, a resultante é menor do que qualquer um dos vetores, pois é obtida por subtração entre os valores de **v1** e de **v2.** No segundo caso, os vetores têm direções diferentes e a resultante deve ser determinada pela regra do paralelogramo.

Vetores atriais. A atividade elétrica normal nasce no nódulo sinusal (NSA). Ele se situa próximo à desembocadura da veia cava superior. A partir daí, são ativados os átrios direito (AD) e esquerdo (AE), bem como o septo interatrial. O vetor resultante de cada uma dessas cavidades está mostrado na Fig. 2.9. Como são vetores simultâneos, pode-se determinar uma resultante (SÂP) para representar a ativação dos átrios.

A posição do nódulo sinusal é alta e posterolateral direita. Em relação a esse nódulo, o átrio direito está orientado para a frente, para baixo e para a esquerda. Por isso, o vetor resultante **AD**, que representa essa cavidade, tem a seguinte orientação:

- para baixo;
- para a esquerda ou sobre o plano sagital;
- para a frente.

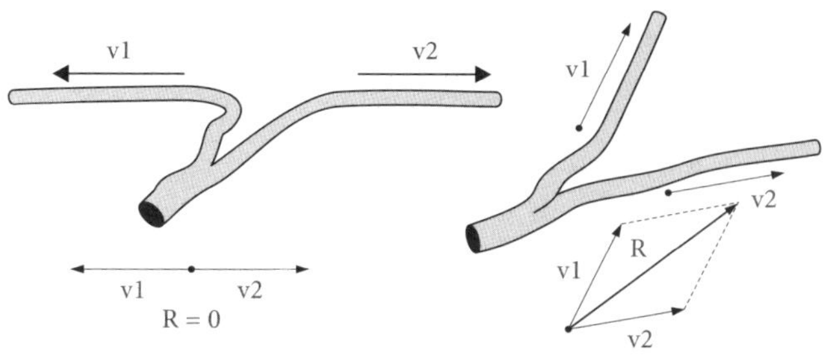

Figura 2.8 Determinação do vetor resultante da despolarização em fibras miocárdicas ativadas simultaneamente. (Modificado de Hamilton e Dow, 1962, p. 333.)

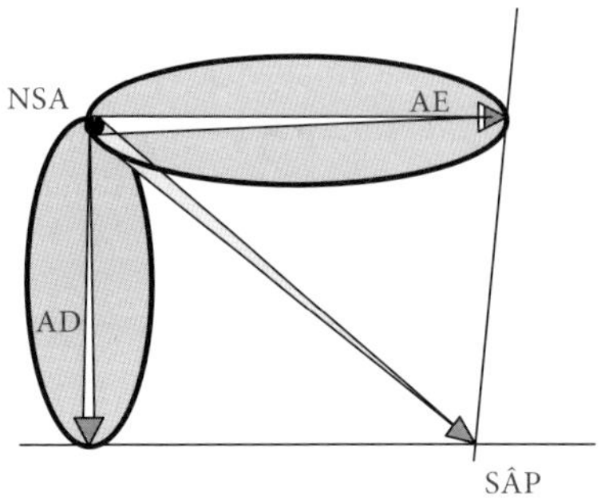

Figura 2.9 Determinação do vetor resultante (**SÂP**) da despolarização dos átrios direito (**AD**) e esquerdo (**AE**). O impulso elétrico nasce no nódulo sinusal (**NSA**) e se propaga para ambos os átrios.

A onda de atividade elétrica, depois de ativar boa parte do átrio direito, alcança o átrio esquerdo e, ao despolarizá-lo, determina o aparecimento de um vetor resultante (AE) que se orienta:

- para baixo;
- para a esquerda;
- para trás.

Durante o tempo em que os átrios estão sendo despolarizados, é possível obter-se um vetor resultante que represente genericamente a excitação atrial. Isso pode ser feito considerando-se a magnitude e a orientação espacial do vetor de cada átrio. A resultante, assim obtida, é um vetor chamado em eletrocardiografia de SÂP e que se orienta:

- para baixo;
- para a esquerda;
- para a frente ou para trás.

O vetor resultante da repolarização de cada átrio tem a mesma direção do respectivo vetor de despolarização.

Ativação e repolarização dos ventrículos

Nos ventrículos, tanto as ondas de despolarização como as de repolarização têm direção transversal às paredes. Isso acontece no septo e nas câmaras direita e esquerda. Um esquema desse processo está mostrado na Fig. 2.10. Nela, **D** representa o espalhamento da despolarização, e R, o da repolarização. O miocárdio mostrado é o da parede ventricular. A despolarização segue do endocárdio para o epicárdio, enquanto a repolarização se faz do epicárdio para o endocárdio. Essa característica se deve ao fato de que as células ventriculares epicárdicas geram potenciais de ação com duração menor do que os das células endocárdicas. A diferença existente nos sentidos da propagação da despolarização e da repolarização faz com que os vetores de despolarização (V_D) e de repolarização (V_R) tenham, nos ventrículos, o mesmo sentido.

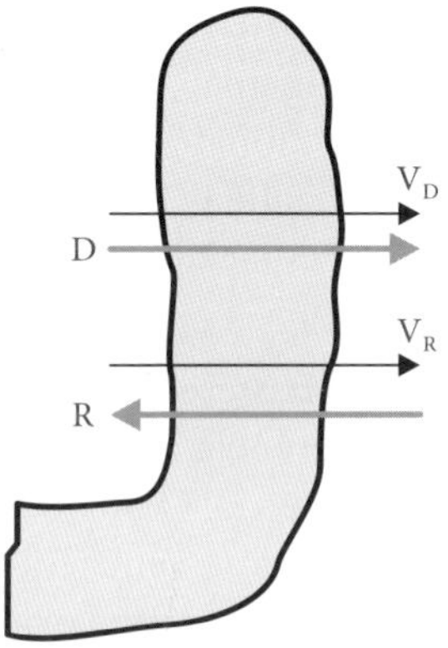

Figura 2.10 Processo de despolarização (**D**) e de repolarização (**R**) na parede ventricular. Os vetores de despolarização (**V_D**) e de repolarização (**V_R**) se propagam perpendicularmente à parede.

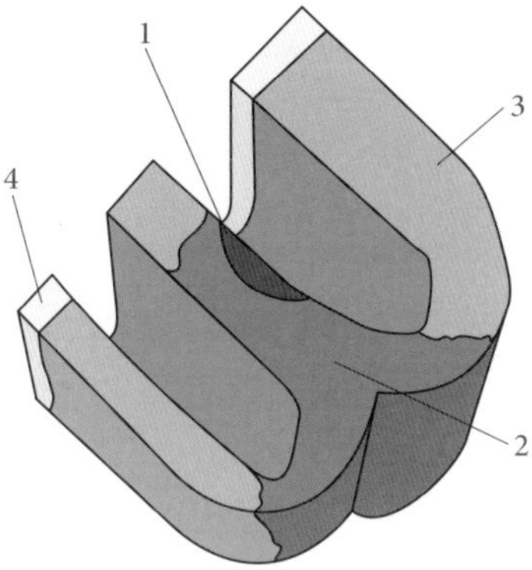

Figura 2.11 A ativação ventricular. A sequência da ativação está indicada pelos números **1**, **2**, **3** e **4**. As regiões **1** e **2** dão origem ao vetor septo anteroapical. As massas musculares (**3**) geram o vetor ventricular, e as regiões basais (**4**), o vetor basal. (Modificado de Friedman, 1963, p. 45.)

As principais fases da despolarização dos ventrículos. A Fig. 2.11 mostra a sequência de despolarização das massas ventriculares. Nela, podem ser consideradas quatro fases distintas:

- septal (1);
- septo anteroapical (2);
- ventricular (3);
- posterobasal (4).

A variação espacial dos vetores resultantes. Durante a excitação, cada segmento de fibra miocárdica gera um vetor de despolarização. Como a ativação das fibras é progressiva, esses vetores surgem em todas as direções, à medida que a despolarização progride. Todavia, a geometria organizada das câmaras cardíacas permite que, a cada instante, os vetores simultâneos possam produzir resultantes elétricas, que representem eletricamente a população das células miocárdicas despolarizadas. Tanto a direção como a intensidade dessa resultante vetorial mudam constantemente, ora apontando para a frente do corpo, ora para trás, ora para os lados, às vezes para cima, às vezes para baixo ou então assumindo uma direção horizontalizada. Esse movimento não se faz de forma discreta, mas analógica. Isso significa dizer que ele se faz de maneira contínua, e não com interrupções. Assim, a cada instante, durante o tempo em que a despolarização se espalha, é possível localizar no espaço o vetor resultante. O mesmo acontece com a repolarização do miocárdio atrial e ventricular.

Orientação do vetor resultante principal de cada câmara cardíaca. Os vetores de despolarização decorrentes de cada uma das fases principais do processo de excitação ventricular apresentam uma intensidade que é proporcional à quantidade da massa muscular ativada. A sua direção segue a orientação espacial das fibras do órgão. Por isso, cada uma dessas resultantes tem a mesma orientação espacial da câmara cardíaca que a produziu.

A Fig. 2.12 representa um corte transversal do tórax. Nela estão representadas: a coluna vertebral, como referência posterior (P), e o esterno, como referência anterior (A). As letras **D** e **E** referem-se, respectivamente, aos lados direito e esquerdo. O plano de corte passa pelos ventrículos e os quatro principais vetores da despolarização ventricular estão mostrados. Nesse plano, pode-se ver que cada vetor tem uma direção e uma orientação espacial diferente. Para definir precisamente a posição de cada um dos vetores é preciso estudá-los em pelo menos dois planos diferentes. Na técnica eletrocardiográfica, padronizou-se usar os planos horizontal e frontal.

Vetor septal. Nos ventrículos, a primeira estrutura a se despolarizar é o septo. Sua despolarização se inicia na face que está voltada para o ventrículo esquerdo e ocorre nos primeiros 10ms depois que a onda deixou o nódulo AV. Em virtude da propagação do impulso e da orientação espacial do septo, o vetor correspondente a essa fase apresenta, via de regra, as seguintes características espaciais:

- para cima ou para baixo;
- para a frente;
- para a direita.

Vetor septo anteroapical. O processo de despolarização prossegue invadindo a massa septal e, após 20ms, alcança as regiões anteriores e apicais dos ventrículos direito e esquerdo. Por isso, a orientação espacial desse vetor se dirige:

- para baixo;
- para a frente;
- para a esquerda ou situado no plano sagital.

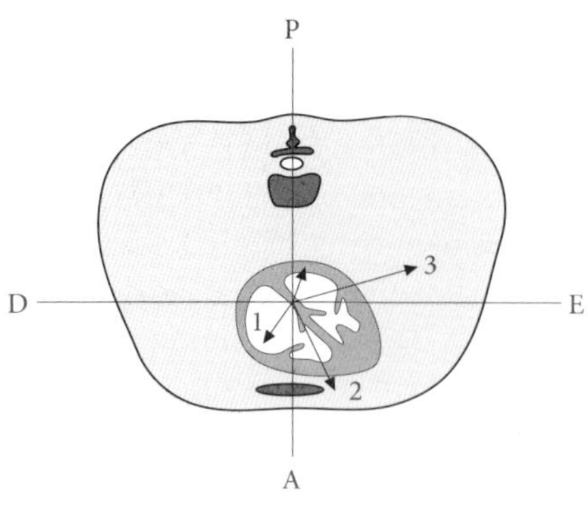

Figura 2.12 Corte transversal do tórax mostrando, em esquema, uma vértebra e o esterno para servir como referências. **A**, anterior; **P**, posterior; **D**, lado direito; **E**, lado esquerdo. Estão indicadas as posições dos vetores septal (**1**), anteroapical (**2**), ventricular (**3**) e basal (**4**). (Modificado de Ruch e Patton, 1974, p. 79.)

Vetor ventricular. Surge entre 40 e 60ms depois de iniciada a ativação septal. O vetor ventricular representa a resultante dos vetores de despolarização dos ventrículos direito e esquerdo. Por isso, sua magnitude é a maior entre as magnitudes dos vetores elétricos do coração. Sua orientação espacial é influenciada, principalmente, pelas forças elétricas geradas no ventrículo esquerdo, pois essa câmara tem maior massa muscular. Assim, o vetor ventricular se dirige:

- para baixo;
- para trás;
- para a esquerda.

Vetor posterobasal. Esse vetor representa a última fase da despolarização ventricular. Ele aparece 60 a 80ms depois de iniciada a ativação no septo. As porções basais dos ventrículos não recebem fibras de Purkinje e, por isso, não se despolarizam como o restante da musculatura ventricular, isto é, do endocárdio para o epicárdio. Nessas regiões, a onda de despolarização segue longitudinalmente às paredes dos ventrículos. Assim, esse vetor se orienta:

- para cima;
- para trás;
- no plano sagital ou próximo a ele.

A repolarização ventricular. As células epicárdicas ventriculares apresentam potenciais de ação mais curtos do que aquelas do endocárdio. Assim, apesar de serem as últimas a sofrer despolarização, são elas, no entanto, as primeiras a repolarizar. Ao contrário do que se passa na fibra muscular isolada e também nos átrios, o sentido do processo de propagação da onda de repolarização é, nos ventrículos, oposto ao sentido de espalhamento da despolarização.

Durante a despolarização, o vetor de despolarização se move com sua extremidade positiva voltada para a frente. O oposto acontece na repolarização, quando o vetor correspondente se move com a cauda negativa dirigida para a frente. Por isso, a inversão do processo de repolarização, como ocorre nos ventrículos, faz com que os vetores ventriculares de despolarização e de repolarização apresentem o mesmo sentido. O vetor resultante da repolarização ventricular dá origem ao aparecimento da onda **T** no eletrocardiograma. Ao contrário da onda de repolarização atrial (Ta), que, geralmente, é invertida em relação à onda **P**, a onda **T**, que representa a repolarização ventricular, tem, via de regra, a mesma orientação do complexo QRS.

CAPTAÇÃO DOS POTENCIAIS ELÉTRICOS CARDÍACOS NA SUPERFÍCIE DO CORPO

Waller (1887) foi o primeiro a mostrar que os fenômenos elétricos do coração podiam ser captados na superfície do corpo. Para isso, ele usou eletrodos ligados à pele e conectados a um galvanômetro. Com a finalidade de reduzir a resistência e, consequentemente, melhorar a transmissão do sinal elétrico, a pele era previamente desengordurada com álcool e éter, e depois tratada com uma geleia contendo cloreto de sódio.

A moderna teoria eletrocardiográfica se baseia nos trabalhos e nas conclusões oferecidas por Einthoven. Ele propôs o seguinte:

- o coração estaria situado no centro de um triângulo equilátero formado pelo ombro direito, pelo ombro esquerdo e pela região inguinal esquerda;
- as forças elétricas, produzidas pelo coração, poderiam ser representadas por vetores dipolares, cujo ponto de aplicação se encontraria no centro do triângulo;
- os meios existentes em torno do coração atuariam como volumes condutores homogêneos.

Hoje se sabe que esses postulados são simplificações da realidade, pois o triângulo formado pelos ombros e por um ponto situado na prega inguinal esquerda não é equilátero, mas aproximadamente escaleno. Também, o coração não ocupa o centro desse triângulo, nem os meios condutores que circundam o órgão são homogêneos.

Volume condutor. Todo sistema, constituído por uma fonte de potencial elétrico envolvida por um meio condutor, é chamado de volume condutor. Por isso, esse conceito se aplica aos nervos, aos músculos e, também, ao coração.

Momento de um dipolo. Duas cargas iguais e de sinais contrários (+q e -q) separadas por uma pequena distância (δ) constituem um dipolo elétrico. O momento desse dipolo é uma grandeza vetorial, e o vetor que o representa tem como suporte a reta que une as cargas. O vetor relativo ao momento dipolar aponta da carga negativa para a carga positiva e o seu módulo pode ser obtido pelo produto:

$$\mathbf{m} = \mathbf{q} \cdot \delta$$

onde:

q – é o valor de uma das cargas
δ – é a distância entre as cargas

Potencial produzido por um dipolo. O potencial elétrico produzido por um dipolo num ponto **P** distante (Fig. 2.13) é:

- diretamente proporcional ao momento do dipolo (m);
- diretamente proporcional ao cosseno do ângulo (α) formado pelo eixo do dipolo e a linha que une o ponto **P** ao centro do dipolo;
- inversamente proporcional ao quadrado da distância (r) existente entre o centro do dipolo e o ponto **P**.

Isso pode ser descrito pela equação:

$$\mathbf{V_p} = \frac{\mathbf{m} \cdot \cos \alpha}{\mathbf{r}^2}$$

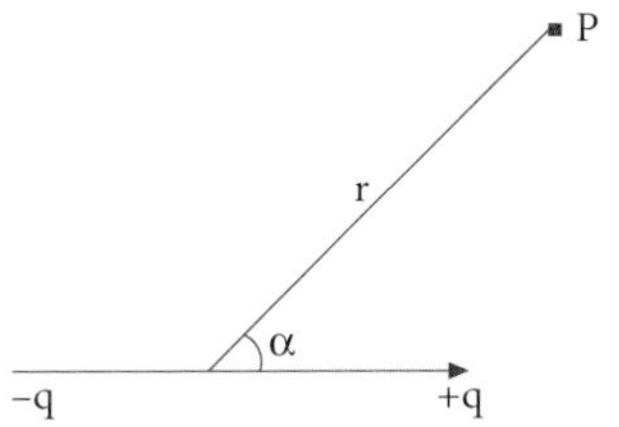

Figura 2.13 Variáveis que influenciam no potencial de um ponto **P** produzido por um dipolo elétrico (+q, –q).

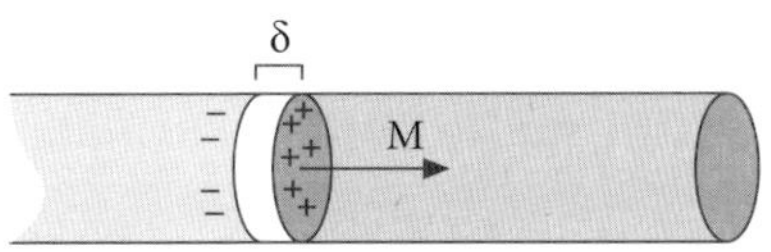

Figura 2.14 Camada dipolar. **M**, momento dipolar por unidade de área; δ, distância entre as cargas +q e –q do dipolo.

Por esta equação, pode-se observar que todos os pontos situados num plano equatorial ($\alpha = 90^{\circ}$) têm potencial nulo. O potencial será máximo e positivo quando o ângulo for de 0° e assumirá um valor máximo negativo quando o ângulo for de 180°. Esses fatos têm uma implicação importante no registro eletrocardiográfico, pois, a depender da posição em que for colocado o eletrodo explorador, que é responsável pela captação do potencial de uma dada região do coração, poder-se-ão detectar potenciais positivos, negativos ou mesmo nulos.

Camada dipolar. Muitos vetores dipolares são formados durante a atividade elétrica de uma fibra miocárdica. Quando a onda elétrica se propaga ordenadamente, a sua frente de onda é plana. Isso define um limite entre a superfície que está carregada com cargas positivas e aquela que se apresenta carregada negativamente. A Fig. 2.14 mostra essa situação. Ela representa uma tira de miocárdio formada por um grande número de fibras. Como a frente da onda de despolarização é plana, o conjunto de vetores dipolares, que representam a despolarização de cada uma das fibras, forma um pequeno tronco de cilindro, chamado de camada dipolar, cujo raio é igual ao raio da tira de miocárdio, e a espessura é igual à distância δ entre as cargas de cada dipolo. **M** representa o momento dipolar resultante, tomado por unidade de área.

Momento dipolar por unidade de área. Em toda camada dipolar pode ser definido um momento dipolar (M) por unidade de área. Esse momento é igual ao produto da quantidade de carga por unidade de área (q_A), multiplicada pela espessura δ da camada. Assim:

$$\mathbf{M} = \mathbf{q}_A \cdot \delta$$

Potencial num ponto produzido por uma camada dipolar. A camada dipolar que se forma nos tecidos excitáveis durante a propagação da onda elétrica produz variações do potencial elétrico dos pontos situados no seu entorno. Esse potencial varia com o ângulo sólido (Ω) formado entre o volume condutor e o ponto **P** considerado (Fig. 2.15). A equação geral que descreve o potencial induzido num ponto **P** qualquer (V_p) é:

$$V_p = \frac{\mathbf{V_m \cdot \Omega}}{\mathbf{4 \cdot \pi}} = \frac{\mathbf{M \cdot \cos \alpha}}{\mathbf{r^2}}$$

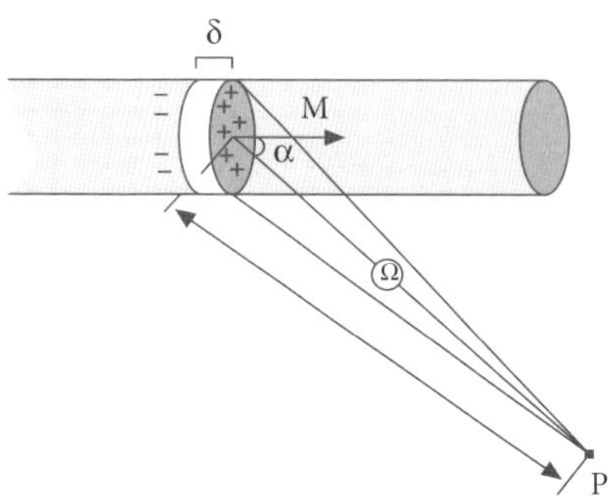

Figura 2.15 Modificação do potencial de um ponto **P** induzida pela presença de uma camada dipolar próxima a ele. **Ω**, ângulo sólido; δ, distância entre as cargas do dipolo; **M**, momento dipolar por unidade de área.

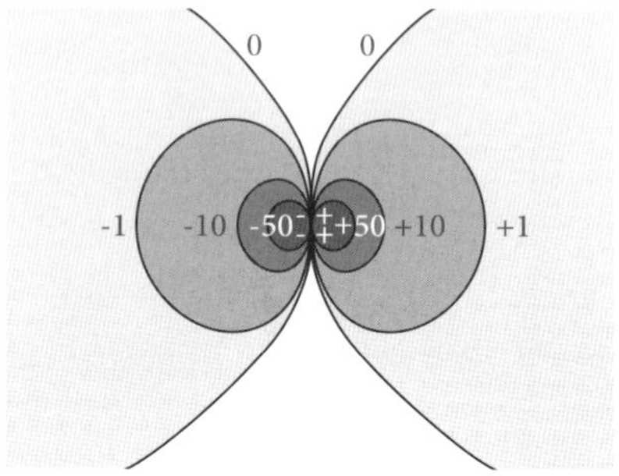

Figura 2.16 Perfil da distribuição espacial do potencial induzido por uma camada dipolar. As curvas ligam os pontos equipotenciais. Os números representam o valor percentual do potencial de cada curva em relação ao potencial do dipolo.

onde:

V_m – é o potencial transmembrana
M – é o momento dipolar por unidade de área
r – é a distância entre o centro da camada dipolar e o ponto **P**

Dessa equação, pode-se concluir que o potencial num ponto **P:**

- eleva-se com o aumento do ângulo sólido (Ω);
- aumenta com a quantidade de músculo envolvido com a onda elétrica, pois, quanto maior for essa massa muscular, maior será o valor do momento dipolar por unidade de área (M);
- é máximo quando o eixo de observação é paralelo ao eixo do momento dipolar por unidade de área, pois, nesse caso, o cosseno de α se torna igual a 1;
- diminui quando aumenta a distância (r) do ponto P à camada dipolar.

Os fenômenos elétricos do coração produzem na superfície do corpo potenciais da ordem de 1mV (0,1mV a 5mV). A intensidade do campo elétrico produzido por uma camada dipolar decai mais rapidamente com a distância do que o potencial elétrico (Vp) induzido em cada ponto. Isso se deve às cargas +q e −q da camada dipolar. Para pontos remotos, elas passam a exercer a mesma influência elétrica. Quando se estudam pontos muito afastados da camada dipolar (>>δ), a intensidade do campo elétrico passa a decair com o cubo da distância.

A Fig. 2.16 mostra o perfil de distribuição espacial do potencial produzido por uma camada dipolar. O meio que a circunda é homogêneo. A região não sombreada representa a área onde o potencial elétrico dos pontos é menor que 10% da diferença de potencial do dipolo e, por isso, pode ser considerado nulo para efeitos práticos.

O ELETROCARDIÓGRAFO

O equipamento usado para registrar as variações do potencial elétrico na superfície do corpo deve apresentar sensibilidade para captar potenciais de pequena magnitude. Ele deve possuir também uma boa capacidade para discriminar e atenuar os ruídos elétricos do ambiente. O equipamento que se usa para esse fim é constituído por:

- eletrodos;
- amplificador;
- registrador.

Os eletrodos. Os eletrodos são pequenas placas metálicas que podem ser fixadas ao corpo com o auxílio de uma faixa elástica ou por vácuo. A pele deve ser previamente desengordurada e os eletrodos devem estar limpos, a fim de que a resistência elétrica do conjunto pele-eletrodo seja baixa.

O amplificador e o sistema de registro. A Fig. 2.17 mostra o diagrama em bloco do amplificador (A) e do sistema de registro (Rg). O amplificador possui uma entrada capacitiva balanceada. Isso significa que somente os sinais cujas voltagens variam com o tempo são amplificados. Por isso, esses amplificadores pertencem à categoria dos amplificadores AC (corrente alternada). Nesses amplificadores, todo sinal contínuo (DC) é rejeitado. Isso é importante porque a colocação dos eletrodos sobre a pele, bem como o contato que eles estabelecem com a pasta eletrolítica, permite que se formem potenciais DC. Os resistores de entrada (R1 e R2) servem para balancear os sinais que chegam às entradas positiva e negativa do amplificador. Os seus valores são ajustados pelo fabricante para que sinais de mesma amplitude e que estejam em fase sejam cancelados. Com isso, os sinais espúrios produzidos pela rede elétrica e por equipamentos situados próximos ao eletrocardiógrafo são atenuados.

A presença de um capacitar (C) e de um resistor (R) em cada entrada do amplificador cria uma constante de tempo (τ = RC) que limita a velocidade de resposta do equipamento para sinais rápidos. Os estudos têm mostrado que, para registrar os potenciais elétricos do coração, essa constante não deve ser maior que 3ms.

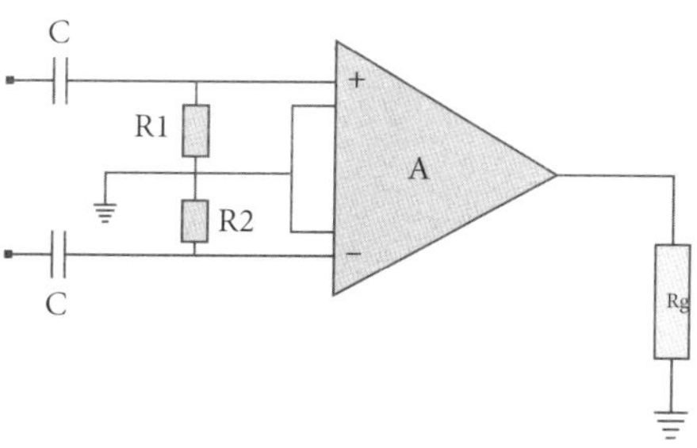

Figura 2.17 Esquema de um amplificador (**A**) com entrada capacitiva (**C**) balanceada pelos resistores **R1** e **R2**. **Rg** representa o sistema de registro.

O registrador é constituído por uma pena móvel cuja ponta é aquecida eletricamente. Essa pena, ao deslizar sobre um papel termossensível que se move à velocidade constante (25mm/s ou 50mm/s), registra os potenciais elétricos sob a forma de ondas.

Com a finalidade de permitir a comparação dos registros eletrocardiográficos, os eletrodos são colocados sobre as seguintes regiões:

- ombro direito;
- ombro esquerdo;
- região inguinal esquerda;
- quarto espaço intercostal direito junto à borda do esterno;
- quarto espaço intercostal esquerdo junto à borda do esterno;
- quinto espaço intercostal esquerdo sobre a linha hemiclavicular;
- quinto espaço intercostal esquerdo sobre a linha axilar anterior;
- quinto espaço intercostal esquerdo sobre a linha axilar média.

AS DERIVAÇÕES ELETROCARDIOGRÁFICAS

Conceito. O eixo elétrico que une os eletrodos usados para captar os potenciais gerados pelo coração é chamado de derivação eletrocardiográfica. Einthoven definiu três derivações, que ficaram conhecidas como derivações bipolares dos membros. Posteriormente, a elas foram acrescentadas as derivações unipolares dos membros e as precordiais. Nas derivações bipolares, o potencial de cada um dos eletrodos varia constantemente. Nas unipolares, o potencial de um dos eletrodos é mantido inalterado, enquanto o do eletrodo explorador pode variar.

Derivações bipolares dos membros

O conjunto dessas derivações contribui para formar o plano frontal eletrocardiográfico. São três as derivações bipolares dos membros (Fig. 2.18):

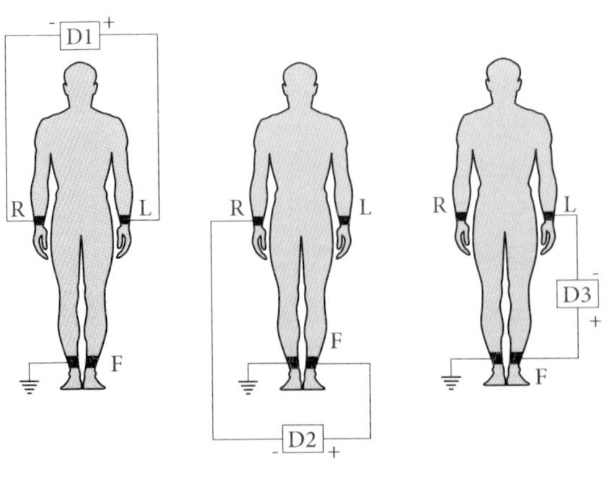

Figura 2.18 Esquema da ligação dos membros para permitir o registro eletrocardiográfico nas derivações **D1**, **D2** e **D3**.

- D1 – mede a diferença entre o potencial do membro superior esquerdo (VL) e o potencial do membro superior direito (VR).
- D2 – mede a diferença de potencial existente entre o membro inferior esquerdo (VF) e o membro superior direito (VR).
- D3 – mede a diferença entre o potencial do membro inferior esquerdo (VF) e o potencial do membro superior esquerdo (VL).

Assim:

- D1 = VL – VR
- D2 = VF – VR
- D3 = VF – VL

De acordo com os postulados de Einthoven, essas derivações delimitam um triângulo, que varia com o biótipo e com o crescimento do paciente. Nos brevilíneos, ele se aproxima de um triângulo equilátero, enquanto nos longilíneos tende a ser isósceles. A Fig. 2.19 mostra os eixos elétricos das derivações bipolares dos membros. Como são eixos orientados, então podem ser substituídos por vetores.

Na Fig. 2.20 está o "triângulo de Einthoven" formado por essas derivações. É um triângulo equilátero e nele se pode observar que o vetor D2 representa a soma dos vetores D1 e D3. Assim, pode-se escrever que:

$$\mathbf{D2 = D1 + D3}$$

As derivações unipolares dos membros

Central terminal de Wilson. Com a finalidade de medir o potencial elétrico absoluto de cada extremidade do corpo, Wilson et al. (1934) idealizaram uma central terminal (CTW), cujo potencial seria sempre nulo. Esse "terra virtual" foi conseguido ligando-se os três membros (membro superior direito, membro superior esquerdo e membro inferior esquerdo) a um ponto comum (Fig. 2.21). A base teórica para isso provém de uma das leis de Kirchoff que diz que, num circuito elétrico fechado, a soma de todas as diferenças de potencial é nula.

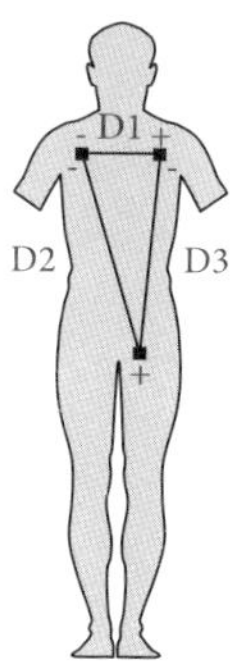

Figura 2.19 Triângulo formado pelas derivações bipolares dos membros (**D1**, **D2**, **D3**).

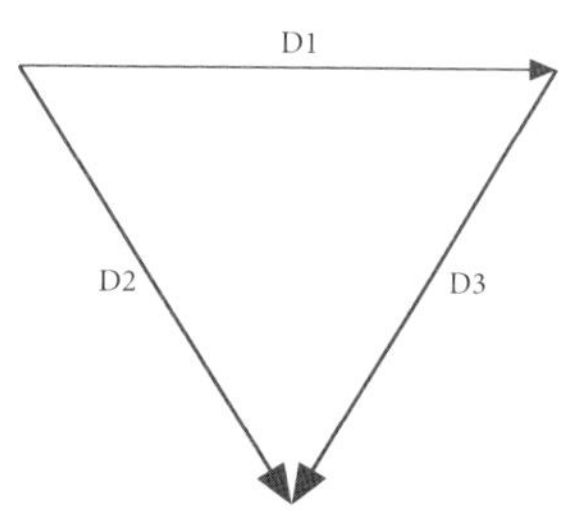

Figura 2.20 Triângulo equilátero formado pelas derivações **D1**, D2 e **D3**. Note-se que **D2** equivale à soma vetorial de **D1** com **D3**.

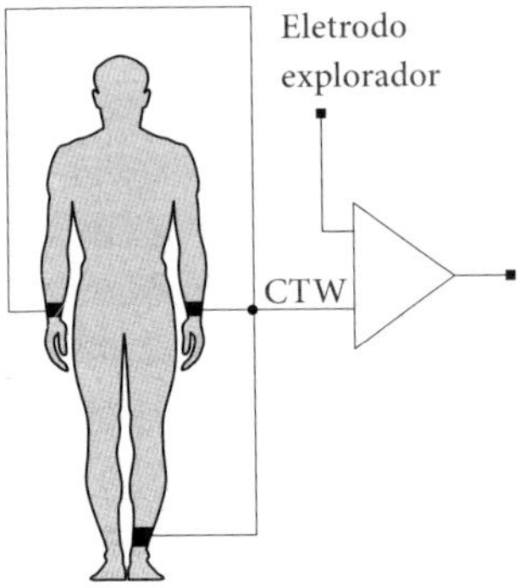

Figura 2.21 Ligação dos membros para formar a central terminal de Wilson (CTW).

Assim:

$$\mathbf{Dl + D2 + D3 = 0}$$
$$\mathbf{(VL - VR) + (VF - VR) + (VF - VL) = 0}$$

O eletrodo conectado à CTW funciona como eletrodo indiferente ou eletrodo de referência, enquanto o outro eletrodo, também ligado ao eletrocardiógrafo, serve como eletrodo explorador. Para obter a curva temporal do potencial de cada membro, conecta-se o eletrodo explorador a cada um deles.

A análise do conjunto de derivações propostas por Wilson permitiu que fossem estabelecidas as seguintes relações:

$$V_{LW} = \frac{2V_{LW} - V_{RW} - V_{FW}}{3}$$

$$V_{RW} = \frac{2V_{RW} - V_{LW} - V_{FW}}{3}$$

$$V_{FW} = \frac{2V_{FW} - V_{RW} - V_{LW}}{3}$$

Nelas,

V – é a diferença de potencial
L – designa o membro superior esquerdo
R – designa o membro superior direito
F – designa o membro inferior esquerdo
W – designa o potencial da CTW

Central terminal de Goldberger. As derivações unipolares dos membros obtidas com a CTW apresentam ondas de baixa amplitude, o que dificulta a análise. Para superar essa dificuldade, Goldberger idealizou uma nova central terminal, que se tornou

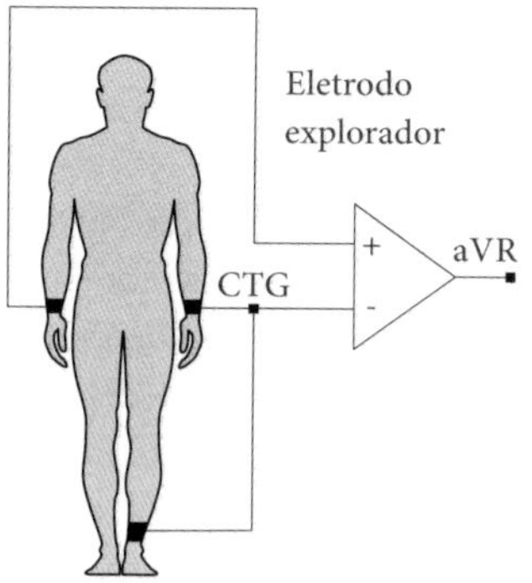

Figura 2.22 Ligação dos membros para formar a central terminal de Goldberger (**CTG**) mostrando o esquema de ligação para registrar o potencial aumentado do membro superior direito (**aVR**).

conhecida como central terminal de Goldberger (CTG). Para isso, ele reuniu as ligações dos membros a um só ponto, deixando de conectar apenas o membro cujo potencial seria determinado.

A Fig. 2.22 mostra como devem ser as ligações para se determinar o potencial do braço direito (aVR) de acordo com a técnica de Goldberger. O eletrodo explorador deve ser conectado ao braço direito, enquanto os membros esquerdos são ligados à CTG. Como as ondas obtidas por Goldberger são maiores do que aquelas obtidas com a central terminal de Wilson, as derivações que usam a CTG passaram a ser chamadas de derivações unipolares aumentadas. Na Fig. 2.22 está esquematizada a forma de se ligar o amplificador para se obter a derivação aVR. A Fig. 2.23 mostra as ligações para o registro de aVL e aVF que são, respectivamente, as derivações aumentadas do membro superior esquerdo e do membro inferior esquerdo.

Essas derivações obedecem às seguintes relações:

$$\mathbf{aVL} = \frac{2\mathbf{V}_{LG} - \mathbf{V}_{RG} - \mathbf{V}_{FG}}{2} = \frac{\mathbf{D1 - D3}}{2} = \frac{3}{2}\mathbf{V}_{LW}$$

$$\mathbf{aVR} = \frac{2\mathbf{V}_{RG} - \mathbf{V}_{LG} - \mathbf{V}_{FG}}{2} = \frac{\mathbf{D1 + D2}}{2} = \frac{3}{2}\mathbf{V}_{RW}$$

$$\mathbf{aVF} = \frac{2\mathbf{V}_{FG} - \mathbf{V}_{LG} - \mathbf{V}_{RG}}{2} = \frac{\mathbf{D2 - D3}}{2} = \frac{3}{2}\mathbf{V}_{FW}$$

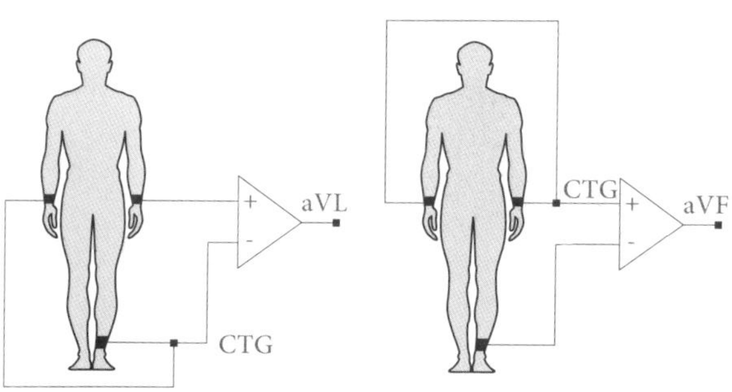

Figura 2.23 Ligação dos membros para permitir o registro do potencial aumentado do membro superior esquerdo (**aVL**) e do membro inferior esquerdo (**aVF**).

Relações entre as derivações bipolares e unipolares dos membros. São válidas as seguintes relações:

$$Dl = VL - VR = \frac{2}{3}(aVL - aVR)$$

$$D2 = VF - VR = \frac{2}{3}(aVF - aVR)$$

$$D3 = VF - VL = \frac{2}{3}(aVF - aVL)$$

Os eixos elétricos das derivações unipolares dos membros são linhas definidas pela posição do eletrodo explorador e pelo centro elétrico do coração, tendo, no entanto, sua positividade sempre voltada para cada um dos membros (Fig. 2.24).

O círculo de Einthoven – Plano frontal eletrocardiográfico. As derivações unipolares dos membros podem ser reunidas sobre o "triângulo de Einthoven" tal como mostra a Fig. 2.25.

O conjunto das derivações dos membros é comumente inscrito num círculo conhecido como círculo de Einthoven (Fig. 2.26). Os ângulos desse círculo são divididos em positivos (metade inferior) e negativos (metade superior). Como o ângulo entre cada derivação é de 30°, então existe para cada derivação uma outra que lhe é perpendicular (p. ex., aVF é perpendicular a D1). Esse conjunto de derivações forma o plano frontal eletrocardiográfico.

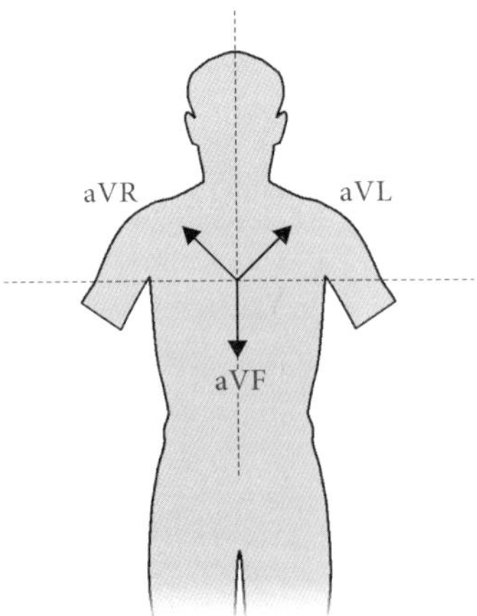

Figura 2.24 Eixos das derivações unipolares dos membros.

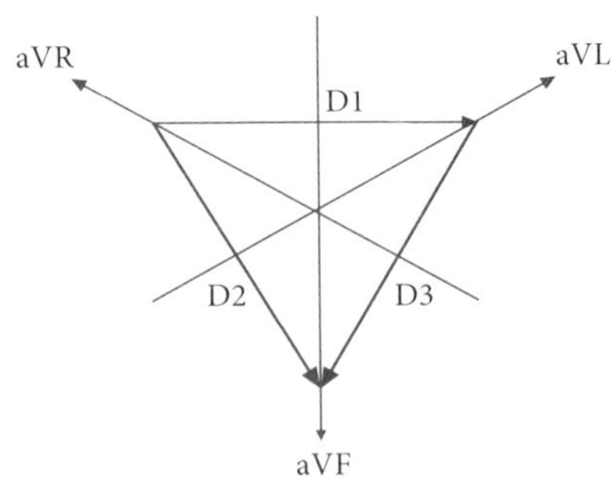

Figura 2.25 Combinação das derivações unipolares dos membros com o triângulo de Einthoven formado pelas derivações **D1**, **D2** e **D3**.

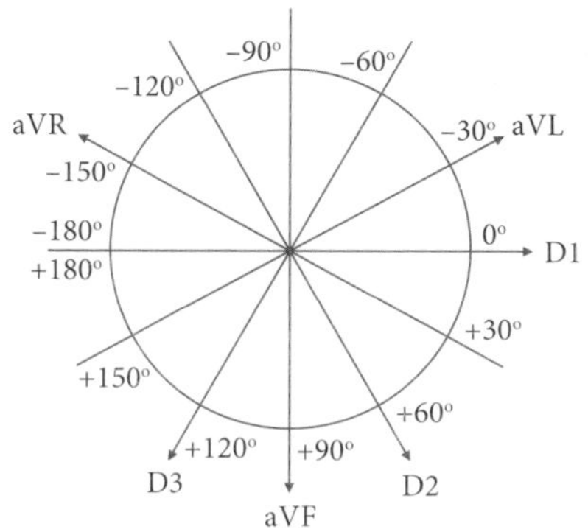

Figura 2.26 Círculo de Einthoven.

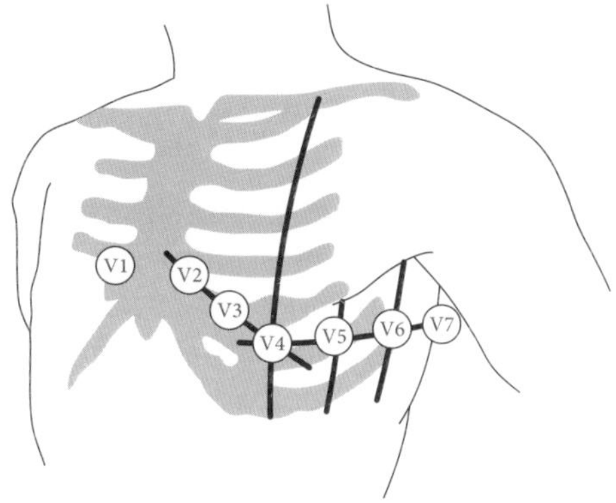

Figura 2.27 Posição dos eletrodos para registrar as derivações precordiais (**V1** a **V7**). Estão mostradas as linhas hemiclavicular, axilar anterior (passando por **V5**) e axilar posterior (passando por **V6**). (Modificado de Friedman, 1963, p. 33.)

Derivações precordiais

Além das seis derivações obtidas nos membros, Wolferth e Wood (1932) propuseram seis outras derivações unipolares cujos potenciais são obtidos na superfície do tórax. A Fig. 2.27 mostra as posições em que devem ser colocados os eletrodos para se obter:

- V1 – quarto espaço intercostal direito, junto à borda do esterno;
- V2 – quarto espaço intercostal esquerdo, junto à borda do esterno;
- V3 – meia distância entre V2 e V4;
- V4 – quinto espaço intercostal esquerdo, sobre a linha hemiclavicular;
- V5 – mesmo nível que V4, mas sobre a linha axilar anterior esquerda;
- V6 – mesmo nível que V4, mas sobre a linha axilar média esquerda.

Outras derivações precordiais podem ser adicionadas, quando necessário, para melhor estudar o coração:

- V7 – mesmo nível que V4, mas sobre a linha axilar posterior;
- V8 – mesmo nível que V4, mas sobre a linha escapular média;
- V9 – mesmo nível que V4, mas sobre a linha paravertebral esquerda;
- VE – na ponta do apêndice xifoide (**E** refere-se ao processo ensiforme do esterno).

Em alguns casos usam-se:

- V3R – meia distância entre V1 e V4R;
- V4R – quinto espaço intercostal direito, sobre a linha hemiclavicular;
- V5R – mesmo nível que V4, mas sobre a linha axilar anterior direita;
- V6R – mesmo nível que V4, mas sobre a linha axilar média direita;

- V7R – mesmo nível que V4, mas sobre a linha axilar posterior direita;
- V8R – mesmo nível que V4, mas sobre a linha escapular média direita;
- V9R – mesmo nível que V4, mas sobre a linha paravertebral direita.

O nível horizontal dessas derivações pode ser alterado a fim de se ajustar à posição do coração. Quando ele é mais elevado do que as derivações normais, é chamado de HV (*higher*). Quando é mais baixo, de LV (*lower*). Alguns autores usam algarismos arábicos e romanos para representar as derivações do plano horizontal. Assim, V6III significa que a derivação V6 foi obtida no terceiro espaço intercostal.

Os eixos das derivações precordiais formam o plano horizontal eletrocardiográfico. Esse plano pode ser visto na Fig. 2.28. Ali, o tórax foi cortado transversalmente para permitir a visualização da relação angular entre cada um desses eixos. A coluna vertebral (C) foi destacada para servir como referência anatômica.

REGISTRO DOS VETORES DE DESPOLARIZAÇÃO E DE REPOLARIZAÇÃO

Conceitos em fibra miocárdica isolada

A Fig. 2.29 mostra esquematicamente uma tira de miocárdio estimulada na extremidade **A**. O estímulo desencadeia uma onda de despolarização que se propaga de **A** para **C**. Três eletrodos captam as ondas de atividade elétrica. Ao lado de cada um dos eletrodos está a forma de onda registrada pelo eletrocardiógrafo depois que a frente despolarizante percorreu toda a tira muscular. A despolarização é registrada como onda monofásica pelos eletrodos situados nas extremidades da fibra, mas um eletrodo colocado numa posição intermediária (B) capta uma variação bifásica do potencial.

Durante o tempo em que o miocárdio permanece quiescente, nenhuma atividade elétrica pode ser captada pelo equipamento, apesar de a face externa das membranas estar polarizada positivamente em relação à sua face interna (potencial de repouso). A insensibilidade do equipamento a essa diferença de potencial DC se deve ao fato de ser capacitiva

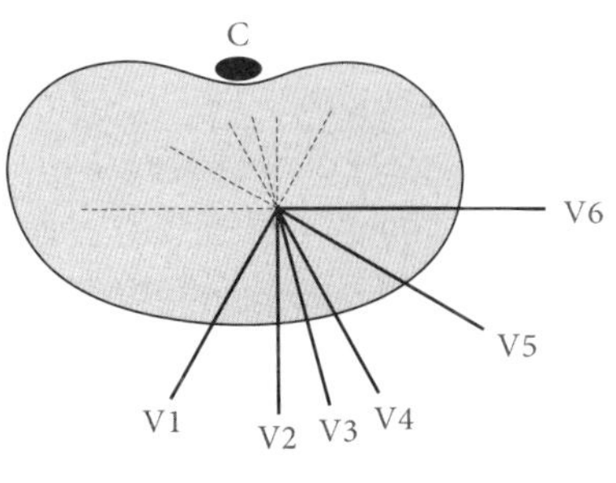

Figura 2.28 Corte transversal do tórax (esquema) mostrando a posição dos eixos das derivações precordiais. **C**, coluna vertebral.

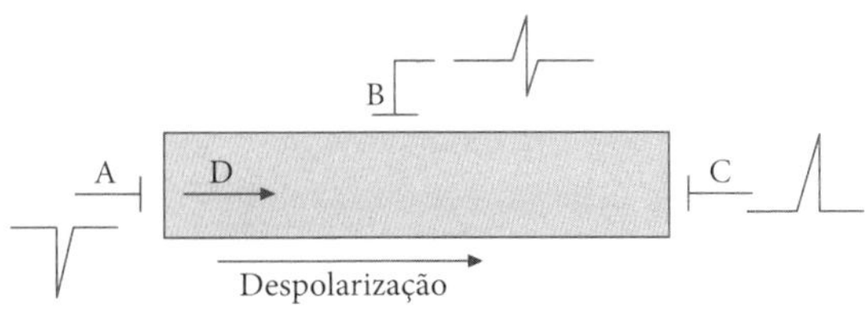

Figura 2.29 Esquema do registro do vetor de despolarização (**D**) de uma fibra muscular isolada. Os eletrodos colocados nas extremidades (**A** e **C**) captam potenciais monofásicos.

a entrada do amplificador do eletrocardiógrafo, o que faz com que o equipamento somente amplifique os sinais que apresentem variação temporal. Qualquer sinal contínuo será rejeitado. Por essa razão, antes da estimulação e depois de completada toda a despolarização do tecido, registra-se uma linha isoelétrica (linha de base). Quando se usa um pulso de corrente DC para estimular artificialmente o miocárdio, ele é registrado no traçado como um artefato, aparecendo, no entanto, apenas os instantes onde ocorreram os transientes de voltagem.

A súbita despolarização sob o eletrodo **A** faz com que ele capte a influência elétrica da cauda do vetor de despolarização. Por isso, no início da onda registrada pelo eletrodo **A**, a taxa de variação do sinal é rápida. À medida que o vetor de despolarização se afasta da extremidade **A**, a intensidade do sinal decai progressivamente até que, estando muito distante, não mais exerce uma influência importante sobre esse eletrodo.

Quando a despolarização progride de **A** para **C**, o eletrodo **B** capta inicialmente maior influência da ponta do vetor de despolarização. O potencial elétrico ao nível desse eletrodo aumenta progressivamente, porque a frente de onda se aproxima. Um valor máximo é alcançado quando a ponta do vetor está sob o eletrodo. Todavia, a despolarização continua avançando em direção a **C** e a ponta do vetor vai-se afastando do eletrodo, exercendo cada vez menos influência sobre ele. Quando a ponta e a cauda do vetor de despolarização estão à mesma distância do eletrodo **B**, este capta um potencial nulo, para, em seguida, captar mais intensamente a negatividade da cauda. Uma vez passado sob este eletrodo, a despolarização se afasta dele e, com isso, a negatividade da cauda exerce, cada vez menos, influência sobre o potencial da região onde se encontra o eletrodo **B**.

O sinal elétrico sobre o eletrodo **C** cresce acompanhando a aproximação da ponta do vetor de despolarização. Quando ela está sob o eletrodo, este capta o valor máximo do potencial dessa região. Todavia, chegando à extremidade **C**, a onda de despolarização se extingue abruptamente e, por isso, o vetor de despolarização desaparece de modo súbito, fazendo com que o potencial sobre o eletrodo **C** retorne de forma brusca para o seu nível isoelétrico.

No tecido miocárdico isolado e também nos átrios, a onda de repolarização começa na mesma região onde se iniciou a despolarização. Assim, no exemplo da Fig. 2.29 a repolarização começa na extremidade **A**, propagando-se, a partir dali, para a extremidade **C**. A Fig. 2.30 mostra as formas de ondas captadas pelos três eletrodos. Nesses registros pode-se ver que, após a despolarização, aparece a onda de repolarização gerada pelo vetor de repolarização (R) que se move da extremidade **A** para **C**. As ondas de repolarização são invertidas em relação àquelas da despolarização, mas o mecanismo da sua formação é semelhante.

As ondas de despolarização e repolarização registradas nos átrios são invertidas, isto é, quando a onda de despolarização é positiva, a de repolarização é negativa e vice-versa. Nos ventrículos, todavia, isso não se dá porque, nessas estruturas, o processo de repolarização se inicia na região onde termina a despolarização. Assim, nos ventrículos, a onda de repolarização tende a apresentar a mesma polaridade da onda de despolarização (Fig. 2.31).

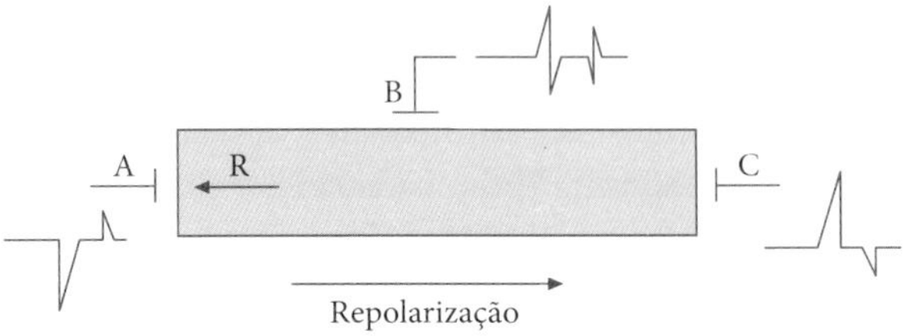

Figura 2.30 Esquema do registro da repolarização (**R**) que se segue ao processo de despolarização numa fibra muscular isolada. As formas das ondas captadas estão mostradas ao lado de cada eletrodo.

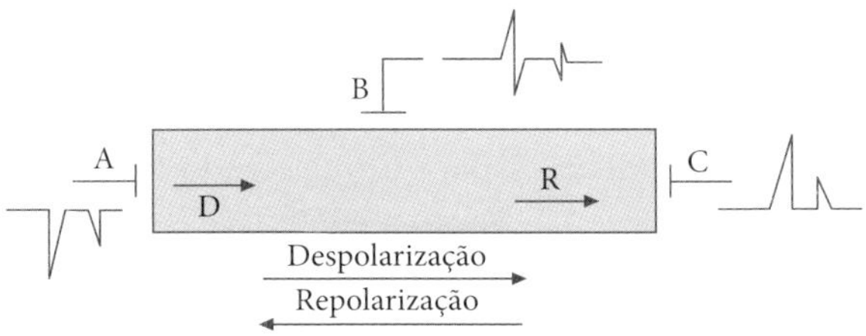

Figura 2.31 Esquema do registro da despolarização e da repolarização tal como se passam na parede ventricular. Note a inversão do sentido do processo de repolarização, fazendo com que os vetores de despolarização e de repolarização tenham sentido coincidente.

Registro da despolarização atrial

Vetocardiograma atrial. A Fig. 2.32 mostra um corte transversal feito ao nível dos átrios para permitir a visualização de como progride, em direção e em intensidade, o vetor resultante da despolarização. Nela, **ANT** e **POS** indicam, respectivamente, a face anterior e a face posterior do tórax. Também estão mostrados os lados direito (DIR) e esquerdo (ESQ). Foram escolhidos vetores correspondentes a cinco tempos diferentes. Eles mostram que, inicialmente, o vetor atrial tem pequena intensidade e se dirige para a frente e levemente para a esquerda. À medida que progride, ele gira no sentido anti-horário e sua magnitude cresce, fazendo com que assuma uma direção para a esquerda e para trás. Ao final da despolarização dos átrios, o vetor tende a situar-se no plano sagital e a sua intensidade decresce até anular-se. A curva que une todos os pontos percorridos pela ponta do vetor atrial é conhecida como vetocardiograma atrial.

Formação da onda P do eletrocardiograma. Quando a despolarização deixa o nódulo sinoatrial e passa a percorrer a musculatura dos átrios, gera-se um campo elétrico que pode ser detectado sobre a pele. O traçado eletrocardiográfico registra uma onda de contorno suave, cuja taxa de crescimento é aproximadamente igual à taxa de decrescimento. Essa onda (Fig. 2.33), chamada de onda **P**, é o resultado da soma das ondas formadas pela despolarização do átrio direito (AD) e do átrio esquerdo (AE). Note-se que a despolarização do átrio esquerdo se inicia depois de começada a atividade atrial direita, mas

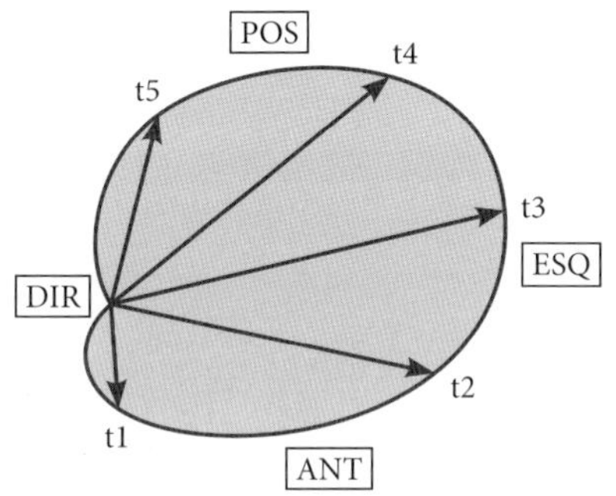

Figura 2.32 Vetocardiograma atrial. A curva representa as diversas posições percorridas pela ponta do vetor de despolarização dos átrios. **ANT**, anterior; **POS**, posterior; **DIR**, direita; **ESQ**, esquerda. (Modificado de Tranchesi, 1967, p. 20.)

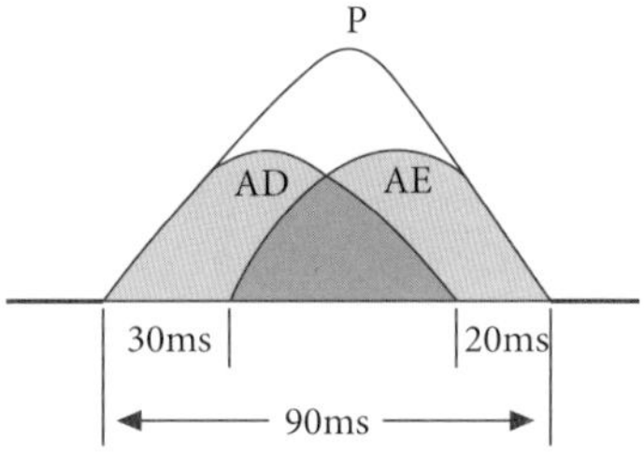

Figura 2.33 Componentes do átrio direito (**AD**) e do átrio esquerdo (**AE**) que formam a onda de despolarização atrial (**P**). A região mais escura corresponde à ativação simultânea dos átrios. (Modificado de Tranchesi, 1967, p. 19.)

termina mais tardiamente. A zona com sombreamento mais escuro representa o intervalo de tempo no qual as duas cavidades estão sendo despolarizadas simultaneamente.

A onda **P** normal é quase sempre monofásica. Em alguns indivíduos e em algumas derivações ela pode-se apresentar com entalhe. Todavia, o tempo normal entre os picos do entalhe não deve ser maior que 30ms. Nos casos em que há aumento do átrio esquerdo, o tempo necessário para ativar essa câmara cresce, deslocando para a direita o pico de onda que corresponde à despolarização desse átrio. Com isso, a onda P se apresenta largamente entalhada (onda P bífida), e a distância entre os picos que formam o entalhe supera os 30ms.

Os potenciais de ação atriais têm duração média de 150ms. Para despolarizar toda a musculatura dos átrios são necessários 90ms. Assim, antes que acabe o potencial de ação das primeiras fibras despolarizadas, já ambos os átrios foram varridos pela onda de ativação e o impulso elétrico passa para o nódulo atrioventricular.

Relações temporais da ativação supraventricular. A Fig. 2.34 mostra uma onda **P** hipotética. Sobre ela foram colocados retângulos para representar a ativação das diversas estruturas do coração. Note-se que a despolarização do nódulo sinusal (NSA) precede a onda atrial. Da metade para o terço final da onda **P**, o impulso despolarizante invade o nódulo atrioventricular (NAV). Nele, a onda se propaga com velocidade muito baixa e, por essa razão, apesar de essa estrutura ter dimensões muito pequenas (poucos milímetros) se comparadas com as dimensões dos átrios ou dos ventrículos (alguns centímetros), o tempo gasto para atravessá-la é, relativamente, muito grande (80-100ms). Uma vez passado o NAV, o impulso chega ao sistema excitocondutor ventricular que é constituído pelo feixe de His, pelos ramos direito e esquerdo e pelas fibras de Purkinje, para, então, alcançar a massa ventricular. Durante o **segmento PR** (PRs) o impulso já excitou os

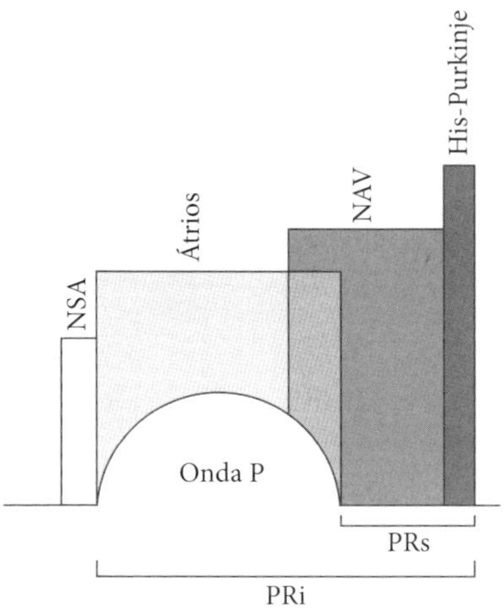

Figura 2.34 Relação temporal entre os eventos elétricos miocárdicos e a onda P. Note que a despolarização do nódulo sinusal (**NSA**) precede a onda **P** e que o nódulo atrioventricular (**NAV**) é invadido pelo impulso propagado, a partir do terço final da onda P. Neste esquema, o feixe His-Purkinje é a última estrutura a se excitar. **PRi**, intervalo **PR**; **PRs**, segmento **PR**.

átrios e está trafegando pelo NAV e pelo sistema His-Purkinje, em direção aos ventrículos. Define-se **intervalo PR** como o tempo compreendido do começo da onda **P** ao início da despolarização ventricular. Isso equivale a dizer que ele corresponde ao tempo que vai da chegada do impulso ao átrio direito até o término da despolarização das fibras de Purkinje.

Registro da repolarização atrial

A rigor, o segmento PR não é isoelétrico, pois, desde o seu terço inicial, existem células atriais em processo de repolarização. Como, nos átrios, a propagação do vetor de repolarização produz uma onda invertida em relação àquela da despolarização, então, amplificando-se adequadamente o sinal, é possível detectar um pequeno desnivelamento da linha de base do traçado. Entretanto, esse desnivelamento do segmento PR não é percebido nos traçados eletrocardiográficos normais. O momento de maior sincronização da repolarização da musculatura atrial coincide com a despolarização dos ventrículos. As massas ventriculares geram forças elétricas muito mais intensas do que as que surgem nos átrios e, dessa forma, a onda **Ta**, que representa a repolarização atrial, é, geralmente, mascarada pela despolarização ventricular. Entretanto, nas patologias em que há dissociação atrioventricular, é possível registrá-la.

A orientação espacial do vetor da repolarização atrial é simétrica àquela do vetor da onda P. Assim o vetor **Ta** se dirige:

- para cima;
- para a direita;
- para a frente.

A Fig. 2.35 mostra um atriograma. Nela estão as ondas de despolarização (P) e de repolarização atrial (Ta). O desnivelamento do PRs foi exagerado. A pequena amplitude de **Ta** se deve ao fato de que a taxa de variação do potencial de membrana, durante a repolarização, é menor do que a que ocorre na despolarização.

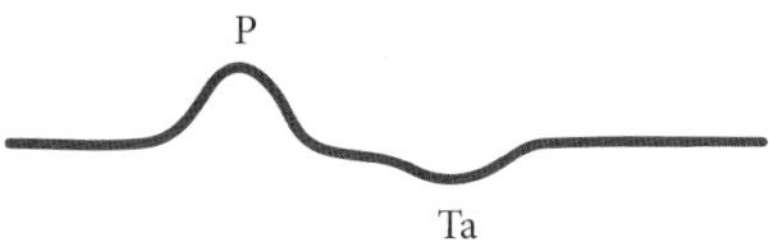

Figura 2.35 Atriograma mostrando a onda de despolarização (**P**) e a de repolarização (**Ta**). (De Tranchesi, 1967, p. 22.)

Registro da despolarização ventricular

A despolarização ventricular começa com a chegada do impulso elétrico proveniente das fibras de Purkinje. A primeira porção a se despolarizar é o septo interventricular. A partir daí, o fenômeno progride de modo contínuo e, para cada instante, é possível ter-se um vetor resultante da despolarização. A direção e a magnitude desse vetor mudam de forma contínua à medida que a onda de despolarização invade os ventrículos.

Na Fig. 2.36, vê-se um corte transversal do tórax mostrando a posição das derivações precordiais (V1 a V6), bem como a localização da coluna vertebral para servir como referência. Todos os eixos dessas derivações se reúnem no centro elétrico do coração. Nessa figura estão representadas duas alças vetoriais que correspondem às posições percorridas pela ponta do vetor de despolarização (alça maior) e de repolarização ventricular (alça menor). Nesse exemplo, a alça da despolarização gira no sentido anti-horário, enquanto a da repolarização gira no sentido horário. Note-se que, inicialmente, o vetor de despolarização possui pequena intensidade e sua ponta se dirige para a direita. Em seguida, ele se desvia para a esquerda e aumenta de magnitude, alcançando uma intensidade máxima próximo ao eixo de V6. Daí, o seu tamanho diminui e o vetor se dirige para trás, retornando progressivamente para o plano sagital, quando, então, desaparece.

A Fig. 2.37 é uma ampliação do vetocardiograma mostrado na Fig. 2.36. Nela, a alça vetorial correspondente à repolarização foi retirada para facilitar a visualização dos quatro vetores principais da despolarização ventricular. Estes são denominados de:

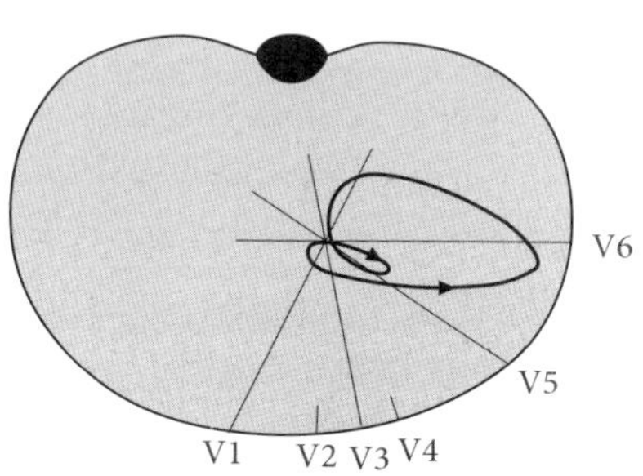

Figura 2.36 Vetocardiograma ventricular mostrando as alças da despolarização (alça maior) e da repolarização (alça menor) no plano horizontal. (Modificado de Grishman, A., Donoso, E., *in* Friedman, 1963, p. 37.)

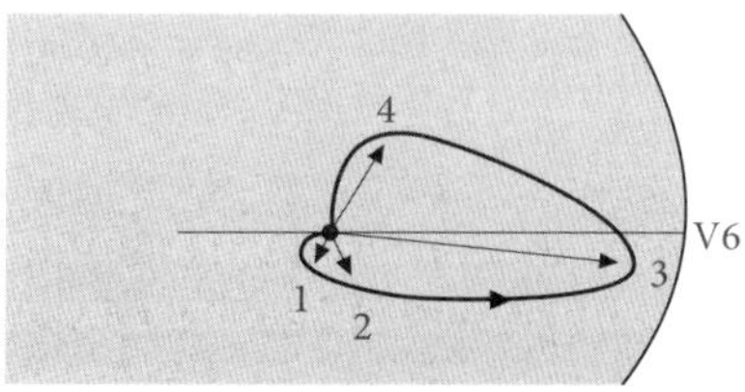

Figura 2.37 Posição espacial dos vetores de ativação ventricular tomada em relação ao eixo de **V6**. **1**, vetor septal; **2**, vetor anteroapical; **3**, vetor ventricular; **4**, vetor basal. (Modificado de Grishman, A., Donoso, E., *in* Friedman, 1963, p. 37.)

- septal (1);
- anterolateral (2);
- ventricular (3);
- basal (4).

Os vetores da ativação ventricular são registrados no eletrocardiograma como um conjunto de ondas conhecido como complexo **QRS** (Fig. 2.38). O ponto onde termina o **QRS** e se inicia o segmento **ST** é chamado de ponto **J**. As ondas que aparecem no registro da despolarização ventricular são assim designadas:

- Q – onda negativa que precede a onda R;
- R – primeira deflexão positiva;
- S – deflexão negativa que se segue à onda R;
- R' – é a segunda deflexão positiva de um complexo polifásico;
- S' – é a onda negativa que vem depois de uma onda R';
- QS – é uma onda negativa que sozinha representa todo o complexo QRS.

Essas letras podem ser maiúsculas ou minúsculas, a fim de indicar a amplitude relativa de cada onda. A Fig. 2.39 mostra exemplos de complexos QRS.

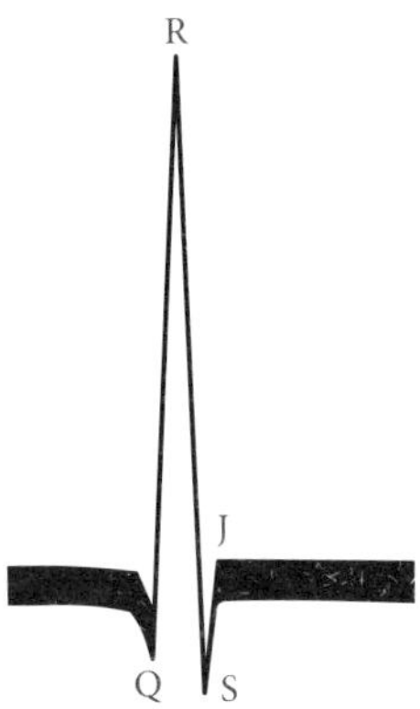

Figura 2.38 Complexo **QRS** mostrando o ponto **J**, que define o começo do segmento **ST**. (De White P.D., Donovan H., 1967, p. 111.)

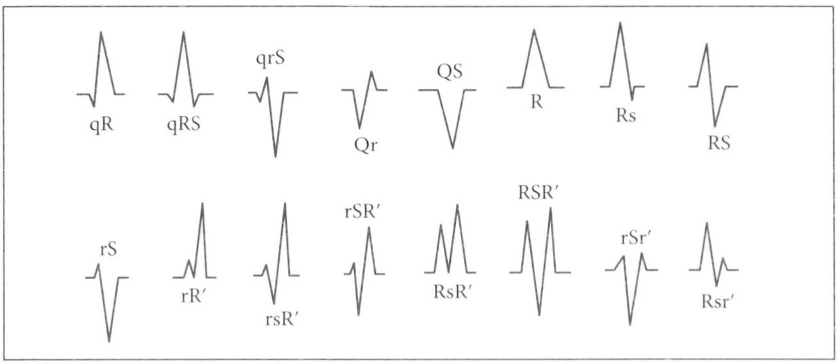

Figura 2.39 Diversas formas do complexo **QRS** enfatizando a nomenclatura adotada para representar as ondas. (Modificado de Friedman, 1963, p. 61.)

Registro da repolarização ventricular

O segmento ST. O segmento **ST** é a parte do traçado eletrocardiográfico compreendida entre o final da despolarização ventricular (ponto J) e o começo da sua repolarização (onda T). Geralmente, durante essa fase registra-se uma linha quase isoelétrica e não há uma distinção nítida entre o fim do segmento **ST** e o começo da onda **T**. Nos indivíduos normais o desnivelamento do segmento **ST** não ultrapassa 0,1mV (1mm). Todavia, nas taquicardias que decorrem de uma estimulação simpática, ele pode apresentar grande amplitude. Isso se deve ao efeito da adrenalina que aumenta a taxa máxima de repolarização das células atriais. Esse neuro-hormônio promove uma maior entrada de cálcio nas células cardíacas e, com isso, acelera a abertura dos canais de potássio que são dependentes do cálcio (K_{Ca}), sincronizando, assim, a população de células atriais que estão em repolarização. O aumento da velocidade de repolarização (taxa de repolarização) e da sincronização do processo repolarizante nas células atriais produz, no ECG, uma onda **Ta** de magnitude maior, desnivelando o ponto **J** e o segmento **ST**.

A Fig. 2.40 mostra o traçado eletrocardiográfico decomposto num atriograma (P, Ja e Ta) e num ventriculograma (Q, R, S, J e T). Os registros foram superpostos para que se possa entender melhor como as influências elétricas contribuem para a formação do ECG. Uma linha horizontal foi desenhada como referência. Note-se que, em virtude da atividade despolarizante e repolarizante que acontece nos átrios e nos ventrículos, uma linha verdadeiramente isoelétrica somente existe no intervalo de tempo compreendido entre o final da onda **T** e o começo da onda **P**. Entretanto, os desnivelamentos normais dos segmentos **PR** e **ST** são muito pequenos, durante o **PR**, porque as forças elétricas que ocorrem nesse tempo são fracas e, durante o **ST,** porque os efeitos da repolarização atrial e ventricular geram ondas de sentidos opostos, que tendem a anular-se.

A análise do segmento **ST** deve considerar o comportamento do segmento **PR**. A Fig. 2.41 mostra esquematicamente como o ECG dos simpaticotônicos apresenta um segmento **ST** desnivelado e curvo, mas concordante com o que ocorre com o segmento **PR**. Note-se como os segmentos se ajustam à curvatura de uma circunferência.

Os traçados eletrocardiográficos que apresentam desnivelamentos importantes do segmento **ST** (> 2mm) e cuja curvatura não concorda com a curvatura do segmento **PR** geralmente estão associados a lesões isquêmicas do miocárdio.

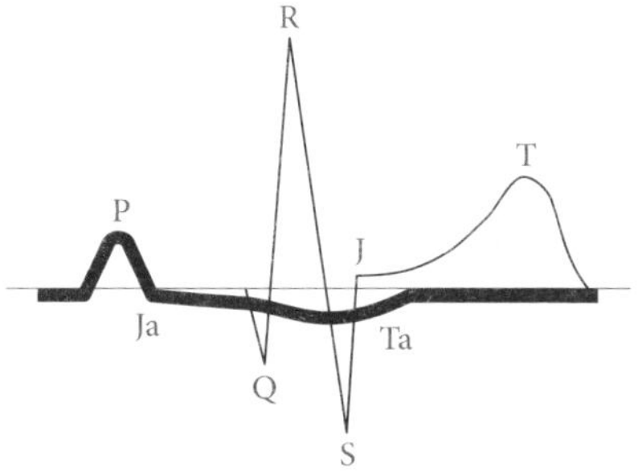

Figura 2.40 Composição do atriograma e do ventriculograma mostrando como eles contribuem para formar o traçado eletrocardiográfico. **P**, onda de despolarização atrial; **Ja**, início do segmento **PR**. Estão também indicadas as ondas **Q**, **R**, **S**, **T** e **Ta**, bem como o ponto **J**. (Modificado de Tranchesi, 1967, p. 338.)

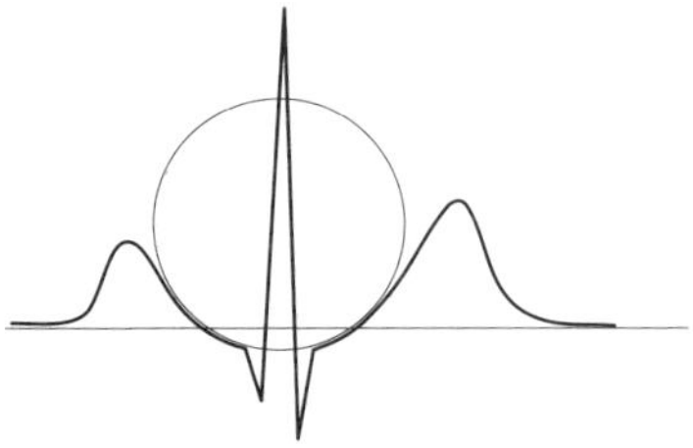

Figura 2.41 Concordância das curvaturas dos segmentos **PR** e **ST** observada em traçados eletrocardiográficos normais.

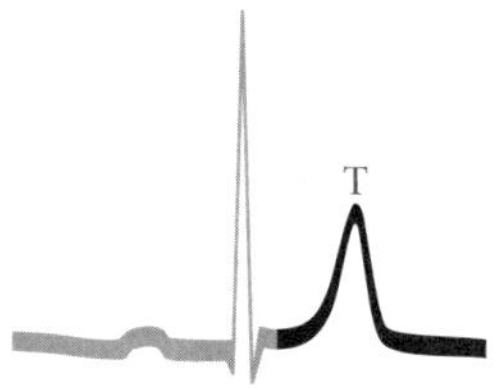

Figura 2.42 Traçado eletrocardiográfico mostrando uma onda **T**. Note-se a assimetria entre as fases ascendente e descendente dessa onda. (Modificado de White e Donovan, 1967, p. 11.)

A onda T, o intervalo QT e a onda U. A onda T é a expressão eletrocardiográfica da repolarização ventricular. O vetor de repolarização dos ventrículos tem aproximadamente a mesma direção e o mesmo sentido do vetor de despolarização das paredes ventriculares (3º vetor da ativação ventricular). À medida que a repolarização progride, a população das células que apresentam uma repolarização sincronizada aumenta e, por isso, a amplitude da onda T cresce até alcançar um valor máximo. Em seguida, essa onda decresce rapidamente até desaparecer. A onda **T** é assimétrica, pois apresenta uma taxa de crescimento menor do que a taxa de decrescimento (Fig. 2.42). O tempo compreendido do início do **QRS** até o final da onda **T** é chamado de **intervalo QT**. Ele representa o tempo total da sístole ventricular.

Em alguns casos, depois da onda **T**, inscreve-se no eletrocardiograma uma onda pequena e achatada designada de **onda U**. Ela é a expressão eletrocardiográfica das regiões do coração que repolarizam muito tardiamente.

ANÁLISE VETORIAL DOS FENÔMENOS ELÉTRICOS DO CORAÇÃO

Projeção dos vetores cardíacos nas derivações. As ondas do registro eletrocardiográfico decorrem da projeção dos vetores elétricos miocárdicos na derivação utilizada. A Fig. 2.43 mostra o triângulo de Einthoven envolvendo um vetor **v** que parte do centro elétrico do coração. Esse vetor gera as componentes v1, v2 e v3, quando projetado nas derivações D1, D2 e D3, respectivamente. A amplitude da onda que se registra no ECG representa a amplitude de cada uma das componentes. Neste exemplo, todas as componentes são positivas, pois o sentido de cada uma concorda com o sentido da derivação. A derivação D2 registrará a onda de maior amplitude, pois é a mais paralela ao vetor **v**. Quando o eixo de uma derivação é perpendicular ao vetor que está sendo registrado, a onda correspondente a ele apresenta-se bifásica ou então inexiste.

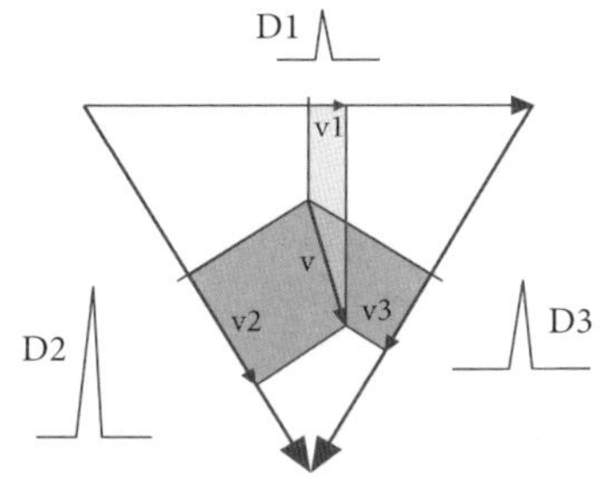

Figura 2.43 Formas de ondas registradas pelas derivações **D1**, **D2** e **D3** a partir de um vetor **v**, cujo eixo é quase perpendicular a **D1**.

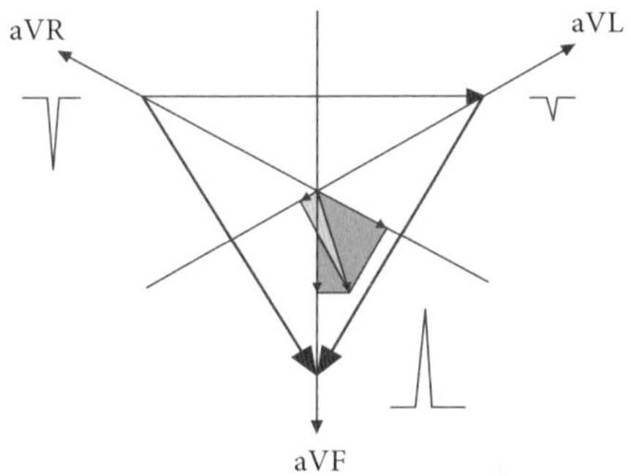

Figura 2.44 Projeção de um vetor **v**, cujo eixo é quase perpendicular a **aVL**, nas derivações unipolares dos membros. Note-se que o vetor se projeta formando componentes negativos (**aVR** e **aVL**) e positivo (**aVF**).

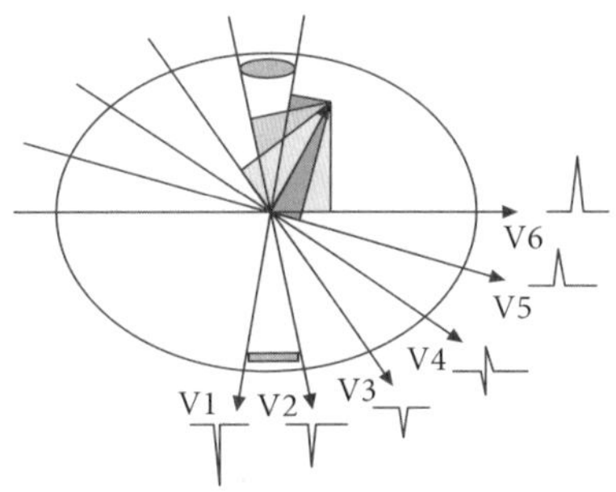

Figura 2.45 Projeção de um vetor, cujo eixo se dirige para trás, nas derivações do plano horizontal. Note-se que as derivações anteriores (**V1** e **V2**) captam ondas negativas, e as posterolaterais (**V5** e **V6**), ondas positivas.

A Fig. 2.44 mostra como o vetor **v** é projetado nas derivações unipolares dos membros. Nela estão também as ondas registradas em cada uma dessas derivações. Em aVR e aVL as ondas são negativas, enquanto em aVF se inscreve uma onda ampla e positiva.

A Fig. 2.45 mostra o plano horizontal formado pelas derivações precordiais. Nela está representado o vetor ventricular dirigindo-se para trás e para a esquerda. Foram traçadas as diversas projeções desse vetor nos eixos e desenhadas as formas das ondas captadas por cada uma das derivações. Como o vetor aponta para trás, as derivações anteriores (V1 e V2) registram ondas negativas, enquanto as posteriores mostram ondas positivas (V5 e V6). O vetor exemplificado é perpendicular à derivação V4 e, por isso, nela se vê uma onda bifásica.

O ELETROCARDIOGRAMA NORMAL

Calibração do traçado. O registro das manifestações elétricas do coração é feito, normalmente, sobre papel termossensível, milimetrado e quadriculado. A pena que inscreve o traçado tem ponta aquecida. O ganho do aparelho é ajustado para que um

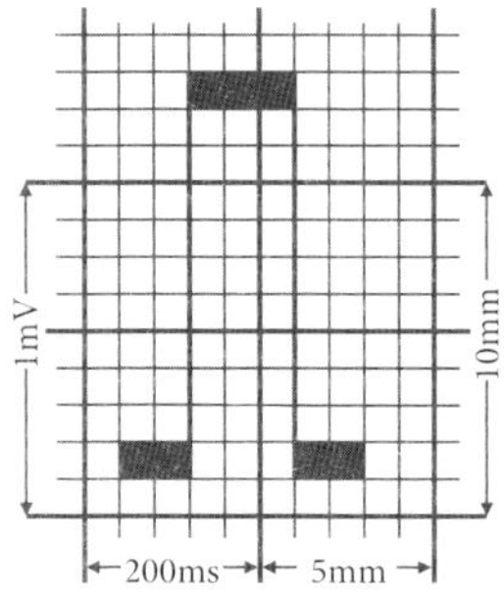

Figura 2.46 Calibração usada para o traçado eletrocardiográfico.

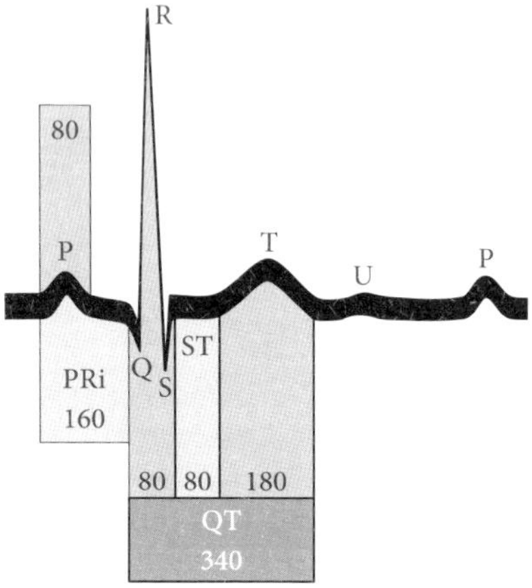

Figura 2.47 Traçado eletrocardiográfico mostrando as ondas e a duração dos intervalos e segmentos. (Modificado de Graybiell e White, *in* Silveira, I.F. e Araujo, L.R., 1961, p. 11.)

sinal de 1mV corresponda ao registro de uma onda com amplitude de 10mm. O papel se move com velocidade constante de 25mm/s. Isso faz com que cada milímetro corresponda a um tempo de 40ms (Fig. 2.46).

O traçado eletrocardiográfico. A sequência normal da ativação do coração apresenta no eletrocardiograma uma onda **P**, um segmento **PR**, um complexo **QRS**, um segmento **ST** e uma onda **T**. Em alguns casos pode aparecer uma onda **U**. A forma das ondas varia em função da derivação, da posição, da geometria, do estado de integridade do coração, bem como da massa muscular envolvida no processo.

A Fig. 2.47 mostra o trecho de um traçado eletrocardiográfico, indicando onde aparecem as principais ondas. Nela estão indicados os tempos médios normais das ondas, dos segmentos e dos intervalos. Esses tempos, contudo, variam com o sexo, a idade e a frequência cardíaca.

As Tabelas 2.1 e 2.2 mostram como se comportam os intervalos **PR** e **QT** com a frequência do coração.

O intervalo QT corrigido (QTc). Para normalizar a duração do intervalo **QT** foi desenvolvido o conceito do **QTc**, cujo valor médio para frequências entre 65 e 90bpm é de 440 ± 20ms. O valor desse parâmetro é dado em função do intervalo **QT** e da distância, em milímetros, entre duas ondas **R** consecutivas (RR). Assim:

$$\mathrm{QTc} = \frac{\mathbf{QT}}{\sqrt{\mathbf{RR}}}$$

Tabela 2.1 Valores normais do intervalo PR em função da idade e da frequência cardíaca.

Idade (anos)	Frequência cardíaca (batimentos/min)				
	< 70	71-90	91-110	111-130	> 130
0-1,5	160	150	150	140	130
1,5-6	170	170	160	150	140
7-13	180	170	160	150	140
14-17	190	180	170	160	150
Adultos pequenos	200	190	180	170	160
Adultos grandes	210	200	190	180	170

PR em milissegundos.
Dados adaptados de Winsor, T., in Friedman, 1963, p. 279.

Tabela 2.2 Valores normais do intervalo QT em função da frequência cardíaca e do sexo.

Frequência (bpm)	Limite mínimo (ms)	Valor médio (ms)		Limite máximo (ms)	
		Homem	Mulher	Homem	Mulher
40	420	450	460	490	500
50	360	410	430	450	460
60	330	390	400	420	430
71	310	360	370	380	410
80	290	340	350	370	380
93	280	320	330	350	360
100	270	310	320	340	350
109	260	300	310	330	330
120	250	280	290	310	320
133	240	270	280	290	300
150	230	250	260	280	280
172	220	230	240	260	260

Dados adaptados de Winson, T., in Friedman, 1963, p. 287

A duração da onda P. A duração da onda **P** aumenta com a idade e diminui com a frequência do coração. Nas crianças, ela está na faixa de 60 a 90ms, enquanto nos adultos varia de 80 a 110ms para uma frequência cardíaca de 80bpm.

A duração do complexo QRS. Como a onda **P**, a duração desse complexo também aumenta com a idade e diminui com o aumento da frequência cardíaca. Nos indivíduos

Tabela 2.3 Amplitude das ondas do eletrocardiograma.

	P (× 0,1mv)			Q (× 0,1mv)			R (× 0,1mv)			S (× 0,1mv)			RS ou QR (× 0,1mv)			T (× 0,1mv)		
	mín	máx	méd	mín	máx	méd	mín	máx	méd	mín	máx	méd	mín	máx	méd	mín	máx	méd
D1	**0**	2,5	0,7	0	2	0,3	0,7	19,4	5,5	0	6,4	1,3	3	20,6	8,5	-0,5	5,6	2,2
D2	**0**	3	1	0	4	0,4	0,5	28	9,4	0	8,2	1,4	8	32	15,1	0	8	2,7
D3	**-0,8**	2	0,5	0	4	0,5	0	22	5,5	0	13	1,3	3,2	25	10,6	-2	5,5	0,8
aVR	**-1,5**	-0,1	-0,8	0	16,8	2,4	0	4,1	0,9	0	15,7	3,8				-5,5	-0,2	-2,4
aVL	**-1**	1,4	0,5	0	3,5	0,3	0	10,1	2,6	0	11,3	1,3				-4	6	0,8
aVF	**-1,8**	1,7	0,7	0	3	0,4	0	20	4,7	0	7,1	0,8				-0,6	5,2	1,8
V1	**-1,1**	2,2	0,6	0	0	0	0	15,5	3,1	0,8	26,2	9,4	6,6	35	15	-4	12,2	0,8
V2	**-0,7**	2	0,6	0	0	0	0	23	6	0	39,2	14,1	13	55	26,8	-2,6	18	4,7
V3	**-0,5**	2	0,6	0	1,5	0	0,7	54,6	8,9	0	27,5	9,5	11,1	54,6	24,1	-2	21	5,2
V4	**-0,2**	2,3	0,6	0	4	0,1	1,8	46	13,8	0	28,8	5,9	9	51,6	26,2	-0,5	17	5,1
V5	**0**	2,4	0,5	0	3,4	0,4	0,4	33,6	12	0	16,1	1,9	10	36,4	19,3	0	11	3,8
V6	**0**	1,8	0,5	0	2,7	0,4	2	22,6	9,7	0	14,3	1	7	24,5	13,4	0	6,9	2,8

Os dados foram aproximados. Tabela original: "Nomenclature and criteria for diagnosis of diseases of the heart and blood vessels", 5th ed., New York Heart Association, in Hamilton e Dow, 1962, p. 367.

adultos o **QRS** dura de 50 a 100ms, apresentando uma duração média de 70ms. Complexos que, nos adultos, duram mais que 110ms ou 90ms nas crianças são suspeitos de estar associados a uma patologia cardíaca.

A duração da onda T. Essa medida não é feita na prática clínica, porque na maioria das vezes é difícil precisar o início dessa onda.

A amplitude das ondas do ECG. A Tabela 2.3 mostra os valores normais da amplitude das ondas do eletrocardiograma de adultos jovens.

INTRODUÇÃO À INTERPRETAÇÃO CLÍNICA DO ECG

Na análise de um eletrocardiograma deve-se procurar identificar os sinais que permitam determinar as alterações:

- do ritmo cardíaco;
- da ativação das câmaras cardíacas;
- da condução do impulso através das vias excitocondutoras ou do miocárdio de trabalho;
- do volume e da massa muscular das câmaras cardíacas;
- da irrigação sanguínea de regiões do coração.

Para isso, o estudo do registro eletrocardiográfico deve obedecer a um roteiro que aborde os seguintes tópicos:

- morfologia das ondas;
- medida da duração e da amplitude das ondas e dos segmentos;
- frequência cardíaca;
- ritmo;
- anormalidades de condução;
- eixo elétrico do **QRS**;
- sinais de hipertrofia da parede muscular ou de crescimento de cavidade cardíaca;
- sinais de isquemia ou de infarto.

Morfologia das ondas. É preciso observar cuidadosamente a forma das diversas ondas, a fim de detectar entalhes e espessamentos que possam sugerir distúrbio na propagação do impulso elétrico. Cada derivação admite uma faixa de morfologias normais para o traçado eletrocardiográfico. As ondas P e T normais são, via de regra, achatadas e se inscrevem mais lentamente do que o complexo QRS. Assim, o traço dessas ondas pode apresentar-se mais grosso. O QRS normalmente não se mostra entalhado nem possui espessamentos significativos da sua linha. Na maioria das derivações esse complexo é formado por ondas de grande amplitude, geralmente representadas por R ou QS.

Medida das durações e amplitudes. A Fig. 2.48 mostra a maneira correta para se medir a duração e a amplitude das ondas **P**, **QRS** e **T**, bem como dos desnivelamentos.

Frequência cardíaca. É importante medir a frequência dos átrios e dos ventrículos. Uma maneira prática para se determinar num ECG a frequência do coração em batimentos por minuto (bpm) é dividir 1.500 pela distância em milímetros entre duas ondas **R** consecutivas (RR). Assim:

$$F = \frac{1.500}{RR} \text{ bpm}$$

Esse cálculo, no entanto, somente é válido quando o coração possui frequência regular. Mesmo assim a medida deve ser feita em vários pontos do traçado, a fim de se obter uma frequência média que represente o coração estudado.

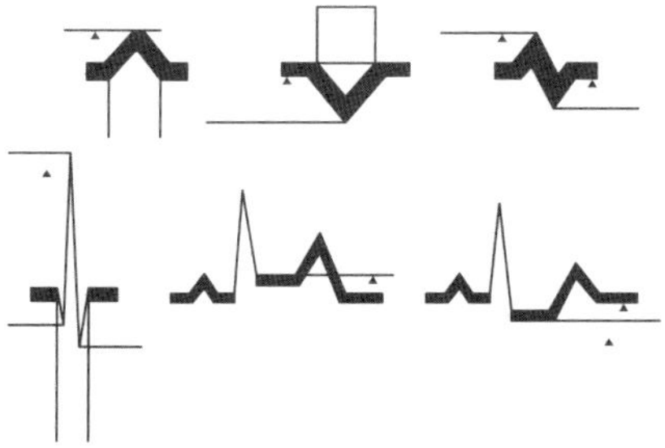

Figura 2.48 Padronização usada para a medida da duração e da amplitude de ondas e deflexões. (Modificado de Friedman, 1963, p. 58.)

Ritmo. O ritmo normal do coração é sinusal. Isto é, os batimentos cardíacos são controlados por impulsos que nascem no nódulo sinusal. A característica eletrocardiográfica desse ritmo é a presença de onda **P** com segmento **PR** normal, precedendo todos os complexos **QRS**. O ritmo cardíaco pode ser assim classificado:

1. Quanto à sequência das ondas
   - regular
   - irregular
2. Quanto ao local do marca-passo
   - supraventricular
     - atrial
     - nodal
   - ventricular

Anormalidades de condução. A propagação do impulso elétrico despolarizante pode sofrer alteração patológica, tanto ao nível dos átrios, quanto ao dos ventrículos. Entre tais distúrbios estão: os bloqueios e a condução lenta, que geralmente ocorrem em regiões miocárdicas despolarizadas.

Eixos elétricos. Em eletrocardiografia, chama-se de eixo elétrico a posição espacial dos vetores resultantes da atividade elétrica das câmaras cardíacas. Assim, na prática, normalmente são determinados os eixos elétricos da onda **P**, do complexo **QRS** e da onda **T**. Denomina-se de **eixo elétrico do coração** a posição espacial do vetor ventricular.

Para encontrar o eixo elétrico de um vetor, deve-se procurar, entre as derivações do plano frontal, aquela na qual o vetor não é registrado ou então se apresenta como onda isodifásica. Essa é a derivação perpendicular ao vetor cujo eixo se procura. Por exemplo, suponha-se que o complexo **QRS** é isodifásico, mínimo ou nulo em aVF. Isso significa que o vetor ventricular é perpendicular a esta derivação. Para saber se ele aponta para a direita ou para a esquerda deve-se observar em D1 se o complexo **QRS** é predominantemente positivo ou negativo. Se positivo, o eixo elétrico estará em torno de 0°; se negativo, o vetor ventricular deverá estar a 180°, apontando para a esquerda. Para saber se o vetor ventricular se dirige para a frente ou para trás, devem-se observar os registros nas derivações do plano horizontal (V1 a V6). Se o complexo **QRS** for negativo em V1 e V2, mas positivo em V5 e V6, o eixo elétrico aponta para trás, pois nesse caso as derivações anteriores (V1 e V2) estão captando mais intensamente os potenciais da cauda do vetor ventricular.

A Fig. 2.49 mostra como os três vetores principais da despolarização ventricular estão situados nos planos frontal e horizontal. O vetor **1** representa a fusão dos vetores septal e septo anteroapical ([1] e [2] da Fig. 2.11). O vetor 2 é o ventricular, e o vetor 3, o posterobasal.

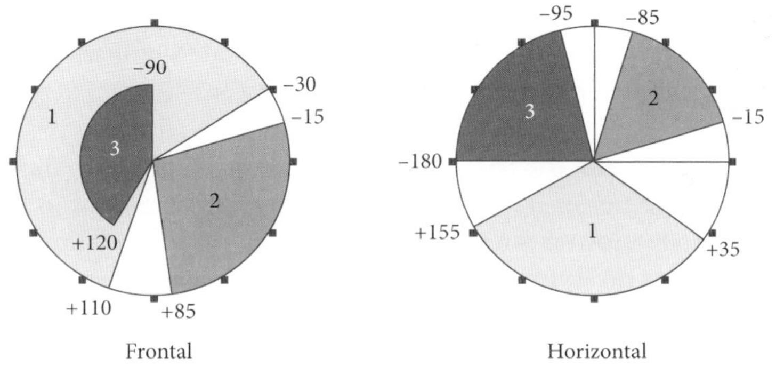

Figura 2.49 Variações da posição espacial normal dos diversos vetores eletrocardiográficos nos planos frontal e horizontal. **1**, vetor septo anteroapical; **2**, vetor ventricular; **3**, vetor basal. No plano frontal, os ângulos positivos indicam a direção caudal, enquanto no plano horizontal significam que o vetor se volta para a frente.

Assim, a orientação normal dos vetores é a seguinte:

Plano frontal	Plano horizontal
• vetor 1 : -30° a +110°	+35° a +155°
• vetor 2 : -15° a +85°	-15° a -85°
• vetor 3 : -90° a +120°	-95° a -180°

Os vetores de um coração que não apresenta rotação normalmente estão nas seguintes posições do plano frontal:

- vetor 1 : -130°
- vetor 2 : +60°
- vetor 3 : -120°

Sinais de hipertrofia da parede muscular ou de crescimento de cavidade cardíaca. As doenças que provocam sobrecarga sistólica ou diastólica em uma cavidade aumentam o esforço de bombeamento do coração. Para se adaptar, a musculatura das paredes hipertrofia-se. Em alguns casos, o coração hipertrofiado se adapta ao novo regime de trabalho, mas, em outros, isso não acontece e então o permanente estado de sobrecarga acaba por dilatar a câmara cardíaca, reduzindo a força da sua musculatura e tornando-a insuficiente para suprir a demanda de sangue de que o organismo necessita.

A hipertrofia precede o estágio de crescimento da câmara cardíaca. Isso somente não ocorre quando há dilatação aguda da cavidade, não havendo tempo para que haja aumento da massa muscular. Do ponto de vista elétrico, a hipertrofia significa maior intensidade dos vetores elétricos produzidos na despolarização e na repolarização. Por isso, o sinal eletrocardiográfico da hipertrofia é o aumento de amplitude das ondas do ECG que estão relacionadas com a cavidade hipertrofiada.

Quando há crescimento de uma cavidade do coração, o órgão sofre rotação em torno de um dos seus eixos. Por isso, um desvio de eixo elétrico pode significar um distúrbio na propagação do impulso elétrico ou uma rotação do coração.

Sinais de isquemia ou de infarto. As doenças que reduzem o fluxo sanguíneo coronariano podem comprometer a vitalidade de regiões do miocárdio. Quando isso acontece, o ECG pode mostrar alterações típicas caracterizadas pela inversão da onda **T**, pelo desnivelamento do segmento **ST** ou mesmo pela presença de ondas **Q** anormais.

BIBLIOGRAFIA

Berne, R.M., Levy, M.N. (1993). Physiology. Mosby Year Book, Boston.

Durrer, D., van Dam, R.T., Freud, G.E., Janse, M.J., Meijler, F.L., Arzebaecher, R.C. (1970). Total excitation of the isolated human heart. Circulation, 41:899-912.

Friedman, H.H. (1963). Outline of electrocardiography. McGraw-Hill Book Company, Inc., New York.

Hamilton W.F., Dow, P. (1962). Handbook of Physiology: Circulation. American Physiological Society, Washington, D.C.

Johnson, R., Swartz, M.H. (1988). Eletrocardiografia: uma abordagem simplificada. Editora Guanabara Koogan, Rio de Janeiro.

Katz, A.M. (1977). Physiology of the heart. Raven Press, New York.

Ruch, T.C., Patton, H.D. (1974). Physiology and biophysics, W.B. Saunders Company, Philadelphia.

Rushmer, R.F. (1970). Cardiovascular Dynamics. 3rd ed., W.B. Saunders Company, Philadelphia.

Schwan, H.P. (1969). Biological engineering. McGraw-Hill Book Company, New York.

Silveira, I.F., Araujo, L.R. (1961). Nogoes teórico-práticas de eletrocardiografia. Revista ROCHE, Ano XXI, Nº 1, Rio de Janeiro.

Tranchesi, J. (1967). Eletrocardiograma normal e patológico, Atheneu Editora São Paulo S.A., São Paulo.

Waller, A.D. (1887). A demonstration on man of electromagnetic changes accompanying the heart's beat. J. Physiol., 8:229.

White, P.D., Donovan, H. (1967). Hearts: Their long follow-up. W.B. Saunders Company, Philadelphia.

Wilson, F.N., Johnston, F.D., MacLeod, A.G., Barker, P.S. (1934). Electrocardiogram that represent potential variations of a single electrode. Am. Heart J., 9:447.

Wolferth, C.C., Wood, F.C. (1932). The electrocardiographic diagnosis of coronary occlusion by the use of chest leads. Am. J. Med. Sci., 183:30.

PARTE II

Bioacústica

CAPÍTULO 3

Física dos sons

"A natureza só pode ser governada por meio de suas próprias leis"

FRANCIS BACON
Lorde Verulam

INTRODUÇÃO

Acústica é a parte da Física que estuda o som. Som é a sensação percebida pelo cérebro que se relaciona com a chegada ao ouvido de ondas de vibração mecânica. Todo sistema que emite som é uma fonte sonora. Em geral, costuma-se confundir o conceito de som com o conceito de onda sonora. Por isso, pode-se dizer que o som se propaga nos ambientes materiais e elásticos através de ondas. As ondas sonoras são vibrações sincronizadas das moléculas que constituem o meio. Ao vibrarem em conjunto, elas criam em torno da fonte sonora regiões de alta e de baixa pressão. Essas variações de pressão se propagam no meio como uma onda mecânica longitudinal.

Onda longitudinal e onda transversal. A onda sonora se diferencia da onda de luz porque nela a vibração das moléculas do meio se faz na mesma direção em que se propaga o som. A luz, ao contrário, é constituída por ondas que vibram perpendicularmente à direção de propagação do raio luminoso. Em virtude dessa característica, a onda sonora é classificada como **onda longitudinal**, e a onda luminosa, como **onda transversal**.

Quando as moléculas de um meio elástico são forçadas a mudar de posição, elas exercem pressão sobre as moléculas que se encontram próximas e, simultaneamente, rarefazem o ambiente de onde partiram. Isso cria os gradientes de pressão necessários para promover vibrações em torno de um ponto de menor energia potencial, que é a posição de equilíbrio estável da molécula. A Fig. 3.1 mostra um tubo cilíndrico cheio de ar e dotado de um pistão móvel numa das suas extremidades. A movimentação do pistão para dentro e para fora do tubo cria no ar zonas de compressão e de expansão. Essas variações de pressão se propagam ao longo da coluna aérea com uma velocidade que depende somente das propriedades do meio elástico.

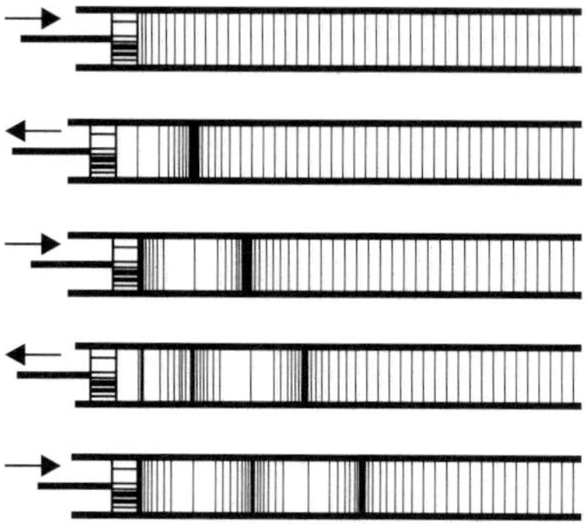

Figura 3.1 Esquema mostrando a produção de ondas do tipo compressão-expansão. O pistão é movimentado com frequência constante e as ondas produzidas trafegam com velocidade que depende das características mecânicas do meio. (Halliday e Resnick, 1965, p. 539.)

Corpo elástico e corpo plástico. Corpo elástico é aquele que é capaz de recuperar a sua forma primitiva, após cessado o efeito que o deformou. A propriedade que os corpos possuem de poder devolver a energia acumulada durante uma deformação, após cessada a força deformante, é chamada de **resiliência.** Assim, todos os corpos elásticos são resilientes. Quando o esforço deformante é muito intenso, o limite de elasticidade do corpo pode ser ultrapassado. Nesse caso, ele adquire uma deformação permanente e não mais retoma espontaneamente a sua forma primitiva, comportando-se, assim, como um corpo plástico.

Os corpos plásticos vibram mal e, por isso, também conduzem mal os sons. Não existem corpos elásticos perfeitos nem plásticos perfeitos. Todo corpo real é, simultaneamente, elástico e plástico. Uns são mais elásticos do que plásticos, enquanto outros são mais plásticos do que elásticos. Não se deve confundir o conceito de **elasticidade** com o de **extensibilidade. Extensibilidade** é a propriedade que se relaciona com a capacidade de os corpos serem estirados. Esses conceitos podem ser distinguidos no comportamento mecânico da borracha, do aço e da goma de mascar. Note-se que:

- a borracha é elástica e extensível;
- o aço é elástico, mas pouco extensível;
- a goma de mascar é plástica e extensível.

Oscilador harmônico. A onda sonora é periódica, isto é, após intervalos de tempo iguais, a velocidade de cada uma das moléculas vibrantes é a mesma. Essas moléculas possuem maior velocidade quando passam por sua posição de equilíbrio e apresentam velocidade nula nos extremos da trajetória do movimento de oscilação. Define-se como oscilador harmônico um sistema capaz de oscilar indefinidamente, apresentando sempre um período constante. Um oscilador harmônico ideal não existe. Todavia, o comportamento do sistema mostrado na Fig. 3.2 se aproxima do oscilador harmônico, quando são pequenas as forças de atrito que atuam sobre ele. Nesse sistema, deslocando-se a massa (**M**) da sua posição de equilíbrio, acumula-se energia potencial elástica na mola. Ela servirá para promover a oscilação. Num oscilador harmônico, a equação que descreve o

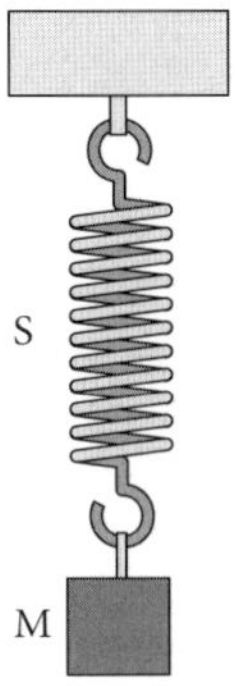

Figura 3.2 Oscilador harmônico simples constituído por uma mola (**S**) fixada numa das extremidades e por uma massa (**M**) a ela ligada. (Adaptada de Burns e MacDonald, 1970, p. 211.)

deslocamento da massa ou o comportamento da sua velocidade com o tempo expressa uma função senoidal. Por isso, a todo movimento periódico costuma-se associar uma curva senoidal para representar as suas variáveis.

A Fig. 3.3 mostra o gráfico do deslocamento (**d**) da massa **M** em função do tempo (**t**). Chama-se de **amplitude** (**A**) da onda sonora o maior deslocamento das moléculas do meio em relação ao ponto médio da vibração. O movimento completo, que inclui o movimento de ida e o de volta à mesma posição inicial, é chamado de **ciclo**. **Período** (**T**) é a duração de um ciclo, e o número de ciclos num determinado intervalo de tempo chama-se de **frequência**.

Na Fig. 3.3 fixou-se um determinado ponto do meio para que fossem estudados os seus deslocamentos temporais. Na Fig. 3.4, no entanto, a onda de vibração propagada foi fixada num determinado tempo. Assim, foi possível observar os deslocamentos dos pontos do meio em função do espaço (x) percorrido pela onda. A curva de variação senoidal possui uma fase de valores positivos (hemiciclo positivo), e outra, de valores negativos (hemiciclo negativo). Elas estão limitadas por valores nulos. Chama-se de **comprimento de onda** (λ) a distância entre os picos de duas fases consecutivas e de mesmo sinal.

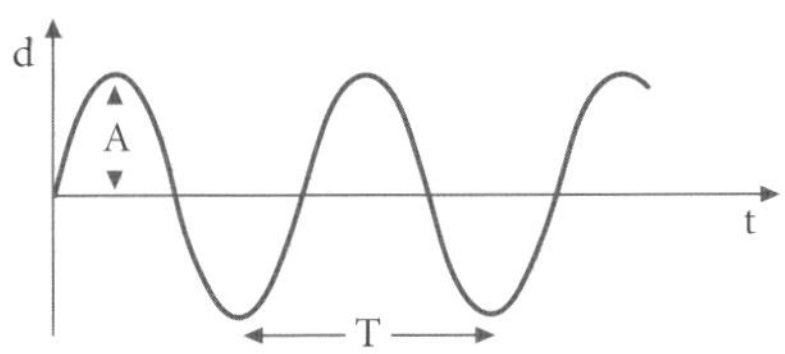

Figura 3.3 Representação temporal de uma onda senoidal. O gráfico mostra as variações do deslocamento (**d**) de uma massa vibrante em função do tempo (**t**). O maior deslocamento é a amplitude (**A**) da onda, e a distância entre dois picos consecutivos é o período (**T**).

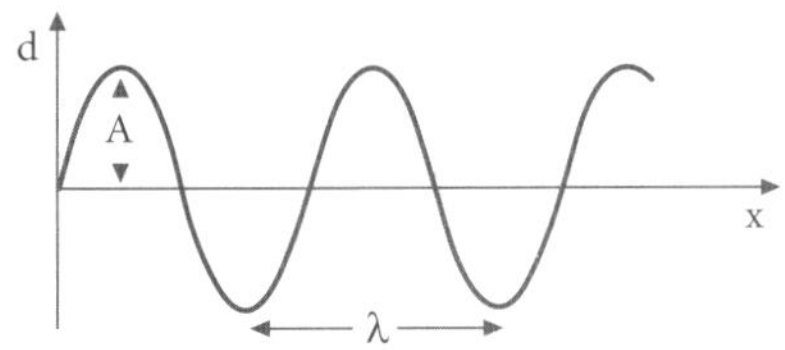

Figura 3.4 Representação espacial de uma onda senoidal. O gráfico relaciona os deslocamentos (**d**) da massa vibrante em função da posição (**x**) em que ela se encontra. **A**, amplitude; λ, comprimento de onda.

PROPAGAÇÃO DOS SONS

Os sons se propagam nos meios elásticos com uma velocidade que depende da natureza, da pressão e da temperatura de cada meio. Para se ter uma ideia de como o som se propaga, costuma-se tomar o clássico exemplo do que acontece quando se deixa cair uma pedra sobre a superfície da água tranquila. O choque da pedra (Fig. 3.5) produz na superfície da água uma pequena onda circular que se afasta progressivamente do ponto de impacto, mantendo, contudo, a sua forma. Isso ocorrerá dessa maneira se a velocidade (**v**) de propagação da onda for igual em todas as direções. A amplitude da onda, no entanto, não se mantém constante, mas sofre redução à medida que ela se afasta da fonte **F**.

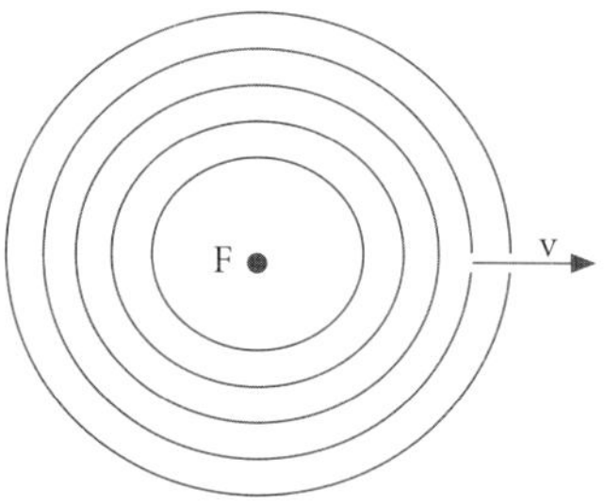

Figura 3.5 Representação esquemática da propagação de uma onda circular formada na superfície da água parada. **F**, ponto da perturbação inicial (fonte); **v**, velocidade de propagação da onda.

Esses fenômenos são análogos aos que se passam nos meios elásticos e homogêneos quando um corpo, situado no seu interior, está em vibração. Ao vibrar, a fonte sonora produz uma série de ondas de compressão-expansão que se propagam no meio, perdendo, no entanto, intensidade ao longo do percurso. A informação sonora, por ser transportada por uma onda mecânica formada pela vibração das moléculas do meio, não se propaga no vácuo. Todavia, também como a luz, a onda sonora apresenta os fenômenos da reflexão, refração e interferência.

Velocidade do som. Desde cedo, o homem percebeu que o som se movia com uma velocidade finita. No século passado, Regnault e Biot conseguiram medir a velocidade do som no ar e no ferro. Hoje, com a precisão dos equipamentos existentes, a determinação da velocidade do som não se constitui problema de relevo.

Os testes experimentais mostraram que a velocidade (**v**) do som dependia somente do módulo da elasticidade (**E**) e da densidade (μ) dos meios sólidos. Por isso, é razoável propor que:

$$\mathbf{v} \, \alpha \, \frac{\mathbf{E}}{\mu}$$

O módulo de elasticidade **E** tem a dimensão de pressão, pois é definido como sendo a razão entre a pressão deformante (P) e a deformação (ΔL) tomada em relação ao comprimento inicial (L_0). Assim:

$$E = \frac{P}{\frac{\Delta L}{L_0}}$$

Observe-se que o termo $\Delta L/L_0$ é adimensional e, por isso, a dimensão de **E** é dada pela dimensão de **P**. Por outro lado, sabe-se, por definição, que pressão é a relação da força (F) por unidade de área (S). Logo, a dimensão do módulo de elasticidade ([E]) é igual ao quociente da dimensão da força ([F]) pela dimensão da área ([S]):

$$[E] = \frac{[F]}{[S]}$$

Mas, força pode ser definida como o produto da massa (m) pela aceleração (a), e aceleração, como a variação da velocidade (Δv) na unidade de tempo (Δt). Por isso,

$$[E] = [m \cdot a \cdot S^{-1}] = [m \cdot (\Delta v \cdot \Delta t^{-1}) \cdot (S^{-1})]$$

Considerando que velocidade é a variação do espaço (Δx) na unidade de tempo (Δt), pode-se rescrever a equação:

$$[E] = [m \cdot (\Delta x \cdot \Delta t^{-1}) \cdot (\Delta t^{-1}) \cdot (S^{-1})]$$
$$[E] = [m \cdot (\Delta x \cdot \Delta t^{-2}) \cdot (S^{-1})]$$

Como a área **S** tem dimensão dada pelo quadrado de **L,** então:

$$[E] = M \cdot L \cdot T^{-2} \cdot L^{-2}$$
$$\mathbf{[E] = M \cdot L^{-1} \cdot T^{-2}}$$

Sob esta forma, o módulo de elasticidade está descrito em função das variáveis primárias concernentes ao espaço (L), ao tempo (T) e à massa (M).

A densidade absoluta (μ) de um corpo é dada pela relação entre sua massa (m) e seu volume (V). Assim:

$$\mu = \frac{m}{V}$$

O volume, por sua vez, é proporcional ao cubo de uma dimensão linear (L). Assim, pode-se concluir que a dimensão da densidade absoluta ([μ]) é dada por:

$$[\mu] = \mathbf{M \cdot L^{-3}}$$

Considerando a proposição inicial:

$$\mathbf{v} \, \alpha \, \frac{\mathbf{E}}{\mu}$$

Então a dimensão do quociente $\frac{E}{\mu}$ é:

$$\left[\frac{E}{\mu}\right] = \frac{M \cdot L^{-1} \cdot T^{-2}}{M \cdot L^{-3}}$$

que simplificada fica:

$$\left[\frac{\mathbf{E}}{\mu}\right] = \mathbf{L^2 \cdot T^{-2}} \qquad (1)$$

Por outro lado, $\mathbf{v} = \dfrac{\Delta \mathbf{x}}{\Delta \mathbf{t}}$ torna a dimensão da velocidade igual a:

$$[\mathbf{v}] = \mathbf{L \cdot T^{-1}} \qquad (2)$$

Comparando-se as expressões dimensionais (1) e (2), referentes a **v** e $\dfrac{\mathbf{E}}{\mu}$, logo se percebe que deve existir uma raiz quadrada entre elas. Assim, a expressão correta será:

$$\mathbf{v} \,\alpha \sqrt{\frac{\mathbf{E}}{\mu}} \qquad (3)$$

Já que **E** e μ representam todas as variáveis que podem interferir com a velocidade, então, para transformar essa proporção numa igualdade, basta multiplicá-la por uma constante adimensional (**k**):

$$\mathbf{v} = \mathbf{k}\sqrt{\frac{\mathbf{E}}{\mu}} \qquad (4)$$

Os estudos experimentais mostraram que esta equação é correta. Ela mostra que a velocidade do som é diretamente proporcional à raiz quadrada da razão entre o módulo da elasticidade e a densidade do meio no qual ele se propaga. Quando a onda sonora se espalha através de um fluido, o módulo de elasticidade deve ser tomado em relação a um dado volume desse fluido. Por isso, essa constante é denominada de módulo de elasticidade volumétrica (θ). Nesse caso, deve-se substituir **E** por θ e a equação (3) se torna:

$$\mathbf{v} = \mathbf{k}\sqrt{\frac{\theta}{\mu}}$$

Para a água tem-se que:

$$k = 1$$
$$\theta = 2 \times 10^9\, N/m^2$$
$$\mu = 10^3\, kg/m^3$$

Logo:

$$\mathbf{v = 1.414 m/s}$$

Os sons produzidos por uma fonte sonora sofrem, ao longo da sua propagação, alterações de intensidade e de timbre. Além disso, a captação do som pelos ouvidos pode introduzir componentes espúrios que modificam a qualidade do som primitivo.

RESSONÂNCIA

Conceito. Tudo o que existe é único, mas, no universo, nada está absolutamente isolado. Muitas são as linguagens usadas para transmitir informações de um corpo para outro. A ciência possui ferramentas que muitas vezes permitem a decodificação e o entendimento das mensagens que nos são transmitidas. A ressonância é uma dessas formas curiosas de interação entre dois sistemas. Quando um sistema elástico vibra animado por uma onda sonora, diz-se que ele está em ressonância com o som. Para induzir vibração num corpo a onda sonora deve possuir frequência e amplitude adequadas.

Todo sistema dotado de massa pode vibrar. Isto é, pode, sob determinadas condições, transformar-se numa fonte sonora. Quando se tenta animar um corpo para que vibre, ele reage à alteração do seu estado de equilíbrio em virtude da sua inércia. Ao vibrar, no entanto, surgem novos componentes resistivos que são:

- o atrito entre o móvel e o meio;
- a elasticidade do meio vibrante.

Impedância e frequência de ressonância de um sistema. A massa de um corpo é uma medida da sua própria inércia. Isto quer dizer que, quanto maior ela for, maior será a reação do corpo às mudanças do seu estado de repouso ou de movimento retilíneo uniforme. A resistência que a massa oferece ao movimento é chamada de **reatância de massa** (X_m). Os experimentos mostram que essa reatância, além de ser diretamente proporcional à massa (m), é também proporcional à frequência (f) de vibração. Assim,

$$\mathbf{X_m = 2 \cdot \pi \cdot f \cdot m}$$

Os componentes elásticos dificultam a vibração dos sistemas mecânicos, porque amortecem os esforços de impulsão. A esse tipo de resistência se chama de **reatância elástica** (X_e). Os estudos experimentais mostram que essa reatância é diretamente proporcional ao módulo de elasticidade (E) do material que constitui o corpo e inversamente proporcional à frequência (f) da vibração. Por isso, pode- se escrever que;

$$\mathbf{Xe = \frac{E}{2 \cdot \pi \cdot f}}$$

As reatâncias são resistências ativas. Ativas, no sentido de que a sua intensidade varia com a frequência da vibração. Todavia, as reatâncias de massa e elástica variam, entre si, de modo inverso. Assim, quando a frequência aumenta, a reatância de massa cresce, enquanto a reatância elástica decresce.

A soma de todos os componentes resistivos que ocorrem durante a vibração de um sistema material e elástico chama-se de impedância (Z). Esta grandeza pode ser expressa por:

$$\vec{\mathbf{Z}} = \vec{\mathbf{X}}_m + \vec{\mathbf{X}}_e + \vec{\mathbf{R}}$$

e o seu módulo por:

$$|\mathbf{Z}| = \sqrt{(\mathbf{X}_m - \mathbf{X}_e)^2 = \mathbf{R}^2}$$

A análise desta equação permite definir que a impedância será mínima e, portanto, será mínima a resistência à vibração, quando as magnitudes das reatâncias forem iguais. Assim, fazendo-se:

$$X_m = X_e$$

tem-se que:

$$2 \cdot \pi \cdot f \cdot m = \frac{E}{2 \cdot \pi \cdot f}$$

Logo:

$$\mathbf{f} = \frac{\mathbf{1}}{\mathbf{2\pi}} \sqrt{\frac{\mathbf{E}}{\mathbf{m}}}$$

Essa frequência é chamada de **frequência natural** ou de **frequência de ressonância** do sistema.

Em Acústica, a **impedância acústica** (Z_a) é definida como sendo o produto da densidade do meio pela velocidade com que o som nele se propaga. Assim:

$$\mathbf{Z_a = \mu \cdot v}$$

Todo sistema material possui uma frequência de ressonância. Nessa frequência, o sistema vibra com intensidade máxima, pois sua impedância é mínima. A Fig. 3.6 mostra como varia a intensidade de vibração de uma coluna de ar contida no interior de tubos, em função da frequência da onda sonora excitadora. Os sistemas com perfil geométrico simples (cilindros, p. ex.) apresentam uma frequência de ressonância bem definida (curva **A**). Já os corpos de geometria mais complexa (cones, p. ex.) ressoam numa faixa mais ampla de frequências (curva **B**). No caso da vibração dos corpos sólidos, quanto menos extensível ele for, mais bem definido será o pico de ressonância. A extensibilidade influi sobre o movimento vibratório de modo a amortecer o pico de intensidade máxima de vibração (curva B). Esse comportamento pode ser observado nas membranas elásticas e extensíveis.

Ressoador. Quando um corpo vibra estimulado por uma onda sonora, diz-se que ele está em ressonância com a fonte que produziu o som. Nessa situação, o sistema passa a ser também um emissor de sons e é chamado de **ressoador**. A intensidade e a qualidade dos sons emitidos pelos ressoadores dependem das características intrínsecas do sistema ressonante (elasticidade, densidade etc.) e da geometria do ressoador.

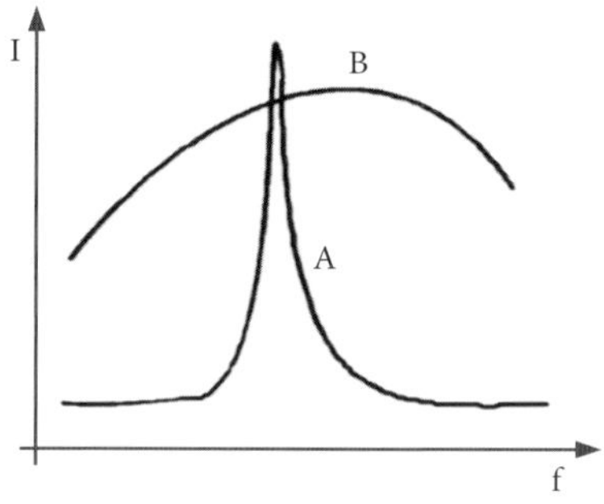

Figura 3.6 Intensidade de vibração de dois corpos que estão sendo excitados por um estímulo externo. Em **A**, o corpo apresenta uma frequência de ressonância (**f**) bem definida, enquanto o corpo **B** vibra numa ampla faixa de frequências.

Tubos acústicos. Para melhor compreender-se a influência da geometria sobre a ressonância de um ressoador, considere-se o caso de um **tubo acústico fechado**. Este é um tubo cilíndrico que possui uma das extremidades aberta e outra fechada. Nele, a camada de moléculas que está em contato com a extremidade ocluída não pode vibrar na direção longitudinal, pois não possui os graus de liberdade necessários para executar o movimento. Numa onda sonora, a região do espaço cujas moléculas não vibram é chamada de **nó.** Por isso, na extremidade ocluída há sempre um nó. O inverso ocorre na extremidade aberta. Ali, a amplitude da vibração do ar é máxima e, nessa região, encontra-se o **ventre** da onda. Num tubo fechado, a frequência fundamental (f), que é a menor frequência capaz de existir no interior do tubo, tem um comprimento de onda (λ) igual a 4 vezes o comprimento (h) do tubo. Daí:

$$\boldsymbol{\lambda = 4 \cdot h}$$

Entretanto,

$$v = \frac{\lambda}{T}$$

onde **T** é o período da onda e **v** é a velocidade do som. Considerando que:

$$f = \frac{1}{T}$$

então a velocidade (v) do som pode ser expressa em função da frequência (f) da onda por:

$$\mathbf{v = f \cdot \boldsymbol{\lambda}}$$

Logo, a frequência de ressonância do tubo será dada por:

$$\mathbf{f = \frac{v}{4 \cdot h}}$$

No caso dos **tubos acústicos abertos**, isto é, aqueles que têm ambas as extremidades abertas, o perfil da onda fundamental estacionária que se pode formar no seu interior difere daquele que se forma nos tubos fechados. Neles se observa que há um ventre em cada extremidade, enquanto no meio do comprimento do tubo há um nó. Nessa situação, o tubo acomoda metade do comprimento da onda fundamental. Procedendo-se com o mesmo raciocínio usado para os tubos fechados, pode-se mostrar que, em tais tubos, a velocidade da onda sonora é dada por:

$$\mathbf{v = 2 \cdot f \cdot h}$$

o que corresponde a uma frequência de ressonância de:

$$\mathbf{f = \frac{v}{2 \cdot h}}$$

A traqueia é um exemplo de tubo acústico aberto, e o conduto auditivo externo, de tubo acústico fechado. Essas estruturas são geometricamente mais simples do que a faringe e a cavidade bucal, por exemplo. A faringe tem forma cônica, enquanto a boca pode assumir muitas formas, alargando, assim, o espectro de frequência com as quais pode ressoar.

QUALIDADES FISIOLÓGICAS DO SOM

As qualidades fisiológicas dos sons são:

- altura;
- intensidade;
- timbre.

Altura. Altura é a qualidade que permite que os sons possam ser classificados em **graves** (baixa frequência) e **agudos** (alta frequência). Nem todas as ondas sonoras são audíveis. O ouvido humano capta sons cujas frequências se situam no intervalo entre 16Hz e 17.000Hz. Estes limites, no entanto, variam com a idade e com o indivíduo. Os sons com frequência menor que 16Hz são chamados de **infrassons**, enquanto os de frequência maior que 17.000Hz são denominados **ultrassons**. Alguns animais são capazes de emitir e de detectar ultrassons. Entre eles estão muitos insetos, mas o exemplo mais relevante é o do morcego. Esse animal, ao voar, emite, a cada segundo, 10 ou mais pulsos sonoros cuja frequência está entre 20.000 e 100.000Hz.

Intensidade. Intensidade é a qualidade que permite um som ser percebido a uma maior ou a uma menor distância da fonte sonora. Quanto à intensidade, os sons podem ser **fortes** ou **fracos**. Como o ouvido humano não tem a mesma sensibilidade para todas as frequências sonoras, mas é mais sensível aos sons cujas frequências se situam entre 2.000 e 4.000Hz, a intensidade dos sons ouvidos também varia com a frequência. Além disso, a intensidade dos sons:

- é proporcional ao quadrado da amplitude da onda sonora;
- é mais intensa quanto maior for a superfície de vibração da fonte sonora;
- aumenta com a densidade do meio em que ele se propaga;
- decai com o quadrado da distância entre o observador e a fonte sonora, quando o som se propaga em meio homogêneo e infinito;
- depende da proximidade de ressoadores, pois eles reforçam a intensidade do som;
- é alterada pelos ventos. Estes interferem na intensidade do som quando a distância entre a fonte e o observador é maior que 6m. Delaroche e Dunal demonstraram que o som se propaga com menor decremento quando o sentido da propagação coincide com o sentido do vento.

A intensidade (I) de uma onda propagada é dada pela média temporal da potência (P) transmitida através de uma área unitária perpendicular à direção do fluxo sonoro (Φ) (Fig. 3.7). Assim:

$$\mathbf{I = \frac{P}{S}}$$

Dessa equação, pode-se concluir que a dimensão da intensidade é igual à dimensão da energia dividida pelo produto da área por tempo. Sua unidade é watt por metro quadrado **(W/m^2).** O som mais intenso tolerado pelo ouvido humano é de $1W \cdot m^{-2}$, enquanto a intensidade do som audível mais fraco (I_0) é de $10^{-12}W \cdot m^{-12}W \cdot m^{-2}$.

A intensidade (β) pode ser também expressa em função do som mais fraco, usando-se a relação:

$$\beta = \mathbf{10 \cdot Log \frac{I}{I_0}}$$

A unidade de intensidade obtida por esta equação foi denominada decibel (dB). A Tabela 3.1 relaciona intensidades de sons do cotidiano.

Note-se que entre o limiar inferior e o limiar superior da audição (onde se inicia o aparecimento de sensação dolorosa) há uma diferença de intensidades de 140dB. Isto significa que o som que produz dor é 10^{14} vezes (100.000.000.000.000!) mais intenso do que o som escutado no limiar inferior. Raros são os sistemas capazes de operar numa faixa tão larga de valores!

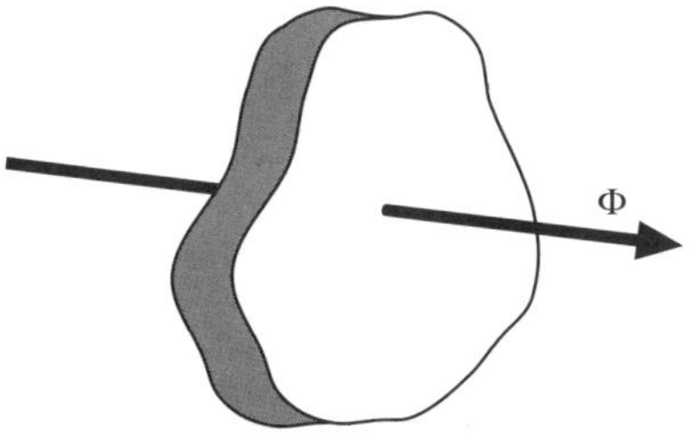

Figura 3.7 Fluxo de energia (Φ) através de um corpo.

Tabela 3.1 Intensidades médias de sons do ambiente.

Tipo de som	Intensidade (dB)
Limiar da audição	0
Farfalhar de folhas	10
Ambiente de biblioteca	20
Som ambiental médio	40
Conversação normal	60
Rua com grande tráfego	70
Rádio em volume alto	80
Trem em movimento	90
Britadeira	100
Limiar de desconforto	120
Limiar da dor	140
Lesão do tímpano	160

Fontes: Carneiro Leão, 1982, p. 407; Heneine, 1984, p. 328; Documenta Geigy, 1958, p. 69.

Timbre. Timbre é a qualidade que diferencia dois sons de mesma altura e de mesma intensidade, mas que são produzidos por fontes sonoras diferentes. O timbre de um som depende do conjunto de sons secundários (sons harmônicos) que acompanham o som principal (Fig. 3.8).

A análise de um som complexo, isto é, aquele que é composto por muitas frequências, é feita com a ajuda de ressoadores e de sistemas de processamento de sinal. Por muito tempo foram usados os ressoadores de **Helmholtz** e de **Koening**.

O ressoador de Helmholtz tinha a forma de uma esfera oca, feita com cobre, e possuía dois orifícios diametralmente opostos. Um deles era adaptado ao ouvido do pesquisador, enquanto o outro, mais amplo, permanecia livre e em contato com o ar exterior. Helmholtz construiu ressoadores de vários tamanhos, a fim de poder analisar uma faixa de sons. Cada esfera ressoava em uma determinada frequência que lhe era própria.

O ressoador de Koening tinha a forma de um cilindro cujo tronco podia ser regulado de modo a aumentar ou diminuir o seu comprimento. O cilindro possuía dois orifícios, um em cada uma das suas bases. Um dos orifícios era conectado ao ouvido do observador, enquanto o outro, livre, captava o som a ser analisado. Variando-se o tamanho do ressoador, variava-se, concomitantemente, a sua frequência de ressonância. Quando o som analisado tinha a frequência do ressoador, ele era escutado com reforço.

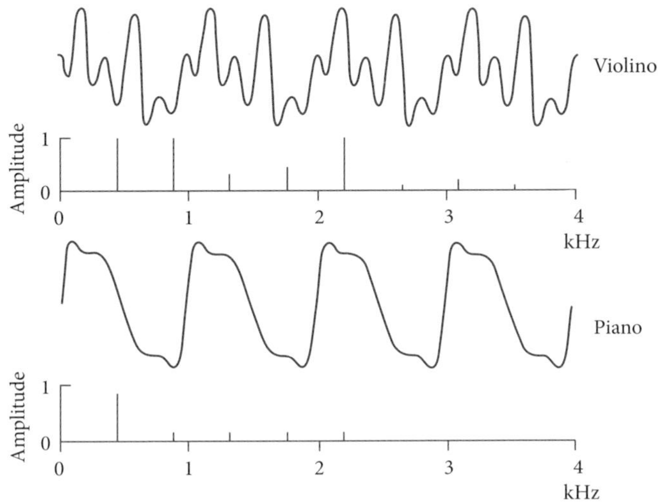

Figura 3.8 Representação esquemática de sons de mesma altura produzidos por fontes sonoras diferentes. Abaixo de cada curva está o espectro de frequência relacionando o componente sonoro (kHz) com sua amplitude (**I**). O som representado pela curva superior possui muitos harmônicos de alta frequência. (Halliday e Resnick, 1965, p. 549.)

Atualmente, existem ressoadores muito precisos, constituídos por circuitos eletrônicos sintonizáveis que podem ser acoplados a sistemas de processamento automático de dados. Com eles muitas descobertas e muitos equipamentos novos foram desenvolvidos.

Quando diversos instrumentos musicais emitem a mesma nota, eles produzem o mesmo som fundamental, mas, para cada instrumento, há uma coorte de harmônicos acompanhando a nota fundamental. Esse fenômeno permite distinguir os instrumentos quando estão sendo tocados em conjunto.

Os sons emitidos pelas fontes são sempre ondas complexas, pois são formados por uma nota fundamental somada a um conjunto de ondas secundárias. A análise dos sons complexos é feita por decomposição. Com isso se obtêm as frequências que compõem o som analisado (Fig. 3.9).

Os sons harmônicos que acompanham a nota fundamental dependem não somente da nota emitida, mas também da geometria do ambiente onde está contida a fonte sonora. Quando uma pessoa canta diferentes vogais, usando a mesma nota musical, cada vogal se distingue da outra pelos seus harmônicos. O esforço necessário à produção de um dado som vocálico depende da vogal escolhida para o canto, isto porque, para cada vogal, há variação da forma da boca e dos seus anexos, bem como da faringe e da tensão das cordas vocais.

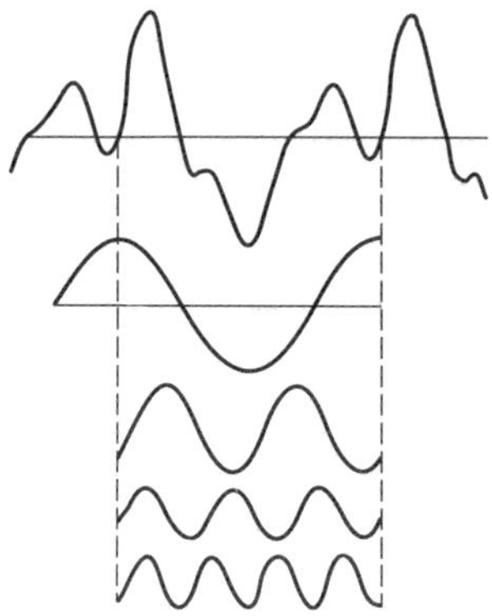

Figura 3.9 Decomposição de uma onda sonora complexa pelo método de Fourier. A curva superior representa o som original, e as outras, os componentes que, somados, podem reproduzir a forma da curva primitiva

MODIFICAÇÕES DA ONDA SONORA DURANTE A SUA PROPAGAÇÃO

Alteração da intensidade

À medida que se propaga, a onda sonora perde intensidade. Essa atenuação se deve a vários mecanismos, a saber:

- espalhamento;
- reflexões e refrações;
- resistência à propagação.

Espalhamento. Para entender a perda de energia por espalhamento, é necessário definir o que é densidade superficial de energia (d). Essa grandeza é definida como sendo a quantidade de energia (Q) contida por unidade de área (S). Assim:

$$\mathbf{d} = \frac{Q}{S}$$

Num meio homogêneo e isótropo, a intensidade sonora decai com o quadrado da distância existente entre o observador e a fonte sonora. Nessa condição, o som se propaga formando ondas concêntricas. A isso se chama de **espalhamento**. Se não houvesse dissipação, então a frente de onda possuiria sempre a mesma quantidade de energia. Considerando que essa energia se distribui por toda a frente de onda, seria de esperar que, com o aumento do perímetro da onda, houvesse uma diminuição da densidade superficial de energia. Isso implica dizer que, quanto mais perto estiver o observador de uma fonte sonora, maior será a intensidade do som que ele captará, porque menor será a perda de energia sonora por espalhamento.

Reflexão e refração. Além do espalhamento, a intensidade do som sofre atenuação pelos processos de reflexão e refração. Isso ocorre quando a frente de onda encontra uma interface que delimita meios diferentes. A reflexão e a refração atenuam a intensidade da onda que se propaga numa determinada direção, pois a onda, ao ser retratada ou refletida, muda a direção do seu movimento. A probabilidade de a frente propagada encontrar superfícies refratoras é grande, pois os meios condutores reais não são nem homogêneos (mesma composição em todos os pontos), nem isótropos (mesmas propriedades físicas em todos os pontos).

Resistência do meio. Outro fator de atenuação é a resistência que o meio oferece à propagação dos sons. Quanto maior for, maior será a atenuação da onda, o que significa que a intensidade do som diminui mais rapidamente à medida que o observador se afasta da fonte sonora.

Alteração do timbre

Todo sistema possui uma frequência de ressonância. Por isso, muitos objetos que se encontram próximos a uma fonte sonora entram em vibração com os sons que dela são emitidos. Para que esse fenômeno aconteça, é necessário que, entre os sons produzidos pela fonte, exista um componente cuja frequência seja igual ou seja um múltiplo inteiro da frequência de ressonância do objeto. Ao vibrar, o som do objeto reforça o som da fonte e, assim, modifica o timbre da onda primitiva.

Nenhuma fonte real é capaz de emitir um som absolutamente puro, isto é, constituído apenas por uma única frequência. Os sons produzidos por uma fonte sonora possuem, além de uma frequência fundamental, sons secundários que são também gerados no interior da fonte.

CLASSIFICAÇÃO DOS SONS

Os sons podem ser classificados como:

- ruidosos;
- explosivos;
- musicais.

Os sons ruidosos

A maioria dos sons das fontes naturais é ruído. Os sons desta categoria caracterizam-se por ser longos e não ter periodicidade. Eles produzem uma sensação auditiva desagradável e se manifestam como chiados, rangidos, sibilos, roncos etc. A despeito do caráter aleatório das frequências que compõem um ruído, quase todos possuem uma tonalidade que é definida pelos componentes de frequência de maior amplitude. Chama-se de **ruído branco** aquele constituído por uma gama muito grande de frequências, todas com a mesma intensidade. A fonte sonora cujo som mais se aproxima do conceito de ruído branco é a emissão termoiônica no vácuo, tal como acontece nas válvulas eletrônicas.

Os sons explosivos

Estes são sons de curta duração que produzem uma sensação desagradável. Quando fortes, chamam-se estampidos e oferecem grande risco para o aparelho auditivo, porque o ouvido não dispõe de recursos de proteção suficientemente rápidos para bloqueá-los. Os sons explosivos fracos se apresentam como estalos, estalidos, cliques etc.

Os sons musicais

Intervalo musical. Os sons musicais são agradáveis ao ouvido. Essa sensação se deve à existência de um padrão sonoro repetitivo. Os sons musicais se caracterizam pela frequência fundamental que possuem. A razão entre a frequência de dois sons distintos, tomando-se como numerador o som mais agudo, chama-se de **intervalo musical**.

Escala musical é um conjunto de sons adequadamente seriados, separados por intervalos determinados, ditos intervalos musicais. A cada som de uma escala musical chama-se de **nota**. A cada conjunto de sete notas de uma mesma escala musical dá-se o nome de **gama**. Numa escala, a nota fundamental é aquela cuja frequência de vibração se toma como unidade e, a partir dela, podem ser encontradas as frequências relativas das demais notas da escala.

Acorde. A produção simultânea de dois ou mais sons chama-se de **acorde**. Os acordes podem ser **consonantes** ou **dissonantes**, conforme a sensação que produzem. Os consonantes geram uma sensação agradável e os dissonantes, geralmente, são desagradáveis ao ouvido.

Harmonia é a sensação agradável que resulta da produção de muitos acordes consonantes, emitidos simultânea e sucessivamente.

No século XI, Guido d'Arezzo propôs a escala das notas musicais cujos nomes foram obtidos de um poema de autor desconhecido, feito em homenagem a São João Batista:

Ut queant laxis	Ut	evoluiu para dó (século XVI)
resonaris fibris	ré	
mira gestorum	mi	
famuli tuorum	fá	
solve polluti	sol	
labii reatum	lá	
Sancte Ioannes	si	

"Para que possam teus fâmulos exaltar, com voz clara, os fastos da tua vida, retira de seus lábios toda a impureza, ó São João".

Em Física, costuma-se exprimir as notas musicais das diferentes gamas de uma dada escala, tomando-se como ponto de partida o **dó** mais grave do violoncelo, que é de 128Hz.

Todas as notas dessa gama são designadas com o índice 1. As notas das outras gamas recebem índices... –2, –1 ou 2, 3..., conforme sejam mais graves ou mais agudas do que aquelas da gama fundamental. Os músicos utilizam como gama fundamental aquela que inclui o **lá** emitido por um diapasão normal (435Hz).

BIBLIOGRAFIA

Brobeck, J.R. (1976). Best & Taylor's: As Bases Fisiológicas da Prática Médica. Editora Guanabara Koogan, Rio de Janeiro.

Burns, D.M., MacDonald, S.G.G. (1970). Physics for Biology and Pre-Medical Students. Addison-Wesley Publishing Company, Londres.

Carneiro Leão, M. (1982). Princípios de Biofísica. Guanabara Koogan, Rio de Janeiro.

Documenta Geigy (1958). Tablas científicas. Laboratorio GEIGY. Impresso pela Sociedade de Artes Gráficas, Barcelona, Espanha.

Ference Jr., M., Lemon, H.B., Stephenson, R.J. (1969). Curso de Física: Ondas (Som e Luz). Editora Edgard Blücher Ltda. e Editora da Universidade de São Paulo, São Paulo.

Halliday, D., Resnick, R. (1965). Física. Ao Livro Técnico e Editora da Universidade de São Paulo, Rio de Janeiro.

Heneine, I.F. (1984). Biofísica Básica. Livraria Atheneu, Rio de Janeiro.

Nobre, F.R. (1934). Tratado de Física Elementar. Aillaud & Lelos, Ltda., Lisboa, Portugal.

CAPÍTULO 4

Biofísica da fonação

INTRODUÇÃO

A fala e o canto são os meios de comunicação mais evoluídos de que dispõe o homem. Através dessas habilidades, as ideias, as informações e as sensações podem ser expressadas. A voz humana desempenha um papel fundamental na integração do homem como ser social. Do ponto de vista médico, além dos sons articulados da fala e do canto, muito interessa os sons que não estão relacionados à linguística, tal como os do riso, da tosse, do choro, do grito, do gemido, do suspiro, do balbuciar, dos estalos com a língua, do bocejo, do ronco, do resfolegar, do estertorar, do espirro, da eructação etc. A compreensão dos mecanismos de produção dos sons pode auxiliar o diagnóstico e o acompanhamento dos pacientes.

O aparelho fonador do homem. A Fig. 4.1 resume os principais componentes anatômicos do aparelho fonador do homem. Nela estão representados:

1. **Fossas nasais** – são duas cavidades situadas no maxilar superior, separadas anteriormente por um tabique (septo) que é formado pelo osso vômer. Na sua extremidade posterior, as fossas se reúnem numa só cavidade formando a nasofaringe.

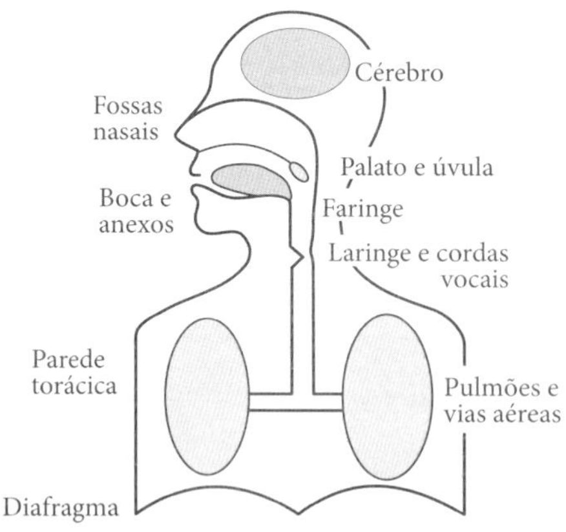

Figura 4.1 Esquema mostrando as principais partes do aparelho fonador. (Modificado de Lieberman, *in* Rosenbaum, 1991, p. 301.)

2. **Boca e anexos** – a boca é o principal órgão modulador dos sons vocálicos. Além de exercer essa função, ela própria é fonte sonora, sendo responsável pela produção de muitos tipos de ruídos, bem como dos sons consonantais. São seus anexos: a língua, os palatos duro e mole, a úvula, os dentes, os alvéolos dentários, os lábios e as bochechas.

3. **Úvula** – é um apêndice móvel situado na extremidade posterior do palato mole. É um órgão muito inervado. Quando a úvula é levantada contra a parede da faringe, o movimento da coluna de ar se faz quase que exclusivamente pela boca, gerando-se, assim, os **fonemas orais**. No entanto, quando ela é rebaixada em direção à língua, o ar se movimenta principalmente pelas fossas nasais, produzindo-se, então, os **fonemas nasais**.

4. **Faringe** – a faringe é afunilada e está situada entre a boca e a extremidade superior do esôfago e da laringe. Serve como corredor para a propagação dos sons orais e nasais.

5. **Laringe** – situa-se na parte superior da traqueia. E um órgão importante na fonação, pois nele estão as **cordas vocais.** Ali estão também a glote e a epiglote. A glote é uma pequena abertura de forma triangular, situada ao nível do pomo-de-adão e que comunica a faringe com a traqueia, enquanto a epiglote funciona como válvula para ocluir a glote durante a deglutição. Durante a fala ou o canto a glote é ocluída pelo movimento das cordas vocais. São dois os pares dessas cordas: as falsas e as verdadeiras. As verdadeiras são as que ocluem completamente o trajeto do ar.

6. **Traqueia, brônquios e bronquíolos** – são tubos flexíveis, mas de extensibilidade limitada devido à sua estrutura cartilaginosa. Eles servem como ductos aéreos para permitir a movimentação do ar entre o meio ambiente e os pulmões.

7. **Pulmões** – além de serem os principais órgãos da respiração, pois são responsáveis pelas trocas gasosas entre o indivíduo e o meio ambiente exterior, também participam do aparelho fonador atuando como foles e produzindo a corrente de ar que é necessária à geração dos sons. Isso se deve à grande expansibilidade das suas estruturas e à característica de poderem armazenar ar atmosférico.

8. **Músculos da parede torácica, diafragma e músculos abdominais** – participam do aparelho fonador como elementos ativos, pois fornecem a energia necessária à movimentação da coluna de ar e das cordas vocais.

9. **Centros nervosos coordenadores da fala e do canto** – estão localizados no cérebro e, além de serem vias de condução dos impulsos nervosos relacionados com a produção da voz, também atuam criando e elaborando as mensagens.

10. **Centros nervosos responsáveis pelo controle da respiração** – a fala e o canto exigem uma perfeita integração dos órgãos articuladores e produtores de sons com o aparelho respiratório. A voz é normalmente produzida durante a expiração e, para isso, o cérebro tem que conhecer, a cada instante, a situação do aparelho respiratório a fim de poder comandá-lo adequadamente.

A PRODUÇÃO DA VOZ

Vibração das cordas vocais. Ao contrário do som produzido pelas cordas de um instrumento musical (violão, violino etc.) ou mesmo por membranas elásticas vibrantes (tambor, címbalo etc.), o som gerado nas cordas vocais é produzido pela fragmentação da corrente aérea expirada. Nos instrumentos de corda e nas membranas vibrantes o som é produzido pelas variações de pressão que eles produzem sobre o meio elástico circundante. Os sons vocálicos, contudo, devem-se às sucessivas interrupções da coluna de ar que se movimenta nos tubos respiratórios (Fig. 4.2). Essa maneira de gerar sons assemelha-se àquela encontrada nos instrumentos musicais de sopro (saxofone, clarinete, trompete etc.). Nesses instrumentos, a palheta ou mesmo os lábios do músico se encarregam de fragmentar a coluna aérea que percorre o instrumento.

Vários fatores de natureza biofísica interferem na vibração das cordas vocais:

- gradiente de pressão entre as superfícies superior e inferior das cordas vocais;
- elasticidade das cordas vocais;
- tensão das cordas vocais;
- efeito Venturi.

Gradiente de pressão. Quando falamos ou cantamos, a relação temporal dos ciclos respiratórios é muito alterada. O tempo expiratório torna-se muito longo, e o inspiratório, muito mais curto. Durante a expiração, os pulmões são comprimidos pelos músculos respiratórios e o ar dos alvéolos e das vias aéreas é forçado contra as cordas vocais fechadas, elevando a pressão em todo o sistema respiratório que se encontra abaixo da laringe. Isso cria um gradiente de pressão entre as superfícies das cordas vocais.

Elasticidade, tensão das cordas vocais e efeito Venturi. As cordas vocais são estruturas dotadas de elasticidade e mantêm-se tensas pela ação dos músculos da laringe, especialmente os tireoaritenóideos. Em virtude da progressiva compressão exercida pelos elementos elásticos responsáveis pela expiração, a diferença de pressão aplicada sobre as cordas vocais cresce até atingir um nível suficientemente elevado para forçar a passagem do ar por entre as cordas. Ali, o movimento do ar em alta velocidade reduz

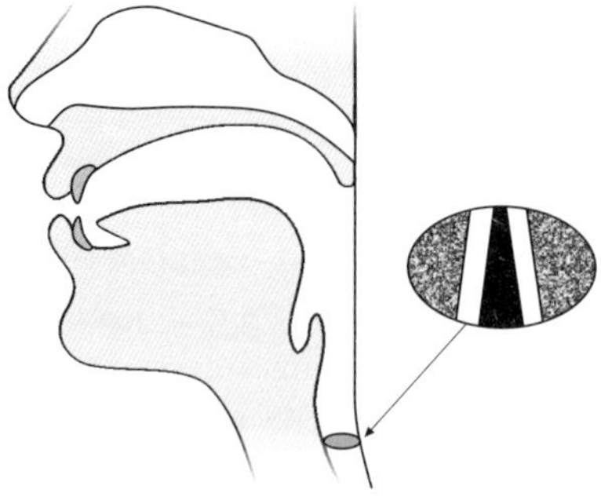

Figura 4.2 Esquema mostrando a posição das cordas vocais. (Modificado de Mello, 1992, p. 9.)

a pressão lateral exercida sobre as cordas vocais (efeito Venturi), favorecendo a ação oclusora dos músculos tireoaritenóideos e promovendo o fechamento do espaço entre as cordas vocais. Como o ciclo expiratório continua a se desenvolver, o gradiente de pressão volta a crescer até alcançar novamente a pressão de abertura da glote, reiniciando o processo de fragmentação da coluna de ar. A frequência dessa fragmentação é proporcional à tensão a que estão submetidas as cordas vocais, bem como à velocidade com que se desenvolve o gradiente de pressão entre as suas superfícies (Fig. 4.3).

Fatores que alteram a voz. Os elementos móveis do aparelho fonador influem decisivamente na qualidade dos sons produzidos. A capacidade de algumas pessoas cantarem mais melodiosamente do que outras está em parte na dependência da habilidade em modificar a geometria desses elementos (Sundberg, 1977). Além das cavidades ressonantes (boca, nariz, faringe, caixa torácica, caixa craniana etc.), também a massa das cordas vocais interfere com a tonalidade da voz (Peshel e Peshel, 1987). A testosterona promove alterações da voz, porque aumenta a massa das cordas vocais e desenvolve a laringe. Com o crescimento, a laringe se torna maior e mais baixa. Esses fatores contribuem para que a voz do adulto seja mais grave do que a da criança (Fig. 4.4).

Cavidades ressonantes. Os sons gerados na laringe são modificados na faringe, na boca e nas fossas nasais. Em virtude de essas estruturas possuírem geometria complexa e variável elas podem reforçar, por ressonância, um amplo espectro de frequências. O conjunto formado pelo som fundamental e pelas ondas secundárias produzidas nas cavidades ressonantes caracteriza o timbre do som. Pode-se logo perceber que, como as formas dos ressoadores da fala podem ser modificadas, o timbre dos sons que o homem produz pode ser alterado de acordo com a sua vontade.

As cavidades bucal, nasal, faríngea e laríngea funcionam como um sistema que ressoa na faixa de 300 a 500Hz, enquanto os grossos brônquios (diâmetro maior que 3mm) apresentam ressonância para frequências entre 1.000 e 1.700Hz. Esses intervalos de frequência podem ser alterados quando há modificação do volume ou da posição relativa dos órgãos situados no interior dessas cavidades. Assim, nos aumentos ou diminuições do volume da língua (macro e microglossia), nas hipertrofias das amígdalas e dos cornetos nasais e nos tumores que crescem nessas cavidades, a qualidade dos sons sofre modificação.

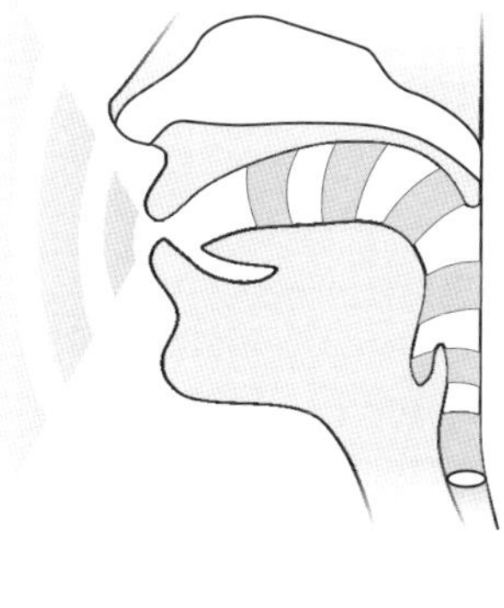

Figura 4.3 Processo de produção dos sons vocálicos. Os movimentos de abertura e fechamento das cordas vocais fragmentam a coluna aérea expirada. (Adaptado de Mello, 1992, p. 129.)

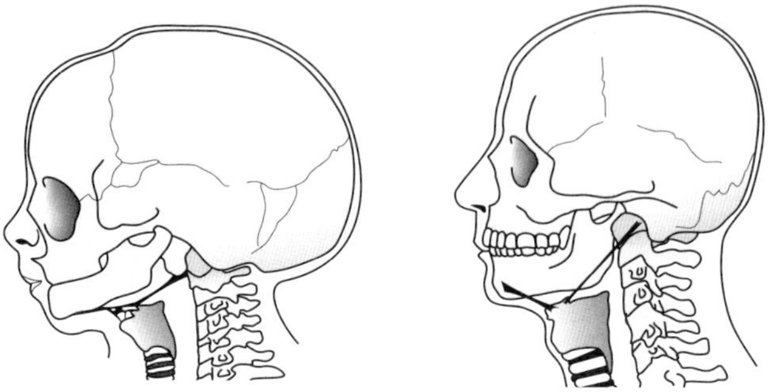

Figura 4.4 Desenvolvimento da laringe e da traqueia. A figura à esquerda representa parte da laringe e da traqueia de uma criança para servir de comparação com aquelas do adulto. (Modificado de Niller G.A., *in* Rosenbaum, 1991, p. 306.)

A laringe é um órgão importante para a fala, mas é falsa a concepção de que sem ela não se pode falar. A reeducação dos laringectomizados permite que eles voltem a falar. A voz que emitem, no entanto, possui um padrão sonoro alterado.

Teoria evolutiva para o desenvolvimento da laringe. A vida, ao que parece, começou nos mares. Os animais primitivos, à semelhança do que fazem os peixes, retiravam da água o oxigênio de que necessitavam para viver. Para isso, utilizavam guelras ou brânquias. Quando, por especialização ou por defesa, alguns desses animais passaram a viver em águas rasas e, posteriormente, em solos pantanosos, houve a necessidade de que fosse desenvolvido um órgão para extrair oxigênio diretamente da atmosfera. O novo órgão (pulmão) passou a necessitar de válvulas para impedir a entrada da lama. Pensam os evolucionistas que foi nessa fase que surgiu a laringe.

Estudos recentes (Chomsky, 1975) sugerem que o homem de Neandertal (35.000 anos a.C.) devia emitir sons mais agudos do que a voz do homem adulto de hoje, pois a reconstituição da sua estrutura laríngea mostra que ela muito se assemelha à laringe da criança e dos macacos (Fig. 4.5). Todavia, Bower (1987), baseado na análise de fósseis, propôs que, pelo menos há 2.000.000 anos, os homens já apresentavam a capacidade de emitir todos os sons que hoje são identificados como próprios do aparelho fonador.

Fala articulada. A fala articulada não é produzida na laringe, mas na boca. Esta, além de modular os sons vocálicos, adiciona à voz os sons consonantais. Quando falamos ou cantamos, não produzimos sons de forma serial, mas paralela. Isto significa dizer que os sons da nossa voz não são produzidos numa sequência rígida em que cada unidade sonora é pronunciada isoladamente. Os estudos mostram que nosso aparelho fonador

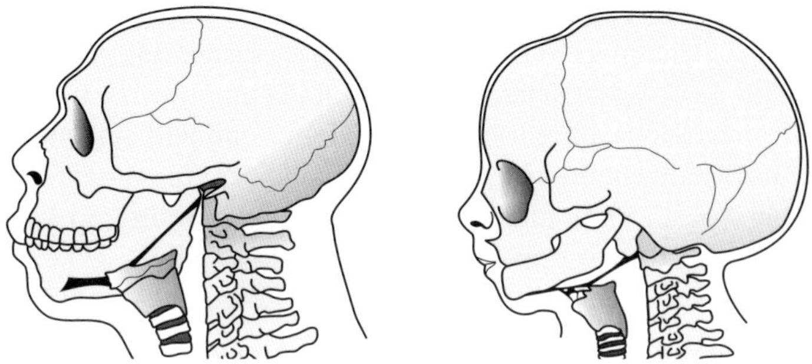

Figura 4.5 Comparação do tamanho da laringe do homem de Neandertal (à esquerda) com o de uma criança. (Modificado de Niller G.A., *in* Rosenbaum, 1991, p. 306.)

pode produzir sons diferentes de modo simultâneo, processo que é característico das operações em paralelo.

A intensidade da voz depende da energia cinética da corrente aérea que passa pelas vias respiratórias. Nos pacientes muito debilitados, nas miodistrofias, na *miastenia gravis* e nos portadores de enfisema pulmonar, a voz é fraca (voz branca), pois neles a força dos músculos expiratórios está diminuída. No enfisema, que é uma doença caracterizada pela perda de rigidez das paredes dos brônquios em virtude da destruição de suas camadas musculares e cartilaginosas, a passagem do ar em alta velocidade promove o fechamento desses tubos respiratórios. A pneumodinâmica demonstra que a pressão exercida por um gás sobre as paredes laterais do tubo diminui quando a velocidade do seu fluxo aumenta. Quando a velocidade é suficientemente elevada, a pressão pode-se tornar negativa. Nesse caso, o fluxo aéreo contribui para estreitar a luz tubular. Para evitar esse fenômeno, o enfisematoso expira lentamente e, por isso, sua voz é fraca.

Funções da laringe. Além da fonação, a laringe possui funções que se relacionam com a respiração, circulação, fixação, proteção, deglutição, tosse, expectoração. Destas, destacaremos as que são relativas à respiração e à deglutição.

Sons laríngeos anormais. Durante a respiração, a laringe funciona como via de passagem para a corrente de ar. Quando há estenose laríngea, a respiração fica dificultada e geralmente produz estridor de predomínio inspiratório. A resistência de um tubo oco à passagem de uma corrente aérea é inversamente proporcional à quarta potência do seu raio. Isto implica dizer que pequenas alterações no diâmetro do tubo provocam grandes mudanças na intensidade do fluxo aéreo. O estridor que se forma nos estreitamentos da laringe *é* devido à acentuada turbulência do ar causada por uma velocidade de fluxo aumentada. Quando a dificuldade de expulsão do ar é por redução do calibre laríngeo, os pacientes apresentam, com frequência, a cabeça distendida para trás na tentativa de desobstruir a luz desse tubo. Neles, observa-se ainda um movimento de subida e descida da laringe com o ciclo respiratório. Isso porque, havendo dificuldade à passagem do ar por essa estrutura e dispondo a laringe de liberdade para movimentos longitudinais, o ar, ao encontrar o obstáculo a este nível, força a laringe em direção à boca durante a expiração e em direção ao tórax durante a inspiração. As estenoses da laringe podem ser produzidas por espasmo, edema, difteria, hemorragia, compressão extrínseca etc.

As disfonias estão geralmente relacionadas com doenças das cordas vocais. Entre elas estão: paralisia dos músculos laríngeos, alterações de forma, massa e movimento produzidas por inflamações (gripes, laringites, tireoidites etc.), pelas formações expansivas (nódulos, carcinomas e pólipos), por fatores emocionais, alérgicos e outros (Fig. 4.6).

Na dinâmica da deglutição, a movimentação da laringe é importante. As lesões da laringe podem produzir disfagia, como acontece na laringite tuberculosa. Quando há inflamação da laringe a mobilidade da extremidade superior do esôfago está alterada, o que dificulta a deglutição.

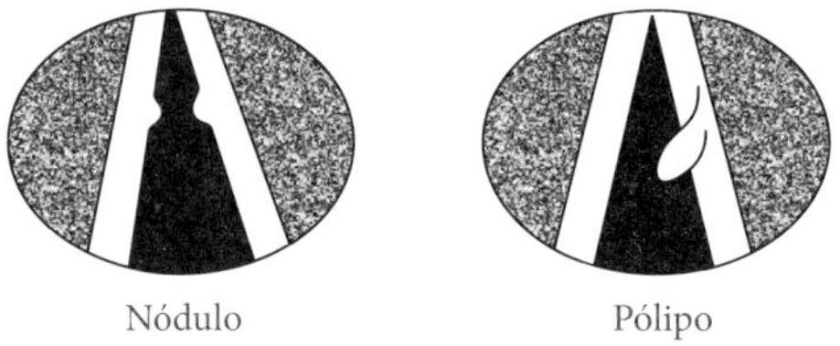

Figura 4.6 Exemplo de processos expansivos das cordas vocais. (Modificado de Mello, 1992, p. 68.)

OS FONEMAS

O estudo dos sons produzidos durante a fonação exige a decomposição dos sons complexos em unidades mais simples para que possam ser entendidos e classificados. As menores unidades sonoras que compõem a fala e o canto são os **fonemas**. Os fonemas articulados e devidamente combinados formam as **sílabas**, e estas, as **palavras**, permitindo a construção de **frases** e, por conseguinte, a comunicação verbal. No português do Brasil existem 33 fonemas diferentes que são representados pelas letras do alfabeto.

Os fonemas da língua portuguesa podem ser classificados em:

- **vogais**, que são fonemas sonoros gerados na laringe;
- **semivogais**, que são os fonemas **i** ou **u** átonos, quando estes aparecem unidos a uma vogal, formando com esta uma só sílaba. Por exemplo nas palavras va**i**, o**u**ro, ág**u**a etc.;
- **consoantes**, que são ruídos, isto é, não são sons musicais. Elas se formam ao nível da boca pelo concurso dos seus órgãos anexos e acessórios.

Em nossa língua, o elemento básico e indispensável à formação da sílaba é a vogal. Diz-se, por isso, que os sons consonantais e os semivocálicos são fonemas dependentes.

CLASSIFICAÇÃO DOS SONS DA FALA

As vogais

Classificação das vogais:

1. Zona de articulação:
   - média: a (**a**mor);
   - anteriores: é, ê, i (p**é**, cr**ê**, v**i**);
   - posteriores: ó, ô, u (p**ó**, av**ô**, caj**u**).

A **zona de articulação** é a região onde ocorre a aproximação das estruturas contidas no interior da boca para que se produzam os fonemas (Fig. 4.7). Por exemplo, as vogais anteriores (**é**, **ê**, **i**) são emitidas abaixando-se a ponta da língua e elevando-se progressivamente a sua parte anterior em direção ao palato duro. Já as vogais posteriores (**ó**, **ô**, **u**) exigem que se eleve cada vez mais a base da língua em direção ao palato, enquanto os lábios vão tomando uma forma arredondada e fechada. A vogal média **a** é produzida com a língua em posição de descanso e a boca entreaberta.

2. Ressoador principal:
   - oral: a, é, ê, i, ó, ô, u como nas palavras p**a**to, r**é**, d**ê**, v**i**, n**ó**, f**o**go, l**u**va;
   - nasal: a, e, i, o, u quando acentuadas pelo til ou quando antecederem o n ou o m, como nas palavras v**ã**, v**e**nto, f**i**m, b**o**m, f**u**ndo.

A úvula e o palato mole exercem uma função de grande importância na fonação, pois podem modificar o timbre do fonema. Pelo movimento dessas estruturas (Fig. 4.8), a coluna de ar pode ser expelida pela boca dando origem aos **fonemas orais**, ou pelo nariz, quando então se formam os **fonemas nasais**. O movimento da úvula e do palato mole que aproxima essas estruturas da parede da faringe orienta o ar em direção à boca. Todavia, quando elas se movem em direção à base da língua o ar expirado se dirige preferencialmente para o nariz, produzindo os fonemas nasais.

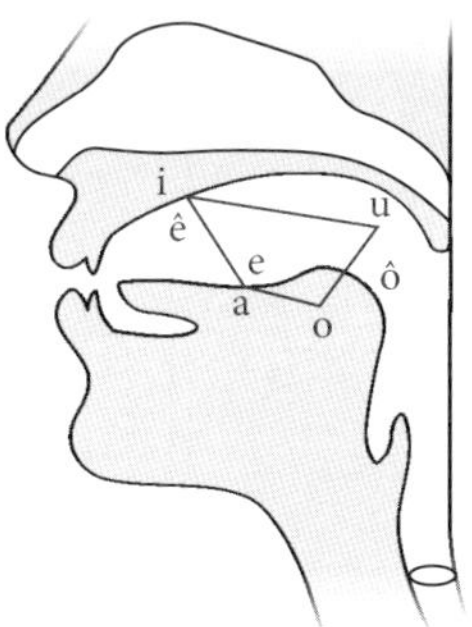

Figura 4.7 Produção dos sons vocálicos mostrando as vogais anteriores (**i, ê**), as médias (**a, e**) e as posteriores (**u, o, ô**). (Modificado de Mello, 1991, p. 121.)

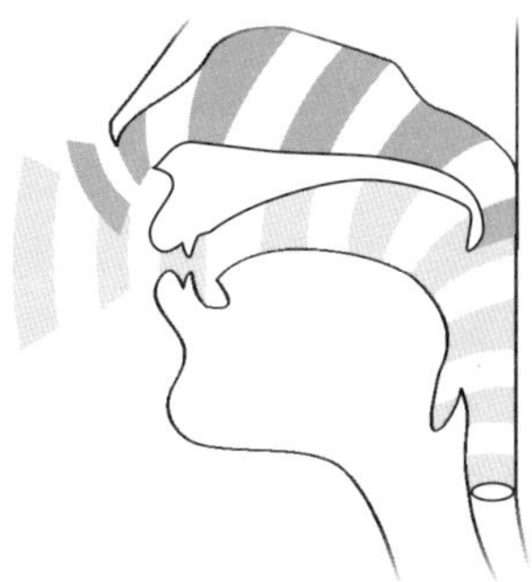

Figura 4.8 Produção dos sons orais e nasais. (Adaptado de Mello, 1991, p. 130.)

3. A intensidade:
   - tônicas: j**á**, acaraj**é**, p**e**lo, aqu**i**, p**o**ldro, p**u**s;
   - subtônicas: armistíci**o**, cafezinh**o**, compadr**e**;
   - átonas: vel**a**, bol**e**, t**i**ção, dad**o**, j**u**lgar.

A intensidade (**I**) com que emitimos os sons das vogais numa palavra não é a mesma (Fig. 4.9). A vogal proferida com maior intensidade pertence à **sílaba tônica**, enquanto vogais de média intensidade estão nas **sílabas subtônicas**. Algumas vogais são pronunciadas muito fracamente e formam as **sílabas átonas**.

4. O timbre:
   - abertas: a, é, ó (v**á**, f**é**, jil**ó**);
   - fechadas: ê, ô, i, u e todas as nasais (ip**ê**, d**o**r, v**i**, it**u**, v**ã**, f**e**nda);
   - reduzidas: as vogais átonas orais ou nasais (revel**a**, bul**e**, s**i**sal, rat**o**, unçã**o**, **a**mei, entã**o**).

O **timbre das vogais** depende das características geométricas do ressoador (Figs. 4.10 e 4.11). As principais cavidades ressonantes são: a laringe, a faringe, a boca e a cavidade nasal. Destas, apenas a cavidade bucal e a nasal podem ter suas geometrias alteradas por movimentação das suas paredes. A boca possui um número maior de paredes móveis e por isso é capaz de alterar mais amplamente o timbre dos sons vocálicos.

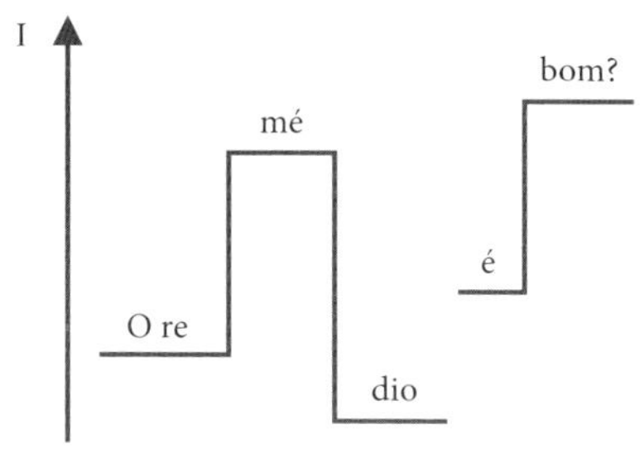

Figura 4.9 Variação da intensidade (**I**) dos fonemas para a produção de uma entonação adequada à frase.

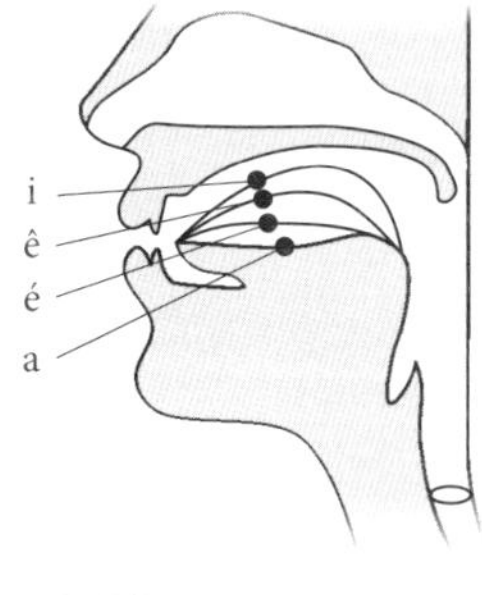

Figura 4.10 Posições relativas da língua para a produção do som das vogais **a, e, ê, i**. (Modificado de Mello, 1991, p. 124.)

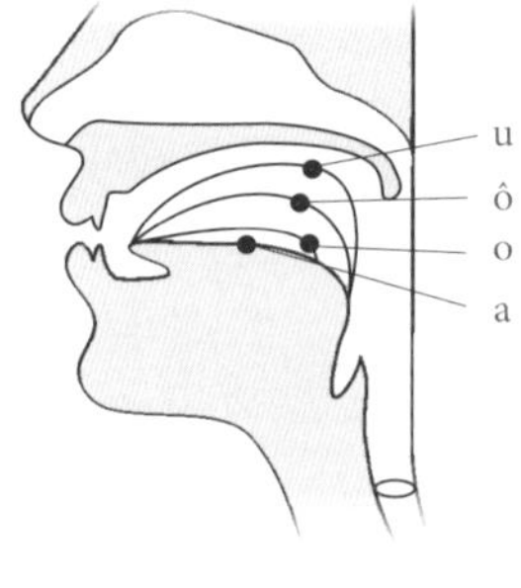

Figura 4.11 Posições relativas da língua para a produção do som das vogais **a, o, ô, u**. (Modificado de Mello, 1991, p. 125.)

As consoantes

As consoantes são assim classificadas:

1. Modo de articulação:
   - oclusivas – quando ocorre o impedimento completo ao fluxo de saída do ar pela boca;
   - constritivas – quando ocorre impedimento parcial à expulsão do ar pela boca. Neste grupo estão as consoantes:
     - fricativas: quando o ar é expulso por um conduto oral estreitado ou pelos lábios quase fechados (**f**, **v**, **x**, **ç**, **s**, **z**, **j**);
     - vibrantes: quando, ao sair, o ar vibra de modo áspero (**r**);
     - laterais: quando a língua fica em contato com o palato e obstrui o canal central da boca, deixando que o ar se escoe por canais situados próximos às bochechas (**l**, **lh**).
2. Ponto de articulação:
   - bilabiais – (**p**, **b**, **m**);
   - labiodentais – (**f**, **v**);
   - linguodentais – (**t**, **d**);
   - alveolares – língua e alvéolos (**s**, **z**, **l**, **n**);
   - palatais – dorso da língua junto ao palato duro (**j**, **g** com som de **j**, e o **x**, **lh**, **nh**);
   - velares – região posterior da língua junto ao palato mole (**c** com som de **k**, **q**, e o **g** com som de **guê**).
3. Vibração das cordas vocais:
   - sonoras – quando há vibração das cordas vocais;
   - surdas – quando não há vibração das cordas vocais.
4. Ressoador principal:
   - orais – **t**, **b**, **p**;
   - nasais – **m**, **n**, **nh**.

O CONTROLE DA VOZ

O centro de comando da voz encontra-se no córtex cerebral na região motora que se situa anteriormente em relação ao sulco central, que é chamado de incisura de Roland (Figs. 4.12 e 4.13). Dali partem os impulsos nervosos que modificam o estado dos músculos responsáveis pela respiração, pela tensão das cordas vocais e pelo movimento das paredes das cavidades bucal e nasal.

Coarticulação. O sistema nervoso programa a movimentação dos músculos da fala e envia as suas mensagens usando um protocolo de comunicação em paralelo. Isso significa que vários músculos, localizados em regiões diferentes, podem ser ativados simultaneamente para permitir a produção de um determinado som. Esse fenômeno pode ser

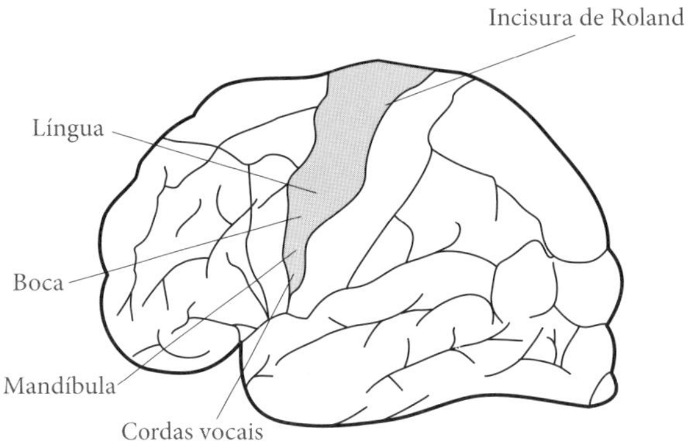

Figura 4.12 Região cortical responsável pelo controle motor dos elementos mecânicos da fala. (Modificado de Ranson S. e Clark S., *in* Eyzaguirre, 1969, p. 172.)

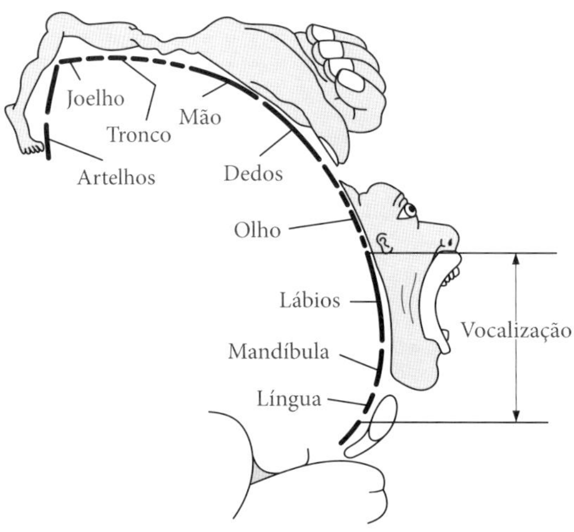

Figura 4.13 Representação esquemática do tamanho da área cortical responsável pelo controle dos movimentos dos membros e da face. A projeção nervosa das mãos e do rosto é, proporcionalmente, mais importante do que aquela dos braços e das pernas. (Modificado de Penfield, W, e Rasmussen, T., *in* Eyzaguirre, 1969, p. 172.)

observado quando se pronuncia, por exemplo, a palavra <u>recôndito</u>. Note-se que, mesmo antes de se emitir a sílaba <u>côn</u>, já os lábios assumem uma forma circular, preparando o ressoador para o som que será emitido. Essa forma de movimentação é conhecida como **coarticulação** (Kozhevnikov, 1965, Daniloff, 1968).

Entonação. Durante a fala é possível imprimir velocidades diferentes às palavras e pronunciar os fonemas com intensidades diferentes. Esses recursos permitem associar uma musicalidade à voz e a isso se chama de entoar. Entoar é, portanto, a propriedade de modular a voz para colori-la com musicalidade, acentuando a expressão das ideias contidas nas frases pronunciadas. Quando se fala muito rapidamente, a entonação diminui e, consequentemente, perde-se em conteúdo expressivo.

A Fig. 4.14 mostra o espectro de frequências sonoras obtidas por Neil Stillings (Hampshire College, Amherst, Massachusetts) correspondente à expressão falada "**HUMAN**

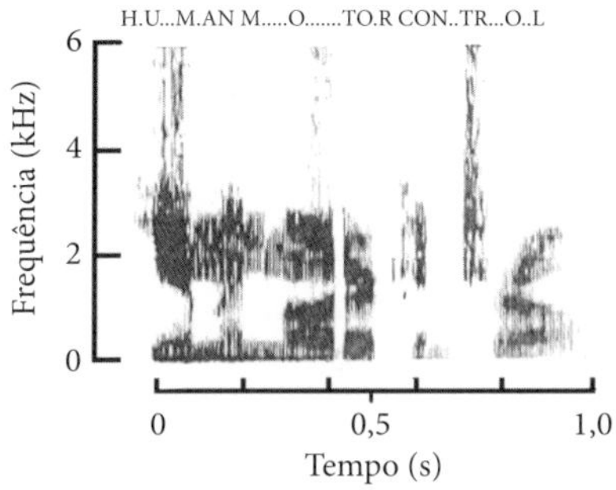

Figura 4.14 Espectro temporal das frequências sonoras obtidas durante a pronúncia da expressão "Human motor control". (Modificado de Stillings N., *in* Rosenbaum, 1991, p. 310.)

MOTOR CONTROL". Observe-se que os sons agudos correspondentes aos fonemas **HU**, **MO** e **TR** alcançam a frequência de 6kHz. Durante a fala em alta velocidade, a duração das vogais sofre maior encurtamento do que a duração das consoantes. Assim, a voz rápida tende a perder inteligibilidade, prejudicando a comunicação.

Otimização energética da voz. A produção da voz humana obedece a princípios de economia de energia (Lindblom, 1983; Ohala, 1983). Por essa razão, apesar de ser possível ao aparelho fonador emitir determinados sons, eles não fazem parte dos fonemas usados por nenhuma das milhares de línguas faladas na Terra. Como exemplo dessa classe de sons, pode-se citar o ronco. Chomsky e Halle (1968) arguiram que tais sons violentam as regras gramaticais em todos os idiomas, mas do ponto de vista físico o que ocorre é que tais sons necessitam de grande energia para a sua produção e, dessa sorte, são evitados. Essas teses mostram que tanto fatores biomecânicos, quanto lógicos, devem concorrer para a produção dos sons da voz humana.

Modelagem do controle da voz. A Fig. 4.15 mostra esquematicamente as relações do centro de comando da voz (**VOZ**) com outros centros cerebrais. O controle adequado da fala e do canto exige a execução de uma tarefa complexa, pois, para que os sons linguísticos e não linguísticos possam expressar corretamente o pensamento, os sentimentos e as sensações, é necessário haver uma boa coordenação entre a intensidade dos fonemas, a entonação e o ritmo da voz. Para realizar esse complexo trabalho o centro da voz atua de forma integrada com os centros de memória (**MEM**) e com o centro responsável pelo controle da respiração (**RES**). Na produção da voz é necessário controlar:

- o sistema propulsor, que, na Fig. 4.15, está representado pelos músculos respiratórios (**INSP** e **EXP**);
- a tensão das cordas vocais;
- os músculos encarregados da modulação sonora que estão situados nas paredes da faringe e da boca.

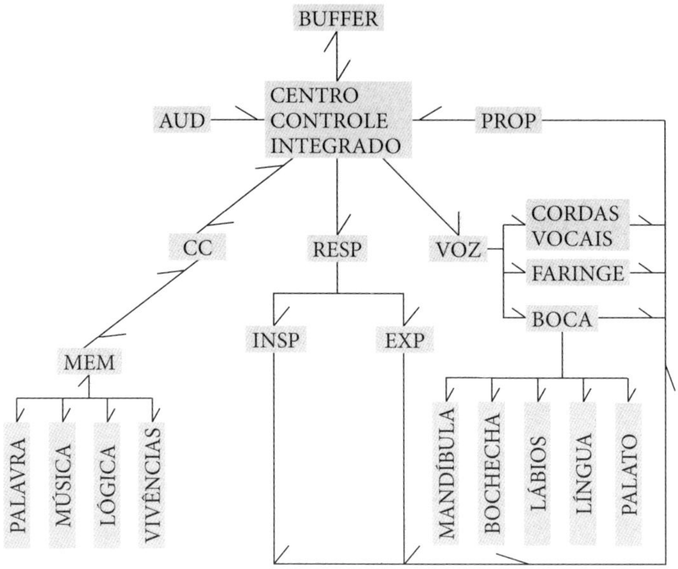

Figura 4.15 Modelo para a produção da fala e do canto. **AUD**, audição; **CC**, centro de criação; **MEM**, banco de memórias; **RESP**, aparelho respiratório; **PROP**, estímulos proprioceptivos. Ver texto para detalhes.

Ao falar, o homem capta sua própria voz e essa sensação auditiva (**AUD**) juntamente com as informações proprioceptivas provenientes dos sensores tendinosos e musculares do aparelho fonador (**PROP**) funcionam como mecanismos de *feedback* para regular a modulação da voz. Assim, é possível falar mesmo limitando os graus de liberdade da boca como ocorre, por exemplo, quando se prende um lápis entre os dentes.

Uma boa demonstração da retroalimentação auditiva é o que acontece com o vibrato de cantores. Quando um cantor escuta sua própria voz com retardo maior que l00ms, a frequência e a intensidade do vibrato que ele emite sofrem alterações (Deutsch e Clarkson, 1959). Também, quando o anel do *feedback* auditivo está retardado durante o discurso, o padrão final da voz se assemelha ao que se observa na gagueira (Costello, 1985).

A audição e a fala. A audição está intrinsecamente relacionada com a produção da voz. Uma pessoa que aprendeu a falar ouvindo a sua própria voz e subitamente ensurdeceu continua a falar por semanas ou meses sem apresentar uma alteração importante da voz. Todavia, a falta da retroalimentação auditiva acabará com o tempo por deteriorar a qualidade da voz, alterando a cromaticidade das palavras e a entonação das frases.

A restauração fonética e o sombreamento. Alguns estudos mostram que a decodificação da mensagem recebida pela audição é feita comparando-se os sons ouvidos com espectros sonoros previamente memorizados (**MEM**). Por isso, a substituição de um fone ou de um fonema normal de uma determinada palavra por um ruído de mesma intensidade não é reconhecido pelo ouvinte. Tudo se passa como se o próprio ouvinte reconstituísse o som ausente, usando a sua memória de sons. Esse fenômeno é conhecido como **restauração fonética** (Warren e Warren, 1970). Ele pode ser também observado quando uma pessoa tenta repetir muito rapidamente o que está sendo dito por outrem. Ao escutar um erro inesperado, a tendência de quem repete é corrigir o erro. Esse mecanismo automático é chamado de **sombreamento**.

Mecanismos de produção e de controle da voz. As necessidades biomecânicas para a produção da fala representam apenas uma face do problema. Na realidade, a movimentação dos articuladores da voz é o estágio final de um grande processamento de informações que ocorre no cérebro. Para que se fale ou se cante, o Centro de Controle Integrado (**CCI**) da voz (Fig. 4.15) necessita interagir com diversas estruturas cerebrais. Assim, antes que uma frase seja pronunciada, torna-se necessário que um Centro de Criação (**CC**) formule, planeje e produza a mensagem. Para isso, esse centro usa as informações que estão registradas nas diversas memórias (**MEM**). Dessa forma, a formulação de um som, sentença ou expressão exige que a ideia concebida seja codificada através das **palavras** de uma determinada língua e que elas sejam encadeadas numa sequência adequada (**Lógica**). Finalmente, é preciso associar à informação final uma musicalidade (**Música**) correta, a fim de dar à frase uma entonação adequada.

Todas as manifestações produzidas pelo homem refletem sua personalidade, sua maneira de ser. O processo de emissão da voz não foge a essa regra. Desse modo, também as nossas **vivências**, armazenadas em bancos de memória, contribuem para montar a forma final que terá a informação a ser repassada aos articuladores biomecânicos da voz (**VOZ**). A velocidade com que formulamos ideias e tomamos decisões é muito maior do que a velocidade com que conseguimos falar ou cantar. Por isso, é fundamental que o **CCI** possa contar com uma memória auxiliar que funcione como *buffer* (**BUFFER**). Esse estágio serve para tornar compatível as velocidades dos sistemas elétricos e mecânicos.

As palavras ouvidas durante os primeiros anos de vida são fixadas numa área cortical localizada na primeira circunvolução cerebral e que se chama **centro de Wernicke**. Quando se aprende a falar, uma nova área do córtex cerebral começa então a expandir-se. Ela é conhecida como **centro motor da linguagem ou centro de Brocca** e se situa na terceira circunvolução cerebral. Quando a criança aprende a ler, desenvolve no *gyrus angularis* o **centro da linguagem visual** e, ao aprender a escrever, começa a funcionar o **centro motor da linguagem escrita** que está localizado na **circunvolução central ascendente**.

Teoria motora. Várias teorias têm tentado explicar o mecanismo responsável pela fala articulada que se processa automaticamente quando conversamos, discursamos, recitamos ou cantamos. A princípio, muita atenção foi dada à **Teoria Motora** (Lieberman et al., 1967), segundo a qual o conjunto de informações necessárias para a produção de um determinado som estaria previamente registrado na memória sob a forma de um padrão invariante da posição espacial dos elementos anatómicos que são responsáveis pela articulação do som. Por essa teoria, a atividade elétrica dos músculos da fala deveria ser sempre a mesma desde que um mesmo som fosse pronunciado. Os testes experimentais forneceram resultados contraditórios. Em 1969, MacNeilage e DeClerk mostraram que o padrão eletromiográfico de 36 sílabas variava de acordo com os sons que precediam e que sucediam a sílaba estudada. Assim, pouco a pouco a teoria da invariância motora dos articuladores da voz foi sendo superada.

Teoria do alvo. A questão fundamental para a compreensão da fala é saber como é possível emitir com segurança os sons necessários para a comunicação. Para explicá-la, Peter MacNeilage, em 1970, propôs a **Teoria do Alvo**. Segundo essa teoria, as informações proprioceptivas provenientes dos músculos e tendões informariam preliminarmente os centros nervosos superiores, a fim de que eles determinassem a melhor relação de movimento muscular para preparar os articuladores para a produção do som desejado. Essa teoria não conseguiu, contudo, fornecer resultados experimentais completamente consistentes, pois muitos deles foram contraditórios.

Teoria das posições relativas e do alvo acústico. A tendência mais recente é pensar que os centros de comando da voz funcionam buscando alcançar um desempenho acústico adequado e não um desempenho mecânico preestabelecido do aparelho fonador (MacNeilage, 1980; Ladefoged et al., 1972; Nooteboom, 1970). A ideia central dessa teoria (Teoria das posições relativas e do alvo acústico) é que o resultado acústico esperado pode ser alcançado com os articuladores da fala situados em posições relativas, mas que sejam, no entanto, adequadas. Assim, a posição absoluta dos sistemas mecânicos responsáveis pela fala passou a ter uma importância secundária (Abbs, 1986; Abbs, Gracco e Cole, 1984).

Graus de liberdade do aparelho fonador. Uma característica curiosa do aparelho fonador é a grande habilidade que ele apresenta para compensar súbitas perturbações da posição dos articuladores da fala. Abbs, Gracco e Cole (1984) mostraram que o centro coordenador da voz é capaz de reordenar em 20 ou 30ms a posição relativa dos articuladores de forma a definir uma nova configuração eficaz para a produção do som desejado. A variabilidade de posição em que pode estar cada estrutura responsável pela fala pressupõe que os sistemas reguladores possuem uma grande capacidade de adaptação. Esses sistemas parecem possuir muitas soluções para alcançar um mesmo fim. Assim, é possível conversar enquanto se come, fuma ou mesmo quando há paralisia de músculos relacionados com a respiração e com a movimentação das estruturas da boca. Também se evidencia a grande quantidade de graus de liberdade do sistema coordenador, quando se sabe que é possível falar mesmo na presença de falhas dentárias importantes ou mesmo de próteses ortodônticas.

Distúrbios da voz e da fala. Freud (Sigmund Freud, 1901/1966) foi o primeiro a usar os erros involuntários da fala humana como método para buscar informações do inconsciente. Ele propôs que os **atos falhos** (a pessoa substitui inconscientemente uma expressão por outra) tinham origem sexual, isto é, estavam relacionados à memória do desenvolvimento sexual. Hoje esta tese é aceita apenas em parte, pois os psicanalistas e psicólogos reconhecem que a maioria dos erros involuntários não se relaciona com as vivências sexuais.

O estudo da voz e da fala pode servir de ferramenta para investigar os processos cerebrais de planejamento e produção da fala e, assim, para compreender os seus distúrbios nas doenças mentais e nas doenças orgânicas. Um bom exemplo é a **afasia de Brocca**.

Afasia de Brocca. Paul Brocca, neurologista francês, descreveu um tipo de patologia da fala que se caracteriza por uma verbalização de mensagens de forma telegráfica. Os pacientes portadores dessa anormalidade têm grande dificuldade para falar e, geralmente, suprimem as palavras de ligação tais como as preposições e as conjunções. Esses doentes apresentam lesão no córtex do lobo temporal anterior esquerdo, uma região que ficou conhecida como **área de Brocca**. A afasia de Brocca é uma patologia do sistema central de planejamento e produção da mensagem a ser dita. Os testes mostraram que tais pacientes não apresentam distúrbio nos elementos motores da fala. Hoje se pensa que a área de Brocca está relacionada com a capacidade de o cérebro poder usar adequadamente as informações da linguagem. Linebarger, Schwartz e Saffran (1983) demonstraram que os afásicos de Brocca têm na memória as palavras que eles mesmos não costumam usar (preposições e conjunções). Isso foi demonstrado porque os pacientes eram capazes de identificar erros gramaticais escritos que envolviam as palavras de ligação. Uma variante dessa patologia é a **parafasia**. Ela se caracteriza pelo emprego de palavras mal aplicadas, tornando a linguagem incompreensível.

Simplificação do modelo. Pelo que está dito acima, a Fig. 4.15 pode ser simplificada para um modelo de quatro estágios (Fig. 4.16). Nele, as etapas necessárias para a produção inteligente da voz, da fala e do canto são:

- o planejamento;
- a programação;
- a execução;
- o controle.

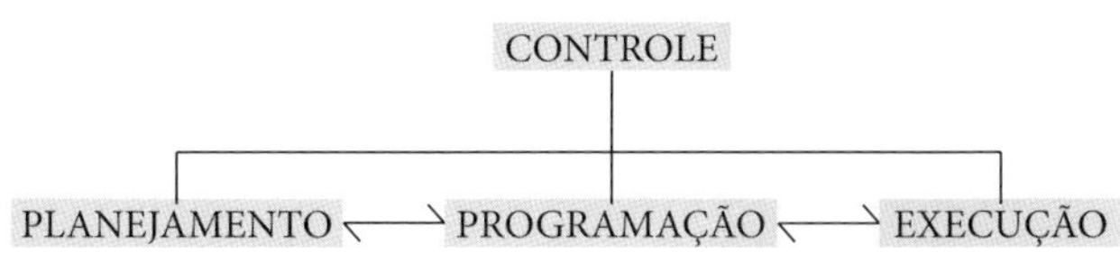

Figura 4.16 Etapas necessárias para a produção da fala e do canto.

Longemann (1985) identificou as:

- **afasias** como distúrbios do planejamento;
- **apraxias** como alterações da programação;
- **disartrias** como anormalidades da execução.

Os pacientes que manifestam **apraxia** geralmente apresentam lesão na área motora secundária e não conseguem elaborar uma sequência longa de fonemas ordenados. Os portadores de **disartrias**, por sua vez, costumam ter lesão no córtex motor primário ou na região de onde emergem do cérebro os nervos cranianos orofaciais (Keller, 1987). Esses pacientes são incapazes de encontrar entre as diversas possibilidades de articulação aquela que é capaz de produzir uma voz clara onde os fonemas, as palavras e, por consequência, o sentido da mensagem fiquem explícitos. Na **anartria**, o indivíduo está impossibilitado de articular as palavras, mas pode compreendê-las quando as ouve ou as lê. A **afonia** é a incapacidade de emitir voz, porque há paralisia das cordas vocais.

Além das áreas corticais motoras e dos centros sensitivos, diversas estruturas cerebrais estão envolvidas com a produção da fala e do canto. Entre elas estão: o cerebelo, outras áreas corticais diferentes da primária e secundária, os núcleos do tronco e o gânglio basal (Gracco e Abbs, 1987). Desde que Brocca estabeleceu uma relação entre os afásicos e as lesões no córtex do hemisfério cerebral esquerdo, muitas pesquisas têm mostrado que este hemisfério é o principal responsável pelos processos centrais da fala e do canto, pelo menos nos destros.

Estudo com os tentilhões. O canto tem sido pouco investigado, quando comparado com a fala. Isso se deve ao fato de apresentar maiores dificuldades técnicas. Os humanos desenvolveram a fala como meio principal de comunicação, o que a torna mais fácil de ser estudada e compreendida. Os pássaros, no entanto, usam, para esse fim, o canto. Foi a partir dos estudos realizados em canários e outros pássaros que vários investigadores concluíram existir laços de semelhança entre os dois processos. Foram observadas identidades curiosas entre a produção da fala humana e a produção do canto dos pássaros, a despeito da grande distância entre os dois gêneros.

Hinde (1971), estudando os tentilhões (Fig. 4.17), concluiu que o processo de aprendizagem do canto dependia de condições inatas, ambientais e também de fatores de matura-

Figura 4.17 Tentilhão. (De Boag, P.T., *in* Gomes, L., 1995, p. 73.)

ção do sistema nervoso central. Pássaros que foram privados de ouvir o canto de outros pássaros até a data do primeiro acasalamento não recuperavam a capacidade de cantar. Da mesma sorte, Carroll (1986) observou que crianças privadas do "input" linguístico geralmente não conseguiam recuperar a fala se permanecessem isoladas até a puberdade. Essa identidade de resposta tem permitido que o estudo do canto dos pássaros possa contribuir para a compreensão das patologias que afetam a capacidade de falar e de cantar.

O grupo de pesquisadores coordenado por Fernando Nottebohm (Rockefeller University, New York City) estremeceu um dos postulados neurológicos mais aceitos que assegura que, no cérebro do adulto, não é mais possível ocorrer multiplicação neuronial. Nottebohm observou que o volume do cérebro dos pássaros variava de acordo com a capacidade de cantar. Na primavera, os canários cantam com maior frequência. Nessa estação, o centro cortical responsável pelo canto apresenta aumento de sua área. A proposição de que, no cérebro do adulto, os neurônios possam multiplicar-se a depender de fatores estimulantes (testosterona, p. ex.) representa hoje um grande desafio para a ciência. Os trabalhos de Nottebohm (1989) demonstraram que as mudanças de volume dos centros responsáveis pelo canto nos pássaros estimulados pela testosterona não eram apenas alteração dos neurônios já existentes, mas que, na realidade, havia multiplicação neuronial no cérebro dos pássaros adultos. Esses achados abrem uma nova fronteira para desvendar se, também no homem, é possível estimular o desenvolvimento de novos neurônios, pois, confirmando-se isso, aumentam as chances de tratamento para os afásicos, apráxicos e disártricos.

BIBLIOGRAFIA

Abbs, J.H. (1986). Invariance and variability in speech production: a distinction between linguistic intent and its neuromotor implementation, in Invariance and Variability in Speech Processes, p. 202-219. Erlbaum, Hillsdale, New Jersey.

Abbs, J.H., Gracco, V.L., Cole, K.J. (1984). Control of multimovement coordination: sensorimotor mechanisms in speech motor programming. J. Motor Behavior., 16:195-231.

Bower, B. (1987). Talk of ages. Science News, 136 (2):24-26.

Carroll, D.W. (1986). Psychology of language. Brooks/Code, Monterey, California.

Chomsky, N. (1975). Reflections on language. Pantheon, New York.

Chomsky, N., Halle, M. (1968). The Sound Pattern of English. Harper & Row, New York.

Costello, J.M. (1985). Speech Disorders in Adults. College Hill Press, San Diego, CA.

Daniloff, R., Moll, K. (1968). Coarticulation of lip rounding. Journal of Speech and Hearing Research, 11:707.

Deutsch, J.A., Clarkson, J.K. (1959). Nature of the vibrato and the control loop in singing. Nature, 183:167.

Eizaguirre, C. (1969). Physiology of the Nervous System. The Year Book Medica Publishers Inc., Chicago, Illinois.

Gomes, L. (1995). Testemunhas de Darwin. VEJA, Ano 28, Nº 36, p. 72-74.

Gracco, V.L., Abbs, J.H. (1987). Programming and execution processes of speech movement control: potential neural correlates, in Motor and Sensory Processes of Language, p. 163-201. Erbaum, Hillsdale, New Jersey.

Hinde, R.A. (1971). The development of bird song, in Mechanisms of Motor Skill Development, p. 287-304. Academic Press, London.

Keller, E. (1987). The cortical representation of motor processes of speech, in Motor and Sensory Processes of Language, p. 125-162. Erbaum, Hillsdale, New Jersey.

Kozhevnikov, V.A., Chisovich, L. (1965). Speech: Articulation and Perception. Moscou.

Ladefoged, P., DeClerk, J., Lindaw, M., Papçun, G. (1972). An auditory-motor theory of speech production. UCLA Working Papers in Linguistics, 22:48-75.

Lieberman, A.M., Cooper, F.S., Shankweiler, D.P., Studdert-Kennedy, M.G. (1967). Perception of the speech code. Psychological Rev., 74:431.

Lindblom, B. (1983). Economy of speech gestures, in The Production of Speech, p. 217-245. Springer-Verlag, New York.

Linebarger, M.C., Schwartz, M.F., Saffran, E.M. (1983). Sensitivity to grammatical structure in so-called agrammatic aphasics. Cognition, 13:361-392.

Longemann, J. A. (1985). Assessment and treatment of articulatory disorders in adult: State of the art. In J.M. Costello (Ed.). Speech disorders in adults, p. 3-19. College-Hill Press, San Diego, CA.

MacNeilage, P.F. (1970). Motor control of serial ordering of speech. Psycological Rev., 77:181.

MacNeilage, P.F. (1980). Distinctive features of speech control, in G.E. Stelmach, J. Requin Editors, Tutorials in motor behavior, p. 607-621. Amsterdam, North Holland.

MacNeilage, P. F., DeClerk, J.L. (1969). On the motor control of coarticulation in CVC monosyllables. J. Acoustical Soc. Am., 45:1217.

Mello, E.B.S. (1992). Educação da Voz Falada. Atheneu, São Paulo.

Nobre, F.R. (1934). Tratado de Fisica Elementar. Ailleud e Lelos Ltda., Lisboa.

Nooteboom, S.G. (1970). The target theory of speech production. IPO Annual Progress Report, 5:51-55.

Nooteboom, S.G. (1989). From bird song to neurogenesis. Scientific American 260(2):74-79.

Ohala, J.J. (1983). The origin of sound patterns in Vocal Tract Constraints, in The Production of Speech, p. 189-216. Springer-Verlag, New York.

Peshel, E.R, Peshel, R.E. (1987). Medical insights into the castrati in opera. American Scientist, 75:578-583.

Rosenbaum, D.A. (1991). Human Motor Control. Academic Press Inc., New York.

Sundberg, J. (1977). The acoustics of the singing voice. Scientific American, 237(3):82-91.

Warren, R.M., Warren, R.P. (1970). Auditory illusions and confusions. Scientific American, 23:30.

CAPÍTULO 5

Biofísica da audição

INTRODUÇÃO

Grande parte das informações que o ser humano recebe é transmitida por ondas sonoras. Elas, normalmente, provêm do ambiente que nos cerca e são originadas em diversas fontes sonoras. O sistema auditivo dos animais permite a captação dessas ondas e o reconhecimento do conteúdo de informação que possuem. Além de participar da audição, o aparelho auditivo humano também está relacionado com o equilíbrio do corpo.

Transdução da energia sonora em animais inferiores. A transdução de energia sonora em elétrica já pode ser observada nos hidrozoários (caravelas, p. ex.), mas o aparelho auditivo somente aparece nos peixes e nos artrópodes. Nos animais vertebrados, os receptores encarregados da audição, do equilíbrio e da detecção do movimento (p. ex., peixes) são formados por células ciliadas (Fig. 5.1), que se encontram conectadas a neurônios sensoriais. Quando os cílios são movimentados, são produzidas ondas elétricas que se propagam pelos nervos, dirigindo-se aos centros superiores de análise e integração.

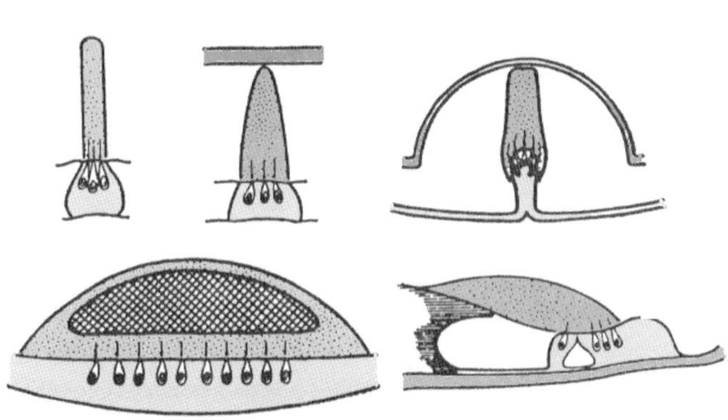

Figura 5.1 Diversos tipos de células ciliadas envolvidas com a detecção de ondas sonoras pelos animais. (Modificado de Dijkgraaf, S., *in* Aidley, 1971, p. 335.)

Figura 5.2 Sensores acústicos existentes nos cordões laterais de peixes. (Modificado de Dijkgraaf, S., *in* Aidley, 1971, p. 337.)

Alguns peixes possuem um órgão especializado em captar as ondas sonoras. Ele está situado em ambos os lados do animal (Fig. 5.2) sobre linhas que se estendem ao longo do corpo. O estudo das células que compõem esse órgão sensorial mostrou que elas estão reunidas em grupos chamados de neuromastócitos. Os neuromastócitos podem estar situados na superfície externa do animal (tubarão) ou então projetar-se para o interior de canais internos que, por sua vez, abrem-se para o meio exterior (arraia).

A movimentação dos cílios dos neuromastócitos, seja por ondas sonoras propagadas na água, seja por corrente de líquido, permite que o animal detecte a presença de objetos em movimento que estão situados nas proximidades (Dijkgraaf, 1963).

Sand (1937) mostrou que os neurônios dos neuromastócitos da arraia eram capazes de detectar o sentido de propagação da onda ou da corrente de fluido. Perfundindo o canal hioideomandibular da arraia, ele observou que alguns neuromastócitos respondiam quando o fluxo líquido era feito da cabeça para a cauda, e outros, somente quando o fluxo ocorria em sentido inverso. Nos seus experimentos Sand registrou a frequência de potenciais de ação produzidos pelas células sensoriais quando não havia movimentação de líquido no interior do canal ou então quando esse canal era perfundido no sentido cabeça-cauda ou no sentido cauda-cabeça. A Fig. 5.3 mostra um dos seus resultados. No intervalo de tempo compreendido entre 0 e 10 segundos, o canal foi perfundido tanto no sentido cabeça-cauda (círculos cheios), quanto no sentido cauda-cabeça (símbolos vazios). Observe-se que, se comparado com a taxa de disparo observada quando não houve perfusão do canal hioideomandibular, a frequência da resposta das células ciliadas aumentou durante a perfusão cabeça-cauda, mas diminuiu quando a perfusão foi feita no sentido cauda-cabeça. Esse resultado sugere que o animal pode ter a capacidade de discriminar o sentido do fluxo de líquido.

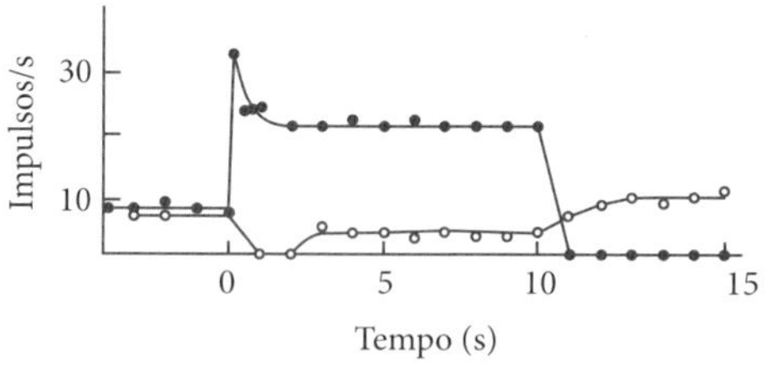

Figura 5.3 Resposta do nervo sensitivo das células ciliadas ao sentido do fluxo de água no canal hioideomandibular da arraia. Até o instante zero não havia movimento da água contida no canal (controle). Quando o fluxo de água se fez no sentido cabeça-cauda, a frequência dos impulsos nervosos aumentou em relação à taxa basal existente no controle. A inversão do sentido do fluxo reduziu a frequência de disparos do nervo. (De Sand, A., *in* Aidley, 1971, p. 323.)

Frequências sonoras audíveis e limiar de audição. O ouvido humano pode detectar frequências sonoras na faixa de 16 a 17.000Hz. Todavia, esses limites não são fixos, mas variam com a idade e também de um indivíduo para outro. Além disso, o ouvido não apresenta a mesma sensibilidade para todas as frequências, como se pode demonstrar com o auxílio do audiograma. Esse exame é executado em ambiente silencioso, colocando-se fones de ouvido na pessoa examinada e pedindo que ela indique toda vez que escutar algum som. Então, sons puros com diferentes intensidades, gerados eletronicamente, são enviados aos fones de modo aleatório. A intensidade mínima necessária para que cada frequência seja escutada é chamada de **limiar de audição**.

Audiograma. A Fig. 5.4 mostra que a sensibilidade do ouvido humano varia com a frequência do som. Ele é mais sensível para as frequências entre 2.000 e 5.000Hz. O limiar de potência sonora capaz de induzir uma sensação dolorosa é, no entanto, mais constante e se situa entre 140 e 160dB (potência de referência (P_o) igual a 0,0002 dina/cm^2).

Para escutar uma nota dó de 256Hz, é necessário 100 vezes mais energia do que para escutar essa mesma nota duas oitavas acima (1.024Hz). A curva de audição do ouvido humano é determinada principalmente pelas impedâncias dos ouvidos médio e interno e, em menor quantidade, pelas características ressonantes do conduto auditivo externo.

As composições musicais exploram a grande faixa de frequências audíveis, permitindo que a diversidade dos sons graves, médios e agudos construa o arcabouço harmônico. Os ruídos também podem ser encontrados em todas as faixas sonoras, mas os sons da fala – nosso principal meio de comunicação – possuem frequências menores que 2.000Hz.

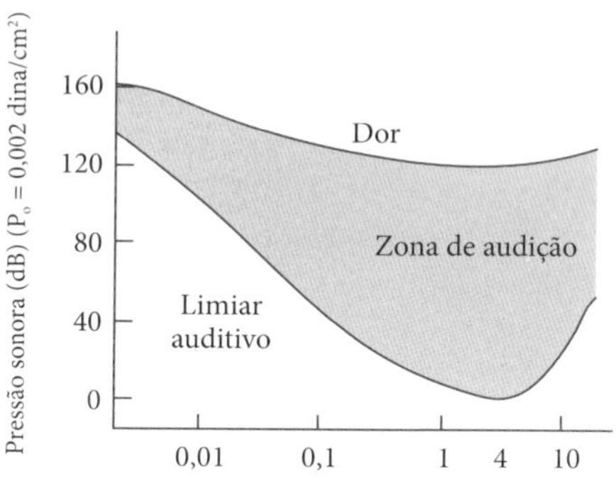

Figura 5.4 Audiograma humano mostrando a intensidade mínima necessária para que cada frequência sonora seja escutada. Note-se a grande sensibilidade do ouvido para as frequências que estão em torno de 4kHz. A curva superior indica as intensidades que produzem dor. (Modificado de Kandel, E., Schwartz, J.H., *in* Berne e Levy, 1993, p. 169.)

O APARELHO AUDITIVO

Ouvido externo. O aparelho auditivo humano é composto por diversas partes que podem ser distinguidas anatomicamente como:

- ouvido externo;
- ouvido médio;

- ouvido interno;
- nervo acústico;
- centros auditivos cerebrais.

A Fig. 5.5 mostra a disposição das diversas estruturas do ouvido que, com exceção do pavilhão auricular, estão incrustadas na porção rochosa do osso temporal. O ouvido externo é constituído pela orelha (A) e pelo conduto auditivo externo (B). O conduto auditivo externo liga a orelha ao ouvido médio (M). Esse conduto é fechado internamente pela membrana timpânica (MT).

Membrana timpânica. Olhando-se através do conduto auditivo externo com um otoscópio, a imagem que se tem da membrana timpânica é aquela mostrada na Fig. 5.6. O tímpano tem coloração perolada e apresenta-se semitransparente, refletindo a luz do aparelho em certas áreas (cone luminoso). No adulto, ele é arredondado com espessura de 0,1mm. Seus diâmetros vertical e anteroposterior são, respectivamente, de 10 e de 9mm, com uma área média de $64mm^2$. Nessa membrana podem ser distinguidas as seguintes regiões:

- o umbo (U);
- a *stria mallearis* (S);
- a porção flácida (F);
- a porção tensa (T).

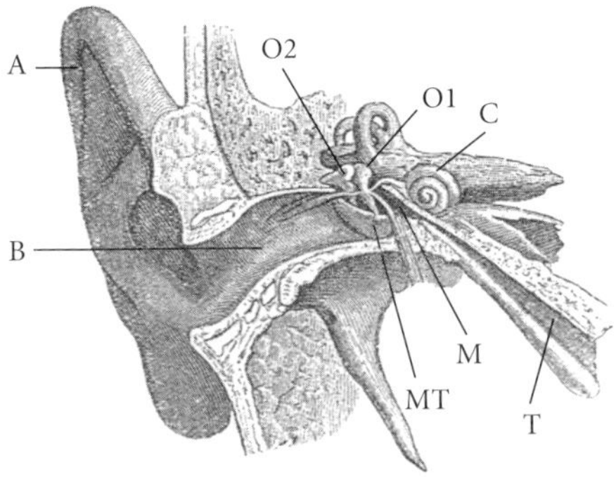

Figura 5.5 Esquema dos ouvidos externo, médio e interno mostrando o pavilhão auricular (**A**), o meato auditivo externo (**B**), a membrana timpânica (**MT**), o ouvido médio (**M**), dois ossículos (**O1** e **O2**), a cóclea (**C**) e a trompa de Eustáquio (**T**). (Modificado de Nobre, 1934, p. 269.)

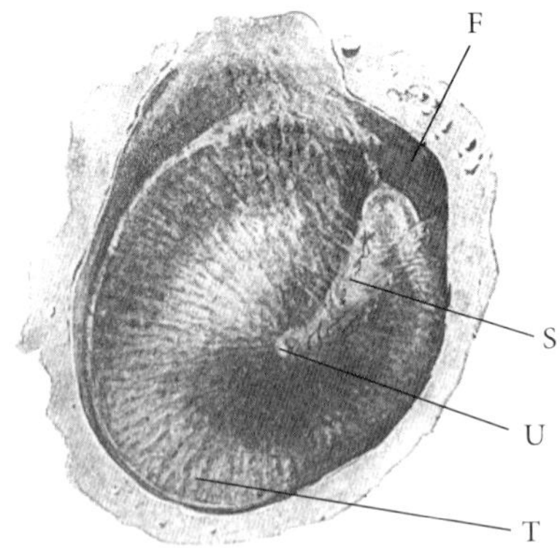

Figura 5.6 Detalhes da anatomia da membrana timpânica vista pelo meato auditivo externo. **F**, porção flácida; **S**, *stria mallearis;* **U**, umbo; **T**, porção tensa. (De Spalteholz, 1963, p. 949.)

Regiões timpânicas e músculos protetores da audição. A membrana timpânica não é plana, mas levemente afunilada em direção ao ouvido médio. O vértice do funil corresponde aproximadamente ao umbo. *A stria mallearis,* por sua vez, deve-se à ligação do braço do martelo com a membrana timpânica. Olhando-se pelo ouvido médio (Fig. 5.7), pode-se ver como o braço do martelo (B) está ligado à membrana timpânica (MT) e como é que a sua cabeça se articula com a bigorna (BIG). A bigorna, por sua vez, está ligada ao estribo, e este, à janela oval (articulação estapediovestibular). A janela oval possui uma área média de 3,2mm^2. O músculo tensor do tímpano e o músculo estapédio encontram-se situados no interior do ouvido médio. Eles exercem um importante papel de proteção do aparelho auditivo, pois, quando se contraem, eles tracionam a membrana timpânica e a janela oval para o interior do ouvido médio, dificultando a propagação dos sons do ouvido externo para o ouvido interno.

Ouvido médio. O ouvido médio é formado por uma cavidade que está conectada à rinofaringe por um canal virtual chamado de trompa de Eustáquio (T). Esse canal normalmente se encontra fechado, mas se abre sob a ação do músculo tensor do palato, que é ativado durante a deglutição e o bocejo. Nesse ouvido está a cadeia de ossículos formada pelo martelo (O1), pela bigorna (O2) e pelo estribo.

Ouvido interno. O ouvido interno está representado na Fig. 5.5 pela cóclea (**C**). Sobre ele se falará adiante.

A Fig. 5.8 mostra como estão conectados o martelo (M), a bigorna (B) e o estribo (E). Também estão identificados os fulcros (F) dessa alavanca.

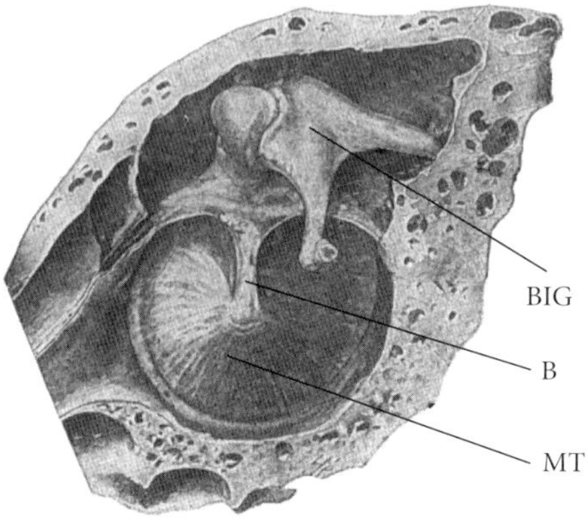

Figura 5.7 Detalhes da anatomia da membrana timpânica vista pelo ouvido médio. **MT**, membrana timpânica; **BIG**, bigorna; **B**, braço do martelo. (Modificado de Spalteholz, 1963, p. 953.)

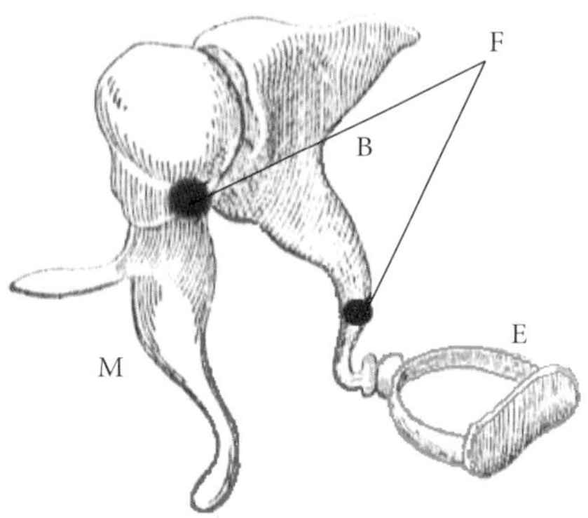

Figura 5.8 Acoplamento do martelo (**M**), da bigorna (**B**) e do estribo (**E**). **F**, fulcro das alavancas formadas pelos ossículos. (Modificado de Helmholtz, *in* Ruch e Patton, 1965, p. 381.)

A Fig. 5.9 mostra alguns detalhes anatômicos dos ossículos. O martelo (M) pesa cerca de 20mg e é formado por uma cabeça, uma apófise longa, uma apófise curta e um braço. Também podem ser vistos os ramos curto e longo da bigorna. Esse ossículo tem peso médio de 27mg. O estribo apresenta uma cabeça, ramos e base. Este é o menor dos três ossículos e pesa somente cerca de 2,5mg.

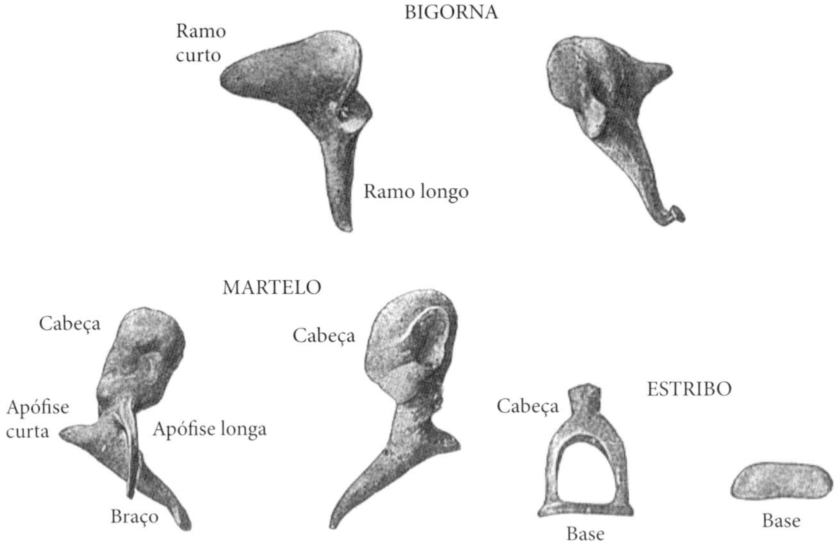

Figura 5.9 Detalhes da anatomia dos ossículos do ouvido médio. (De Spalteholz, 1963, p. 955.)

O ouvido interno se comunica com o ouvido médio por duas janelas, ambas ocluídas por membranas. São as janelas oval e redonda. A geometria desse ouvido lembra a forma de um caracol e, por isso, ele toma este nome. Ligados a ele estão os canais semicirculares, cuja função está envolvida com o equilíbrio do corpo. Enquanto os ouvidos externo e médio estão preenchidos por ar atmosférico, o ouvido interno está cheio de líquido.

Um corte transversal feito ao nível do ouvido interno mostra que o seu interior está cheio de líquidos e que eles estão distribuídos em três compartimentos chamados de:

- escala vestibular;
- escala média;
- escala timpânica.

A escala vestibular (Fig. 5.10) está separada da escala média por uma membrana elástica muito fina e extensível, chamada de **membrana de Reissner**. A escala média, por sua vez, distingue-se da escala timpânica pela **membrana basilar**. Na sua extremidade apical, a membrana basilar é mais larga (base: 0,04mm, ápice: 0,5mm). Ali, a escala vestibu-

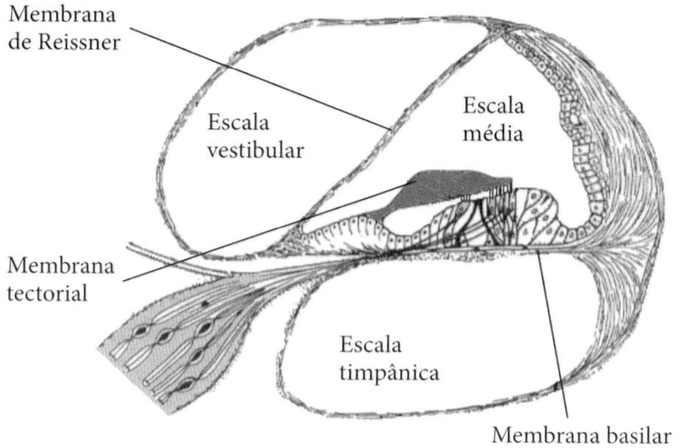

Figura 5.10 Corte transversal da cóclea mostrando as escalas e, a esse nível, as principais membranas envolvidas com a mecânica da audição. (Modificado de Rasmussen, *in* Ruch e Patton, 1965, p. 386.)

lar se comunica com a escala timpânica através de uma passagem chamada **helicotrema**. A escala média se limita superiormente pela membrana de Reissner e inferiormente pela membrana basilar. Ela não se comunica com as outras escalas e o líquido contido no seu interior (endolinfa) tem composição diferente da perilinfa existente nas escalas vestibular e timpânica. Essa escala ocupa uma área que é cerca de $^1/_3$ da área da escala vestibular para cada secção transversal de corte.

A janela oval se projeta ao nível da escala vestibular, enquanto a janela redonda está em conexão com a escala timpânica. Sobre a membrana basilar encontra-se o órgão de Corti (Fig. 5.11). Ele é constituído, entre outras, pelas seguintes estruturas:

- células ciliadas externas (EXT);
- células ciliadas internas (INT);
- células de Hensen (H);
- células de Claudius (C);
- células falangeais (F);

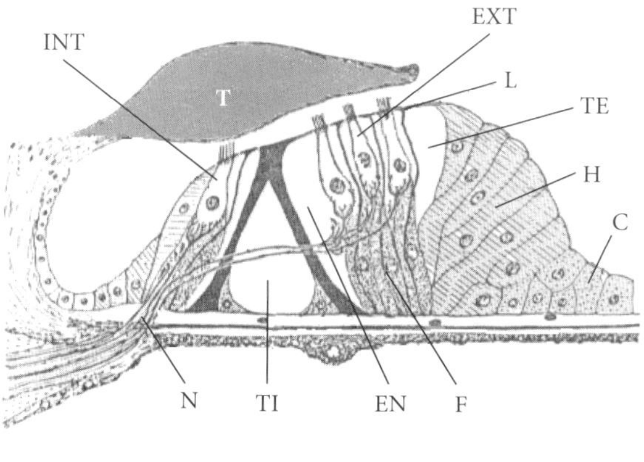

Figura 5.11 Detalhe do órgão de Corti. **T**, membrana tectorial; **INT**, células ciliadas internas; **EXT**, células ciliadas externas; **N**, fibras nervosas; **TI**, túnel interno; **TE**, túnel externo; **EN**, espaço de Nuel; **L**, lâmina reticular; **F**, células falangeais; **H**, células de Hensen; **C**, células de Claudius. (Modificado de Rasmussen, *in* Ruch e Patton, 1965, p. 386.)

- fibras nervosas (N);
- membrana tectorial (T);
- lâmina reticular (L);
- túnel interno (TI);
- túnel externo (TE);
- espaço de Nuel (EN).

A perilinfa tem uma composição que se assemelha ao liquor, mas contém duas vezes mais proteína do que ele. A endolinfa tem composição iônica parecida com a do citoplasma e, portanto, é rica em potássio.

O nervo auditivo é formado pelos filetes nervosos provenientes das células ciliadas internas e das células ciliadas externas.

BIOFÍSICA DA AUDIÇÃO

O ouvido externo

A onda sonora que penetra no conduto auditivo externo perde parte da sua energia em virtude do atrito com as paredes. Outra parte da sua energia é transferida para a membrana timpânica. O ouvido externo atua como um tubo acústico fechado. Nesses tubos, as variações de pressão na extremidade selada são maiores do que as que ocorrem na extremidade aberta, pois ali a onda sonora não encontra liberdade para promover os movimentos de expansão ou de compressão do ar. Por esta razão, durante a chegada de uma onda sonora ao meato auditivo, existe um gradiente de pressão entre o ar que está próximo à membrana do tímpano e o ar contido na entrada do meato.

Nos tubos acústicos fechados, a frequência de ressonância (f) é igual à razão da velocidade do som (v) por quatro vezes o comprimento do tubo (1), assim:

$$\mathbf{f = v/4 \cdot 1}$$

O conduto auditivo externo se comporta como um tubo acústico fechado e, por isso, essa expressão pode ser aplicada para analisá-lo. Assim, supondo-se que o comprimento do meato auditivo seja de 2 a 3cm e considerando-se que a velocidade do som no ar a 27°C e sob pressão de 1atm seja igual a 348m/s, pode-se concluir que a frequência de ressonância do meato auditivo externo está entre 2.900 e 4.350Hz. A demonstração experimental desse achado pode ser feita registrando-se o gradiente de pressão máxima que cada onda sonora produz nas extremidades do meato, contra a frequência do som aplicado. A Fig. 5.12 mostra um desses resultados. Note que a curva apresenta valores mínimos em torno dos 3,4kHz, indicando que, nesses valores, a impedância do conduto auditivo externo é mínima. A curva apresenta uma forma achatada, em virtude do efeito de amortecimento (*damping effect*) exercido pela extensibilidade da membrana timpânica.

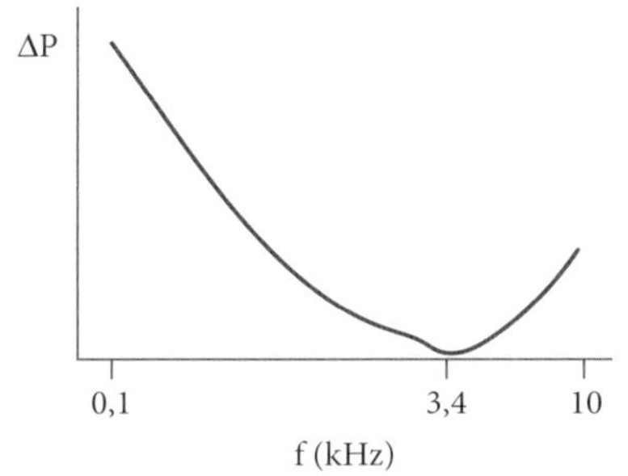

Figura 5.12 Diferença de pressão (ΔP) medida entre a abertura do meato auditivo externo e uma região próxima à membrana timpânica. A curva representa o comportamento teórico das pressões com as diversas frequências sonoras e mostra uma menor variação de pressão quando o som tem frequência em torno de 3,4kHz.

A membrana timpânica

Um dos problemas fundamentais do aparelho auditivo é transmitir as ondas sonoras do ar para o líquido do ouvido interno, permitindo assim que se processe a transdução de energia mecânica em elétrica. A grande diferença de densidade entre esses dois meios (ar e água) representa uma grande barreira à propagação do som. A maior parte (99,9%) da energia de uma onda sonora que trafega no ar é refletida quando essa onda encontra a superfície de separação ar-água. Apenas 0,1% da energia incidente sofre refração. Dessa forma, a primeira tarefa do ouvido é permitir que a energia da onda sonora chegue até a cóclea com um mínimo de perda.

Grande parte da energia da onda sonora é transferida ao tímpano, promovendo a sua vibração. Essa membrana apresenta um comportamento complexo quando é estimulada a vibrar, pois ela não é homogênea, nem isótropa. Nela existem regiões tensas e outras flácidas (membrana flácida ou membrana de Schrapnell), regiões com maior e menor grau de liberdade para o movimento (*umbo* e as bordas do tímpano, respectivamente), regiões com diferentes massas específicas etc. Isso faz com que a frequência de resposta dessa membrana seja alargada, o que implica dizer que ela possui uma ampla faixa de ressonância.

A membrana timpânica vibra como um corpo quase rígido, quando recebe sons de baixa frequência. Todavia, para frequências maiores que 2.400Hz ela pode vibrar segmentarmente, reduzindo a sua área vibrante para 60 a 75% da sua área total, que é de $64mm^2$. Quanto menor for a área vibrátil, menor será a transferência de energia para o ouvido médio. O padrão de vibração da membrana sofre modificação em função da frequência sonora que o ouvido recebe.

As medidas da amplitude de vibração mostraram que, no limiar da audição, o deslocamento da membrana timpânica é de 10^{-5}cm para baixas frequências e de 10^{-9}cm para uma frequência de 3.000Hz (Wilska, 1935). Esses deslocamentos são muito pequenos. Para efeito de comparação, deve-se considerar que a ordem de grandeza do diâmetro do átomo de hidrogênio é de 10^{-8}cm. Para poder vibrar adequadamente, as pressões de repouso nos lados da membrana timpânica devem ser iguais, de forma que ela não esteja submetida a um estado de tensão permanente. A pressão de repouso do meato é a pressão atmosférica. Essa pressão é transmitida ao ouvido médio por meio da trompa de Eustáquio.

O ouvido médio

Ganho mecânico. O ouvido médio serve para realizar duas tarefas. A primeira, é fazer com que a pressão do lado interno da membrana timpânica seja igual à pressão do lado externo. A segunda, é a de promover um ganho mecânico, a fim de que a energia da onda sonora seja suficiente para promover a vibração das linfas e membranas do ouvido interno. Essa tarefa é, em parte, realizada pela cadeia de ossículos que forma um conjunto de alavancas com ganho mecânico igual a 1,3. Isso significa que a força aplicada pelo estribo sobre a janela oval é 30% maior do que aquela que o tímpano aplica sobre o martelo.

Casamento de impedâncias. O maior desafio mecânico do aparelho auditivo é fazer com que a energia da onda sonora que se propaga no ar seja suficiente para movimentar os líquidos da cóclea e, assim, permitir a excitação das terminações nervosas. A resistência que um dado volume de ar oferece ao movimento de vibração é menor do que aquela oferecida por um mesmo volume de água. A elevada impedância da água deve-se não somente à maior quantidade de massa presente por unidade de volume, mas também às suas diferentes propriedades viscoelásticas.

O ouvido médio consegue realizar o casamento de impedâncias entre os ouvidos externo e interno, graças à amplificação (G = 1,3) da força recebida pelo martelo, mas também por causa da diferença entre as áreas da membrana timpânica (Sm) e da janela oval (So). A área vibrátil do tímpano é de 13 a 16 vezes maior do que a área da janela oval, que é de 3,2mm^2. Como a força que chega na janela oval é 30% mais intensa do que aquela que é aplicada sobre a membrana timpânica então o ganho total de pressão (Gt) sobre a janela oval será igual ao ganho mecânico promovido pela cadeia de ossículos multiplicado pela relação entre as áreas das duas membranas. Assim:

$$Gt = G \times \frac{Sm}{So}$$

ou, substituindo:

$$Gt = 1{,}3 \times 13 = 16{,}9$$
$$Gt = 1{,}3 \times 16 = 20{,}8$$

Os cálculos mostram que a pressão exercida sobre a janela oval é de 17 a 21 vezes mais intensa do que aquela que o som aplica sobre a membrana timpânica. Esse ganho de pressão é fundamental para que a onda sonora possa passar do meio aéreo para o meio líquido. Alguns experimentos demonstram que a frequência de ressonância do ouvido médio se situa em torno de 1.000Hz. A impedância de um sistema depende das resistências oferecidas pelo atrito, pela reatância elástica e pela reatância de massa. As reatâncias são resistências dinâmicas, no sentido de que dependem da frequência da onda propagada. Para baixas frequências, a reatância elástica predomina, elevando a impedância do sistema mecânico de condução sonora do ouvido. Nas frequências elevadas, a impedância cresce em virtude de um aumento da reatância de massa.

Os músculos tensor do tímpano e estapédio, quando se contraem, comprimem os ossículos, aumentando a rigidez da cadeia, deformando o tímpano e a janela oval para dentro do ouvido médio. O sistema, tornado mais rígido, além de transmitir com menor ganho a energia sonora, desloca sua frequência de ressonância para sons mais agudos, atenuando os sons graves. Consequentemente, a ativação desses músculos protege o ouvido interno de sons graves e fortes. Na paralisia de Bell (nervo facial) e em certas miodistrofias *(miastenia gravis)*, esses músculos podem não exercer adequadamente a sua ação protetora. Sugere-se que essa possa ser a causa da hipersensibilidade auditiva desses pacientes.

A membrana timpânica, para vibrar com a onda sonora, necessita de que haja um equilíbrio entre as pressões de repouso dos ouvidos externo e médio. Quando, entre os lados do tímpano, há um gradiente de pressão no repouso, a audição fica prejudicada. Isso acontece, por exemplo, nas obstruções da trompa de Eustáquio que são provocadas por inflamação, compressão etc. Nesse caso, o ar contido no ouvido médio é absorvido e a pressão dessa cavidade torna-se menor do que a pressão atmosférica. Com isso, a membrana timpânica é empurrada para o interior do ouvido médio. Ela também fica sob compressão quando a pressão externa aumenta e, por alguma razão, a trompa de Eustáquio não promove um novo equilíbrio. Isso costuma ocorrer durante os mergulhos e em ambientes de alta pressão. Quando a pressão externa é reduzida, como nas grandes altitudes, a tendência é submeter o tímpano a um esforço de dentro para fora, pois, nesses casos, a pressão do ouvido médio pode ser maior do que a pressão externa.

A pressão negativa no ouvido médio produz uma sensação de desconforto e uma perda da sensibilidade e da acuidade auditiva.

Quando ela alcança valores em torno de -60 a -80mmHg a pessoa começa a sentir dor. Entre -100 e -150mmHg, a membrana timpânica se rompe. Um indivíduo que sofre ruptura do tímpano escuta um som explosivo intenso que se acompanha de dor, náuseas, desmaio e, algumas vezes, de choque. Alguns tratamentos da obstrução crônica da trompa de Eustáquio incluem a colocação de um tubo de ventilação através do tímpano, a fim de igualar as pressões do meato e do ouvido médio.

O ouvido interno

A cóclea, também chamada de ouvido interno, é constituída por um conjunto de túneis cheios de linfa, encravados no osso temporal (Fig. 5.13). A cóclea tem cerca de 3cm de comprimento e está disposta em forma de espiral que se dobra em torno de um pilar central chamado de **modíolo** (Fig. 5.14).

Figura 5.13 Vista da cóclea inserida no osso temporal. (De Spalteholz, 1963, p. 962.)

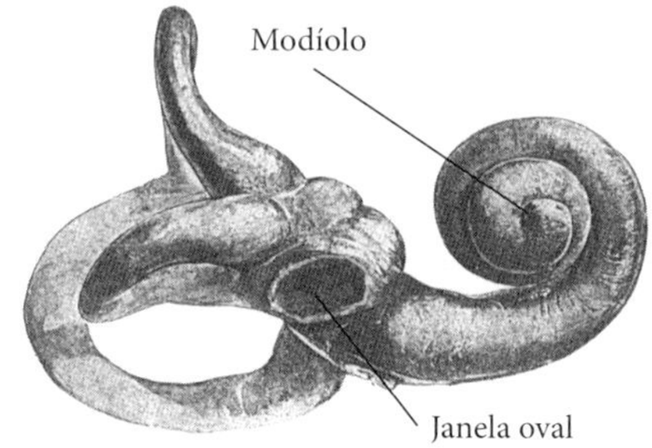

Figura 5.14 Detalhes anatômicos do ouvido interno mostrando a janela oval, a cóclea dobrada em torno do modíolo e os canais semicirculares. (De Spalteholz, 1963, p. 959.)

As ondas sonoras provenientes dos ouvidos externo e médio movimentam o estribo e, consequentemente, a janela oval (**O**), chegando, assim, à escala vestibular (Fig. 5.15). A escala timpânica, situada abaixo da membrana basilar, comunica-se com a janela redonda (**R**) que está ocluída por uma membrana elástica chamada de membrana timpânica secundária. As escalas vestibular e média estão separadas pela membrana de Reissner, que, por ser muito fina e elástica, permite que elas se comportem mecanicamente como se fossem única. Quando o estribo comprime a janela oval, forma-se uma onda de pressão nas escalas vestibular e média, o que movimenta a membrana basilar em direção à escala timpânica. O movimento em pistão da janela oval desloca volumes da ordem de 10^{-8} a 10^{-9}cm^3.

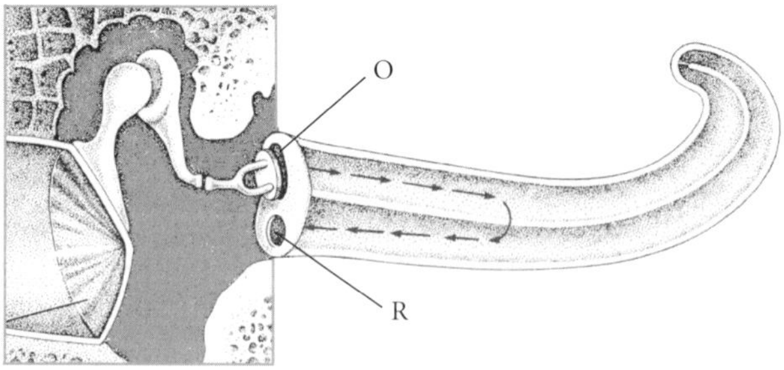

Figura 5.15 Esquema dos movimentos das estruturas do ouvido durante a chegada de uma onda sonora. Os movimentos da membrana timpânica são transmitidos à janela oval (**O**) pela cadeia de ossículos. Daí, as ondas passam para a escala vestibular, fazendo vibrar a membrana basilar. Isso é possível graças à extensibilidade e à elasticidade da janela redonda (**R**). (Modificado de Kandel, E., Schwartz, J.H. (1981), *in* Berne e Levy, 1993, p. 169.)

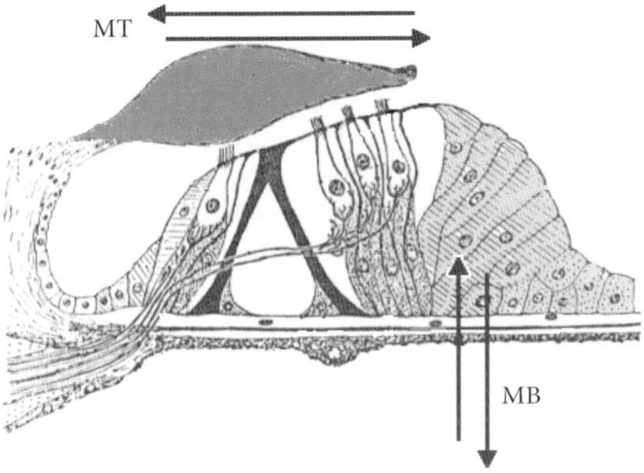

Figura 5.16 Detalhe dos movimentos das membranas tectorial (**MT**) e basilar (**MB**). Note-se que esses movimentos têm direções perpendiculares. (Modificado de Rasmussen, *in* Ruch e Patton, 1965, p. 386.)

Todo movimento da membrana basilar (MB) numa direção perpendicular ao seu plano promove o aparecimento de esforços que fazem a membrana tectorial (MT) deslizar numa direção que é longitudinal à membrana basilar (Fig. 5.16). Ao se mover, a membrana tectorial estira e comprime os cílios das células ciliadas internas e externas, provocando a sua excitação e o aparecimento de impulsos elétricos que se propagam pelos filetes nervosos.

Muito se tem pesquisado para descobrir os mecanismos pelos quais o aparelho auditivo humano consegue discriminar os sons recebidos. Várias teorias foram trazidas à luz. Helmholtz, baseando-se na geometria do órgão de Corti, imaginou inicialmente que a membrana basilar, os túneis de Nuel, interno e externo, bem como as células ciliadas funcionassem como uma série de ressoadores sintonizados. A disposição da membrana basilar mais estreita na base e mais larga no ápice (helicotrema) sugeria que ela vibrasse de modo variável conforme a altura do som recebido. Assim, sons agudos ressoariam na base da membrana, local onde ela é mais estreita e possui fibras transversais menores, enquanto sons graves deveriam fazer a membrana basilar vibrar mais amplamente, mais próximo da região apical. Esse padrão de vibração foi parcialmente comprovado pelos estudos experimentais. Entretanto, von Békésy (1948, 1951) mostrou que as propriedades ressonantes somente explicavam a capacidade de o ouvido humano discriminar 4,5 da gama de 10,5 oitavas percebidas pela audição.

O conhecimento de que o movimento da articulação estapediovestibular produz uma perturbação na membrana basilar por deslocá-la perpendicularmente ao seu eixo levou von Békésy (1960) a investigar se essa alteração era capaz de se propagar ao longo da membrana. Ele concluiu que um pulso de pressão positiva aplicado sobre a janela oval se espalhava rapidamente (20μs) por toda a cóclea, movimentando toda a membrana basilar. Isso significava que os órgãos de Corti, situados nas diversas regiões da membrana basilar, eram excitados pelo mesmo impulso sonoro, não havendo, assim, um sítio definido de ressonância.

Quando Békésy aplicou esforços senoidais sobre a janela oval, observou, no entanto, que o envelope das ondas que se propagavam sobre a membrana basilar apresentava uma

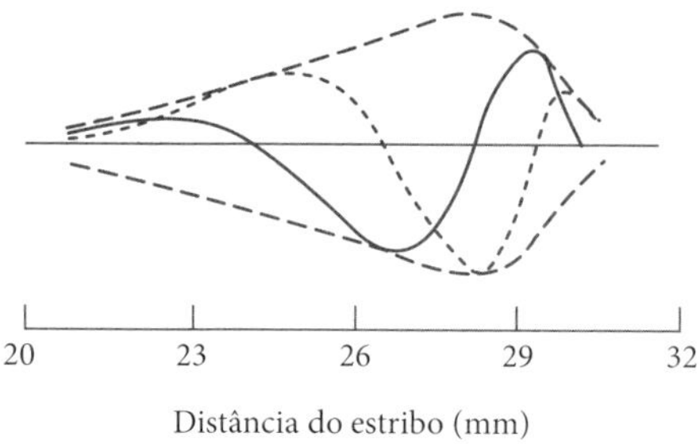

Figura 5.17 Experimento de Békésy mostrando o envelope que envolve as ondas propagadas sobre a membrana basilar. O local onde ocorre a amplitude máxima do envelope depende da frequência da onda sonora. (Modificado de Békésy, S. von, *in* Ruch e Patton, 1965, p. 388.)

região de máxima amplitude cuja localização variava dependendo da frequência do som (Fig. 5.17). O movimento dos elementos cocleares não é simples. Na região onde a onda sonora provoca maior deslocamento perpendicular da membrana basilar, predomina a vibração transversal. Todavia, nas extremidades, o componente de movimento longitudinal passa a ser significativo.

As células ciliadas externas são contráteis (Ashmore, 1992; Dallos, 1992; Pujol, Eybalin e Puel, 1995). A descoberta dessa propriedade foi fundamental para que fossem ampliados os conhecimentos sobre as características sensitivas e seletivas do ouvido interno. Essas células se comportam como um transdutor de dupla ação, convertendo energia mecânica em elétrica (transdutor mecanoelétrico) ou então energia elétrica em mecânica (transdutor eletromecânico). A habilidade em transformar os estímulos provenientes dos nervos eferentes em movimento da membrana tectorial faz dessas células um elemento importante para promover a excitação das verdadeiras células auditivas sensoriais, que são as células ciliadas internas.

As células ciliadas internas e externas fazem sinapses com neurônios que se dirigem para o complexo olivar superior. As células internas têm sua atividade regulada em parte por impulsos elétricos provenientes do corpo olivar superior ipsilateral, enquanto as externas são controladas por impulsos gerados por estruturas cerebrais superiores. Tanto as ciliadas internas (CCI), como as externas (CCE), recebem inervação aferente e eferente. As vias aferentes levam informações para o sistema nervoso central, enquanto as eferentes trazem para as células ciliadas os pulsos elétricos gerados por esse sistema.

As sinapses entre as células ciliadas internas e as fibras nervosas aferentes são glutamatérgicas, isto é, utilizam o glutamato como neurotransmissor. Essa substância, por si, é neurotóxica quando se apresenta em concentração elevada. Para evitar lesões, essas sinapses possuem um eficiente mecanismo de transformação do glutamato em glutamina. As sinapses eferentes que chegam às células internas usam vários neurotransmissores, tais como:

- acetilcolina;
- ácido γ-aminobutírico (GABA);
- dopamina;

- encefalina;
- calcitonina;
- dinorfinas.

O mecanismo sináptico ao nível das células ciliadas externas é menos conhecido do que aquele referente às células internas. Sabe-se, no entanto, que vários neurotransmissores devem estar envolvidos. Entre eles o GABA, a acetilcolina e um tipo de calcitonina.

Potenciais microfônicos. A cóclea *é* capaz de responder eletricamente aos estímulos mecânicos que recebe. A Fig. 5.18 (Tasaki, 1954) mostra como o ouvido interno responde a sons de frequências diferentes. Para o registro dessas respostas foram colocados dois eletrodos na cóclea da cobaia. O primeiro ao nível da porção basal (próximo das janelas), e o segundo, ao nível do terceiro giro (próximo da região apical). Observe-se que a região basal respondeu a todos os estímulos sonoros, enquanto a região apical não responde quando a frequência do som é elevada (> 4.000Hz). A essas respostas produzidas pela cóclea deu-se o nome de **potenciais microfônicos**. Esses potenciais resistem a drogas e frio, têm comportamento analógico e aparecem praticamente sem latência. Quando o animal morre, a intensidade dessas respostas diminui, porém se mantém por várias horas. Os estudos mostraram que os potenciais microfônicos são gerados pelas células ciliadas externas.

O registro de potenciais microfônicos na região basal, no 2º giro e no ápice da cóclea da cobaia mostrou que, quando o estímulo sonoro era constituído por duas ondas de frequências diferentes, a alta frequência (> 4kHz) somente podia ser detectada na porção basal.

O som grave (250Hz) gerou potenciais em todos os giros da cóclea, fornecendo amplitude máxima no ápice. Estudos similares feitos na cóclea humana permitiram a construção do diagrama mostrado na Fig. 5.19. Nela, podem ser vistas as regiões de localização tonal, estando os sítios de reconhecimento de alta frequência (20kHz) na base da cóclea, e aqueles relacionados com frequências baixas (0,2kHz), próximos do ápice.

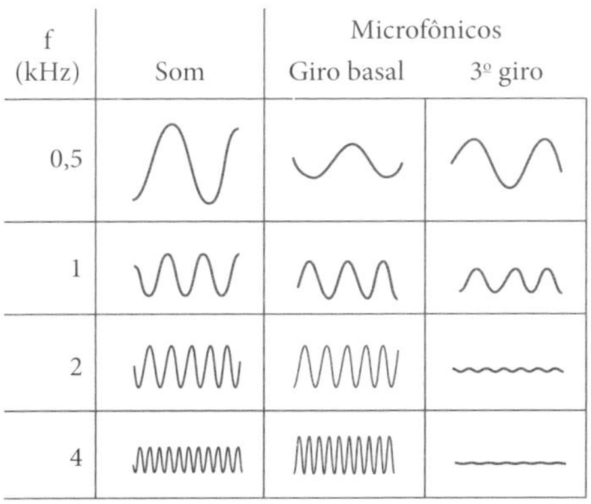

Figura 5.18 Potenciais microfônicos obtidos no giro basal e no 3º giro em função de diversas frequências sonoras (f). A região do 3º giro está próxima ao ápice da cóclea. Note-se que nela os sons graves geram potenciais microfônicos amplos. Os sons agudos não chegam a excitar o órgão de Corti situado neste giro. (Modificado de Tasaki, *in* Ruch e Patton, 1965, p. 389.)

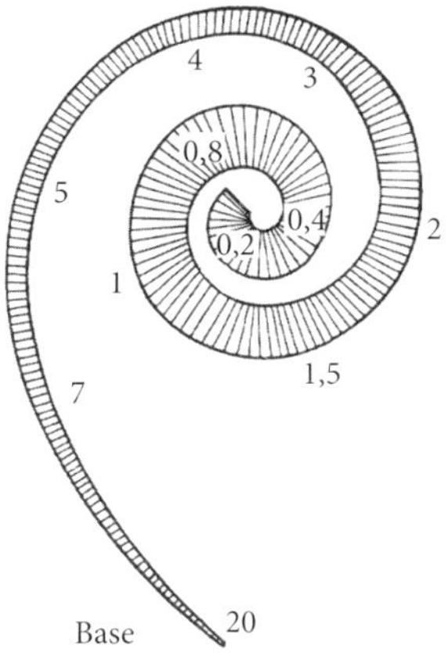

Figura 5.19 Representação da membrana basilar mostrando como as diferentes frequências sonoras excitam o órgão de Corti situado nas diversas regiões. Note-se que na base da membrana as altas frequências conseguem produzir excitação. Os números representam frequências em kHz. (Adaptado de Stuhlman, *in* Ruch e Patton, 1965, p. 390.)

Transmissão do som ao ouvido interno. As ondas sonoras podem chegar ao ouvido interno por meio de três vias:

- cadeia de ossículos;
- via aérea;
- via óssea.

A transmissão através de ossículos já foi comentada até aqui. Quando essa cadeia está quebrada ou anquilosada então a passagem do som para o ouvido interno depende principalmente da condução aérea através do ouvido médio. Nesse caso, a vibração da membrana timpânica se transmite para o ar do ouvido médio fazendo vibrar principalmente a janela redonda, pois a presença do estribo ligado à janela oval aumenta a inércia dessa estrutura. O som seguindo por essa via apresenta uma grande perda de energia, pois, não havendo um sistema para ajustar as impedâncias dos ouvidos, a maior parte da onda sonora sofre reflexão na janela redonda. Para baixas frequências, a perda de audição é de 30dB e para frequências médias é de 65dB. A via aérea não constitui uma solução nos casos de otosclerose (fixação da articulação estapediovestibular), pois a imobilidade da articulação do estribo com a janela oval impede que ela possa ser abaulada para dentro do ouvido médio quando uma onda de pressão positiva chega à janela redonda. Lampert propôs uma técnica cirúrgica para melhorar a audição de pacientes com otosclerose. A ideia era fazer uma janela de compensação no canal semicircular horizontal, fechando-a com um retalho de tecido elástico, tal como aponeurose ou pele. Depois de Lampert, outras técnicas foram desenvolvidas para permitir a correção da otosclerose.

Sob determinadas condições, o som também pode alcançar o ouvido interno através dos ossos do crânio. Essa via não tem importância quando o som original se propaga no ar, pois, nesse caso, existe uma grande perda de energia sonora quando ele incide sobre o osso. O som de um diapasão em vibração pode, no entanto, ser escutado se o cabo do instrumento for encostado no crânio de uma pessoa.

TIPOS DE SURDEZ

Em geral a surdez pode ser classificada em três tipos distintos:

- surdez de condução;
- surdez sensorineural;
- surdez central.

Surdez de condução. A surdez de condução ocorre quando há impedimento para a livre transmissão dos sons através dos ouvidos externo e médio. Ela pode ser diagnosticada testando-se a sensibilidade auditiva do paciente para sons que seguem o trajeto normal e sons conduzidos por via óssea. Como a condução óssea entrega a onda sonora diretamente à cóclea, os pacientes conseguem ouvir bem um diapasão vibrante em contato com o crânio, demonstrando que os órgãos internos da cóclea, o nervo auditivo e os centros superiores estão íntegros. As principais causas dessa patologia são o acúmulo de cera no meato auditivo externo, coleções purulentas no ouvido médio, fixação dos ossículos à parede do ouvido médio em virtude de processos inflamatórios, espessamento do tímpano e fixação do estribo por crescimento ósseo anormal.

Surdez sensorineural. A surdez sensorineural se deve ao aumento do limiar de excitabilidade para produzir os potenciais de ação que se propagam nos nervos acústicos. Esse tipo de surdez ocorre quando o indivíduo é exposto a sons de elevada intensidade durante um tempo longo. Nesse tipo de surdez a perda da audição é maior para as altas frequências. Em alguns casos pode ocorrer um disparo espontâneo e contínuo das células ciliadas, produzindo uma sensação semelhante ao som da campainha. A esse sintoma se chama *tinnitus*. Além dos sons intensos, a surdez sensorineural pode ser produzida por processos inflamatórios ou por drogas como os antibióticos ototóxicos (estreptomicina, canamicina etc.) que provocam degeneração das células ciliadas.

Surdez central. Esse tipo de surdez ocorre quando há lesão das vias nervosas centrais ou do córtex cerebral encarregado da audição.

TESTES PARA DISTINGUIR A SURDEZ DE CONDUÇÃO DA SURDEZ SENSORINEURAL

Teste de Weber – quando um diapasão vibrante é colocado no plano sagital em contato com a testa, o paciente normalmente ouve o som de modo igual em ambos os ouvidos. A oclusão proposital de um dos meatos auditivos externos provoca uma sensação de ampliação do som escutado por esse ouvido. A explicação para esse fato está na conservação da energia sonora no ouvido que, por estar ocluído, dissipa menos para o meio exterior. Quando o teste é feito em pacientes sem que se lhes obstrua propositalmente os ouvidos e, mesmo assim, ele acusa diferença de intensidade, então no lado onde o som é mais forte, está a doença (*Weber lateralizado).*

Teste de Rinne – a audição normal é mais sensível quando o som chega à cóclea por via aérea, propagando-se através do meato auditivo externo. Assim, colocando-se um diapasão em vibração sobre a apófise mastóidea do temporal, o paciente com ouvido normal ouve o som diminuir progressivamente à medida que a energia do diapasão se dissipa. Nesse momento o diapasão é transferido para próximo da orelha do paciente. Normalmente, nessa situação, ainda se pode ouvir o som do diapasão (*Rinne positivo*). Quando há obstrução do meato auditivo externo ou lesão do ouvido médio, ocorre o contrário, isto é, a pessoa escuta por mais tempo o som transmitido pelo osso do que pelo conduto auditivo externo (*Rinne negativo*). Quando a lesão está localizada no nervo acústico, a audição está diminuída igualmente por ambas as vias de condução.

VIAS E CENTROS NERVOSOS DA AUDIÇÃO

A Fig. 5.20 mostra as principais estruturas nervosas envolvidas com a audição. As fibras nervosas que emergem do **órgão de Corti** são reunidas no gânglio espiral do órgão de Corti. Daí, seguem para o bulbo onde entram ligando-se aos núcleos cocleares dorsal e ventral. Desses núcleos partem neurônios secundários que cruzam o corpo trapezoide, passam para o lado oposto e entram em sinapse com os **núcleos olivares superiores (Olivar)** contralateral e ipsilateral. Dos núcleos olivares, algumas fibras sobem pelo **lemnisco lateral (Lem. Lat.)**, terminando nos **colículos inferior e superior (Col. Inf. e Col. Sup.)** ou no núcleo do lemnisco lateral. Nesse estágio, algumas fibras seguem pela comissura de Probst, chegando ao núcleo contralateral de mesmo nome. Dos colículos inferiores o trato auditivo vai para o **núcleo geniculado medial (Gen. Med.)** e daí segue pelas radiações auditivas em direção ao **córtex auditivo**. O córtex auditivo está situado sobretudo no **giro temporal superior**.

Os mecanismos centrais responsáveis pela análise, decodificação e memória dos sons permanecem, contudo, obscuros. Experimentos realizados em animais têm mostrado que muitas áreas corticais estão envolvidas com a audição (Fig. 5.21). O sentido da projeção da cóclea aparece representado pelas letras **b** (região basal) e **a** (região apical). Várias áreas se destacam: **A1, A2, A3, margem suprassylviana (MSS) e ectossylviana posterior (ESP)**. Também participam a **ínsula (INS)**, o **córtex motor (M)**, o **córtex associado (ASS)** e uma **área visual (V2)**. A complexidade anatômica do sistema nervoso central, a dificuldade de modelos animais que representem adequadamente os objetivos experimentais nesse campo, a exiguidade do conhecimento sobre a bioquímica, biofísica e fisiologia do processamento de informações no cérebro deixam um vasto campo experimental para novos esforços que visem elucidar a fantástica capacidade de ouvir.

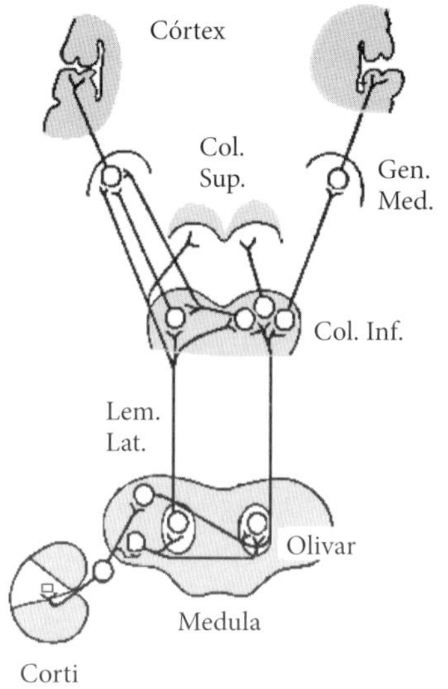

Figura 5.20 Esquema dos trajetos nervosos envolvidos com a audição. As informações auditivas partem do órgão de Corti e se dirigem ao córtex cerebral. **Lem. Lat**, lemnisco lateral; **Olivar**, núcleos olivares superiores; **Col. Inf.**, colículo inferior; **Col. Sup.**, colículo superior; **Gen. Med.**, núcleo geniculado medial. (Modificado de Davis, *in* Ruch e Patton, 1965, p. 394.)

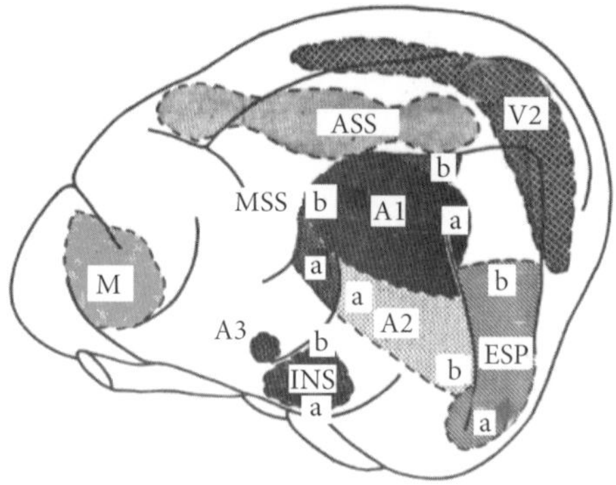

Figura 5.21 Áreas corticais envolvidas com a audição. **M**, córtex motor; **MSS**, margem suprassylviana; **ESP**, margem ectossylviana posterior; **INS**, ínsula; **ASS**, córtex associado; **V2**, córtex visual; **a**, projeção da porção apical da cóclea; **b**, projeção da porção basal da cóclea. (Modificado de Woolsey, *in* Ruch e Patton, 1965, p. 398.

BIBLIOGRAFIA

Aidley, D.J. (1971). The Physiology of Excitable Cells. Cambridge University Press, England.

Ashmore, J.F. (1992). Mammalian hearing and the cellular mechanism of the cochlear amplifier. In: Sensory transduction. Ed. D.P. Corey, S.D. Roper. Rockfeller University Press, New York.

Békésy, G. von (1948). J. Acoust. Soe. Am., 20: 227-241. *in* Handbook of experimental psychology. S.S. Stevens, ed., John Wiley & Sons, N.Y., 1951.

Békésy, G. von (1960). Experiments in hearing. McGraw-Hill, New York.

Békésy, G. von, Rosenblith, W.A., *in* Handbook of experimental psychology. S.S. Stevens, ed., John Wiley & Sons, N.Y., 1951.

Berne, R.M., Levy, M.N. (1993). Physiology. 3rd ed., Mosby Year Book, Boston.

Dallos, P. (1992). The active cochlea. J. Neurosci., 12:4575-4585.

Dijkgraaf, S. (1963). The functioning and significance of the lateral line organs. Biol. Rev., 38:51-105.

Eyzaguirre, C. (1969). Physiology of the Nervous System. The Year Book Medicai Publishers Inc., Chicago, Illinois.

Fattorusso, V., Ritter, O. (1966). Vademecum Clinico del Medico Practico. Editora El Ateneo S.A., Barcelona.

Nobre, F.R. (1934). Tratado de Física Elementar. Aillaud & Lelos Ltda., Lisboa.

Pujol, R. Eybalin, M., Puel, J-L. (1995). Recent advances in cochlear neurotransmission: physiology and pathophysiology. NIPS10: 178-183.

Ruch, T.C., Patton, H.D. (1965). Physiology and Biophysics. W.B. Saunders Company, Philadelphia.

Sand, A. (1937). The mechanism of the lateral sense organs of fishes. Proc. R. Soe. B., 123:472-495.

Spalteholz, W. (1963). Atlas de Anatomia Humana: tomo tercero, Editora Labor S.A., Barcelona.

Tasaki, I.J. (1954). Nerve impulses in individual auditory nerve fibres of guinea pig. J. Neurophysiol., 17:97-122.

Wilska, A. (1935). Skand Arch Physiol., 72:161-165, *apud* Ruch & Patton (1960). Physiology and Biophysics. W.B. Saunders Company, Philadelphia (p. 400).

CAPÍTULO 6

Física aplicada ao estetoscópio

"Em 1816, fui procurado por uma jovem mulher apresentando sintomas gerais de doença cardíaca. A idade e o sexo da paciente não me permitiram utilizar aquele tipo de exame que acabei de descrever (nota: aplicação direta do ouvido ao tórax). Recordei um fenômeno acústico bem conhecido: a saber, se você coloca seu ouvido contra uma extremidade de um cilindro rígido, a arranhadura de um alfinete na outra extremidade é mais distintamente audível. Ocorreu-me que esta propriedade física poderia ser útil no caso com o qual trabalhava naquele momento. Pegando uma folha de papel, enrolei-a, transformando-a num cilindro, e uma das extremidades coloquei sobre a região precordial, enquanto posicionava o meu ouvido na outra extremidade. Fiquei tão surpreso quanto satisfeito por ser capaz de ouvir o batimento do coração com muito mais clareza e distinção do que jamais havia conseguido com a aplicação direta do ouvido".

Dr. René Læennec (1781-1826)

História. A história ocorreu no Hospital Necker, em Paris, e o estetoscópio [do grego *stêthos* (peito) e *skopéo* (olhar) + sufixo io] transformou a técnica da ausculta clínica. Logo depois de ter usado o cilindro de papel, Læennec construiu um estetoscópio em madeira que tinha a forma cilíndrica, comprimento de 35cm e diâmetro de 3,5cm (Fig. 6.1). Quando, aos 45 anos, morreu de tuberculose, o Dr. Læennec deixou para a Medicina um trabalho extenso no qual correlacionava os sinais auscultatórios com os resultados obtidos nas necropsias, estabelecendo definitivamente a ligação entre sons e patologias, tais como o edema pulmonar, a pneumonia, a tuberculose, a bronquite, a bronquiectasia, o enfisema pulmonar, o pneumotórax, a estenose mitral e outras.

Figura 6.1 Fotografia de um dos estetoscópios usados por Læennec. (De Tilkian e Conover, 1991, p. 2.)

Comparada com os seus trabalhos relativos à ausculta pulmonar, a contribuição do Dr. Lænnec para os sons cardíacos foi, no entanto, menor. Isso se deveu a um erro que cometera, pois pensava ele que a segunda bulha cardíaca era produzida pela contração atrial. Todavia, em animais de experimentação, os pesquisadores estabeleceram a correta relação entre os sons do coração e a atividade desse órgão. Assim, ao final do século XIX, já estavam descritos quase todos os sons cardíacos que são conhecidos hoje.

O estetoscópio foi definitivamente incorporado à prática médica. Não se pode conceber um exame clínico consciencioso que dispense a ausculta cuidadosa do paciente. Por ser um método não invasivo, portátil, indolor, barato e rápido, a ausculta com estetoscópio é indispensável. Todavia, de nada vale o melhor dos instrumentos se o examinador não for treinado corretamente para ouvir e distinguir os sons normais e os anormais que as fontes sonoras do corpo humano geram. Para que esse treinamento possa ser levado avante é necessário conhecer os conceitos e as leis da Física que se aplicam aos sons e ao estetoscópio, bem como os mecanismos biofísicos da audição.

Desde que foi inventado, o estetoscópio sofreu várias modificações. A primeira delas foi feita por Pierre Adolphe Piorry, que teve a ideia de dividir o aparelho em duas partes para facilitar o transporte. Depois, foram surgindo vários formatos (Fig. 6.2). Em 1828, o Dr. Nicholas Comyns (Edinburgh, Inglaterra) desenvolveu um estetoscópio monoauricular que era parcialmente flexível. Várias tentativas de aperfeiçoar o aparelho foram feitas, mas algumas resultaram na construção de aparelhos pouco práticos e, por isso, não chegaram a ser comercializadas.

Em 1851, o Dr. George Philip Camman introduziu o uso de tubos de látex, flexibilizando o aparelho e rompendo com a geometria clássica proposta por Lænnec e por seus seguidores. O seu instrumento era para uso biauricular e muito se assemelhava aos estetoscópios modernos. Esses instrumentos não foram aceitos rapidamente, pois acreditava-se que alteravam as qualidades dos sons.

Estetoscópios compostos. Antigamente, os estetoscópios compostos ou múltiplos tiveram muito uso no ensino da ausculta. Eles eram construídos de modo a permitir que várias pessoas pudessem ouvir simultaneamente o mesmo som. Também, estetoscópios duplos, como o de Nicolai (Fig. 6.3A), foram usados para a comparação de sons produzidos por áreas distintas. Entre eles, muito se usou o **simbalofone** (Fig. 6.3B), cuja característica principal era permitir ao examinador utilizar a capacidade de lateralização e a de comparação de sons. Graças a elas pode-se determinar a posição espacial de uma fonte sonora.

Williams, em 1829, parece ter sido o primeiro a desenvolver e usar o estetoscópio adaptável aos dois ouvidos. O instrumento tinha o mesmo aspecto do estetoscópio usado hoje. Desde a sua concepção, ele já possuía a estrutura dos estetoscópios modernos: era composto por duas peças auriculares, um tubo flexível longo e um receptor que, encostado no paciente, captava os sons. Em 1901, Bowles construiu um receptor constituído por uma câmara rasa (ressoador) ocluída por uma membrana rígida. Ele ficou conhecido

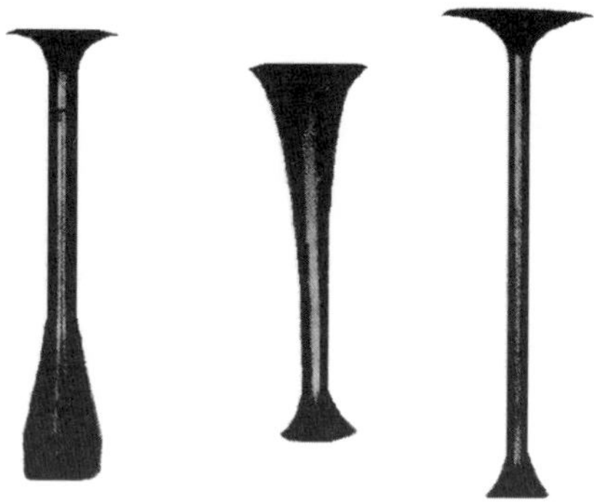

Figura 6.2 Tipos de estetoscópio monoauriculares rígidos. (De Bishop P.J., *in* Tilkian e Conover, 1991, p. 5.)

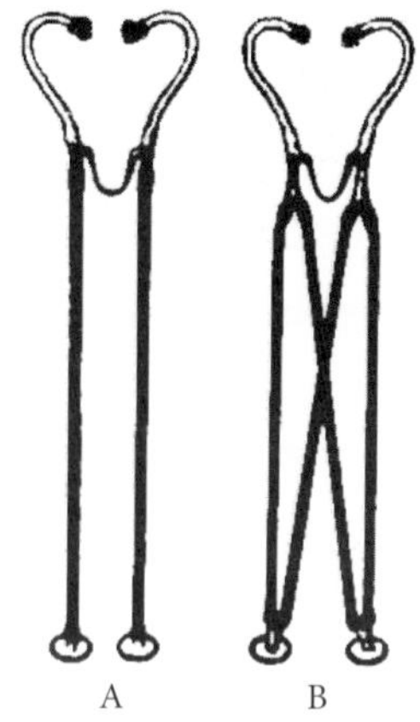

Figura 6.3 Tipos de estetoscópios biauriculares com tubos flexíveis. (Modificado de Glasser, 1944, p. 1486.)

como **receptor de diafragma** e é usado nos estetoscópios modernos. Em 1925, Sprague combinou os modelos de campânula e de diafragma de modo que estivessem sempre conectados ao instrumento na hora do exame. Por sua vez, Cossio, em Buenos Aires, desenvolveu um receptor com diafragma rígido no qual a frequência de ressonância da membrana podia ser alterada para permitir uma melhor análise dos sons.

Também já foram usados estetoscópios duplos para a comparação dos sons. O primeiro desses aparelhos foi desenhado por Muralt, em 1910. Ele consistia de dois receptores, cada um ligado a um tubo de borracha de mesmo tamanho e diâmetro. A outra extremidade dos tubos servia para conectar o aparelho aos ouvidos. Posteriormente, Froschels introduziu o estetoscópio diferencial, constituído por um par de receptores conectados a dois tubos de borracha de forma a que cada ouvido recebesse, simultaneamente, os sons captados pelos receptores ipso e contralateral.

Característica acústica e partes do estetoscópio flexível. O funcionamento do estetoscópio é explicado pela física dos tubos acústicos. Sua principal característica é evitar a atenuação da onda sonora por espalhamento.

No fim do século XIX, surgiu o estetoscópio de tubos flexíveis com mola para ajustar as peças aos ouvidos do examinador (Fig. 6.4). Nesses aparelhos, destacam-se quatro partes:

1. peças auriculares (**A**);
2. tubos de conexão (**C**);
3. mola (**M**);
4. receptores sonoros (**R**).

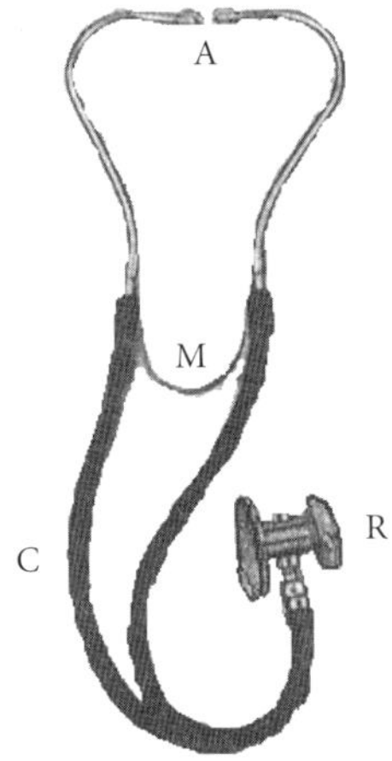

Figura 6.4 Estetoscópio biauricular com uma peça receptora constituída por dois tipos de receptores. (De Hewlett-Packard e 3M Company, *in* Tilkian e Conover, 1991, p. 10.)

As **peças auriculares** servem para ajustar o aparelho ao orifício do conduto auditivo externo. Têm a forma de olivas e devem ocluir completamente o conduto, a fim de que sejam reduzidas as interferências sonoras externas.

Os **tubos de conexão** são constituídos por tubos flexíveis e metálicos. A parte metálica, que se encaixa ao orifício do conduto auditivo externo por meio de olivas, possui movimentos para permitir um melhor ajuste do aparelho ao ouvido. As extremidades auriculares são, normalmente, recurvadas, e, por isso, as olivas ficam num plano diferente daquele dos tubos metálicos. Quando se usa o estetoscópio, as olivas devem ser posicionadas de tal forma que fiquem para a frente em relação ao plano do aparelho. Essa exigência decorre do fato de que o conduto auditivo externo tem uma orientação espacial que se dirige de trás para a frente e com inclinação ligeiramente ascendente. Constitui-se erro grave aplicar o estetoscópio ao ouvido quando as olivas estão voltadas para trás. Isto porque, nessa posição, a parede lateral do conduto auditivo externo poderá ocluir a abertura do aparelho e nenhum som será escutado.

A **mola** é feita em aço e a sua função é permitir o bom ajuste das peças olivares ao meato auditivo. Essa mola não pode ser demasiado forte nem fraca, pois, em ambos os casos, prejudicam a audição. Quando é muito forte, prejudica a ausculta por promover obstrução da extremidade auricular do estetoscópio que é comprimida contra a parede anterior do conduto auditivo. Quando fraca, leva à perda de energia sonora para fora do sistema e também permite que sons externos indesejáveis perturbem a qualidade da ausculta. Vários fatores podem alterar a geometria da região de acesso ao canal auditivo e, assim, favorecer a obstrução. Entre eles:

- articulação temporomandibular sob grande esforço;
- falhas dentárias;
- mastigação.

Os **receptores** pertencem a dois tipos (Fig. 6.5):

- campânula (C);
- diafragma (D).

Audição mono e biauricular. O ouvido dos animais tem duas funções naturais: a lateralização e a comparação de sons. A lateralização é uma função muito desenvolvida nos animais, sobretudo naqueles que são caçados, pois representa um importante mecanismo de defesa. Graças a essa função, o animal pode reconhecer a posição da fonte sonora. Esta discriminação espacial é conseguida pela análise da fase e da intensidade das ondas sonoras que chegam aos ouvidos. Isso, no entanto, somente é possível quando a audição é biauricular.

O estetoscópio monoauricular de uso corrente em obstetrícia é um tubo rígido e oco, geralmente feito de metal ou madeira, que termina em forma de sino na extremidade que se encosta na paciente (Fig. 6.6). A outra extremidade é plana e nela se põe o ouvido. Ele difere em vários aspectos do estetoscópio biauricular. O monoauricular transmite a informação sonora ao ouvido por uma combinação de sons que se propagam tanto pelo ar do seu interior, quanto pelos que percorrem a estrutura rígida das suas paredes. Assim, os sons são transmitidos ao conduto auditivo externo e, também, aos ossos do crânio. Dessa forma, eles são escutados não somente porque fazem vibrar o ar do ouvido externo, mas também porque se propagam pelos ossos. Tal não ocorre com o estetoscópio biauricular. Estes transportam os sons até o ouvido apenas utilizando a via aérea. O estetoscópio biauricular dotado de tubos flexíveis de mesmo comprimento e diâmetro projeta a posição espacial da fonte sonora no plano sagital.

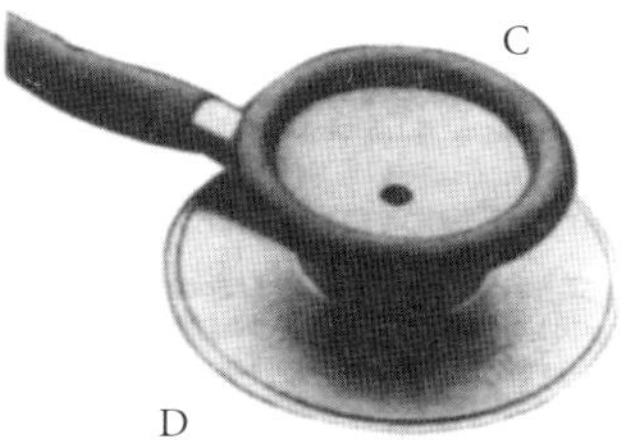

Figura 6.5 Receptores de um estetoscópio moderno. (De Hewlett-Packard e 3M Company, *in* Tilkian e Conover, 1991, p. 10.)

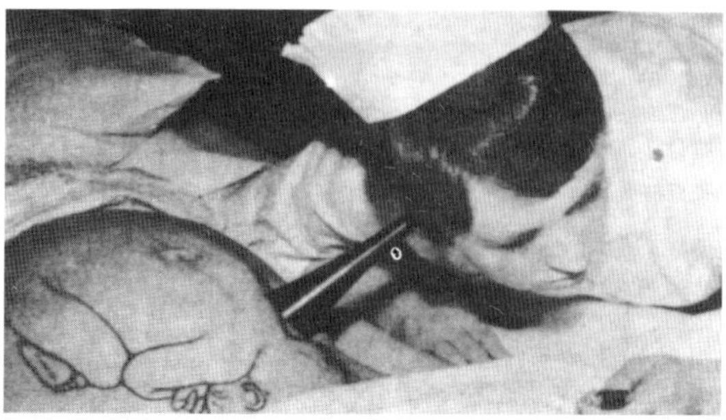

Figura 6.6 Enfermeira usando um estetoscópio rígido para ouvir os batimentos cardíacos fetais. (De Myles MF, *in* Tilkian e Conover, 1991, p. 6.)

Características acústicas dos receptores. Muitos foram os que ajudaram a desenvolver o estetoscópio. Entre eles devem ser citados Barss, Eade, Fitzgerald, Johnston, Kleine e Rappaport. Barss, Eade e Fitzgerald observaram que instrumentos com pequeno volume de ar e dotados de grande área receptora são os que dão melhores resultados acústicos. Johnston e Kleine, por sua vez, concluíram que, entre os receptores de campânula, a geometria mais eficiente ocorria quando a câmara era rasa, mas não inferior a 4 ± lmm de profundidade.

Johnston e Kleine também encontraram que os receptores de diafragma do tipo Bowles atuam como filtros passa-alta, isto é, atenuam a transmissão dos sons graves. Essa atenuação é mais intensa quanto maior for a rigidez da membrana usada. Os tubos condutores não devem ser extensíveis ou longos, ou possuir luz de pequeno diâmetro, porque assim provocam grande amortecimento das ondas sonoras.

Rappaport e Sprague observaram que, quando uma campânula é aplicada contra a pele do paciente, a pele atua como um diafragma, e os tecidos a ela subjacentes, como meios de amortecimento da onda sonora.

Efeito diafragma. Qualquer membrana possui uma frequência ótima de vibração, conhecida como frequência de ressonância. Nessa frequência, a impedância é mínima, e, por isso, as vibrações são mais intensas. A frequência de ressonância de uma membrana se desloca para valores mais altos sempre que a membrana é estirada ou para valores mais baixos quando deixa de ser tensionada. A isso se chama de **efeito diafragma.**

Comportamento dos diafragmas e das campânulas. Estas são algumas regras que governam o mecanismo de ação dos diafragmas e, como a pele funciona como uma membrana quando se usam campânulas, elas são válidas também para esses receptores:

- Quanto mais esticada estiver a membrana, maior será a sua frequência de ressonância. Assim, membranas muito tensas atenuam os sons graves e são, na verdade, filtros passa-alta.
- Quanto maior for o diâmetro do diafragma, menor será a sua frequência natural. Nessa situação, a membrana facilita a ausculta dos sons graves.
- Quando, por pressão, se altera a frequência de ressonância do diafragma, há uma perda de sensibilidade desse receptor para todas as frequências.
- Os diafragmas apresentam ressonância nas frequências que são múltiplas da sua frequência fundamental.
- Na frequência de ressonância do diafragma, os efeitos provocados pela inércia e pela elasticidade são contrabalançados e o movimento da membrana está em fase com a força motriz.

Ao se usar o receptor de campânula aplicado sobre a pele, deve-se levar em conta que ele está sujeito ao efeito diafragma. Isso permitirá que se entenda que, quanto maior for a pressão com que se aplica a campânula sobre o tórax do paciente, menor será a intensidade com que se escutam as bulhas cardíacas e mais agudos se tornam esses sons.

Quanto menor for a campânula, mais alta será a sua frequência de ressonância. Isto se deve a dois fatores:

- A campânula funciona como um tubo acústico fechado. Assim, a frequência fundamental é obtida quando se produz uma onda sonora cujo nó está na extremidade fechada, e o ventre, na extremidade aberta. Pode-se demonstrar que o comprimento de onda dessa onda é igual a 4 vezes o comprimento do tubo. Ainda deve ser considerado que o volume da campânula é importante na qualidade dos harmônicos produzidos. Desta sorte, campânulas de volumes diferentes, mas que têm a mesma profundidade, possuem a mesma frequência de ressonância, porém timbres diferentes.
- A elevada frequência de ressonância das campânulas pequenas é facilitada porque geralmente se produz uma grande pressão ao aplicá-la contra a pele do paciente. A área pequena facilita o desenvolvimento de grandes pressões, pois é sabido que, quanto menor for a área sobre a qual se aplica uma força, maior será a pressão desenvolvida. A pressão aumentada provoca tensão sobre o diafragma, elevando a sua frequência de ressonância.

A característica de a pressão modificar a frequência natural do receptor tem uma aplicação útil na ausculta. Variando-se a pressão desses receptores sobre o tórax dos pacientes, pode-se criar um filtro acústico variável capaz de reforçar diferentes frequências sonoras. Para exemplificar a importância desse fato, suponha-se que a primeira e a segunda bulhas cardíacas tenham sido substituídas por sopros. Suponha-se que exista um sopro sistólico de alta intensidade e grave, e um sopro diastólico de baixa intensidade e agudo. Por causa da intensidade do ruído sistólico, o murmúrio diastólico é mascarado e torna-se de difícil percepção. Quando se aplica o estetoscópio com grande pressão sobre o tórax, a frequência de ressonância da membrana (pele ou diafragma) se eleva, atenuando os componentes graves do primeiro e do segundo sons cardíacos. Esse efeito é mais pronunciado sobre o primeiro som do que sobre o segundo. Com isso, consegue-se atenuar o sopro sistólico e ouvir melhor o murmúrio diastólico de alta frequência.

Uma outra consideração importante, em relação às campânulas, diz respeito às alterações da qualidade sonora em decorrência das dimensões e formas internas desses receptores. Eles devem possuir volume mínimo para permitir que os sons sejam percebidos com máxima intensidade. Também é importante considerar que a forma das campânulas deve ser tal que, ao lado de manter um volume interno mínimo, não permita que o seu interior seja preenchido pelos tecidos dos pacientes obesos, evitando-se, assim, a redução do diâmetro da extremidade aberta e, consequentemente, a diminuição da eficiência do receptor.

O RECEPTOR DE DIAFRAGMA

O receptor de diafragma tipo Bowles, comumente empregado na ausculta, é especialmente útil para detectar sons de baixa intensidade e de alta frequência, tais como os murmúrios diastólicos da insuficiência aórtica e os sons agudos dos bronquíolos. O princípio de sua operação é semelhante ao que rege as campânulas quando elas são aplicadas sobre a pele do paciente. Há de se considerar, no entanto, que, com esses receptores, obtém-se uma atenuação adicional produzida pelo diafragma, o que se manifesta principalmente para os sons de baixa frequência.

Receptores de pequeno diâmetro favorecem o aumento da pressão sobre o diafragma. Com isso, a frequência de ressonância da membrana se eleva e a atenuação se torna maior para as frequências baixas. Isso pode ser visto na Fig. 6.7 comparando-se a curva **A** obtida com um receptor de grande diâmetro com a curva **B**, que representa a resposta de um receptor de pequeno diâmetro. Note-se que os receptores pequenos atenuam a intensidade dos sons de baixa frequência.

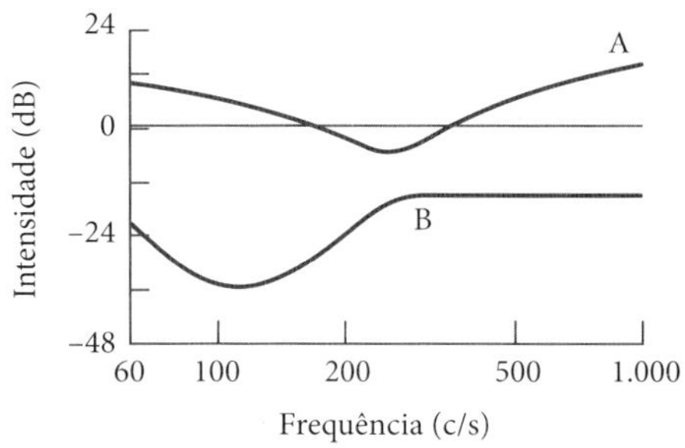

Figura 6.7 Intensidade de sons transmitidos por diafragmas de grande (**A**) e de pequeno diâmetro (**B**). Note-se que o de grande diâmetro atenua as frequências altas, enquanto o de pequeno diâmetro transmite mal as frequências baixas. (Modificado Rappaport e Sprague, *in* Glasser, 1944, p. 1480.)

CAMPÂNULAS *VERSUS* DIAFRAGMAS

Rappaport e Sprague desenvolveram uma engenhosa montagem experimental para estudar as características dos receptores de campânula e de diafragma (Fig. 6.8). Usaram, para tal, um gerador (**GER**) de sons que permitia o ajuste de frequência. Os sinais desse gerador eram mandados a um alto-falante (**A**) colocado sobre as costas de uma pessoa. Na face anterior do tórax, à mesma altura do alto-falante, eram colocados os receptores de campânula ou de diafragma a serem analisados **(R).** Os sons captados eram enviados a um microfone (**M**), amplificados (**AMP**) e, em seguida, visualizados na tela de um osciloscópio (**OSC**). Nos seus experimentos os pesquisadores usaram três campânulas: uma grande (volume interno 12,7ml), uma média (volume interno 6,2ml) e outra pequena (volume interno 2,3ml). Usaram também um receptor de diafragma (tipo Bowles) com membrana de 0,38mm de espessura e diâmetro de 3,5cm (volume interno de 2,5ml). Com essa montagem experimental, os autores determinaram a curva de resposta de frequências dos receptores empregados. As conclusões obtidas nesses experimentos foram as seguintes:

- A eficiência das campânulas, em relação ao diafragma, melhora à medida que a frequência do som captado é menor.

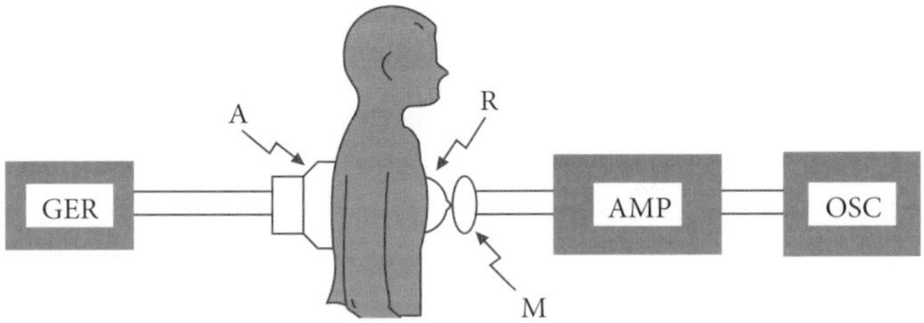

Figura 6.8 Método para o estudo da eficiência dos receptores de campânula e de diafragma para captar sons transmitidos através das estruturas do tórax. **GER**, gerador de sons; **A**, alto-falante; **R**, receptor que está sendo estudado; **M**, microfone; **AMP**, amplificador; **OSC**, osciloscópio. (Modificado de Rappaport e Sprague, *in* Glasser, 1944, p. 1480.)

- Quanto maior for o diâmetro de abertura da campânula, maior será a sua eficiência para captar sons de baixas frequências.
- As campânulas de grande abertura exibem ressonância na faixa de frequências entre 300 e 1.000Hz.
- A frequência de ressonância das campânulas média e pequena (2.000-4.000Hz) está acima da maior frequência observada nos sons torácicos.

O receptor de diafragma tipo Bowles emprega uma membrana de baquelita de 0,38mm de espessura com um diâmetro útil de 3,5cm. Essa membrana tem sido usada porque os testes clínicos demonstraram que ela suprime adequadamente os sons graves. Diafragmas mais espessos ou com frequência de ressonância mais alta não são comumente usados porque produzem uma grande atenuação em quase toda a faixa de sons do coração e, por isso, apresentam mais desvantagens do que vantagens. Hoje, com o auxílio de amplificação eletrônica, a eficiência dos estetoscópios tem sido aumentada. Isso vem permitindo que membranas mais espessas possam ser usadas, favorecendo a ausculta dos sons graves e fracos.

EFICIÊNCIA DA AUDIÇÃO BIAURICULAR

Rappaport e Sprague estudaram experimentalmente as características da audição biauricular, comparando-a com a monoauricular. O estudo foi feito num ambiente silencioso, pois os ruídos alteram o limiar de audibilidade. A montagem experimental (Fig. 6.9) foi feita com um gerador de frequência ajustável (**GER**), que produzia ondas senoidais praticamente livres de harmônicos. A frequência dos sons era ajustada na faixa audível. A energia das ondas pôde ser controlada por um amplificador (**AMP**). Os sons foram enviados a um indivíduo por meio de um fone de ouvido mono ou biauricular. Para

Figura 6.9 Esquema dos aparelhos necessários à comparação entre a eficiência da audição monoauricular e biauricular. **GER**, gerador de sons; **AMF**, amplificador; **MED**, instrumento de medição.

cada frequência, a pessoa submetida ao teste ajustava a intensidade do amplificador até o ponto em que o som se tornava audível. Nesse instante, a energia da onda podia ser determinada com o auxílio de um medidor de potência sonora **(MED).** O teste foi repetido para a audição mono e biauricular.

Eles concluíram que:

- a maioria dos sons clinicamente importantes se situa na faixa de 60 a 400Hz;
- a audição biauricular é 20dB melhor do que a monoauricular.

EFEITOS DAS DIMENSÕES DOS TUBOS

Uma consideração importante e pertinente ao desempenho do estetoscópio é aquela que se refere ao calibre e ao comprimento dos tubos de conexão. Foi previamente mencionado que as variações de pressão no ouvido, produzidas pelo movimento da pele ou do diafragma de baquelita, são inversamente proporcionais ao volume interno do estetoscópio. Assim, um volume mínimo exibe variações máximas de pressão e estas, por sua vez, produzem sons de máxima intensidade. Para reduzir a atenuação os tubos deverão ser curtos e suas paredes suficientemente rígidas.

Um fator que deve ser levado em consideração é a resistência de atrito oferecida pela coluna de ar contra as paredes dos tubos flexíveis. A eficiência de um estetoscópio diminui à medida que a resistência às variações de pressão da coluna de ar é aumentada. A resistência produzida pelo atrito cresce quando o calibre do tubo diminui. Para reduzi-la, o ideal seriam tubos de grande diâmetro, mas eles tendem a diminuir a eficiência do estetoscópio por permitirem grandes volumes de ar no seu interior.

O estudo experimental da eficiência dos tubos pode ser realizado aplicando-se diferentes pressões sonoras numa das suas extremidades e registrando-se na outra extremidade a pressão que é efetivamente transmitida. Dois gráficos podem ser assim construídos: um registrando a curva correspondente aos efeitos das variações do comprimento do tubo e outro relativo aos efeitos das variações do diâmetro interno para um tubo de comprimento fixo. A superposição das curvas permite identificar a existência de um ponto de cruzamento entre elas, o que corresponde à situação de comprimento e de diâmetro ótimos.

Rappaport e Sprague testaram a mudança real na eficiência do sistema de detecção biauricular à medida que o comprimento do tubo variava. Foram as seguintes as principais conclusões obtidas:

- Abaixo de 100Hz a eficiência do estetoscópio não é afetada pelo comprimento do tubo.
- De 100 a 1.000Hz a eficiência diminui com o aumento do comprimento desses tubos.

A aplicação de conhecimentos da fisiologia e da psicologia, aliada ao avanço da eletrônica, trouxe luzes ao entendimento dos fenômenos acústicos do corpo humano. Rappaport e Sprague apresentaram uma excelente exposição sobre esse assunto, identificando as leis que governam a ausculta. Foram estas as suas conclusões:

- Sons de diferentes frequências, mas de intensidades semelhantes, afetam o ouvido humano de modo diferente. Isso pode ser registrado no audiograma.
- A menor variação da intensidade sonora capaz de ser percebida pelo ouvido humano depende da intensidade e da frequência do som. Na faixa das frequências obtidas na ausculta clínica, como os sons estão situados em regiões de baixa frequência, torna-se necessária uma variação relativamente grande na intensidade para que ela seja perceptível.
- O ouvido humano detecta melhor as mudanças de frequência do que aquelas que ocorrem na intensidade. Ele também é menos sensível às variações de frequência que ocorrem nos tons mais graves da ausculta do que as que se passam com os tons mais agudos.
- A sensação auditiva produzida por um som complexo pode ser diferente se a energia sonora é diminuída ou aumentada Verifica-se que, quanto mais intenso se torna o som, mais nitidamente os componentes graves são percebidos pelo examinador.
- Quando um som de alta intensidade precede um som de intensidade mais baixa, este tende a ser inaudível.
- São muitos os caminhos percorridos pelos sons torácicos até que eles alcancem a superfície do corpo. Como resultado disso, uma grande parte da energia sonora nunca chega à pele devido à atenuação produzida pela viscosidade, elasticidade, densidade, espalhamento, reflexão e refração.
- A faixa de frequência das bulhas, sopros e murmúrios cardíacos está abaixo de 1.000Hz. Os limites de frequência para os componentes graves desses sons situam-se em torno de 5 a 10Hz, embora o limite grave da audição esteja entre 30 e 40Hz.

BIBLIOGRAFIA

Glasser, O. (1944). Medical Physics. The Year Book Publishers Inc., Chicago, Illinois.

Tilkian, A.G., Conover, M.B. (1991). Entendendo os Sons e Sopros Cardíacos. Roca Editora, São Paulo.

CAPÍTULO 7

Biofísica da ausculta pulmonar

INTRODUÇÃO

Foco de ausculta. As principais fontes sonoras do tórax são o coração e os pulmões. Entretanto, a traqueia, os brônquios, a pleura, o pericárdio, os grossos vasos e o esôfago podem gerar sons importantes. Os sons alcançam a superfície do tórax depois de percorrerem muitos caminhos com coeficientes de atenuação diferentes. Chama-se de **foco de ausculta** de um som a região da pele onde ele é ouvido com maior intensidade (Fig. 7.1). Isso significa que entre essa região e a fonte sonora existe um trajeto acústico com atenuação mínima.

A ausculta pulmonar (Fig. 7.2) é feita nas regiões anterior, posterior e laterais do tórax. Sobre as escápulas, os sons do pulmão podem estar atenuados devido à reflexão que ocorre ao passar a onda sonora do meio líquido para o meio ósseo. Assim, quando são auscultadas as regiões posteriores do tórax, os ruídos pulmonares são ouvidos mais intensamente abaixo das escápulas e nas regiões paravertebrais. Também devem ser auscultadas as fossas supra e subclaviculares, regiões onde melhor se ouvem os sons dos ápices pulmonares.

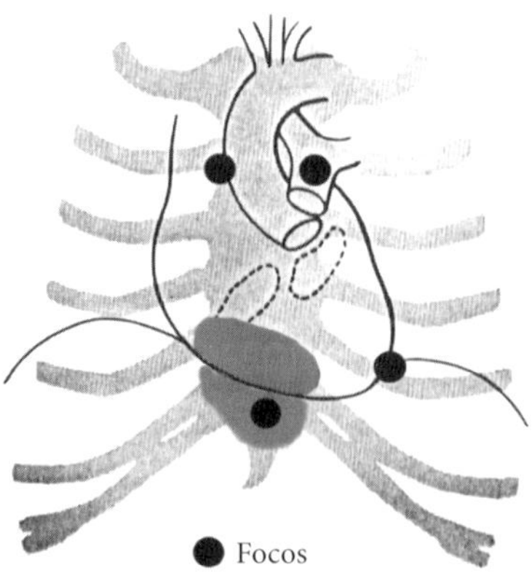

Figura 7.1 Regiões da pele para onde se propagam os sons das valvas cardíacas (focos para a ausculta do coração). (Modificado de Ruch e Patton, 1974, p. 113.)

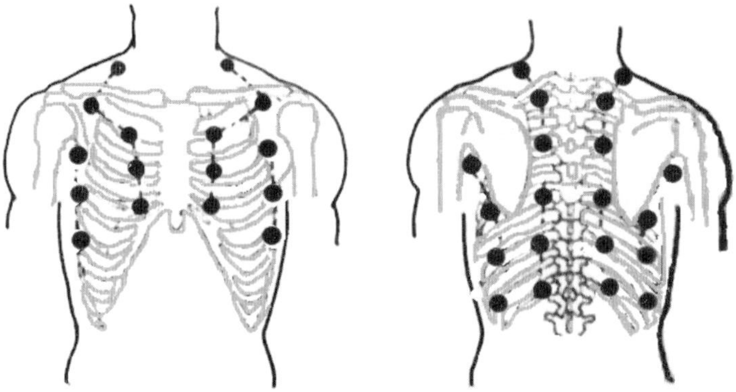

Figura 7.2 Focos da ausculta pulmonar nas regiões anterior e posterior. (De Glasser, 1974, p. 1486.)

CARACTERÍSTICAS FÍSICAS DOS SONS PULMONARES

Trendelenburg, Williams, Dodge, Pierach, Landes, Cabot e outros estudaram a faixa de frequências dos sons que podem ser percebidos durante a ausculta clínica. Cabot e Dodge concluíram que os sons de interesse na ausculta estão abaixo de 1.000Hz. Analisando os sons pulmonares e cardíacos, verificaram que:

- os sons pulmonares têm, em relação aos cardíacos, uma quantidade menor de componentes de baixa frequência e são, por isso, mais agudos. No murmúrio vesicular é pequena a quantidade de harmônicos com frequência menor que 240Hz;
- os sons da respiração brônquica estão entre 240 e 1.000Hz;
- as cavidades bucal, nasal, faríngea e laríngea apresentam ressonância entre 300 e 500Hz.

ORIGEM DOS SONS DA RESPIRAÇÃO

Escoamento de fluidos. Os fluidos movem-se quando submetidos a qualquer esforço de cisalhamento. Os gases e os líquidos se comportam desse modo. O escoamento de um fluido através de um tubo pode ser:

- laminar;
- turbulento.

No **escoamento laminar** não há formação de remoinhos no interior da massa fluida e o movimento se faz de forma **silenciosa**. Esse é o principal tipo de escoamento que ocorre durante a respiração tranquila. O **escoamento turbulento**, ao contrário, é **ruidoso**, pois se caracteriza pela grande quantidade de turbilhões no interior do fluido. Na respiração forçada ou quando há obstáculos nas vias aéreas, o fluxo de ar nos tubos respiratórios é turbulento. Esse tipo de escoamento também ocorre nas bifurcações e nos segmentos onde o diâmetro do tubo varia abruptamente.

A intensidade, a altura e o timbre do som produzido pelo fluido em movimento no interior de um tubo dependem da energia cinética do fluido e das características ressonantes do tubo. Além disso, os diversos ressoadores existentes no meio também contribuem para a qualidade do som. Quanto maior for a velocidade dos turbilhões, mais agudos e mais intensos serão os sons produzidos. Ainda mais, quanto maior for o diâmetro do tubo, menor será a frequência dos sons, pois os tubos acústicos longos e grossos ressoam em baixa frequência. Há que se levar em conta a presença de cavidades ressonantes acopladas à tubulação. Elas podem reforçar determinados componentes do som, alterando o timbre original.

OS SONS NORMAIS DA RESPIRAÇÃO

Os ruídos respiratórios normais são formados tanto nas vias aéreas, como nos alvéolos pulmonares. Didaticamente, eles se classificam em:

- **Som bronquial**. É também chamado de ruído laringotraqueobrônquico porque pode ser escutado nessas estruturas. Ele se assemelha ao som que é produzido quando o ar passa por um tubo longo. Por isso, é comumente chamado de **sopro tubário**. Trata-se de um ruído complexo. O seu timbre depende muito da velocidade do fluxo aéreo. Quando baixa, predominam os sons graves, e quando alta, os sons agudos. O grande calibre da laringe, da traqueia e dos brônquios grossos reforça, por causa da ressonância, os componentes graves. A frequência média dos sons produzidos na traqueia é de 800Hz. Os brônquios primários ressoam em torno de 1.000Hz; os secundários, em 1.200Hz; e os bronquíolos, em 1.500Hz. Na respiração normal, como a corrente aérea na traqueia possui grande velocidade, muitos componentes de alta frequência se associam aos sons ali produzidos.
- **Som broncovesicular**. Esse som resulta dos sons que são produzidos tanto ao nível dos brônquios, quanto dos alvéolos. Ele pode ser auscultado nos ápices pulmonares, especialmente à direita, onde a presença de um brônquio calibroso, situado perto da parede torácica, intensifica o ruído bronquial.
- **Murmúrio vesicular**. E audível por toda a parede torácica, exceto sobre o precórdio, onde predominam os sons do coração. Ele é produzido pelo turbilhão aéreo que se forma durante o enchimento e o esvaziamento dos alvéolos pulmonares. Devido à pequena velocidade do fluxo de ar ao nível dos alvéolos, ele se apresenta como um ruído de tonalidade grave e fraco.

Os padrões sonoros básicos durante a respiração são: o som bronquial, ouvido como sopro tubário, e o som alveolar, também chamado de murmúrio vesicular. Há que se considerar, no entanto, que a passagem do ar pelas vias aéreas produz sons desde a boca até os alvéolos. Esses sons têm timbres distintos, pois dependem das características do ressoador que está acoplado à fonte sonora, bem como da energia cinética do fluxo de ar.

Normalmente, os sons das vias aéreas sofrem atenuação à medida que se aproximam dos alvéolos. Isso se deve às resistências de atrito e aos componentes de reatância elástica e de massa que existem no meio fluido e na parede dos tubos. Além do mais, o grande crescimento da área da árvore respiratória faz com que a velocidade do fluxo aéreo diminua à medida que a corrente de ar se aproxima dos alvéolos, reduzindo, assim, a intensidade dos sons formados e contribuindo para o aparecimento de sons graves.

BIOFÍSICA DOS SONS ANORMAIS DA RESPIRAÇÃO

Sons na asma e no enfisema pulmonar. Em patologias respiratórias que apresentam um tempo expiratório curto, os fenômenos acústicos pulmonares tendem a ser mais acentuados durante essa fase. Como o volume de ar a ser expirado deve ser igual ao inspirado, o fluxo de ar nas vias aéreas atinge velocidades maiores durante a expiração. O aumento da energia cinética está associado a maior esforço dos músculos expiratórios e os gradientes de pressão, que se estabelecem entre as extremidades distais (alveolares) e proximais (vias aéreas superiores), estão elevados tanto na asma brônquica quanto no enfisema pulmonar.

Na asma brônquica há uma redução da luz brônquica. Esta é produzida por contração da musculatura lisa dos pequenos brônquios e dos bronquíolos. No enfisema, ao contrário, a doença se caracteriza pela destruição da camada muscular dos bronquíolos, tornando essas estruturas mais facilmente deformáveis. Em ambos os casos, no entanto, a expulsão do ar dos alvéolos para os brônquios está dificultada. Assim, os alvéolos, mantidos em regime permanente de alta pressão interna, acabam por se dilatar. Esse aumento de volume reflete-se nas dimensões do tórax, que, por sua vez, aumenta de volume, adquirindo uma geometria de aspecto característico e conhecida como tórax enfisematoso ou asmático.

Efeito Venturi. Tanto na asma brônquica como no enfisema pulmonar, a impedância dos bronquíolos está muito aumentada. Na asma, isso se deve à redução ativa do diâmetro dessas estruturas. No enfisema pulmonar, ocorre uma tendência ao fechamento dos bronquíolos em virtude do **efeito Venturi**. Este efeito pode ser explicado com base na clássica **equação de Bernoulli** desenvolvida para o escoamento de fluidos:

$$\frac{1}{2}\rho \mathbf{v}^2 + \mathbf{p} = \mathbf{k}$$

onde:

ρ – é a densidade do fluido
v – é a velocidade de escoamento
p – é a pressão no ponto do tubo correspondente à velocidade **v**
k – é uma constante

A análise dessa equação permite concluir-se que o aumento da velocidade de fluxo (**v**) implica a redução da pressão interna (**p**), a fim de manter constante a soma das parcelas.

Venturi, baseando-se no princípio de Bernoulli, construiu um medidor de velocidade de escoamento de fluidos. O aparelho, que ficou conhecido como **Venturi**, mede a diferença de nível (**h**) que se forma nos ramos de um manômetro em forma de U quando as extremidades abertas do tubo do manômetro estão submetidas a fluxos de ar dotados de velocidades diferentes. Usando esse aparelho, Venturi observou que a pressão exercida por um fluido em movimento sobre as paredes do tubo diminui à medida que a velocidade do fluxo aumenta, podendo tornar-se negativa com relação à pressão externa. Assim, no enfisematoso, os pequenos brônquios tendem ao colapso durante a expiração forçada, porque a velocidade de fluxo do ar está aumentada e a pressão que o fluido exerce sobre as paredes é pequena.

A resistência ao fluxo aéreo aumentada na asma brônquica pode ser analisada pela equação de Reynolds:

$$N = \frac{\mathbf{vd}\mu}{\eta}$$

Uma análise descurada pode induzir a erro, pois a redução do diâmetro (**d**) bronquiolar, que é característica da asma, tende a diminuir **N,** favorecendo a ocorrência de um fluxo do tipo laminar. Todavia, a dificuldade respiratória do asmático e a riqueza de sons que a sua respiração produz indicam que o escoamento do ar é principalmente turbulento. Para que o valor de **N** seja elevado, como de fato o é na asma brônquica, é necessário que o aumento da velocidade (**v**) do fluxo aéreo supere a diminuição do diâmetro dos tubos respiratórios.

Os sons anormais do aparelho respiratório aparecem associados aos ruídos normais, mas, por vezes, podem substituí-los numa determinada região do pulmão. Esses sons são assim classificados:

A. Estertores
- a. Secos
  - sibilos
  - roncos
- b. Úmidos
  - crépitos
  - subcrépitos
  - ressonantes:
    - cavernosos
    - anfóricos
    - gargarejos

B. Sopros
- a. Sopro sem acoplamento ressonante:
  - tubários
- b. Sopros com acoplamento ressonante:
  - cavernosos
  - anfóricos
- c. Sopros por afunilamento brônquico:
  - pleuríticos

C. Atrito pleural

Os **sibilos** são sons longos, agudos e musicais que se formam em regiões de fluxo aéreo de alta velocidade. A presença desse sinal acústico reflete, geralmente, a redução do diâmetro bronquiolar.

Os **roncos** são ruídos longos, graves e musicais, gerados pelo turbilhão aéreo que se forma com a movimentação de muco e de líquido dentro da luz das vias aéreas. A baixa frequência do som dos roncos indica que a fonte sonora está acoplada a um ressoador de grande dimensão. Esses sons são geralmente formados em brônquio de grosso calibre.

Os **crépitos** são sons explosivos (estalidos) gerados principalmente pela abertura dos alvéolos que se acham colapsados ou ocluídos por líquido viscoso. São inspiratórios e possuem a mesma intensidade e timbre (monofônicos). Não são alterados pela tosse. Esses estertores indicam a existência de doença alveolar inflamatória ou congestiva, com exsudação ou transudação de líquidos para o interior das cavidades alveolares.

Os **subcrépitos** têm origem nos bronquíolos pela ruptura de películas líquidas viscosas. Essas lâminas se formam pela mistura do ar em movimento com secreções ou transudatos produzidos por processo infeccioso ou congestivo. São estalidos polifônicos, pois se formam em estruturas de diversos calibres. A tosse, por deslocar as secreções para brônquios mais calibrosos, modifica o timbre ou abole esses estertores.

Os **estertores ressonantes** possuem características musicais. São por isso chamados de estertores consonantes. Entre eles, estão os cavernosos, que são produzidos no interior de cavernas pulmonares, bem como nas dilatações brônquicas (bronquiectasias). Apresentam sons graves de timbre musical. Quando existe líquido no interior da caverna, os estertores consonantes podem apresentar sons do tipo gargarejo. Esses estertores podem expressar um timbre anfórico quando a caverna possui raio maior que 6cm.

Sopros ao nível torácico. Várias doenças do parênquima pulmonar levam à proliferação de tecido fibroso em substituição aos tecidos normais do pulmão. Assim acontece nas inflamações graves desse órgão. Em geral, os sólidos transportam ondas sonoras com menor atenuação e maior velocidade do que os corpos fluidos. Isso se deve a uma menor impedância oferecida à propagação das ondas sonoras. Por isso, o endurecimento do pulmão produzido pela fibrose permite o aparecimento de vias de baixa resistência à propagação e, como consequência, os sons bronquiais (**sopro tubário**) podem chegar à superfície pulmonar, tornando-se audíveis sobre a parede torácica.

Em alguns quadros patológicos (tuberculose, estreptococcias etc.) podem aparecer cavernas no parênquima pulmonar. Elas se formam por liquefação desse tecido produzida por enzimas proteolíticas que são liberadas pelo agente bacteriano responsável pelo processo infeccioso. Para que se complete a formação da caverna é necessário que o tecido pulmonar destruído seja drenado por um brônquio e, então, expelido após um esforço de tosse (vômica). Se a caverna pulmonar se mantém ligada ao meio exterior por meio de um brônquio permeável e de grosso calibre (> 4mm), então, o sopro tubário não terá dificuldade para alcançá-la. Daí, ele pode chegar à parede torácica, pois o processo de endurecimento pulmonar (fibrose cicatricial e calcificação), que normalmente se instala em torno da caverna, permite a sua condução até a pele com pouca atenuação. O sopro tubário, que resulta desses eventos, é mais evidente durante a inspiração.

A presença de uma caverna com diâmetro entre 4 e 6cm altera o timbre do sopro brônquico. Este assume tonalidade musical em virtude do reforço das baixas frequências e da adição de harmônicos que são gerados no interior da caverna (**sopro cavernoso**). A averna pulmonar funciona como um ressoador de baixa frequência. Se ela possui diâmetro maior que 6cm, então o reforço dos tons graves, a adição de harmônicos e a reverberação no seu interior conferem ao sopro um caráter melodioso (**sopro anfórico**). Esse sopro também pode ser ouvido nos casos de pneumotórax com perfuração pulmonar, desde que seja mantida a continuidade brônquica. Nesse caso, a cavidade pleural funciona como ressoador. Para a produção de sopro musical, nem sempre é necessário haver comunicação direta entre o brônquio e a caverna. Para isso, basta haver uma relação de proximidade e que as estruturas que as separam tenham baixa impedância.

Os sons pulmonares normais deixam de ser ouvidos quando deixam de ser gerados ou quando são drasticamente atenuados ao se propagarem até a pele. O primeiro caso ocorre nas obstruções brônquicas totais produzidas por corpo estranho, tumores etc. O ar, não conseguindo ultrapassar o bloqueio, não chega aos alvéolos e, por isso, não são produzidos os sons vesiculares. O ar residual, situado na porção a jusante ao bloqueio (isto é, entre o bloqueio e o alvéolo), vai sendo progressivamente absorvido e a área do pulmão que fica sem ventilação acaba por entrar em colapso. Com isso, a parte do pulmão afetada passa a não contribuir para as trocas gasosas. Se a obstrução ocorrer num brônquio-fonte então um lobo pulmonar ou mesmo todo o pulmão ficará excluído do processo respiratório. Nesses casos, cabe ao pulmão sadio compensar a função respiratória do pulmão excluído. Por isso, observa-se, no lado não comprometido com a doença, um reforço dos ruídos respiratórios (reforço acústico contralateral) que se deve ao aumento da ventilação pulmonar que visa compensar a função do pulmão doente.

Em outras situações, os sons pulmonares não chegam à superfície do tórax porque em torno da fonte sonora só existem caminhos de alta impedância acústica. Isso acontece nos casos de hemotórax (sangue na cavidade pleural), empiema pleural (secreção purulenta na cavidade pleural), derrame pleural (coleção líquida contida no espaço pleural) e de pneumotórax (coleção de ar no espaço pleural). Nessas situações, a principal causa da atenuação dos sons pulmonares se deve à reflexão dos sons na interface líquida ou aérea.

Quando há derrame pleural importante, mas não muito volumoso, colocando-se o paciente com o tórax situado ortogonalmente em relação ao solo, o líquido tende a promover uma compressão da base do pulmão. Nesses casos, pode ser auscultado um sopro conhecido como **sopro pleurítico**. Esse ruído se produz devido ao afunilamento dos brônquios que se acham comprimidos pela pressão hidrostática exercida pelo derrame líquido. Em virtude dessa compressão, os brônquios assumem uma forma em "bico de clarineta" e, por isso, passam a produzir um sopro quando o ar se movimenta através deles.

Atrito pleural. Os pulmões estão envolvidos pelas pleuras. Há uma pleura aderida ao pulmão (pleura visceral) e outra à parede torácica (pleura parietal). Entre elas existe um espaço virtual denominado de espaço pleural. Durante os movimentos respiratórios as pleuras deslizam uma sobre a outra sem originar som, pois suas superfícies são lisas e se encontram lubrificadas pelo líquido pleural. Algumas doenças, no entanto, alteram essa condição e tornam essas superfícies ásperas. Nesses casos, quando as pleuras se movem, dão origem a um som chamado de **atrito pleural**, que se assemelha ao que é produzido quando duas superfícies de couro são atritadas. Ele é geralmente rude, quase nunca musical, não se modifica por ação da tosse e aumenta de intensidade se o tórax é comprimido. Devido à sua proximidade com a pele, o atrito pleural pode ser percebido pelo tato, fenômeno ao qual se denomina de **frêmito pleural**.

Os sons vocálicos, quando são escutados ao nível do tórax, apresentam-se confusos em virtude da reverberação intratorácica. Em outras palavras, isso significa que, nesse caso, a relação sinal/ruído é pequena. Nas doenças que produzem endurecimento do pulmão os sons bronquiais podem alcançar a superfície do órgão conservando grande parte da intensidade e permitindo que a relação sinal/ruído aumente. Isso faz com que, nessas doenças, os sons vocálicos, ouvidos através do pulmão, tornem-se mais nítidos. A essa alteração de qualidade do som chama-se de **broncofonia**.

BIBLIOGRAFIA

Glasser, O. (1944). Medical Physics. The Year Book Publishers Inc., Chicago, Illinois.

Ruch, T.C., Patton, H.D. (1974). Physiology and Biophysics II, Circulation, Respiration and Fluid Balance. W. B. Saunders Company, Philadelphia.

López, M., Medeiros, J.L. (1990). Semiologia Médica. Livraria Atheneu Editora e Livraria Interminas, Rio de Janeiro.

Fattorusso, V., Ritter, O. (1966). Vademecum Clinico dei Medico Practico. El Ateneo S.A., Barcelona.

Tilkian, A.G., Conover, M.B. (1991). Entendendo os sons e sopros cardíacos. Roca, São Paulo.

CAPÍTULO 8

Biofísica da ausculta cardíaca

INTRODUÇÃO

Origem dos sons cardíacos. Ao serem examinadas as condições funcionais do coração, o investigador deve buscar reconhecer nas suas manifestações (mecânicas, elétricas, magnéticas e acústicas) os sinais que transportam a informação do estado de normalidade ou anormalidade.

Os sons captados ao nível do precórdio são formados principalmente pelo coração. Eles são produzidos pelos movimentos dos folhetos valvulares, dos músculos papilares, das cordoalhas tendinosas e das paredes do coração. Também contribuem para a produção desses sons a vibração da coluna sanguínea que está no interior das cavidades e nos grossos vasos da base, bem como a vibração das paredes vasculares.

Propagação dos sons cardíacos. Os sons gerados no sistema circulatório se propagam com menor atenuação na direção do fluxo sanguíneo. Assim, os ruídos, originados na valva e cajado aórticos, podem, p. ex., ser escutados no pescoço sobre as artérias carótidas. A Fig. 8.1 mostra esquematicamente o ventrículo esquerdo, o cajado da aorta e os ramos que nascem neste nível. Também estão indicadas as zonas de turbulência e a vibração das paredes dos vasos.

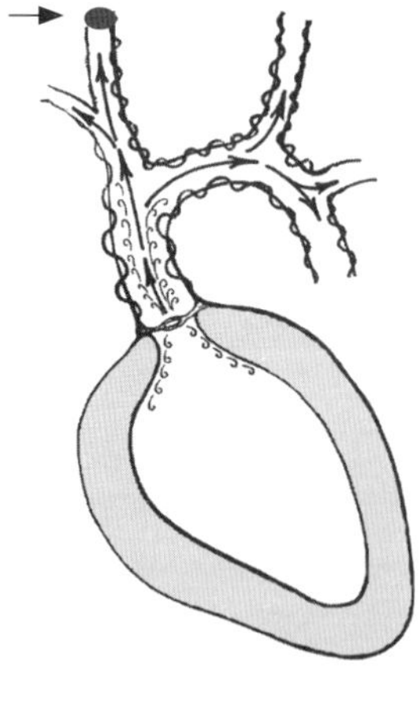

Figura 8.1 Propagação preferencial dos sons das valvas cardíacas. Na figura, os sons da valva aórtica se espalham com baixa atenuação ao longo da aorta e dos seus ramos principais. Sobre a carótida está indicado um foco de ausculta (seta) que permite, muitas vezes, ouvir sons anormais gerados pela valva aórtica. (Modificado de Glasser, 1944, p. 1488.)

Atrito pericárdico e tamponamento cardíaco. Durante o ciclo cardíaco (sístole e diástole), o coração gira em torno do seu eixo longitudinal, fazendo deslizar, um sobre o outro, os folhetos pericárdicos. Para reduzir o atrito existe uma interface líquida entre esses folhetos. Em determinadas condições patológicas esse líquido pode estar diminuído. Nesses casos ocorre fricção entre as membranas, o que produz sons ásperos com frequência entre 140 e 660Hz (**atrito pericárdico**). Quando, ao contrário, há aumento dessa interface líquida, seja porque a sua produção é maior do que a sua absorção, seja em virtude de hemorragia (hemopericárdio), onde o sangue ocupa esse espaço, o funcionamento do coração pode ser prejudicado. Em situações extremas, a restrição de volume pode comprometer o enchimento das câmaras cardíacas e, em consequência, o débito do coração diminui. Esse quadro de extrema gravidade é chamado de **tamponamento cardíaco**.

Focos da ausculta cardíaca. A ausculta do coração deve obedecer a uma técnica esmerada para que o ouvido treinado possa reconhecer as informações da doença que são transportadas pelos sons. O paciente deve ser auscultado deitado, em decúbito dorsal e lateral esquerdo, sentado, sentado e inclinado para a frente, em pé, em pé e com o tronco inclinado para a frente e, também, sob condições de respiração normal e forçada. Todavia, não se pode concluir que o paciente tem uma ausculta cardíaca normal sem que ele tenha sido auscultado após um exercício leve, quando for possível fazê-lo. O esforço pode manifestar sons patológicos latentes tais como o sopro em ruflar da estenose mitral ou mesmo alterações de ritmo. Ao mesmo tempo que se ausculta o coração, a palpação do pulso carotídeo é importante para ajudar a situar o fenômeno auscultatório dentro do ciclo funcional do coração (sístole e diástole).

Os sons gerados pelo coração se propagam para regiões bem definidas que estão localizadas na superfície anterior do tórax. São os **focos da ausculta cardíaca** (Fig. 8.2). Basicamente eles são cinco, a saber:

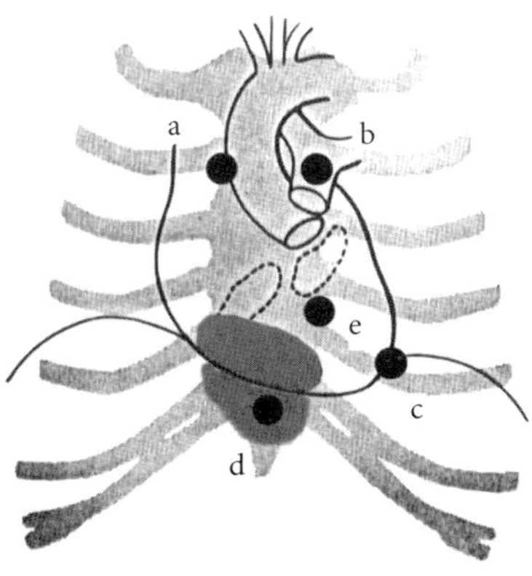

Figura 8.2 Principais focos precordiais da ausculta cardíaca. **a**, foco aórtico; **b**, foco pulmonar; **c**, foco mitral; **d**, foco tricúspide; **e**, foco aórtico acessório. (De Ruch e Patton, 1974, p. 113.)

- **foco aórtico** - segundo espaço intercostal direito, junto à borda do esterno;
- **foco pulmonar** - segundo espaço intercostal esquerdo, junto à borda do esterno;
- **foco mitral** - quinto espaço intercostal esquerdo, sobre a linha hemiclavicular esquerda;
- **foco tricúspide** - sobre o apêndice xifoide;
- **foco aórtico acessório** - sobre a borda esquerda do esterno, quando este intercepta uma linha imaginária que liga o foco aórtico ao foco mitral.

A ausculta do coração não deve estar restrita exclusivamente a esses focos, mas convém auscultar também as regiões subclaviculares, axilares, o espaço escapulovertebral esquerdo e a fossa supraesternal.

A SÍSTOLE E A DIÁSTOLE DO CORAÇÃO

A sístole é o momento da contração, enquanto a diástole define o estado de relaxamento da musculatura cardíaca. Por isso, sístole e diástole tanto podem referir-se aos átrios como aos ventrículos. Quando se fala genericamente em sístole ou diástole do coração, faz-se menção implícita ao que se passa nos ventrículos.

Fases do ciclo cardíaco. A Fig. 8.3 mostra o registro das seguintes variáveis do ciclo cardíaco:

- pressão;
- fluxo;
- volume;
- bulhas.

As curvas superiores mostram as variações das pressões do átrio esquerdo (AE), do ventrículo esquerdo (VE) e da aorta (Ao). Durante a sístole atrial a pressão no AE e no VE sofre um pequeno aumento. No começo da sístole ventricular a contração da musculatura eleva a pressão dessas câmaras, produzindo o fechamento das valvas mitral (FM) e tricúspide. Como as valvas aórtica e pulmonar permanecem fechadas no início dessa fase, a contração cardíaca provoca um grande aumento da pressão intraventricular, mantendo constante o volume dos ventrículos (fase de **contração isométrica**). À medida que progride a contração da musculatura cardíaca, a pressão intraventricular se eleva até alcançar o nível em que ela supera a pressão dos vasos arteriais. Nesse instante, as valvas aórtica (AA) e pulmonar se abrem e o sangue escoa dos ventrículos para essas artérias.

O fluxo de sangue que escapa para a aorta e para a pulmonar tem um comportamento cinético bem definido. No início da ejeção o sangue que se encontra nos vasos tem velocidade nula. A força ventricular, agora transmitida aos vasos arteriais, acelera a coluna sanguínea e, então, a velocidade de escoamento cresce rapidamente, até alcançar um máximo de velocidade (fase de **ejeção rápida**). Em seguida, a velocidade declina, reduzindo o fluxo sanguíneo (fase de **ejeção lenta**). Com a diástole, a pressão ventricular diminui

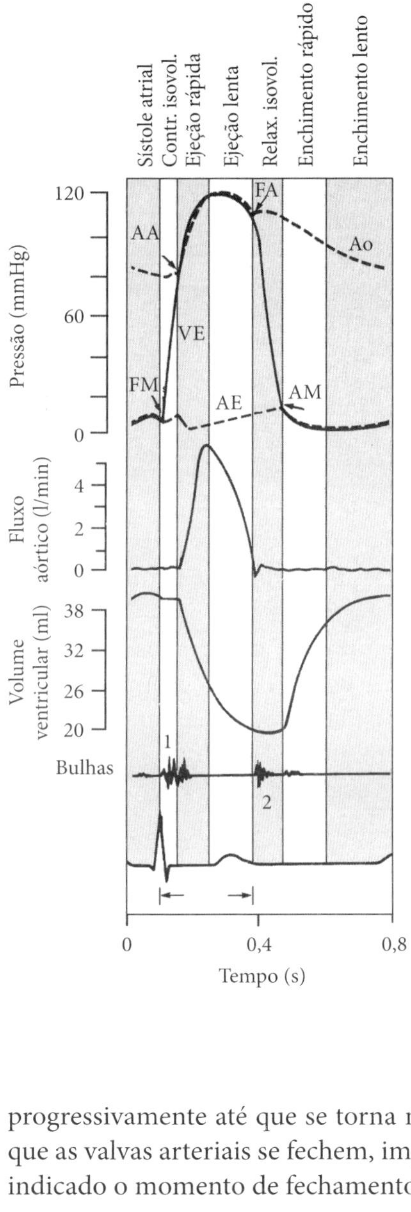

Figura 8.3 Correlação entre o fluxo sanguíneo na aorta, o volume do ventrículo esquerdo e os sons gerados pelo coração (bulhas) com as curvas de pressão (gráfico superior) do ventrículo esquerdo (**VE**), do átrio esquerdo (**AE**) e da aorta (**Ao**). **FM**, fechamento da valva mitral; **AA**, abertura da valva aórtica; **FA**, fechamento da valva aórtica; **AM**, abertura da valva mitral. As diversas fases do ciclo cardíaco estão mencionadas acima dos gráficos. O traçado inferior refere-se ao registro eletrocardiográfico. (Modificado de Berne e Levy, 1993, p. 408.)

progressivamente até que se torna menor do que a pressão nas artérias, o que faz com que as valvas arteriais se fechem, impedindo, assim, o refluxo de sangue. Na Fig. 8.3 está indicado o momento de fechamento da valva aórtica (FA).

Logo depois do fechamento das valvas aórtica e pulmonar, as cavidades ventriculares passam novamente a ser um sistema fechado, pois, além das valvas arteriais, as valvas atrioventriculares também estão fechadas. É nesse ambiente que o relaxamento das paredes ventriculares progride, caracterizando a fase de **relaxamento isométrico**. Ao ser alcançado um determinado nível de pressão, abrem-se as valvas mitral (AM) e tricúspide. Nessa parte do ciclo, os ventrículos funcionam como uma bomba aspirante que puxa para si o sangue contido nos átrios. Inicialmente, o fluxo sanguíneo se move em alta velocidade (fase de **enchimento ventricular rápido**), mas, à medida que os ventrículos se enchem, o fluxo diminui (fase de **enchimento ventricular lento ou diástase**). Ao final da diástole ventricular ocorre o pico de contração da sístole dos átrios. Isso proporciona um novo aumento do fluxo sanguíneo, permitindo que se complete o enchimento dos ventrículos. Uma vez repletos de sangue, os ventrículos recebem a informação elétrica para iniciar a sístole e, assim, reinicia-se um novo ciclo.

Além das curvas de pressão, a Fig. 8.3 mostra as curvas do fluxo de sangue através da valva aórtica, da variação de volume do ventrículo esquerdo, um registro fonocardiográfico, onde aparecem a primeira, a segunda, a terceira e a quarta bulhas cardíacas, e um traçado eletrocardiográfico para servir como referência. Nele está indicado o intervalo de tempo sistólico, que começa na onda R do complexo QRS (despolarização das massas ventriculares) e termina ao final da onda de repolarização ventricular (T).

OS SONS CARDÍACOS NORMAIS

As bulhas cardíacas. O conhecimento das diversas fases do ciclo cardíaco é fundamental para o entendimento da origem dos sons normais e anormais do coração. Ao funcionar, o coração gera sons. O coração normal produz dois ruídos característicos conhecidos como bulhas cardíacas. A **primeira bulha** coincide quase que simultaneamente com o pulso carotídeo (bulha sistólica). Ela se deve aos eventos mecânicos que acontecem durante a sístole ventricular. É sonora, grave, tem duração prolongada e se ouve melhor ao nível do *ictus cordis* (foco mitral). A **segunda bulha** é seca, aguda, de curta duração e se apresenta mais intensa nos focos da base (aórtico e pulmonar).

As frequências dos sons normais gerados pelo coração estão entre 16 e 110Hz. No entanto, também infrassons (< 16Hz), bem como sons de frequência maior que 110Hz são produzidos. Os componentes de frequência mais alta possuem, contudo, baixa energia, o que os torna inaudíveis.

Os silêncios do ciclo cardíaco. Durante o exame dos pacientes é fundamental para o diagnóstico saber que a sístole se inicia com o primeiro ruído e termina com o início do segundo ruído (**pequeno silêncio**). Entre o segundo ruído e a primeira bulha subsequente (**grande silêncio**), situa-se a diástole ventricular. Assim, todos os fenômenos acústicos que acontecem durante o pequeno silêncio são sistólicos, e durante o grande silêncio, são diastólicos. A identificação desses silêncios é relativamente fácil quando a frequência do coração é baixa, mas na presença de taquicardia esse reconhecimento pode ser difícil. Em algumas situações, os silêncios podem ter a mesma duração. Isso caracteriza um tipo especial de ritmo chamado ritmo pendular ou ritmo fetal.

Teorias sobre a gênese das bulhas. Duas teorias têm buscado explicar a formação dos sons normais do coração: a teoria valvular e a teoria hemodinâmica.

Pela **teoria hemodinâmica** a causa fundamental responsável pela produção dos sons são as vibrações decorrentes das bruscas acelerações e desacelerações da massa sanguínea. Disso resultariam vibrações das paredes musculares, válvulas, cordoalhas tendinosas e paredes vasculares, originando os sons do ciclo cardíaco. Alguns estudos sugerem que os sons cardíacos normais são produzidos um pouco depois do completo fechamento das válvulas.

A **teoria valvular** descreve o fenômeno sonoro de modo mais simples. Ela considera que as bulhas decorrem principalmente do fechamento das valvas. Assim, a primeira bulha seria gerada principalmente pelo fechamento das valvas mitral e tricúspide, enquanto a segunda bulha dever-se-ia ao fechamento das valvas aórtica e pulmonar.

Apesar de a teoria hemodinâmica ser mais completa, ela não oferece ao médico ou ao enfermeiro balizas que tenham a simplicidade necessária para uma rápida interpretação da ausculta cardíaca. Por isso, neste texto adotaremos os princípios da teoria valvar.

A primeira bulha cardíaca (S1)

Pela teoria valvular a primeira bulha cardíaca se deve a quatro grupos sucessivos de vibrações:

1. **Fechamento das valvas mitral (M1) e tricúspide (T1)** - a teoria valvar defende que esse é o elemento mais importante para a produção da primeira bulha cardíaca. A intensidade dessa bulha depende dos seguintes fatores:
    - **Posição das valvas AV no final da diástole** - a primeira bulha será tanto mais intensa quanto mais abertos estiverem os folhetos valvulares. Assim, nas situações em que a diástole é curta, mas houve tempo suficiente para a completa abertura dos folhetos valvulares, as valvas, no início da sístole ventricular, encontram-se amplamente abertas, resultando numa primeira bulha de elevada intensidade. Em diástoles prolongadas, o aumento progressivo da pressão ventricular promove o fechamento dos folhetos valvulares, reduzindo a intensidade dos sons que se formam quando elas se fecham.
    - **Pressão intraventricular** - quanto maior for a velocidade com que se desenvolve a pressão intraventricular (primeira derivada temporal da pressão ventricular) e quanto maior for o valor máximo alcançado pela pressão ventricular, maior será a intensidade da primeira bulha cardíaca.
    - **Estado anatômico das válvulas** - os folhetos valvulares podem sofrer alteração histológica, conduzindo, consequentemente, a alterações na qualidade dos sons produzidos por essas estruturas. Assim, na estenose mitral (doença em que o orifício da valva mitral está com sua área diminuída) tanto a abertura como o fechamento dessa valva pode produzir sons curtos e agudos reconhecidos acusticamente como estalidos de abertura e de fechamento da valva mitral.
2. **Componente auricular** - o final da contração atrial produz vibrações de baixa frequência, normalmente inaudíveis, mas que podem ser registradas no fonocardiograma. Em alguns estados patológicos, tais como no galope pré-sistólico e no bloqueio AV, esse componente pode tornar-se audível.

3. **Abertura das valvas aórtica e pulmonar** - o início da fase de ejeção ventricular origina vibrações nessas estruturas, contribuindo para a intensidade do primeiro ruído cardíaco. Esse fato torna-se particularmente importante quando há alteração estrutural de natureza fibrótica ao nível dos folhetos dessas valvas.
4. **Aceleração do sangue contido na aorta e na artéria pulmonar** - são vibrações fracas, geralmente inaudíveis, mas registráveis fonocardiograficamente.

A segunda bulha cardíaca (S2)

Essa bulha normalmente se apresenta mais aguda e possui duração mais curta do que a primeira. A teoria valvular explica que ela se deve principalmente aos seguintes fatores:

1. **Fechamento das valvas aórtica (som A2) e pulmonar (som P2)** - únicas vibrações audíveis durante a segunda bulha.
2. **Relaxamento da parede ventricular no começo da diástole** - vibrações inaudíveis, mas podem ser registradas pelo fonocardiograma.
3. **Vibrações das paredes vasculares e da coluna de sangue** - sons inaudíveis, mas registráveis no fonocardiograma.
4. **Abertura das valvas mitral e tricúspide** - normalmente essa fase não produz sons audíveis, mas, quando há alteração estrutural dos folhetos valvares, então são produzidos os cliques.

A terceira bulha cardíaca (S3)

É um ruído muito grave, fraco, sonoro e longo, mais bem audível após esforço físico e com o paciente posicionado em decúbito lateral esquerdo. Tem intensidade máxima na ponta. A terceira bulha aparece logo após a segunda bulha (protodiástole). Pode ser um som normal em crianças. Sua origem está relacionada com a fase de enchimento ventricular rápido e se deve às vibrações das paredes e das valvas cardíacas. A presença de S3 exige que se faça o diagnóstico diferencial com o desdobramento de S2 e também com os cliques de abertura de valvas atrioventriculares. É importante ressaltar que o caráter grave e sonoro (reverberante) de S3 é um fator decisivo para distinguir essa bulha dos cliques e dos desdobramentos.

A presença de S3 pode gerar um ritmo cardíaco conhecido como galope ventricular, galope de S3 ou galope protodiastólico (S1-S2-S3). Nos adultos, a terceira bulha cardíaca aparece nos casos em que há sobrecarga diastólica dos ventrículos com aumento do volume diastólico residual, como ocorre, p. ex., na insuficiência ou na estenose aórticas. O galope de S3 é comum nos casos de insuficiência cardíaca, refletindo uma diminuição da tonicidade das paredes ventriculares devido ao estiramento de suas fibras.

A quarta bulha cardíaca (S4)

É um achado acústico relativamente raro. Ela é pré-sistólica, sonora, de intensidade muito fraca e de tonalidade muito grave. Ocorre com mais frequência em crianças e adolescentes e é devida ao impacto de sangue que passa do átrio para o ventrículo em virtude da sístole atrial. Isso acontece na telediástole. Por isso, essa bulha é também chamada de bulha atrial. Ela é mais bem ouvida nos focos tricúspide e mitral.

A presença de uma quarta bulha geralmente confere ao coração um ritmo de galope de três tempos (S4-S1-S2). Esse galope é também chamado de galope pré-sistólico ou galope atrial. Nos adultos, S4 geralmente está presente quando há sobrecarga sistólica, tal como ocorre nos casos de estenose das valvas arteriais e nos quadros de hipertensão pulmonar ou sistêmica, mas também pode aparecer em certas miocardiopatias e no infarto do miocárdio.

SONS ANORMAIS DO CORAÇÃO

Nas doenças do coração, os sons cardíacos de baixa frequência são compostos por ondas de frequência menor que 400Hz e os agudos têm frequência em torno de 700Hz. Ocasionalmente podem chegar a 1.000Hz. Os sons cardíacos anormais podem aparecer durante o silêncio sistólico ou durante o silêncio diastólico. Se ocorrem no início do silêncio usa-se para defini-los o prefixo **proto**, mas se eles se estendem do início ao meio do silêncio, então se usa **meso**. Também são **meso** os sons anormais que ocorrem apenas no meio do silêncio. Quando eles aparecem no final dos silêncios, são designados pelo prefixo **tele**. Quando o ruído anormal ocupa todo o silêncio, usa-se o prefixo **holo**. Esses prefixos aplicam-se tanto à sístole quanto à diástole, p. ex., protossistólico, telediastólico etc.

Em algumas situações, as bulhas cardíacas S1 e S2 podem estar alteradas ou mesmo substituídas por sons anormais. Aqui faremos uma síntese da biofísica dos principais tipos de sons anormais que podem ser ouvidos na ausculta do precórdio.

Alteração da intensidade das bulhas

A intensidade tanto da primeira bulha quanto da segunda bulha pode estar aumentada (**hiperfonese**) ou diminuída (**hipofonese**). A intensidade da primeira bulha depende da posição dos folhetos das valvas atrioventriculares no início da sístole ventricular. Quanto mais abertos estiverem, mais intenso será o som gerado. Depende também do estado contrátil do miocárdio, pois, quando a contratilidade cardíaca está aumentada, as pressões geradas no interior dos ventrículos aumentam e propiciam um vigoroso fechamento das valvas atrioventriculares, levando à hiperfonese. Quando a contratilidade está diminuída, o que se escuta é hipofonese da primeira bulha. Também alguns fatores extracardíacos, tais como derrame pericárdico, pulmões enfisematosos e parede torácica espessa, tendem a abafar os sons gerados pelo coração, levando à hipofonese das duas bulhas cardíacas.

Os sons da segunda bulha dependem muito do gradiente de pressão existente entre as grandes artérias (aorta e pulmonar) e os respectivos ventrículos. Nos casos de hipertensão arterial sistêmica, ouve-se hiperfonese da segunda bulha no foco aórtico, mas se a hipertensão é da rede pulmonar a hiperfonese dessa bulha será mais bem escutada no foco pulmonar. Em qualquer situação, o aumento de intensidade das bulhas resulta de uma maior energia cinética dos folhetos valvares no momento do fechamento. A aceleração de cada válvula é proporcional ao gradiente de pressão a que ela está submetida.

Desdobramento de bulha

Tanto a primeira quanto a segunda bulha cardíaca são formadas por dois sons. Os sons formadores da primeira bulha são gerados principalmente pelo fechamento das valvas tricúspide e mitral, enquanto os da segunda bulha se devem ao fechamento das valvas aórtica e pulmonar. Quando o fechamento das valvas atrioventriculares não é simultâneo, então se ouvirá a primeira bulha desdobrada em dois sons que correspondem aos componentes tricúspide e mitral. O mesmo acontece com a segunda bulha quando as valvas arteriais estão dessincronizadas. A esse padrão sonoro, caracterizado pela presença de dois sons curtos e muito próximos, substituindo um dos sons normais do coração, chama-se de **desdobramento de bulha**. Uma característica acústica importante do desdobramento é que os componentes desdobrados têm timbres semelhantes.

O movimento das valvas atrioventriculares e das valvas arteriais pode perder a sincronização quando os gradientes de pressão sobre elas estão alterados ou então quando há anormalidade na propagação do estímulo elétrico que percorre o miocárdio ventricular. Assim, nos casos de hipertensão sistêmica, p. ex., a valva aórtica pode fechar mais rapidamente do que a pulmonar, desdobrando S2. O desdobramento de S2 também pode ser ouvido em certos bloqueios de ramo.

O desdobramento da primeira bulha não deve ser confundido com a presença de quarta bulha (S4) ou de cliques pré ou protossistólicos. Os principais cliques são: os estalidos de abertura e as bulhas de ejeção sistólica, e sobre eles se falará adiante.

O desdobramento da segunda bulha deve ser distinguido da presença de S3 ou de um clique protodiastólico.

Sopros

Os sopros cardíacos são ruídos longos que muitas vezes substituem as bulhas cardíacas normais. Todavia, podem ocorrer também entre elas, ocupando total ou parcialmente os silêncios do ciclo cardíaco.

Origem dos sopros. Os sopros se formam quando ocorrem turbilhões na massa sanguínea. Esses movimentos do sangue em remoinho são produzidos quando o sangue passa em alta velocidade através de orifícios valvares estreitados (**estenoses valvares**) ou ainda quando as valvas não se fecham adequadamente (**insuficiência valvar**), permitindo o refluxo de sangue. Também o fluxo anormal pode-se dar entre os ventrículos, como na comunicação interventricular (CIV), ou então entre os átrios, como na comunicação interatrial (CIA). Os sopros também podem aparecer quando existe uma comunicação anormal entre as artérias aorta e pulmonar, como ocorre na persistência do canal arterial (PCA), também chamada de persistência do *ductus arteriosus*.

Classificação dos sopros. A depender da estrutura anatômica responsável pela formação da turbulência, o sopro poderá ser:

- **sistólico**;
- **diastólico**;
- **sístolo-diastólico**.

Será **sistólico** nos casos de estenose aórtica ou pulmonar, mas também nos casos de insuficiência mitral ou tricúspide. Isso, porque é durante a sístole ventricular que o sangue passa por aquelas valvas arteriais estenosadas ou então através das valvas atrioventriculares insuficientes. Quando existe estenose das valvas atrioventriculares ou insuficiência das valvas arteriais, o sopro ocorrerá na diástole ventricular (**diastólico**), pois, nesse caso, é no grande silêncio que ocorre ou o refluxo das artérias para os ventrículos (valva insuficiente), ou a turbulência gerada pelo sangue ao passar por uma valva atrioventricular estreitada. O sopro **sístolo-diastólico** ocorre nos casos de dupla lesão valvar (estenose e insuficiência combinadas) e também na persistência do canal arterial existente entre a aorta e a pulmonar.

De acordo com a posição relativa do sopro ele pode ser **protossistólico** se ocorre apenas no começo do silêncio sistólico. Será **mesossistólico** quando se prolongar até o meio da sístole, e **telessistólico**, quando ocorrer apenas no final da sístole. Quando ele ocupar todo o pequeno silêncio, será chamado de **holossistólico**. Os prefixos proto, meso, tele e holo também se aplicam aos sopros diastólicos.

Quanto às variações de intensidade, os sopros podem ser classificados também em:

- crescendo;
- decrescendo;
- crescendo-decrescendo;
- constante.

Nas regiões onde a energia cinética do turbilhão de sangue aumenta progressivamente, o sopro que se forma é em **crescendo**. Quando a velocidade é inicialmente alta e então decai com o tempo, o sopro formado é em **decrescendo**. Quando a energia cinética do turbilhão sanguíneo aumenta e em seguida diminui, o sopro que se forma é do tipo **crescendo-decrescendo**, mas quando ela se mantém invariável então o sopro que se forma é **constante**.

Nos casos de insuficiência mitral geralmente se produz um sopro sistólico, rude e constante. Sistólico, porque é durante a sístole que o sangue, ao passar pela valva insuficiente, produz turbilhão no átrio esquerdo. A energia cinética desse turbilhão mantém-se praticamente inalterada, pois, sendo os átrios muito complacentes, sua pressão varia muito pouco apesar de estar recebendo sangue do ventrículo. Com isso, durante toda a sístole ventricular ocorre um refluxo de sangue para o átrio que se caracteriza por apresentar um fluxo praticamente constante, gerando, consequentemente, um sopro de intensidade constante.

Os sopros da insuficiência tricúspide são também sistólicos. Eles apresentam, no entanto, uma característica muito importante que permite diferenciá-los do sopro da insuficiência mitral: a intensidade do sopro varia amplamente com a respiração. Durante a inspiração, o volume de sangue que chega ao coração direito aumenta produzindo um aumento da intensidade do sopro. Na expiração, ao contrário, o fluxo de sangue que se move no coração direito diminui, resultando num enfraquecimento do sopro da insuficiência valvar.

Na estenose da valva aórtica, p. ex., o sopro é sistólico e apresenta uma intensidade variável do tipo em crescendo-decrescendo, pois esse é o perfil do fluxo sanguíneo que atravessa a valva aórtica.

Os cliques: bulha de ejeção sistólica e estalido de abertura valvar

Bulhas de ejeção. Quando há prolapso valvar ou então dos folhetos valvares, podem ser gerados sons curtos, agudos e secos (pouco reverberantes) resultantes da súbita desaceleração das válvulas acometidas pela doença. Tais sons são conhecidos como bulhas ou cliques de ejeção. A valva prolapsada se projeta ou para dentro dos átrios (no caso da mitral ou da tricúspide) ou para o interior das grandes artérias, quando se trata da valva aórtica ou da pulmonar. O prolapso valvar se manifesta frequentemente na sístole ventricular, porque os gradientes pressóricos são grandes nessa fase. As bulhas de ejeção são, portanto, ruídos sistólicos que podem aparecer na protossístole ou na mesossístole.

Estalido de abertura valvar. Nas patologias que produzem endurecimento e espessamento valvular, a abertura da valva pode gerar estalidos típicos. Um exemplo importante é o que ocorre na valva mitral afetada pela febre reumática. Nesses casos, é comum o aparecimento de um estalido de abertura da valva mitral. Esse som aparece na protodiástole e tem timbre agudo e seco.

As bulhas de ejeção exigem diagnóstico diferencial com o desdobramento da primeira bulha e com a presença de S4, enquanto os estalidos de abertura mitral e da tricúspide precisam ser diferenciados do desdobramento da segunda bulha e da presença de S3. Em ambos os casos, o caráter reverberante, sonoro e grave, tanto de S3 como de S4, é fator fundamental na distinção entre esses sons.

BIBLIOGRAFIA

Berne, R.M., Levy, M.N. (1993). Physiology. Mosby Year Book, Boston.

Friedberg, C.K. (1969). Enfermedades del corazon. Editorial Interamericana S.A., Mexico.

Fattorusso, V., Ritter, O. (1966). Vademecum Clinico del Medico Practico. El Ateneo S.A., Barcelona.

Glasser, O. (1944). Medical Physics. The Year Book Publishers Inc., Chicago, Illinois.

Ruch, T.C., Patton, H.D. (1974). Physiology and Biophysics II, Circulation Respiration and Fluid Balance. W. B. Saunders Company, Philadelphia.

Tilkian, A.G., Conover, M.B. (1991). Entendendo os sons e sopros cardíacos. Roca, São Paulo.

CAPÍTULO 9

Biofísica aplicada à ultrassonografia

INTRODUÇÃO

A sondagem por ultrassom foi empregada inicialmente nos estudos batimétricos para conhecer o perfil do fundo dos rios e mares. A sua aplicação nas ciências médicas permitiu um grande avanço nos estudos dos pacientes, pois, além de fornecer informações importantes sobre as estruturas do corpo, seu uso difundiu-se rapidamente por se tratar de uma técnica não invasiva. A qualidade dos equipamentos tem sido aperfeiçoada e a riqueza dos detalhes que eles fornecem tem permitido que se conheça mais sobre as características e os mecanismos de muitas patologias. O uso da ultrassonografia já se alargou por quase todas as especialidades médicas. Daí a importância de que sejam conhecidos os fundamentos teóricos em que repousa a obtenção de imagens com a ajuda dos ultrassons. A imagem ultrassonográfica deve-se aos ecos que são produzidos nas diversas estruturas do corpo quando o feixe de ultrassons as alcança. Os ultrassons são sons com frequências acima de 20kHz, que é o limite superior da audição humana. Na ultrassonografia usam-se ultrassons na faixa de 2 a 10MHz. Os pulsos de ultrassom, refletidos no interior do corpo, são captados e processados, podendo-se obter informações quanto à distância, à velocidade e à densidade do objeto refletor.

O PRINCÍPIO DO PULSO-ECO

Interação dos ultrassons com os tecidos biológicos. O feixe de ultrassons pode ser contínuo ou pulsátil e suas ondas se propagam nos tecidos moles do corpo humano com uma velocidade aproximadamente constante de 1.540m/s. Todo som que se propaga em um meio não homogêneo interage com as estruturas do meio e é por elas parcialmente absorvido, refletido ou refratado. As ondas absorvidas se transformam em calor e, por isso, pode-se usar o ultrassom para tratar determinadas patologias.

A reflexão dos ultrassons pode ser de dois tipos:

- especular;
- difusa.

Quando o feixe incide perpendicularmente sobre uma superfície que reflete de forma especular, a maioria das ondas incidentes volta à fonte de ultrassom. Quando a reflexão é difusa, o feixe refletido se espalha por todas as direções. Por isso, esse tipo de reflexão é chamado também de espalhamento. Os ecos espalhados apresentam direções aleatórias. Os ecos se formam sempre que a onda de ultrassom passa de um meio para outro com impedância acústica diferente. Quanto maior for a diferença entre as impedâncias acústicas, mais intenso será o eco produzido. A impedância acústica (Z_a) é definida como o produto da densidade (μ) do meio pela velocidade (v) do som nesse meio. Assim:

$$\mathbf{Z_a = \mu \cdot v}$$

Como nos tecidos moles o som se propaga a uma velocidade aproximadamente constante, a impedância acústica depende principalmente da densidade do meio. Isso permite que se estabeleça uma relação de correspondência entre impedância e densidade. Assim, sempre que duas estruturas de densidades diferentes estiverem em contato, haverá uma interface acústica ou, como se adotará neste texto, uma interface. As principais interfaces biológicas são:

- gordura-músculo;
- músculo-fáscia;
- tendão-periósteo;
- ligamento-periósteo.

Para que se formem interfaces, a diferença de densidade entre os tecidos biológicos não precisa ser grande. É possível, por exemplo, obter-se ecos provenientes de células sanguíneas, pois a diferença de densidade entre elas e o plasma já é suficiente para refletir o ultrassom.

Quanto maior for a diferença de densidade entre dois meios, maior será a intensidade do eco produzido. Isso pode ser observado na interface entre o tecido mole e uma bolha de gás onde 99% da energia do feixe é refletida e também na interface entre o tecido mole e o osso onde se reflete 70% da energia. Uma reflexão tão intensa não é desejável, pois não se pode ter definição dos objetos que estão em planos mais profundos. O ideal para a formação da imagem é que haja reflexão especular de uma pequena parte da energia do feixe incidente, suficiente para produzir um sinal nítido. Assim, o feixe pode prosseguir produzindo ecos em outras estruturas mais profundas.

A grande reflexão de energia que se observa nas interfaces tecido mole-gás e tecido mole-osso se deve à grande diferença de impedância acústica entre esses meios. O gás é muito menos denso que os tecidos moles e conduz o ultrassom com velocidade muito menor do que eles. O osso, ao contrário, é mais denso e conduz o som com velocidade muito maior do que as partes moles do corpo.

Eco difuso. O espalhamento de ondas ultrassônicas ocorre quando o feixe de ondas colide contra uma interface de superfície irregular ou tem dimensões pequenas em relação ao diâmetro do feixe que é de aproximadamente l0mm. As ondas espalhadas seguem por direções aleatórias. Todavia, algumas retornam ao sensor do equipamento, seguindo por trajetórias que se aproximam daquelas das ondas incidentes e, assim, podem ser captadas e processadas. A Fig. 9.1 mostra esquematicamente um espalhamento. Note-se que as ondas refletidas se propagam em muitas direções e apenas umas poucas retornam ao transdutor **T**.

A grande maioria das ondas espalhadas não retorna ao transdutor. Aquelas que, após trafegar por caminhos bizarros, acabam por voltar ao detector não trazem informação sobre a estrutura que se quer analisar e, por isso, fazem parte do ruído que contribuirá para reduzir a qualidade da imagem. A formação de imagem por sondagem ultrassônica é possível porque os ecos dos raios espalhados têm intensidade muito menor do que os ecos especulares.

Eco especular. O eco especular é o elemento básico para produzir a imagem do objeto estudado. Esse eco se forma sempre que a largura da estrutura-alvo é maior que $^1/_4$ do comprimento de onda do ultrassom. A depender do tamanho do alvo refletor e da diferença de impedância acústica entre ele e o meio que o cerca, os ecos podem produzir sinais fortes ou fracos. Assim, uma valva cardíaca no meio do sangue produz um eco especular muito intenso, enquanto nas estruturas que apresentam pouca homogeneidade microscópica, como os músculos e o pâncreas, o sinal proveniente da estrutura-alvo é fraco, pois grande parte da onda ultrassônica sofre espalhamento.

A visualização de um objeto pequeno exige que o comprimento de onda do ultrassom seja pequeno. Nesse caso, é preciso aumentar a frequência dos ultrassons empregados. Trabalhar com frequências elevadas aumenta, contudo, a quantidade de ecos não especulares que acabam retornando ao detector como ruído e, assim, empobrecem a imagem.

O eco especular somente se transformará em sinal para a geração de imagem se ele retornar à fonte. A reflexão dos sons também obedece à lei de Descartes-Snell para a reflexão da luz. Assim, o ângulo de reflexão do feixe ultrassônico é igual ao ângulo de incidência. Por isso, o eco somente retornará à fonte quando o ângulo de reflexão for de 0° (Fig. 9.2).

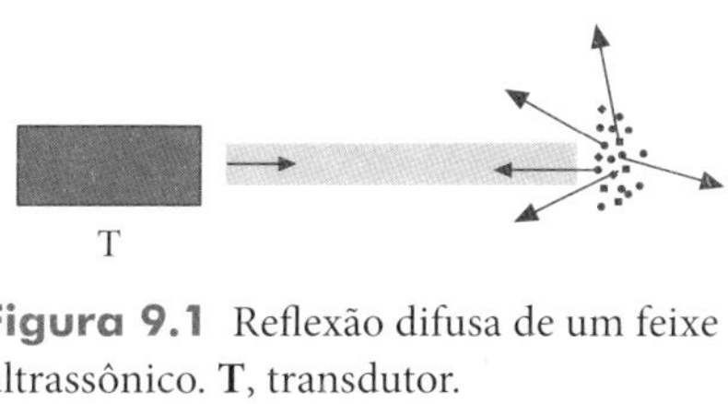

Figura 9.1 Reflexão difusa de um feixe ultrassônico. **T**, transdutor.

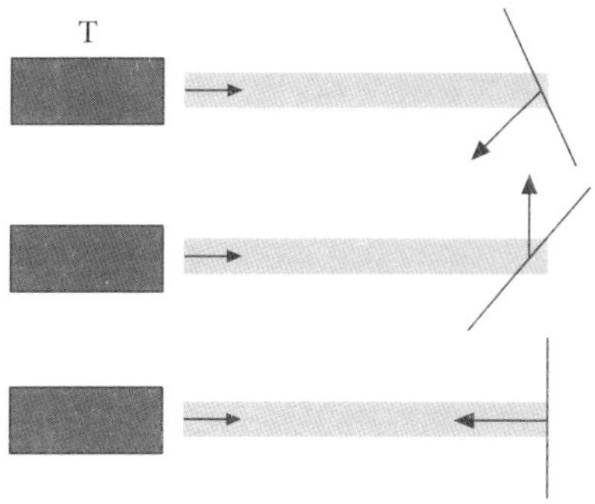

Figura 9.2 Reflexão especular de feixe ultrassônico. **T**, transdutor.

A depender do tamanho do alvo e da sua profundidade, ondas ultrassônicas refletidas com ângulos próximos a 0° podem retornar ao sensor, contribuindo para a formação da imagem.

Na ultrassonografia muitas interfaces produzem ecos especulares. Entre elas estão: os vasos grossos, as cápsulas do fígado e dos rins, a vesícula e os ductos biliares, o epicárdio, o endocárdio, as valvas cardíacas, a bexiga urinária, o útero e o ovário.

Atenuação dos ultrassons. À medida que percorre as estruturas do corpo, a onda ultrassônica sofre absorção, reflexão especular e espalhamento. Esses processos contribuem para atenuar a intensidade do feixe. A Tabela 9.1 mostra, para vários meios, as espessuras capazes de reduzir à metade a potência inicial de um feixe ultrassônico de 2MHz.

Tabela 9.1 Atenuação dos ultrassons.

Meio	Distância de meia potência (cm)
Água	380
Sangue	15
Tecido mole (exceto músculo)	1-5
Músculo	0,6-1
Osso	0,2-0,7
Ar	0,08
Pulmão	0,05

Fonte: De Konstadt et al., *in* Kaplan, 1993, p. 343.

RESOLUÇÃO

Resolução e suas componentes. Resolução é a habilidade de distinguir dois objetos que estão próximos um do outro e, assim, definir detalhes. Quanto mais próximos estiverem, maior é a resolução do sistema. No caso dos ultrassons, resolução é a capacidade que possui o equipamento de distinguir duas interfaces refletoras situadas muito próximas. Por isso, a resolução *é* medida em unidades de distância. A resolução pode ser tomada na direção axial (resolução axial) ou na direção lateral (resolução lateral).

Resolução axial. A resolução axial permite distinguir objetos próximos situados no eixo de propagação das ondas ultrassônicas. Os pulsos de ultrassons têm duração (Δt) da ordem de 1μs. Considerando que a velocidade (v) do som nos tecidos moles é de 1.540m/s, então pode-se concluir que cada pulso tem uma largura (Δx) de 1,54mm, pois:

$$\mathbf{\Delta x = v \cdot \Delta t}$$

$$\Delta x = 1.540 \cdot 10^{-6}\text{m}$$

ou

$$\mathbf{\Delta x = 1{,}54mm}$$

Os estudos mostram que a resolução axial de um sistema não pode ser maior do que a metade da sua largura de pulso. No exemplo dado, a largura de pulso (Δx) foi de 1,54mm. Isso significa que objetos situados no eixo de propagação do feixe ultrassônico e separados por uma distância menor que 0,77mm não podem ser distinguidos e serão tratados como sendo um único objeto.

A Fig. 9.3 mostra um pulso de ultrassom passando pelas interfaces **A** e **B**. Em cada uma delas é produzido um eco especular que retorna ao transdutor. Como a distância entre as superfícies é maior do que a largura do pulso, os ecos de **A** e **B** não se somam e o sensor **T** receberá dois ecos separados indicando objetos refletores situados em profundidades diferentes. Num transdutor de 2,5MHz a resolução axial pode chegar a 1mm.

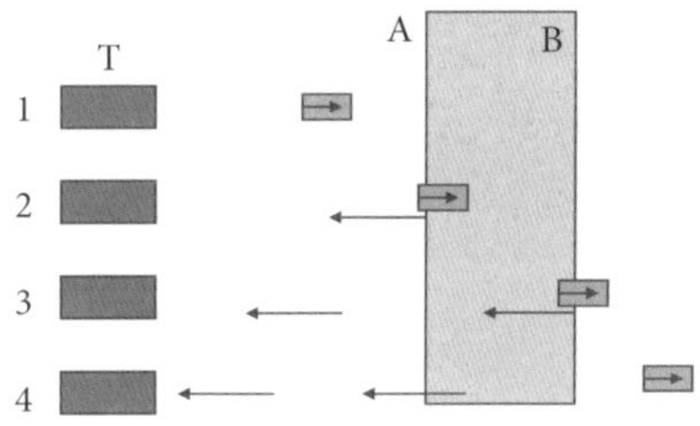

Figura 9.3 Ecos ultrassônicos produzidos pelas superfícies refletoras **A** e **B**. Os números indicam uma sequência temporal que vai da emissão do pulso (**1**) até a recepção dos ecos (**4**). **T**, transdutor.

A resolução também não pode ser maior do que o comprimento de onda (λ) das ondas de ultrassom. A Tabela 9.2 mostra os comprimentos de ondas dos ultrassons mais usados.

Tabela 9.2 Comprimentos de onda de feixes ultrassônicos.

Frequência (MHz)	Comprimento de onda (mm)
1,6	0,96
2,0	0,77
2,25	0,68
3,5	0,44
5,0	0,31

Fonte: Bartrum e Crow, 1977, p. 9.

Resolução lateral. A resolução lateral permite distinguir objetos situados num plano perpendicular ao eixo de propagação dos ultrassons. Esse tipo de resolução depende diretamente do diâmetro do feixe. A Fig. 9.4 ilustra um exemplo. Nela, dois objetos mostrados como **a** e **b** estão situados num plano que é perpendicular ao eixo de propagação do feixe ultrassônico. A distância que separa os objetos nas situações 1 e 2 é maior do que o diâmetro do feixe. Assim, movendo-se o transdutor **T** podem ser obtidos os ecos de cada um dos objetos. Na situação 3 os objetos **a** e **b** estão no plano perpendicular, porém separados por uma distância menor do que o diâmetro do feixe. Nesse caso, quando

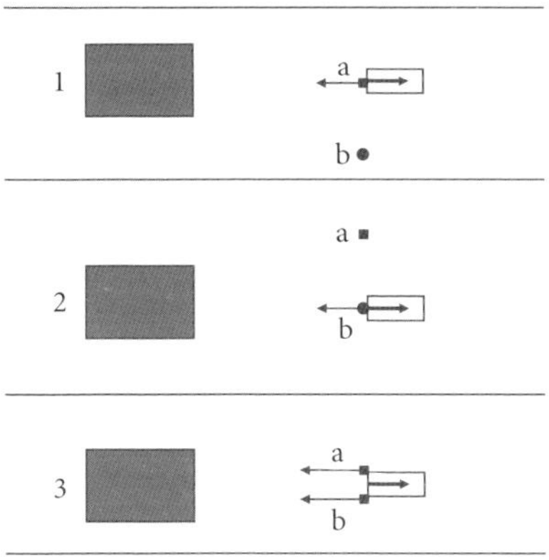

Figura 9.4 Ecos ultrassônicos produzidos pelos objetos **a** e **b**. Em **1** e **2**, a distância entre **a** e **b** é maior do que a largura do pulso de ultrassom. A mudança de posição do transdutor permite a produção de eco no objeto **a** ou no objeto **b**. Em **3**, os refletores estão muito próximos e ecoam simultaneamente.

as ondas de ultrassons chegam a eles, produzem-se dois ecos simultâneos, o que não permite o reconhecimento dos elementos refletores como corpos individualizados. Os equipamentos modernos permitem resolução lateral entre 2 e 3mm.

O EQUIPAMENTO DE ULTRASSONOGRAFIA

A Fig. 9.5 mostra um esquema dos principais sistemas que integram um ultrassonógrafo. Podem ser identificados os seguintes blocos:

A) gerador e receptor de ultrassons;
B) recepção, amplificação, compensação e discriminação dos ecos;
C) processador de vídeo e *display* da imagem;
D) registro da imagem;
E) sincronização da imagem.

Sistema gerador e receptor de ultrassons

O conjunto responsável pela produção e captação dos ultrassons é constituído por um circuito eletrônico oscilador, um amplificador de potência e um transdutor. A excitação do transdutor, a potência e a frequência do feixe ultrassônico são ajustadas nessa etapa. O detalhamento do oscilador e do amplificador, contudo, foge ao interesse deste estudo. Todavia, alguns conhecimentos sobre os transdutores são necessários.

O transdutor. O transdutor é um cristal responsável pela emissão e pela captação das ondas ultrassônicas refletidas. Nos sistemas que usam pulsos de ultrassom, a duração de cada pulso é geralmente igual a 1μs. Para captar os ecos, o transdutor passa a funcionar como um sensor ultrassônico. Assim, após cada pulso emitido, o transdutor passa a captar os ecos durante 0,25μs e então faz uma pausa de 0,75μs antes de iniciar um outro ciclo.

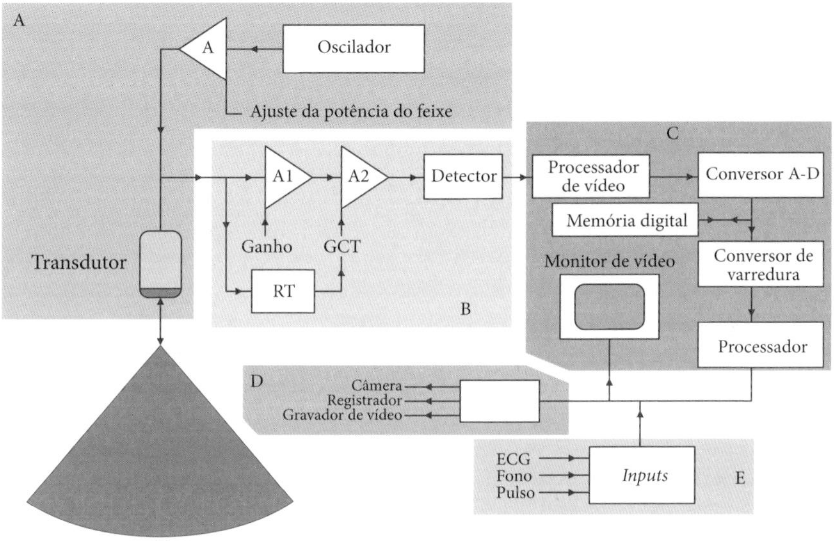

Figura 9.5 Esquema em blocos das diversas partes de um ultrassonógrafo. **A**, amplificador; **RT**, circuito de retardo temporal; **GCT**, circuito do ganho da compensação temporal; **A-D**, conversor analógico digital; **ECG**, eletrocardiograma; **Fono**, registro de sinal sonoro; **Pulso**, registro do pulso arterial. (Modificado de Thys. D.M. e Hillel, *in* Kaplan, 1993, p. 344.)

O transdutor, elemento responsável pela emissão e recepção dos ultrassons, é constituído por um cristal piezelétrico. Esses cristais variam de forma quando são submetidos a uma diferença de potencial elétrico. A Fig. 9.6 mostra que a forma do cristal depende também da polaridade elétrica aplicada sobre ele. O mais interessante nesse fenômeno é que ele é reversível, isto é, aplicando-se sobre o cristal uma compressão, obtém-se uma diferença de potencial elétrico. É o que fazem os ecos que retornam ao transdutor. As diferenças de potencial que eles produzem variam na faixa de 1mV a 1V. Por isso exigem uma amplificação adequada antes de serem processados.

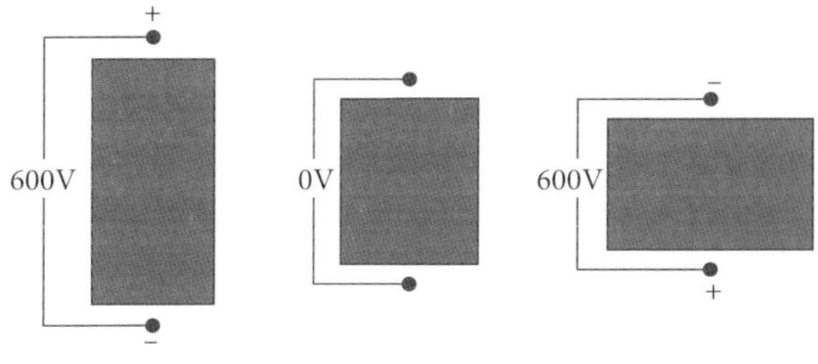

Figura 9.6 Variação da forma de um cristal piezelétrico produzida pela aplicação de uma diferença de potencial elétrico.

Muitas substâncias apresentam piezeletricidade. O quartzo e a turmalina são os exemplos mais clássicos. Todavia, foram desenvolvidos vários materiais sintéticos dotados dessa qualidade. Entre eles está o titano zircanato de chumbo. Esses cristais são desenvolvidos sob forte campo elétrico para orientar os seus vetores dipolares intrínsecos e, assim, torná-los piezelétricos. O aquecimento pode fazê-los perder essa qualidade.

Os cristais apresentam oscilações amortecidas quando são excitados por um único ciclo de tensão alternada. Esse efeito é indesejável, pois prolonga a duração do pulso e, assim, diminui a resolução do feixe ultrassônico. Para reduzi-lo, usam-se materiais que funcionam como absorvedores acústicos.

Transdutores focalizados e não focalizados. Os não focalizados produzem um feixe de ultrassons que se mantém paralelo até uma certa distância (zona de Fresnel). A partir daí, as ondas passam a divergir rapidamente, formando a zona de Fraunhofer. A Fig. 9.7 mostra um diagrama dessas regiões.

Os transdutores focalizados evitam o espalhamento do feixe ultrassônico, acabando com a região de Fraunhofer. Isso pode ser conseguido com a ajuda de lentes acústicas. A Fig. 9.8 mostra um esquema de um transdutor (T) com feixe focalizado.

Muitos tipos de transdutores estão sendo fabricados com a finalidade de preencher diversos propósitos. Assim existem os de face muito pequena para serem usados nos espaços intercostais de crianças, os que se adaptam a hastes, como os transvaginais e transesofagianos, os que podem girar quando inseridos no corpo, os que apresentam um sulco lateral ou um canal central para permitir a biópsia guiada por ultrassom etc.

Alguns ecos produzidos pelas estruturas examinadas retornam ao transdutor. Esses sofrem uma sequência de amplificações e processamentos até se transformarem numa imagem que pode ser visualizada no monitor de vídeo, fotografada por uma câmara, registrada num polígrafo ou gravada em fita de vídeo.

Recepção, amplificação, compensação e discriminação dos ecos

Os ecos são recebidos pelo transdutor e transformados em sinal elétrico. Esses sinais são amplificados e depois armazenados na memória de um computador. Os refletores bioló-

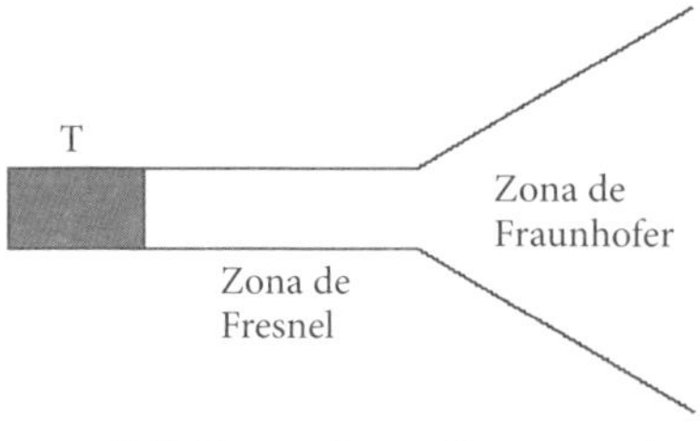

Figura 9.7 Zonas de espalhamento do feixe ultrassônico em um meio homogêneo e isótropo.

Figura 9.8 Transdutor com sistema de focalização para evitar o espalhamento do feixe ultrassônico.

gicos enviam ecos de intensidades muito diferentes. Os mais fortes podem saturar o amplificador, enquanto os mais fracos podem estar abaixo da sensibilidade do equipamento. A faixa dinâmica de operação é aquela que elimina tantos os sinais muito fortes como os muito fracos. Essa "janela" eletrônica pode ser regulada pelo operador do equipamento.

A Fig. 9.9 mostra um conjunto de sinais analógicos enviados pelo transdutor ao primeiro amplificador (ver A1, Fig. 9.5) e ao circuito encarregado de analisar os retardos temporais (ver RT, Fig. 9.5). Esse circuito detecta os sinais fracos correspondentes a objetos situados muito distantes do transdutor. Em virtude da distância, os ecos que chegam ao transdutor são fracos. Nessa etapa, o sistema de **ganho de compensação temporal** (GCT) fornece a esses ecos energia para que suas amplitudes fiquem na faixa dinâmica de operação (FDO).

A Fig. 9.10 representa o que se passa quando um feixe ultrassônico atravessa o coração passando através da parede do ventrículo esquerdo, da cavidade desse ventrículo, do septo interventricular, da cavidade do ventrículo direito e, finalmente, da parede deste ventrículo. Os ecos produzidos pelas interfaces estão mostrados como **a**, **b** e **c**. Esse tipo de sinal pode ser observado na saída do pré-amplificador A1 da Fig. 9.5. Após reconhecidos, os ecos **b** e **c** são amplificados pelo GCT para ter, ao final, a mesma amplitude do eco **a**.

Somente os sinais cujas amplitudes pertencem à faixa dinâmica de operação serão processados para formar a imagem. Para que se possa diferenciar o sinal de um ruído deve-

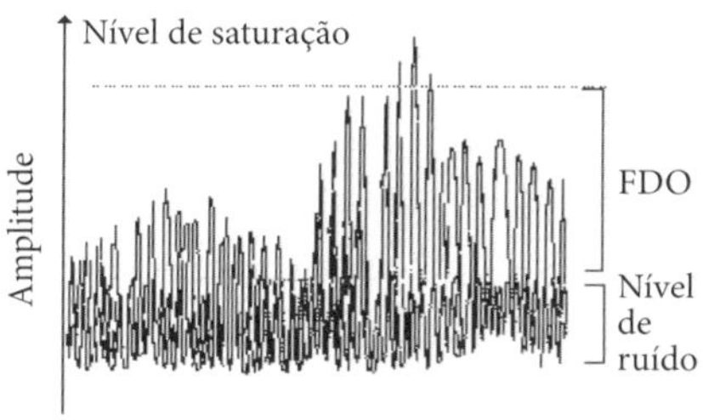

Figura 9.9 Fornia dos sinais elétricos captados pelo transdutor ultrassônico. **FDO**, faixa dinâmica de operação. (Modificado de Thys. D.M. e Hillel, *in* Kaplan, 1993, p. 348.)

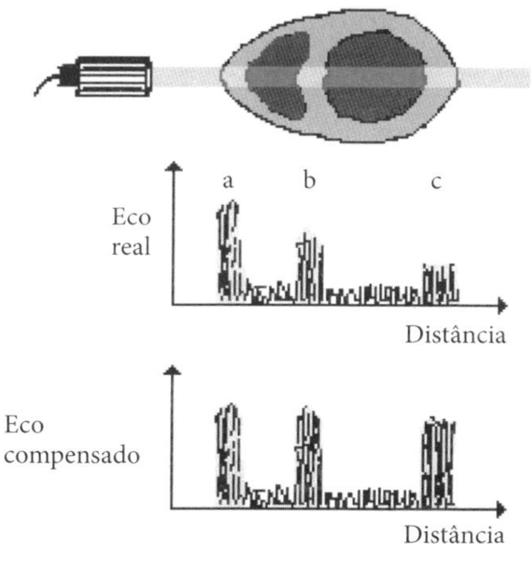

Figura 9.10 Esquema superior: estudo do coração com a ajuda de um feixe ultrassônico. O transdutor está próximo ao ventrículo esquerdo. Gráfico do meio: intensidade dos ecos gerados pelas diversas superfícies refletoras contidas na parede do ventrículo esquerdo (**a**), septo interventricular (**b**) e ventrículo direito (**c**). A progressiva redução da intensidade dos ecos está associada ao aumento da distância dos refletores em relação ao transdutor. Gráfico inferior: ecos compensados pelo circuito de ganho da compensação temporal (**GCT**). (Modificado de Thys, D.M. e Hillel, *in* Kaplan, 1993, p. 350.)

-se estreitar a FDO. O detalhamento da imagem, contudo, exige uma banda de FDO larga. A saída do amplificador A2 contém apenas sinais que se situam na FDO e que receberam o devido ganho de compensação temporal (GCT).

Processamento de vídeo, conversão A-D e *display* da imagem

Os sinais detectados sofrem um processamento para tornar compatível a faixa de amplitudes dos ecos captados com a faixa de resposta dos monitores de vídeo. Isso é necessário porque a faixa de intensidades dos sinais analógicos correspondentes aos ecos é da ordem de 60dB, enquanto os sistemas de videomonitorização operam na faixa de 20 a 25dB. Assim, o sinal original precisa ser comprimido. Essa tarefa é feita pelo **processador de vídeo** (ver Fig. 9.5).

Uma vez comprimidos, os sinais são digitalizados por um **conversor A-D** (analógico-digital) e então são armazenados na memória de um computador. Isso permite que sejam processados *off-line*, isto é, depois de executado o exame com o paciente. O armazenamento é também importante para permitir que se possa congelar a imagem durante o exame em tempo real (*on-line*). O processamento dos sinais digitalizados permite que sejam conhecidos vários parâmetros, tais como distância, velocidade, fluxo etc. A imagem dos sinais pode ser visualizada em monitor de vídeo de alta resolução.

Ecodoppler-ultrassonografia. Um tipo de processamento muito em uso é o que utiliza o efeito Doppler (ecodoppler-ultrassonografia). Doppler descreveu o efeito que consiste na variação da frequência de um som a depender da velocidade relativa entre a fonte sonora e o observador. Pode-se demonstrar que a frequência do eco recebido por um transdutor é a mesma do som que ele emite quando o transdutor e a estrutura refletora estão em repouso. No caso de o refletor mover-se em direção ao transdutor, então o eco que este receberá terá frequência mais elevada do que aquela do som emitido. Quando o refletor se afasta do transdutor, a frequência do ultrassom que compõe cada eco diminui. Esse efeito permite que os objetos que se movem, aproximando-se ou afastando-se do transdutor, possam ser detectados.

A ecodoppler-ultrassonografia permite a medição de fluxos nos vasos sanguíneos, bem como o registro do movimento das paredes e das válvulas do coração. A velocidade ($\mathbf{v_r}$) com que o refletor se move é dada pela equação:

$$\mathbf{V_r = \frac{v \cdot \Delta f}{2 \cdot f_0 \cdot \cos\theta}} \qquad (1)$$

onde:

v – é a velocidade do ultrassom nos tecidos
Δf – é a variação da frequência do ultrassom
f_0 – é a frequência do ultrassom emitido pelo transdutor
θ – é o ângulo entre o feixe de ultrassom e a direção do fluxo sanguíneo

Na equação (1) pode-se ver que a velocidade dos objetos depende do ângulo com que o feixe ultrassônico interfere com o refletor. A velocidade será corretamente medida quando o **cosθ** for igual a ±1. Isso ocorre quando a direção do feixe é paralela à direção do movimento do objeto. Na prática, desvios angulares de até 20° são aceitos como uma boa medida, pois, nesses casos, o erro da medida é menor que 6%. Quando o ângulo de incidência dos ultrassons é de 90° ou de 270°, então o **cosθ** será igual a zero e não se poderá medir uma diferença entre as frequências dos ultrassons emitidos e refletidos.

O movimento do refletor pode ser registrado num gráfico onde as velocidades encontradas são mostradas na ordenada e o tempo na abscissa. Nesse gráfico, as ondas positivas indicam que o objeto refletor está se aproximando do transdutor. A Fig. 9.11 mostra um registro das velocidades do fluxo sanguíneo que passa através da valva mitral. Os dados foram obtidos com um transdutor focalizado e posicionado ao nível da ponta do ventrículo esquerdo. Assim, as ondas positivas indicam que o sangue está se movendo do átrio esquerdo para o ventrículo esquerdo. O pico da onda **R** ocorre quando é máxima a velocidade do fluxo de sangue que é aspirado pelo ventrículo durante a diástole (bomba aspirante). A onda **A**, por sua vez, indica haver na pré-sístole um aumento de fluxo por essa valva. Esse novo jorro de sangue é promovido pela contração atrial (bomba premente). O traçado inferior mostra um registro eletrocardiográfico, a fim de permitir a correlação temporal entre os eventos mecânicos e os elétricos. Note-se que a onda **R** ocorre logo depois da onda **T**, instante em que se inicia o processo de relaxamento das paredes dos ventrículos, e que, pouco antes do início da sístole ventricular (complexo QRS), surge a onda **A**. Sabe-se que, nesse momento, os átrios estão desenvolvendo o máximo de sua força de contração.

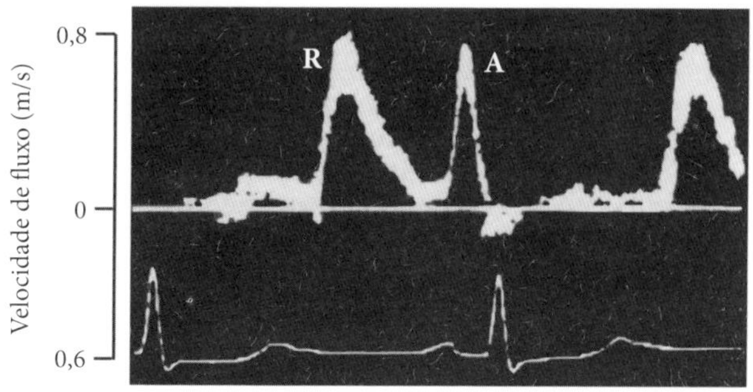

Figura 9.11 Ecodoppler-ultrassonografia do fluxo sanguíneo que atravessa a valva mitral (curva superior). O traçado eletrocardiográfico (registro inferior) está mostrado para permitir uma correlação temporal dos eventos. A onda **R** se inicia na protodiástole e se estende até a mesodiástole. Ela se deve à fase de enchimento ventricular rápido. A onda **A** é pré-sistólica e se deve à contração atrial. (De Kaplan, 1993, p. 365.)

A produção de imagens, que explora o efeito Doppler em ecos ultrassônicos, está baseada em quatro tipos de tecnologias disponíveis:

- ecodoppler pulsado;
- ecodoppler de alta frequência de repetição;
- ecodoppler de onda contínua;
- ecodoppler com fluxo em cores.

Ecodoppler pulsado. O feixe ultrassônico usado para investigar as estruturas móveis do corpo pode ser contínuo ou pulsátil. Nos equipamentos que usam Doppler de onda pulsada (PW – *pulsed wave*), o fluxo sanguíneo de uma determinada região é medido usando-se um feixe ultrassônico pulsátil. O volume-alvo estudado é escolhido selecionando-se os ecos que retornam ao transdutor após um tempo determinado. Assim, fluxos que estão a uma distância **x** do transdutor apresentam ecos que retornam ao transdutor no tempo **At**, cujo valor é dado por:

$$\Delta t = \frac{2x}{c}$$

onde **c** é a velocidade dos ultrassons nos tecidos.

Nesse tipo de estudo duas frequências participam para produzir a informação sobre o fluxo: a) frequência de amostragem ($\mathbf{f_a}$) ou frequência de emissão dos pulsos ultrassônicos, e b) frequência Doppler ($\mathbf{f_D}$). Quando duas frequências participam de uma mesma observação pode ocorrer o efeito estroboscópico. Esse é o efeito que se observa nas telas de cinema, quando as rodas de uma carroça giram num sentido ou noutro, a depender da velocidade em que ela se encontra. Para que possa ocorrer esse efeito as duas frequências devem ter valores próximos. Isso é o que se passa com f_a e f_D. A ambiguidade na medida provocada por esse efeito é evitada fazendo-se:

$$f_a > 2 \cdot f_D$$

ou, o que é equivalente, quando:

$$f_D < f_a/2$$

A relação $f_a/2$ é conhecida como "limite de Nyquist". Quando o desvio Doppler de frequência está acima do limite de Nyquist aparecem artefatos. Nesses casos, a velocidade medida pode-se apresentar com sentido invertido com relação ao sentido real. Isso acontece sobretudo quando o fluxo é de alta velocidade e as partículas se movem em direção ao transdutor. Para evitar esses artefatos deve-se aumentar a frequência de amostragem ($\mathbf{f_a}$).

Ecodoppler de alta frequência de repetição de pulsos. Esses equipamentos emitem um conjunto de pulsos ultrassônicos antes de passar para o ciclo de "escuta". Assim, a cada instante, vários pulsos de sondagem estarão percorrendo os tecidos. Essa técnica permite a medição de fluxos de alta velocidade, mas não discrimina com precisão a posição do refletor.

Ecodoppler de onda contínua. Os equipamentos de ultrassons que usam essa tecnologia emitem um feixe ultrassônico contínuo, em vez de produzir pulsos ultrassônicos discretos. Esse tipo de estudo permite a medição de altas velocidades de fluxos, mas não a determinação da posição do refletor móvel. O ecodoppler de onda contínua (CW - *continuous wave*) é usado com frequência em pacientes com lesões valvulares ou com doenças congênitas do coração.

Ecodoppler com fluxo em cores. Utiliza o princípio de que os ecos provenientes de refletores em repouso são mostrados como pontos brilhantes em escala cinza. Todavia, os pontos da imagem que estão relacionados com refletores em movimento surgem no *display* de vídeo como pontos coloridos. Por convenção, adotou-se que, quando o refletor se aproxima do transdutor, os seus ecos são representados pela cor vermelha. Quando o móvel se afasta do transdutor, os ecos são mostrados em azul. Quanto mais veloz é o movimento, mais intensa é a cor. Dar cor à imagem dos refletores que se movem é possível, pois os ecos provenientes dessas fontes sofrem efeito Doppler e, por isso, não têm a mesma frequência do feixe ultrassônico primitivo. Essa característica permite que os sistemas eletrônicos de análise de frequência reconheçam quais são os ecos que pertencem a objetos em movimento.

Registro da imagem e sincronização dos sinais

Os sinais podem ser fotografados, registrados em impressoras ou gravados em fita de vídeo. Em muitos estudos é preciso conhecer a relação temporal entre os ecos e um outro parâmetro. Assim, sinais eletrocardiográficos (Fig. 9.11), fonográficos ou sinais relativos às ondas de pulso arterial podem ser associados ao *display* ou ao registro dos ecos das estruturas biológicas analisadas.

TIPOS DE ULTRASSONOGRAFIA

Modo A. O sistema ultrassonográfico mais simples está baseado no registro das amplitudes dos ecos. Por isso, é chamado de modo A. Ele é usado na ecoencefalografia e na ecocardiografia. Nesse tipo de estudo não se forma uma imagem plana nem tridimensional do objeto, mas os ecos são visualizados no monitor sob a forma de ondas em agulha (*spike*).

A Fig. 9.12 mostra um exemplo de ultrassonografia em modo A. Na representação superior um transdutor emite ultrassons que formam ecos ao encontrar os obstáculos refletores situados no seu trajeto. Nesse estudo, o transdutor foi colocado sobre a pele. Ela atua como uma poderosa interface refletora. A grande magnitude do eco que nela se produz deve-se ao fato de a pele estar muito próxima do transdutor e também de refletir de modo especular. Por isso, esse primeiro eco é sempre muito intenso. Muitos equipamentos anulam eletronicamente o eco da pele, de modo que ele não chega a aparecer na imagem final. No quadro inferior está representada a tela do monitor de vídeo com os *spikes* correspondentes aos ecos das diversas estruturas refletoras.

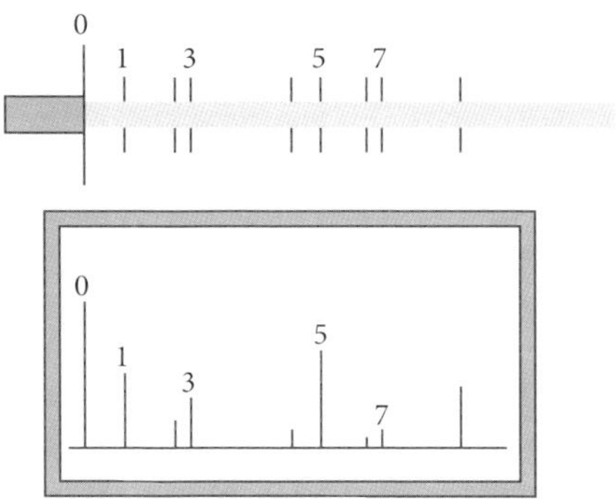

Figura 9.12 Ultrassonografia em modo A. O esquema mostra um transdutor emitindo um feixe de ultrassom que atravessa várias superfícies refletoras. O quadro inferior representa a visualização, na tela de um monitor, dos ecos captados.

Modo M. A ultrassonografia em modo M (*motion*) consiste na obtenção de *spikes* semelhantes àqueles mostrados no modo A. Todavia, esses sinais não são apresentados como ondas em agulha, mas são convertidos em pontos brilhantes, cujo brilho é proporcional à amplitude de cada eco. Os ecos provenientes de estruturas refletoras imóveis aparecem na tela como pontos fixos e brilhantes. Contudo, quando a estrutura refletora se move, os pontos correspondentes aos seus ecos também se movem na tela. Isso significa que se essas informações forem registradas num sistema dotado de movimento com velocidade constante e perpendicular à direção do movimento do ponto luminoso, então o registro correspondente a um ponto imóvel será uma linha reta, mas os que estão associados aos pontos que se movem aparecerão como curvas.

A Fig. 9.13 mostra uma representação esquemática dessa técnica. O registro superior corresponde aos sinais em *spike* cujas amplitudes são proporcionais à intensidade dos ecos captados. Esses sinais são convertidos em pontos luminosos com brilho proporcional à amplitude de cada sinal. No quadro inferior pode-se ver como esses pontos se apresentam quando registrados por um sistema dotado de velocidade. Note-se que a interface 5, ao se movimentar, produz um traçado curvo.

A ultrassonografia em modo M é essencial para estudar o movimento das válvulas e das paredes do coração.

Modo B. A ultrassonografia em modo B é a mais usual, pois permite a visualização da forma do objeto estudado. A letra B refere-se a brilho (*brightness*), mas não define bem essa técnica, pois, no modo M, os pontos também têm brilho variável de acordo com a amplitude do eco recebido. No modo A, o feixe do monitor de vídeo se desloca da esquerda para a direita, determinando um eixo fixo, e os *spikes* luminosos somente podem aparecer sobre esse eixo. No modo B, no entanto, os pontos aparecem sobre os eixos determinados na tela pela orientação do feixe ultrassônico. Assim, movendo-se o transdutor, criam-se novos eixos, permitindo a inscrição de pontos em qualquer posição da tela do monitor. Nessa técnica, o monitor precisa armazenar a informação da posição dos pontos, congelando-a, a fim de que, para cada posição nova do feixe incidente, novos pontos apareçam no visor e, assim, se vá construindo a imagem do órgão estudado.

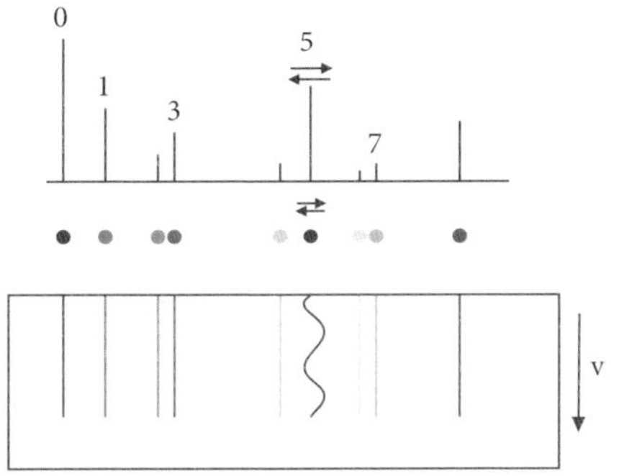

Figura 9.13 Ultrassonografia em modo M. No esquema superior os ecos têm amplitudes diferentes e foram produzidos por refletores imóveis, com exceção do eco gerado pelo refletor **5**. Os ecos foram convertidos em pontos cuja intensidade do brilho depende da amplitude destes sinais. No esquema inferior está mostrado o registro desses pontos sobre um sistema móvel (**v**, velocidade). Ecos de superfícies imóveis geram linhas retas, enquanto os de superfícies móveis produzem curvas.

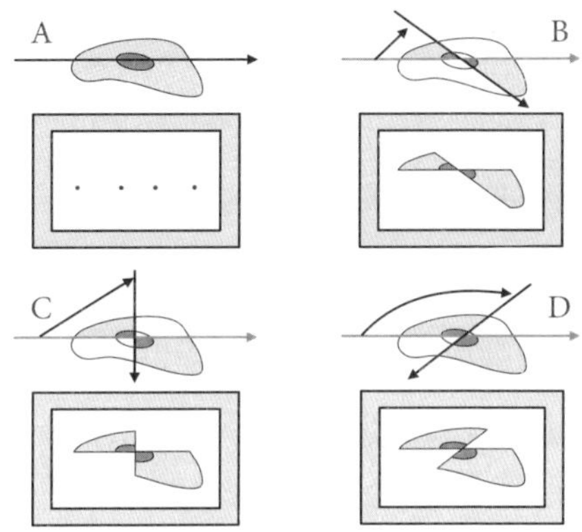

Figura 9.14 Ultrassonografia em modo B. Os ecos são convertidos em pontos brilhantes e a posição em que eles aparecem vai sendo "congelada" na tela do monitor. Assim, movendo-se o transdutor, pode-se gerar a imagem do órgão estudado. Os quadros **A**, **B**, **C** e **D** mostram uma sequência temporal desse processo. (Modificado de Bartrum e Crow, 1977, p. 33.)

A Fig. 9.14 mostra esquematicamente como se forma a imagem de um órgão na ultrassonografia em modo B. Nela está representado um órgão que possui quatro interfaces acústicas. O feixe de ultrassons atravessa o órgão seguindo várias direções (A, B, C e D). Isso se consegue movendo-se o transdutor. Na posição A o transdutor está colocado de forma que o feixe de ultrassons é praticamente horizontal. A cada estrutura refletora corresponde um eco, e a cada um desses ecos corresponde um ponto brilhante na tela do monitor. Em seguida, a posição do transdutor é modificada, varrendo-se o ângulo formado entre as posições A e B. Novos pontos aparecem na tela, correspondendo agora às interfaces acústicas "vistas" nesse ângulo. Movendo-se o transdutor para outras posições, pode-se construir a imagem do órgão na tela.

Ultrassonografia 2D, 3D, colorida e contrastada. As imagens comumente obtidas com o auxílio dos ultrassons são planas (2D). Todavia, já existem transdutores e equipamentos capazes de permitir a formação de imagens tridimensionais (3D) das estruturas e dos órgãos do corpo.

Em 1968, Gramiak e Shah relataram o uso da ecocardiografia para visualizar uma valva aórtica insuficiente. A técnica consistia em injetar uma solução contendo microbolhas que serviam como agente contrastante. Essas pequenas bolhas gasosas foram produzidas por cavitação com ultrassons. As microbolhas obtidas por sonicação (cavitação provocada por ondas sonoras) apresentavam tamanho menor do que as hemácias e, assim, podiam passar pelos capilares sem produzir embolia. Usando-se a técnica da ecocardiografia contrastada foi possível estudar a perfusão miocárdica, bem como os *shunts* intracardíacos.

IMAGENS OBTIDAS PELOS ULTRASSONS

A Fig. 9.15 mostra uma ecocardiografia. O esquema à esquerda procura indicar a posição relativa do coração e do transdutor (**T**). Nesse estudo foi usado um transdutor transesofagiano. Note-se que o feixe ultrassônico tem direção quase longitudinal ao eixo do coração, propagando-se da base para a ponta desse órgão. As imagens do átrio direito (**AD**) e do átrio esquerdo (**AE**) aparecem próximas ao transdutor. Entre elas, pode-se ver, bem desenhado, o septo interatrial. Em seguida, aparecem as valvas atrioventriculares, sendo que a mitral está mais bem delimitada. Depois, surgem as imagens dos ventrículos direito (**VD**) e esquerdo (**VE**), separadas pela imagem do septo interventricular. Nesta figura, ocorre um efeito de observação muito comum na prática da ecografia. Trata-se do reforço dos ecos emitidos por interfaces que estão situadas depois de uma coleção líquida. Esse efeito está mais evidente na parede do VD. Contudo, ele pode ser igualmente visto nos septos e na parede do VE. Esse fenômeno acontece porque as coleções líquidas funcionam como lentes convergentes, concentrando o feixe ultrassônico sobre as interfaces refletoras.

A Fig. 9.16 apresenta uma imagem ultrassonográfica do coração obtida com um transdutor situado na parede anterior do tórax. O estudo foi feito em modo <u>B</u>, usando-se um

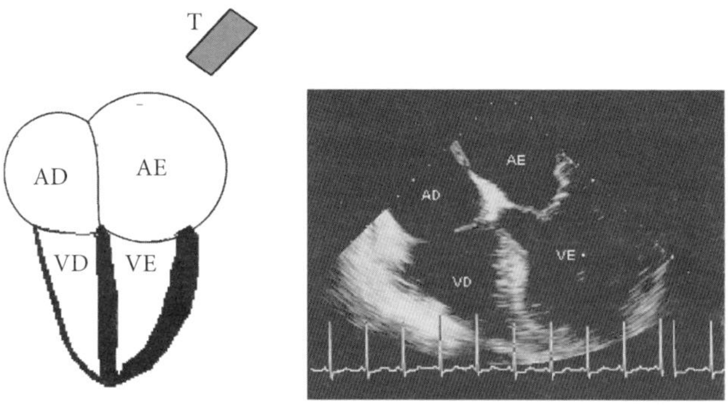

Figura 9.15 Ultrassonocardiografia em modo B mostrando as paredes, os septos, as valvas tricúspide e mitral e as cavidades cardíacas. **AD**, átrio direito; **AE**, átrio esquerdo; **VD**, ventrículo direito; **VE**, ventrículo esquerdo. Traçado inferior: eletrocardiograma. O esquema ao lado indica a posição do transdutor (**T**) em relação ao coração. (Modificado de Kaplan, 1993, p. 358.)

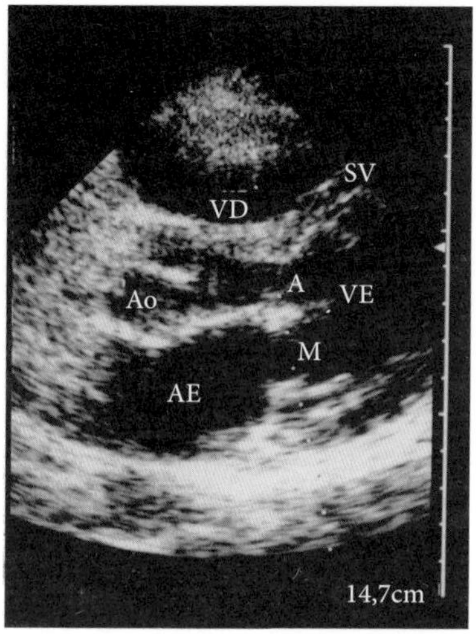

Figura 9.16 Ultrassonocardiografia em modo B. **VD**, ventrículo direito; **SV**, septo interventricular; **A**, valva aórtica; **Ao**, aorta; **VE**, ventrículo esquerdo; **M**, valva mitral; **AE**, átrio esquerdo.

feixe ultrassônico pulsado. A movimentação do transdutor permitiu a formação da imagem do ventrículo direito (VD), do septo interventricular (SV), do ventrículo esquerdo (VE), das valvas mitral (M) e aórtica (A), da aorta (Ao) e do átrio esquerdo (AE). Nesse paciente foram feitos três estudos em modo M, cujos resultados serão comentados a seguir.

A Fig. 9.17A é uma reprodução da Fig. 9.16. Todavia, nela aparece uma linha oblíqua que cruza a imagem do coração, indicando o plano no qual serão analisados os movimentos das paredes. Na Fig. 9.17B, a imagem em modo M permite que se veja como

A

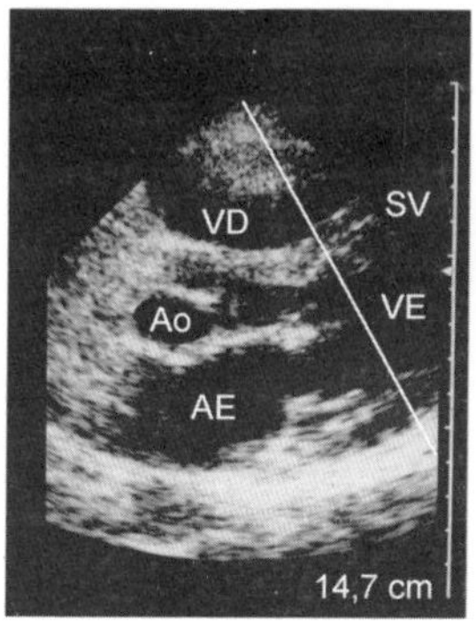

B

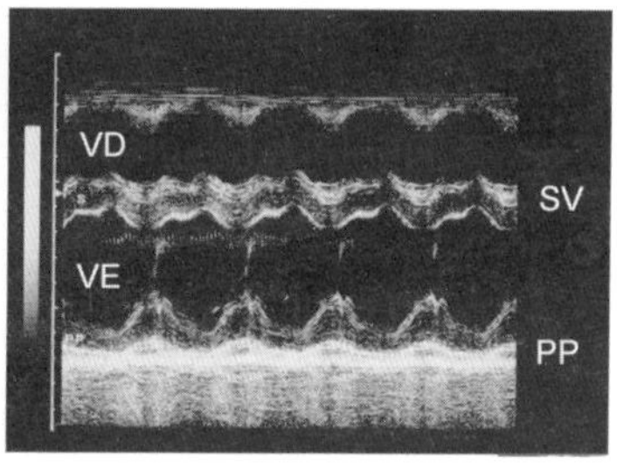

Figura 9.17 A) Ultrassonocardiografia em modo B. **VD**, ventrículo direito; **SV**, septo interventricular; **Ao**, aorta; **AE**, átrio esquerdo; **VE**, ventrículo esquerdo. A reta que corta as estruturas do coração indica o plano escolhido para ser estudado em modo M. **B**) Ultrassonocardiografia em modo M. **VD**, ventrículo direito; **SV**, septo interventricular; **VE**, ventrículo esquerdo; **PP**, parede posterior do ventrículo esquerdo.

se movimentam as estruturas cardíacas. As ondas que se apresentam no VD, VE e no septo interventricular (SV) correspondem às sístoles e às diástoles do coração. Durante a sístole, os diâmetros das câmaras diminuem e na diástole aumentam. Na Fig. 9.17, PP representa a parede posterior do VE.

Para estudar o movimento da valva mitral, o plano de corte foi deslocado de modo a passar por essa valva. Isso está mostrado na Fig. 9.18A. O estudo em modo M (Fig. 9.18B) mostra ondulações de baixa intensidade na parede do ventrículo direito (PVD) e no septo interventricular (SV). Os movimentos dos folhetos da valva mitral (M), aproximando-se ou afastando-se do transdutor, são amplos e dão origem a ondas bem nítidas. PP representa a parede posterior do VE.

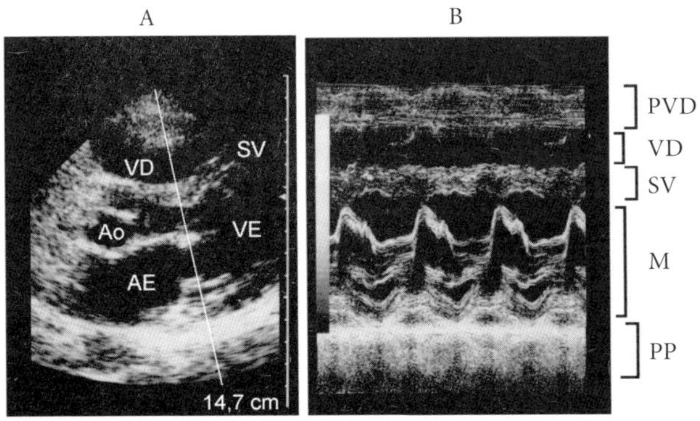

Figura 9.18 **A**) Ultrassonocardiografia em modo B. **VD**, ventrículo direito; **Ao**, aorta; **AE**, átrio esquerdo; **VE**, ventrículo esquerdo. A reta que corta as estruturas do coração indica o plano escolhido para ser estudado em modo M. **B**) Ultrassonocardiografia em modo M. **VD**, via de saída do ventrículo direito; **Ao**, aorta; **AE**, átrio esquerdo; **PP**, parede posterior do ventrículo esquerdo.

A visualização dos movimentos da parede da aorta pode ser obtida deslocando-se o plano do feixe ultrassônico para que passe pela via de saída do VD. Nesse caso, as estruturas atravessadas serão (Fig. 9.19A):

- parede do VD;
- via de saída do VD;
- aorta (Ao);
- átrio esquerdo (AE);
- parede posterior do AE.

O registro ultrassonográfico em modo M mostra os movimentos da parede da aorta durante a sístole e a diástole do coração (Fig. 9.19B). VSVD representa a via de saída do ventrículo direito.

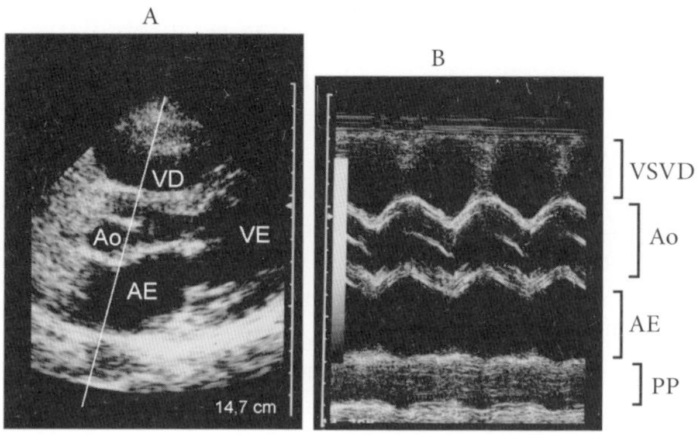

Figura 9.19 **A**) Ultrassonocardiografia em modo B. **VD**, ventrículo direito; **Ao**, aorta; **AE**, átrio esquerdo; **VE**, ventrículo esquerdo. A reta que corta as estruturas do coração indica o plano escolhido para ser estudado em modo M. **B**) Ultrassonocardiografia em modo M. **VSVD**, via de saída do ventrículo direito; **Ao**, aorta; **AE**, átrio esquerdo; **PP**, parede posterior do ventrículo esquerdo.

A ecodoppler-ultrassonografia, também chamada de ultrassonografia em modo D (Doppler), permite a medição da velocidade do refletor e, consequentemente, de fluxos. A Fig. 9.20 foi obtida com feixe pulsado. O transdutor estava localizado na ponta do coração e o volume-amostra foi ajustado para coincidir com a região da valva mitral. Pode-se ver que o fluxo através dessa valva apresenta dois picos: o primeiro deve-se à fase de enchimento ventricular rápido (V_{er}), quando o sangue se move por aspiração ventricular. O segundo ocorre durante a contração atrial (V_{ca}). No paciente examinado, a velocidade máxima ($V_{máx}$) foi de 0,74m/s.

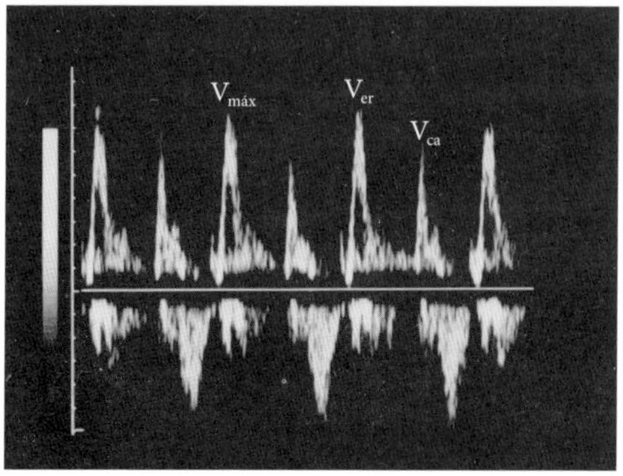

Figura 9.20 Ultrassonocardiografia em modo D mostrando os fluxos através da valva mitral. $\mathbf{V_{máx}}$, velocidade máxima de fluxo durante a fase de enchimento ventricular rápido ($\mathbf{V_{er}}$); $\mathbf{V_{ca}}$, velocidade máxima de fluxo durante a contração do átrio esquerdo.

BIBLIOGRAFIA

Bartrum, Jr., R.J., Crow, H.C. (1977). Gray-scale ultrasound: A manual for physicians and technical personnel. W.B. Saunders Company, Philadelphia.

Carneiro Leão, M. (1982). Princípios de Biofísica. Guanabara Koogan, Rio de Janeiro.

Glasser, O. (1944). Medical Physics. The Year Book Publi- shers, Inc., Chicago.

Gramiak, R., Shah, P.M. (1968). Echocardiography of the aortic root. Invest. Radiol., 3:356.

Hecox, B., Mehreteab, T.A., Weisberg, J. (1994). Physical Agents. Appleton & Lange, Norwalk, Connecticut.

Kaplan, J.A. (1993). Cardiac anesthesia. W.B. Saunders Company, Philadelphia.

Okuno, E., Caldas, I.L., Chow, C. (1982). Física para ciências biológicas e biomédicas. Harper & Row do Brasil, São Paulo.

Stacy, R.W., Williams, D.T., Worden, R.E., McMorris, R.O. (1964). Principios de Biofísica y de Física Médica. Livraria El Atheneo, Barcelona.

CAPÍTULO 10

Efeitos biológicos dos ultrassons

EFEITOS DOS ULTRASSONS

O feixe ultrassônico com energia superior a $100mW/cm^2$ produz, nos meios pelos quais atravessa, efeitos que podem ser classificados em:

- térmicos;
- não térmicos.

Efeito térmico

A propriedade que os ultrassons têm de elevar a temperatura dos meios que os absorvem tem permitido o seu uso para o tratamento de patologias musculares, tendinosas ou osteoarticulares. Devem ser distinguidos dois tipos de transformação da energia sônica em térmica: a que ocorre em virtude das fases de compressão e expansão da onda sonora e aquela decorrente da absorção da onda ultrassônica pelos tecidos. A primeira apresenta pequena importância nas aplicações médicas e, por isso, tratar-se-á, a seguir, da segunda.

A absorção da energia dos ultrassons. A transferência de energia do feixe ultrassônico para os tecidos biológicos obedece a uma equação que se assemelha à Lei de Lambert-Bier:

$$I = I_o \cdot e^{-\alpha x}$$

onde:

I - é a intensidade do feixe ultrassônico transmitido
I_o - é a intensidade do feixe ultrassônico incidente
e - é a base dos logaritmos neperianos
α - é o coeficiente de absorção linear do material que constitui o meio atravessado
x - é a espessura do meio

A equação que governa a intensidade dos ultrassons transmitidos mostra que, quanto maior for o coeficiente de absorção e a espessura do meio absorvedor, menor será a intensidade transmitida. Isso significa que uma maior parcela de energia será absorvida pelo meio.

A energia absorvida por meios de mesma espessura pode ser expressa como:

$$\mathbf{E} = \alpha \cdot \mathbf{I_o}$$

onde:

E - é a energia absorvida pelo meio (W/m^3)
α - é o coeficiente de absorção linear do material que constitui o meio
I_o - é a intensidade do feixe ultrassônico incidente

Piersol et al. (1952) mostraram que o coeficiente de absorção aumenta quando se eleva a quantidade de proteína presente no meio condutor. Por isso, tecidos ricos em colágeno absorvem grande parcela da energia do feixe ultrassônico que os atravessa. Numa escala decrescente de coeficientes de absorção têm-se:

- osso;
- nervo periférico;
- músculo esquelético;
- gordura;
- sangue;
- água.

Dessa sequência, depreende-se que o ultrassom é conduzido com pouca atenuação pela água, sangue e gordura. Nessas estruturas, o efeito térmico é pequeno, pois a absorção é pequena.

A tabela 10.1 mostra coeficientes de absorção de vários tecidos biológicos.

A tabela 10.2 mostra o aumento de temperatura produzido por um feixe ultrassônico aplicado sobre vários líquidos (2ml) durante 10 segundos (Heidemann, 1939).

A tabela 10.3 mostra a elevação de temperatura produzida pelo mesmo feixe de ultrassons aplicado por 30 segundos em várias substâncias (Heidemann, 1939).

Tabela 10.1 Absorção de ultrassons em alguns meios.

Tecido	Frequência (MHz)	Coeficiente de absorção
Gordura	0,8	0,1
Gordura-músculo	0,8	0,14
Músculo	0,8	0,19
Nervo	0,98	0,2
Língua (feixe longitudinal às fibras musculares)	0,98	0,25
Miocárdio	0,98	0,35
Língua (feixe perpendicular às fibras musculares)	0,98	0,57

Fonte: Dados de Heidemann, E., *in* Glasser, 1944, p. 1595; Hüter, Th., *in* Stacy et al., 1965, p. 212.

Tabela 10.2 Efeito térmico de um feixe ultrassônico.

Líquido	ΔT(°C)
Gelatina	1
Água	2
Álcool	3,5
Glicerina	10
Parafina	10
Ácido esteárico	36
Cera	44

Fonte: Heidemann, E., *in* Glasser, 1944, p. 1595.

Tabela 10.3 Efeito térmico de um feixe ultrassônico.

Substância	ΔT(°C)
Ágar	0
Albumina de ovo	2
Fígado	9
Cérebro	9,5
Gema de ovo	11
Gordura	25

Fonte: Heidemann, E., *in* Glasser, 1944, p. 1595.

A elevação da temperatura dos tecidos biológicos produzida pelos ultrassons permitiu que fosse desenvolvida uma técnica para destruir vias anormais de condução, as quais favorecem o aparecimento e a manutenção de arritmias cardíacas. A ablação de estruturas arritmogênicas do coração com ultrassom tem sido desenvolvida e os estudos mostram a sua viabilidade (Zimmer et al., 1995).

Efeitos não térmicos

Entre os efeitos não térmicos dos ultrassons estão:

- micromassagem;
- aumento da permeabilidade da membrana celular;
- variação do diâmetro arteriolar;
- cavitação.

Micromassagem. A micromassagem dos tecidos se deve às oscilações provocadas pelo feixe ultrassônico que os atravessa. A movimentação dos tecidos aumenta a circulação de fluidos intra e extracelulares, facilitando a retirada de catabólitos e a oferta de nutrientes.

Aumento da permeabilidade da membrana celular. O feixe ultrassônico é capaz de alterar os potenciais de membrana. Esse efeito foi visto ocorrer em hemácias por Lota e Darling (1955) que demonstraram haver um aumento da condutância da membrana ao potássio. Efeitos semelhantes foram mostrados na pele da rã (Coble e Dunn, 1976) e no músculo cardíaco (Mortimer et al., 1984,1988a,b).

Vasoconstrição ou vasodilatação arteriolar. Esse não é um efeito bem definido. Foi observado que feixes ultrassônicos de intensidade supraclínica (5-10W/cm^2)

são capazes de provocar constrição arteriolar em músculo cremaster do rato (Hogan et al., 1982). Os autores observaram que feixes pulsados também podiam produzir vasodilatação e abrir capilares em zonas de isquemia crônica. Nenhum desses efeitos pôde ser relacionado ao aumento de temperatura do meio. Ainda não se tem uma boa definição sobre os mecanismos através dos quais o ultrassom promove a variação do diâmetro das pequenas artérias.

Cavitação e efeitos pressóricos. Há dois tipos de efeitos pressóricos: o primeiro está relacionado às fases de compressão e de expansão da onda sonora e o segundo ocorre quando o feixe ultrassônico encontra um refletor.

As variações de pressão **Ap** em um dado local, decorrentes das fases da onda propagada, são estimadas pela equação:

$$\Delta \mathbf{p} = \sqrt{\mathbf{2} \cdot \rho \cdot \mathbf{v} \cdot \mathbf{I_o}}$$

onde:

- ρ – é a densidade do meio condutor
- v – é a velocidade da onda propagada
- I_o – é a intensidade do feixe ultrassônico

Uma consequência dessas variações de pressão é a produção de um efeito conhecido como **cavitação**. A cavitação ocorre quando existe gás dissolvido no líquido por onde trafega o ultrassom. Nas regiões onde há expansão da onda ultrassônica surgem altas pressões negativas que podem promover a liberação do gás dissolvido, propiciando a formação de bolhas gasosas no interior do meio. Grande parte dos efeitos destruidores dos ultrassons deve-se à cavitação. Nas aplicações clínicas, a potência e a frequência dos ultrassons empregados não permitem que esse fenômeno ocorra. Todavia, *in vitro* pode-se mostrar que a cavitação é mais comum com ultrassons de baixa frequência. Dois tipos de cavitação podem existir: uma progressiva, onde as microbolhas aumentam de tamanho, e outra estável, onde o tamanho das microbolhas não se altera.

O feixe ultrassônico, ao alcançar uma interface refletora, exerce sobre ela uma **pressão de radiação** que contribui para a vibração do meio refletor. Quanto maior for o poder refletor, maior será essa pressão.

Têm sido descritos efeitos drásticos utilizando-se ondas ultrassônicas de potência elevada (> $30W/cm^2$). Essas ondas são letais para muitos protozoários, inativam alguns tipos de vírus, destroem hemácias e algumas bactérias, impedem a multiplicação de fungos, e matam rãs, peixes e outros animais de porte semelhante.

APLICAÇÕES CLÍNICAS

As aplicações clínicas dos ultrassons estão baseadas na sua capacidade de elevar a temperatura dos meios internos, bem como de promover uma micromassagem nos tecidos.

A potência ultrassônica usada para o tratamento varia entre 0,5W/cm^2 e 5W/cm^2. Acima de 2W/cm^2 os efeitos lesivos são acentuados e, por isso, a técnica de aplicação exige que a posição do transdutor seja constantemente mudada.

A penetração dos ultrassons nos tecidos do corpo humano varia de modo inverso com a frequência das ondas ultrassônicas. Griffin e Karselis (1982) mostraram que ultrassons de 90kHz penetram o dobro da distância percorrida por ultrassons de 1MHz. Os feixes ultrassônicos que estão situados na faixa terapêutica penetram de 3 a 5cm nos tecidos moles. Allen e Battye (1978) mostraram que ultrassons de 6MHz não passam da pele.

Fatores que influem no aquecimento tissular. A elevação da temperatura de estruturas internas é um efeito importante no tratamento com os ultrassons. Vários fatores contribuem para o aumento da temperatura. Entre eles:

- tempo de aplicação;
- frequência dos ultrassons;
- condutividade térmica dos tecidos;
- taxa de perfusão sanguínea dos tecidos;
- coeficiente de absorção linear dos tecidos.

Lehmann et al. (1967) mostraram que para aquecer efetivamente os tecidos moles adjacentes a um osso é necessário que a intensidade do feixe não atinja o limiar de aquecimento doloroso. Ela precisa ser suficiente para penetrar até a profundidade das estruturas que se quer tratar. Além disso, é preciso aplicar os ultrassons por um tempo suficiente para que o calor possa ser dissipado para as estruturas laterais. A aplicação de ultrassons de potência elevada aquece rapidamente os tecidos. Quando isso ocorre, a temperatura dos tecidos se eleva rapidamente e os receptores de dor podem ser ativados. Apesar do elevado coeficiente de absorção, o osso dificilmente se aquece por absorção dos ultrassons. Isso se deve ao seu elevado coeficiente de condutibilidade térmica que permite que a energia nele depositada seja rapidamente transferida para regiões mais frias. Por outro lado, a interface periósteo-osso reflete a maior parte da radiação sônica incidente.

A circulação sanguínea é importante para a dissipação do calor gerado numa estrutura. Isso contraindica a aplicação de ultrassons em regiões mal perfundidas, pois nelas há o perigo de que se produzam lesões irreversíveis nos tecidos. Os tendões, em face da baixa vascularização que possuem, são mais sensíveis a danos do que os músculos bem irrigados.

A terapia pelos ultrassons está indicada em processos inflamatórios (artrites, fibromiosites, miosites, tendinites, bursites etc.), em certos tipos de dor lombar, nas ciatalgias, em alguns tipos de edemas, no tratamento da dor crônica, na cicatrização de feridas etc. Também através dos ultrassons algumas substâncias podem ser transportadas para o interior do corpo. Essa técnica, conhecida como **fonoforese,** permite que hidrocortisona, dexametasona, penicilina, lidocaína, vários anti-inflamatórios e analgésicos, entre outras substâncias, possam ser introduzidos através da pele.

CONTRAINDICAÇÕES AO USO DOS ULTRASSONS DE POTÊNCIA TERAPÊUTICA

Apesar dos seus efeitos benéficos, existem contraindicações relativas e absolutas ao uso da ultrassonoterapia. Contraindicações relativas:

- **fratura não consolidada** – não existe ainda uma documentação adequada dos efeitos;
- **ruptura ou cirurgia recente de tendão ou ligamento** – alguns dados experimentais sugerem que os ultrassons podem acelerar o processo de restauração de tendões ou ligamentos lesados. A aplicação de ultrassom em tendão de Aquiles de coelho promoveu aumento do diâmetro do tendão (Enwemeka, 1989, 1990; Jackson et al., 1991). Esses dados não são, contudo, suficientes para provar os efeitos benéficos dessas radiações sobre os tendões;
- **osteoporose** – não se tem documentação científica adequada;
- **implantes plásticos** – esses materiais apresentam alto coeficiente de absorção e não se tem ainda uma documentação científica adequada. Por isso, a aplicação dos ultrassons sobre próteses plásticas implantadas deve ser evitada, pois nelas há risco de superaquecimento;
- **implantes metálicos** – os estudos têm mostrado que tecidos vizinhos a implantes metálicos (placas, parafusos etc.) aquecem-se menos do que se houvesse osso no local do implante. A razão provável é a elevada condutibilidade térmica do metal que, por isso, dissipa rapidamente o calor.

Contraindicações absolutas:

- **marca-passo cardíaco** – podem apresentar mau funcionamento;
- **gravidez** – não se tem documentação científica adequada;
- **tumores** – o estímulo à circulação pode favorecer a propagação de metástases;
- **tromboflebite** – pode haver desagregação do coágulo e formação de êmbolos;
- **infecções** – pode haver disseminação da infecção;
- **tendência à hemorragia** – pode induzir a hemorragia;
- **epífises ósseas em processo de crescimento** – estudos experimentais mostram que os ultrassons interferem com o crescimento ósseo;
- **pacientes em tratamento com radiação ionizante (raios X e radionuclídeos)** – não se tem documentação adequada, mas suspeita-se que possa haver interação sinérgica;
- **doenças cardíacas** – o ultrassom aplicado sobre o coração, gânglio cervical ou gânglio estrelado pode estimular reflexos perigosos para o paciente.

Além dessas situações, não se deve aplicar ultrassom sobre os olhos, nem sobre a região da coluna vertebral desprotegida após laminectomia.

BIBLIOGRAFIA

Allen, K.G.R., Battye, C.K. (1978). Performance of ultrasonic therapy instruments. Physiotherapy, 6:176.

Bartrum, Jr., R.J., Crow, H.C. (1977). Grayscale ultrasound: A manual for physicians and technical personnel. W.B. Saunders Company, Philadelphia.

Carneiro Leão, M. (1982). Princípios de Biofísica. Guanabara Koogan, Rio de Janeiro.

Coble, A.J., Dunn, F. (1976). Ultrasonic production of reversible changes in the electrical parameters of isolated frog skin. J. Acoust. Am., 60:225-229.

Enwemeka, C.S. (1989). The effects of therapeutics ultrasound on tendon healing. Am. J. Phys. Med. Rehabil., 6:283-287.

Enwemeka, C.S., Rodriguez, O., Mendosa, S. (1990). The biomedical effect of low-intensity ultrasound on healing tendons. Ultrasound Med. Biol., 8:801-807.

Glasser, O. (1944). Medical Physics, The Year Book Publishers, Inc., Chicago.

Gramiak, R., Shah, P.M. (1968). Echocardiography of the aortic root. Invest. Radiol., 3:356.

Griffin, J., Karselis, T. (1982). Physical Agents for Physical Therapists. Springfield, Illinois.

Hecox, B., Mehreteab, T.A., Weisberg, J. (1994). Physical Agents, Appleton & Lange. Norwalk, Connecticut.

Heidemann, E. (1939). Grundlagen und Ergebnisse der Ultraschallforschung. W. de Gruyter & Co., Berlim.

Hogan, R.D., Franklin, T.D., Fry, F.J. (1982). The effect of ultrasound on microvascular hemodynamics in skeletal muscle: effect on aterioles. Ultrasound Med. Biol., 8(1):44-55.

Jackson, B.A., Schwane, J.A., Starcher, B.C. (1991). Effect of ultrasound therapy on the repair of Achilles tendon injuries in rats. Med. Sci. Sports Med., 2:171-176.

Kaplan, J.A. (1993). Cardiac anesthesia. W.B. Saunders Company, Philadelphia.

Lehmann, J.F., DeLateur, B., Stonebridge, J. et al. (1967). Therapeutic temperature distribution produced by ultrasound as modified by dosage and volume of tissue exposed. Arch. Phys. Med. Rehabil., 664-666.

Lota, M., Darling, R. (1955). Changes in permeability of the red blood cell membrane in homogeneous ultrasound field. Arch. Phys. Med. Reahabil., 36:282-287.

Mortimer, A.J., Bresden, B., Forester, G.V. et al. (1984). System for measurements of the effects of ultrasound on the properties of the myocardium. Med. Biol. Eng. Comp., 22:22-27.

Mortimer, A.J., Trollope, B.J., Villeneuve, E.J. (1988). Ultrasound enhanced diffusion of oxygen through isolated frog skin. J. Med. Ultrasound, 6 (Suppl.).

Mortimer, A.J., Dyson, M. (1988). The effect of therapeutic ultrasound on calcium uptake in fibroblats. Ultrasound Med. Biol. 6:499-506.

Stacy, R.W., Williams D.T., Worden R.E., McMorris, R.O. (1964). Principios de Biofísica y de Física Médica. Livraria El Atheneo, Barcelona.

Okuno, E., Caldas, I.L., Chow, C. (1982). Física para ciências biológicas e biomédicas. Harper & Row do Brasil, Sao Paulo.

Zimmer, J.E., Hynynen, K., He, D.S., Marcus, F. (1995). The feasibility of using ultrasound for cardiac ablation. IEEE Transaction on Biomedical Engeneering, 42(9):891-897.

PARTE III

Biotermologia

CAPÍTULO 11

Biofísica das trocas de calor corporal

INTRODUÇÃO

A busca do entendimento sobre os processos básicos que suportam e mantêm a vida tem estimulado a curiosidade dos cientistas para o estudo dos mecanismos orgânicos que produzem (termogênese) e que dissipam calor (termólise).

As primeiras observações experimentais mostraram que a termogênese dependia das reações envolvidas com os metabolismos e que a manutenção da homeostase exigia uma oferta adequada de oxigênio para os tecidos. De acordo com essas ideias, Lavoisier propôs que o consumo de oxigênio seria pequeno quando o homem, em jejum, estivesse mantido em ambiente com temperatura confortável. Todavia, a demanda de oxigênio aumentaria durante os exercícios após a ingestão de alimentos ou em temperatura ambiente baixa.

Metabolismo basal. A respiração celular não se faz sem oxigênio. No interior das células, esse gás se combina com prótons hidrogênios para formar a água endógena. Rubner (Glasser, 1944) foi o primeiro a verificar que o princípio da conservação da energia também se aplicava aos seres vivos. Ele concluiu que a energia dos alimentos servia, entre outras funções, para manter os processos vitais, para aquecer e para movimentar o corpo. Rubner também correlacionou a transformação metabólica dos alimentos com o consumo de oxigênio, chegando a observar que o consumo de oxigênio era praticamente constante nos indivíduos postos em ambiente confortável e sob condições controladas de alimentação. A essa demanda de gás chamou de **metabolismo basal**.

Temperatura corporal. O homem mantém, a despeito das variações da temperatura ambiente, a sua temperatura interna entre 36,7 e 37°C, quando medida da boca, ou entre 37,3 e 37,6°C para medições retais (Bligh, 1973). Isso se deve à existência de mecanismos reguladores que controlam eficientemente a produção e a eliminação do calor corporal. Em ambientes frios, o calor gerado no interior do corpo deve ser conservado, enquanto nos ambientes quentes deve ser dissipado para o meio. A temperatura interna do corpo depende, assim, desse balanço. Os animais que são capazes de controlar a própria temperatura interna são chamados **homeotermos**.

TERMOGÊNESE BIOLÓGICA

O homem é um animal homeotermo. Em 1876, Claude Bernard demonstrou que, nos animais expostos ao frio, o calor corporal era produzido pela contração muscular (termogênese mecânica) e pelas reações bioquímicas exotérmicas (termogênese química).

Termogênese mecânica

O calafrio. A termogênese mecânica está baseada na produção de calor que ocorre durante o calafrio. O calafrio é uma resposta muscular apresentada por muitos animais, entre os quais o homem, quando são subitamente expostos ao frio. Pode também ser observado nos estados febris, quando a temperatura corporal ascende rapidamente.

O calafrio é caracterizado por uma contração desorganizada dos músculos esqueléticos. Trata-se de uma resposta involuntária e, durante o seu período de estado, o consumo de oxigênio pode elevar-se de 2 a 5 vezes (Adolph, 1950; Hart et al., 1956; Lim, 1960). Essa resposta é abolida pelo curare, substância que atua bloqueando a transmissão neuromuscular (Cottle e Carlson, 1954). Isso indica que há envolvimento da placa mioneural e que, antes de ser uma expressão mecânica dos músculos, o calafrio é resultante de uma atividade nervosa descontrolada. A contraprova disto é que a fenesina, droga que atua principalmente na medula, inibindo ali os neurônios motores, também abole o calafrio (Griggio, 1982).

Alguns animais homeotermos não utilizam a termogênese mecânica durante a adaptação ao frio. Entre eles estão: o cão (Nagasaka e Carlson, 1965), o coelho (Kocková e Jansky, 1968) e a cobaia (Bruck et al., 1969). O coelho faz a aclimatação ao frio, aumentando o seu isolamento térmico em relação ao meio. Eriçando os pelos, imobiliza uma camada de ar que funciona como isolante térmico (Oliveira et al., 1985).

Termogênese química

Sellers et al. (1954) demonstraram que pequenos animais (ratos), aclimatados ao frio, conseguiam produzir calor suficiente para as suas necessidades térmicas sem que fosse preciso recorrer à termogênese gerada pelo calafrio. Também o homem, quando submetido a um ambiente que se esfria vagarosamente, pode compensar a sua demanda de calor, aumentando o seu metabolismo interno, sem recorrer à termogênese mecânica.

A termogênese química, apesar de mais lenta do que a termogênese mecânica, é o meio mais importante para a manutenção da temperatura corporal. O calor é produzido no corpo humano pelas reações exotérmicas que ocorrem no metabolismo das gorduras, dos açúcares e das proteínas (Jansky, 1973). As gorduras são uma fonte muito importante de energia térmica, sobretudo aquelas localizadas no tecido adiposo marrom. As células desse tecido convertem com facilidade a energia dos seus estoques.

O tecido adiposo marrom. Em 1912, Polimanti foi o primeiro a realçar a importância do tecido adiposo marrom como elemento termogênico, mas somente com os trabalhos de Smith e Horwitz (1969) é que ficou bem demonstrada a sua importância para a geração de calor no organismo homeotermo. O tecido adiposo marrom existe em camundongo (Ikemoto et al., 1967), hamster (Chafee et al., 1964), macacos (Itoh e Hiroshige, 1967), bem como nos fetos humanos, nos recém-nascidos (Dawkins e Hull, 1967) e no homem adulto (Bukowiecki e Collet, 1983). Foster e Fraydman (1978, 1979) demonstraram que a gordura marrom é o principal substrato para a termogênese química. Esse tecido é encontrado por todo o corpo, mas, principalmente nas regiões interescapulares, subescapulares e axilares. Suas células são inervadas pelo simpático e possuem grande quantidade de mitocôndrias (Himms-Hagen, 1983).

Produção basal de calor. A produção de calor em situação de metabolismo basal é de aproximadamente 1,5kcal/min para um homem adulto com 70kg e com 1,8m^2 de superfície corporal. O calor é gerado principalmente no fígado, cérebro, coração e músculos esqueléticos. A Tabela 11.1 mostra como varia a produção de calor em várias situações.

São numerosos os fatores que afetam a termogênese, mas todos eles estão relacionados com o metabolismo interno dos alimentos. Algumas situações alteram a taxa basal de produção e de perda do calor. O sono, a subnutrição, bem como o mixedema decorrente de uma hipofunção da glândula tireoide, reduzem o metabolismo basal. Por outro lado, o bócio exoftálmico (hiperfuncionamento da tireoide), os estados de tensão muscular permanente, o calafrio, a alimentação e o exercício promovem a sua elevação.

TERMÓLISE BIOLÓGICA

O corpo humano perde calor pelos seguintes mecanismos:

- Vaporização.
- Radiação.
- Convecção.
- Condução.

Vaporização

A vaporização é a passagem de uma substância do estado líquido para o estado gasoso. Ela pode ser realizada por:

- **ebulição** – vaporização rápida e turbulenta observada quando o líquido atinge a sua temperatura de ebulição;

Tabela 11.1 Produção metabólica de calor.

A. Situação		Produção de calor* (kcal/min)
Sentado		0,3
Em pé		0,6
Andando		2,0-3,0
Subindo ladeira		+0,8 por cada metro de altura
B. Tipo de trabalho	**Média (kcal/min)**	**Faixa (kcal/min)**
I. Manipulação		
a. pequeno esforço	0,4	0,2-1,2
b. grande esforço	0,9	
II. Com um braço		
a. pequeno esforço	1,0	0,7-2,5
b. grande esforço	1,8	
III. Com ambos os braços		
a. pequeno esforço	1,5	1,0-3,5
b. grande esforço	2,5	
IV. Com todo o corpo		
a. esforço leve	3,5	2,5-9,0
b. esforço moderado	5,0	
c. esforço elevado	7,0	
d. esforço muito elevado	9,0	
C. Metabolismo basal	1,0	

* Taxa do calor produzido em virtude da atividade, excluindo o metabolismo basal.
Fonte: National Institute for Occupational Safety and Health. Washington, DC, in Wald & Stave, 1994, p. 96.

- **calefação** – ocorre quando o líquido entra em contato com uma superfície superaquecida. Nesse caso, a vaporização é muito rápida e a temperatura do fluido permanece menor do que a sua temperatura de ebulição;
- **evaporação** – processo lento e realizado a baixa temperatura.

No corpo humano, a vaporização se faz por evaporação da água ao nível da pele e dos pulmões.

Perda de calor corporal por evaporação. A perda de calor por evaporação normalmente equivale a cerca de 20 a 25% do calor total perdido pelo corpo humano. Para cada grama de suor o corpo perde 0,58kcal (Guyton, 1991). Nas febres e nas doenças que cursam com hiperventilação pulmonar por taquipneia, essa perda está muito aumentada. Nos grandes queimados, ao contrário, a perda de calor por evaporação está prejudicada. Isso ocorre porque a quantidade de líquido que chega à superfície do corpo é muito grande e não há tempo suficiente para a sua completa evaporação. Ainda mais, o líquido é rico em proteínas, sobretudo em albuminas, o que aumenta a sua tensão superficial e prejudica, assim, a sua evaporação. Nesses pacientes, a redução da termólise por evaporação colabora para a hipertermia que eles costumam apresentar.

Radiação

Fluxo de calor. O calor também pode ser dissipado por meio de ondas eletromagnéticas. Cerca de 60% da perda de calor corporal é feita por radiação. Todo corpo com temperatura maior que 0°K emite radiações caloríficas (raios infravermelhos). O fluxo de calor resultante se dirige do corpo mais quente para o mais frio. Assim, a taxa de resfriamento de um corpo depende do seu poder emissivo.

O fluxo de calor para o meio circundante será tanto mais intenso, quanto maior for a área do emissor e maior for o gradiente térmico entre ele e o meio. A capacidade que a pele tem para receber calor do corpo e, em seguida, dissipá-lo sob forma de radiação eletromagnética é fundamental na transferência de calor entre o corpo e o meio.

Poder emissivo. Poder emissivo ou potência emissiva (P) de um corpo é a razão entre o fluxo (φ) de calor que o corpo emite e a quantidade de calor por unidade de tempo (φ_n) que seria emitida pelo corpo negro (a fuligem é considerada referência padrão) se este estivesse submetido às mesmas condições experimentais. Assim:

$$P = \frac{\varphi}{\varphi_n}$$

A pele como irradiador de calor. A pele humana emite raios infravermelhos com comprimentos de onda que vão de 5 a 20μm. As radiações de 9μm são as de maior amplitude. Os estudos mostraram que a pele humana, não importando a sua cor, tem uma potência de irradiação igual a 97% daquela do corpo negro. Isso significa que ela apresenta um excelente poder emissivo.

A pele é a principal fonte de radiação calorífica do corpo humano. O suprimento sanguíneo para esse órgão é abundante e está sob o controle do sistema nervoso central. Nas extremidades, em particular, existem muitas comunicações entre artérias e veias de pequeno calibre. Isso cria condições para a formação de grande fluxo sanguíneo, pois, não tendo o sangue que percorrer os capilares, a resistência ao fluxo é baixa. Por esta razão, nas extremidades ocorre grande troca de calor com o meio ambiente.

As mudanças na temperatura ambiente alteram a circulação do sangue na superfície do corpo e isso se deve à liberação de mediadores químicos, tal como a acetilcolina. A temperatura da pele também pode ser alterada por reflexos nervosos. As informações, captadas pelos receptores de frio e de calor situados na pele, chegam ao cérebro através dos nervos sensitivos. Esses sinais são então processados e retornam aos vasos que estão na região do estímulo. Os nervos simpático e parassimpático conduzem esses estímulos e, assim, controlam a circulação sanguínea da região.

Convecção

O clima privado. Convecção é a transferência de energia térmica de um sistema para outro que se faz através da movimentação de massas de fluido. Essas correntes se deslocam das regiões mais frias para as mais quentes e vice-versa. A força para esse movimento provém da diferença entre o empuxo do meio e o peso das partículas do fluido. Quando o ar é aquecido, ele se expande, aumentando o seu volume e reduzindo a sua densidade. Isso faz com que a força de empuxo do meio se torne maior do que o peso da massa de ar expandido e, por conseguinte, a camada de ar é empurrada para cima. O inverso acontece quando o ar é resfriado. Assim, quando as moléculas de ar entram em contato com a pele e são aquecidas por condução, elas se expandem rarefazendo o meio e criando os gradientes de pressão necessários à formação das correntes de convecção. Por este mecanismo, o ar aquecido sobe e é substituído por uma massa de ar mais fria. O efeito refrigerador, que a convecção do ar exerce sobre a pele, foi chamado de **clima privado**.

A biofísica do vestuário leva em consideração fatores que estão relacionados com o tecido (poder radiante, poder refletor, capacidade de absorver e evaporar a água etc.) e com a "arquitetura" da roupa (volume, aberturas, oclusões, forma etc.), a fim de que ela sirva como proteção para o corpo sem, no entanto, prejudicar o seu desempenho como trocador de calor.

Dos mecanismos de transferência do calor (vaporização, convecção e radiação), a convecção é a que apresenta maior dificuldade para ser adequadamente medida. Isso se deve à dificuldade para determinar a quantidade de ar que, por unidade de tempo, entra em contato com a pele. Por essa razão, nos estudos medem-se sempre em conjunto as perdas de calor por convecção e por radiação.

Condução

Condução é a forma de transferir calor quando há contato direto entre um corpo frio e outro quente. A condução é importante quando se estuda a perda de calor através das roupas e em situações especiais, como as que ocorrem nos trabalhos ou nos esportes sob a água. Também ela é importante para a avaliação das trocas caloríficas que se processam nos pacientes acamados que estão sobre colchão de água.

Equação do fluxo de calor. Considere-se a Fig. 11.1. Nela, os corpos 1 e 2 estão mantidos com temperaturas constantes, porém diferentes. Uma barra, termicamente isolada do meio ambiente, liga esses corpos. A equação que permite calcular o fluxo (Φ) de calor que se propaga do corpo mais quente para o corpo mais frio é:

$$\Phi = -\mathbf{k} \cdot \mathbf{S} \cdot \mathbf{G}$$

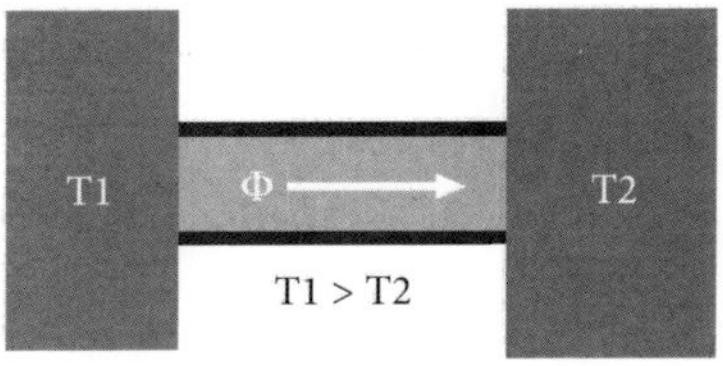

Figura 11.1 Fluxo de calor (Φ) através de uma barra que liga dois corpos mantidos a temperaturas diferentes (**T1** e **T2**). O calor se move do corpo mais quente para o mais frio.

onde:

S – é a área da barra
G – é o gradiente de temperatura ao longo da barra
k – é constante de condutividade térmica da barra

A Tabela 11.2 mostra alguns valores de condutividade térmica.

Tabela 11.2 Condutividade térmica de diversos materiais.

Material	Condutividade térmica (k_s) (cal/m.s.°C)	K_s/K_{ar}
Ar	0,026	1,00
Madeira	0,2	7,69
Borracha	0,372	14,31
Água	1,4	53,85
Vidro	2,6	100
Areia	93	3.576,92
Alumínio	235	9.038,46
Cobre	401	15.423,08
Gordura subcutânea	0,45	17,31
Pele	0,898	34,54
Sangue total	1,31	50,38
Músculo	1,53	58,85
Osso	2,78	106,92

Fonte: Modificado de Lehman, J. e de Halliday, D. e Resnick, R., *in* Hocox et al., 1994, p. 73.

CONTROLE DA TEMPERATURA CORPORAL

Importância do hipotálamo. A temperatura corporal é mantida pelo balanço entre os processos de produção e de eliminação do calor. Esse controle é feito pelo hipotálamo, glândula situada nas paredes e no teto do terceiro ventrículo cerebral. As lesões produzidas na região anterior da glândula levam ao aparecimento de hipertermia, enquanto a destruição do hipotálamo posterior produz hipotermia (Harrison, 1962). Hoje se sabe que as regiões mais anteriores controlam a termólise, enquanto as posteriores estão relacionadas com a termogênese. O controle da produção de calor é feito através dos hormônios que aumentam o metabolismo e também por meio do calafrio e da horripilação, enquanto a termólise é controlada pelos processos de vasodilatação periférica e de sudorese.

Variações circadianas da temperatura corporal. Graças ao controle térmico, a temperatura interna do corpo mantém-se dentro de limites. Ela não é constante, mas apresenta pequenas variações que se devem a fatores externos e internos. Durante o sono, por exemplo, a temperatura interna diminui, alcançando um valor mínimo em torno das 4 horas da manhã. A partir daí, sobe até o final da tarde, quando, então, apresenta os seus valores máximos. Nos indivíduos que trabalham à noite, a curva térmica pode estar invertida. Neles, a temperatura máxima pode ocorrer pela manhã e a mínima à tarde. Esse fato mostra que os relógios biológicos, ao fazerem variar o nível plasmático de algumas substâncias (testosterona, estrógeno, tri-iodotrionina, tetraiodotrionina, melatonina etc.), são capazes de interferir nos processos de regulação térmica do corpo.

Mecanismos de controle da temperatura corporal. A perda de calor pelos vários mecanismos depende da superfície corporal e do gradiente de temperatura que existe entre o corpo e o meio circundante. O homem, com suas funções íntegras, regula o seu metabolismo térmico controlando a produção de calor ou modulando a sua perda por vaporização e por radiação. Esse controle é complexo e se faz, via de regra, através do suor (perda por evaporação) e do controle da irrigação sanguínea na superfície cutânea (dissipação por irradiação e convecção).

Quando se estuda a regulação térmica humana é preciso levar em consideração que o homem, tal como outros animais, adota atitudes ativas que visam à manutenção do seu equilíbrio térmico. Assim, se há, por exemplo, necessidade de aumentar a perda de calor, o indivíduo busca locais mais frios ou mais ventilados. A ventilação, como se sabe, aumenta a taxa de troca do volume de ar que está em contato com o corpo, permitindo que o ar mais frio se aproxime, o que melhora a transferência de calor por condução. Além disso, a ventilação também reduz a tensão do vapor d'água presente no ar que está próximo à pele. Por isso, ela facilita a evaporação do suor e promove melhor transferência de calor para o ambiente.

A pele é um órgão de vital importância para o bom funcionamento do corpo humano. Entre as suas funções (barreira contra a penetração de micro-organismos, manutenção do equilíbrio hidroeletrolítico etc.), ressalta-se sua capacidade de atuar como órgão refrigerador do corpo.

A regulação da temperatura corporal pela termólise. A refrigeração do sangue ao nível da pele se faz principalmente por radiação e por vaporização. Como o calor está constantemente sendo produzido pelo metabolismo (oxidação das proteínas, lipídios e carboidratos) há necessidade de que ele seja constantemente perdido, a fim de que a temperatura interna se mantenha dentro de uma faixa constante. O controle dessa temperatura pode ser feito através da regulação da termogênese ou da termólise. Como a termogênese depende de reações bioquímicas, o controle desse processo é difícil e apresenta um tempo de resposta prolongado. Assim, o organismo regula a sua temperatura controlando principalmente a dissipação de calor para o meio ambiente.

Toda vez que há aumento da termogênese ou da temperatura ambiente, o organismo eleva a sua taxa de perda de calor de modo a manter estável a temperatura interna. O inverso ocorre quando a termogênese é reduzida ou quando a temperatura ambiente é baixa. Nessas situações, os mecanismos de eliminação do calor são parcialmente desativados, a fim de reduzir a perda térmica e, assim, garantir a estabilidade da temperatura corporal.

AS TROCAS DE CALOR CORPO-AMBIENTE

Equação da troca de calor homem-meio. A troca de calor entre o corpo humano e o meio ambiente depende da temperatura, da velocidade do vento e da umidade do ar, mas também da temperatura da pele, da taxa de evaporação do suor e das características biofísicas do vestuário. A equação que descreve a influência desses fatores é descrita como:

$$\mathbf{Q = (M - W) \pm Cv \pm Cd \pm R - E}$$

onde:

Q – quantidade de calor perdida ou ganha pelo corpo
M – quantidade de calor produzida pelo metabolismo
W – quantidade de trabalho muscular externo
Cv – quantidade de calor trocada por convecção
Cd – quantidade de calor trocada por condução
R – quantidade de calor trocada por radiação
E – quantidade de calor trocada por evaporação

RESPOSTAS FISIOLÓGICAS À TEMPERATURA AMBIENTE

Influência do peso corporal

Para estudar os mecanismos termolíticos do homem, Winslow, Herrington e Gagge (1937) compararam o balanço térmico de um indivíduo corpulento (Fig. 11.2A) com o de um indivíduo magro (Fig. 11.2B). Nos seus experimentos eles mantiveram constante o metabolismo basal dos indivíduos e mediram as trocas de calor que ocorriam por evaporação (EVAP), por radiação (R) e por convecção (C), quando o meio externo foi resfriado de 40°C para 16°C.

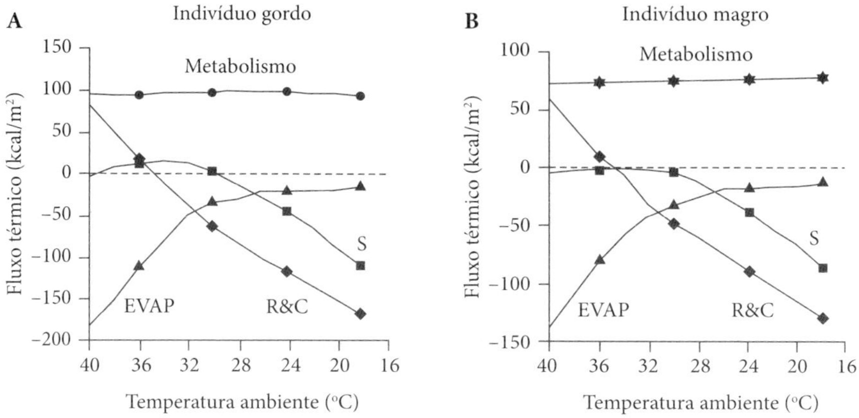

Figura 11.2 Fluxos de calor entre um indivíduo e o meio, em função da temperatura do ambiente. **A**, indivíduo gordo; **B**, indivíduo magro. Os pontos positivos representam o calor recebido pelo corpo, e os negativos, o calor perdido por ele. Em ambos os gráficos, a taxa de produção de calor pelo metabolismo está indicada. **S**, calor acumulado; **EVAP**, calor trocado por evaporação; **R&C**, calor trocado por radiação e convecção. (Modificado de Winslow, Gagge e Herrington, *in* Glasser, 1944, p. 1525.)

Nessas figuras, os fluxos de calor com valores positivos indicam uma transferência térmica do meio para o indivíduo e aqueles com valores negativos correspondem ao fluxo de calor perdido pelo homem. Subtraindo o calor ganho do calor perdido os autores encontraram a curva do calor acumulado (S).

Note-se que:

- A taxa metabólica do gordo foi ligeiramente maior do que a do magro.
- As curvas relativas à evaporação e ao processo de radiação-convecção apresentaram formas semelhantes. Todavia, o magro, quando foi submetido à temperatura alta (40°C), perdeu menos calor por evaporação.
- À medida que o ambiente foi resfriado, a perda de calor por evaporação diminuiu. Inicialmente, o fez de modo rápido, mas abaixo dos 31°C tendeu a estabilizar-se.
- As curvas que representam a dissipação de calor por radiação-convecção cruzam o nível de fluxo térmico nulo entre 35 e 36°C. Isso indica que a temperatura da pele dos indivíduos estava nesta faixa de valores, pois o calor perdido por radiação-convecção somente é nulo quando não há gradiente de temperatura entre a pele e o meio.
- Abaixo dos 30°C, a temperatura interna do corpo foi reduzida. Isso pode ser deduzido pelo fato de que o calor acumulado ter sido negativo nessa faixa de temperatura.
- Entre 30 e 40°C, o indivíduo gordo apresentou um mecanismo de dissipação de calor menos eficiente do que o magro, pois o calor acumulado foi positivo, indicando que a temperatura interna do corpo aumentou.

Comentários:

- Quanto ao metabolismo:

  Era esperado que o metabolismo aumentasse com a redução da temperatura do ambiente e que fosse reduzido nas temperaturas externas elevadas. Kleiber (1961) demonstrou que a atividade metabólica aumenta quase que linearmente com a diminuição da temperatura ambiente. Isso, no entanto, não foi observado nos experimentos de Winslow et al. porque esses experimentos foram feitos em situações de quase-equilíbrio. Sob tal condição, a temperatura central pode ser mantida constante porque as respostas termolíticas são muito mais rápidas do que as respostas termogênicas, desde que estas não sejam devidas ao calafrio. Assim, foi possível a determinação das variações das perdas de calor sem que o metabolismo total tenha apresentado variação.

- Quanto à evaporação:

  A termólise por evaporação aumenta com a elevação da temperatura externa. Isso se dá por duas razões: a primeira é que a quantidade de suor produzido por unidade de tempo aumenta com a elevação da temperatura ambiente, e a segunda, porque, quanto mais alta for a temperatura exterior, mais rápida será a evaporação do suor e, consequentemente, maior será a perda de calor.
  O platô que se observa entre os 18 e 25°C reflete o calor perdido pela perspiração cutânea, pois nessa faixa de temperatura não ocorre sudorese.

- Quanto à radiação-convecção:

  Para temperaturas mais altas, a curva é positiva, isto é, o meio cede calor ao corpo através dos processos de radiação e convecção, enquanto, para temperaturas ambientais menores que 35°C, o corpo cede calor ao meio, e a curva é negativa.
  No ponto em que a curva cruza a linha zero (entre 35 e 36°C) não há troca de calor via radiação-convecção. Nesse ponto, tanto a dissipação por radiação quanto a dissipação por convecção são nulas.

Influência do vestuário

Winslow, Herrington e Gagge (1937) e Gagge, Winslow e Herrington (1937) estudaram a influência da roupa nas respostas fisiológicas às variações de temperatura do meio ambiente. A Fig. 11.3 mostra os resultados obtidos em dois indivíduos:

- vestido (símbolos escuros);
- despido (símbolos claros).

Na figura 11.3 estão mostradas as curvas obtidas em cada um dos indivíduos testados. **EVAP** corresponde à curva do calor dissipado por evaporação, **R&C**, por radiação-convecção, e **S**, a quantidade de calor estocado pelo corpo.

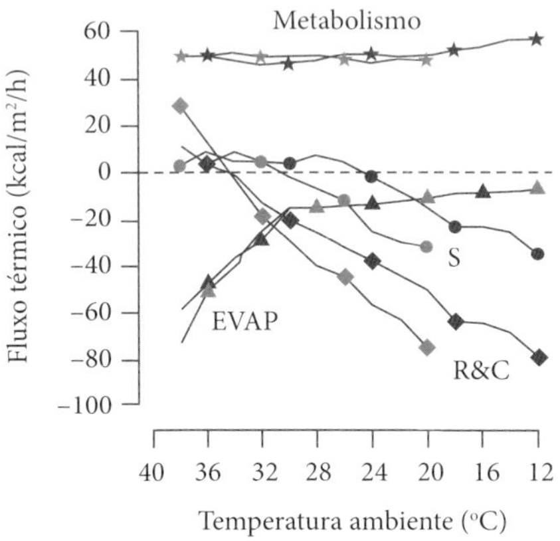

Figura 11.3 Fluxos de calor homem-meio (símbolos escuros: indivíduo vestido; símbolos claros: indivíduo despido) em função da temperatura do ambiente. Nas curvas, os pontos positivos representam o calor recebido pelo corpo, e os negativos, o calor perdido por ele. A taxa de produção de calor pelo metabolismo está indicada. **S**, calor acumulado; **EVAP**, calor trocado por evaporação; **R&C**, calor trocado por radiação e convecção. (Modificado de Winslow, Gagge e Herrington, *in* Glasser, 1944, p. 1525.)

A análise desses resultados mostra que:

- A taxa metabólica permaneceu constante durante os experimentos.
- A curva de calor acumulado indica que o indivíduo vestido iniciou o processo de resfriamento corporal a uma temperatura de 25°C, enquanto o indivíduo despido começou a resfriar-se a uma temperatura próxima de 32°C.
- A diferença no resfriamento corporal deveu-se, sobretudo, a diferenças na eficiência do calor dissipado por radiação-convecção. Note-se, por exemplo, que a uma temperatura ambiente de 20°C o indivíduo vestido perdeu menos calor por essas vias.
- Perto dos 40°C, a perda de calor por evaporação no indivíduo despido foi mais eficaz.

Comentários:

Nesses experimentos, os autores trabalharam em situação de quase-equilíbrio. Dois fatos demonstram o poder isolante da roupa usada:

- o indivíduo vestido inicia o resfriamento corporal a uma temperatura externa mais baixa;
- a perda por radiação-convecção é menor no indivíduo vestido.

Também está mostrado que a roupa dificulta a perda de calor por evaporação. Isso se deve ao bloqueio das correntes de ar que facilitam a vaporização do suor.

FATORES QUE AFETAM A TEMPERATURA DA PELE

Os fatores que afetam a temperatura da pele podem ser classificados em externos e internos ao corpo.

Fatores externos

1. Roupa

Alguns estudos experimentais mostraram que a roupa pouco altera a dissipação de calor por radiação, a menos que ela seja feita com algodão e que possua uma malha estreita.

Toda a sua influência está nas trocas por convecção. Baseando-se nessa informação, pode-se concluir que a principal diferença nas curvas radiação-convecção vistas na Fig. 11.3 foi promovida pelas trocas por convecção.

Gagge, Winslow e Herrington (1938) mostraram que a roupa protege a pele das variações rápidas de temperatura, pois observaram que, quando a temperatura externa era menor do que 25°C, a superfície externa da roupa apresentava uma temperatura menor do que a temperatura da pele. O inverso ocorria quando o ambiente exterior estava com temperatura acima de 36°C.

Poder isolante. O poder isolante do vestuário é medido em unidades **clo** (de *cloth*). Um **clo** é o isolamento capaz de reduzir em 5,5kcal/m^2/h o fluxo total de calor trocado entre a pele e o ambiente. Assim, quanto maior for o **clo** de um material, maior será a sua capacidade de isolamento térmico. A Tabela 11.3 mostra valores obtidos em vestimentas diferentes.

Tabela 11.3 Poder isolante de roupas.

Tipo de roupa	Valor do clo
Uniforme de trabalho para o verão	0,6
Capas de algodão	1,0
Uniformes de trabalho para o inverno	1,4

Fonte: American Conference of Governmental Industrial Hygienists 1992-1993, *in* Wald e Stave, 1994, p. 101.

2. Temperatura e umidade do ar

Há muito se conhece que a temperatura e a umidade do ar podem alterar a temperatura superficial e profunda do corpo humano. Hardy e DuBois (1938) mostraram que a pele apresenta uma variação de 0,6°C para cada 1°C de alteração da temperatura do ar (Fig. 11.4).

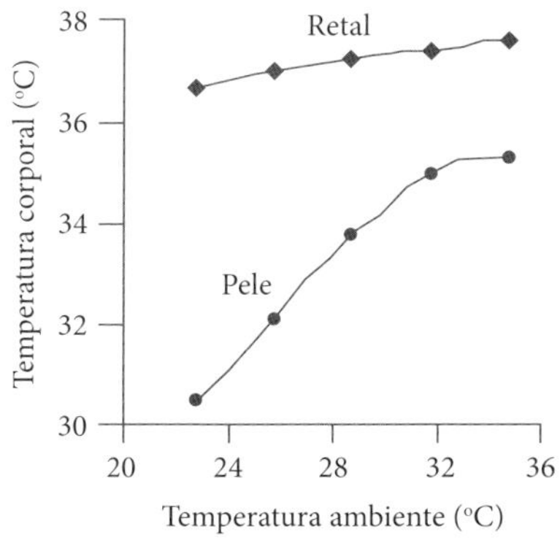

Figura 11.4 Variação da temperatura corporal profunda (retal) e superficial (pele) com a temperatura do ambiente. (Modificado de Hardy e DuBois, *in* Glasser, 1944, p. 1529.)

O vapor d'água presente na atmosfera altera as propriedades térmicas do ar. Assim, quanto maior for a umidade relativa do ar, maior será a capacidade térmica por unidade de volume de ar e maior será a tensão do vapor d'água no meio. Por isso, em regiões frias e úmidas, a umidade confere uma sensação mais intensa ao frio, pois o equilíbrio térmico só se faz com uma maior transferência de calor para o meio. Deve-se ainda considerar que a elevada umidade ambiental aumenta a condutividade térmica das roupas e, consequentemente, a taxa de transferência de calor do corpo para o meio externo.

A Tabela 11.4 mostra os valores de condutividade térmica de alguns tecidos usados na confecção de roupas. A condutividade térmica do ar está indicada para efeito de comparação.

Tabela 11.4 Condutividade térmica de alguns materiais.

Tecido	Condutividade térmica [cal/ (cm.s)]
Ar	1
Lã	6,1
Seda	19,2
Linho	27
Algodão	29,9

Fonte: De Cabral, 1959, p. 308.

Nos climas quentes, a umidade excessiva aumenta a sensação de calor porque impede que o suor seja evaporado e, assim, que resfrie o corpo. Esses efeitos, no entanto, não são tão pronunciados como usualmente se pensa. Na faixa térmica, onde o controle da temperatura se faz por vasomotricidade (23 a 31°C), a umidade quase não interfere na temperatura da pele. McConnell e Yagloglou (1924) notaram que era necessária uma variação de 60% para 100% na umidade relativa do ar para que uma pessoa elevasse apenas 0,35°C a temperatura das suas bochechas.

3. Movimento do ar

As correntes aéreas afetam a temperatura da pele porque aumentam a evaporação e promovem troca da camada de ar que está em situação de quase-equilíbrio térmico com ela. Muitos autores se dedicaram a esse estudo e perceberam que o efeito térmico das correntes de ar dependem não só da temperatura, mas também da velocidade do vento. O poder refrigerante do vento está indicado na Tabela 11.5.

Fatores internos

1. Característica física da pele

Cor da pele. A pele branca reflete 40 a 50% da luz que incide sobre ela (Sheard, 1926), enquanto a pele negra tem um poder refletor menor. Do ponto de vista da emissão tér-

Tabela 11.5 Sensibilidade ao frio em função da temperatura ambiente e do vento.

Ar (°C)	10	4,5	-1	-7	-12	-18	-22	-29	-34	-40	-45	-51
Vento (km/h)	Sensação na pele (°C)											
< 8	10	4,5	-1	-7	-12	-18	-22	-29	-34	-40	-45	-51
8	9	3	-3	-9	-14	-20	-26	-32	-38	-44	-49	-55
16	4,5	-2	-9	-15	-23	-31	-36	-43	-50	-57	-64	-70
24	2	-5	-13	-20	-27	-35	-43	-50	-58	-65	-73	-80
32	0	-8	-15	-23	-32	-39	-47	-55	-63	-71	-79	-85
40	-1	-9	-18	-26	-34	-42	-50	-59	-67	-75	-83	-92
48	-2	-10	-19	-28	-36	-44	-53	-62	-70	-78	-87	-95
56	-3	-12	-20	-29	-37	-46	-55	-63	-72	-80	-89	-98
64	-3	-12	-21	-29	-38	-48	-56	-65	-73	-82	-91	-100

Fonte: Modificada de Evenson, E., *in* Wald e Stave, 1994, p. 114.

mica, no entanto, ambas se comportam como um corpo negro quase perfeito (Cobet e Bramigk, 1924) e, por isso, pode-se aplicar a lei de STEFAN-BOLTZMANN, a fim de determinar o fluxo de calor emitido por uma determinada área da pele.

Assim:

$$Q = A \cdot K\,[(Tp)^4 - (Ta)^4]$$

onde:

Q – é radiação emitida em cal/s/cm^2
K – é a constante de Stefan-Boltzmann ($1{,}37 \times 10^{-11}$cal/s/cm^2)
Tp – é a temperatura da pele (K)
Ta – é a temperatura do ambiente (K)
A – é a área efetiva da pele (cm^2)

A quantidade de calor dissipado por unidade de área de pele varia de acordo com a região do corpo. A Tabela 11.6 mostra o fluxo de calor radiante em diversas partes do corpo humano.

2. Circulação sanguínea

Papel das fístulas arteriovenosas das extremidades na transferência de calor. Normalmente, a vasomotricidade periférica tem um papel destacado na regulação térmica do corpo. No entanto, Ebbeche (1917) chamou a atenção para o fato de que, muitas vezes, a cor da pele de uma região pode conduzir a erro quando se pensa nela como elemento para avaliação da transferência de calor. Ele mostrou que uma pele pálida pode apresentar-se mais quente do que outra rosada. Essa diferença pode ser mais bem percebida na pele das mãos. Tal constatação sugere um paradoxo térmico, pois o

Tabela 11.6 Emissão calorífica do corpo humano.

Local	Fluxo radiante 10^{-9}cal/s/cm²	Percentual em relação à testa
Testa	1,18	100
Face	1,02	87
Pescoço	1,06	90
Tórax (esterno)	0,84	71
Tórax (mamas)	0,77	65
Costas	0,89	76
Abdome	0,89	76
Coxa (face interna)	0,98	83
Coxa (face externa)	0,73	62
Perna	0,57	49
Pé (dorso)	0,41	34
Pé (planta)	0,34	29
Braço (face interna)	0,56	48
Braço (face externa)	0,36	31
Antebraço (interno)	0,35	30
Antebraço (externo)	0,33	28
Mão (palma)	0,76	64
Mão (dorso)	0,26	22

Fonte: Modificada de Bohnenkamp e Ernst, *in* Glasser, 1944, p. 1531.

fluxo sanguíneo na pele rosada deve ser maior do que aquele na pele pálida. A explicação para o paradoxo está no fato de que a cor da pele depende do fluxo sanguíneo capilar, mas não do fluxo que ocorre em fístulas arteriovenosas. Contudo, a transferência de calor das extremidades para o meio depende do fluxo de sangue nessas fístulas. Assim, uma pele branca e fria pode significar uma perfusão capilar reduzida, mas, se quente, demonstra a predominância de fluxo sanguíneo através das fístulas arteriovenosas.

Controle vasomotor. Os vasos sanguíneos, sobretudo as arteríolas, estão principalmente sob o controle do sistema simpático. Uma estimulação desse nervo produz vasoconstrição e redução do fluxo de sangue nos vasos. Em algumas doenças arteriais, tal como ocorre na aterosclerose e na tromboangeíte obliterante (inflamação da íntima que provoca edema e redução da luz dos vasos), a circulação sanguínea está muito prejudicada. Entre os tratamentos recomendados está a desinervação simpática, que visa promover a vasodilatação. Efeito semelhante produz o bloqueio anestésico dos nervos espinhais.

Influência dos anestésicos gerais nas trocas de calor. Muitos anestésicos gerais, como o éter, promovem vasodilatação superficial e, consequentemente, aumentam a transferência de calor do corpo para o ambiente. Esse conhecimento é particularmente importante quando se anestesiam crianças de baixo peso. Quanto menor for o peso da criança, menor será a massa que ela possui e, por isso, menor será a sua capacidade de produzir calor. As crianças de baixo peso apresentam uma grande relação superfície/volume corporal e, por isso, os processos termolíticos têm mais influência sobre a temperatura do corpo do que os termogênicos. Assim, deve ser levado em consideração que o aumento da dissipação calorífica promovido pela anestesia pode induzir crianças de baixo peso ao resfriamento corporal. A Fig. 11.5 mostra como aumenta a temperatura das mãos e dos pés de um paciente anestesiado com éter.

3. Ingestão de alimentos

A alimentação aumenta a temperatura da palma das mãos e da superfície plantar do grande artelho. Sheard e Williams (1940) mostraram que a temperatura dos dedos dos pés varia de acordo com a taxa metabólica do indivíduo. A resposta térmica nas mãos é mais precoce do que a que ocorre nos dedos dos pés, porém a sua amplitude é menor.

Alguns alimentos provocam maior resposta térmica do que outros. O álcool, por exemplo, altera substancialmente a temperatura cutânea, elevando primeiro a temperatura da face, depois a dos membros superiores e, por último, a das extremidades inferiores, sobretudo a dos dedos dos pés.

A Fig. 11.6 mostra que, numa pessoa hígida com baixa taxa metabólica, a administração por via oral de 15ml de álcool etílico a 95% (setas) aumenta a temperatura das bo-

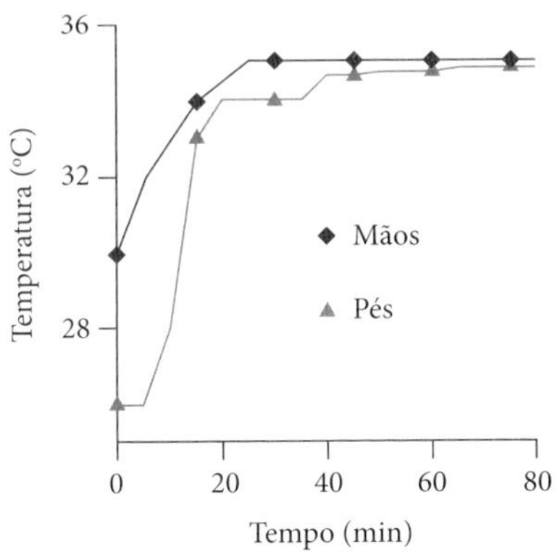

Figura 11.5 Variação da temperatura das mãos e dos pés em paciente anestesiado com éter. (Modificado de Craig et al., *in* Glasser, 1944, p. 1533.)

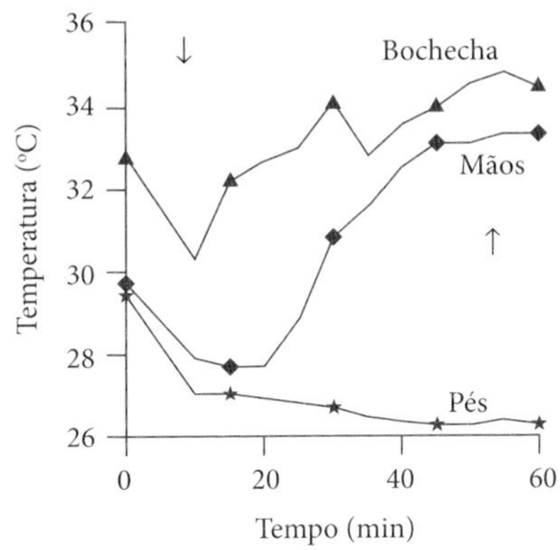

Figura 11.6 Variação da temperatura da bochecha, mãos e pés produzida pelo álcool etílico. O indivíduo foi transferido para um ambiente frio quando então ingeriu 15ml de álcool (setas). (Modificado de Horton et al., *in* Glasser, 1944, p. 1547.)

chechas e, após algum tempo (10 a 15min), também a temperatura das mãos. Note-se que, antes da primeira administração do etanol, a temperatura das regiões estudadas apresentava-se em declínio em virtude de a pessoa examinada ter sido transferida para um ambiente refrigerado. Na situação experimental usada, não houve vasodilatação dos dedos dos pés.

As Figs. 11.7 A e 11.7B, no entanto, mostram um padrão diferente de resposta à ingestão de álcool (seta). A experiência foi conduzida por Horton, Sheard e Roth (1940) em duas mulheres: uma pesava 60,7kg (Fig. 11.7A) e apresentava as mãos e os pés inicialmente aquecidos, e a outra, com 51,7kg (Fig. 11.7B), mostrava extremidades frias. Cada uma ingeriu 30cm^3 de álcool a 95%. A primeira (Fig. 11.7A) apresentou elevação da temperatura dos dedos dos pés, mas quase nenhuma nos dedos das mãos, enquanto a segunda (Fig. 11.7B) mostrou vasodilatação dos dedos das mãos, mas não nos dedos dos pés. A explicação que os autores sugeriram para esses resultados foi a de que as respostas dependeram da taxa metabólica inicial de cada uma. Explicaram os seus achados dizendo que, como as mãos de uma das mulheres apresentavam-se previamente quentes (Fig. 11.7A), o álcool não fez efeito apreciável.

Os autores, contudo, não esclareceram porque, na mulher B, a temperatura dos dedos dos pés não respondeu ao álcool. Essa variabilidade de resposta, bem como a dificuldade de padronização das condições de controle experimental, descartaram o uso da resposta térmica da pele que se segue ao uso de vasodilatadores, como elemento diagnóstico para doenças obstrutivas dos vasos sanguíneos.

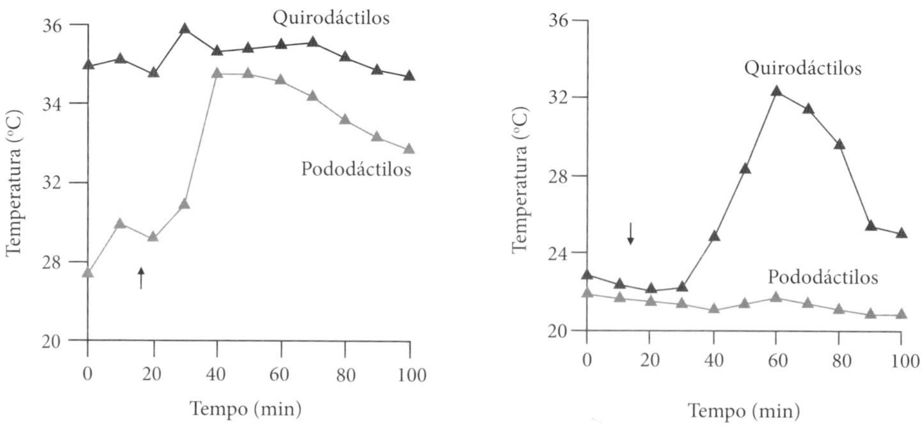

Figura 11.7 A) Efeito da ingestão de álcool etílico sobre a temperatura superficial dos dedos das mãos e dos pés de um indivíduo que tinha as extremidades previamente aquecidas. (Modificado de Horton et al., *in* Glasser, 1944, p. 1533.). **B**) Variação da temperatura dos quirodáctilos e pododáctilos produzida pela ingestão de álcool etílico por indivíduo com as extremidades inicialmente frias. (Modificado de Horton et al., *in* Glasser, 1944, p. 1533.)

VELOCIDADES DE RESFRIAMENTO E DE AQUECIMENTO DAS EXTREMIDADES DO CORPO

Uma pessoa normal em condições de metabolismo basal não apresenta variação na temperatura da testa, tórax, braços e coxas quando é transferida de um ambiente de temperatura confortável (26°C) para outro mais frio (18°C). Entretanto, os pés e sobretudo os artelhos apresentam um resfriamento rápido, que, após uma hora, acaba por se estabilizar a uma temperatura próxima à temperatura ambiente. Quando o indivíduo já aclimatado ao ambiente frio é levado de volta a um local quente (34-35°C), observa-se novamente que os dedos dos pés apresentam uma resposta térmica muito rápida, elevando a sua temperatura até estabilizar-se em equilíbrio com o novo ambiente (Fig. 11.8).

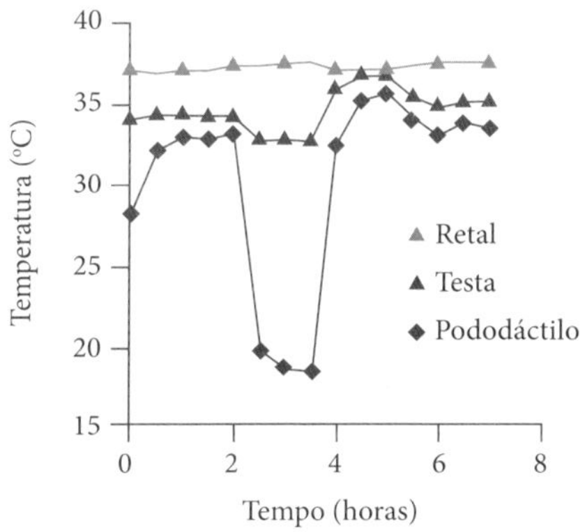

Figura 11.8 Efeito do resfriamento ambiental (26°C para 18°C) sobre a temperatura profunda (retal) e a temperatura superficial (testa e pododáctilos) de um indivíduo. (Modificado de Sheard et al., *in* Glasser, 1944, p. 1548.)

A taxa de resfriamento dos dedos dos pés, por si mesma, não apresenta grande significado clínico, pois valores iguais podem ser obtidos tanto em pessoas normais, quanto nos portadores de doenças vasculares periféricas. Os experimentos de Sheard, Williams, Roth e Horton (1939), cujos resultados estão indicados na Tabela 11.7, demonstram que a taxa de resfriamento em indivíduos normais está entre 0,02 e 0,05°C/min. Também em pessoas com policitemia (aumento na quantidade de glóbulos vermelhos), hipertensão arterial e com doença de Buerger (doença inflamatória da camada íntima das pequenas artérias que provoca a obstrução dos vasos e a formação de trombos) podem-se verificar taxas de resfriamento dentro desses valores.

Tabela 11.7 Resfriamento de pododáctilos em indivíduo normal e doente.

Condição circulatória	Variação de temperatura (°C)	Taxa de resfriamento (°C/min)
Normal	32-15	0,033-0,042
Doença de Buerger	25-16	0,046
Hipertensão	25-17	0,042
Policitemia	25-17	0,029

Fonte: Adaptado de Sheard et al., *in* Glasser, 1944, p. 1548.

A velocidade de aquecimento dos dedos dos pés apresenta duas fases distintas (Tabela 11.8). A fase inicial tem taxas que variam de 0,015-0,03°C/min. Essa taxa é constante até a temperatura de 27 a 28°C. A segunda fase evolui com taxas que vão de 0,04 a 0,1°C/min. A fase inicial se deve ao aquecimento da pele e dos tecidos por calor que flui do ambiente para o corpo, enquanto, durante a segunda fase, o aquecimento é resultado do calor que chega à pele e aos tecidos proveniente do meio ambiente e da vasodilatação que se torna evidente quando a temperatura dos pododáctilos está acima de 25 ou 27°C.

Tabela 11.8 Aquecimento de pododáctilos em indivíduo normal e doente.

Condição circulatória	Variação de temperatura (°C)	Taxa de aquecimento (°C/min)	
		2ª fase	1ª fase
Normal	17-33,5	0,016	0,100
Policitemia	17-29	0,029	0,087
Buerger	16-25	0,018	0,006

Fonte: Adaptado de Horton et al., *in* Glasser, 1944, p. 1548.

UMIDADE RELATIVA DO AR E A TEMPERATURA DAS EXTREMIDADES

Winslow, Herrington e Gagge (1937), trabalhando com indivíduos despidos, demonstraram que a umidade relativa do ar tem pouco efeito sobre a sensação de conforto na faixa de temperaturas de controle vasomotor (de 22 a 28°C), bem como na faixa de resfriamento corporal (temperaturas menores que 22°C).

O ESTRESSE TÉRMICO

A manutenção da temperatura interna na faixa fisiológica muitas vezes fica comprometida. Isso ocorre quando o corpo é exposto a ambientes muito quentes ou muito frios. Essas situações podem existir eventualmente ou ser comuns em determinadas profissões.

Ambientes quentes

1. Respostas corporais ao calor ambiental

Quando a temperatura externa é elevada, o calor gerado pelo metabolismo, a transferência de energia térmica do meio para o corpo e o poder isolante do vestuário podem quebrar o balanço entre a termogênese e a termólise, levando ao aumento da temperatura interna do corpo. Isso, ao lado de produzir um quadro clínico característico conhecido como intermação, reduz o rendimento do trabalhador e aumenta os riscos de ocorrência de acidentes de trabalho. No Quadro 11.1 estão indicados os principais ambientes onde o trabalhador está submetido ao estresse por alta temperatura.

Quadro 11.1 Ambientes que produzem estresse térmico no trabalhador.

Fundições	Cerâmicas	Indústrias de vidro
Indústrias de borracha	Padarias	Cozinhas
Lavanderias	Indústria de enlatados	Mineração
Bombeiros	Agricultura	Construção civil
Navios	Locais de treinamento militar	Competições de atletismo

Fonte: Adaptado do Working in hot environments, National Institute for Occupational Safety and Health, Washington, DC, US Government Printting, 1986, in Wald e Stave, 1994, p. 94.

Critérios usados para avaliar o estresse pelo calor. Ambientes de temperatura elevada provocam sobre os trabalhadores um tipo especial de desgaste, que aqui denominaremos de estresse pelo calor (*hot strain*). A resposta individual ao estresse térmico pode ser avaliada por parâmetros fisiológicos tais como pulso, pressão arterial, frequência cardíaca, temperatura corporal, temperatura da pele e estado de hidratação. A frequência cardíaca é muito sensível e eleva-se com o aumento do esforço mecânico a que está submetido o corpo, mas também com a temperatura corporal interna. Atualmente, aceita-se o estresse térmico que não leva a uma grande alteração da frequência cardíaca e não faz a temperatura oral exceder a 37,5°C. Também esse estresse é permitido se a frequência cardíaca, após 30 a 60 segundos de descanso, é menor que 110bpm (National Institute for Occupational Safety and Health, Criteria for a recommended standard occupational exposure to hot environments. Revised criteria. DHHS (NIOSH) publication 86-113, Wash. DC., Government Printing Office, 1986).

A Organização Mundial da Saúde recomenda que trabalhadores submetidos diariamente a esforços térmicos não devem ter temperatura retal maior que 38°C (37,5°C para medidas orais). O desenvolvimento da tecnologia permitiu a construção de sensores de temperatura que podem ser acomodados em cápsulas e ingeridos. Esses sensores enviam sinais de radiofrequência que podem ser captados no exterior. A medição telemétrica da temperatura central tem permitido abrir novos horizontes para a compreensão dos efeitos térmicos que ambientes desfavoráveis exercem sobre o homem. Ainda, tem ajudado a esclarecer as vias biofísico-fisiológicas que o homem usa para compensar os efeitos térmicos adversos.

Regras gerais para o trabalho em ambiente quente. A monitoração do esforço térmico sobre os trabalhadores é uma exigência do mundo civilizado. Todavia, os métodos de controle e avaliação não se tornaram suficientemente simples para ser usados em larga escala nas pessoas que trabalham em ambientes aquecidos. É sempre importante que o trabalhador inicie suas tarefas em estado de plena hidratação. Para controlar o desgaste, ele deve ser pesado no final do período de trabalho e, em determinadas situações, é também importante controlar a densidade urinária enquanto o indivíduo exerce suas funções.

Alterações orgânicas produzidas pelos ambientes quentes. Os ambientes quentes elevam a temperatura do sangue. Isso faz com que os sensores situados no hipotálamo anterior (região pré-óptica) e os sensores de temperatura profundos localizados no interior do corpo determinem uma modulação do sistema nervoso autônomo para que o organismo promova a perda de calor. As modificações da atividade nervosa levam a alterações no padrão de trabalho dos sistemas cardiovasculares, endócrino, bem como das glândulas sudoríparas.

O sistema cardiovascular tem papel destacado para regular o aumento da temperatura interna do corpo. Com o aquecimento, o débito cardíaco aumenta e os vasos cutâneos se dilatam. Com isso, uma parcela significativa do fluxo sanguíneo é desviada para a periferia.

A quantidade de suor produzido em ambientes quentes pode chegar a 2 litros/hora. Se houver condição para a sua evaporação, o corpo pode perder até 1.160kcal/h. Uma perda de água desse nível deve ser levada em consideração para o balanço hidroeletrolítico do corpo, pois o suor contém quantidade significativa de sódio, cloro e potássio.

O corpo humano é capaz de se adaptar a ambientes quentes e o equilíbrio pode ocorrer entre o 5º e o 14º dia de exposição ao estresse térmico. Quando postos em ambientes aquecidos, os trabalhadores aclimatados apresentam menor frequência cardíaca, menor temperatura interna e menor perda de sódio (< 5g/dia) do que os não aclimatados. No Quadro 11.2 estão indicados vários fatores que reduzem a capacidade de adaptação ao calor.

2. Estados patológicos relacionados com ambientes quentes

O calor pode provocar alterações orgânicas que vão das brotoejas à morte.

- Brotoejas

  Também chamadas de *Miliaria crystallina*, são pequenas vesículas claras que se formam na pele por ruptura dos ductos das glândulas sudoríparas. Em algumas situações as vesículas se apresentam avermelhadas e, além do prurido, produzem uma sensação de queimor (*Miliaria rubra*). A pele queimada pelo sol e as roupas isolantes facilitam o aparecimento da *Miliaria*.

- Edema

  Em alguns indivíduos não aclimatados, o calor pode produzir edema dos membros, sobretudo nas mulheres que permanecem sentadas ou em pé. Isso se deve a uma alteração vasomotora periférica, bem como à alteração na produção de aldosterona (Knochel, 1989).

Quadro 11.2 Fatores que reduzem a adaptação ao calor.

Fatores individuais
Senilidade
Obesidade
Roupas impermeáveis ou de elevado poder de isolamento
Fadiga
Privação do sono
Condições médicas
Desidratação
Infecção
Febre
Imunização recente
Alcoolismo
Envenenamentos por pesticidas
Doenças
a. cardiovasculares
b. renais
c. hipertireoidismo
d. *Diabetes mellitus*
e. doença de Parkinson
f. doenças que alteram a capacidade de produção de suor (p. ex., queimaduras)
Uso de drogas
Medicamentos com efeitos anticolinérgicos
a. antiespasmódicos
b. antidepressivos tricíclicos
c. psicotrópicos (p. ex., fenotiazinas)
d. anti-histamínicos
Anti-hipertensivos
a. diuréticos
b. bloqueadores β-adrenérgicos
c. bloqueadores do canal de cálcio
Estimulantes (p. ex., descongestionantes, anfetamina, cocaína)

Fonte: De Gullickson, G.M., in Wald e Stave, 1994, p. 103.

- Cãibras

  São espasmos musculares dolorosos e devem-se principalmente ao distúrbio hidroeletrolítico provocado pelo calor excessivo. Os músculos geralmente atingidos são os do abdome, das coxas e das pernas. A reposição hídrica e salina pode acabar com essas contraturas musculares.

- Síncopes

  Ocorrem geralmente em indivíduos que permanecem em pé por longo tempo em ambiente quente. Devem-se à redução do retorno venoso pela vasoplegia provocada pelo calor. Os pacientes acometidos por essa síndrome sentem, antes do desmaio, uma sensação de náuseas, sudorese e turvação da vista. Ela é particularmente perigosa para trabalhadores que desenvolvem atividades em lugares elevados, próximo a linhas de alta tensão ou na água.

- Exaustão pelo calor

  Os indivíduos acometidos por essa síndrome apresentam fadiga, náuseas, dor de cabeça e tontura, acompanhadas de pele úmida, frequência cardíaca elevada, pressão arterial baixa e temperatura retal normal ou ligeiramente elevada (37,5-38,5°C).

- Golpe térmico

  E a forma mais grave das perturbações orgânicas provocadas pelo calor. Os sintomas incluem confusão mental e a temperatura retal geralmente é superior a 40-42°C. Essa afecção ocorre sobretudo em crianças e idosos durante os meses quentes do verão. Também é comum em atletas e militares expostos a ambientes quentes e úmidos. Após o estado de confusão mental, podem sobrevir um estado de delírio, convulsão e coma. A pele se apresenta avermelhada e quente. Pode ou não ocorrer sudorese. A temperatura retal é maior que 40°C, o pulso está acelerado, o paciente apresenta hiperventilação pulmonar e a pressão arterial pode estar normal ou baixa. Temperatura interna acima de 42°C desnatura proteínas, levando a quadros de extrema gravidade e, muitas vezes, morte.

3. Prevenção de estados mórbidos relacionados com os ambientes quentes

A prevenção das síndromes que são precipitadas pelo calor ambiental inclui medidas relacionadas com a engenharia térmica, administração do meio ambiente, gerenciamento dos recursos humanos, controle do trabalho, roupas especiais e instrumentos. O Quadro 11.3 resume os principais aspectos de cada tópico.

Ambientes frios

Os danos causados pelo frio podem acometer tanto pessoas que vivem em regiões de baixa temperatura, como as que trabalham em ambientes frios ou com instrumentos refrigerados.

Dois fatores são indispensáveis na avaliação do estresse pelo frio ao qual está submetido um indivíduo: a sua temperatura central e a contribuição do vento ao processo de resfriamento corporal. A temperatura central pode ser determinada por medida retal, timpânica ou esofágica. Já vimos que o organismo regula a quantidade de calor estocado, fazendo variar as perdas e alterando o metabolismo. Durante o frio, a primeira reação é a de vasoconstrição, para, em seguida, haver uma termogênese mecânica pelo calafrio. Os estudos mostram que o organismo humano se adapta melhor ao calor do que ao frio.

As lesões produzidas pelo frio vão desde a urticária e o congelamento de regiões do corpo, tal como visto na bochecha esquerda do trabalhador mostrado na Fig. 11.9, até a hipotermia corporal grave e lesões bolhosas que se assemelham a queimaduras (Fig. 11.10).

Quadro 11.3 Prevenção do estresse térmico.

Engenharia térmica

- Diminuição do calor ganho por convecção
  - Resfriamento do ar para uma temperatura menor do que a da pele do trabalhador
  - Aumento do movimento do ar no ambiente
- Diminuição do calor ganho por radiação
  - Isolamento das superfícies quentes
  - Uso de blindagem entre o trabalhador e a fonte de calor
- Aumento do calor perdido por evaporação
  - Redução da umidade ambiental
  - Aumento da movimentação do ar

Controles administrativos e da prática do trabalho

- Limitação do tempo de exposição ao calor
  - Uso de monitores ambientais apropriados
  - Trabalhar durante as horas mais frescas do dia e, preferencialmente, na sombra
  - Esquematizar o trabalho para estações mais frias
  - Manter áreas refrigeradas para alívio periódico
  - Aumentar o número de trabalhadores para uma dada tarefa
  - Recomendar esquemas definidos de horas para trabalho e descanso
- Diminuição da carga metabólica
  - Mecanização do trabalho sempre que possível
  - Fazer rotação da força de trabalho disponível
  - Evitar deslocamentos
- Aumento da capacidade adaptativa do trabalhador
  - Estímulo à manutenção do peso em valores normais
  - Uso de um programa de adaptação do trabalhador ao ambiente quente
  - Estímulo à hidratação e à reposição salina
- Roupas protetoras
  - Roupas refrigeradas a ar, água ou gelo
  - Roupas úmidas

Fonte: Adaptado do Working in hot environments, National Institute for Occupational Safety and Health, Washington, DC, US Government Printting, 1986, in Wald e Stave, 1994, p. 110.

A hipotermia é a redução da temperatura corporal abaixo dos 35°C. A hipotermia produzida por submersão em água gelada é mais rápida do que aquela produzida no ar. Isso se deve à condutividade térmica da água que é 20 vezes maior do que a do ar atmosférico (United States Coast Guard. National search and rescue manual. [FM 20-150; NWP 376; AFM 64-2; CG 308] amendment n. 6, April 1970, Washington, D.C., Government Printing Office).

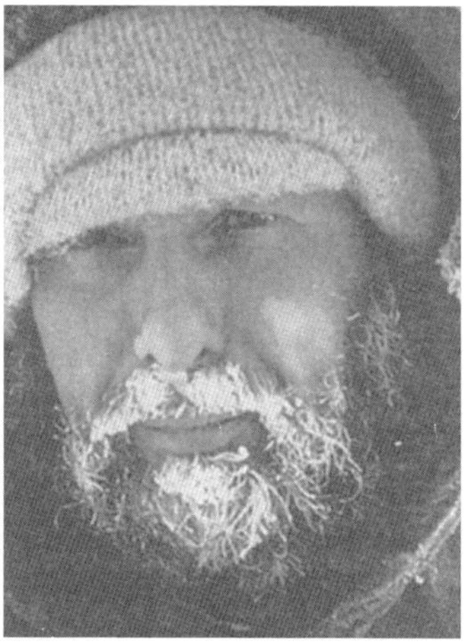

Figura 11.9 Congelamento da bochecha de um trabalhador exposto ao frio intenso. (De Evenson, E., *in* Wald e Stave, 1994, p. 120.)

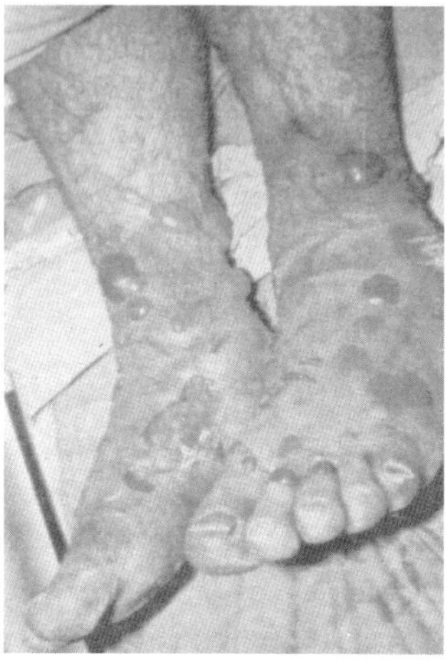

Figura 11.10 Lesões bolhosas produzidas pela exposição ao frio intenso. (De Evenson, E., *in* Wald e Stave, 1994, p. 119.)

Os resfriamentos localizados são causas de lesões cutâneas nos ambientes frios. Eles acontecem quando uma área do corpo é posta em contato com objeto frio ou resfriada pela ação do vento gelado. Nesses casos, a pele pode congelar, resultando em lesões ulcerativas.

Entre as lesões produzidas pelo congelamento está o pé de trincheira. Essa patologia, caracterizada por um estado isquêmico grave, conduz à gangrena da região afetada (Fig. 11.11).

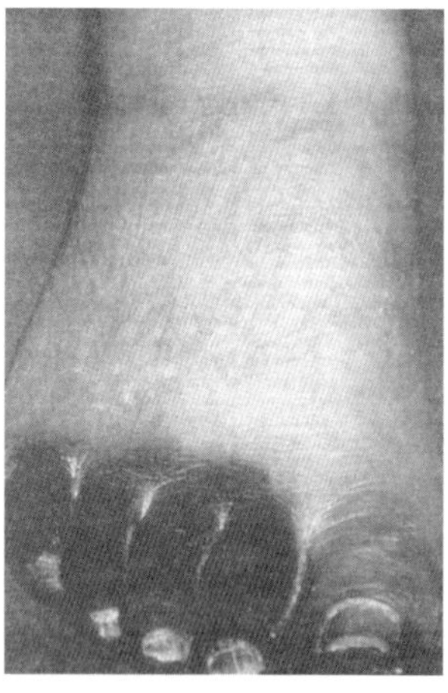

Figura 11.11 Gangrena isquêmica produzida pela exposição ao frio intenso. (De Evenson, E., *in* Wald e Stave, 1994, p. 121.

BIBLIOGRAFIA

Adolph, E.F. (1950). Oxygen consumption of hypothermic rats and acclimatization to cold. Am. J. Physiol., 161:359-373.

Bligh, J. (1973). Temperature regulation in mammals and other vertebrates. In: Neuberger, A., Tatum, E.L. (eds.). Frontiers of Biology, p. 436, North-Holland, London.

Bruck, K., Wunnenberg, W., Zeisberger, E. (1969). Comparison of cold adaptive metabolic modifications in different species with special references to the miniature pig. Fed. Proc., 28:1035-1041.

Bukowiecki, L.J., Collet, A.J. (1983). Regulation of brown adipose tissue metabolism. J. of Obesity and Weight Regulation, 2:29-53.

Cabral, N. (1959). Physica Medica. Livraria Guanabara Koogan S.A., Rio de Janeiro.

Chafee, R.R.J., Allen, J.R., Cassuto, Y., Smith, R.E. (1964). Biochemistry of brown fat and liver of cold-acclimated hamsters. Am. J. Physiol., 207:1211-1214.

Cobet, E.R., Bramigk, F. (1924). Uber Messung der Warmestrahlung der menschlichen Haut, Deutsche. Arch. Klin. Med., 144:45.

Cottle, W.H., Carlson, L.D. (1954). Adaptive changes in rats exposed to cold. Caloric exchange. Am. J. Physiol., 178:305-308.

Dawkins, M.J.R., Hull, D. (1967). The production of heat by fat. Scientific American, 213:62-67.

Ebbeche, U. (1917). Die lokale vasomotorische Reaktion der Haut und der inneren Organe. Arch. ges. Physiol., 169:1.

Foster, D.O., Fraydman, M.L. (1978). Nonshivering thermogenesis in the rat. II. Measurements of blood flow with microspheres point to brown adipose tissue as the dominant site of the calorigenesis induced by noradrenaline. Can. J. Physiol. Phamacol., 56:110-122.

Foster, D.O., Fraydman, M.L. (1979). Tissue distribution of cold-induced thermogenesis in conscious warm – or cold-acclimated rats reevaluated from changes in tissue blood flow: the dominant role of brown adipose tissue in the replacement of shivering by nonshivering themogenesis. Can. J. Physiol. Pharmacol., 57:257-270.

Gagge, A.T., Winslow, C.-E.A., Herrington, L.P. (1937). Thermal interchange between the human body and its atmospheric environment. Am. J. Hyg., 26:84.

Gagge, A.T., Winslow, C.-E.A., Herrington, L.P. (1938). Influence of clothing on physiological reactions of the human body to varying environmental conditions. Am. J. Physiol., 124:30.

Glasser, O. (1944). Medical Physics. The Year Book Publishers Inc., Chicago, Illinois, p. 1523.

Griggio, M.A. (1988). Thermogenic Mechanisms in Cold-Acclimated Animals. Braz. J. Med. Biol. Res., 21:171-176.

Griggio, M.A. (1982). The participation of shivering and nonshivering thermogenesis in warm and cold acclimated rats. Comp. Biochem. Physiol., 73A:481-484.

Guyton A.C. (1991). Textbook of medical physiology. 8th ed. W.B. Saunders, p. 797-803, Philadelphia.

Hardy, J.D., DuBois, E.F. (1938). Basal metabolism, radiation, convection and vaporization at temperatures of 22 to 35°C. J. Nutrition, 15:477.

Hart, J.S., Heroux, O., Depocas, F. (1956). Cold acclimation and the electromyogram of unanesthetized rats. J. Appl. Physiol., 9:404-408.

Harrinson, T.R. (1962). Medicina Interna. Livraria Editora Guanabara Koogan S.A., p. 68 Rio de Janeiro.

Himms-Hagen, J. (1983). Brown adipose tissue thermogenesis and obese animals. Nutrition Rev., 41:261-267.

Horton, B.T., Sheard, C., Roth, G.M. (1940). Vasomotor regulation of temperatures of extremities in health and disease. J. M. Soc. New Jersey, 37:311.

Ikemoto, H., Iroshige, T., Itoh, S. (1967). Oxygen consumption of brown adipose tissue in normal and hypothyroid mice. Jap. J. Physiol., 17:516-522.

Itoh, S., Hiroshige, T. (1967). Presence of brown adipose tissue in monkeys. J. Physiol. Soc. Jap., 29:322-323.

Jansky, L. (1973). Non-shivering thermogenesis and its thermoregulatory significance. Biol. Rev., 48:85-132.

Kleiber, M. (1961). The Fire of Life. 1st ed. John Wiley & Sons, New York.

Knochel, J.P. (1989). Heat stroke and related heat stress disorders. Dis. Mon., 35:301-378.

Kocková, J., Jansky, L. (1968). Cold acclimation in the rabbit. Physiologia Bohemoslovaca, 17:309-316.

Lim, T.P.K. (1960). Central and peripheral control mechanisms of shivering and its effect on respiration. J. Appl. Physiol., 15:567-574.

McConnell, W.J., Yagloglou, C.P. (1924). Correlation of skin temperature and physiological reactions. Tr. Am. Soc. Heat & Vent. Eng., 30:457.

Nagasaka, T., Carlson, L.D. (1965). Responses of cold and warm adapted dogs to infused norepinephrine and acute body cooling. Am. J. Physiol., 209:227-230.

Oliveira, S.G., Tarasantchi, J., Griggio, M.A. (1985). Effects of temperature acclimation on rabbit metabolic rate and rectal temperature. Braz. J. Med. Biol. Res., 18:367-372.

Sellers, E.A., Scott, J.W., Thomas, N. (1954). Electrical activity of skeletal muscle of normal and acclimatized rats on exposure to cold. Am. J. Physiol., 177:372-376.

Sheard, C. (1926). Analysis of color of the skin and its significance. Science, 64:70.

Sheard, C., Williams, M.M.D. (1940). Skin temperatures of the extremities and basal metabolic rates in individuals having normal circulation. Proc. Staff. Meet. Mayo Clin., 15:758.

Sheard, C., Williams, M.M.D., Roth, G.M., Horton, B.T. (1939). Role of extremities in dissipation of heat from the body in various atmospheric and physiologic conditions. Tr. Am. Soc. Heat & Vent. Eng., 45:135.

Smith, R.E., Horwitz, B.A. (1969). Brown fat and thermogenesis. Physiol. Rev., 49:330-425.

Wald, PH., Stave, G.M. (1994). Physical and Biological Hazards of the Workplace. Van Nostrand Reinhold, New York.

Winslow, C.-E.A., Herrington, L.P., Gagge, A.P. (1937). Physiological reactions of the human body to varying environmental temperatures. Am. J. Physiol., 120:1.

Winslow, C.-E.A., Herrington, L.P., Gagge, A.P. (1937). Physiological reactions of the human body to various atmospheric humidities. Am. J. Physiol., 120:288.

CAPÍTULO 12

Termometria clínica

OS TERMÔMETROS

Substâncias termométricas. Construir termômetros que, sob condições iguais, forneçam leituras iguais não é uma tarefa fácil. A substância termométrica, quando líquida, geralmente está contida em reservatórios de vidro. Assim, o aquecimento do termômetro provoca dilatações não só no líquido termométrico – o que é desejável –, mas também no continente de vidro. O assunto fica mais complexo porque os coeficientes de dilatação variam com a temperatura. A água, por exemplo, aquecida a partir de 0°C, apresenta inicialmente uma redução de volume (coeficiente de dilatação volumétrica negativo), elevando a sua densidade, até alcançar a temperatura de 4°C. Além deste valor, o aquecimento provoca expansão do líquido e o seu coeficiente de dilatação volumétrica passa a ser positivo e crescente.

Foi o conhecimento trazido a lume por Gay-Lussac (1802) e Regnauld (1847) de que todos os gases se expandem ou se contraem com coeficientes de dilatação praticamente constantes que incentivou o uso dessas substâncias como agentes termométricos.

A influência da expansão do vidro nas medidas termométricas foi minimizada, usando-se vidros de baixo coeficiente de dilatação, tais como o tipo Jena, e substâncias termométricas com alto coeficiente de dilatação, tais como o mercúrio, o álcool, o tolueno, o pentano, o hidrogênio e o hélio. O mercúrio serve bem na faixa de -39°C (temperatura de solidificação do Hg) a +357°C (temperatura de ebulição do Hg). Já o álcool pode ser usado na faixa de -130°C a 60°C. Entretanto, apesar de somente ferver a 79°C, o álcool forma grande quantidade de vapor quando submetido a temperaturas maiores que 60°C e isso pode danificar o tubo de vidro.

Termômetro clínico. Em 1850, na França, Baudin construiu um termômetro de vidro e mercúrio capaz de manter fixa a temperatura registrada. Isto é, depois de procedida a determinação térmica, o resfriamento do termômetro não produzia retração da coluna de mercúrio. Este tipo de termômetro encontrou grande aplicação na prática médica e é conhecido como termômetro clínico.

O termômetro clínico apresenta um bulbo de vidro - que serve como reservatório de mercúrio – acoplado a uma haste cilíndrica também de vidro. O eixo central dessa haste é oco (diâmetro: 0,08mm), o que permite a expansão do mercúrio contido no bulbo. Baudin produziu um estrangulamento nesse tubo capilar, logo acima do bulbo. Essa constrição precisa ter diâmetro pequeno, pois, caso contrário, não detém o recuo da coluna de mercúrio durante o resfriamento do bulbo. Todavia, quando é muito estreita, dificulta a subida do líquido do bulbo para a haste. Muitas vezes, neste caso, o mercúrio se move em jatos, alterando a linearidade do instrumento. O termômetro clínico possui escala que vai dos 35°C aos 41°C e cada grau está subdividido em décimos.

Medida da temperatura corporal. Ao se proceder à determinação da temperatura corporal deve-se levar em consideração que a medida não é alcançada rapidamente, pois, além do tempo gasto para a dilatação do mercúrio, o contato do termômetro com o corpo provoca um resfriamento localizado. Somente após algum tempo é que se normaliza a circulação sanguínea da região. Há que se considerar ainda que, quanto menor for o volume e a massa do bulbo, menor será a sua capacidade térmica e mais rápida será a leitura da temperatura.

Formação da imagem no termômetro clínico. O filete de mercúrio que se movimenta através do capilar da haste de vidro é extremamente fino e, por isso, difícil de ser localizado. Esse inconveniente foi superado fazendo-se com que os termômetros clínicos tivessem uma forma de prisma triangular. Nesse caso, a face de menor raio de curvatura funciona como uma lente convergente de pequena distância focal. A Fig. 12.1 mostra esquematicamente, num corte transversal, a formação da imagem do filete de mercúrio num termômetro clínico. A área mais clara representa a parede de vidro, enquanto a mais escura representa a coluna de mercúrio. O índice de refração do vidro é maior do que o do ar que está em volta do termômetro. Assim, quando o raio luminoso se propaga do ar para o vidro, o raio refratado aproxima-se da reta normal à superfície refratora. Considerando o "princípio do caminho inverso dos raios luminosos", é válido afirmar que, quando o raio se propaga do vidro para o ar, o raio refratado se afasta da reta normal. A imagem **A'B'** é virtual e ampliada.

Conceito de temperatura. Os átomos e moléculas que constituem uma substância estão em constante movimento de vibração, rotação ou de translação. Isso indica que, a cada

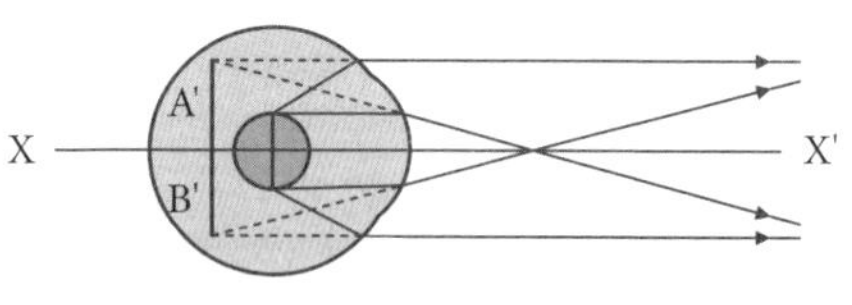

Figura 12.1 Esquema de um termômetro clínico cortado transversalmente para mostrar a formação da imagem (**A'B'**) do filete de mercúrio. (Modificado de Cabral, 1952, p. 252.)

momento, os constituintes fundamentais das substâncias estão ganhando ou perdendo energia. Teoricamente, todo movimento atômico-molecular cessaria a zero grau absoluto (0°K). Este nível de energia térmica, no entanto, nunca foi alcançado experimentalmente. Por isso, todos os corpos conhecidos possuem uma quantidade de energia de natureza térmica. O nível de energia térmica que um dado sistema possui chama-se **temperatura**.

Conceito de calor. Quando a energia térmica se move de uma região para outra, ela se chama calor. **Calor** é, pois, a energia térmica em movimento. O calor flui de forma espontânea dos corpos mais quentes para os corpos mais frios (2ª lei da termodinâmica). A capacidade que um sistema tem de transferir energia térmica não depende exclusivamente da sua quantidade de energia, mas também da diferença entre o seu nível energético e o nível de energia térmica do sistema que recebe calor.

Primeiros termômetros. A temperatura de um sistema é determinada através das alterações que o calor produz sobre o instrumento de medida. Os termômetros são esses instrumentos. Foi no século XVI que o homem tentou pela primeira vez medir a temperatura. Galileu, em 1592, inventou um instrumento que se baseava na dilatação do ar. Esse termoscópio era constituído por um tubo de vidro dotado de bulbo numa das suas extremidades. A outra extremidade era aberta e se mantinha mergulhada num recipiente contendo água. Quando o bulbo era aquecido ou resfriado, as mudanças na temperatura do ar contido no seu interior provocavam dilatação ou contração dessa substância e isso determinava a ascensão ou a descida da água no interior do tubo de vidro. As leituras assim obtidas dependiam não só da temperatura, mas também da pressão atmosférica do lugar, pois a superfície livre da água estava em contato com a atmosfera. Essa influência indesejável determinou o abandono do instrumento.

Em meados do século XVII surgiram os primeiros termômetros de vidro sob a forma de tubos selados nas extremidades. Eles usavam a dilatação do álcool como elemento de medida. Para melhorar a visualização do líquido no interior do termômetro, ele era corado pelo carmim. Posteriormente, Newton em 1701 propôs o óleo de linhaça como substância termométrica.

Escalas termométricas. As escalas dos termômetros primitivos tomavam como grau mais elevado a temperatura do corpo humano e como grau mais baixo a temperatura da neve. O intervalo entre essas medidas era dividido em 12 partes iguais.

Foi em Dantzig em 1714 que ocorreu a grande inovação: Daniel Fahrenheit, alterando o termômetro com óleo de linhaça proposto por Newton, usou o álcool e chamou de zero a temperatura correspondente a uma mistura de gelo e cloreto de amônia. Considerou como 32° a temperatura da mistura gelo-água e de 212° (a origem desses valores é desconhecida) a temperatura dos vapores d'água em ebulição mantida sob pressão de 1 atmosfera. Nascia a primeira escala termométrica que recebeu o nome do seu idealizador. Daniel Fahrenheit não inovou somente nisso. Foi mais adiante. Substituiu o álcool pelo mercúrio e esse tipo de termômetro permanece em uso até hoje.

Muitas escalas termométricas foram depois propostas. As que persistiram foram as de Celsius, Fahrenheit e Réaumur.

A escala de René Réaumur (1730) considera o zero como a temperatura do gelo fundente e como 80° a temperatura da água em ebulição sob pressão de 1atm. O intervalo entre estes limites é dividido em 80 partes iguais.

Em 1941, o sueco Anders Celsius usou os mesmos pontos de referência usados por Réaumur e dividiu a escala em 100 partes iguais. Chamou de zero grau a temperatura correspondente ao ponto da ebulição da água e de 100 graus à temperatura do ponto de fusão do gelo. Stroemer inverteu estes valores, e a escala de Celsius, modificada por Stroemer, permanece em uso até hoje, sendo considerada a escala internacional (apenas nos Estados Unidos e na Inglaterra é usada a escala Fahrenheit).

TEMPERATURA CORPORAL NORMAL, A HIPERTERMIA E A FEBRE

Determinação da temperatura corporal. A temperatura do corpo pode ser determinada em vários lugares. A preferência é dada para as regiões com irrigação sanguínea abundante e superficial ou regiões que estão próximas a um grande vaso. Assim, a temperatura corporal pode ser medida na boca, axila, sulco inframamário, prega inguinal, esôfago, reto, vagina, membrana timpânica, nasofaringe (Hug, 1981; Crocker et al., 1980; Lisley et al., 1983).

As medidas feitas na axila, sulco inframamário e virilha fornecem a temperatura da superfície do corpo, enquanto as determinações feitas no esôfago, reto, vagina, nasofaringe e membrana timpânica indicam a temperatura corporal interna.

A determinação da temperatura na axila exige que se tome cuidado com os pelos, pois são isolantes térmicos, e também com o suor, pois a sua evaporação falseia a medida. Também nas pessoas magras o cavado axilar pode ser profundo e impedir um contato eficiente do bulbo termométrico com a pele.

O termômetro bucal tem um bulbo com formato em U para ser usado sob a língua, ajustando-se em torno do freio da língua. Os termômetros clínicos comuns também podem ser usados para essas medidas. Deve-se, para isso, garantir um bom contato do seu bulbo com a mucosa sublingual e solicitar ao examinando que mantenha a boca fechada, respirando apenas pelo nariz. Isso evita o resfriamento da cavidade bucal. Também é necessário saber previamente se o paciente ingeriu alimentos quentes ou frios, pois isto provocará erro.

A temperatura obtida no esôfago, na membrana timpânica, no reto e na vagina avaliam bem a temperatura interna do corpo. Há que se considerar, no entanto, que elas podem estar alteradas quando há inflamação dessas estruturas ou próximo a elas. Assim, a inflamação do apêndice cecal (apendicite), sobretudo quando ele está em posição retrocecal, a inflamação do reto (proctite) e as que ocorrem nos órgãos genitais femininos (vulvite, colpite, endometrite, anexite) alteram os valores da temperatura regional e, por isso, as leituras carecem de valor como estimativa da temperatura global do corpo. São, no entanto, importantes para ajudar no diagnóstico de inflamações localizadas nesses órgãos.

Temperatura superficial e profunda. Os valores normais da temperatura do corpo humano variam de acordo com o local da sua determinação e em conformidade com a fisiologia do indivíduo. Pela manhã, um adulto normal apresenta temperatura axilar entre 36 e 37°C, enquanto, durante a noite, esse intervalo se desloca para 36,5 a 37,3°C. A temperatura axilar é 0,3 a 0,5°C menor do que a retal e 0,15 a 0,25°C menor do que a bucal.

No corpo, a temperatura superficial e a profunda variam de acordo com a região (Fig. 12.2A) e a profundidade (Fig. 12.2B). A Fig. 12.2 mostra esquematicamente as diversas isotermas. Em **A** se vê que, nas regiões em torno do coração e dos grossos vasos, a temperatura é mais elevada. Em **B**, quanto mais profunda é a camada do corpo, maior é a sua temperatura. Em virtude da grande relação entre a superfície e o volume das extremidades, a dissipação de calor para o meio ambiente é maior nessas regiões.

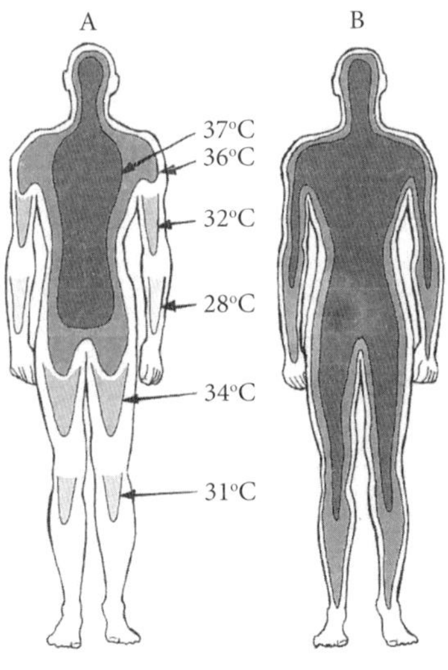

Figura 12.2 Variação da temperatura corporal com a região do corpo (**A**) ou com a profundidade dos tecidos do corpo (**B**). As cores mais escuras indicam temperaturas mais elevadas. (Modificado de Aschoff, J. e Wever, R., *in* Hecox et al., 1994, p. 80.)

Equilíbrio e ritmos térmicos do corpo. A temperatura corporal é mantida graças a um balanço entre os processos de produção (termogênese) e de eliminação do calor (termólise), cujo controle é exercido pelo hipotálamo. Vários são os fatores que podem alterar a temperatura corporal:

- **Ritmo nictemeral** – a temperatura corporal é geralmente mais baixa durante a madrugada (3 a 4 horas da manhã) e mais elevada ao final da tarde (de 17 às 18 horas). Esse ritmo pode ser invertido nas pessoas que trabalham à noite e dormem pelo dia.

- **Esforço físico** – produz elevação da temperatura graças ao aumento do metabolismo interno. Nos corredores de grandes distâncias podem-se observar temperaturas de 39 a 40°C ao final do percurso.
- **Idade** – os indivíduos muito jovens apresentam uma curva térmica muito irregular e variável. O ritmo nictemeral só se estabelece quando a criança assume, com a idade, comportamentos diários mais regulares.
- **Ciclo menstrual** – na segunda metade desse ciclo, a temperatura corporal se eleva em face dos hormônios próprios dessa fase que são ativadores da termogênese.
- **Ambiente** – os ambientes muito quentes podem interferir na temperatura dos indivíduos. Assim, nos trópicos, as pessoas apresentam uma temperatura superficial que é 0,3 a 0,4°C mais elevada do que aquelas que habitam regiões frias ou temperadas. Os banhos quentes (> 43°C) podem elevar a temperatura central do corpo a valores próximos a 39°C.
- **Doenças mentais** – algumas doenças mentais chegam a produzir temperaturas de 38 a 39°C.

O controle da temperatura pode apresentar grande significação clínica. Por isso, é importante construir a curva térmica do paciente, registrando-se a sua temperatura a intervalos regulares durante o dia e inscrevendo-se os resultados em gráfico.

Febre. A febre é uma síndrome complexa cujo sinal principal é a hipertermia. Acompanhando esse sinal, existem manifestações gerais tais como:

- prostração;
- apatia (o paciente perde o interesse pelas coisas);
- anorexia (perda do apetite);
- disbulia (alteração da vontade).

As febres ocorrem geralmente por processos infecciosos ou imunoalérgicos, mas existem também febres de origem psicológica. É necessário, no entanto, que não se confunda febre com aumento da temperatura corporal. Na febre há um conjunto de sinais e de sintomas que acompanham a hipertermia. A hipertermia simples se observa durante os exercícios físicos, em determinada fase do ciclo menstrual etc. Saber lidar com a febre é uma necessidade básica na prática médica e, por isso, é fundamental que o seu estudo seja feito sob os mais diferentes enfoques.

A febre ocorre por uma alteração nos centros termorreguladores provocada pela liberação de uma pequena proteína, pirogênio endógeno, que é produzida pelos leucócitos estimulados pela presença de vírus ou bactérias. Essa proteína foi identificada como sendo a interleucina-1 (Kluger, 1986). A interleucina-1 estimula a produção de prostaglandina ao nível do hipotálamo. Sob a sua ação, a produção de calor torna-se maior do que a velocidade com que ele é eliminado e, por isso, a temperatura corporal sobe. O equilíbrio entre a termogênese e a termólise nessa situação anormal acaba por ocorrer em um nível térmico mais elevado.

Alguns fatores promovem a quebra do equilíbrio do centro termorregulador. Entre eles, merecem citação:

- processos infecciosos produzidos por bactérias, fungos ou vírus;
- patologias que produzem morte tissular tais como queimaduras, tumores malignos, traumatismos graves, infartos etc.;
- processos imunoalérgicos.

Tipos de febre. O perfil térmico de um paciente pode contribuir para o diagnóstico da doença. As febres produzidas por infecção, como a febre tifoide, onde há constante liberação de toxinas bacterianas, absorção de substâncias estranhas e produção de substâncias termogênicas, manifestam-se por **febre contínua**. Esta se caracteriza por uma temperatura corporal elevada com pequenas variações de poucos décimos de grau durante o dia.

As febres da malária, por sua vez, ocorrem quando os parasitos das células sanguíneas, após se multiplicarem dentro delas, rompem-nas e daí são liberados, passando a infectar novas células. Durante essa ruptura, liberam-se toxinas e restos celulares que são termogênicos. Essa doença produz **febre intermitente**. Quatro são os agentes da malária no homem: os plasmódios *falciparum*, *vivax*, *malariae* e *ovale*. Destes, os mais comuns são o *falciparum* (climas tropicais) e o *vivax* (climas temperados). O *vivax* produz a febre terçã benigna, enquanto o *falciparum* é o agente da febre terçã maligna. Nessas febres, a cada 48 horas ocorre um surto de liberação dos plasmódios na corrente sanguínea, o que se traduz como um surto de febre a cada 3 dias. Por isso, ela é chamada de terçã. Já o plasmódio *malariae* provoca febres a cada 72 horas, isto é, a cada 4 dias e assim é conhecida como febre quartã.

No sarampo e na tuberculose a febre é mais baixa pela manhã do que pela tarde, havendo uma diferença de mais que 1°C entre as medidas (**febre remitente**).

Toda febre se acompanha de sinais objetivos e subjetivos que, no entanto, variam de acordo com a doença e com o indivíduo. Assim, pode ocorrer calafrio quando a temperatura interna sobe rapidamente, taquicardia devido ao metabolismo acelerado, perda de peso e tendência à acidose metabólica.

As febres elevadas aumentam a perda de água, sobretudo se elas são acompanhadas por sudorese. Isso favorece a desidratação que pode tornar-se grave nas crianças de baixo peso. A água é eliminada pela respiração, pelo suor, pela urina e pelas fezes. A febre moderada aumenta a eliminação de água em 25 a 50% e as febres altas podem requerer uma administração de líquidos duas vezes maior do que a normal.

A SENSAÇÃO DE QUENTE E DE FRIO

Sensores térmicos. O corpo humano dispõe de sensores térmicos localizados principalmente na pele. Ruffini e Krause descreveram corpúsculos nervosos que seriam especializados, respectivamente, para o quente e para o frio. Os estudos posteriores, contudo, levantaram dúvidas quanto à existência dessas terminações nervosas, enquanto outros corroboraram os achados de Ruffini e de Krause. Além da pele, a informação térmica também pode ser captada a partir da conjuntiva e das mucosas da boca, do esôfago e do reto. A distribuição dos sensores térmicos na pele não é uniforme, como demonstraram os estudos de Dallenbach (1927) e de Jenkins (1939).

A Fig. 12.3 mostra os resultados de testes feitos por Dallenbach num mesmo indivíduo. Numa mesma área do braço, ele testou a sensibilidade ao frio (círculos cheios) e ao calor (círculos vazios). A área sob teste media 1cm^2. Pode ser visto que as respostas aparecem agrupadas e que apresentam um padrão espacial definido, indicando que a discriminação da informação térmica não está uniformemente distribuída na pele. Assim, existem regiões que são sensíveis ao calor e outras ao frio.

Os resultados encontrados por Dallenbach foram confirmados por Jenkins (Fig. 12.4) que estudou a sensibilidade de uma região (4 × 10mm) da pele da face anterior do antebraço. Trabalhando com uma área maior do que a de Dallenbach, Jenkins pôde solicitar a dois indivíduos que definissem a sensação térmica como neutra ou em três gradações de frio. As regiões com maior concentração de pontos representam maior sensibilidade ao frio.

As sensações de calor e de frio não são absolutas, mas relativas. E clássica a demonstração do julgamento dúbio que se obtém quando se mergulha em água a 30°C uma mão previamente aquecida a 40°C e a outra que foi resfriada a 25°C. Para esta, a água é morna, enquanto para aquela, aquecida, a mesma água é fria.

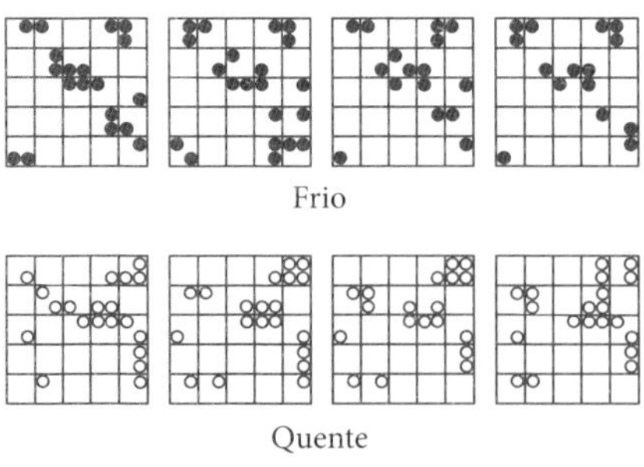

Figura 12.3 Resultado de quatro testes de sensibilidade térmica feitos numa mesma área de pele do braço. As respostas indicam que os sensores térmicos não estão uniformemente distribuídos. (Modificado de Dallenbach (1927), *in* Ruch e Patton, 1965, p. 308.)

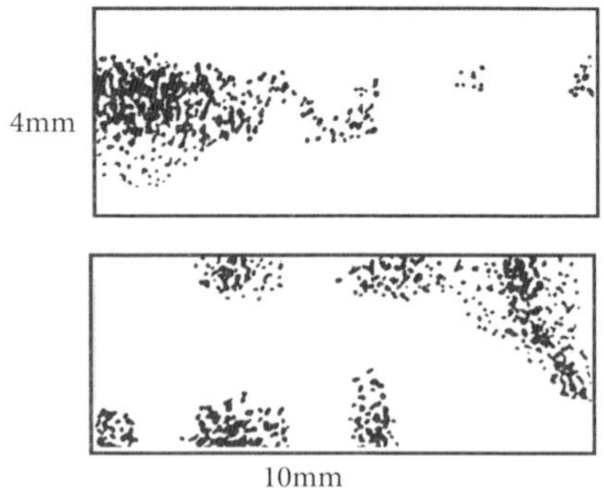

Figura 12.4 Zonas de sensibilidade térmica da pele do braço ao calor e ao frio em dois indivíduos diferentes. (Modificado de Jenkins (1939), *in* Ruch e Patton, 1965, p. 308.)

Tabela 12.1 Sensação térmica referente à temperatura da água do banho.

Temperatura (°C)	Sensação
1-13	Extremamente fria
13-18	Fria
18-27	Fresca
27-33,5	Tépida
33,5-35,5	Neutra
35,5-36,5	Morna
36,5-40	Quente
40-46	Extremamente quente

Fonte: Adaptado de Licht (1963), *in* Hecox et al., 1994, p. 66.

Sensação térmica. A Tabela 12.1 mostra como o corpo humano sente as diversas faixas de temperatura durante o banho de imersão.

Condutividade térmica. A sensação de quente ou de frio depende também da velocidade com que o nosso corpo ganha ou perde calor. Assim, encostando-se a mão em dois corpos que possuam constantes de condutividade térmica diferentes e que estejam à mesma temperatura, o corpo de maior condutividade parecerá mais frio. A Tabela 12.2 mostra a constante de condutividade térmica de alguns materiais.

Como se vê na Tabela 12.2, algumas substâncias conduzem calor melhor do que outras. Entre as não biológicas listadas, vê-se que o ar é a substância que pior conduz. O cobre, por outro lado, é a que melhor conduz o calor. Entre as substâncias biológicas, a gordura é a mais isolante e o osso a mais condutora. Isso significa que, se a madeira e o cobre estiverem a uma mesma temperatura, ao tocarmos em ambos, a madeira nos parecerá mais quente. O mesmo acontece quando comparamos gordura e osso.

Fluxo de calor. A velocidade com que o calor flui através de um corpo (Fig. 12.5) é dada pela equação:

$$H = \frac{k \cdot S \cdot T \cdot G}{D}$$

onde:

H – é a taxa de transferência de calor (cal/s)
k – é a constante de condutividade térmica do corpo
S – é a área de secção transversa do corpo (m^2)
T – é o intervalo de tempo
G – é a diferença entre as temperaturas T1 e T2 das extremidades do corpo (°C)
D – é o comprimento do corpo (m)

Tabela 12.2 Condutividade térmica de alguns materiais.

Substância	Condutividade térmica [(cal/(m · s · °C)]
Ar	0,026
Madeira	0,2
Borracha	0,372
Água	1,4
Lã de vidro	2,6
Areia	93,0
Alumínio	235
Cobre	401
Gordura subcutânea	0,45
Pele	0,898
Sangue total	1,31
Músculo	1,53
Osso	2,78

Fonte: De Lehman, J. (1990); Halliday, D. e Resnick, R. (1988), *in* Hecox, 1994, p. 73.

Dessa equação, conclui-se que a velocidade de troca de calor é diretamente proporcional à área do corpo, ao gradiente térmico e à constante de condutividade térmica e inversamente proporcional ao comprimento do corpo.

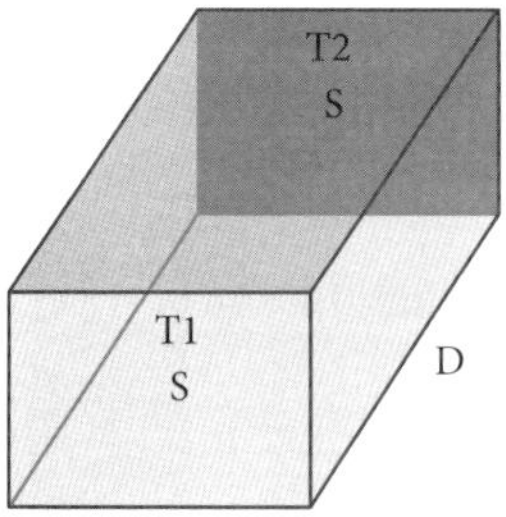

Figura 12.5 Prisma retangular. T1, temperatura do lado 1, T2, temperatura do lado 2; D, comprimento do prisma

BIBLIOGRAFIA

Cabral, N. (1959). Physica Medica. Livraria Guanabara Koogan S.A., Rio de Janeiro.

Crocker, B.D., Okumura, F., McCuaig, D.I., Denborough, M.A. (1980). Temperature monitoring during general anesthesia, Br. J. Anesth., 52:1223-1229.

Dallenbach, K.M. (1927). The temperature spots and end-organs. Am. J. Physiol., 39:402-

427, *apud* Ruch & Patton (Eds.) (1965). Physiology and Biophysics. W.B. Saunders Company, Philadelphia (p. 308).

Fattorusso, V., Ritter, O. (1966). Vademecum Clinico del Medico Practico. El Ateneo, Barcelona.

Halliday, D., Resnick, R. (1965). Física. Editora Universidade de São Paulo, São Paulo.

Hecox, B., Mehreteab, T.A., Weisberg, J. (1994). Physical Agents. Appleton & Lange, Norwalk, Connecticut.

Hug, C.C. (1981). Monitoring in Anesthesia, p. 197-199, Miller R.D., Churchill Livingstone, New York.

Jenkins, W.L. (1939). Studies in thermal sensitivity: 12. Part-whole relations in seriatim cold-mapping. J. Exp. Psychol. 25(4):373-388, *apud* Ruch & Patton (eds.) (1965). Physiology and Biophysics. W.B. Saunders Company, Philadelphia (p. 308).

Kluger, M.J. (1986). Fever: a hot topic. NIPS 1:25-27.

Licht, S. (1963). Medical Hydrology. Licht, E. Publisher, New Haven, CT.

Lisley, A.H., Rutten, A.J., Runciman, W.B. (1983). An evaluation of body temperature measurement. Anaesth. Intens. Care, 11:31-39.

Nobre, F.R. (1934). Tratado de Física Elementar. Aillaud & Lelos Ltda., Lisboa.

Ruch, T.C., Patton, H.D. (1965). Physiology and Biophysics. W.B. Saunders Company, Philadelphia.

Wald, PH., Stave, G.M. (1994). Physical and Biological Harzards of the Workplace. Van Nostrand Reinhold, New York.

CAPÍTULO 13

Biofísica aplicada à termoterapia

INTRODUÇÃO

A modificação da temperatura dos tecidos biológicos pode ser usada como um processo terapêutico. A termoterapia trata desse assunto. A prática de tratar pelo calor remonta ao tempo de Hipócrates, que já falava dos efeitos benéficos do calor radiante. Os médicos, desde os tempos mais remotos, aproveitavam-se do calor dissipado por fontes quentes, tais como carvão e ferro em brasa, para aliviar sintomas dolorosos dos músculos e das articulações.

AS FONTES DE CALOR

O calor pode ser gerado por várias fontes, a saber:

- **Química** - combustão e reações exotérmicas.
- **Mecânica** - atrito e interações moleculares que transformam parte da energia de movimento dos corpos em energia térmica.
- **Elétrica** - as correntes elétricas, que atravessam um condutor, produzem uma quantidade de calor que é proporcional à resistência do condutor, ao quadrado da intensidade da corrente e ao tempo (Lei de Joule).
- **Magnética** - os materiais ferro-magnéticos tornam-se imantados quando são submetidos a um campo eletromagnético constante. A desmagnetização ou a inversão da polaridade magnética desses corpos pode ser feita invertendo-se a orientação do campo indutor. No entanto, a resposta magnética desses materiais não é instantânea, mas apresenta um retardo conhecido como histerese. A histerese é um fenômeno de natureza resistiva e, devido a isso, parte da energia do campo eletromagnético é transformada em calor.

Tipos de fontes caloríficas. A biofísica relacionada aos processos de tratamento pelo calor envolve o estudo das fontes de calor e dos efeitos que ele produz sobre o organismo vivo.

As fontes caloríficas podem ser classificadas em:

- **Fontes radiantes** - são corpos quentes, muitas vezes incandescentes, que emitem radiações caloríficas ricas em raios infravermelhos.
- **Fontes condutoras** - transferem para o corpo ou absorvem calor do corpo. Em ambos os casos a transmissão de energia térmica se faz por contato (bolsas de água, angus, sinapismos, aplicações localizadas de gelo, criocauterização etc.).
- **Fontes conversivas** - emitem ondas mecânicas (ultrassom) ou eletromagnéticas (diatermia). Essas ondas, nos tecidos biológicos, transformam-se em calor.
- **Fontes convectivas** - transfere calor por convecção. Esse fenômeno ocorre nos fluidos e caracteriza-se pelo movimento de correntes de massas frias e quentes que se deslocam em virtude de variações da densidade do volume de fluido aquecido (aquecedores de quartos, sauna seca etc.).

REAÇÕES FISIOLÓGICAS AO CALOR

Ação tissular do calor. O organismo reage localmente ao calor aumentando a liberação de acetilcolina. Esta, por sua vez, dilata os vasos sanguíneos e facilita o fluxo de sangue. O fluxo sanguíneo aumentado representa uma reação orgânica termolítica e, localmente, favorece a eliminação de subprodutos indesejáveis do metabolismo (catabólitos) que são, muitas vezes, responsáveis por dores e desconfortos musculares. Além dessas ações, a vasodilatação também favorece a migração dos macrófagos, contribuindo, assim, para o combate contra os processos infecciosos.

Ação sistêmica do calor. A aplicação de calor em grandes áreas do corpo humano e os processos que dificultam a termólise promovem a elevação da temperatura corporal interna. Isso acontece, por exemplo, nas saunas e, principalmente, naquelas a vapor, onde, além da temperatura ambiente elevada, a presença de vapor d'água saturado impede a termólise pela evaporação do suor. A alta temperatura do ambiente e a redução da taxa de evaporação do suor são fatores termogênicos que contribuem para elevar a temperatura corporal, aumentando, assim, o fluxo de sangue circulante. Nos organismos aquecidos, o metabolismo celular e o consumo de oxigênio pelos tecidos estão aumentados. Também ocorre um aumento nas trocas hidroeletrolíticas levando à perda de sais através do suor. Esses efeitos podem ser benéficos para as pessoas normais, pois favorecem a eliminação de produtos indesejáveis do metabolismo. Entretanto, nos pacientes que apresentam doenças pulmonares ou cardiocirculatórias, a espoliação hidroeletrolítica pode agravar o quadro clínico.

Termoterapia. Houve época em que a Medicina se valeu do calor para tratar um grande número de doenças. D'Arsonval, por exemplo, construiu um aparelho para aquecer o interior do corpo, transferindo calor através do fenômeno da indução eletromagnética. Para conseguir isso, o paciente era colocado no interior de um solenoide que recebia corrente alternada de alta frequência. O corpo humano, funcionando como núcleo da bobina, apresentava um aumento da temperatura interna, e o calor assim gerado se propagava do interior do corpo para a superfície da pele.

A termoterapia já foi usada para o tratamento das doenças mentais, pois a observação mostrou que alguns pacientes apresentavam melhora do quadro clínico após um período de febre. Para produzir a hipertermia terapêutica, eram usadas injeções de substâncias pirogênicas (leite, por exemplo) ou produzidos abscessos pela injeção de enxofre. A termoterapia foi também muito usada para combater infecções bacterianas, principalmente nas gonococcias e na sífilis. Esses métodos foram, no entanto, abandonados com o advento de medicamentos específicos.

USO DO CALOR

Algumas doenças são beneficiadas pela ação do calor ou do frio. O aquecimento do corpo, além de exercer os seus efeitos moduladores sobre a circulação sanguínea, também promove uma ação calmante sobre o sistema nervoso central. A termoterapia está indicada nas doenças inflamatórias das articulações (artrites e sinovites) e dos tendões (tendinites), nos estiramentos e nas contusões musculares, nos processos inflamatórios da pele e do tecido celular subcutâneo, entre outros. Todavia, nas moléstias vasculares periféricas que se caracterizam por uma diminuição do fluxo sanguíneo arterial, nas neoplasias malignas, nas moléstias hemorrágicas ou onde há tendência à hemorragia, na gravidez e também em pacientes anestesiados, o aquecimento corporal está contraindicado.

Nas obstruções arteriais periféricas a aplicação de calor está contraindicada, porque o aumento do metabolismo aumenta o consumo de oxigênio e propicia a morte celular. O aumento da irrigação sanguínea na região onde existe um processo tumoral maligno pode favorecer a disseminação de células neoplásicas e nos processos hemorrágicos fisiológicos (menstruação) ou patológicos (diástases) não se deve aquecer a área hemorrágica para não aumentar o sangramento.

Na gravidez deve-se evitar a aplicação de calor na região pélvica, bem como o uso de processos que aumentem a temperatura do corpo. As células fetais por estarem num processo de mitose acelerada são mais sensíveis ao calor do que as células normais. Sob anestesia, o aquecimento dos tecidos é perigoso, pois, não havendo sensibilidade, podem ocorrer queimaduras.

EFEITOS MALÉFICOS DO CALOR

O calor excessivo aplicado sobre o corpo provoca:

- **Queimaduras** – caracterizam-se pela destruição celular que pode alcançar os tecidos superficiais (pele, subcutâneo) ou incluir os planos mais profundos (músculos, osso). Os grandes queimados são doentes extremamente graves e a mortalidade entre eles se eleva com o aumento da superfície corporal queimada. A perda da pele permite uma grande perda de líquido, cuja composição é semelhante à do plasma sanguíneo. Assim, além da perda hídrica, há uma espoliação de sais e de proteínas, principalmente de albumina.

- **Intermação e insolação** - esses quadros ocorrem quando o corpo é aquecido por exposição indireta (intermação) ou direta (insolação) aos raios solares. A intermação pode ocorrer ainda em ambientes quentes (saunas, por exemplo). A perda de água e de sais pode levar à morte celular. Os subprodutos das células mortas podem sensibilizar o hipotálamo e, assim, promover o descontrole da termogênese e da termólise corporais. Também podem ocasionar o aparecimento de náuseas, vômitos, edemas, convulsões e alteração da pressão arterial.
- **Cãibras musculares, tetania, náuseas e vômitos** - esses quadros resultam de uma acentuada perda de líquidos e de sais.
- **Anoxia e tromboses** - a anoxia é a redução do teor de oxigênio nos tecidos afetados. A trombose é a formação de coágulos intravasculares. O calor intenso aumenta a viscosidade do sangue em virtude da perda de água pelo suor. Essa viscosidade aumentada dificulta a circulação do sangue e, consequentemente, favorece a formação de trombos.

APLICAÇÃO DE CALOR NO CORPO INTEIRO

A aplicação do calor no corpo inteiro é feita pelos banhos quentes (imersão em água, saunas, lamas, areia). Os processos mais usados para a aplicação local de calor são as compressas quentes, os raios infravermelhos, a imersão em água quente, a exposição ao ar quente, ultrassons, termocautérios, diatermia e ondas curtas.

No passado foi dada uma importância maior do que a que existe para as ações terapêuticas do calor. A falta de recursos eficientes para o tratamento levou os médicos a visualizarem no calor efeitos quase mágicos. Todavia, não se pode menosprezar a sua ação terapêutica nas patologias para as quais ele está indicado.

O calor aplicado no corpo inteiro com finalidade terapêutica justifica-se sob a óptica do relaxamento muscular, do seu efeito sedativo sobre o sistema nervoso central e da sua capacidade em aumentar o metabolismo e o fluxo sanguíneo superficial, permitindo o transporte e a eliminação de catabólitos. O efeito bactericida do calor resulta da hipertermia que ele promove no corpo. Sabe-se que 99% das cepas de gonococos são destruídas após 5 horas em temperatura de aproximadamente 40°C. Na prática, os resultados da hipertermia sobre os gonococos foram bons.

Os banhos quentes promovem hipertermia, pois transferem calor para o corpo por condução e convecção e impedem a termólise por evaporação do suor. Isso também acontece nas saunas a vapor. Além de aquecer, o banho com lama quente sulfurosa é benéfico, pois as propriedades medicinais do enxofre para muitas afecções da pele já estão amplamente comprovadas. O banho de areia nada tem de especial, a não ser a manutenção de uma temperatura relativamente constante.

APLICAÇÃO DE CALOR LOCALIZADA

Para promover o aquecimento localizado usa-se, com frequência, as compressas quentes, a parafina derretida e as radiações infravermelhas. As compressas quentes, geralmente feitas com angus, aproveitam a grande capacidade térmica da água e do amido para transferir calor para o corpo. O angu quente é envolvido em pano e então é aplicado sobre a região a ser tratada. Esse processo pode ser feito em imersão em água quente ou com o auxílio do forno de Bier. Este equipamento é constituído por uma redoma de madeira com forma de um hemicilindro, que possui no interior lâmpadas incandescentes. O calor desprendido pelas lâmpadas fica retido no interior do cilindro onde é colocada a região do corpo a ser aquecida.

BIBLIOGRAFIA

Burns, D.M., MacDonald, S.G.G. (1970). Physics for biological and pre-medical students. Addison-Wesley Publishing Company, London.

Cabral, N. (1959). Physica Médica. Livraria Guanabara Koogan S.A., Rio de Janeiro.

Hecox, B. Mehreteab, T.A., Weisberg, J. (1994). Physical Agents. Appleton & Lange, Connecticut.

Jensen, J.T. (1960). Introduction to medical physics. J.B. Lippincott Company, Philadelphia.

PARTE IV

Biomecânica

CAPÍTULO 14

Biofísica da respiração

INTRODUÇÃO

Os animais necessitam de oxigênio para a manutenção dos processos metabólicos que lhes garantem a vida. Esse gás é retirado da atmosfera ou de líquidos nos quais está dissolvido. Das reações bioquímicas que se passam nos diversos compartimentos dos animais, resulta uma constante produção de gás carbônico, cuja eliminação é necessária para o equilíbrio do meio interno. Para realizar essas funções, os insetos apresentam tubos respiratórios, e os peixes, brânquias. Os animais mais evoluídos, no entanto, desenvolveram órgãos especiais – os pulmões –, a fim de promover o comércio entre os gases internos e externos. Os gases trocados pelos pulmões são transportados pelo sangue e, nas células, o oxigênio é usado para a produção da água endógena, um processo que neutraliza hidrogênio protônico e que se chama **respiração celular**. Por isso, a troca de gases pelos pulmões é também chamada de **respiração externa**.

A ATMOSFERA TERRESTRE

Características da atmosfera terrestre. A atmosfera da Terra é uma camada de gases que envolve o planeta e que a ele se mantém presa em virtude da gravidade. Desses gases, aproximadamente 21% é oxigênio; 0,03%, gás carbônico; e 79%, uma mistura de gases (argônio, xenônio, criptônio etc.), cujo principal constituinte é o nitrogênio (71%). Devido à compressibilidade, a atmosfera terrestre não é homogênea, mas se apresenta mais densa nas regiões próximas à superfície do planeta. Disso decorre que a pressão atmosférica varia com a altitude, reduzindo-se à medida que ela aumenta (Tabela 14.1).

A pressão parcial do oxigênio na atmosfera também diminui com a altitude. A manifestação da hipóxia tissular ocorre primeiro nos tecidos que, em virtude do seu metabolismo, consomem grande quantidade de oxigênio. Assim, indivíduos submetidos a situações de baixa pressão parcial de oxigênio podem apresentar sintomas visuais, miocárdicos e neurológicos. Os visuais caracterizam-se inicialmente por diplopia e redução da visão em ambiente escuro. Eles são produzidos pela hipóxia da retina e dos centros nervosos a ela associados. O coração, por sua vez, responde aumentando a frequência dos bati-

Tabela 14.1 Variação da pressão atmosférica com a altitude.

Altitude (m)	Pressão (mmHg)	Temperatura (°C)	PO_2 (mm Hg)
Nível do mar	760	15,00	159
100	751	14,35	148
200	742	13,70	137
300	733	13,05	127
400	724	12,40	118
500	716	11,75	109
1.000	674	8,5	101
2.000	596	2,00	93
3.000	525	-4,49	86
4.000	462	-10,98	79
5.000	405	-17,47	73
10.000	198	-49,90	67
15.000	90	-56,50	61
20.000	41	-56,50	-
25.000	19	-51,60	-
30.000	8	-46,64	-
40.000	2	-22,80	-
50.000	0,6	-2,50	-

Fonte: Modificado de DeHart RL, *in* Wald e Stave, 1994, p. 149 e 152.

mentos e não é raro ocorrer crise de angina do peito em paciente com coronariopatia. Os sintomas neurológicos incluem: confusão mental, incoordenação motora, distúrbios do comportamento, que vão da euforia à ira. A respiração é ofegante, levando à alcalose respiratória, e o indivíduo apresenta náuseas e cefaleia. Em situações extremadas, podem ocorrer edemas pulmonar e cerebral, bem como a perda da consciência.

A atmosfera terrestre absorve uma grande variedade de radiações. No seu nível mais externo (altitude maior que 100km), os gases estão muito rarefeitos. O oxigênio presente nessa camada absorve as radiações ultravioleta e dissocia-se, produzindo uma grande quantidade de calor e elevando a temperatura dessa faixa da atmosfera. Os átomos dissociados combinam-se com o oxigênio das camadas mais baixas e formam o ozônio. Essas reações se processam, principalmente, a uma altura em torno de 40km. A principal ação do ozônio é absorver os raios ultravioleta e, assim, proteger a vida sobre a Terra. Em virtude da absorção de energia, a temperatura nessa zona também é relativamente elevada.

Na atmosfera próxima à superfície da Terra, a temperatura é baixa por causa da transparência do ar e da ação dos ventos. A temperatura das camadas atmosféricas diminui a uma taxa de variação de 5 a 7°C/km à medida que a altitude cresce. Entre 10 e 30km de altura, no entanto, a temperatura declina lentamente e, a partir daí, aumenta progressivamente até os 50km. Acima dessa camada, a temperatura volta a decrescer, apresentando um novo valor mínimo no nível dos 90km de altura (Stacy et al., 1965).

O APARELHO RESPIRATÓRIO

As vias aéreas. A respiração no homem é feita graças a um complexo aparelho formado pelas vias aéreas, pulmões e sistemas de movimentação da caixa torácica. As vias aéreas superiores (boca, cavidades nasais e faringe) estão conectadas à traqueia por meio da laringe. Nessa estrutura encontram-se a epiglote, a glote e as cordas vocais. Sua estabilidade se deve a uma parede osteocartilaginosa relativamente elástica.

A traqueia é um tubo móvel e longo (10cm de comprimento e 2cm de diâmetro), cuja parede contém anéis musculocartilaginosos, membrana mucosa, tecido fibroso e glândulas. Os anéis são, no entanto, imperfeitos, pois a sua cartilagem lembra a lua crescente. Eles ocupam $^{2}/_{3}$ da parede anterior do tubo traqueal. Posteriormente, são completados por tecido fibroso e fibras musculares lisas. Estas estão dispostas tanto na direção longitudinal à traqueia e aos brônquios, quanto circundando essas estruturas. Assim, podem ser realizados movimentos de encurtamento e alongamento no comprimento e no diâmetro dos tubos respiratórios. Esse mesmo tipo de estrutura também se encontra nos brônquios extrapulmonares e naqueles intrapulmonares com diâmetro superior a 0,5mm. Os mais finos, contudo, carecem do suporte cartilaginoso. Geometricamente, a traqueia se assemelha a um cilindro, mas sua parede posterior é achatada. No nível da 5ª vértebra torácica, ela se bifurca nos brônquios-fonte.

O brônquio-fonte direito é largo, curto e verticalizado. O brônquio-fonte esquerdo é estreito, longo e horizontalizado. O pulmão direito possui três lobos, enquanto o esquerdo é bilobado. Logo ao penetrar no pulmão, o brônquio-fonte direito se divide para criar o ramo que se dirige ao lobo superior. Esse brônquio secundário possui grosso calibre e também logo se ramifica em brônquios terciários, que são relativamente curtos e grossos. Essa característica anatômica traz repercussões acústicas e sobre isso se falará mais adiante. Do brônquio-fonte esquerdo nascem os brônquios que se dirigem aos lobos superior e inferior do pulmão esquerdo.

Olhando-se para dentro da traqueia em direção à carina percebe-se que o septo correspondente à subdivisão dos brônquios está situado mais à esquerda, e a impressão que se tem é a de que o brônquio-fonte direito é a via principal, aquela que dá continuidade ao tubo traqueal. Isso tem implicação na localização de corpos estranhos aspirados, pois eles se dirigem preferencialmente para o brônquio-fonte direito.

Os pulmões. Os pulmões estão envolvidos pela pleura visceral e ocupam cerca de $^{4}/_{5}$ do volume da cavidade torácica. No adulto, após uma expiração normal, o volume de ar contido em cada pulmão é de 2.500ml a 3.000ml. Os pulmões direito e esquerdo não têm o mesmo tamanho, pois parte do volume do hemitórax esquerdo está ocupada pelo coração. Assim, 55% da função respiratória se deve ao pulmão direito e 45% ao esquerdo. Os pulmões são órgãos muito extensíveis, pois neles há uma grande rede de fibras elásticas formando o parênquima pulmonar. Por essa razão, toda vez que o pulmão é insuflado há, nessas estruturas, um acúmulo de energia potencial elástica, que é fundamental para promover a retração do órgão durante a expiração.

Os pulmões são mantidos expandidos no interior da cavidade torácica graças à pressão negativa do espaço pleural. Esse espaço existe entre as pleuras parietal e visceral e está preenchido por líquido que serve como meio de baixa fricção, facilitando a movimentação dos pulmões. As pleuras são membranas mesoteliais que revestem a parede interna da cavidade torácica e também recobrem os pulmões. Sempre que o tórax é aberto, o pulmão, sob a ação das suas forças elásticas, entra em colapso e o seu volume reduz-se a cerca de $^1/_3$ do volume normal. O pequeno volume do pulmão colapsado se deve, principalmente, à presença do ar nas cavidades alveolares. No indivíduo vivo, no entanto, após algumas horas, o ar alveolar é absorvido pelo sangue circulante e o volume pulmonar reduz-se ainda mais.

Tubos respiratórios e alvéolos. A extensibilidade dos pulmões e das vias aéreas permite que os seus volumes possam variar durante os movimentos respiratórios. Assim, na inspiração, os tubos respiratórios aumentam de comprimento e de diâmetro, facilitando a passagem do ar. À medida que se dividem (Fig. 14.1), os tubos inspiratórios tornam-se mais finos. Sua área, no entanto, cresce rapidamente. Os bronquíolos de 16ª geração são chamados de bronquíolos terminais. Estes se comunicam diretamente com os bronquíolos respiratórios, os quais se subdividem em dois ou mais ductos alveolares. Os ductos, por sua vez, estão conectados ao átrio alveolar, e estes, aos sacos alveolares. A parede desse saco sofre invaginações, produzindo compartimentos que são os verdadeiros alvéolos pulmonares.

A parede torácica. A parede torácica é formada por pele, tecido celular subcutâneo, arcos costais, esterno, clavículas, coluna dorsal, ligamentos, músculos, pleura parietal, vasos e nervos. É uma estrutura elástica que, em combinação com os movimentos do diafragma, promove as variações de volume da cavidade do tórax. O aumento do volume intratorácico ocorre em virtude do movimento dos arcos costais e do rebaixamento da cúpula diafragmática durante a inspiração, fase que se processa com gasto de energia. A expiração normal, no entanto, é passiva e usa a energia potencial elástica acumulada durante a inspiração. No exercício, na taquipneia e nas doenças respiratórias obstrutivas, a expiração torna-se um processo ativo e penoso.

Músculos da inspiração. Os principais músculos inspiratórios são:

- diafragma;
- intercostais externos;
- peitoral maior.

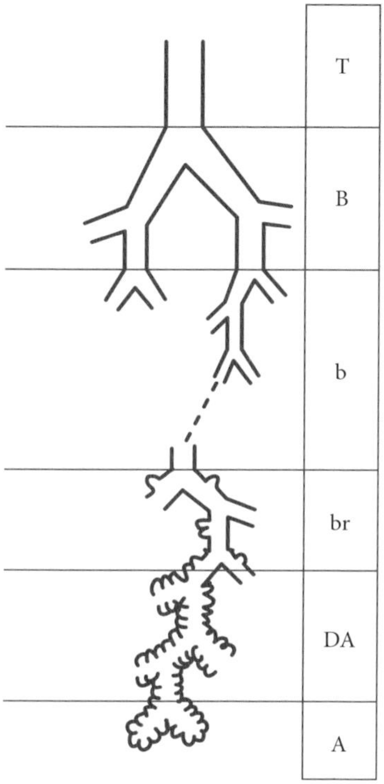

Figura 14.1 Dicotomização das vias aéreas mostrando as estruturas desde a traqueia até os alvéolos pulmonares. **T**, traqueia; **B**, brônquios; **b**, bronquíolos; **br**, bronquíolos respiratórios; **DA**, ductos alveolares; **A**, alvéolos. (Modificado de Weibel ER, *in* West, 1990, p. 6.)

Em situações de grande esforço inspiratório (500-1.000ml/min), também são ativados o esternoclidomastóideo, o escaleno, o denteado maior e o trapézio. Alguns músculos colaboram com a inspiração, reduzindo a resistência das vias aéreas (digástrico, músculo da asa do nariz, musculatura das bochechas, levantador do palato, músculos laríngeos, língua e músculos posteriores do pescoço).

No tórax enfisematoso e no asmático, doenças em que há um permanente estado de hiperinsuflação pulmonar, a forma em cúpula do diafragma se desfaz e o músculo se torna planificado, perdendo, assim, a sua propriedade de pistão durante a inspiração. Em tal circunstância, a contração diafragmática promove uma redução da circunferência das porções mais inferiores do tórax, contribuindo para caracterizar o tipo de respiração desses pacientes crônicos.

Músculos da expiração. Os principais músculos expiratórios são:

- Musculatura da parede abdominal:
  transverso do abdômen;
  oblíquos externos;
  oblíquos internos;
  reto abdominal.

- Musculatura da parede torácica:
  triangular do esterno;
  intercostais internos.

A contração dos músculos expiratórios eleva a pressão intratorácica em virtude da compressão exercida pelas vísceras abdominais sobre o diafragma, do encurvamento do tronco e do rebaixamento dos arcos costais.

A MECÂNICA DA RESPIRAÇÃO

A movimentação dos pulmões

Expansão pulmonar e pressão pleural. Os pulmões permanecem expandidos por causa da pressão pleural que, durante as pausas compreendidas entre a expiração e a inspiração, é de $-2cmH_2O$ a $-5cmH_2O$. As forças do espaço pleural equilibram as forças elásticas intrapulmonares que tendem a promover o colapso do órgão. Assim, durante as pausas respiratórias, a pressão intra-alveolar (ou intrapulmonar) é igual à pressão atmosférica. Não havendo gradiente pressórico, o fluxo de ar nas vias aéreas é, nesses instantes, nulo.

Na inspiração, o volume da cavidade torácica aumenta, reduzindo a pressão pleural, que passa a variar entre $-4cmH_2O$ e $-8cmH_2O$. O aumento da pressão negativa no espaço pleural reduz a pressão alveolar e promove, assim, a entrada de ar pelas vias aéreas, enchendo os pulmões. Em situações de exercício ou de doença obstrutiva, a pressão pleural pode alcançar valores muito mais negativos, podendo chegar a $-135cmH_2O$.

Prensa abdominal. Na expiração, a compressão exercida pela parede torácica e pelos músculos do abdômen eleva a pressão pleural para valores menos negativos (–2 a $-4cmH_2O$) ou para valores ligeiramente positivos, quando a expiração é forçada. Campbell (1958), estudando a ação dos músculos abdominais na expiração, mostrou que a prensa abdominal não é ativada enquanto a resistência ao fluxo expiratório é menor que $10cmH_2O$. Quando essa resistência está levemente aumentada, o homem pode respirar sem auxílio da musculatura do abdômen. Isso é possível porque, com o aumento do volume inspiratório, os elementos elásticos sofrem maior deformação e, assim, acumulam mais energia potencial elástica, que será usada para promover a expiração.

Os músculos expiratórios abdominais são ativados quando a resistência ao fluxo está muito aumentada ou quando a ventilação pulmonar está elevada. Eles também se manifestam na tosse, no espirro, no vômito e na manobra compressiva de Valsalva. Durante a expiração, a queda de negatividade na pressão pleural favorece as forças de colapso pulmonar. Estas colaboram para aumentar a pressão intra-alveolar, fazendo com que o ar dos pulmões seja expulso. Os músculos expiratórios podem elevar e manter a pressão intratorácica a $160cmH_2O$. Valores ainda mais altos ($400cmH_2O$) podem ser registrados transitoriamente.

Frequência respiratória. A respiração pulmonar é um processo rítmico. A frequência dos ciclos respiratórios, no entanto, varia com a idade, com o exercício e está alterada em alguns estados patológicos. Quetelet, estudando 300 indivíduos normais, encontrou os dados apresentados na Tabela 14.2.

Tabela 14.2 Variação da frequência respiratória com a idade.

Idade (anos)	Frequência respiratória (ciclos/min)
0-1	44
5	26
15-20	20
20-25	18
25-30	16
30-50	18

Fonte: De Cabral, 1959, p. 220.

A pressão pleural

Medida da pressão pleural. Duas são as técnicas para medir a pressão da cavidade pleural:

1. Punciona-se a parede torácica até alcançar o espaço pleural e, então, conecta-se um manômetro à agulha. Pode-se, também, usar a agulha de punção como guia para passar um tubo de polietileno. Uma vez que esse tubo esteja bem posicionado, retira-se a agulha. Com isso, evita-se a perfuração do pulmão que pode ocorrer durante os movimentos respiratórios.
2. Coloca-se no terço inferior do esôfago uma sonda dotada de balonete longo. O balonete é inflado com água e a sua pressão é monitorada com o auxílio de um manômetro. A pressão esofágica reflete a pressão pleural porque o esôfago, por ser um tubo fino, flexível, situado entre os pulmões e a parede torácica, transmite para a sua luz as pressões que lhe são externas. Deve-se ter o cuidado, no entanto, de evitar medidas durante a deglutição ou durante as contrações peristálticas.

Força muscular e tamanho do sarcômero. Rahn et al. (1946) estudaram a variação da pressão pleural durante a inspiração e a expiração máximas. Os resultados, vistos na Tabela 14.3, mostram que a pressão final depende do volume inicial dos pulmões. Desde que Gordon, Huxley e Julian (1964) desenvolveram a teoria dos filamentos deslizantes para explicar a relação entre força e estiramento da musculatura esquelética, sabe-se que, até certo limite, quanto maior for o comprimento inicial do músculo, maior será a força que ele desenvolverá ao se contrair. Todavia, o músculo perderá força se

Tabela 14.3 Parâmetros respiratórios.

Capacidade vital (%)	Pressão expiratória máxima		Capacidade vital (%)	Pressão inspiratória máxima	
	mmHg	[cmH_2O]		mmHg	[cmH_2O]
9,7	41,5	[56,4]	3,0	–86,0	[–116,9]
25,0	52,5	[71,4]	21,7	–74,6	[–101,4]
43,8	69,9	[95,0]	34,8	–63,3	[–86,0]
60,0	90,0	[122,4]	55,6	–56,8	[–77,2]
75,0	95,3	[129,6]	75,7	–44,8	[–60,9]
83,0	107,0	[145,5]	91,0	–23,6	[–32,1]
100,0	119,0	[161,8]			

Fonte: Modificada de Rahn H (1946), *in* Comroe et al., 1974, p. 98

for estirado além do seu tamanho ótimo (Fig. 14.2). Isso explica por que os músculos expiratórios se contraem produzindo maior força quando os pulmões estão mais cheios. Por outro lado, quanto mais desinflados estiverem, mais estirados estarão os músculos inspiratórios e estes, durante a contração, produzirão grande força.

A capacidade vital representa a quantidade de ar que um indivíduo movimenta durante uma expiração forçada realizada após uma inspiração máxima. A Tabela 14.3 relaciona a capacidade vital com as pressões expiratória e inspiratória máximas. Nela, pode-se ver que, quanto maior for a capacidade vital, maior será a pressão expiratória máxima e menor a pressão inspiratória máxima. Isso se deve ao fato de que, estando os pulmões mais cheios, os músculos expiratórios se encontram estirados e os inspiratórios encurtados.

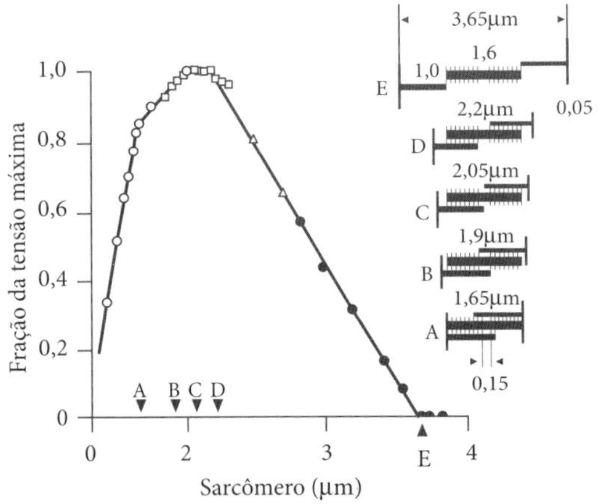

Figura 14.2 Variação da tensão desenvolvida por uma fibra muscular em função do tamanho do sarcômero. Os esquemas definidos pelas letras **A**, **B**, **C**, **D** e **E** representam diferentes graus de interação actino-miosina em função do comprimento do sarcômero. (Modificado de Gordon et al. (1964), *in* Ruch e Patton, 1965, p. 130.)

Escoamento do ar nas vias aéreas

A equação de Poiseuille. A movimentação de ar nos tubos respiratórios obedece à equação de Poiseuille. Assim, o fluxo gasoso ϕ pode ser calculado pela expressão:

$$\phi = \frac{\Delta P \cdot \pi \cdot r^4}{8 \cdot \eta \cdot l}$$

onde:

ϕ – é o fluxo em unidade de volume/tempo
ΔP – é a diferença de pressão entre as extremidades do tubo
r^4 – é o raio do tubo
l – é o comprimento do tubo
η – é a viscosidade do fluido

Pela equação se observa que os elevados gradientes de pressão (ΔP) e os tubos largos (**r**) favorecem o desenvolvimento de grandes fluxos (Φ). Por outro lado, os tubos longos (**l**) e os fluidos de alta viscosidade (η) oferecem grande resistência e dificultam a movimentação do ar.

Considerando que $\Phi = \Delta P/R$, onde **R** é a resistência oferecida ao movimento do fluido, então, da equação de Poiseuille, pode-se deduzir que:

$$R = \frac{8 \cdot \eta \cdot l}{\pi \cdot r^4}$$

Dos elementos resistivos, o raio **r** é o que maior influência tem na determinação do fluxo, pois a resistência depende da quarta potência dessa variável. Reduzindo-se o raio à metade, a resistência ao fluxo aumenta 16 vezes!

Os fluidos se movem espontaneamente da região de maior pressão para a região de menor pressão. Assim, durante a inspiração, fase em que se enchem os pulmões, a pressão do meio que envolve o indivíduo é maior do que a pressão alveolar. Quando a pressão nos alvéolos se torna maior do que a pressão externa, o ar é expulso através da árvore respiratória. Uma pressão é negativa quando tem valor menor do que a pressão atmosférica, caso contrário, é positiva. A pressão alveolar varia entre valores negativos na inspiração e positivos na expiração. Quando um indivíduo respira contra uma pressão maior do que a do ambiente que o contém, ele executa uma respiração contra pressão positiva. Esse tipo de respiração é usado em determinadas patologias pulmonares (enfisema, pulmão de choque etc.) para manter elevada a pressão no interior das vias aéreas. Com isso, os tubos aéreos são mantidos abertos, facilitando a ventilação dos alvéolos.

Os tipos de escoamento. O escoamento de fluidos no interior de tubos pode ocorrer sob três formas (Fig. 14.3):

- laminar;
- turbulento;
- misto.

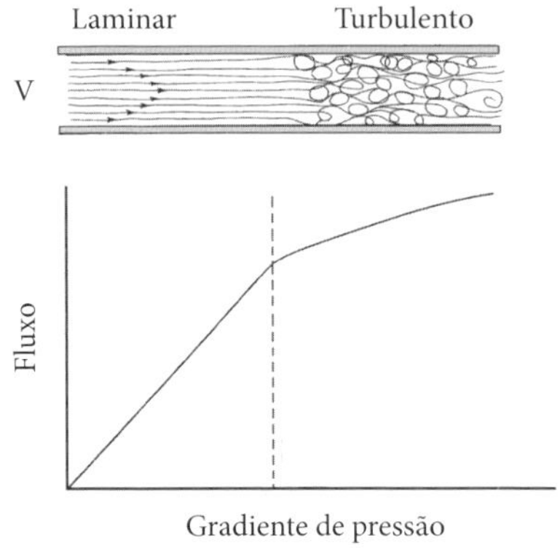

Figura 14.3 Representação esquemática do escoamento de um fluido mostrando os fluxos: laminar (baixo gradiente de pressão) e turbulento (elevado gradiente de pressão).

No **escoamento laminar**, o fluido se move em camadas. A mais superficial, aquela que está em contato com a parede do tubo, possui velocidade muito pequena. A velocidade das demais camadas cresce da periferia para o centro da veia fluida. No **escoamento turbulento**, o fluido desenvolve remoinhos e não há organização mecânica no movimento da veia fluida. Esse tipo de regime oferece alta resistência ao fluxo, exigindo um elevado consumo de energia para promover a movimentação do fluido (Fig. 14.4). Durante a respiração tranquila, o ar nas vias aéreas longas e estreitas se movimenta laminarmente. Nos estados em que há dispneia, o escoamento tende a ser turbulento, gerando vibrações sonoras que podem ser percebidas na ausculta do paciente.

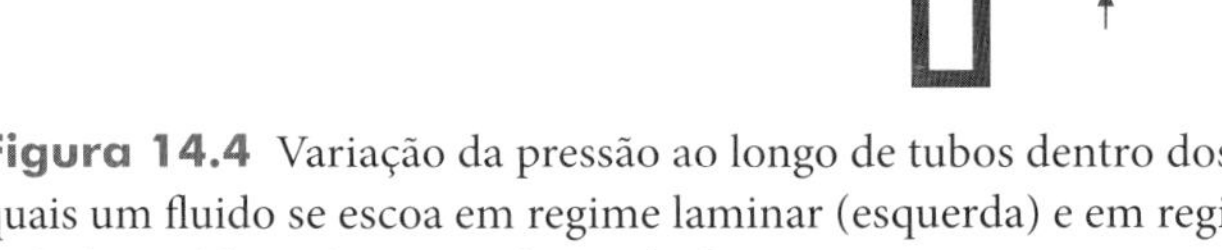

Figura 14.4 Variação da pressão ao longo de tubos dentro dos quais um fluido se escoa em regime laminar (esquerda) e em regime turbulento (direita). A grande queda de pressão no escoamento turbulento indica tratar-se de um fluxo de alta resistência.

Número de Reynolds. Reynolds estudou o movimento de fluidos em tubos e concluiu que a tendência ao fluxo turbulento poderia ser prevista.

O número de Reynolds (N) é dado pela expressão:

$$N = \frac{\mathbf{v} \cdot \mathbf{d} \cdot \mu}{\eta}$$

onde:

N – é o número de Reynolds
v – é a velocidade média do fluido
d – é o diâmetro do tubo
μ – é a densidade do fluido
η – é a viscosidade cinemática do fluido

Reynolds encontrou que, quando N era maior que 2.000 (grandezas no sistema CGS), o fluxo seria turbulento ou estaria na iminência de se tornar turbulento.

Forças envolvidas no escoamento. Quando o ar se escoa pelas vias aéreas, várias forças podem ser reconhecidas:

- Forças elásticas da parede torácica e dos pulmões.
- Resistência viscosa do ar.
- Resistência promovida pela turbulência.
- Resistência oferecida durante a alteração de volume e forma dos órgãos.
- Forças de atrito.
- Forças necessárias para vencer a inércia dos sistemas móveis.

Descoberta de Bernoulli. Bernoulli demonstrou que existe uma relação inversa entre a velocidade (**V**) do fluxo aéreo e a pressão (**P**) que o gás exerce sobre a parede interna da tubulação que o contém (Fig. 14.5). Esse conhecimento se torna particularmente importante para entender a dificuldade respiratória em brônquios estreitados e de paredes flácidas, tal como acontece no enfisema pulmonar. Nessa doença, as paredes bronquiolares não resistem à pressão de colapso, provocada pelo fluxo gasoso de alta velocidade, e a luz do tubo aéreo é estreitada, colaborando para o aumento do esforço respiratório e para a produção de sibilos.

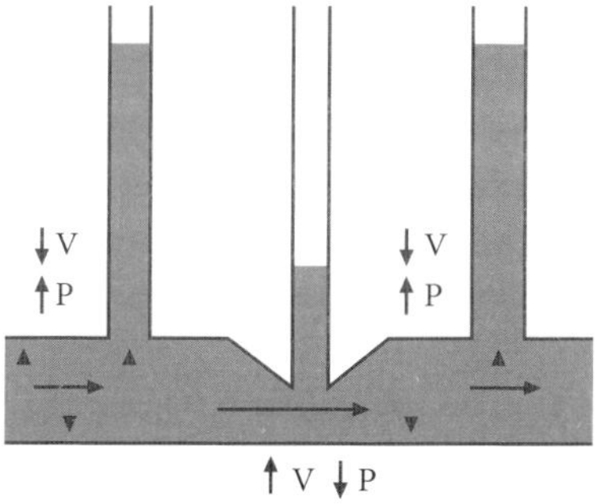

Figura 14.5 Efeito Bernoulli. O esquema mostra que há uma dependência inversa entre a velocidade do fluxo (**V**) e a pressão (**P**) que o fluido exerce sobre as paredes do tubo. Na região estreitada a velocidade de fluxo é alta e a pressão sobre a parede é pequena.

Medidas espirográficas

Volumes e capacidades pulmonares. Ao volume de ar inspirado durante um ciclo respiratório chama-se **volume-corrente** (Fig. 14.6). Em um adulto médio, respirando tranquilamente, esse volume é da ordem de 500ml. A quantidade de ar que, partindo do volume-corrente inspirado, pode ser movimentada durante um esforço máximo é chamada de **volume de reserva inspiratória** (3.000ml), enquanto a que se expulsa durante uma expiração máxima é chamada de **volume de reserva expiratória** (1.100ml). O ar que não pode ser expulso dos pulmões é chamado de **volume residual** (1.200ml). Assim, a **capacidade pulmonar total** (5.800ml) equivale à soma dos volumes de reserva inspiratória, corrente, reservas expiratória e residual. Chama-se **capacidade vital** (4.600ml) à soma dos volumes de reserva inspiratória, corrente e reserva expiratória. A **capacidade inspiratória** é a soma do volume de ar corrente com o volume de reserva inspiratória, enquanto a **capacidade residual funcional** pode ser obtida somando-se o volume residual com o volume de reserva expiratória. Os volumes e as capacidades variam com o sexo (Tabela 14.4), idade, raça, estatura corporal, superfície cutânea, postura e em algumas doenças.

A capacidade vital aumenta com a idade até os 20 anos e diminui depois dos 50 anos. Em pé ou sentado, os indivíduos apresentam maior capacidade vital do que quando estão deitados. O volume pulmonar total diminui nas doenças cardíacas e pulmonares, bem como nos derrames pleurais.

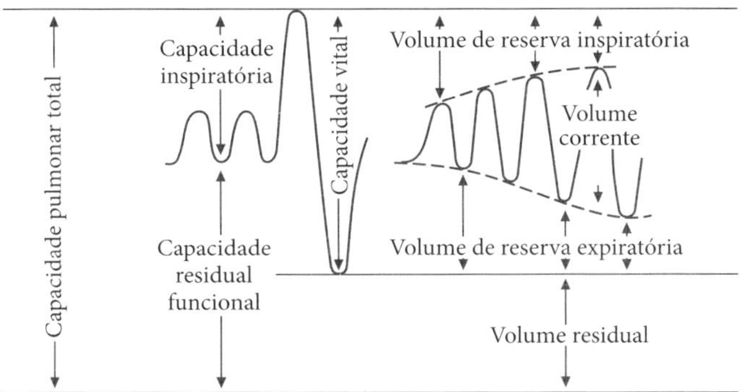

Figura 14.6 Curvas espirográficas identificando os volumes e as capacidades pulmonares.

Espirometria nas doenças. Na doença pulmonar obstrutiva crônica (DPOC), denominação genérica que se dá às diversas patologias obstrutivas do aparelho respiratório (bronquite crônica, enfisema pulmonar, bronquiectasia, fibrose cística, bronquiolite obliterante, estenose da traqueia e síndrome de Kartagener, esta caracterizada por *situs* *inversus,* sinusite crônica e bronquiectasia), o volume residual e a capacidade residual funcional estão aumentados. Todavia, a capacidade vital pode estar normal ou diminuída (Fig. 14.7).

A espirometria apresenta-se também alterada nas pneumopatias restritivas. Elas se caracterizam pela diminuição da capacidade pulmonar total e da capacidade vital, que passa a ser geralmente menor que 70ml/kg (Fig. 14.8). Essas patologias refletem a perda da extensibilidade e, consequentemente, a redução da complacência pulmonar. O Quadro 14.1 mostra as principais causas de pneumopatia restritiva.

Espirograma. O espirograma é o registro temporal do volume de ar expirado (Fig. 14.9). Nesse tipo de medida, o coeficiente angular da curva determina a cada ponto a velocidade do fluxo.

Tabela 14.4 Volumes e capacidades pulmonares em indivíduos normais.

Volumes e capacidades (litros)	Homem		Mulher	
	Média	Mín-máx	Média	Mín-máx
Volume corrente	0,59	(0,51-0,74)	0,48	(0,45-0,51)
Volume de reserva expiratório	0,91	(0,50-1,32)	0,64	(0,36-0,88)
Volume residual	1,28	(0,57-1,99)	1,19	(0,73-1,62)
Capacidade vital	4,31	(2,66-5,96)	3,25	(2,27-4,13)
Capacidade inspiratória	3,42	(1,95-4,89)	2,62	(1,92-3,31)
Capacidade residual funcional	2,19	(1,25-3,13)	1,83	(1,49-2,09)
Capacidade pulmonar total	5,59	(3,69-7,49)	4,44	(3,89-5,40)

Fonte: Dados de Norris et al. (1956), Morse (1958) e Fowler et al. (1952).

Volumes e capacidades (litros)	Homem adulto (70kg)
Volume corrente	500ml (6-7ml/kg)
Capacidade inspiratória	1-2,41 (3ml/kg)
Volume de reserva inspiratória	25% da capacidade vital
Volume de reserva expiratória	25% da capacidade vital
Capacidade residual funcional	1,8-3,41
Volume residual	1-2,41
Capacidade pulmonar total	4-61
Capacidade vital	3-51

Fonte: Koch SM (1992), *in* Kirby et al., 1994, p. 727.

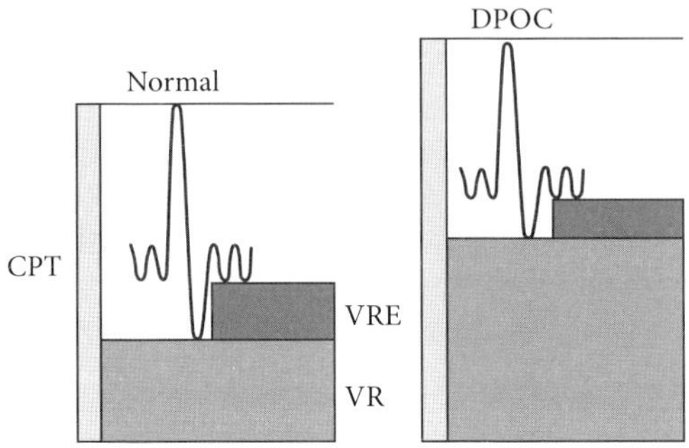

Figura 14.7 Espirometria nas doenças pulmonares obstrutivas crônicas (**DPOC**). Uma espirometria normal está mostrada para comparação. **CPT**, capacidade pulmonar total; **VRE**, volume de reserva expiratória; **VR**, volume residual. (Modificado de Stoelting e Dierdorf, 1996, p. 109.)

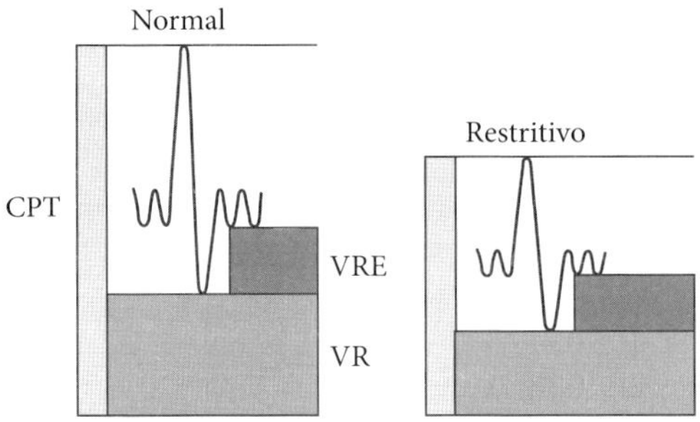

Figura 14.8 Espirometria nas doenças pulmonares restritivas. Uma espirometria normal está mostrada para comparação. **CPT**, capacidade pulmonar total; **VRE**, volume de reserva expiratória; **VR**, volume residual. (Modificado de Stoelting e Dierdorf, 1996, p. 124.)

Quadro 14.1 Pneumopatias restritivas.

Edema pulmonar (pneumopatia restritiva intrínseca aguda) Síndrome da angústia respiratória do adulto Aspiração Neurogênica Doses excessivas de opioide Grandes altitudes Pressão negativa Insuficiência cardíaca congestiva Pneumopatia restritiva intrínseca crônica Sarcoidose Pneumonia de hipersensibilidade Granuloma eosinofílico Proteinose alveolar Fibrose pulmonar medicamentosa	Pneumopatia restritiva extrínseca crônica Obesidade Ascite Gravidez Cifoescoliose Espondilite anquilosante Deformidades do esterno Distúrbios neuromusculares p. ex.: miastenia grave, secção da medula, tórax instável Distúrbio da pleura e do mediastino p. ex.: derrame pleural e pneumotórax

Fonte: Stoelting e Dierdorf, 1996, p. 124.

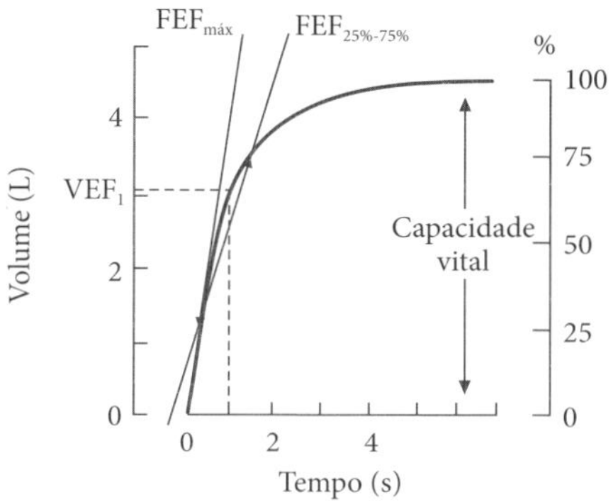

Figura 14.9 Espirograma mostrando as principais variáveis que devem ser conhecidas para permitir o diagnóstico de doenças pulmonares. **VEF**$_1$, volume expiratório forçado no primeiro segundo; **FEF**$_{máx}$, velocidade máxima do fluxo de ar expirado; **FEF**$_{25\%-75\%}$, velocidade do fluxo expiratório forçado, medida como uma média entre 25% e 75% do volume expirado. (De Kingston HGG e Hirshman CA, *in* Stoelting e Dierdorf, 1996, p. 116.)

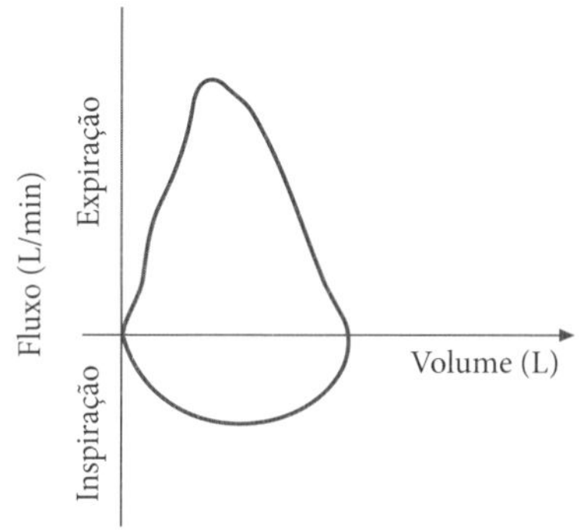

Figura 14.10 Alça fluxo-volume. (Modificado de Kingston HCC e Hirshman CA, *in* Stoelting e Dierdorf, 1996, p. 116.)

Para o diagnóstico de certas patologias respiratórias importa conhecer os seguintes valores:

- volume expiratório forçado no primeiro segundo (**VEF**$_1$);
- fluxo expiratório forçado máximo (**FEF**$_{máx}$);
- fluxo expiratório forçado médio (**FEF**$_{25\%-75\%}$), que é medido pela inclinação da reta que liga os pontos correspondentes a 25% e 75% do volume total expirado.

Alça fluxo-volume. Um outro registro importante é o plano de fase do volume expirado. Para se obter um plano de fase de uma variável qualquer, registra-se a primeira derivada temporal da variável contra os valores que essa variável possui a cada instante. No caso do estudo da função pulmonar, o registro é feito colocando-se na ordenada o fluxo expirado, que é a primeira derivada do volume, e, na abscissa, os correspondentes valores do volume expirado. A esse tipo de registro se chama de **alça fluxo-volume** (Fig. 14.10).

Muitas doenças do aparelho respiratório mostram espirometria e alças fluxo-volume anormais. As Figs. 14.11 e 14.12 mostram, respectivamente, a espirometria e a alça fluxo-volume de um paciente com asma brônquica. Na Fig. 14.11 pode-se ver que a capacidade vital, os fluxos e a VEF estão muito diminuídos.

A Fig. 14.12 mostra a redução da alça fluxo-volume de um paciente asmático (alça sombreada). Note-se que o broncoespasmo reduz o volume expiratório máximo, bem como o fluxo máximo de ar expirado.

Na Tabela 14.5 estão valores de VEF, e FEF$_{25\%-75\%}$ em situações de obstrução do fluxo expiratório.

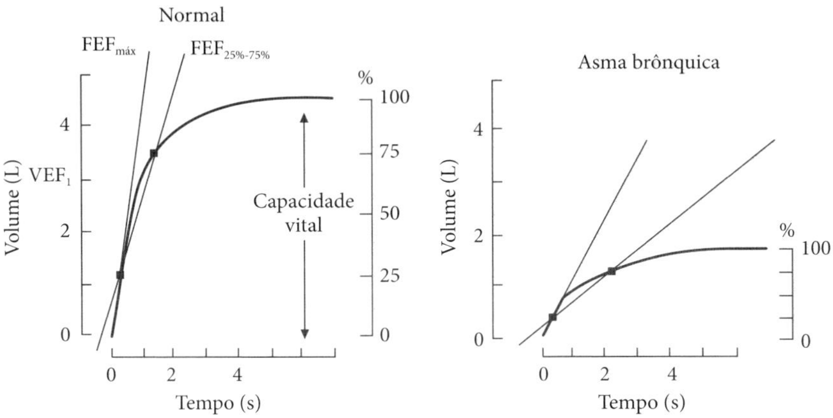

Figura 14.11 Espirograma de um paciente normal e de outro com asma brônquica. Note-se a redução de todas as variáveis espirométricas. (Modificado de Kingston HGG e Hirshman CA, *in* Stoelting e Dierdorf, 1996, p. 116.)

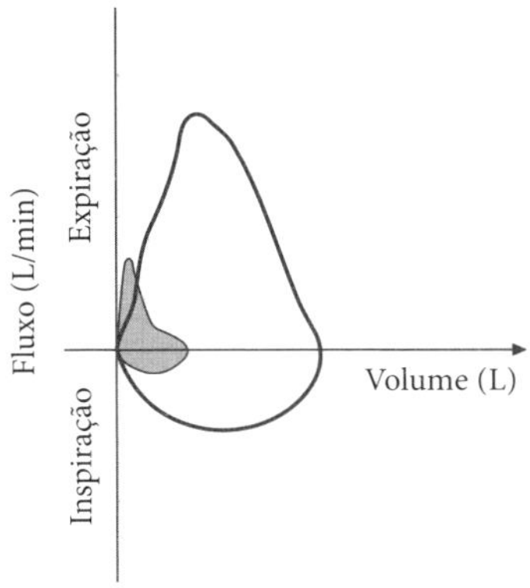

Figura 14.12 Alças fluxo-volume de um paciente normal e de outro com asma brônquica (área sombreada). (Modificado de Kingston HGC e Hirshman CA, *in* Stoelting e Dierdorf, 19%, p. 116.)

Tabela 14.5 Parâmetros respiratórios em pacientes com DPOC.

Gravidade	VEF_1 (% do previsto)	$FEF_{25\%-75\%}$ (% do previsto)
Leve (assintomática)	65-80	60-75
Moderada	50-64	45-59
Acentuada	35-49	30-44
Grave (mal asmático)	< 35	< 30

Fonte: Stoelting e Dierdorf, 1996, p. 117.

O esforço nas pleuras

Durante a inspiração, os pulmões seguem o movimento da parede torácica graças a uma fina camada de líquido que se encontra no espaço pleural. Esse líquido é formado, basicamente, por água e sais. A água molha as pleuras. Dizer-se que um líquido molha uma superfície significa dizer que as **forças de adesão** (forças entre moléculas do líquido e da superfície) são maiores do que as **forças de coesão** (força entre moléculas do líquido). Por isso, para separar duas camadas unidas por uma película de água (p. ex. pleura/água/pleura, vidro/água/vidro etc.), a resistência oferecida aos esforços dirigidos perpendicularmente às superfícies sólidas é muito elevada. De fato, sob tais forças, as superfícies somente se separam quando a força externa ultrapassar o valor das forças de coesão da massa líquida. Como os líquidos são praticamente incompressíveis, são também inexpansíveis. Assim, quando o tórax se expande na inspiração, a **aderência** e a **inexpansibilidade** da camada de líquido existente entre as pleuras mantêm os pulmões solidários aos movimentos da parede torácica. A fluidez da água, todavia, permite que as duas superfícies, unidas pela película líquida, possam mover-se com facilidade, quando submetidas a esforços longitudinais.

O comportamento elástico das estruturas envolvidas com a respiração

A equação de Hooke. A energia da contração dos músculos inspiratórios é gasta para acelerar o ar no interior das vias aéreas, vencendo os diversos tipos de resistência ao fluxo gasoso, bem como para sobrepujar a resistência oferecida pelos elementos elásticos e pela tensão superficial do líquido intra-alveolar. Quanto mais expandido estiver o pulmão, maior será a sua força elástica, pois elas decorrem do estiramento das diversas estruturas. A dependência entre força elástica e estiramento foi estudada por Hooke. Ele cunhou a expressão *Ut tensio sic vis*, isto é, "a deformação é proporcional ao esforço", e estabeleceu a clássica expressão para a força produzida quando se deforma uma mola:

$$\mathbf{F} = -\mathbf{k} \cdot \Delta\mathbf{x}$$

onde:

$\mathbf{k}$ – é a constante elástica da mola
$\Delta\mathbf{x}$ – é a variação de comprimento da mola, determinada pelo efeito deformante

O sinal negativo nessa equação informa que o sentido da força elástica da mola é sempre oposto ao sentido da força deformante. Por exemplo, quando uma mola é comprimida, a força que se desenvolve nela tende a expandi-la.

A equação de Hooke é uma equação de linha reta. Assim, colocando-se em gráfico os valores de $\mathbf{F}$ em função de valores atribuídos a $\Delta\mathbf{x}$, obteremos uma reta de coeficiente angular $-\mathbf{k}$. Do ponto de vista prático, não existe sistema elástico perfeito, isto é, aquele capaz de manter o mesmo valor da constante de elasticidade para todos os graus de deformação. Para corpos elásticos reais, os gráficos força-estiramento apresentam curvas que são características de cada material estudado. Nelas, é possível identificar trechos onde o comportamento elástico do corpo segue a equação de Hooke.

Os corpos elásticos, submetidos a esforços deformantes muito intensos, sofrem grande alteração de forma e passam a se comportar como se fossem plásticos. O aumento da força deformante além de um determinado limite, que é característico de cada material, produz o rompimento do corpo (tensão de ruptura).

Elasticidade e extensibilidade. A elasticidade não deve ser confundida com a extensibilidade. Esta propriedade permite que os corpos possam ser deformados. A elasticidade, por outro lado, é a propriedade que os corpos possuem de retomar a sua forma inicial, após cessado o esforço deformante. Note-se que:

- a borracha é elástica e extensível;
- o aço é elástico e pouco extensível;
- a goma de mascar é muito extensível e pouco elástica.

A **constante elástica** (**k**) depende do tipo de esforço a que o corpo está submetido. Para os efeitos que provocam flexão essa constante depende da natureza e da geometria do material e pode ser expressa por:

$$\mathbf{k} = \frac{\rho \cdot \mathbf{S}}{\mathbf{x}_0}$$

onde:

ρ – coeficiente de elasticidade ou elasticidade específica do material
S – área da secção transversa do corpo
$\mathbf{X}_0$ – comprimento inicial do corpo

Comportamento elástico. O comportamento elástico dos corpos varia com o tipo de esforço a que ele está submetido. Os esforços podem ser de:

- tração;
- compressão;
- flexão;
- torção;
- cisalhamento.

Dos ossos, os que apresentam maior elasticidade aos esforços de flexão são as costelas. Nos jovens, os arcos costais podem ser muito deformados sem chegar, contudo, ao ponto de fratura. O fêmur, por sua vez, suporta maior esforço de flexão (260 a 400kg) do que o úmero (175 a 275kg).

A Tabela 14.6 mostra valores aproximados do coeficiente de elasticidade à tração e da tensão de ruptura de vários materiais biológicos.

Tabela 14.6 Parâmetros elásticos de estruturas biológicas.

Material	Coef. elasticidade (ρ)	Tensão de ruptura (kg/mm^2)
Osso	1.819-2.638	8
Tendão	163	6
Músculo em repouso	1	0,04
Nervo	18	
Artéria	0,05	
Veia	0,86	

Fonte: Wertheimer, in Cabral, 1959, p. 24.

A complacência pulmonar

A propriedade que os corpos ocos elásticos possuem de aumentar de volume quando submetidos a uma determinada pressão é chamada de **complacência**. Essa grandeza varia inversamente com a constante elástica (**k**) do corpo, de modo que, quanto mais elevada for **k**, menor será a complacência do sistema.

A Fig. 14.13 mostra a relação pressão-volume do pulmão de um animal anestesiado. Note-se que há uma relação quase linear entre a pressão traqueal e o volume do pulmão. No gráfico pressão-volume, o coeficiente angular em cada ponto da curva representa a complacência pulmonar medida em ml/cmH_2O.

O cateter usado para a manometria esofágica pode ser útil para determinar a complacência pulmonar no homem não anestesiado. A técnica se baseia nas medidas das pressões do esôfago obtidas quando o indivíduo inspira volumes conhecidos de ar. A cada volume, a respiração é interrompida e o volume pulmonar é sustentado, a fim de permitir a medida da pressão.

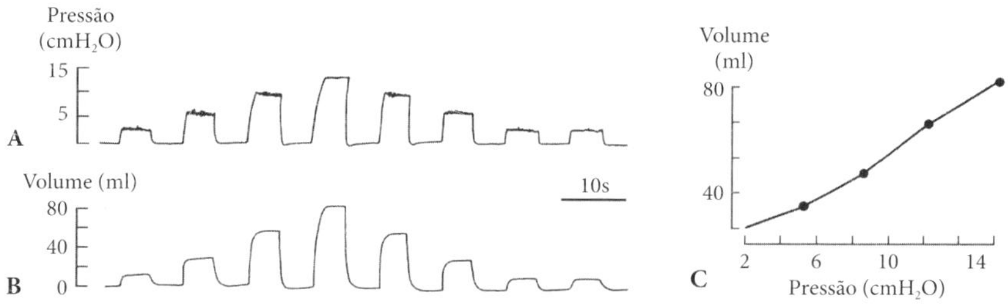

Figura 14.13 Estudo da complacência do pulmão de gato. **A**) Pressões de insuflação pulmonar aplicadas ao nível da traqueia. **B**) Curvas de enchimento pulmonar. **C**) Gráfico volume-pressão mostrando um comportamento quase linear entre cada pressão aplicada e o volume pulmonar correspondente. O coeficiente angular dessa reta é uma medida da complacência do pulmão estudado. (Modificado de Comroe, 1974, p. 101.)

Complacência pulmonar específica. A complacência pulmonar varia com a quantidade de pulmão disponível. Para dois pulmões a complacência é maior do que aquela medida em apenas um dos lobos pulmonares. Dividindo-se, no entanto, o valor da complacência pelo volume pulmonar disponível, obtém-se a **complacência pulmonar específica**, que é uma constante característica do parênquima pulmonar estudado (Fig. 14.14).

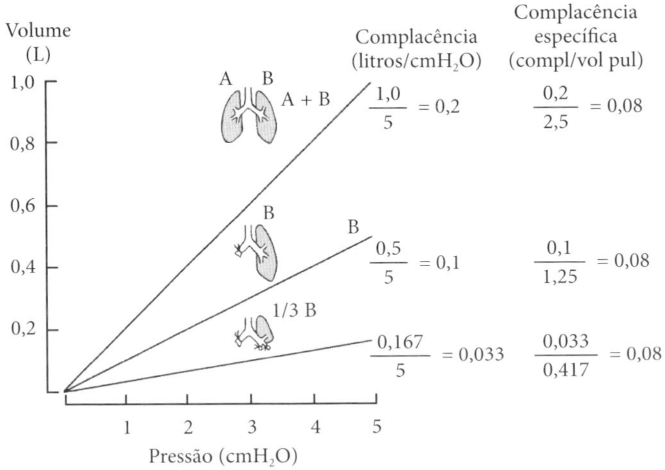

Figura 14.14 Complacência pulmonar específica. No gráfico volume-pressão estão as retas obtidas no estudo com dois pulmões (**A** + **B**), com um pulmão (**B**) e com 1/3 de pulmão (**A**). Ao lado estão os cálculos da complacência de cada uma das preparações mostrando que ela diminui com a redução do volume pulmonar disponível. A complacência pulmonar específica é obtida dividindo-se a complacência pelo volume pulmonar disponível no estudo. Note-se que esta variável independe da quantidade de pulmão funcionante. (Modificado de Comroe, 1974, p. 104.)

A complacência dos pulmões está alterada em algumas patologias. Ela diminui quando há substituição do parênquima pulmonar por tecido fibroso. Na fibrose alveolar difusa, o pulmão pode apresentar uma complacência de 10ml/cmH_2O, valor que corresponde a apenas 5% do normal (200ml/cmH_2O). No enfisema, no entanto, a perda do tônus elástico das paredes bronquiolares favorece o aumento da complacência. Murray et al. (1972) estudaram as curvas pressão-volume de pacientes normais e enfisematosos e observaram que, quanto mais avançada a doença, maior era a complacência dos pulmões.

A complacência do pulmão não é constante para qualquer variação da pressão de insuflação. Quanto mais distendido estiver o órgão, menor será a sua complacência. Isso se pode ver na Fig. 14.15. As forças responsáveis pela retração pulmonar originam-se nos tecidos ricos em fibras elásticas, bem como na tensão superficial do líquido intra-alveolar. Em 1929, von Neergaard, estudando o comportamento de pulmões de gatos através de curvas pressão-volume, observou que era mais fácil distender os pulmões insuflando-os com solução salina (Fig. 14.15 – curva 1) do que com ar atmosférico (Fig. 14.15 – curva 2). Isso somente poderia acontecer se houvesse em cada alvéolo uma interface ar-líquido. Quando von Neergaard substituiu o ar por solução salina, promoveu a anulação dessa interface e apenas as forças elásticas do tecido pulmonar se manifestaram, resistindo aos esforços de deformação.

A tensão superficial

Caracterização. Todo líquido, posto em contato com um gás, forma uma membrana elástica na interface gás-líquido. Essas membranas funcionam como redes elásticas, tensas e resistentes (Fig. 14.16). A força que se desenvolve ao longo dessas membranas propicia a contração da superfície líquida. Uma consequência disso é a formação de esferas líquidas quando o fluido está livre de forças externas. A rede elástica que se forma na superfície líquida possui uma tensão (força longitudinal à superfície, tomada por unidade de comprimento), cuja intensidade independe da área dessa superfície. Por essa razão, tais redes elásticas não se assemelham às membranas que normalmente conhecemos, tais como a pele, o couro, a borracha etc. Nessas, a tensão aumenta quando a área superficial cresce por estiramento. A tensão superficial tem direção longitudinal à superfície do líquido e constitui-se em um tipo especial de força de coesão.

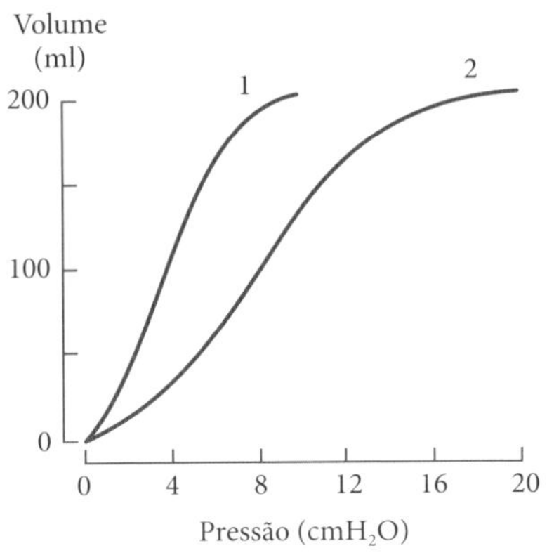

Figura 14.15 Experimento de von Neergaard com pulmão de gato. A curva **1** foi obtida insuflando-se o pulmão com solução salina, e a curva **2**, com ar atmosférico. A maior facilidade em distender o pulmão com líquido levou von Neergaard a pensar na existência de uma tensão superficial no interior do pulmão. (Modificado de Comroe, 1974, p. 106.)

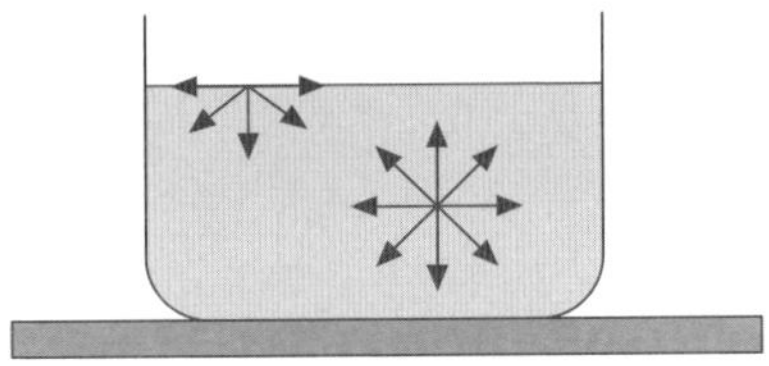

Figura 14.16 Esquema para mostrar a disposição das forças que atuam sobre uma molécula da massa líquida. As moléculas que estão no interior do líquido estão sendo atraídas por muitas forças externas que se anulam mutuamente. Todavia, as que se encontram na superfície estão sendo puxadas para o interior do líquido. Isso faz aparecer uma tensão superficial na interface líquido-ar.

Mecanismo formador da tensão superficial. Para entender como surge a tensão superficial, considere-se o exemplo da interface ar-água para observar o que ocorre no líquido. Nele, qualquer molécula situada no seu interior é atraída simultaneamente por todas as moléculas que se encontram ao seu redor. Isso faz com que seja nula a força resultante sobre cada uma dessas moléculas. Todavia, a força resultante que atua sobre cada molécula situada na superfície é diferente de zero e se orienta para o interior da massa líquida. O estado de permanente atração para o centro da massa fluida faz com que as moléculas contidas na camada superficial estejam mais aproximadas do que aquelas existentes no interior do líquido. Com isso, a força de coesão entre elas é maior, resultando numa quantidade de energia potencial por unidade de comprimento maior na superfície do que no interior da massa de fluido. Por essa razão, a tensão superficial de um líquido pode ser vista como sendo a energia potencial tomada por unidade de área da superfície livre do líquido. Assim, as unidades de tensão superficial são o J/m^2 ou N/m.

Medida da tensão superficial. A Fig. 14.17 mostra uma fotografia tomada ao se retirar de um líquido um anel metálico que se encontrava nele mergulhado. Note-se que o anel arrasta consigo uma certa quantidade de líquido que a ele se mantém aderido. À medida que o anel é levantado, o filme líquido suspenso passa a apresentar bordas côncavas, mostrando que existem forças retraindo a sua superfície.

A Fig. 14.18 mostra o dispositivo idealizado por Maxwell para demonstrar e medir a tensão superficial de um líquido. Trata-se de um arame dobrado em forma de **U** que possui

Figura 14.17 Fotografia tomada no momento da retirada de um anel metálico imerso num líquido, mostrando a formação de uma película aderente que tende a puxar o anel de volta para o interior do fluido. (Folheto de divulgação da firma KRÜSS.)

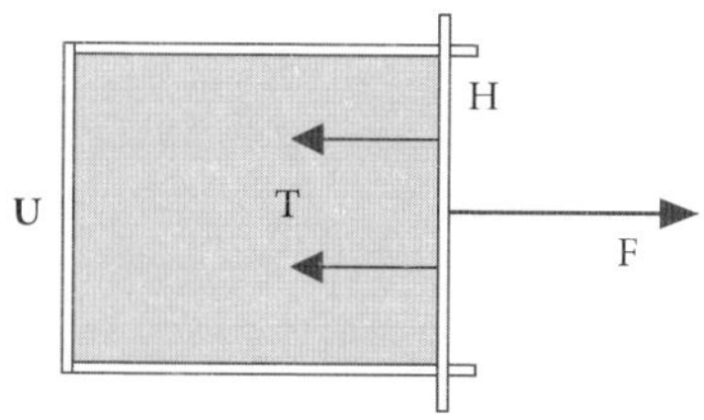

Figura 14.18 Método para medir a força de tensão superficial de uma película líquida. A haste (**H**) é móvel. A película de fluido puxa a haste com uma força **T**. A força equilibrante (**F**) é uma medida da tensão superficial.

uma haste móvel (**H**). Ao se mergulhar o conjunto no líquido, forma-se uma película de fluido que adere ao arame e à haste, tracionando-a para dentro. A força de retração (**T**) se deve à tensão superficial do líquido e, para medi-la, basta equilibrá-la com uma força (**F**) de intensidade conhecida.

A tensão superficial dos líquidos pode ser determinada por vários métodos. Destacaremos:

Balança de Lecompte de Noüy. Baseia-se na medida da força necessária para descolar da superfície do líquido um anel de platina (Fig. 14.19).

As balanças modernas (Fig. 14.20) são montadas em base fixa e nivelada. A temperatura do líquido é controlada por um sistema termostático (**T**) e a tensão superficial é medida com o auxílio de uma balança de torção, cujo ângulo de torção (**A**) é mostrado continuamente.

Capilaridade. Os líquidos podem ou não molhar as superfícies com as quais estão em contato. Quando molham, como é o caso da água em contato com o vidro e com o ar, observa-se que o ângulo de contato (ϕ) entre a superfície sólida e o líquido é maior que 90° (Fig. 14.21). Nesse caso, as forças de adesão são mais intensas do que as de coesão.

Quando um tubo capilar de vidro é mergulhado na água, o líquido ascende pelo tubo até alcançar uma altura **h,** formando um menisco côncavo (Fig. 14.22).

Quando o líquido não molha a superfície como ocorre no contato do mercúrio com o vidro e o ar, o ângulo de contato (ϕ) é menor que 90° (Fig. 14.23).

Um capilar de vidro mergulhado no mercúrio mostra que, em vez de o líquido subir, ele desce, formando um menisco convexo (Fig. 14.24).

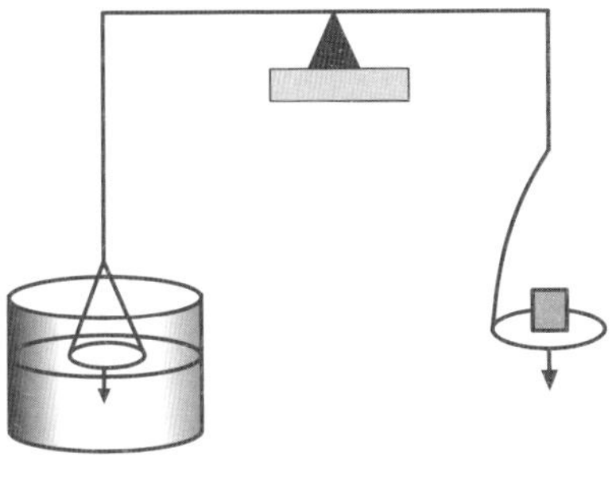

Figura 14.19 Balança de Lecompte de Noüy. (Modificado de Cabral, 1959, p. 68.)

Figura 14.20 Balança moderna para determinação da tensão superficial de fluidos. (Marca KRÜSS.)

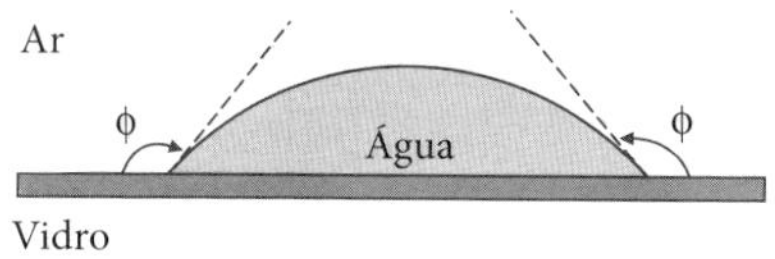

Figura 14.21 Gota de água sobre o vidro mostrando que o ângulo de contato (ϕ) é maior que 90°. Esse fenômeno acontece sempre que o líquido molha a superfície, indicando que as forças de adesão são mais intensas do que as de coesão.

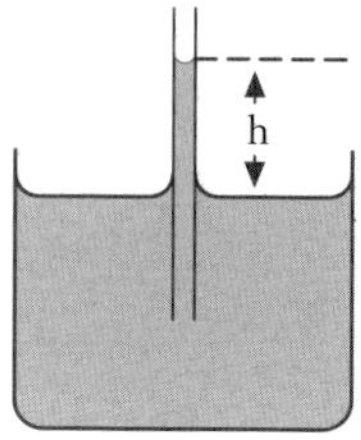

Figura 14.22 Ascensão de um líquido num tubo capilar.

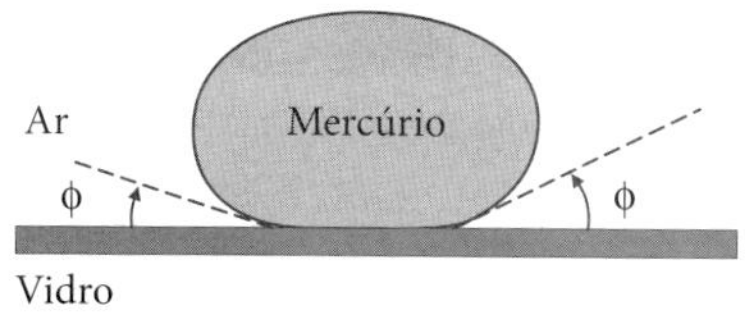

Figura 14.23 Gota de mercúrio sobre uma superfície de vidro. Como o mercúrio não molha o vidro, o ângulo de contato (ϕ) é menor que 90°.

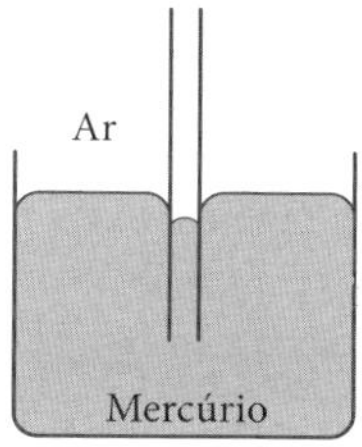

Figura 14.24 Descenso do mercúrio num capilar de vidro.

Para estudar mais detalhadamente o fenômeno, tomemos o caso em que o líquido molha a superfície. A força responsável pela ascensão do fluido no capilar é a tensão superficial (γ) do líquido. Essa força, que é tangente à superfície líquida, forma um ângulo α com o capilar e pode ser decomposta numa componente vertical (γ **cos**α) e noutra horizontal (γ **sen**α**)**, como está mostrado na Fig. 14.25. A resultante das forças no eixo horizontal é nula, mas a resultante (**R**) no eixo vertical vale:

$$\mathbf{R = 2 \cdot \pi \cdot r \cdot \gamma \cdot \cos\alpha}$$

Esta resultante será igual ao peso (**P**) da coluna líquida no interior do capilar quando o fluido estiver em equilíbrio. Assim:

$$\mathbf{R = P}$$

$$\mathbf{2 \cdot \pi \cdot r \cdot \gamma \cdot \cos\alpha = mg} \qquad (1)$$

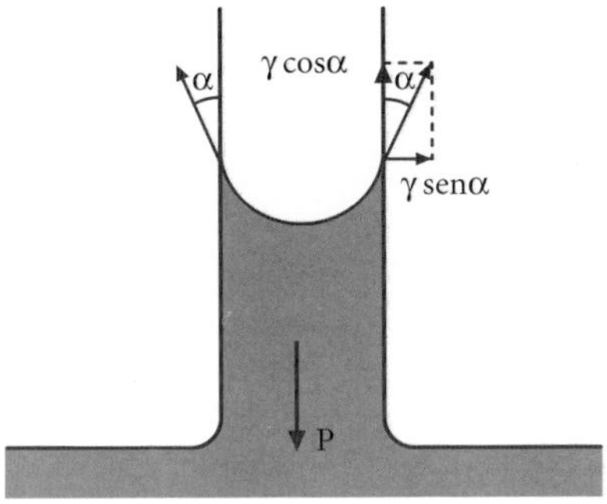

Figura 14.25 Forças envolvidas com o mecanismo de ascensão de um líquido no interior de um tubo capilar, γ, tensão superficial do líquido; **P**, peso da coluna de fluido.

como a densidade (μ) do líquido é igual ao quociente da sua massa (**m**) dividida pelo seu volume (**V**), e considerando que a coluna líquida tem uma altura (**h**), então pode-se escrever que:

$$\mu = \frac{\mathbf{m}}{\mathbf{V}}$$

$$m = \mu \cdot V$$

mas, o volume (**V**) de líquido na coluna é dado pelo produto da área da base pela altura, assim:

$$V = \pi \cdot r^2 \cdot h$$

logo:

$$\mathbf{m = \mu \cdot \pi \cdot r^2 \cdot h}$$

Substituindo na expressão (1), temos:

$$2\,\pi \cdot r \cdot \gamma \cdot \cos\alpha = \mu \cdot \pi \cdot r^2 \cdot h \cdot g$$

de onde se obtém que a tensão superficial γ é:

$$\gamma = \frac{\mathbf{\mu \cdot r \cdot g \cdot h}}{\mathbf{2 \cdot \cos\alpha}}$$

Valores da tensão superficial. A Tabela 14.7 mostra valores de tensão superficial de algumas substâncias mantidas a 20°C.

Tensão superficial e temperatura. A tensão superficial dos líquidos varia com a temperatura e com a natureza dos meios em contato. A água pura em contato com a atmosfera terrestre e mantida a 37°C possui uma tensão superficial de 70 dinas/cm, enquanto o sangue e a maioria dos líquidos tissulares têm tensão de 50 dinas/cm.

A Tabela 14.8 mostra, em função da temperatura, como varia a tensão superficial da água que faz interface com o ar.

Tabela 14.7 Tensão superficial de líquidos.

Substância	γ (10^{-3} N/m)
Éter	17
Álcool etílico	25
Clorofórmio	27
Benzina	29
Óleo de oliva	32
Acido sulfúrico	63
Glicerina	72
Água	73
Mercúrio	465
Urina	60
Soro sanguíneo	67
Liquor	74

Fontes: De Kopaczewski, in Cabral N, 1959, p. 69-70; Okuno, 1982, p. 328.

Tabela 14.8 Efeito da temperatura sobre a tensão superficial da interface água-ar.

t(°C)	γ (10^{-3} N/m)
–5	76,4
0	75,6
5	74,9
10	74,2
20	72,8
30	71,2
40	69,6
50	67,9
70	64,4
100	58,9

Fonte: De Okuno, 1982, p. 328.

Sabões e detergentes. Os sabões e os detergentes reduzem a tensão superficial dos líquidos com os quais se misturam. Somente os líquidos com pequena tensão superficial são capazes de produzir espuma. Quanto menor for a tensão mais estável será a espuma. Muitos sais, quando dissolvidos em água, diminuem a tensão superficial desse líquido. Por isso, a água salgada do mar espuma com mais facilidade do que a água-doce. Nas icterícias há aumento das concentrações plasmáticas de bilirrubina e de sais biliares. Como essas substâncias são tensorredutoras, a tensão superficial do plasma diminui.

Substâncias tensoativas e tensorredutoras. O mecanismo pelo qual os detergentes e assemelhados reduzem a tensão superficial da água tem a ver com as forças de atração intermolecular. As moléculas da água se atraem mutuamente com forças mais intensas do que aquelas que aparecem na atração entre as moléculas de água e de detergente. Assim, quando há moléculas de detergente presentes na superfície da água, a tensão superficial é reduzida, pois diminui a concentração de moléculas de água na superfície. As substâncias que aumentam a tensão superficial de um líquido são chamadas de tensoativas e as que a reduzem são ditas tensorredutoras.

O surfactante alveolar

Pressão total de retração pulmonar. A pressão total de retração pulmonar (P_t) é a soma da pressão de retração produzida pelos componentes elásticos do parênquima pulmonar (P_e) adicionada à pressão de retração produzida pela tensão superficial do líquido alveolar (P_{ts}). Assim:

$$P_t = P_e + P_{ts}$$

Os cálculos teóricos mostraram que a componente da pressão de retração produzida pela tensão superficial do líquido intra-alveolar tem intensidade igual a 20.000 dinas/cm^2. Esse valor foi obtido considerando-se válida a proposição de Laplace para esferas elásticas e assumindo-se os seguintes dados:

- número de alvéolos: 300 milhões;
- diâmetro dos alvéolos: 300μm;
- tensão superficial do líquido intra-alveolar: 50 dinas/cm.

Essa pressão equivale a, aproximadamente, 20cmH_2O, considerando que 980 dinas/cm^2 são iguais a 1cmH_2O.

Experimentos de von Neergaard e de Clements. Observe-se na Fig. 14.15 que a pressão traqueal capaz de equilibrar um pulmão com insuflação máxima vale aproximadamente 20cmH_2O. Isso mostra que o modelo teórico representa, com certa precisão, a realidade. Essa figura realça ainda dois comportamentos próprios desse órgão:

- um mesmo incremento de pressão traqueal produz maior variação do volume pulmonar quando o pulmão está desinsuflado do que quando ele está insuflado;
- a pressão de retração pulmonar máxima produzida pelos componentes elásticos do parênquima pulmonar foi aproximadamente metade daquela produzida quando havia tensão superficial alveolar.

Quando o pulmão está desinsuflado, a pressão total de retração pulmonar, determinada pela medida da pressão pleural, é de apenas 2 a 5cmH_2O. Essa pressão é, portanto, 4 a 10 vezes menor do que a pressão traqueal que mantém o pulmão cheio. Como a pressão máxima de retração do pulmão insuflado (20cmH_2O) é praticamente igual à pressão de retração produzida pela tensão superficial do líquido alveolar, pode-se concluir que no pulmão vazio a tensão superficial apresenta um valor que é pelo menos 4 a 10 vezes menor do que aquela do pulmão cheio (50 dinas/cm). Assim, no pulmão vazio, a tensão superficial do líquido alveolar é menor do que 5 ou 10 dinas/cm. Raciocinando com esses fatores, Clements (1970) concluiu que deveria existir no líquido alveolar uma substância tensorredutora. A função desse surfactante seria fazer variar a tensão superficial do líquido intra-alveolar de acordo com o volume do alvéolo.

Para testar a sua hipótese, Clements e Tierney (1965) construíram um aparelho para medir a tensão superficial de líquidos durante a expansão e compressão da sua superfície livre (Fig. 14.26).

Esse aparelho, conhecido como **balança de Clements**, constituía-se por uma cuba (**C**), um êmbolo móvel (**E**), uma placa de platina (**P**) e um transdutor de força (**T**). A força com que o líquido puxava a placa **P** para o interior da massa líquida era uma medida da tensão superficial. Dessa forma, a tensão superficial podia ser determinada de modo contínuo durante as variações de área da superfície do fluido.

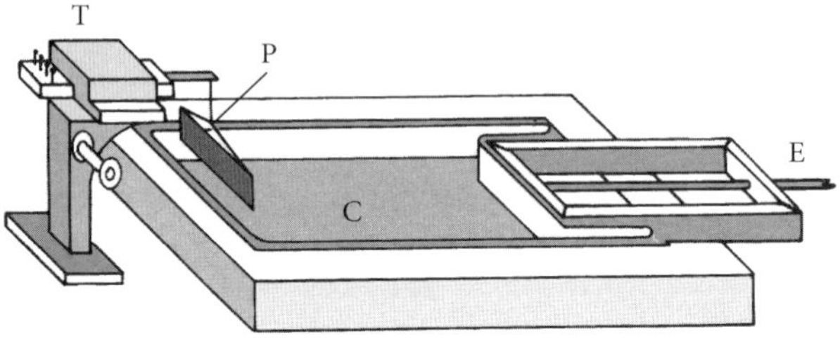

Figura 14.26 Balança de Clements para medir a variação da tensão superficial de líquidos em função da sua área superficial. (Modificado de Comroe, 1974, p. 108.)

A Fig. 14.27 mostra alguns resultados obtidos com a balança de Clements. Note-se que a tensão superficial da água (72 dinas/cm) e de um detergente (30 dinas/cm) não sofreram variação quando a amostra de líquido foi expandida (↑) ou comprimida (↓). A tensão superficial do plasma sanguíneo, no entanto, aumentou à medida que a sua superfície foi expandida.

Um efeito surpreendente foi obtido quando se testou o comportamento do lavado brônquico. A expansão desse líquido fazia a tensão superficial aumentar para valores entre 40 e 50 dinas/cm, mas, durante a compressão, a tensão caía para valores próximos a zero (Fig. 14.28).

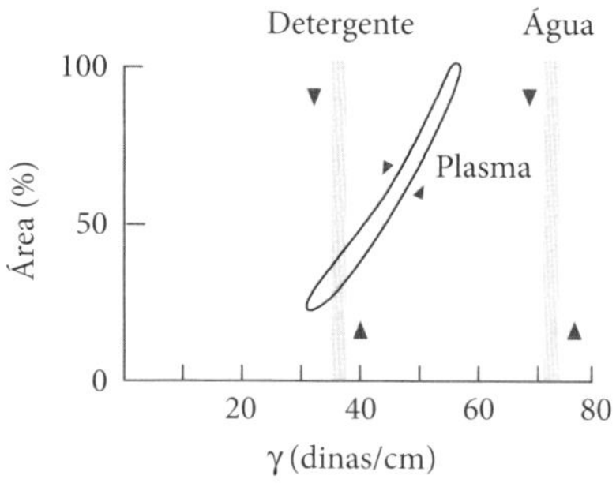

Figura 14.27 Medidas da tensão superficial de três líquidos obtidas com a balança de Clements. Note-se que, para a água pura e para o detergente puro, os valores de tensão superficial independem da área desses líquidos. Entretanto, a tensão superficial do plasma sanguíneo se eleva com o aumento da sua área, indicando tratar-se de uma mistura contendo detergente. (Modificado de Clements JA e Tiemev D, De Kingston HGG e Hirshman CA, *in* Comroe, 1974, p. 108.)

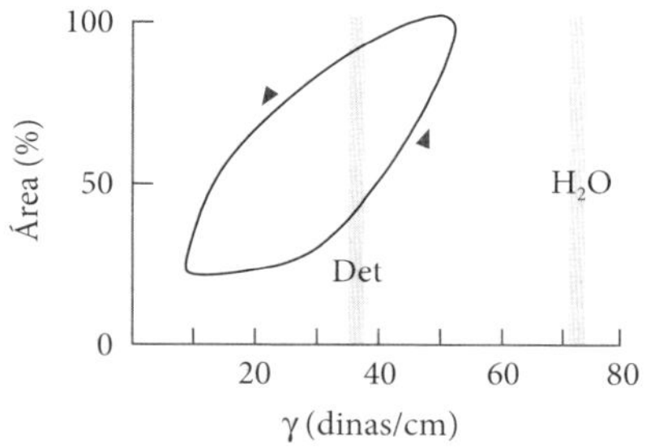

Figura 14.28 Medida da tensão superficial de três líquidos obtida com a balança de Clements. Note-se que, para a água pura e para o detergente puro, os valores de tensão superficial independem da área dos líquidos. Entretanto, a tensão superficial do lavado brônquico eleva-se com o aumento da sua área e torna-se muito pequena quando a área diminui. Este comportamento sugere haver no lavado uma potente substância detergente (Det). (Modificado de Comroe, 1974, p. 108.)

O aumento da tensão superficial com a expansão da superfície líquida se deve ao aumento da concentração de moléculas de água na superfície, diluindo a concentração do surfactante pulmonar. Quando o lavado era comprimido, no entanto, as moléculas de água retornavam para o interior da massa líquida, concentrando o surfactante na superfície, reduzindo, assim, a tensão superficial.

Composição química e propriedades do surfactante. Hoje se sabe que o surfactante é composto por uma combinação de várias substâncias tensorredutoras, sendo 85% de fosfolipídios, 5% de lipídios neutros e 10% de proteínas. Os principais constituintes do surfactante são:

Lecitinas saturadas (dipalmitoil-lecitina)
Lecitinas insaturadas
Lisolecitina
Colesterol
Ácidos graxos livres
Fosfatidilcolina
Fosfatidiletanolamina
Glicerídios
Fosfatidilglicerol + serina
Proteínas específicas:
  Glicoproteínas: SP-A (32-36kDa), SP-D (43kDa)
  Peptídios: SP-B (8kDa), SP-C (3-6kDa)

(De Comroe, 1974, p. 111; Nicholas, 1993, p. 12-18; Walti, 1995)

Funções e produção do surfactante. As proteínas específicas são produzidas nos pneumócitos tipo II. As de alto peso molecular (SP-A e SP-D) exercem sua função em cooperação com os fosfolipídios para criar as propriedades tensorredutoras do surfactante. Os peptídios SP-B e SP-C desempenham um papel fundamental para a adsorção e a manutenção do filme de surfactante sobre a superfície do alvéolo. Nos pneumócitos tipo II o surfactante é armazenado em organelas chamadas de **corpos lamelares**. A Fig. 14.29 mostra a porção apical de um pneumócito tipo II contendo 7 corpos lamelares no seu interior e um em fase de secreção para o líquido alveolar.

O surfactante pulmonar, além de promover a estabilidade dos alvéolos, tem uma função bactericida. Além disso, ele parece atuar também sobre os linfócitos T, modulando a resposta imunológica dessas células e opsonizando bactérias para torná-las alvo da ação dos macrófagos.

Os agonistas adrenérgicos do tipo B2 (salbutamol, terbutalina, fenoterol etc.), os ionóforos de cálcio e o diacilglicerol atuam como secretagogos, isto é, estimulam a liberação do surfactante alveolar. Todavia, o principal estímulo para as células do tipo II é a de-

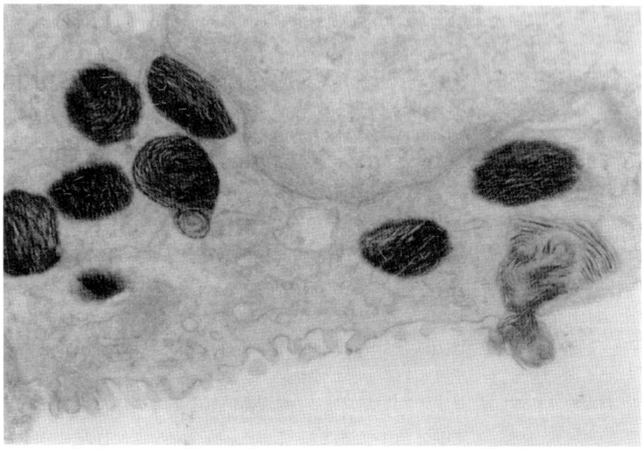

Figura 14.29 Pneumócitos tipo II mostrando corpos lamelares no seu interior. Neles está armazenado o surfactante pulmonar que essas células produzem. (De Nicholas TE et al., *in* Nicholas, 1993, p. 14.)

formação mecânica que o movimento pulmonar impõe sobre elas. Estudos com pulmão e com alvéolos isolados têm mostrado que a liberação do surfactante é proporcional ao volume-corrente, mas não à frequência respiratória. A relação entre a liberação do surfactante e a ventilação pulmonar envolve um segundo mensageiro que parece ser o AMPc. Observou-se que a teofilina (substância inibidora da fosfodiesterase), por impedir a degradação do AMPc, potencializa o estímulo mecânico produzido pelas variações de volume pulmonar. Recentemente, foi sugerido existirem dois *pools* de surfactante: o primeiro contém menor volume da substância tensorredutora, mas responde pronta e rapidamente a agonistas adrenérgicos tipo B2, enquanto o segundo tem maior volume e responde mais lentamente. A liberação do surfactante deste componente depende, basicamente, do volume-corrente. A existência desses *pools* pode refletir a existência de duas populações distintas de células do tipo II ainda não identificadas.

Mecanismo tensorredutor do surfactante. Quando se adiciona detergente à água, suas moléculas migram para a superfície líquido-gás ou líquido-líquido. Isso se dá porque as forças de coesão entre as moléculas da água são mais intensas do que as forças de atração entre as moléculas de água e de surfactante. Disso resulta que o estado de menor energia potencial para as moléculas do detergente está na periferia da massa líquida. A presença de moléculas do detergente na superfície do líquido reduz a tensão superficial.

Esse fenômeno é igual ao que se passa nos alvéolos. Ali o surfactante atua como detergente. Quando o alvéolo está comprimido, a população de surfactante presente na superfície livre é relativamente alta e, por isso, a tensão do líquido alveolar é baixa. Todavia, quando o alvéolo está expandido, sua superfície interna é grande e a área da superfície livre do líquido alveolar também é grande. O líquido alveolar aumenta sua área livre trazendo moléculas de água do seu interior para a sua superfície. Com isso, a contribuição das moléculas do surfactante diminui, o que eleva a tensão superficial do líquido alveolar para valores próximos de 50 dinas/cm.

Os experimentos de Laplace

Laplace (Marquês de Laplace, em Mécanique Céleste, 1820), estudando o comportamento de bolhas de sabão (Fig. 14.30), observou que a parede de cada bolha é formada por duas superfícies que determinam esferas de raios diferentes (**R_1** e **R_2**). Chamando de **T** a tensão (força por unidade de comprimento) observada longitudinalmente à superfície da bolha e de **P** a pressão interna ou transmural, Laplace estabeleceu que:

$$P = T\left(\frac{1}{R_1} + \frac{1}{R_2}\right)$$

A Fig. 14.31 mostra o caso particular de tubos cilíndricos e de esferas. Nos cilindros, geometria a que se assemelham os vasos sanguíneos, um dos raios é infinito e a equação se reduz a: **P = T/R** e nas esferas, onde os raios são iguais, a equação de Laplace se torna **P = 2T/R.**

Comportamento laplaciano das bolhas de sabão. Observe-se na Fig. 14.32 que a bolha ao se formar na extremidade do tubo inicialmente decresce de raio (**A → B**). A partir de um determinado raio mínimo (**B**), que é igual ao raio do tubo no qual se forma a bolha, o raio passa a crescer progressivamente (**B → D**) à medida que ela vai sendo inflada. A curva no gráfico pressão-volume representa os valores da pressão interna, que são necessários para manter cada volume da bolha. Note-se que, inicialmente, para formar a esfera, a pressão cresce rapidamente (**A → B**), mas a partir do volume B, quanto maior se torna o volume da bolha, menor é a pressão necessária para estabilizá-la. No entanto, esta não é uma relação linear, pois ela tende a um valor constante, quando os volumes são grandes.

Surfactante e ventilação dos alvéolos. Os experimentos de Mead (1961) mostram que alvéolos pequenos devem exercer uma pressão de retração maior do que os alvéolos grandes. Considerando que os alvéolos estão interconectados pelos tubos res-

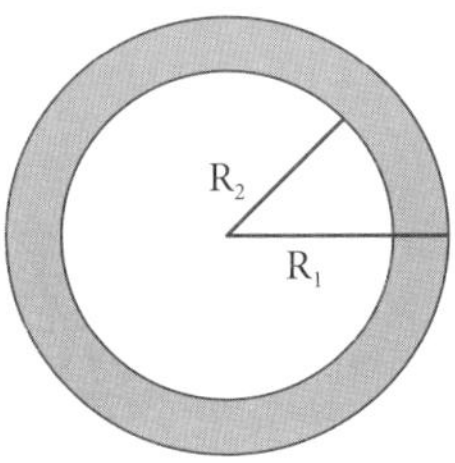

Figura 14.30 Esquema de uma bolha de sabão para mostrar as duas superfícies que formam as suas paredes. **R_1** e **R_2** são os raios externo e interno, respectivamente.

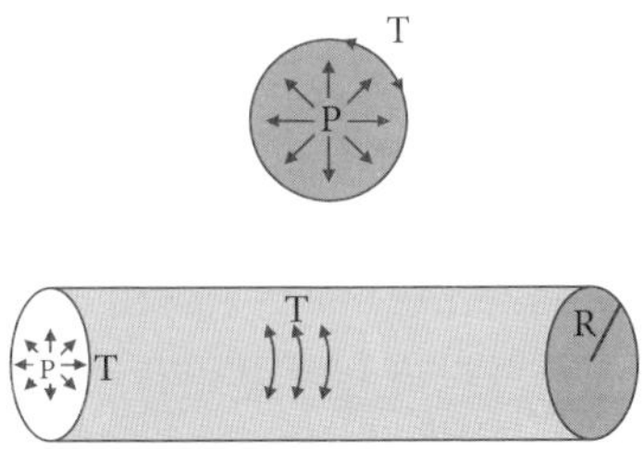

Figura 14.31 Orientação dos vetores de tensão da parede e de pressão interna em cilindros e esferas.

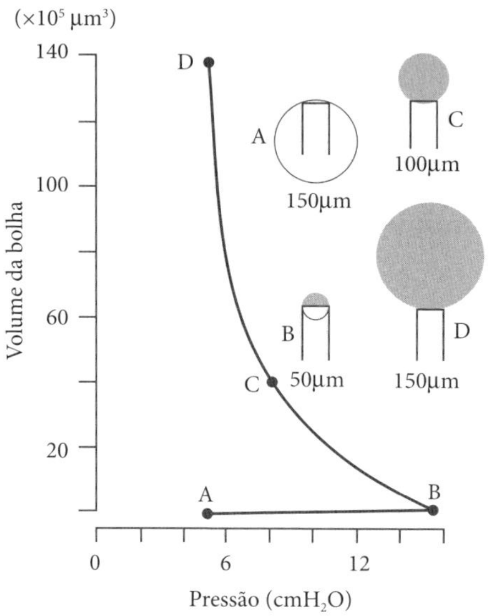

Figura 14.32 Comportamento laplaciano da bolha de sabão formada na extremidade de um canudo como se indica nos esquemas à direita. Foram destacados os momentos **A** (raio de curvatura 150μm), **B** (raio de curvatura de 50μm), **C** (raio de curvatura de 100μm) e **D** (raio de curvatura de 150μm). Os volumes das bolhas, bem como as pressões internas, estão registrados no gráfico. Este mostra que, quanto menor for o raio de curvatura, maior será a pressão interna necessária para equilibrar a bolha. (Modificado de Mead J, *in* Comroe, 1974, p. 109.)

piratórios, seria, pelo que se expôs, impossível ventilar os alvéolos pequenos caso não existisse o surfactante pulmonar, pois a insuflação de ar através dos brônquios expandiria, preferencialmente, os alvéolos maiores. Esse fenômeno seria alimentado por um *feedback* positivo, pois quanto mais aumentassem, menor seria a resistência para enchê-los e mais ar seria por eles sequestrado. Assim, o surfactante desempenha um papel fundamental na ventilação pulmonar, pois, ao reduzir a tensão superficial dos alvéolos pequenos em relação aos alvéolos grandes, equaliza as suas resistências e permite que o fluxo aéreo seja uniformemente distribuído.

Surfactante e síndromes patológicas. Algumas doenças estão relacionadas com distúrbios da produção ou da eliminação do surfactante alveolar. Entre elas estão: a síndrome da membrana hialina, a proteinose alveolar, a embolia pulmonar e o pulmão de choque.

Na síndrome da membrana hialina (Fig. 14.33B), a produção do surfactante é deficiente comparada com a que ocorre no pulmão normal (Fig. 14.33A). Por isso, a força de retração alveolar é alta e a respiração é difícil. Essa síndrome acomete crianças recém-nascidas e conduz à morte 70% dos pacientes.

Recentemente, depois do trabalho de Fujiwara et al. (1980), têm sido desenvolvidos surfactantes exógenos preparados a partir do pulmão de mamíferos (surfactantes naturais) ou então através da síntese química (surfactantes sintéticos). Os naturais são obtidos a partir de lavados broncoalveolares de pulmão de boi ou de porco. Eles possuem as proteínas SP-B e SP-C, mas não as SP-A e SP-D. Já existem preparações comerciais autorizadas para o uso em humanos (Walti, 1995). Entre os sintéticos, a dipalmitoilfosfatidilcolina é a mais usada.

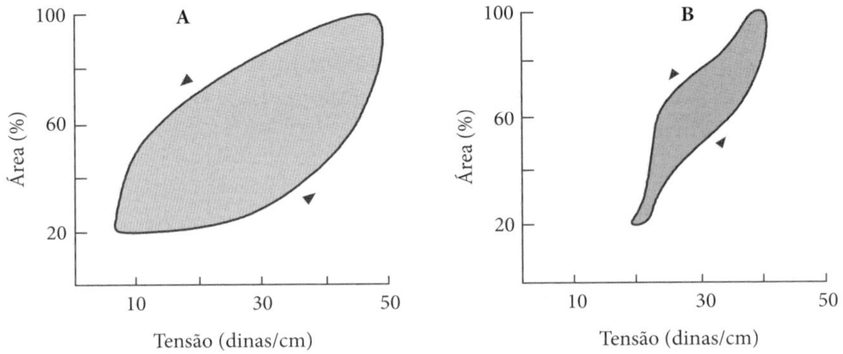

Figura 14.33 Variação da tensão superficial do lavado brônquico de um paciente normal (**A**) e de um outro com síndrome da membrana hialina (**B**). No doente há falta do surfactante pulmonar e a tensão superficial do líquido tende a permanecer sempre elevada. (Modificado de Clements J e Tooley W, *in* Comroe, 1974, p. 111.)

Os surfactantes exógenos são administrados por instilação pulmonar através de uma sonda traqueal. A eficácia desse tratamento tem sido demonstrada por vários trabalhos. O efeito imediato produzido pelos surfactantes exógenos naturais sobre as trocas gasosas é considerado espetacular. Uma única dose de surfactante instilada no pulmão de recém-nascido inicia seu efeito após 5 minutos e ele permanece por cerca de 48 horas. A ação dos surfactantes exógenos sintéticos é mais lenta. Isso parece dever-se à falta das proteínas SP-B e SP-C. Ainda não se tem uma boa definição quanto ao valor desses surfactantes exógenos em pacientes crônicos.

A proteinose alveolar tem causa desconhecida, mas está associada, geralmente, à micose pulmonar. Nessa doença, o surfactante está aumentado por causa de uma maior produção ou de uma menor eliminação. A consequência clínica desse aumento é a produção de uma maior passagem de líquido para a cavidade alveolar, produzindo-se edema pulmonar.

O pulmão de choque e a embolia pulmonar, por levarem a estados de hipóxia tissular, interferem com os mecanismos de produção e de eliminação do surfactante, conduzindo a alterações mecânicas e imunológicas da função normal do pulmão.

CONTROLE DA RESPIRAÇÃO

Centros nervosos superiores. Os músculos envolvidos com a respiração são estriados e não têm comando autônomo. Por isso, eles necessitam de impulsos nervosos para se contrair. O centro regulador da respiração se encontra no assoalho do quarto ventrículo cerebral. Jack Feldman (University of California) e Diethelm Richter (University of Göttingen) localizaram com precisão esse complexo circuito oscilante neuronal (citado por Bauer, 1992). Ele está situado na porção caudal do núcleo retrofacial, próximo ao óbex (medula ventral). Nessa área, localiza-se o **complexo pré-Bötzinger**. A Fig. 14.34 (Duffin et al., 1995) mostra, esquematicamente, uma vista dorsal da medula e da ponte. Nela, pode-se ver a posição das áreas de Bötzinger (**B1**, **B2**), do **óbex**, dos neurônios respiratórios dorsais (**NRD**) e ventrais (**NRV**), da emergência dos nervos frênicos (**F**) e intercostais (**I**).

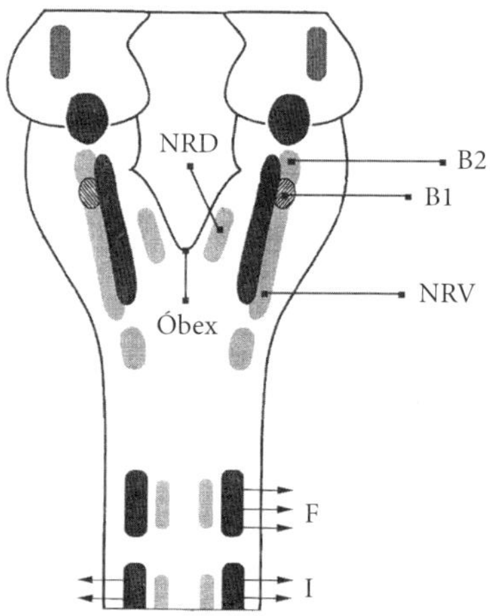

Figura 14.34 Centros nervosos envolvidos com o controle da respiração. **F**, nervos frênicos; **I**, nervos intercostais; **NRV**, neurônios respiratórios ventrais; **NRD**, neurônios respiratórios dorsais; **B1** e **B2**, áreas do complexo pré-Bötzinger. (Modificado de Duffin et al., 1995, p. 135.)

Os impulsos nervosos chegam aos músculos conduzidos pelos nervos cranianos (frênicos e ramos motores dos parassimpáticos) e medulares (nervos torácicos). Os centros cerebrais responsáveis pela respiração possuem automatismo próprio, mas a sua atividade sofre a modulação dos impulsos provenientes do córtex consciente e dos sensores periféricos existentes nos vasos sanguíneos, na parede torácica e no parênquima pulmonar. Quando, por alguma razão, os impulsos nervosos não chegam aos músculos, então eles permanecem relaxados e se instala uma paralisia flácida.

Acidentes que comprometem a integridade da medula podem paralisar os músculos da parede torácica. Nesse caso, a respiração passa a depender da ação do diafragma. A lesão do nervo frênico pode acarretar paralisia do diafragma. Quando o processo é bilateral, a respiração é mantida pelos músculos da parede torácica e pelos músculos acessórios. A paralisia diafragmática, que geralmente é unilateral, pode ser diagnosticada através da radioscopia. Durante esse exame, observa-se um movimento paradoxal da cúpula do diafragma. Quando isso ocorre, o diafragma se eleva durante a inspiração, executando um movimento oposto ao que seria esperado em condições normais.

BIBLIOGRAFIA

Bauer, C. (1992) Localization of the *Noeud Vital* of mammals. NIPS, 7:142.

Brombacher, W.G. (1935). Altitude-preassure tables based on the United States standards atmosphere. Natl. Advisory Comm. Aeronaut. Rept., 538, Government Printing Office, Washington, DC.

Cabral, N. (1959). Physica Medica. Livraria Guanabara Koogan S.A., Rio de Janeiro.

Campbell, E.J.M. (1958). The Respiratory Muscles and the Mechanics of Breathing. Year Book Medical Publishers, Chicago.

Carneiro Leão, M. (1982). Princípios de Biofísica. Guanabara Koogan S.A., Rio de Janeiro.

Clements, J.A. (1970). Pulmonary surfactant. Am. Rev. Resp. Dis., 101:984.

Clements, J.A., Tierney, D. (1965). In Handbook of Physiology, Fenn, W.O. e Rahn, H. editores, Wash. D. C, American Physiological Society, Sec. 3, vol. II.

Comroe, J.H. (1974). Physiology of Respiration. Year Book Medical Publishers Incorporated, 2nd ed. Chicago.

Davson, H., Eggleton, M.G. (1968). Principles of human physiology. J. & A. Churchill Ltd., London.

Duffin, J., Ezure, K., Lipski, J. (1995). Breathing rhythm generation: focus on the rostral ventrolateral medulla. NIPS, 10:133.

Fattorusso, V., Ritter, O. (1966). Vademecum Clinico del Medico Practico. 2ª ed., Editorial El Ateneo S.A., Barcelona.

Fujiwara, T., Chida, S., Watabe, Y., Maeta, H., Morita, T., Abe, T. (1980). Artificial surfactant therapy in hyaline membrane disease. Lancet, 1:55-59.

Gordon, A.M., Huxley, A.F., Julian, F.J. (1964). J. Physiol., 171:28P-30P, *apud* Ruch & Patton (1965). Physiology and Biophysics. W.B. Saunders Company, Philadelphia (p. 130).

Guyton, AG. (1969). Fisiologia Medica. Editora Guanabara Koogan S.A., Rio de Janeiro.

Heneine, I.F. (1984). Biofísica Básica. Livraria Atheneu, Rio de Janeiro.

Kirby, R.R., Taylor, R.W., Civetta, J.M. (1994). Handbook of Critical Care, J.B. Lippincott Company, Philadelphia.

Mead, J. (1961). Mechanical properties of lungs. Physiol. Rev., 41:281.

Nicholas, T. (1993). Control of Turnover of Alveolar Surfactant. News in Physiological Sciences, 8:12-18.

Okuno, E., Caldas, I.L., Chow, C. (1982). Física para Ciências Biológicas e Biomédicas. Editora Harper & Row do Brasil Ltda., São Paulo.

Rahn, H., Otis, A.B., Chadwick, L.E., Fenn, W.O. (1946). The pressure-volume diagram of the thorax and lung. Am. J. Physiol. 146:161.

Resnick, R., Halliday, D. (1965). Física. Editora Ao Livro Técnico S.A. e Editora da Universidade de São Paulo, Rio de Janeiro.

Rush, T.C., Patton, H.D. (1965). Physiology and Biophysics. W.B. Saunders Company, Philadelphia and London.

Stacy, R.W., Williams, D.T., Worden, R.E., McMorris, R.O. (1965). Principios de Biofísica y de Física Médica, 2ª ed., Libreria El Ateneo Editorial, Barcelona.

Stoelting, R.K., Dierdorf, S.F. (1996). Manual de anestesia e doença coexistente. Editora Interlivros Edições Ltda., Rio de Janeiro.

Wald, PH., Stave, G.M. (1994). Physical Hazards of the Workplace. Van Nostrand Reinhold, New York.

Walti, H. (1995). Utilisation des surfactants exogènes dans les premières heures de la vie. Encyclopedie Médico-Chirurgicale (Paris), Fiche Additive 36-982-A-10.

PARTE V

Bio-óptica

CAPÍTULO 15

Biofísica da visão

INTRODUÇÃO

As informações do mundo exterior são captadas e transmitidas ao cérebro pelos órgãos dos sentidos. Nos primatas, os receptores e as vias nervosas que permitem a detecção e a análise dos sinais sonoros (audição), luminosos (visão) e químicos (gustação e olfação) estão localizados na cabeça. Além dessas informações, os sensores situados nos canais semicirculares do ouvido interno ajudam na manutenção da postura e participam na definição do equilíbrio do corpo.

O sentido da visão é muito elaborado, pois, mais do que ver, o homem é capaz de observar. É de Hermann von Helmholtz (*Treatise on Physiological Optics*) a frase: *We are not simply passive to the impressions that are urged on us, but we observe* (Nós não somos simplesmente passivos às impressões que nos estimulam, mas nós as observamos).

A bioengenharia do aparelho visual representa um grande desafio para os cientistas. Muitos esforços têm sido feitos para conhecer os diversos tipos de adaptação que o olho possui e para entender como se processa a capacidade desse órgão para perceber brilho e cor. Também têm sido muito investigadas as vias nervosas de comunicação do olho com o cérebro, bem como a integração dos trajetos visuais com outros circuitos neuroniais. Apesar do muito que sobre isso já se aprendeu, os mecanismos da visão tridimensional, o processamento e a memorização das imagens ainda são pouco conhecidos.

O avanço da eletrônica e da óptica, a invenção do microeletrodo, o desenvolvimento das teorias da informação e da cibernética, que ocorreram depois dos anos 1940 e, mais recentemente, a introdução da lógica dos fractais em biologia têm fornecido ferramentas importantes para o estudo dos complexos fenômenos que estão associados à visão. Um pouco dos resultados alcançados está aqui apresentado.

O OLHO HUMANO

O olho é o receptor sensorial que apresenta maior complexidade estrutural. Os insetos e os crustáceos possuem um tipo de olho especial, chamado de olho composto (Fig. 15.1). Esse olho é formado por uma grande quantidade de ocelos independentes, cada um

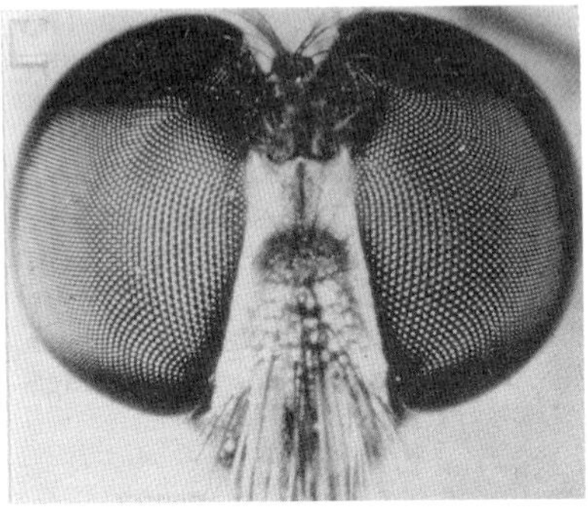

Figura 15.1 Olho composto da mosca (Do Zeil J, *in* Blackemore, 1990, p. 59.)

produzindo uma informação visual. Os primatas possuem olhos simples que, situados na cabeça, podem ser movimentados e também ajustados às condições ambientais, a fim de possibilitar uma visão nítida.

A anatomia do olho

1. GLOBO OCULAR

As diversas estruturas do olho humano servem para:

- manter a forma e movimentar o globo ocular;
- conduzir a luz até os fotossensores;
- focalizar a imagem dos objetos sobre os fotorreceptores;
- nutrir, lubrificar e proteger o olho;
- reduzir o ofuscamento;
- adaptar o olho a diferentes condições de luminosidade;
- conduzir as informações visuais para o sistema nervoso central;
- processar as informações visuais.

A Fig. 15.2 mostra, esquematicamente, a disposição de algumas estruturas que são fundamentais para a compreensão do funcionamento do olho humano. O globo ocular possui na sua porção anterior uma parede que é transparente às radiações eletromagnéticas com comprimento de onda entre 370 e 740nm. Nessa faixa estão as cores que são percebidas pelo olho humano.

A parede anterior do olho é formada por uma mucosa – a **conjuntiva** (**CJ**) – e pela **córnea** (**CO**). A córnea é transparente e tem forma de cúpula. A parede das demais regiões do olho é formada por três membranas:

- esclerótica (**E**) – membrana rígida que serve para dar forma ao globo ocular;
- coroide (**C**) – rica em vasos sanguíneos e em pigmentos de cor negra (melanina), é responsável pela nutrição da retina e reduz a reflexão da luz no interior do globo ocular;

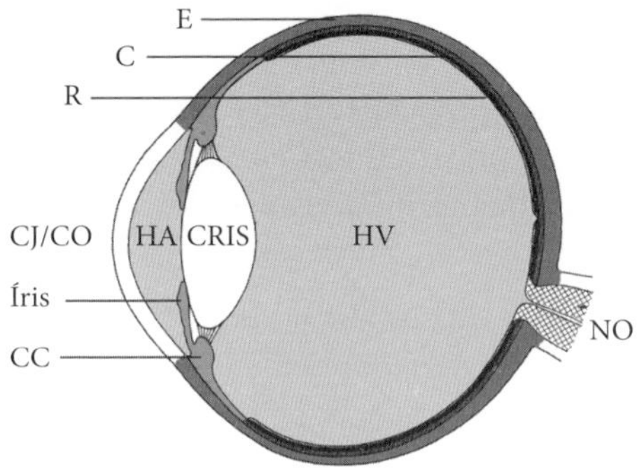

Figura 15.2 Esquema da estrutura do globo ocular humano. **CJ/CO**, conjuntiva e córnea; **HA**, humor aquoso; **CC**, corpo ciliar; **HV**, humor vítreo; **R**, retina; **C**, coroide; **E**, esclerótica; **NO**, nervo óptico. (Modificado de Wall JL, *in* Berne e Levy, 1993, p. 143.)

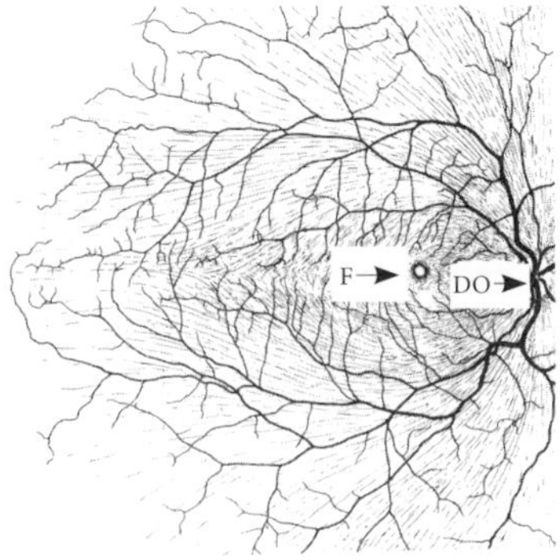

Figura 15.3 Vascularização da retina. **F**, *foven centralis*; **DO**, disco óptico. (De Polyak S, *in* Berne e Levy, 1993, p. 150.)

- retina (R) – membrana onde estão os fotorreceptores, que são células nervosas responsáveis pela detecção da luz. Nela também ocorre o primeiro estágio do processamento das informações visuais.

A emergência do nervo óptico (Fig. 15.3) cria na retina uma região especial, chamada de **disco óptico** (**DO**) ou **ponto cego**, que se localiza próxima à fóvea (**F**). Nessa área não existem fotorreceptores e para ela convergem os vasos sanguíneos responsáveis pela nutrição dos tecidos do olho e pela formação dos humores transparentes.

A existência do ponto cego pode ser facilmente demonstrada. Para isso, deve-se olhar para a cruz da Fig. 15.4 com o olho esquerdo fechado. A figura deve então ser aproximada do olho até alcançar uma distância na qual o círculo se torna invisível. Isso ocorre quando a imagem do círculo recai sobre o ponto cego da retina.

Figura 15.4 Teste para demonstrar a existência do ponto cego. A figura deve ser olhada com o olho esquerdo fechado e o direito fixando a cruz. Em seguida, ela deve ser afastada ou aproximada do olho até que o círculo não seja mais visualizado. Nessa situação, a imagem do círculo estará recaindo sobre o ponto cego. (De Documenta Geigy, 1958, p. 349.)

A **esclerótica** é opaca às radiações visíveis. Nela estão inseridos os músculos externos que são responsáveis pela movimentação do globo ocular.

Sua parede se apresenta mais espessa no polo posterior (Tabela 15.1) e é, via de regra, mais delgada nas crianças e nas mulheres. A Fig. 15.5 mostra que a esclerótica possui duas aberturas: uma anterior e outra posterior, cujos diâmetros, considerados pelos lados externo e interno, estão ali indicados.

A **coroide**, que é mais interna do que a esclerótica, tem uma espessura que varia de 0,1 até 0,22mm.

A **córnea** é transparente à luz visível e participa como uma importante lente para a formação da imagem retiniana. O seu diâmetro é ligeiramente maior no plano horizontal (11,6mm) do que no vertical (10,6mm) e o seu índice de refração vale 1,376. A Tabela 15.2 mostra os valores de sua espessura *in vivo*.

As diversas estruturas do olho são nutridas pela **artéria central da retina** e pela **veia central da retina** que penetram nele através do nervo óptico. Quando esses vasos são examinados com o auxílio de um oftalmoscópio, o que se vê é uma rede vascular que parte ou chega ao ponto cego (Fig. 15.3). Para efeito de estudo, a retina pode ser dividida em duas regiões: a **retina nasal**, que se situa perto do nariz, e a **retina temporal**, mais externa e, por isso, voltada para o lado do osso temporal.

O interior do olho está dividido pelo cristalino em dois compartimentos distintos (Fig. 15.2). O **cristalino** (**CRIS**) é uma lente biconvexa de geometria variável, que se encon-

Tabela 15.1 Espessura da esclerótica.

Região	Média (mm)	Limites (mm)
Polo posterior	1,1	1-1,2
Equador	0,45	0,4-0,5
Limbo	0,6	

Fonte: Modificado de Documenta Geigy, 1958, p. 346.

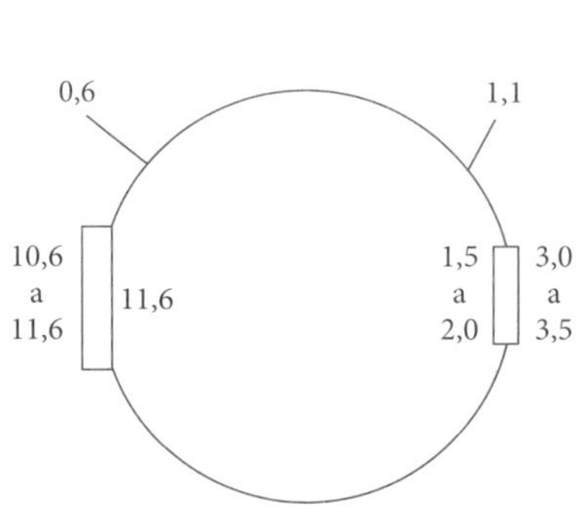

Figura 15.5 Valores em mm das aberturas da esclerótica humana. Na abertura anterior acopla-se a córnea, enquanto a posterior permite a emergência do nervo óptico. (Modificado de Documenta Geigy, 1958, p. 346.)

Tabela 15.2 Espessuras da córnea.

Sexo		Região nasal		Região central		Região temporal	
	20°	10°	5°		5°	10°	20°
Feminino	0,659	0,619	0,553	0,553	0,553	0,619	0,659
Masculino	0,659	0,606	0,540	0,513	0,540	0,606	0,659

Fonte: Modificado de Documenta Geigy, 1958, p. 346.

tra sustentada pelos **ligamentos suspensores**, também chamados de **fibras da zônula**. Sua forma pode ser alterada pelos **músculos ciliares** que estão situados no **corpo ciliar (CC)**. Quando eles se contraem, o cristalino é relaxado e, devido à sua elasticidade, suas faces tornam-se mais curvas. A ativação dos músculos ciliares se faz através das fibras parassimpáticas do **nervo oculomotor**.

À frente do cristalino existe a **íris**, que é uma membrana móvel e cuja cor determina a coloração do olho. Ela atua como um diafragma, limitando a área iluminada do cristalino e, assim, controlando a quantidade de luz que chega à retina. À abertura da íris por onde passa a luz chama-se de **pupila**. A íris possui dois grupos musculares: um deles tem fibras dispostas radialmente (**músculo dilatador da pupila**), enquanto o outro apresenta fibras circulares situadas em torno do orifício pupilar (**esfíncter pupilar**). O músculo radial está sob o controle motor do sistema simpático. Quando esse nervo é estimulado, o diâmetro da pupila aumenta (**midríase**). Por outro lado, a estimulação parassimpática promove a contração das fibras do **músculo esfíncter**, reduzindo o diâmetro pupilar (**miose**). O diâmetro da pupila é visto aumentado de 10% a 12,5% em virtude do efeito refrator da córnea. A Tabela 15.3 lista situações que produzem resposta pupilar.

A íris delimita duas câmaras: a **câmara anterior**, situada à frente dessa membrana, e a **câmara posterior**, que se encontra entre ela e o cristalino. Essas câmaras estão preen-

Tabela 15.3 Variação do diâmetro pupilar.

Miose	Midríase
Focalização de objeto muito próximo	Focalização de objeto distante
Ambiente muito iluminado	Ambiente pouco iluminado
Sono: a miose se acentua com a profundidade do sono	Despertar (passageira)
Na agonia e algumas horas após a morte (12 a 24h)	No momento da morte
Fadiga extenuante	Fadiga ligeira
	Cólicas, dores, orgasmo, ruído, odor e sabor fortes

chidas pelo **humor aquoso** (**HA**, Fig. 15.2). Esse líquido possui elevada transparência e é secretado pelas células do epitélio ciliar para o interior da câmara posterior. Daí, ele passa para a câmara anterior. A Tabela 15.4 relaciona alguns dados físicos e químicos relativos ao humor aquoso.

Tabela 15.4 Humor aquoso.

Dados físicos	Valores	Média
Quantidade	0,15-0,35ml	0,22ml
Densidade (g/cm^3)	1,002-1,009	1,005
Viscosidade (H_2O = 1)	1,024-1,04	1,003
Tensão superficial a 37°C		60,4 dinas/cm
Índice de refração	1,333-1,337	1,335
pH	7,17-7,76	7,27

Dados químicos	Valores (mg/dl)
Cloretos	357-465
Glicose	70-160
Dióxido de carbono	61-74
Aminoácidos	25-220
Ácido láctico	20-24
Ureia	13-30
Proteínas	6-18
Ácido ascórbico	5-29
Fósforo inorgânico	1,7-2,1
Ácido cítrico	1,6-3,2
Ácido úrico	1,1-4,5

Fonte: Modificado de Documenta Geigy, 1958, p. 352-353.

A grande cavidade que se situa por trás do cristalino contém o **humor vítreo** (**HV**, Fig. 15.2). Este é um fluido gelatinoso, muito transparente, e sua composição se assemelha à do líquido extracelular. Todavia, é rico em fibras colágenas e em ácido hialurônico. A Tabela 15.5 mostra algumas das suas características.

A produção e a eliminação do humor aquoso são muito maiores do que as do humor vítreo. O humor aquoso é drenado das câmaras oculares para as veias, por meio do **canal de Schlemm** (Fig. 15.6). Esse canal se situa no corpo ciliar, próximo ao ***limbus*** (zona de transição entre a córnea e a esclerótica). O volume do humor aquoso é que determina a pressão intraocular que, sob condições normais, é menor que 22mmHg. O aumento

Tabela 15.5 Humor vítreo.

Dados físicos	Valores
Volume	3,9cm^3
Densidade (g/cm^3)	1,0053-1,0089
índice de refração	1,331
Viscosidade (20°C)	16-21 milipoise
pH	7,2-7,5

Dados químicos	Valores (mg/dl)
Nitrogênio total	37
Mucoproteína	60
Albumina e globulina	15
Peptona	11
Glicose	30-70
Zinco	0,04-0,7

Fonte: Modificado de Documenta Geigy, 1958, p. 354.

dessa pressão, geralmente produzido pela dificuldade de drenagem através do canal de Schlemm, caracteriza um quadro patológico grave, conhecido como glaucoma. A pressão intraocular aumentada dificulta a irrigação sanguínea da retina e, assim, pode levar à cegueira por destruição das células sensoriais da retina.

Os sensores de luz. A córnea e o cristalino atuam, em condições normais, como lentes convergentes. Define-se como **eixo óptico** do olho a linha que liga os centros ópticos dessas duas lentes (Fig. 15.7).

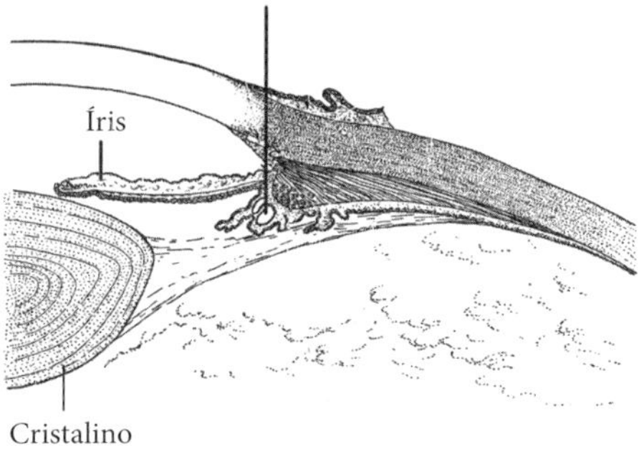

Figura 15.6 Esquema ampliado do corpo ciliar mostrando a íris, o cristalino e o canal de Schlemm. (Modificado de Bloom e Fawcett, *in* Ruch e Patton, 1965, p. 405.)

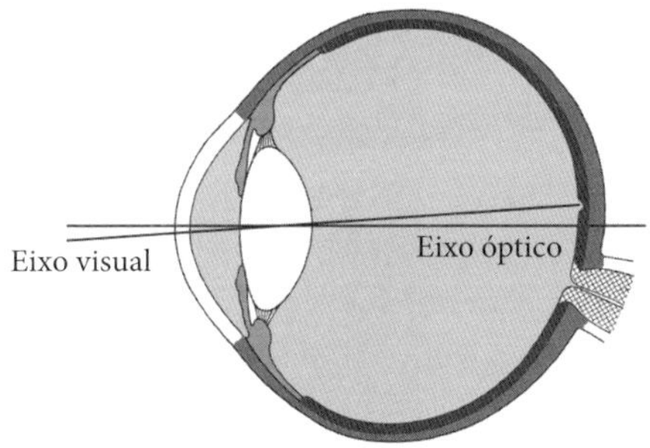

Figura 15.7 Globo ocular humano mostrando a diferença entre os eixos óptico e visual. (Modificado de Wall JL, in Berne e Levy, 1993, p. 143.)

Ele não é, contudo, o eixo visual, em relação ao qual são formadas as imagens. O **eixo visual** une a ***fovea centralis*** ao centro óptico do cristalino. Esse eixo está ligeiramente desviado do eixo óptico do olho. Na fóvea somente existem **cones**, que são células nervosas especializadas na detecção da luz e da cor e operam sob condições de grande intensidade luminosa (**visão fotópica**). A região onde está situada a fóvea é chamada de **mácula lútea**. A visão central ou foveana possui grande acuidade e as imagens que nela se projetam são vistas com nitidez, permitindo que a forma e a cor dos objetos possam ser bem definidas. As demais regiões da retina, exceto sobre o disco óptico, possuem mais bastonetes do que cones. Os **bastonetes** são células nervosas que se ativam em baixa intensidade de luz (**visão escotópica**). Elas, contudo, não apresentam boa resolução e, por isso, não fornecem informações que permitam a definição de detalhes das imagens que recebem. Além disso, esses fotorreceptores não são capazes de discriminar as cores.

Movimentos do globo ocular. Seis músculos controlam os movimentos de cada olho (Fig. 15.8). São eles:

- oblíquo maior;
- oblíquo menor;
- reto interno;
- reto externo;
- reto superior;
- reto inferior.

As ações desses músculos estão mostradas na Tabela 15.6.

Dimensões. A Fig. 15.9 mostra como são definidos no globo ocular os seguintes parâmetros:

- polo anterior (**PA**);
- polo posterior (**PP**);

Tabela 15.6 Ação dos músculos que movem o globo ocular humano.

Músculo	Inervação*	Ação		
		Horizontal	Vertical	Rotação**
Reto interno	III	Adução		
Reto externo	VI	Abdução		
Reto superior (direito)	III	Adução	Elevação	Contrária
Reto inferior (esquerdo)	III	Adução	Rebaixamento	Concordante
Oblíquo maior (esquerdo)	IV	Abdução	Rebaixamento	Contrária
Oblíquo menor (esquerdo)	III	Adução	Elevação	Concordante

* Inervação: III – Motor ocular comum, IV – Patético, VI – Motor ocular externo.
** Em relação ao sentido dos ponteiros do relógio.
Fonte: Adaptado de Documenta Geigy, 1958, p. 345.

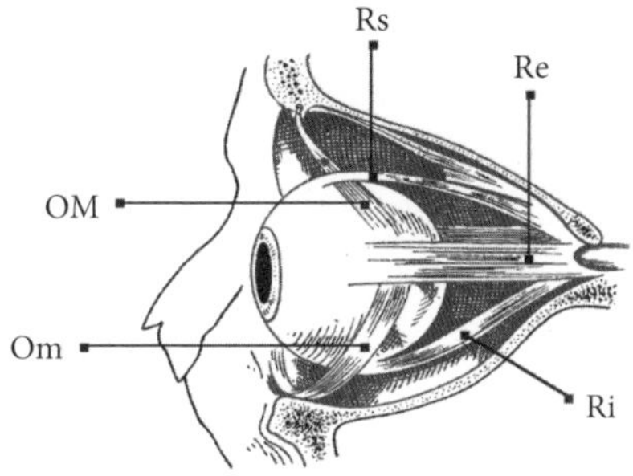

Figura 15.8 Músculos responsáveis pela movimentação do globo ocular humano. **Om**, oblíquo menor; **OM**, oblíquo maior; **Rs**, reto superior; **Ri**, reto inferior; **Re**, reto externo. O reto interno não pode ser visto nessa projeção. (Modificado de Documenta Geigy, 1958, p. 345.)

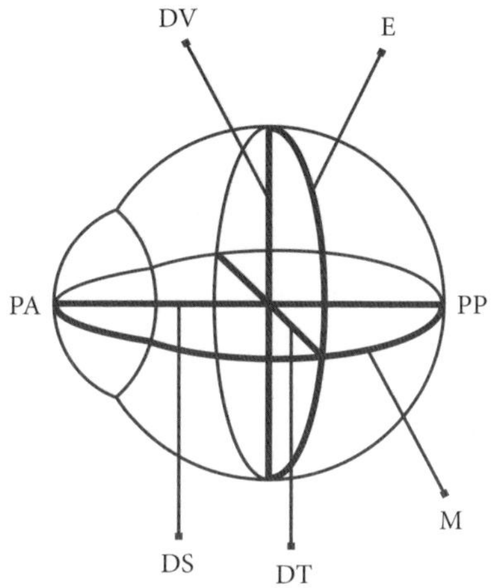

Figura 15.9 Definição de planos e diâmetros do globo ocular humano. **PA**, polo anterior; **PP**, polo posterior; **E**, equador; **M**, meridiano; **DT**, diâmetro transversal; **DV**, diâmetro vertical; **DS**, diâmetro sagital. (Modificado de Documenta Geigy, 1958, p. 346.)

- equador (**E**);
- meridiano (**M**);
- diâmetro transversal (**DT**);
- diâmetro vertical (**DV**);
- diâmetro sagital ou eixo ocular (**DS**).

Na Tabela 15.7 estão as dimensões normais do olho de indivíduos adultos e de recém-nascidos.

2. A RETINA HUMANA

A microscopia óptica mostra que a retina é uma membrana com estrutura complexa. Quando corada pelo método de Nissl, nela podem ser identificadas 10 camadas distintas (Fig. 15.10). A partir da coroide, essas camadas são:

1. Epitélio pigmentar.
2. Camada dos receptores.
3. Membrana limitante externa.
4. Camada nuclear externa.
5. Camada plexiforme externa.
6. Camada nuclear interna.
7. Camada plexiforme interna.
8. Camada de células ganglionares.
9. Camada de fibras ópticas.
10. Membrana limitante interna.

Tabela 15.7 Parâmetros físicos e geométricos do globo ocular humano.

Adultos		
Diâmetro	**Média**	**Limites normais**
Diâmetro sagital (mm)	24,3	23,8-25
Diâmetro transversal (mm)	23,9	23-24,5
Diâmetro vertical (mm)	23,4	23-23,7
Equador (mm)	73,8	72,2-78
Volume (cm^3)	7,18	
Densidade (g/cm^3)	1,036	1,02-1,09
Peso (g)	7,4	

Recém-nascidos		
Parâmetro	**Média**	**Limites normais**
Diâmetro sagital (mm)	17,15	16,4-17,9
Diâmetro transversal (mm)	17,15	16,0-18,3
Diâmetro vertical (mm)	15,40	
Volume (cm^3)	2,18	
Peso (g)	2,29	

Fonte: Modificado de Documenta Geigy, 1958, p. 346.

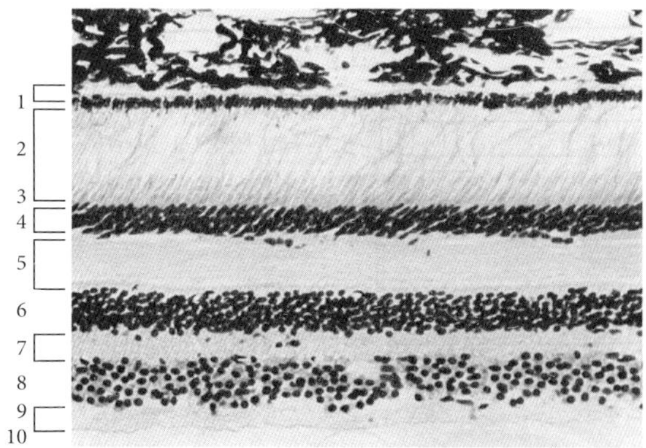

Figura 15.10 Corte histológico da retina humana corada pelo método de Nissl. Ver texto para detalhes. (De Weller RE, *in* Berne e Levy, 1993, p. 146.)

Muitos tipos de células compõem a retina dos primatas. Essas células são bem visualizadas quando a retina é corada usando prata, segundo o método de Golgi. A Fig. 15.11 mostra, esquematicamente, como os diversos tipos celulares se apresentam.

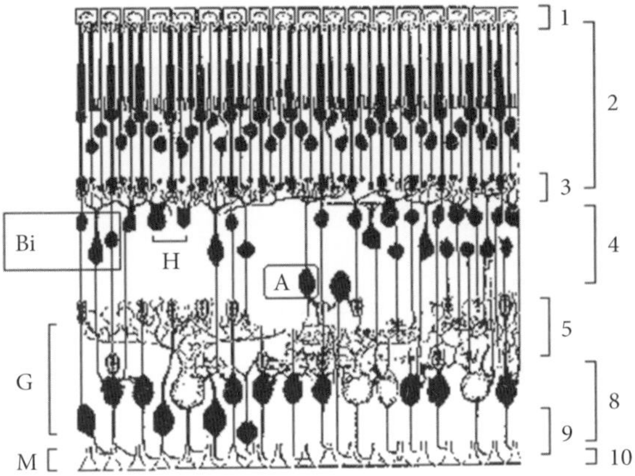

Figura 15.11 Esquema das células que compõem as diversas camadas da retina. **1**, camada de células pigmentares; **2**, camada dos fotorreceptores; **3**, membrana limitante externa; **4**, camada nuclear externa; **5**, camada plexiforme externa; **8**, camada de células ganglionares; **9**, camada de fibras nervosas; **10**, membrana limitante interna. As camadas **6** e **7** não estão mostradas. (Modificado de Polyak S, *in* Aidley, 1971, p. 384.)

Camada de células pigmentares (Camada 1). Essa camada abriga as células produtoras de melanina. Essas células se insinuam entre as terminações dos cones e bastonetes e servem para:

- reduzir o espalhamento de luz entre os fotorreceptores;
- captar o todo-trans-retinal e transformá-lo em 11-cis-retinal;
- liberar o 11-cis-retinal para o meio que circunda as células sensoriais.

Os bastonetes necessitam do 11-cis-retinal para combiná-lo com a **opsina** e, assim, formar o seu pigmento visual que é a **rodopsina**. A camada de células pigmentares é também chamada de **epitélio pigmentar da retina** e funciona como uma barreira, dificultando as trocas difusionais entre a coroide e a retina.

Camada de fotorreceptores (Camada 2). Essa camada contém dois tipos de células especiais: os cones (**C**) e os bastonetes (**B**). Na camada nuclear externa estão os núcleos dos cones e dos bastonetes. Na camada plexiforme externa, os cones e bastonetes fazem conexão com diversos tipos de células bipolares (**Bi**). Nessa camada encontram-se as células horizontais (**H**), as quais estabelecem muitas sinapses entre as vias sensoriais próximas. A ligação mecânica entre as camadas 1 e 2 é relativamente fraca e, por isso, é a esse nível que geralmente ocorre o descolamento da retina. A separação da camada 2 da camada 1 leva à perda da visão, pois, além de os fotorreceptores saírem da superfície onde se forma a imagem nítida, os cones e bastonetes acabam por morrer em virtude da falta de nutrição que chega através dos vasos da coroide.

Membrana limitante externa (Camada 3). Essa camada é formada pelas células de Müller (**M**), que são gliais e fazem conexão com os fotorreceptores.

Camada nuclear externa (Camada 4). Nela estão, além dos núcleos das células bipolares, algumas células amácrinas (**A**) e ganglionares (**G**).

Camada plexiforme interna (Camada 5). Contém as sinapses formadas pelas células bipolares e ganglionares, bem como as sinapses das células horizontais (**H**).

Camada de células ganglionares (Camada 8). Abriga células ganglionares (**G**) de diversos tipos. Dessas células saem as informações visuais que são enviadas ao sistema nervoso central para processamento e análise.

Camada de fibras nervosas (Camada 9). Nela estão os axônios que nascem nas células ganglionares e depois vão formar o nervo óptico.

Membrana limitante interna (Camada 10). Essa camada é formada pelas células de Müller (**M**), que são muito transparentes à luz visível e têm um papel importante na manutenção da forma da retina.

Formação de imagens

1. A LUZ

Natureza. A luz tem natureza eletromagnética. Duas teorias tentaram explicar a sua natureza. Primeiro, Newton propôs a Teoria Corpuscular, segundo a qual a luz era composta por pequenos corpúsculos que seriam ejetados das fontes luminosas com grande velocidade. Essa teoria explicava adequadamente determinados comportamentos do feixe luminoso, tais como a igualdade dos ângulos de incidência e de reflexão e a propagação retilínea do raio de luz que trafega num meio homogêneo. Todavia, a descoberta dos fenômenos da difração e da interferência luminosa fez com que Huygens, De Broglie e outros propusessem a Teoria Ondulatória. De acordo com essa concepção, a luz seria uma onda de natureza eletromagnética e que se propagaria com velocidade constante no vácuo. Hoje se admite que sua natureza é simultaneamente corpuscular e ondulatória. Assim, cada fóton é uma onda e uma partícula. O espectro eletromagnético inclui radiações de frequências muito baixas, como aquelas relacionadas com as transmissões de rádio (ondas longas), até radiações de frequências muito elevadas como os raios cósmicos. A faixa de radiações eletromagnéticas que pode ser captada pelo olho humano está situada entre 400 e 700nm (750THz e 400THz). Essa faixa é muito pequena se comparada à gama de frequência do espectro eletromagnético que inclui frequências de até 10^{12}Hz.

Velocidade. A luz não tem a mesma velocidade em todos os meios em que viaja. No vácuo, ela se move a uma velocidade de quase 300.000km/s. Todavia, ao penetrar em outro meio qualquer, sua velocidade diminui. Nos meios físicos reais, a velocidade da luz depende não somente da natureza do meio, mas também da frequência da onda luminosa.

Polarização. As ondas luminosas vibram transversalmente em relação à direção da sua propagação. Quando emitida por uma fonte luminosa comum (corpo quente, p. ex.), os vetores campo elétrico e campo magnético dos raios luminosos se espalham em todas as direções (Fig. 15.12). Quando um feixe de luz atravessa os materiais polarizadores (**M**), a onda luminosa emergente passa a vibrar em um único plano. Feixes de luz que têm essa característica são chamados polarizados (**P**). Os meios polarizadores possuem na sua estrutura fendas intermoleculares uniformemente distribuídas. É por essas fendas que os raios luminosos passam.

Difração. Quando a luz atravessa um orifício pequeno ou uma fenda muito estreita, a trajetória dos raios luminosos sofre um encurvamento. A esse fenômeno se chama de difração. A Fig. 15.13 mostra um conjunto (**F**) de ondas luminosas que incidem sobre um anteparo **A1**. Nele há um pequeno orifício. Note-se que, ao atravessá-lo, as ondas luminosas se tornam curvas. O anteparo **A2**, por sua vez, é dotado de dois orifícios pequenos e próximos. Esses orifícios funcionam como duas fontes luminosas coerentes e a luz que deles emerge produz um padrão de interferência bem definido. Assim, raias fortes e fracas podem ser visualizadas sobre o anteparo **A3**.

Interferência. As ondas luminosas podem sofrer interferência. Esse fenômeno ocorre quando duas ondas luminosas se encontram simultaneamente no mesmo ponto do espaço. A interferência pode ser **construtiva** ou **destrutiva**. Será construtiva quando a soma das ondas resultar em uma onda de amplitude maior. Será destrutiva quando ocorrer o contrário. Quando ondas de uma mesma frequência interferem, forma-se um

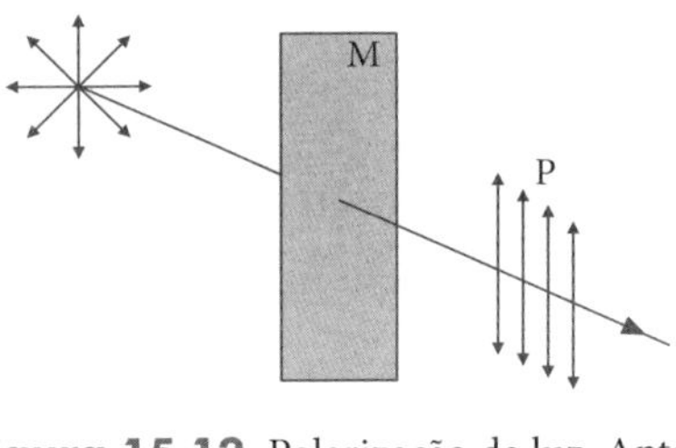

Figura 15.12 Polarização da luz. Antes de passar pelo filtro polarizador (**M**) a luz apresenta vibração em todos os planos. Depois do filtro, já polarizada, vibra apenas no plano **P**.

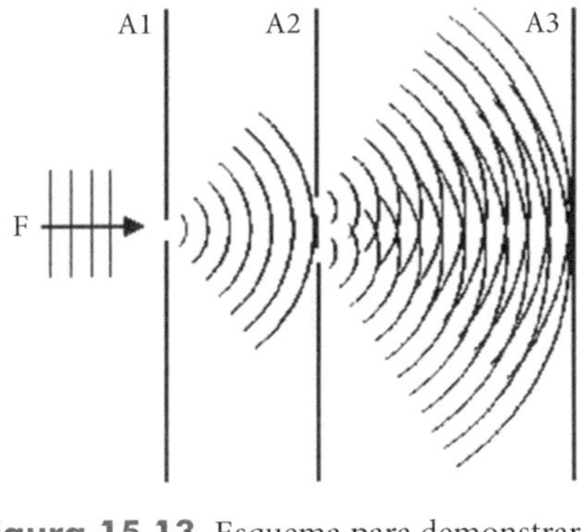

Figura 15.13 Esquema para demonstrar a interferência de ondas luminosas. Ondas luminosas provenientes de uma fonte (**F**) passam pelo orifício do anteparo **A1**. Daí, elas se dirigem aos orifícios do anteparo **A2**, que funcionam como fontes luminosas coerentes. Assim, as ondas que chegam ao anteparo **A3** produzem sobre ele um padrão de interferência constituído por raias fortes (interferência construtiva) e fracas (interferência destrutiva).

padrão luminoso estacionário onde os pontos de intensidade máxima e os de intensidade mínima se apresentam em posições invariáveis. A Fig. 15.14 mostra um exemplo desse fenômeno. Nela, um feixe de raios paralelos incide sobre um anteparo que contém dois orifícios. Ao passar por eles, a frente da onda sofre um encurvamento e, como a luz que emerge dos orifícios tem a mesma frequência, acaba por produzir regiões de interferência destrutiva (linhas escuras) e outras onde há interferência construtiva (linhas claras).

Reflexão. A luz, ao incidir sobre uma superfície, pode retornar ao meio de onde veio. A esse fenômeno chama-se de reflexão da luz. Se a superfície refletora é lisa, um feixe incidente, constituído por raios paralelos, originará um feixe luminoso refletido formado por raios também paralelos entre si. Esse é o tipo de reflexão que se observa nos espelhos e, por isso, é chamado de **reflexão especular**. Comumente, no entanto, as superfícies refletoras são rugosas e, nesse caso, o feixe de raios refletidos se espalha em muitas direções, caracterizando a **reflexão difusa**. A difusão da luz permite que os objetos sejam vistos com mais facilidade, pois, seja qual for a posição do observador, haverá sempre raios luminosos que, refletidos no objeto, se dirijam na sua direção.

Refração. A superfície que separa dois meios transparentes é chamada de superfície dióptrica. Chama-se de refração o desvio da trajetória dos raios luminosos quando a luz passa de um meio para outro. Isso pode ser visto na Fig. 15.15. Nela, um feixe incidente gera, ao encontrar a superfície dióptrica, um feixe refletido e outro refratado.

A refração da luz ocorre por causa da mudança da velocidade de propagação da luz. A Fig. 15.16 representa a trajetória dos raios luminosos referentes ao experimento da Fig. 15.15. O raio luminoso incide sobre a superfície dióptrica formando um ângulo de incidência α. A velocidade da luz no meio **2** é menor do que a velocidade da luz no meio **1**. Nessas condições, o raio refratado se aproxima da normal e forma com ela um ângulo de refração β, que é menor do que α.

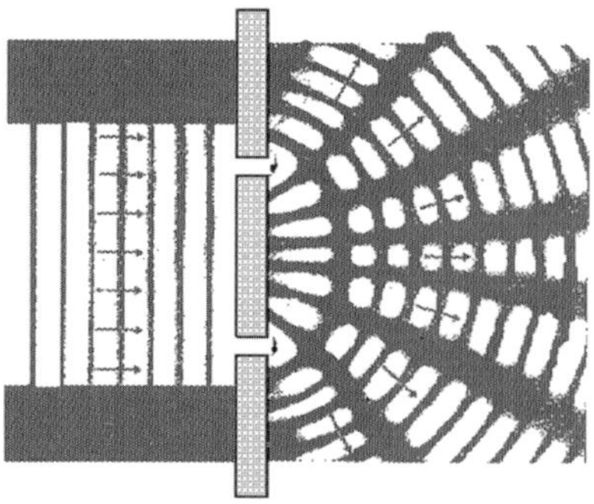

Figura 15.14 Interferência em uma cuba de ondas mostrando que o padrão de interferência é constituído por raias fortes e fracas. (Modificado de Orear, 1971, p. 242.)

Figura 15.15 Reflexão e refração da luz ao encontrar uma superfície dióptrica plana. (De Halliday e Resnick, 1966, p. 1154.)

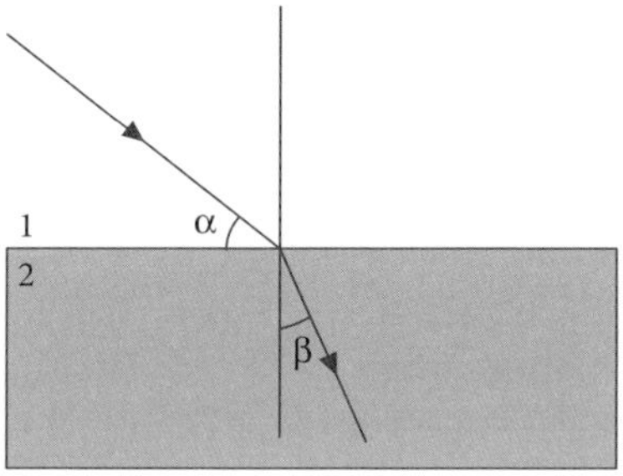

Figura 15.16 Trajeto de um raio luminoso refratado em uma superfície plana, α, ângulo de incidência; β, ângulo de refração; **1** e **2**, meios 1 e 2, respectivamente.

Refringência. Para quantificar a refração dos corpos transparentes, definiu-se o **índice de refração** (**n**) como sendo a razão entre a velocidade da luz no vácuo (**c**) e a velocidade (**v**) da luz num dado meio. Assim:

$$\mathbf{n} = \frac{\mathbf{c}}{\mathbf{v}}$$

Considerando que a velocidade da luz nos meios físicos é sempre menor do que aquela no vácuo, pode-se concluir que o índice de refração dos corpos é sempre maior do que a unidade. Quanto maior for a frequência da onda luminosa, menor será a sua velocidade de propagação em um determinado meio. Ao se propagar através de meios transparentes, a luz não muda a sua frequência original. Por isso, quanto maior for a sua velocidade em um dado meio, maior será o comprimento da onda luminosa.

Descartes e Snell mostraram que o desvio da trajetória dos raios luminosos ao nível de uma superfície dióptrica relaciona-se com o índice de refração do meio pela equação:

$$n_{2,1} = \frac{n_2}{n_1} = \frac{\text{sen}\alpha}{\text{sen}\beta}$$

onde **sen**α e **sen**β são, respectivamente, os senos dos ângulos de incidência e de refração e os índices 2 e 1 representam, respectivamente, os meios que contêm o raio refratado e o incidente (Fig. 15.16).

A relação entre os índices de refração de dois meios é numericamente igual ao quociente entre as velocidades com que a luz se propaga neles. Daí, pode-se escrever que:

$$\mathbf{n}_{2,1} = \frac{\mathbf{v}_1}{\mathbf{v}_2}$$

Reflexão total da luz. Quando a luz passa de um meio menos refringente para um meio mais refringente, o raio retratado se aproxima da reta que é normal à superfície de separação entre os meios. Utilizando-se o Princípio do Caminho Inverso, que estabelece que a trajetória do raio luminoso não muda quando se inverte o sentido da propagação da luz, pode-se inferir que, quando o raio passa do meio mais refringente para o menos refringente, ele se afasta da reta normal. Nesse caso, existe um ângulo limite máximo para a incidência luminosa.

Ângulo máximo de incidência é o maior ângulo de incidência capaz de produzir um raio refratado. Todo raio incidente com ângulo maior do que o máximo será totalmente refletido. A esse fenômeno se chama de **reflexão total**. A Fig. 15.17 mostra um exemplo esquemático de reflexão total. Uma fonte luminosa (**F**) está contida num meio de índice de refração $\mathbf{n_1}$ (vidro, p. ex.). A luz que dela emana, ao atingir a interface com o ar (índice de refração $\mathbf{n_2}$ menor do que $\mathbf{n_1}$), sofre refração, afastando-se da normal. Note-se que, para ângulos de incidência maiores do que aquele correspondente ao raio **L**, toda a luz é refletida e não se forma raio refratado.

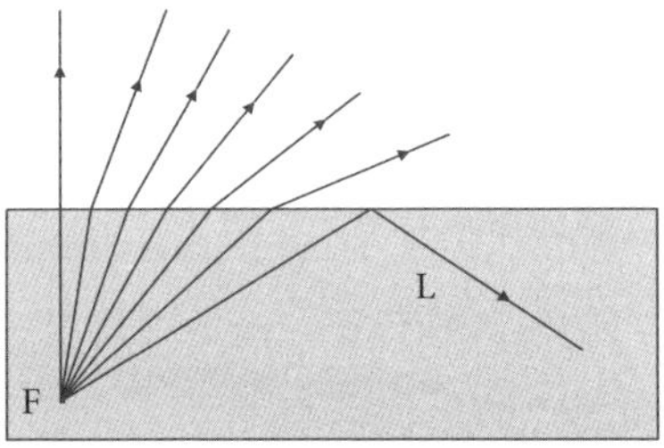

Figura 15.17 Reflexão total. A fonte luminosa (**F**) emite raios que passam de um meio mais refringente para outro menos refringente. Com isso, os ângulos de refração são maiores do que os de incidência e os raios se afastam da normal ao plano. O raio **L** mostra que, acima de um ângulo máximo de incidência, não se forma raio refratado, ocorrendo apenas reflexão (reflexão total).

Da equação de Descartes-Snell pode-se concluir que, quanto maior for o índice de refração de um meio, maior será o desvio que o raio luminoso sofrerá se incidir na interface entre os meios com ângulo diferente de 0° em relação à reta perpendicular à superfície. A Tabela 15.8 dá alguns valores de índices de refração de algumas substâncias. Esses dados foram obtidos com a luz amarela emitida pelo sódio (λ = 5.890Å no vácuo).

Tabela 15.8 Índice de refração de alguns materiais.

Meio	Índice de refração
Água	1,33
Álcool etílico	1,36
Ar (1atm, 20°C)	1,003
Vidro *crown*	1,52
Vidro *flint* denso	1,66
Cloreto de sódio	1,53
Polietileno	1,50-1,54

Fonte: Adaptado de Halliday e Resnick, 1966, p. 1155.

Decomposição da luz branca. A variação da velocidade da luz em função da sua frequência permitiu a Sir Isaac Newton decompor a luz solar. No seu experimento (Fig. 15.18) ele usou um prisma (**P**) de vidro e fez passar por ele um feixe de luz. Os raios luminosos, após atravessarem um anteparo (**A**) e um prisma, formavam um espectro colorido sobre uma tela (**T**). Isso foi possível porque o índice de refração do vidro do prisma não é constante para todas as frequências luminosas. Os raios de maior frequência (violeta) sofrem maior variação de velocidade ao penetrarem no prisma. Com isso, o desvio que apresentam é maior.

Trajetória do raio luminoso em um prisma. A luz, ao se propagar em um prisma homogêneo, sofre duas refrações. O caminho de um raio luminoso monocromático no prisma está mostrado na Fig. 15.19. Note que o raio (**I**) sofre refração tanto na face **A** do prisma, como na superfície **B**. Daí, ele emerge seguindo uma trajetória diferente daquela do raio incidente. O ângulo de desvio da trajetória dos raios incidente e emergente varia com a frequência da luz usada. Quanto maior a frequência, maior é o desvio. Por isso, a luz violeta é mais fortemente desviada do que a vermelha (Fig. 15.20).

As lentes. O fenômeno da refração permitiu que as lentes fossem construídas. Em geral, elas são feitas com material mais refringente do que o meio onde vão ser empregadas. As lentes podem ser convergentes ou divergentes. Uma lente é **convergente** quando possui um **foco real** e **divergente** quando tem um **foco virtual**.

A Fig. 15.21 mostra, esquematicamente, uma lente convergente colocada em um meio de menor índice de refração. Ela é do tipo biconvexa. Note-se que, no exemplo dado, cada superfície da lente tem um raio de curvatura diferente. Chama-se **eixo principal** da lente à reta (**AB**) que une os centros de curvaturas (**C_1** e **C_2**) das suas faces. O ponto definido pela intersecção do eixo principal com o plano da lente é chamado de **centro óptico** (**O**) da lente.

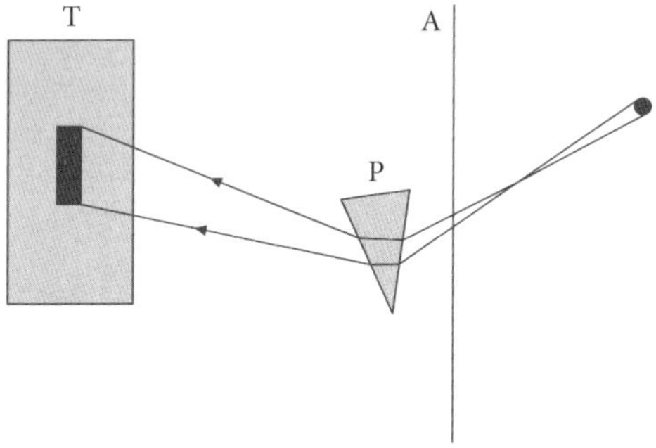

Figura 15.18 Decomposição da luz solar segundo o esquema de Sir Isaac Newton. **A**, anteparo; **T**, tela; **P**, prisma. (Modificado de Newton I, *in* Halliday e Resnick, 1966, p. 1157.)

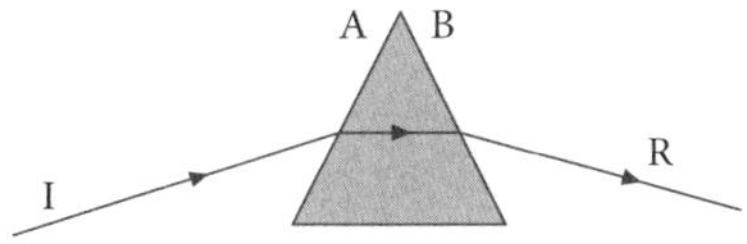

Figura 15.19 Trajetória de um raio luminoso que atravessa um prisma triangular.

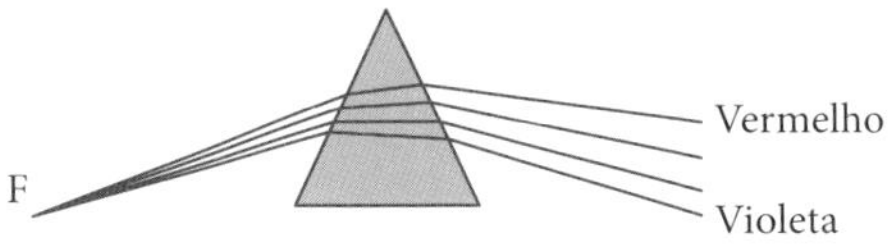

Figura 15.20 Decomposição da luz branca por um prisma triangular. Note-se que os raios de menor comprimento de onda sofrem maiores desvios.

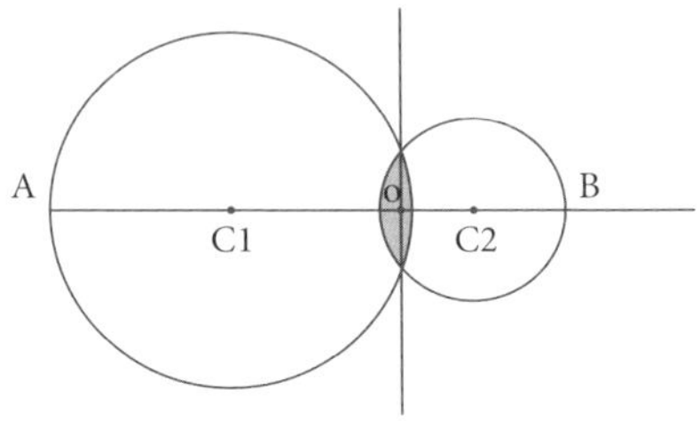

Figura 15.21 Eixo principal de uma lente.

2. A FORMAÇÃO DA IMAGEM NAS LENTES

A imagem. A imagem formada com o auxílio das lentes e dos espelhos pode ser real ou virtual. Ela é **real** quando se forma pelo cruzamento dos raios luminosos emergentes da lente ou refletidos pelo espelho, e é **virtual** quando se forma pelo cruzamento do prolongamento desses raios. A imagem real, ao contrário da virtual, pode ser projetada sobre um anteparo ou sobre uma tela. A imagem real ou virtual é chamada **direita** quando tem o mesmo sentido que o seu objeto, e **invertida** quando se forma com sentido contrário a ele. Quanto ao tamanho, elas se classificam em: **maiores**, **menores** ou **iguais**. Nesse caso, para defini-las, é preciso compará-las com o tamanho do objeto.

Lentes divergentes. A construção de imagens nessas lentes obedece aos seguintes critérios (Fig. 15.22):

- Todo raio incidente que é paralelo ao eixo principal emerge da lente afastando-se do eixo principal. O prolongamento dos raios emergentes passa pelo foco da lente.
- Todo raio incidente que passa pelo centro óptico da lente não sofre desvio.
- Todo raio, cuja direção passa pelo foco-imagem, emerge da lente paralelo ao eixo principal.

Lentes convergentes. Para se construir a imagem de um objeto cujos raios luminosos atravessam uma lente convergente, devem ser consideradas as seguintes regras (Fig. 15.23):

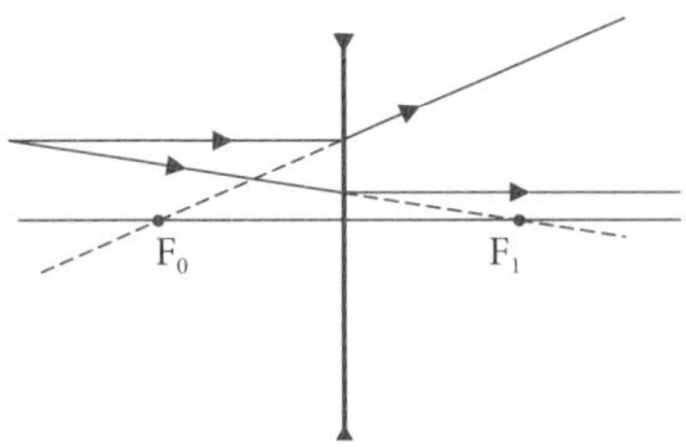

Figura 15.22 Trajetória de raios luminosos especiais que atravessam uma lente divergente.

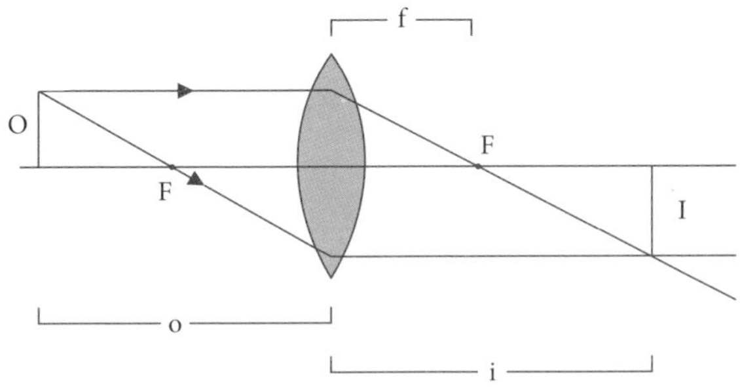

Figura 15.23 Trajetória de raios luminosos especiais que atravessam uma lente convergente. **O**, objeto; **F**, foco; **I**, imagem; **o**, distância do objeto; **i**, distância da imagem.

- Todo raio paralelo ao eixo principal emerge da lente passando pelo seu foco.
- O raio que passa pelo centro óptico da lente não sofre desvio.
- Todo raio proveniente de um dos focos da lente emerge dela como raio paralelo ao eixo principal.

Equação das lentes delgadas. Uma lente é delgada quando sua espessura é muito pequena em relação aos outros parâmetros ópticos, tais como distância do objeto, distância da imagem, distância focal etc. Para elas, existe uma equação que relaciona a distância do objeto à lente (**o**), da imagem à lente (**i**) e a distância focal (**f**). Assim:

$$\frac{1}{\mathbf{f}} = \frac{1}{\mathbf{o}} + \frac{1}{\mathbf{i}}$$

As distâncias **f**, **i** e **o** podem assumir valores positivos ou negativos. A distância focal será positiva nas lentes convergentes e negativa nas divergentes. Para determinar o sinal de **i** e de **o** deve-se proceder da seguinte forma: dispõem-se os elementos ópticos de modo que a luz passe da esquerda para a direita. A distância **i** será positiva se a imagem for formada no lado direito da lente e negativa se estiver no lado esquerdo. Uma imagem real pode servir de objeto virtual para uma determinada lente. Nesse caso, a distância **o** do objeto será negativa.

Tipos de lentes. As lentes podem ser classificadas pela função (convergentes ou divergentes), pela espessura (espessa ou delgada) e pela forma (cilíndrica, toroidal etc.). As convergentes (Fig. 15.24) são construídas, geralmente, como lentes biconvexas (**A**), plano-convexa (**B**) e côncavo-convexa (**C**). As divergentes têm lados bicôncavos (**D**), plano-côncavo (**E**) e convexo-côncavo (**F**). Todavia, o comportamento convergente ou divergente de uma lente depende da relação entre o seu índice de refração e o do meio onde ela está situada.

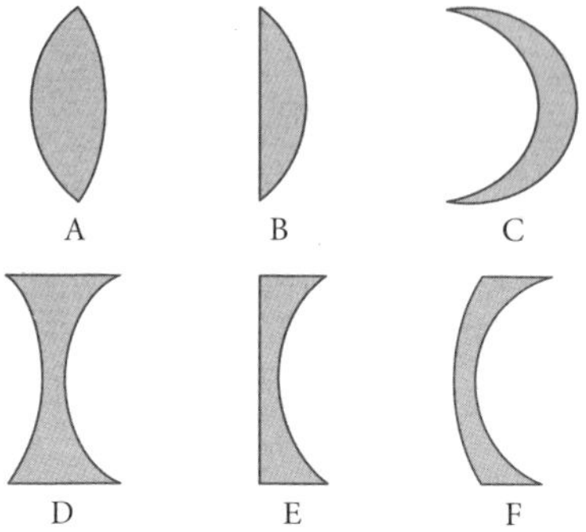

Figura 15.24 Formas de lentes. **A**, biconvexas; **B**, plano-convexa; **C**, côncavo-convexa; **D**, bicôncava; **E**, plano-côncava; **F**, convexo-côncava.

Poder de convergência das lentes. O poder de convergência de uma lente é medido em **dioptrias (D)**. Essa unidade corresponde ao inverso da distância focal (f) da lente, quando ela é medida em metros. Assim:

$$\mathbf{D = \frac{1}{f} \; (m^{-1})}$$

A distância focal pode ser positiva ou negativa. Por isso, a convergência das lentes também pode ser positiva ou negativa.

3. A FORMAÇÃO DA IMAGEM NO OLHO

Olho reduzido. Sob condições fisiológicas, as quatro superfícies refratoras principais do olho humano são:

- interface ar-córnea;
- interface córnea-humor aquoso;
- interface humor aquoso-cristalino;
- interface cristalino-humor vítreo.

Para facilitar o estudo do olho humano desenvolveu-se o conceito do olho reduzido. Para isso, admite-se que no interior do globo ocular exista uma substância transparente e homogênea com índice de refração igual ao da água (n = 1,333) e também que todo poder convergente está situado na interface ar-córnea.

A Fig. 15.25 mostra, esquematicamente, a representação do olho reduzido. A córnea é construída como um segmento de círculo cujo raio de curvatura vale 5mm e seu centro de curvatura corresponde ao **centro óptico** ou **ponto nodal** do olho (**N**). Note-se que os raios que passam pelo centro óptico não sofrem desvio. O ângulo formado pelos raios que partem das extremidades do objeto e que passam pelo centro óptico é chamado de **ângulo visual**. A profundidade total do olho é de 20mm, o que significa que a retina dista 15mm do ponto nodal. As imagens se formam sobre a retina e, por isso, a distância focal do olho é de 20mm quando o objeto está muito distante. A distância focal anterior, correspondente ao ponto para o qual convergiriam os raios paralelos ao eixo principal

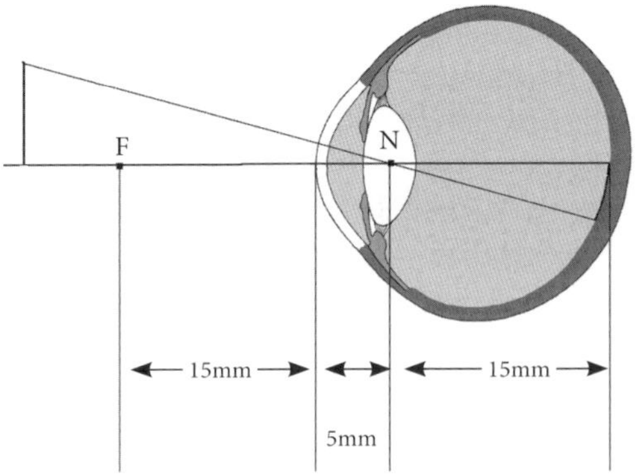

Figura 15.25 Esquema da formação da imagem no olho reduzido. **F**, foco; **N**, ponto nodal.

que porventura viessem do olho para o exterior, está situada no ar em frente à córnea, distando dela 15mm. As distâncias focais no ar (n = 1) e no interior do olho (n = 1,333) não são iguais, porque esses meios transparentes não têm o mesmo índice de refração. Todavia, o quociente da distância focal pelo índice de refração do meio no qual está o foco é igual para ambos os lados da córnea. Note-se que, dividindo-se a distância focal correspondente ao foco intraocular (20mm) pelo índice de refração do meio intraocular (n = 1,333), tem-se que o quociente será igual a 15.

O olho humano possui uma convergência que varia entre 51D e 64D. A interface ar-córnea contribui com 43D e o cristalino com 13D a 26D. A interface córnea-humor aquoso funciona como uma lente divergente com –5D. Todos os meios refringentes do olho contribuem para que a imagem dos objetos se forme sobre a retina. Essa imagem é real, menor e invertida.

A adaptação e a acomodação do olho

Adaptação à luz e acomodação à distância. O olho humano é capaz de modificar suas características ópticas a depender da distância do objeto e da intensidade luminosa do meio. A adaptação à luz se faz pela modificação do diâmetro pupilar, pela variação da fenda palpebral e pela variação da concentração dos fotopigmentos ao nível da retina. A acomodação à distância é feita por modificação da geometria do cristalino, que, variando os seus raios de curvatura, leva a uma alteração do seu poder de convergência. Normalmente, a musculatura ciliar do olho acomodado para a visão de um objeto distante apresenta-se relaxada. Com isso, o cristalino fica submetido à tensão dos ligamentos suspensores e, assim, adquire uma forma delgada. Nessa condição, funciona como uma lente convergente com cerca de 13D. Todavia, quando o olho focaliza um objeto próximo, os músculos ciliares se contraem, e o cristalino, em virtude da sua elasticidade, relaxa, assumindo uma forma mais esférica. Nessa situação, o seu poder de convergência aumenta para até 26D. Essa capacidade de o cristalino poder variar o seu poder de convergência reduz-se à medida que o indivíduo envelhece.

Ponto próximo. É a menor distância que um objeto pode estar da córnea, de modo a ser visto com nitidez. À medida que o objeto se aproxima do olho, os raios luminosos por ele emitidos vão tornando-se cada vez mais divergentes em relação às lentes do olho. A partir de uma certa distância, os meios refrativos do globo ocular não são mais capazes de focalizar a imagem sobre a retina e, por isso, a imagem passa a ser percebida sem nitidez. Essa redução de nitidez se deve ao fato de que a imagem de um objeto puntiforme se forma, na retina, como um círculo extenso.

Com o envelhecimento, o ponto próximo vai afastando-se progressivamente do olho, caracterizando um defeito de visão chamado de presbiopia. Esse fenômeno torna-se mais acentuado entre os 40 e os 50 anos de idade (Fig. 15.26) e deve-se a uma diminuição da elasticidade do cristalino.

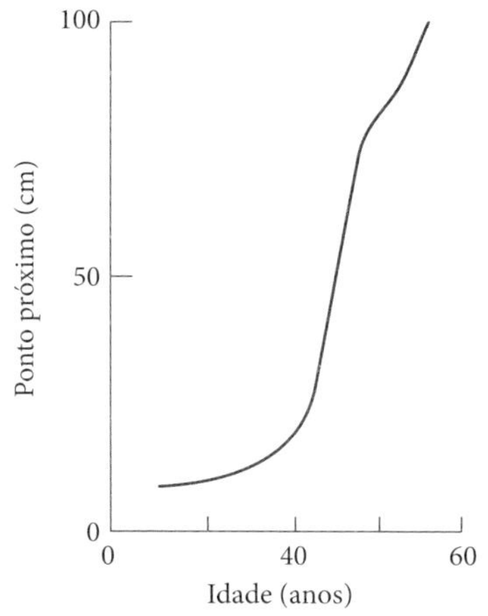

Figura 15.26 Variação do ponto próximo com a idade. (De Duane A, *in* Ruch e Patton, 1965, p. 406.)

Defeitos ópticos do olho

Emetropia e ametropia. O olho normal, isto é, aquele capaz de produzir uma imagem nítida sobre a retina tanto para objetos distantes como para objetos próximos, é chamado de **emetrope**. Os **ametropes** fogem a essa regra. As causas de ametropia são muito variadas e aqui serão abordadas apenas aquelas principais. O olho emetrope precisa ter suas superfícies refringentes adequadamente curvas, seus meios transparentes bem homogêneos, seus diâmetros adequados, e suas funções nervosas, musculares e elásticas normais. A grande variedade de parâmetros necessários para caracterizar-se um olho como sendo emetrope implica que esse conceito seja definido por parâmetros relativos e não absolutos. Isso significa que não existe o olho emetrope perfeito (Kronfeld e Devney, 1931; Stenström, 1946).

Os defeitos ópticos do olho estão relacionados com as interfaces refrativas, com os meios transparentes e com a forma do globo ocular. Assim, as lesões retinianas ou as nervosas não se enquadram nessa classe de patologias.

Aberrações. Os sistemas ópticos podem apresentar aberrações ópticas. As principais aberrações se devem aos defeitos de esfericidade – **aberração esférica** – e à separação das diversas cores do feixe luminoso – **aberração cromática**.

A aberração esférica (Fig. 15.27) ocorre quando raios luminosos incidem próximo à borda de lentes muito curvas. Esses raios convergem para focos que se localizam distantes do foco que a lente apresenta aos raios que estão próximos ao eixo principal.

A aberração cromática caracteriza-se pelo fato de a lente apresentar focos diferentes para raios de cores diferentes. Os raios de menor comprimento de onda são mais fortemente desviados, de modo que a distância focal para eles é menor. A Fig. 15.28 mostra um raio policromático incidindo sobre uma lente convergente. Os raios de cor azul são mais fortemente desviados e o foco para eles está mais próximo da lente do que o foco para onde convergem os raios vermelhos.

A probabilidade de ocorrer uma aberração esférica aumenta durante a visão de um objeto próximo. Isso porque é nessa situação que as faces do cristalino se tornam muito

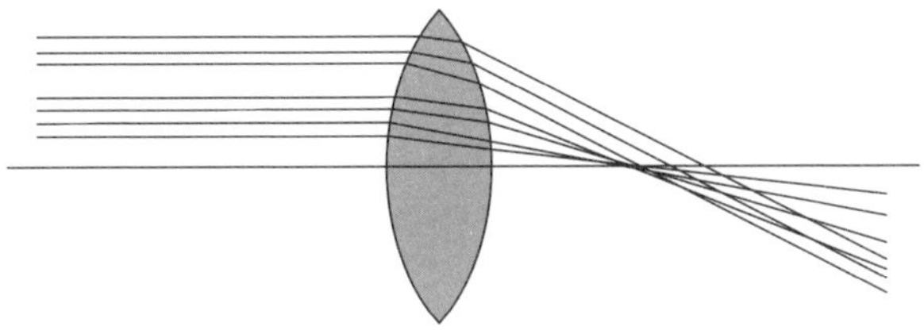

Figura 15.27 Aberração esférica. Os raios que incidem na periferia de lentes de pequeno raio de curvatura convergem para focos diversos.

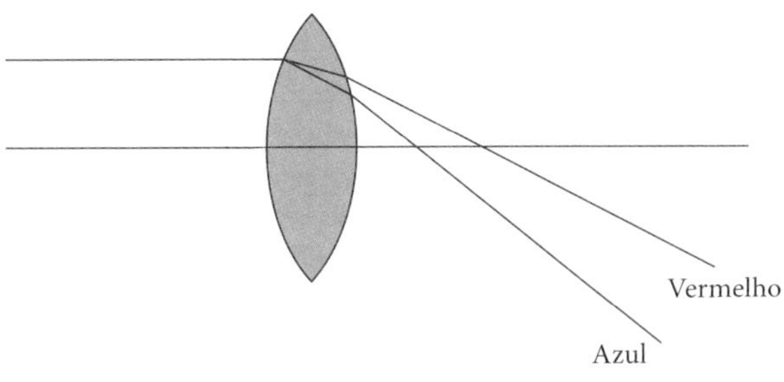

Figura 15.28 Aberração cromática. O foco das lentes varia com a cor que incide sobre elas. Para as cores de menor comprimento de onda, a distância focal é menor.

encurvadas. A ocorrência desse fenômeno é, no entanto, rara, porque quando o indivíduo olha para um objeto próximo o diâmetro pupilar torna-se menor, o que impede que sejam refratados os raios incidentes que estão muito afastados do eixo principal.

Nos ambientes com baixa iluminação, a pupila se dilata, contribuindo para aumentar a probabilidade de aparecimento da aberração esférica. Todavia, nesses casos, a maior distorção da imagem ocorre na retina periférica, isto é, na retina afastada da *fovea centralis*. Nessa área predominam os bastonetes, que têm pequena acuidade visual.

Por outro lado, a sensibilidade do olho diminui para as frequências situadas nas extremidades do espectro visível. Assim, sendo o olho menos sensível às cores que mais contribuem para a aberração cromática – o vermelho e o violeta –, esse defeito é minimizado.

Dispersão e difração da luz no olho. Além das aberrações, a imagem retiniana sofre deformação provocada pelo espalhamento e pela difração da luz. Os meios transparentes do olho não são perfeitos. Suas imperfeições contribuem para que alguns raios luminosos sejam dispersados, seguindo direções aleatórias. Também, as diversas bordas (pálpebras, cílios, íris) contribuem para difratar a luz e, assim, para formar padrões de interferência. O borramento da imagem produzido pelo espalhamento e pela difração nessas estruturas é de pequena monta e, normalmente, esses efeitos estão abaixo do limiar de sensibilidade da retina.

Defeitos de transparência. Todos os meios transparentes do olho podem sofrer opacificação, mas essa alteração é mais comum no cristalino e na córnea. A opacificação do cristalino caracteriza uma patologia muito frequente, conhecida como catarata. As cataratas se desenvolvem com a idade, seja por desnaturação das proteínas que formam o cristalino, seja por depósito de cálcio no interior dessa lente. Em ambas as situações, a passagem de luz através do cristalino está diminuída, impedindo, assim, a visão dos objetos. Algumas doenças (p. ex., *diabetes mellitus*) e a exposição às radiações ionizantes aumentam o risco para o desenvolvimento da catarata.

Defeitos de forma. O globo ocular pode apresentar os seguintes defeitos devido à sua forma:

- **miopia** – o eixo ocular é excessivamente comprido;
- **hipermetropia** – o eixo ocular é excessivamente curto;
- **astigmatismo** – a córnea ou o cristalino apresentam imperfeições de curvatura.

Miopia. Em virtude do grande comprimento do globo ocular, os raios paralelos que incidem na córnea convergem para um foco que se situa no interior do humor vítreo (Fig. 15.29A). A partir daí, eles divergem até alcançar a retina onde, então, formam uma imagem que não caracteriza o objeto, pois a imagem de um objeto puntiforme formar-se-á na retina como um círculo extenso. Esse defeito é corrigido com o auxílio de lentes divergentes (Fig. 15.29B) ou alterando cirurgicamente a convergência da córnea. Isso tem sido possível com a ajuda de raios laser que, destruindo camadas celulares, podem alterar a curvatura da córnea. O míope se comporta como emetrope para objetos próximos, pois nessa situação os raios que incidem sobre a córnea são muito divergentes, o que permite que sejam focalizados sobre a retina.

Hipermetropia. Nessa patologia, o olho é muito curto e o foco do sistema óptico situa-se, virtualmente, atrás do globo ocular (Fig. 15.30A). Esse defeito pode ser corrigido com lentes convergentes (Fig. 15.30B).

Presbiopia. À medida que o indivíduo envelhece, os músculos ciliares se tornam mais fracos e o cristalino perde elasticidade e extensibilidade. Com isso há dificuldade para acomodar o olho para objetos próximos e a distância do ponto próximo se afasta do olho. A correção desse defeito se faz com lentes convergentes.

Astigmatismo. O astigmatismo se deve a diferenças no raio de curvatura de determinadas regiões da córnea ou, mais raramente, do cristalino. Olhando para as linhas mostradas na Fig. 15.31, o indivíduo portador desse defeito não consegue ver com a mesma nitidez as diferentes linhas do desenho. A sensação visual que o astigmata refere é a de que a intensidade das linhas varia, de modo que umas aparecem mais fortes e mais bem delineadas, e outras mais fracas e borradas.

Para corrigir essa anormalidade são usadas lentes cilíndricas ou então toroidais (Fig. 15.32).

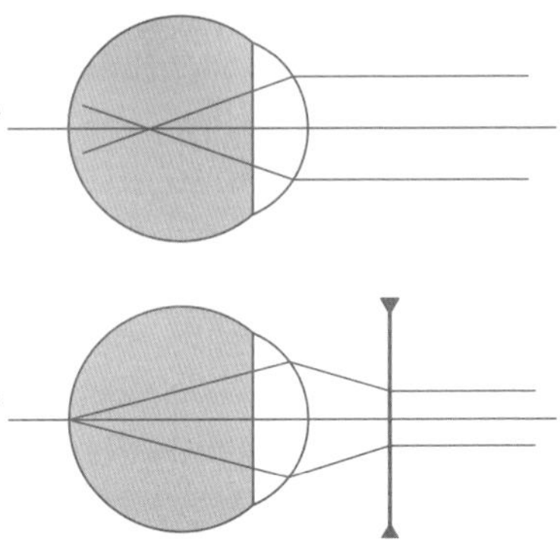

Figura 15.29 Esquema da convergência dos raios luminosos no olho míope. Sendo o globo ocular muito longo, a imagem se forma antes da retina (**A**). A correção para este defeito se faz com o uso de lentes divergentes (**B**) ou pela modificação da curvatura da córnea com o auxílio de raios laser.

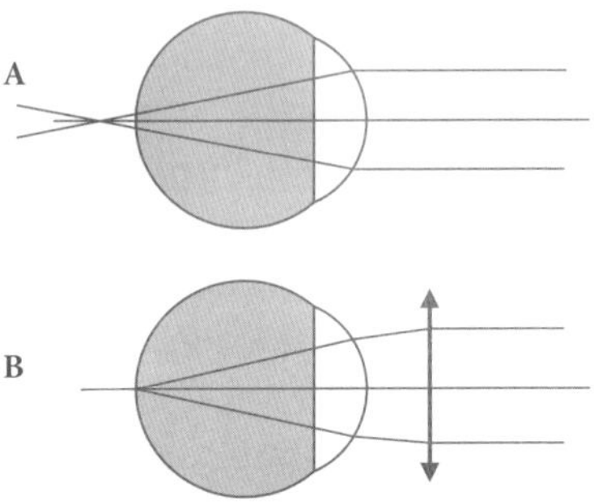

Figura 15.30 Esquema da convergência dos raios luminosos no olho hipermétrope. Sendo o globo ocular muito curto, a imagem se forma atrás da retina (**A**). A correção para este defeito se faz com o uso de lentes convergentes (**B**).

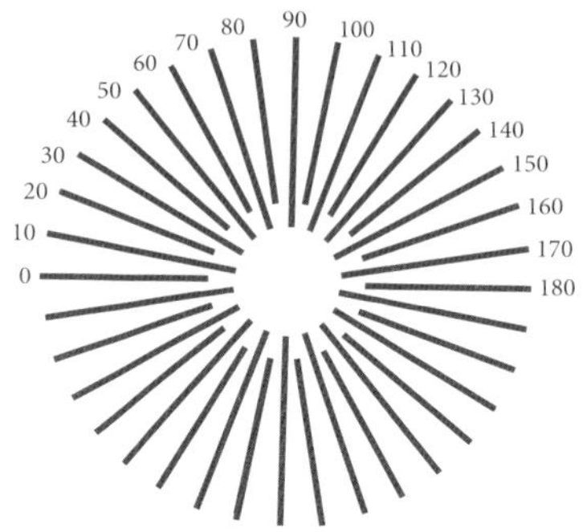

Figura 15.31 Teste para detectar o astigmatismo. O olho que possui este tipo de defeito não visualiza corretamente os traços da figura, deformando ou borrando alguns deles. (Modificado de Lancaster-Regan, *in* Ruch e Patton, 1965, p. 409.)

Figura 15.32 Esquema de uma lente toroidal usada para corrigir o astigmatismo.

A visão

A retina possui dois tipos de fotorreceptores: os cones e os bastonetes. Os cones são encontrados em maior concentração na *fovea centralis* e são responsáveis pela visão detalhada, precisa e colorida. Os bastonetes, por outro lado, espalham-se por toda a retina periférica. São receptores muito sensíveis à luz e, por isso, deles depende a visão em ambiente de baixa iluminação. Todavia, eles não conseguem discriminar cores nem detectar detalhes. A existência de um sistema visual que opera em baixa iluminação e de outro que discrimina em iluminação elevada constituiu a base da **Teoria da Duplicidade** primeiramente proposta por Schultze, em 1866.

Deslocamento de Purkinje. A Fig. 15.33 mostra como varia a sensibilidade do olho para diversos comprimentos de onda. O estudo foi feito em ambiente de alta (**A**) e de baixa (**B**) intensidade de iluminação. Na abscissa estão os comprimentos de onda utilizados para estimular o olho, e na ordenada, o coeficiente de visibilidade normalizado para uma escala de 0 a 1. Esse coeficiente mede o limiar de sensibilidade visual para os diversos comprimentos de onda. As curvas são resultados médios de uma grande população de indivíduos estudados. Note-se que ambas as curvas têm a forma de sino, mas que os seus máximos não coincidem. A visão escotópica (B) é mais sensível à luz azul esverdeada (em torno de 500nm) e é insensível à luz vermelha (em torno de 700nm). A visão fotópica (A), por sua vez, apresenta sensibilidade máxima na região do amarelo (em torno de 550nm) e o seu espectro cobre toda a faixa das radiações visíveis. A mudança do pico de sensibilidade máxima do amarelo para o azul esverdeado, quando a intensidade luminosa diminui, é chamada de **deslocamento de Purkinje**.

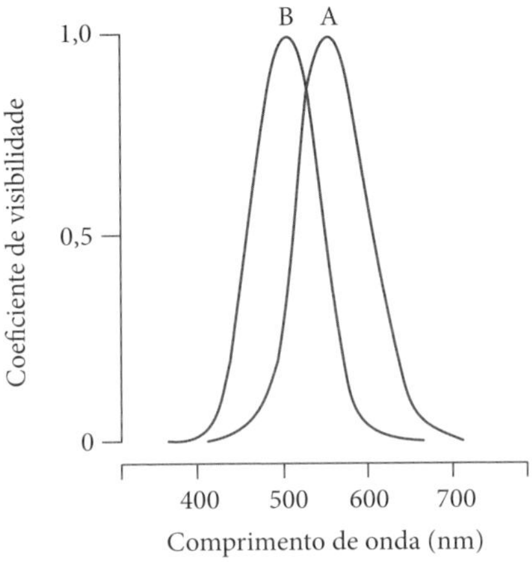

Figura 15.33 Deslocamento de Purkinje. A sensibilidade do olho humano para as cores varia com a iluminação do ambiente. Em ambiente de baixa iluminação, vê-se melhor o azul esverdeado (**B**), enquanto sob alta iluminação, a sensibilidade do olho se desloca para o amarelo (**A**). (Adaptado de Weight, *in* Brobeck, 1976, p. 849.)

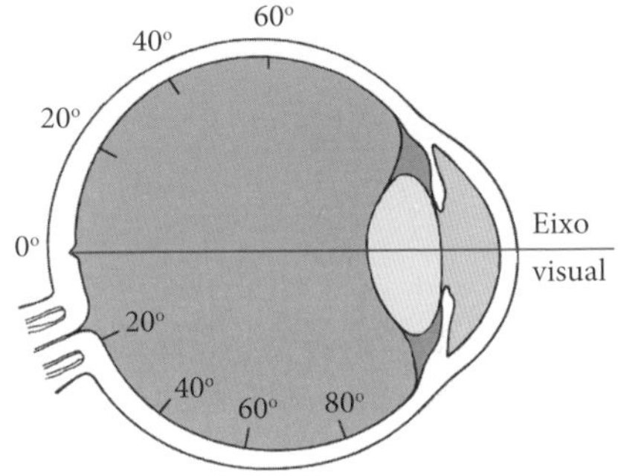

Figura 15.34 Referências angulares para o estudo da retina. (Modificado de Cornsweet T, *in* Berne e Levy, 1993, p. 149.)

Referência angular para a retina. As regiões da retina podem ser correlacionadas com a *fovea centralis*, como mostra a Fig. 15.34. O grau de excentricidade das regiões é tomado considerando-se a fóvea como referência (0°). O disco óptico ou ponto cego está localizado na retina nasal, próximo dos 20°.

O experimento de Pirenne. Pirenne (1944) utilizou a técnica da "fixação e *flash*" para estudar o limiar de sensibilidade de diferentes regiões da retina para as cores vermelha e azul. Durante o estudo com essa técnica (Fig. 15.35), o indivíduo examinado fixa o olhar em uma pequena fonte luminosa de cor vermelha (ponto de fixação). A imagem dessa fonte se forma na *fovea centralis*. Uma outra fonte de luz é, então, usada para testar a retina (*flash*). Essa fonte é móvel e pode ser posicionada de modo a formar vários ângulos em relação ao eixo do ponto de fixação da visão. Para cada posição, a intensidade do *flash* é ajustada a fim de determinar o menor valor de intensidade do feixe luminoso capaz de ser percebido pelo indivíduo examinado.

A Fig. 15.36 mostra um dos resultados encontrados por Pirenne. Nela, os círculos referem-se aos *flashs* de cor azul, e os quadrados, aos de cor vermelha. Os símbolos cheios indicam que o *flash* foi percebido colorido, e os vazios, que o estímulo luminoso foi percebido, porém sem cor. Note-se que, até cerca de 1°, ambos os estímulos foram vistos coloridos. A partir daí, no entanto, o *flash* vermelho continuou sendo visto colorido, mas o seu limiar

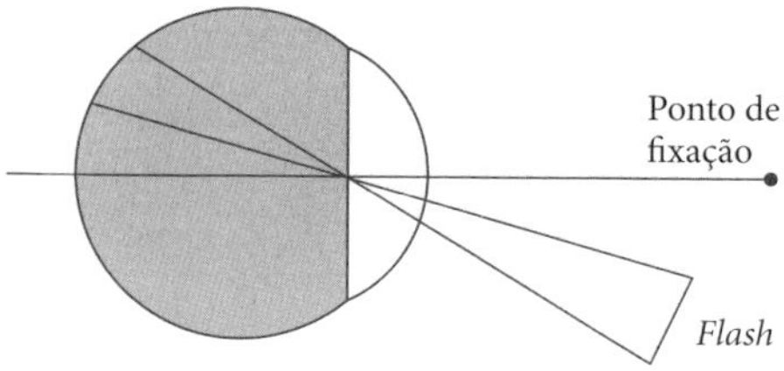

Figura 15.35 Técnica da fixação e do *flash* usada por Pirenne para estudar a retina humana. O indivíduo olha fixamente para uma pequena fonte luminosa de cor vermelha. Uma outra fonte, de cor azul (*flash*), é então usada para estimular a retina em diferentes graus de excentricidades. (Modificado de Pirenne MH, *in* Aidley, 1971, p. 389.)

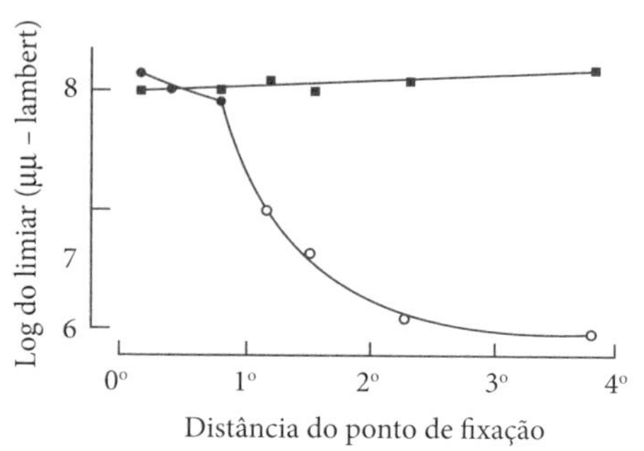

Figura 15.36 Experimento de Pirenne. Círculos: teste feito com luz azul. Quadrado: teste com luz vermelha. Os símbolos cheios indicam que a luz do *flash* de estimulação da retina foi percebida colorida. Note-se que, entre 0° e 1°, o *flash* foi percebido com cor. Todavia, para ângulos maiores que 1° houve diminuição acentuada do limiar para a cor vermelha, enquanto o limiar para o azul aumentou. Ver texto para detalhes. (De Pirenne MH, *in* Aidley, 1971, p. 389.)

aumentou. O estímulo azul, por outro lado, somente foi percebido com cor entre 0° e 1°. Para ângulos maiores, a cor desapareceu, todavia, o seu limiar diminuiu acentuadamente, indicando um aumento da sensibilidade da retina extrafoveana para essa radiação.

Os resultados obtidos por Pirenne podem ser explicados considerando-se que a *fovea centralis* está compreendida entre 0° e 1°. Nela, a presença dos cones permite a distinção tanto da cor azul como da vermelha. Todavia, quanto mais periférica é a região da retina estudada, menor é a quantidade de cones e maior é a quantidade de bastonetes por unidade de área iluminada. Os bastonetes são sensíveis ao azul, mas insensíveis à cor vermelha. Assim, quanto maior for a concentração de bastonetes, maior será a sensibilidade da retina para detectar o azul. Esse aumento de sensibilidade está mostrado na Fig. 15.36. Note-se que o limiar de estimulação do olho diminuiu drasticamente à medida que se estudaram as regiões mais periféricas da retina. Isso indica indiretamente que a densidade dos bastonetes cresce com o aumento da excentricidade. Para a cor vermelha, no entanto, ocorre o inverso. O deslocamento do *flash* vermelho para a periferia da retina provocou um aumento progressivo do limiar de estimulação, indicando, assim, que a densidade dos cones diminui nessas regiões.

Adaptação do olho ao escuro. A sensibilidade do olho de um indivíduo que é transferido do claro para o escuro aumenta progressivamente até alcançar um nível máximo. Esse fenômeno foi estudado por Hecht e Schlaer (1938) e um dos seus resultados está mostrado na Fig. 15.37. Para obter esses dados os autores examinaram a retina usando um feixe de luz azul, incidindo sobre o olho a 7° de excentricidade. Os símbolos cheios representam a percepção colorida, enquanto os vazios indicam a percepção não colorida. A Teoria da Duplicidade procurou explicar esse achado postulando que, durante os primeiros 7 minutos, a informação visual tinha sido gerada principalmente pelos cones. Após esse tempo, no entanto, o sinal proveniente dos bastonetes prevaleceu, provocando acentuada diminuição do limiar de estimulação e fornecendo uma informação desprovida de cor. Esse estudo mostrou que tanto a sensibilidade dos cones como a dos bastonetes aumentam no escuro. Os cones têm um mecanismo de adaptação ao escuro mais rápido, pois após 5 minutos o aumento do limiar de sensibilidade desses sensores se estabiliza. A adaptação dos bastonetes se faz de modo mais lento, pois a sensibilidade máxima somente é alcançada após 15 minutos de permanência no ambiente escuro. Todavia, uma vez adaptados, esses fotossensores passam a ser responsáveis pela informação visual proveniente do olho estimulado. Isso se deve ao fato de que o limiar de sensibilidade à luz é menor nos bastonetes adaptados do que nos cones igualmente adaptados.

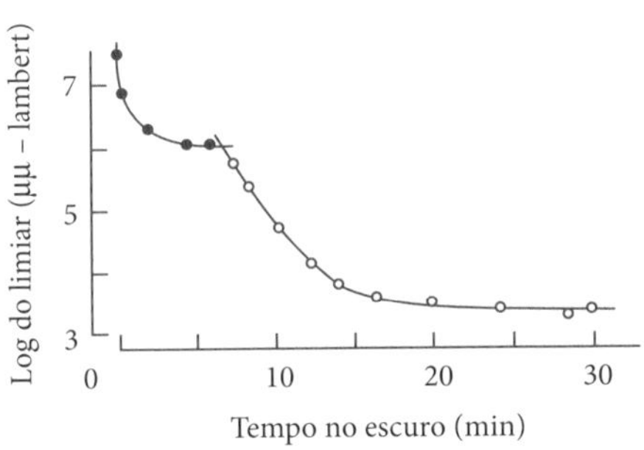

Figura 15.37 Adaptação do olho ao escuro. Aumento da sensibilidade (queda do limiar) do olho de um indivíduo transferido do claro para o escuro. *Flash* de estimulação: azul. Local da retina estudado: 7°. Nos primeiros 5 minutos o estímulo foi visto colorido (visão pelos cones), mas o limiar era elevado. A partir do 7º ou 8º minuto, houve súbito e intenso aumento de sensibilidade do olho, porém, o *flash* passou a ser percebido sem cor (visão pelos bastonetes). Ver texto para detalhes. (De Hecht S e Schlaer S, *in* Aidley, 1971, p. 390.)

Pigmentos visuais. Os bastonetes possuem um pigmento fotossensível chamado **rodopsina** ou púrpura visual. O cromóforo da rodopsina é o **11-cis-retinal** (aldeído do retinol ou vitamina A). Esse cromóforo se liga à **opsina** para formar a rodopsina. A rodopsina não é a mesma para todos os animais, pois ocorrem diferenças nas opsinas. Os fotopigmentos existentes nos cones foram chamados de **iodopsinas**. Estes possuem opsinas que, combinadas com o retinal, formam três pigmentos distintos: um, que é sensível ao azul, outro sensível ao verde e outro ao vermelho. Cada cone possui um desses pigmentos. Por essa razão, existem cones que são sensíveis ao vermelho, outros ao verde e outros respondem ao azul.

Decomposição da rodopsina pela luz. A molécula da rodopsina sofre diversas transformações químicas quando é exposta à luz. Sob essa condição, a rodopsina se transforma no todo-trans-retinal e em opsina. As principais etapas dessa transformação são as seguintes:

Rodopsina + luz → Prelumirrodopsina → Lumirrodopsina → Metarrodopsina I → Metarrodopsina II → **Retinal + Opsina**

A densitometria retiniana é uma técnica que permite estudar os pigmentos visuais *in situ*. Ela se baseia na medida da intensidade da luz que é refletida pela retina. Usando esse método, Campbell e Rushton (1965) determinaram a concentração de rodopsina nas diversas regiões da retina e, assim, puderam inferir sobre a densidade de bastonetes nessas regiões. A Fig. 15.38 mostra os seus resultados. Os pontos representam os dados obtidos pela densitometria, enquanto a linha cheia mostra a densidade de bastonetes em cada área da retina, medida com o auxílio de técnica histológica. Note-se que na fóvea e na região do ponto cego não houve absorção de luz, indicando a não existência de rodopsina, o que foi confirmado histologicamente. A maior concentração de bastonetes ocorre a uma excentricidade de 20°.

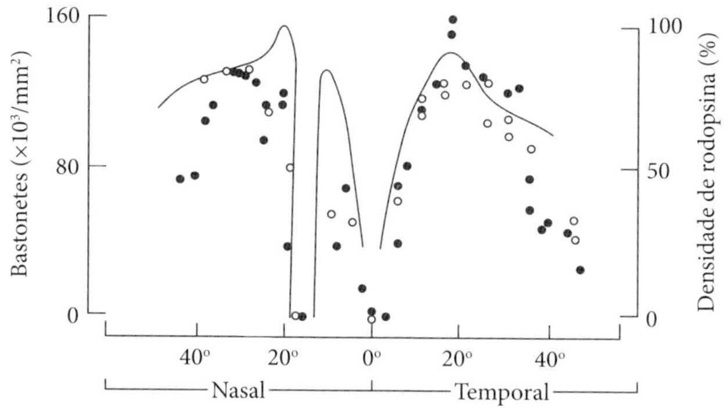

Figura 15.38 Resultados de Campbell e Rushton sobre a concentração de bastonetes nas diversas áreas da retina. Os pontos foram obtidos com a densitometria retiniana e a curva cheia por determinação histológica. Note-se que a concentração maior de bastonetes se situa em torno de 20°. As regiões sem bastonetes são: o ponto cego (próximo a 20" do lado nasal) e a *fovea centralis* (em torno de 0°). (De Campbell FW e Rushton WAH, *in* Aidley, 1971, p. 412.)

Outros estudos mostraram que a curva relativa aos cones apresenta densidade máxima a 0°, ponto que corresponde à mácula lútea da *fovea centralis*. No disco óptico, todavia, não existem fotorreceptores.

Estrutura dos bastonetes e cones. A Fig. 15.39 mostra, esquematicamente, a estrutura de um bastonete. Nela se pode ver que essas células têm dois segmentos: um

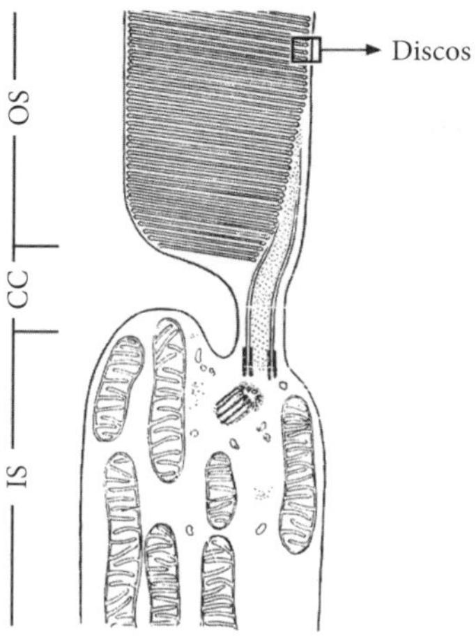

Figura 15.39 Estrutura do bastonete. **OS**, segmento externo; **CC**, cílio de conexão; **IS**, segmento interno. (Modificado de Robertis, *in* Aidley, 1971, p. 387.)

externo (**OS**) e outro interno (**IS**), que estão conectados por uma estrutura delgada, chamada cílio de conexão (**CC**). O pigmento visual está contido nos discos (**Discos**) que se encontram empilhados no segmento externo. No segmento interno existe um grande número de mitocôndrias, além do núcleo celular e de outras organelas.

A Fig. 15.40 representa um cone de modo esquemático. Nele, as iodopsinas podem ser encontradas nas dobras da membrana.

Excitação dos fotorreceptores. A membrana dos bastonetes que foram adaptados ao escuro apresenta canais iônicos em estado aberto, por onde passam íons. Por isso, nessa situação, pode ser detectada uma corrente elétrica contínua (**I**) entre os dois segmentos do bastonete. A Fig. 15.41 mostra essa corrente, também chamada de **corrente de escuro** (*dark current*) ou ainda como **corrente sensível à luz** (*light-sensitive current*), sendo transportada pelos íons sódio e potássio. O influxo iônico que forma a corrente de escuro tanto

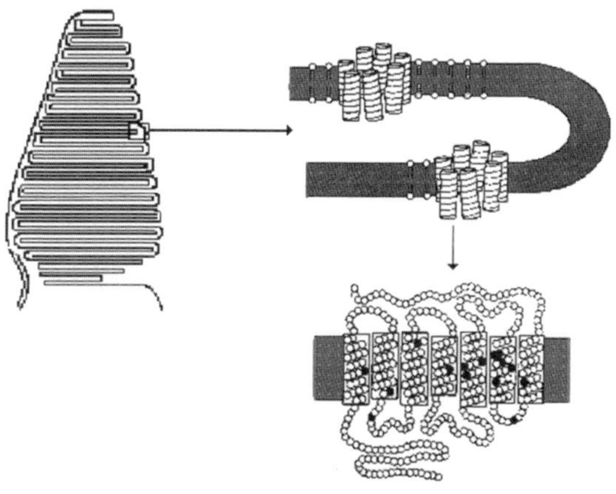

Figura 15.40 Representação esquemática de um cone mostrando os discos do segmento externo e, ao lado, uma ampliação de um deles para indicar como as iodopsinas estão inseridas nessa membrana. (De Blackemore, 1990, p. 121.)

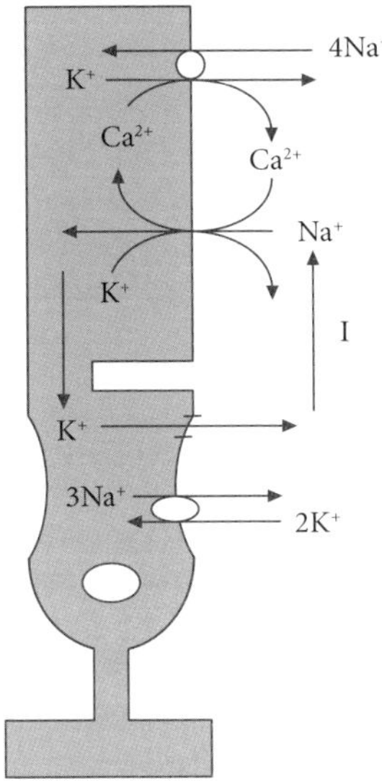

Figura 15.41 Corrente de escuro existente entre os segmentos externo e interno dos bastonetes. A figura mostra os principais íons que transportam carga elétrica entre os segmentos. Também está representada a bomba Na^+/K^+ ($3Na^+/2K^+$) e os transportes passivos que envolvem o Na^+, K^+ e Ca^{2+}. (Modificado de Blackemore, 1990, p. 68.)

pode ser por movimentação de sódio (90%), como de cálcio (10%). Essa corrente mantém a célula despolarizada (–40mV), fazendo com que haja a liberação de um neurotransmissor – que parece ser o glutamato – ao nível das células bipolares e horizontais.

A luz, ao ser absorvida pela **rodopsina** (**R**) dos discos (Fig. 15.42), promove uma reação em cadeia ($1 \rightarrow 2 \rightarrow 3$). A rodopsina excitada (**R***) ativa uma G-proteína conhecida como **transducina** (**T**). Uma das funções dessa proteína é ativar uma **fosfodiesterase** (**F**) que, por sua vez, hidrolisa o **GMPc** formando o 5'-GMP (**GMP**). A diminuição da concentração de GMPc promove o fechamento dos canais de sódio e cálcio da membrana (**M**) dos bastonetes, cujo estado aberto é dependente do GMPc intracelular. Com o fechamento desses canais, a membrana hiperpolariza. O aumento do potencial transmembrana inibe a formação do glutamato, passando a informação da excitação luminosa para as células bipolares e horizontais. As concentrações iônicas citoplasmáticas são mantidas à custa de uma bomba eletrogênica Na^+/K^+, bem como por um mecanismo de troca iônica ($4Na^+/1Ca^{++} + 1K^+$). Esse transporte passivo não é diretamente afetado pela luz, mas, em virtude de a luz promover variações na concentração intracelular de cálcio, tal mecanismo acaba sendo influenciado indiretamente.

Eficiência quântica da visão. A luz é absorvida pela matéria de forma discreta, pois sua energia é transportada sob a forma de fótons. Em experimentos controlados, a quantidade dos fótons que chegam à córnea pode ser conhecida. Todavia, a fração deles que consegue excitar os fotorreceptores retinianos é incerta e somente é presumida por inferências estatísticas. Barlow (1977) demonstrou que, ao nível dos bastonetes, chegam de 11% a 33% do fluxo fotônico incidente na córnea. Seus experimentos indicam que

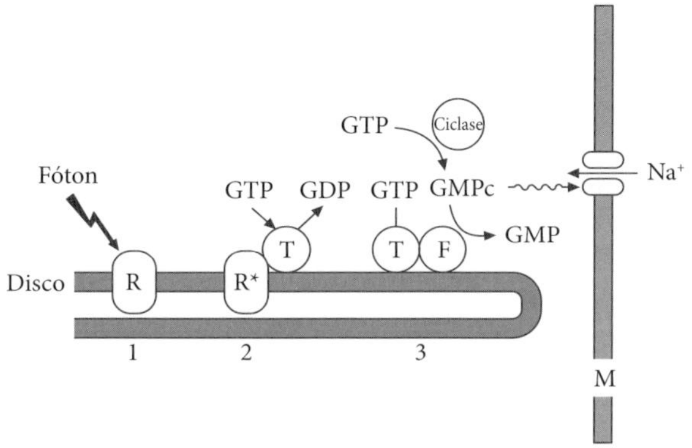

Figura 15.42 Modificações produzidas pela luz ao incidir sobre os discos de um bastonete. **R**, rodopsina; **R***, rodopsina excitada; **T**, transducina; **GTP**, guanidina trifosfato; **GDP**, guanidina difosfato; **GMP**, guanidina monofosfato; **GMPc**, guanidina monofosfato cíclica; **F**, fosfodiesterase; **M**, membrana celular. Ver texto para detalhes. (Modificado de Blackemore, 1990, p. 66.)

a eficiência do olho não é constante, mas varia inversamente com a luminosidade do ambiente. A Fig. 15.43 (Barlow, 1962) mostra que a eficiência (**F**) da retina varia em função da iluminação (**I**). Observe-se que, quanto mais elevada é a iluminação, menor é a eficiência da visão retiniana.

Jones (1959) mostrou que a eficiência quântica da visão varia ainda com a área da retina excitada e com a duração do feixe luminoso incidente. Isso está mostrado na Fig. 15.44. Nela, o diâmetro do feixe luminoso excitador foi variado entre 1 e 100 minutos e a

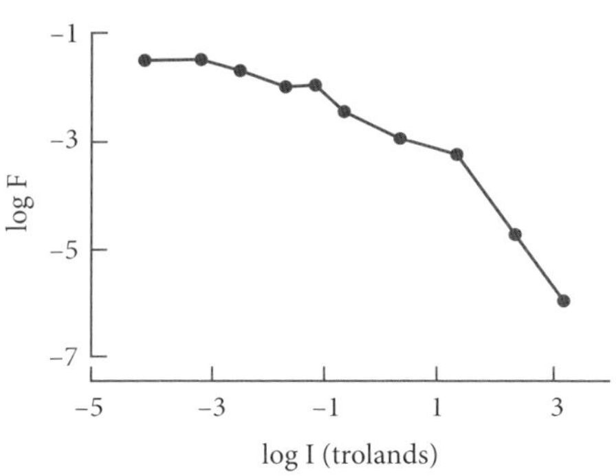

Figura 15.43 Diminuição da eficiência da retina em função da iluminação do ambiente. (Modificado de Barlow HB, *in* Blackemore, 1990, p. 3.)

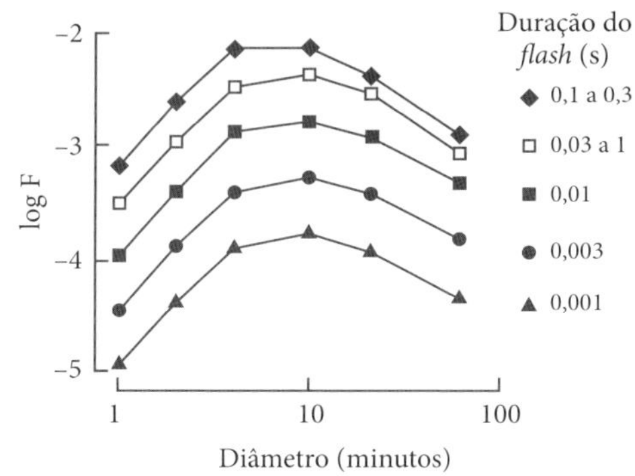

Figura 15.44 Variação da eficiência da retina em função do tamanho da área estimulada e do tempo de estimulação (duração do *flash*). (Modificado de Jones RC, *in* Blackemore, 1990, p. 4.)

eficiência (**F**) foi medida para pulsos de luz cuja duração variou de 0,001s até 1s. Note-se que as curvas apresentam uma eficiência máxima em torno de 10min, e para pulsos de luz, entre 0,1s e 0,3s. A pequena eficiência para *spots* pequenos se deve à quantidade reduzida de bastonetes excitados. Por outro lado, a perda de eficiência observada nos *spots* maiores (próximos a 100min) indica a existência de mecanismos inibitórios existentes quando a retina é amplamente estimulada.

A retina é uma estrutura muito sensível à luz. Algumas estimativas mostram que apenas 1 fóton por bastonete ou por cone é suficiente para promover a excitação dos fotorreceptores.

As células ganglionares. A informação proveniente das células bipolares chega às células ganglionares. Dessas células, foram reconhecidos três subtipos: **X**, **Y** e **W**. A Tabela 15.9 mostra algumas características que permitiram distingui-los.

Tabela 15.9 Células ganglionares.

Característica	Células X	Células Y	Células W
Corpo celular e axônio	Médio	Grande	Pequeno
Conexão dendrítica	Restrita	Extensiva	Extensiva
Campo receptor			
Tamanho	Pequeno	Médio	Grande
Organização	Centralizada	Centralizada	Difusa
Adaptação	Tónica	Fásica	Deficiente
Linearidade	Linear	Não linear	
Cor	Sensível	Insensível	Insensível
Luminância	Insensível	Sensível	Sensível

Fonte: De Berne e Levy, 1993, p. 156.

Trajetos visuais

O nervo óptico (**NO**) se forma pela reunião das fibras nervosas que se originam nas células ganglionares. Esse nervo se dirige para o cérebro, passando pelo quiasma óptico (**QO**), pelo trato óptico (**TO**) e pelo corpo geniculado lateral (**CGL**), até alcançar as radiações ópticas (**RO**). Daí, a informação visual é levada ao córtex estriado (**CE**) que se situa no lobo occipital (Fig. 15.45).

Angiofluoresceinografia retiniana

A irrigação das diversas estruturas do olho é feita pelos vasos sanguíneos que chegam ao interior do órgão através do nervo óptico (artéria central da retina). Assim, a partir do disco óptico, os vasos se espalham sobre a retina. As artérias e as veias podem ser vistas e examinadas com o auxílio do oftalmoscópio e de instrumentos ópticos especiais que per-

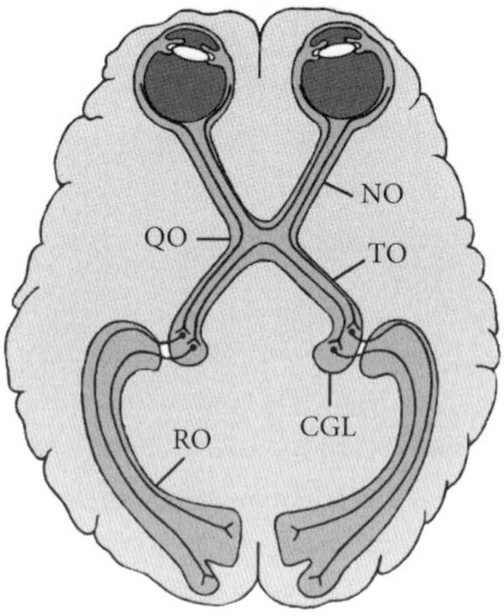

Figura 15.45 Trajetos nervosos envolvidos com o processo da visão. **QO**, quiasma óptico; **NO**, nervo óptico; **TO**, trato óptico; **CGL**, corpo geniculado lateral; **RO**, radiações ópticas; **CE**, córtex estriado. (Modificado de Berne e Levy, 1993, p. 158.)

mitem ampliar e fotografar a retina. A presença de uma extensa rede de vasos sanguíneos confere ao fundo do olho uma coloração avermelhada, que, muitas vezes, pode ser vista em fotografias tomadas com *flash*. A Fig. 15.46 mostra uma foto aneritra do fundo de olho direito de um paciente. Nesse tipo de fotografia, que é feita usando-se um filtro verde, toda estrutura de cor vermelha aparece escura. Note-se a luminosidade do disco óptico, local de onde saem os vasos sanguíneos. Os vasos mais calibrosos e mais escuros são as veias. Ao lado do disco óptico, como uma região também escura pode ser vista a mácula lútea.

Nos distúrbios de filtração entre a coroide e a retina, que são característicos da atrofia do epitélio pigmentar da retina, formam-se pequenas bolsas de líquido e estas promovem o descolamento da retina, separando-a da coroide. Nesses casos, a visão, na região afetada, fica comprometida, podendo haver cegueira ou então a visualização de imagens deformadas. A Fig. 15.47 mostra uma fotografia aneritra do fundo de olho esquerdo de um paciente onde se vê, abaixo da mácula, uma região hipocrômica e, por isso, mais clara. A comprovação de que essa área corresponde a um acúmulo anormal de líquido pode ser feita com o auxílio da **retinografia fluorescente**, também chamada de **angiofluoresceinografia retiniana**.

A retinografia fluorescente se baseia na emissão de luz por substância fluorescente. Para isso, geralmente é usada a fluoresceína, que, administrada por via venosa, espalha-se pela rede vascular retiniana. Esse corante emite uma luz esverdeada quando é excitado por radiação ultravioleta. A Fig. 15.48 é uma angiofluoresceinografia retiniana. Ela mostra o instante em que o corante chega aos vasos arteriais. Quando a retina foi excitada com luz ultravioleta, as artérias mostraram-se luminosas, passando a emitir luz esverdeada. Como se trata de uma foto aneritra tomada com filtro verde, a radiação proveniente dessas artérias atravessa o filtro e, assim, pôde ser fotografada, apresentando-se nas fotos em preto e branco como regiões claras.

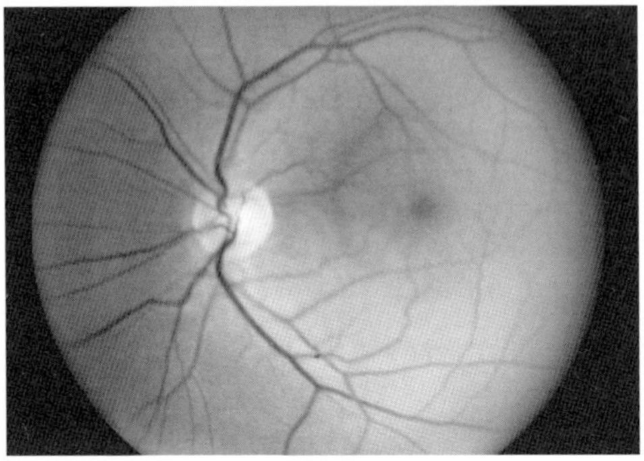

Figura 15.46 Foto aneritra do fundo do olho normal mostrando vasos sanguíneos (os mais escuros e calibrosos são veias), a região do disco óptico (círculo claro de onde saem os vasos sanguíneos) e a *macula lutea* (círculo escuro ao lado do disco óptico).

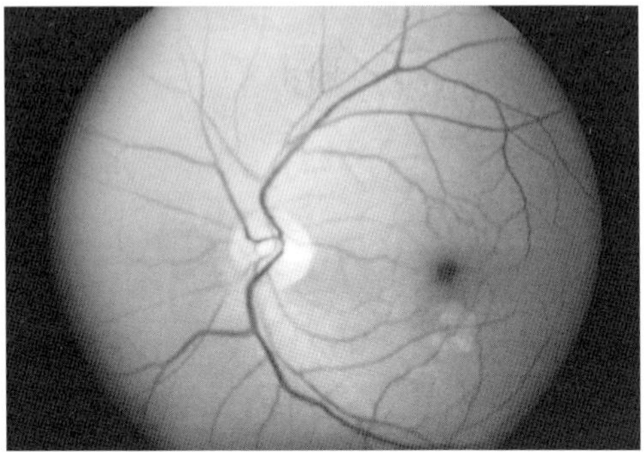

Figura 15.47 Foto aneritra do fundo do olho de um paciente com descolamento de retina. Note-se que, abaixo da *macula lutea*, aparece uma região clara.

A Fig. 15.49 mostra artérias e veias fluorescentes e o aparecimento de fluorescência na região hipocrômica da Fig. 15.47. Esse achado caracteriza a existência de uma coleção líquida que está descolando a retina.

O estudo da visão dos primatas e dos animais inferiores continua a ser um desafio. Pouco ainda se conhece sobre os seus mecanismos principais, apesar de todo o avanço que já foi realizado.

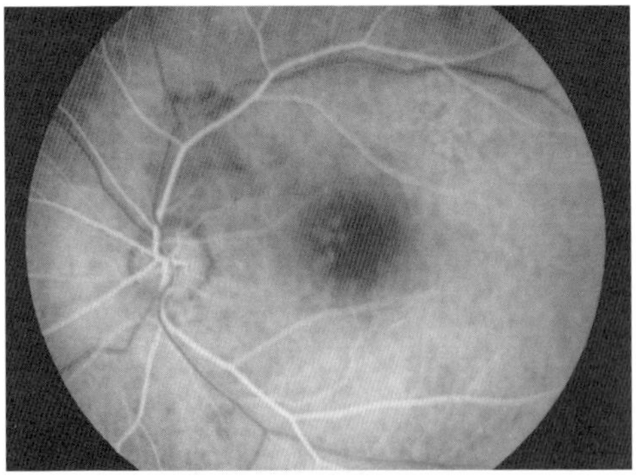

Figura 15.48 Angiofluoresceinografia retiniana para o estudo do descolamento de retina. A fluoresceína emite uma luz esverdeada quando excitada. Por isso, os vasos sanguíneos por onde ela está passando aparecem claros.

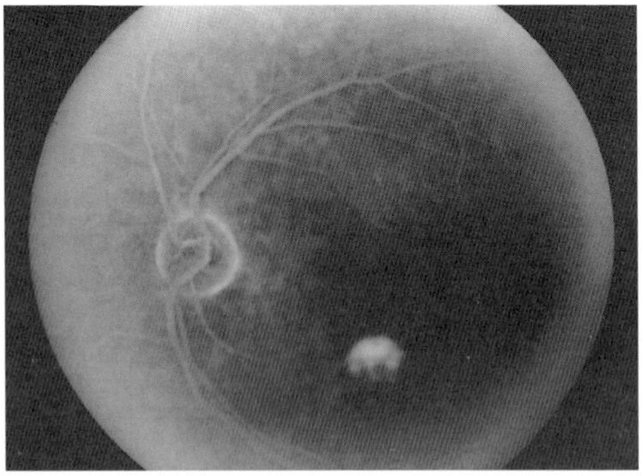

Figura 15.49 Angiofluoresceinografia retiniana para o estudo do descolamento de retina. Fase final do estudo onde se vê o depósito de fluoresceína na coleção líquida situada abaixo da *macula lutea* (círculo claro).

BIBLIOGRAFIA

Aidley, D.J. (1971). The Physiology of Excitable Cells. Cambridge University Press, England.

Barlow, H.B. (1977). Retinal and central factors in human vision limited by noise. In Vertebrate Photoreception. ed. H.B. Barlow, P. Fatt, New York: Academic Press.

Berne, R., Levy, M.N. (1993). Physiology. Mosby Year Book, Boston.

Blackemore, C. (1990). Vision. Cambridge University Press, New York.

Brobeck, J.R. (1976). As Bases Fisiológicas da Prática Médica. Guanabara Koogan, Rio de Janeiro.

Burns, D.M., MacDonald, S.G.G. (1970). Physics for biology and pre-medical students. Addison-Wesley Publishing Company, London.

Carneiro Leao, M. (1982). Princípios de Biofísica. Guanabara Koogan, Rio de Janeiro.

Documenta Geigy, Tablas científicas (1958). Laboratório Geigy, Impresso pela Sociedade de Artes Gráficas, Barcelona, Espanha.

Glasser, O. (1944). Medical Physics. The Year Book Publishers, Inc. Chicago.

Heneine, I.F., (1984). Biofísica Básica. Livraria Atheneu, Rio de Janeiro.

Halliday, D., Resnick, R. (1966). Física. Ao Livro Técnico S.A. e Editora da Universidade de São Paulo, Rio de Janeiro.

Jones, R.C. (1959). Quantum efficiency of human vision. J. Opt. Soc. Am., 49:645-653.

Kronfeld, P.P., Devney, C. (1931). Contribution to our know ledge of the curve of refraction. GraefesArch. Ophtal., 126:487-501, *apud* Ruch & Patton (1965). Physiology and Biophysics. W.B. Saunders Company, Philadelphia (p. 407).

Okuno, E., Caldas, I., Chow, C. (1982). Física para Ciências Biológicas e Biomédicas. Harper & Row do Brasil, São Paulo.

Orear, J. (1971). Física. Livros Técnicos e Científicos Editora Ltda., Rio de Janeiro.

Ruch, T.C., Patton, H.D. (1965). Physiology and Biophysics. W.B. Saunders Company, Philadelphia.

Stacy, R.W., Williams, D.T., Worden, R.E., McMorris, R.O. (1964). Principios de Biofísica y de Física Médica. Librería El Ateneo Editorial, Barcelona.

Stenström, S. (1946). Acta Ophtal., Suppl. 26, *apud* Ruch & Patton (1965). Physiology and Biophysics. W.B. Saunders Company, Philadelphia (p. 407).

PARTE VI

Biofísica das radiações ionizantes

CAPÍTULO **16**

Física dos raios X e técnicas radiográficas

HISTÓRICO

A descoberta dos raios X. A 8 de novembro de 1895 Wilhelm Conrad Röntgen (Fig. 16.1) descobriu os raios X. Ele estava trabalhando com uma válvula de Hittorf no interior da qual havia sido feito vácuo. Esse tipo de ampola era semelhante àquela usada por Crookes quando estudou as propriedades dos raios catódicos.

O tubo de Crookes tinha uma forma de pera e possuía dois eletrodos de alumínio: o cátodo e o ânodo (Fig. 16.2). A existência de uma atmosfera rarefeita no interior da ampola foi decisiva para que Röntgen tivesse produzido os raios X. A aplicação de uma elevada diferença de potencial entre os eletrodos provocou a ionização do gás remanescente, fazendo com que os cátions migrassem para o cátodo. O bombardeio dessas partículas contra o alumínio do cátodo arrancou elétrons, os quais foram acelerados pela alta tensão em direção à parede de vidro da ampola. Da colisão desse feixe de raios catódicos contra o vidro geraram-se os raios X. Os fatos também ajudaram a Röntgen a perceber a existência dessa radiação. É que ele havia recoberto a ampola com papel preto para evitar

Figura 16.1 Wilhelm Conrad Röntgen. (De Freitas et al., 1994, p. 9.)

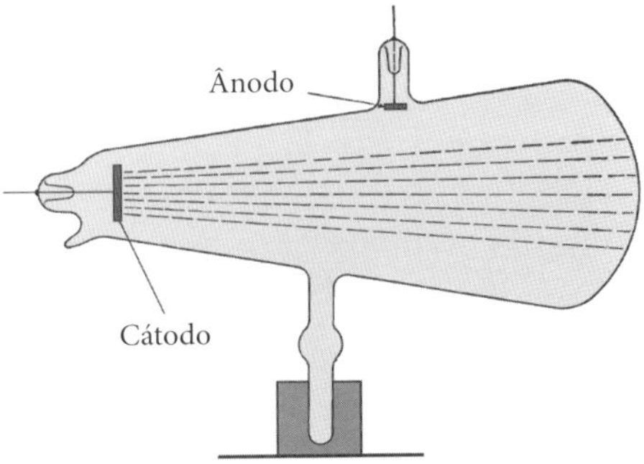

Figura 16.2 Tubo de Crookes. (Modificado de Glasser, 1944, p. 1395.)

que a luz produzida na ampola escapasse. Naquela época era comum o uso do platino cianeto de bário como sensor de radiações ionizantes e Röntgen havia colocado, cerca de 1 metro da ampola, um papel recoberto com essa substância. Ele observou que sempre que aplicava a alta tensão entre os eletrodos o pedaço de papel se tornava fluorescente. Logo concluiu que algum tipo de radiação estranha conseguia escapar da ampola. Não podia ser a radiação catódica, pois ela, por sua natureza, não é capaz de atravessar o vidro. Tampouco, poderia ser a luz, visto que ela não atravessaria a folha de papel preto. Dessa forma, decidiu-se por estudar os novos raios aos quais chamou de raios X.

Modificações na ampola de Crookes. Röntgen introduziu modificações na ampola de Crookes. Substituiu o alumínio por platina na confecção dos eletrodos e colocou o ânodo como alvo do bombardeio dos elétrons. Com isso, Röntgen aumentou a quantidade dos raios X produzidos. Todavia, essa ampola era rapidamente destruída porque a alta temperatura que se desenvolvia no ânodo acabava por levá-lo à fusão. Assim, modificações posteriores foram feitas introduzindo-se o tungstênio como alvo. O tungstênio, por ter elevado ponto de fusão, é um metal muito resistente ao aquecimento. Para dissipar o calor gerado nesse alvo (**A**), ele usou uma grossa barra (**B**) de cobre (Fig. 16.3), pois, sendo este metal um excelente condutor de calor, permitia que a energia térmica fosse rapidamente dissipada para o meio ambiente.

As primeiras radiografias. Röntgen observou que os raios X podiam atravessar os corpos. Todavia, não o fazia com a mesma facilidade para todos eles. Alguns materiais se apresentavam mais opacos e outros mais transparentes. A Fig. 16.4 mostra uma das primeiras radiografias obtidas por Röntgen. Ele radiografou a mão da Sra. Anna Bertha Ludwig Röntgen, em novembro de 1895. Por seus trabalhos, Wilhelm Conrad Röntgen recebeu o primeiro Prêmio Nobel de Física em 1901.

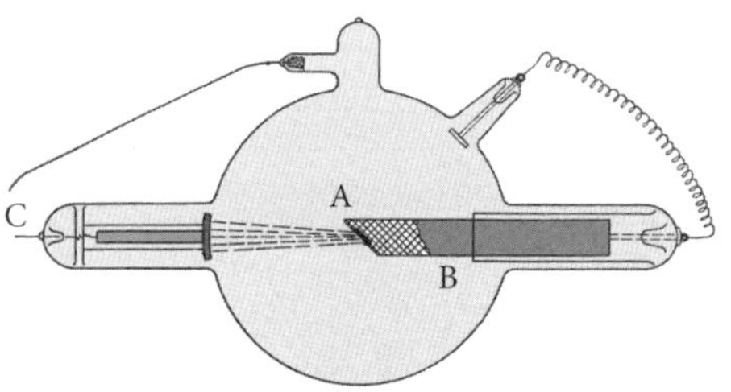

Figura 16.3 Tubo de Crookes modificado. **C**, cátodo; **A**, ânodo; **B**, barra de cobre. (Modificado de Glasser, 1944, p. 1396.)

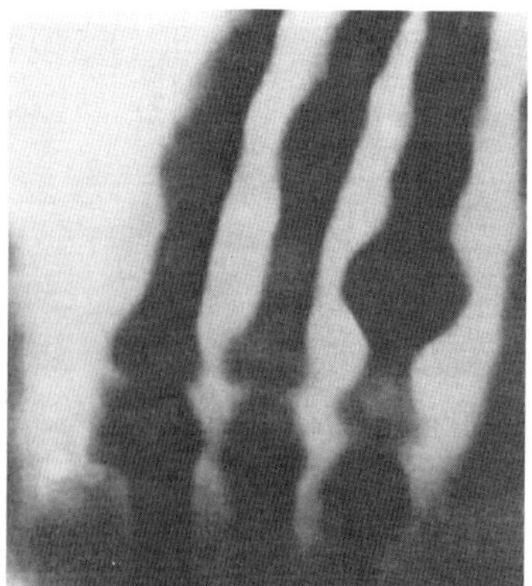

Figura 16.4 Radiografia feita por Röntgen da mão da Sra. Anna Bertha Ludwig Röntgen. (De Freitas et al., 1994, p. 6.)

PRODUÇÃO DOS RAIOS X

O surgimento de ampolas de elevado vácuo com cátodo aquecido estabeleceu um divisor fundamental na técnica de produção dos raios X (Fig. 16.5). Nelas, os elétrons do feixe catódico provêm do cátodo (filamento) e não do bombardeio dos íons positivos contra esse eletrodo. Na realidade, nessas ampolas o gás é tão rarefeito que não desempenha papel relevante na produção de íons nem de elétrons livres.

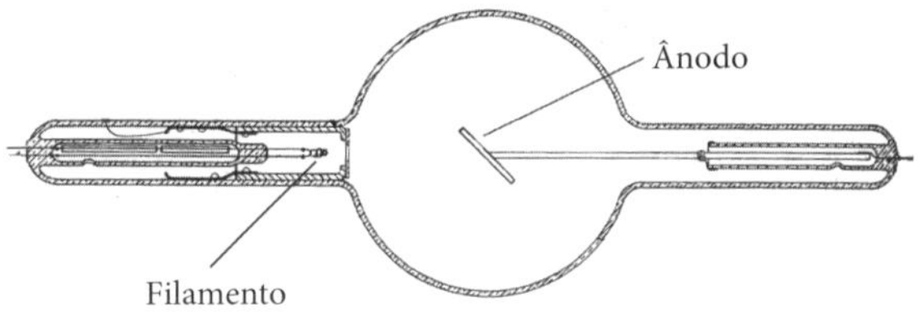

Figura 16.5 Ampola de alto vácuo. (Modificado de Glasser, 1944, p. 1396.)

O efeito termoiônico e a convecção de elétrons. Quando um metal é aquecido no vácuo, muitos elétrons se desprendem dele, formando uma nuvem negativa e deixando-o carregado positivamente. Esse fenômeno é chamado **efeito termoiônico**. A aplicação de uma diferença de potencial elevada (kV) entre o cátodo e o ânodo (eletrodo positivo) acelera os elétrons da nuvem catódica em direção ao ânodo. Enquanto viajam, os elétrons ganham velocidade até que colidem com o eletrodo positivo. Aí, interagindo com os átomos do metal do ânodo, deslocam elétrons orbitais, promovendo um intenso movimento em cascata dos elétrons da eletrosfera desses átomos. Esse movimento, caracterizado pela passagem de elétrons de um orbital interno para outro mais externo, quando o elétron ganha energia, associado ao retorno de elétrons de orbitais externos para internos com consequente perda de energia, é chamado de **convecção eletrônica**.

Raios X característicos e *bremsstrahlung*. Para que se produzam os raios X é preciso que o feixe de radiação catódica desloque elétrons das camadas L e K dos átomos-alvo. A interação desse feixe com elétrons de outras camadas resulta na produção de luz visível ou então de calor. A energia dos raios X, que são produzidos pela convecção de elétrons, depende da natureza do átomo-alvo, pois cada átomo tem quantidades definidas de energia entre seus orbitais. Por isso, os raios X produzidos pelo salto de elétrons de um orbital para outro são chamados de **raios X característicos**.

Durante o bombardeio do feixe catódico contra o ânodo, alguns elétrons desse feixe que estão dotados de alta energia cinética conseguem aproximar-se do núcleo dos átomos-alvo e são atraídos por ele. Contudo, como estão em alta velocidade, sofrem apenas um encurvamento na sua trajetória, perdendo parte da sua energia sob a forma de fótons de raios X. Esses raios são chamados de **raios X de frenagem** (Fig. 16.6). A produção de raios X em virtude da força centrípeta aplicada pelo núcleo sobre elétrons-viajantes é chamada de *bremsstrahlung*.

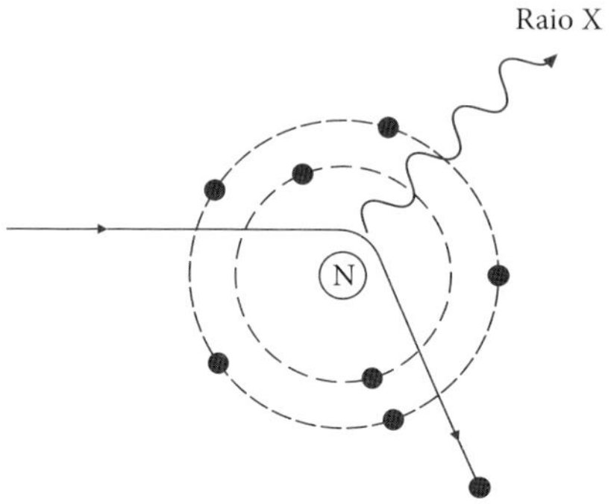

Figura 16.6 *Bremsstrahlung* e raios X de frenagem. Elétrons rápidos que passam próximos ao núcleo atômico sofrem desvio de trajetória, perdendo energia sob a forma de fótons.

Os raios X produzidos no interior das ampolas são constituídos por ondas eletromagnéticas de várias frequências e intensidades. A maior parte (99%) da energia cinética dos raios catódicos é perdida sob a forma de calor e apenas 1% dela é convertida em raios X. A quantidade e a qualidade dos raios X produzidos por *bremsstrahlung* dependem da:

- distância entre a trajetória do elétron e o núcleo atômico atrator;
- energia do elétron;
- carga elétrica do núcleo.

Espectros de energia. Por conta dessas variáveis, os raios X produzidos por *bremsstrahlung* constituem um espectro contínuo dentro de uma faixa de comprimentos de onda que vai de 0,1 a 0,5Å (Fig. 16.7).

Além do *bremsstrahlung*, cujo espectro de energia é contínuo, existem os raios X característicos. O espectro de energia destes é discreto e pode ser visto na Fig. 16.8 somado ao espectro contínuo do *bremsstrahlung*.

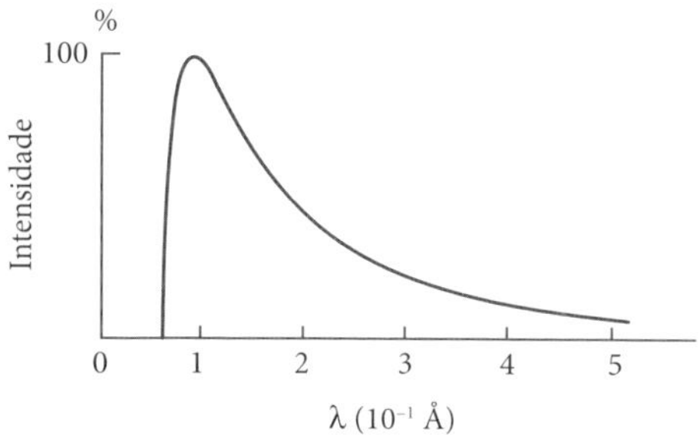

Figura 16.7 Espectro da energia dos fótons emitidos por *bremsstrahlung*. (De Freitas et al., 1994, p. 22.)

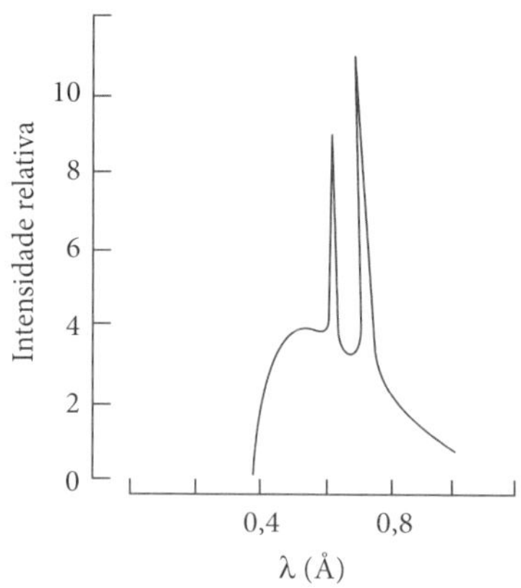

Figura 16.8 Superposição dos espectros das energias dos fótons de frenagem e dos fótons de raios X característicos (espículas). (Modificado de Okuno et al., 1982, p. 51.)

O filamento-cátodo. A quantidade de raios X gerados depende do fluxo de elétrons que colidem com o ânodo. Apesar de o tungstênio ser muito resistente ao calor, ele não é, contudo, um bom fornecedor de elétrons para formar os raios catódicos. Por isso, nos tubos modernos de raios X, um outro elemento metálico (filamento) capaz de formar uma densa nuvem eletrônica quando aquecido serve de cátodo. Filamento e cátodo são mantidos em um mesmo potencial elétrico e funcionam como um dos eletrodos da ampola (Fig. 16.9).

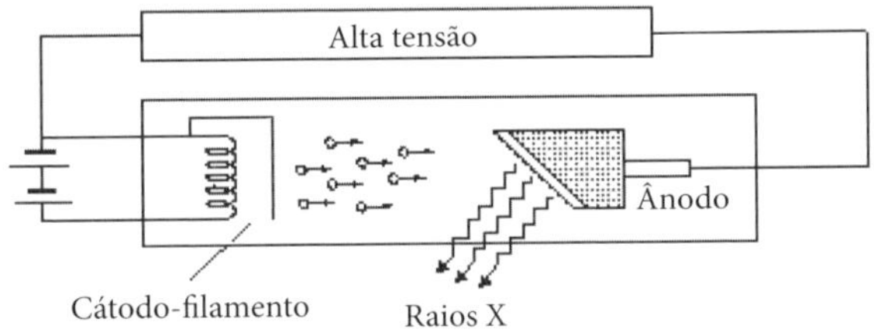

Figura 16.9 Esquema da alimentação de uma ampola de raios X.

O fluxo de raios catódicos varia com o aquecimento do filamento-cátodo. A temperatura desse eletrodo pode ser controlada variando-se a corrente elétrica que passa pelo filamento (**corrente de filamento**). Assim, uma ampola que trabalha com uma corrente de filamento de 200mA produz mais raios X do que uma ampola de 100mA. O filamento tem forma espiralada e comprimento variável. Há ampolas que possuem dois filamentos: um longo e um curto. Com isso, elas podem produzir diferentes feixes de raios catódicos, enriquecendo, quando necessário, a quantidade de raios X produzidos. O aquecimento do filamento e o tempo de exposição do objeto aos raios X determinam a **densidade radiológica** (grau de escurecimento) da película. Os equipamentos de raios X odontológicos, p. ex., utilizam correntes de filamento de 7mA a 10mA, enquanto, para fins de diagnóstico médico, são empregados aparelhos que trabalham usualmente com correntes de 100mA e 200mA.

Taça de focalização catódica. Os elétrons que migram do cátodo para o ânodo tendem a produzir um feixe divergente. Isso se deve à repulsão mútua entre eles. Se esse efeito não fosse corrigido, o ânodo não seria bombardeado por um feixe concentrado e, consequentemente, perderia em eficiência para produzir raios X. A dispersão dos elétrons é evitada nas ampolas pela **taça de focalização catódica**. Trata-se de uma estrutura em forma de parábola posta em torno do filamento e mantida no mesmo potencial que esse eletrodo. Ela gera um campo elétrico que se contrapõe à tendência repulsiva do feixe catódico e, assim, focaliza os elétrons para que bombardeiem uma área bem definida do ânodo. O sistema de focalização é geralmente feito com molibdênio.

Metalização das ampolas. O ânodo, ao ser bombardeado, sofre grande aquecimento. As altas temperaturas que surgem no filamento e no ânodo promovem a vaporização do tungstênio dessas estruturas. Os átomos vaporizados são depositados sobre o vidro da ampola, envolvendo a sua superfície interna e conferindo ao vidro uma cor bronzeada. Trata-se da **metalização da ampola**. Ela geralmente indica que a ampola está completando o seu ciclo de vida útil.

Ânodos giratórios. Para evitar a rápida destruição do ânodo, as ampolas modernas possuem **ânodos giratórios** (3.000 a 10.000rpm) acoplados a uma barra de cobre de grande massa (Fig. 16.10). Enquanto gira, o ânodo oferece uma superfície extensa ao bombardeio e transfere para a barra de cobre o calor produzido pela colisão dos elétrons.

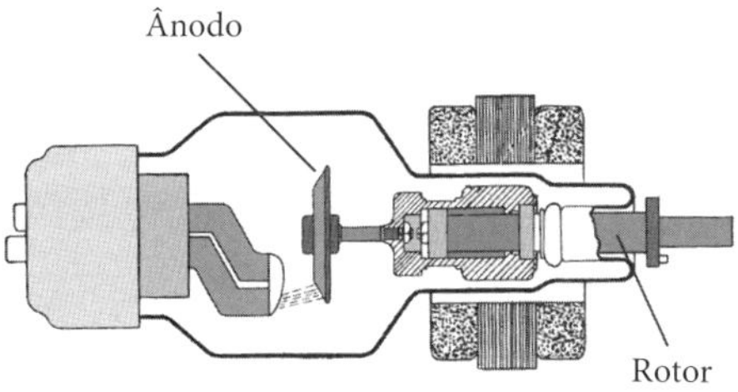

Figura 16.10 Esquema de uma ampola com ânodo giratório. (De Glasser, 1944, p. 1399.)

Isolamento e filtragem nas ampolas de raios X. As ampolas de raios X são acondicionadas em invólucros metálicos que são conectados à terra para evitar a possibilidade de choques elétricos. Dentro do invólucro há óleo mineral, a fim de aumentar o isolamento elétrico e resfriar a ampola.

O feixe de radiações eletromagnéticas produzido no interior das ampolas é complexo. Possui radiações de grande comprimento de onda (radiações caloríficas), ondas luminosas e raios X. Entre estes, existem ondas de alta energia **(raios X duros),** bem como radiações de grande comprimento de onda (**raios X moles**). Essa diversidade de ondas exige que sejam colocados na saída das ampolas filtros capazes de reter as radiações fracas, deixando passar apenas os raios X de alto poder de penetração.

CARACTERÍSTICAS ENERGÉTICAS DOS RAIOS X

Os raios X são radiações eletromagnéticas. Essas radiações transportam energia sob a forma de ondas eletromagnéticas. Essas radiações podem comportar-se como partículas ou como ondas e se propagam no vácuo. Entre os parâmetros de uma onda eletromagnética o que mais a caracteriza é a sua frequência (f). Quando essas ondas trafegam em um meio, a cada período (T) elas percorrem uma distância igual a um comprimento de onda (λ). A sua velocidade (c) pode ser calculada pela expressão:

$$c = \lambda \cdot f$$

As ondas eletromagnéticas viajam no vácuo com velocidade de 300.000km/s. Como todas elas têm essa velocidade, então as suas frequências são inversamente proporcionais aos seus comprimentos de onda.

As radiações podem ser classificadas de acordo com o seu comprimento de onda. Uma emissora de rádio, por exemplo, que transmita numa frequência de 100kHz emite ondas cujo comprimento é:

$$\lambda = \frac{c}{f} = \frac{300.000}{100.000} = 3\text{km}$$

Quando comparadas a uma onda de raios X, as ondas de rádio são extremamente longas. Os raios X têm comprimentos de ondas muito pequenos e para medi-los usa-se uma unidade chamada angström (Å) que vale 10^{-10}m. O comprimento de onda dos raios X está situado na faixa entre 0,1Å e 1Å.

Família eletromagnética. A Tabela 16.1 mostra a família das radiações eletromagnéticas.

Tabela 16.1 Comprimento de onda de algumas radiações.

Onda	Comprimento de onda (λ)
Rádio, TV, radar	3km a 1cm
Raios infravermelhos	0,01cm a 8.000Å
Luz visível	7.500Å a 3.900Å
Ultravioleta	3.900Å a 2.000Å
Raios X moles	100Å a 1Å
Raios X duros	1Å a 0,1Å
Raios X terapêuticos e raios gama	0,1Å a 0,0001Å

Fontes: Halliday e Resnick, 1966, p. 1129; Christensen, 1972, p. 3; Knoche, 1991, p. 19; Rollo, 1971, p. 51.

Fótons. As ondas eletromagnéticas podem interagir com a matéria como se fossem partículas. A energia radiante muitas vezes se comporta como se estivesse compactada, formando pacotes aos quais se chama de ***quanta*** (singular: *quantum*) ou **fótons**. Os fótons se propagam com a velocidade da luz e transportam uma energia (**E**) que é função da sua frequência (**f**):

$$\mathbf{E = h \cdot f}$$

onde **h** é a constante de Planck ($4{,}1 \times 10^{-18}$ keV · s).

Energia transportada pelos fótons. A energia transportada pelos fótons é medida em **elétron-volt** (**eV**). Um **eV** corresponde à energia cinética adquirida por um elétron quando é acelerado, a partir do repouso, por uma diferença de potencial de 1V. Fótons com energia superior a 15eV são capazes de ionizar átomos e moléculas e por isso se chamam radiações ionizantes. As radiações ultravioleta, os raios X e os raios gama são radiações desse tipo.

Fatores que controlam a intensidade e a qualidade dos raios X. O fluxo e a qualidade dos raios X emitidos por uma ampola dependem:

- da diferença de potencial a ela aplicada;
- do aquecimento do filamento;
- do material que constitui o ânodo;
- dos filtros a ela acoplados.

A alta tensão aplicada à ampola serve para acelerar os elétrons do feixe catódico, conferindo-lhes energia cinética suficiente para as interações com os átomos do ânodo. Quanto mais energia possui o feixe catódico, maior é a quantidade de raios X de alta energia que são produzidos. O aquecimento do filamento enriquece o feixe de raios catódicos, aumentando a quantidade de elétrons que bombardeiam o ânodo num dado intervalo de tempo. Quanto maior for o número atômico dos átomos do ânodo, maior será a eficiência para a produção de raios X.

ELEMENTOS DE UM CONJUNTO GERADOR DE RAIOS X

A Fig. 16.11 mostra o esquema simplificado de um circuito usado para a produção dos raios X. A fonte de energia é obtida, normalmente, na rede de alimentação elétrica. O tubo (**T**) de raios X necessita dessa alimentação para a produção da nuvem eletrônica em torno do cátodo e também para acelerar os raios catódicos, conferindo-lhes energia suficiente para um bombardeio eficaz do ânodo. Por isso, acoplados à ampola existem dois circuitos elétricos: o de baixa voltagem (**BV**), com corrente regulável, que serve para o aquecimento do filamento, e o de alta voltagem (**AV**) que, acoplado a um retificador

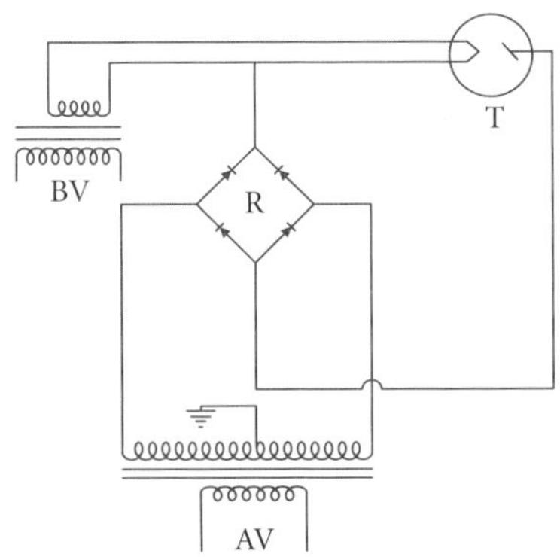

Figura 16.11 Esquema de um conjunto gerador de raios X. (De Glasser, 1944, p. 1362.)

(**R**) de onda completa, serve para acelerar os raios catódicos. Além disso, os equipamentos de produção dos raios X incluem um controlador eletrônico de tempo para regular a duração do bombardeamento anódico e, por conseguinte, servem para regular o tempo no qual são produzidos os raios X.

Numa instalação de raios X, podem-se observar os seguintes componentes mínimos:

- transformador;
- painel de comando;
- ampola;
- mesa para o paciente.

Alguns equipamentos, além desses módulos, incorporam uma tecnologia de vídeo para monitorização de imagens a distância. A sala de raios X é um ambiente especial. Suas paredes são recobertas por uma camada de chumbo e os vidros de observação também contêm chumbo na sua composição, a fim de reduzir a passagem de radiações para os ambientes vizinhos.

O painel de controle dos equipamentos de raios X possui, além da chave principal para ligar ou desligar o sistema, três controles que servem para selecionar:

- a alta tensão (**kV**);
- a corrente de aquecimento do filamento (**mA**);
- o tempo de exposição.

Para disparar a produção dos raios X existe um controle de exposição chamado de preparo ou *stand-by*, e outro que inicia o processo de bombardeamento do ânodo. O *stand-by* prepara a ampola, fazendo girar o ânodo e aquecendo o cátodo.

O transformador tem sua armadura aterrada para prevenir acidentes com choque elétrico. Os circuitos primário e secundário estão mergulhados em óleo mineral de elevada constante dielétrica. Ele serve para isolar esses circuitos e para refrigerá-los. Há um circuito para a baixa tensão e outro para a alta tensão. A baixa tensão é entregue ao filamento sob a forma alternada, enquanto a alta tensão é contínua. Isso porque, enquanto esta se destina a acelerar o feixe de raios catódicos em um dado sentido, aquela gera uma corrente que serve para aquecer o filamento, à semelhança do que ocorre nas lâmpadas incandescentes. Assim, na saída do secundário de alta tensão existe um **circuito retificador** (**R** na Fig. 16.11) para que a alta voltagem seja contínua. Os transformadores recebem uma alimentação de 110/220V, 60Hz e fornecem ao filamento uma diferença de potencial de aproximadamente 10V e ao cátodo-ânodo uma tensão variável entre 40kV e 150kV.

A duração do tempo de exposição é controlada por um temporizador (*timer*) eletrônico que controla o circuito de alta tensão dos transformadores. Seria pouco eficaz querer controlar o aquecimento do filamento, uma vez que ele se aquece e se resfria com retardo. O circuito de alta tensão, por sua vez, responde quase que instantaneamente aos comandos de ligar e desligar.

INTERAÇÃO DOS RAIOS X COM A MATÉRIA

Ao tentar atravessar a matéria, os raios X interagem com os seus átomos. Essa interação depende da estrutura molecular e do estado de agregação em que se encontra o meio. São cinco os processos fundamentais dessa interação:

- Espalhamento coerente.
- Efeito fotoelétrico.
- Efeito Compton.
- Produção de par.
- Fotodesintegração.

Os fótons de raios X, ao passarem através de um meio, podem sofrer absorção ou espalhamento. Quando são absorvidos, o feixe emergente perde intensidade. Também, no espalhamento há perda na intensidade do feixe emergente, que se deve, nesse caso, às mudanças aleatórias na direção de propagação dos fótons. O fóton espalhado tem energia menor do que a que possuía antes da colisão com o átomo do meio. Por isso, possui comprimento de onda maior. Esse fóton não transporta a informação de imagem e apenas funciona como radiação secundária e inútil. Os raios X secundários contribuem para o velamento da película radiográfica, obscurecendo desuniformemente o filme e empobrecendo a qualidade da imagem.

Espalhamento coerente

É também chamado de espalhamento Rayleigh ou espalhamento Thomson. Ocorre quando o fóton transfere para um átomo-alvo toda a sua energia sem, contudo, removê-lo da eletrosfera. O elétron salta para um orbital de maior energia e, por isso, o átomo fica num estado excitado. Depois de algum tempo, o elétron retorna ao seu orbital de equilíbrio, devolvendo a energia que recebeu sob a forma de um outro fóton. Este tem comprimento de onda igual ao do fóton incidente, mas se propaga numa direção diferente, caracterizando o espalhamento. O efeito é coerente porque o comprimento de onda emergente é igual ao comprimento da onda incidente. Ao fim desse processo não ocorreu transferência de energia nem ionização do átomo-alvo. O único efeito produzido é a mudança de direção de propagação do fóton. Nas radiografias o espalhamento coerente não é relevante, pois menos de 5% dos fótons do feixe de raios X sofrem essa interação.

Efeito fotoelétrico

Esse efeito ocorre quando um fóton interage com um elétron orbital transferindo para ele toda a sua energia (Fig. 16.12). Para isso, o fóton precisa ter energia suficiente para deslocar o elétron e ainda para lhe fornecer energia cinética suficiente a fim de afastá-lo do núcleo. Nessa interação o fóton desaparece e o átomo é ionizado. Com fótons de raios X, são principalmente arrancados elétrons da camada K. A vaga que se forma nessa

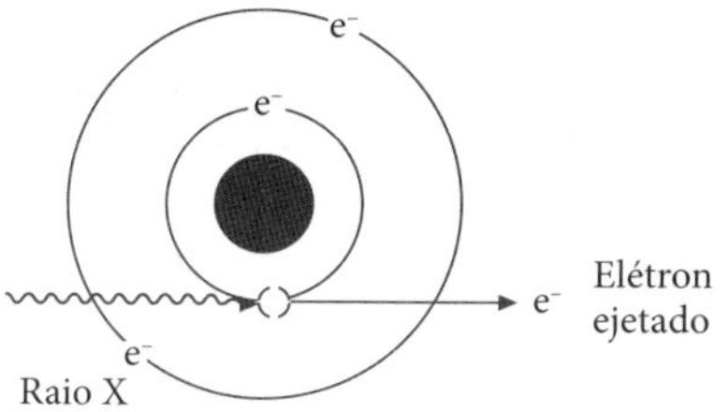

Figura 16.12 Efeito fotoelétrico. (De Knoche, 1991, p. 89.)

camada é preenchida por outro elétron proveniente da camada L ou mais raramente da camada M. Esse salto eletrônico em direção à camada K é acompanhado pela emissão de **raios X característicos**. Característico porque sua energia depende do átomo que o produz, uma vez que ela reflete o *quantum* de energia contido no salto entre as órbitas. Assim, o efeito fotoelétrico produz:

- raios X característicos;
- fotoelétron ejetado;
- íon positivo.

Para que possa ocorrer um efeito fotoelétrico, o fóton incidente deve possuir energia suficiente para romper a atração eletrostática que o núcleo exerce sobre o elétron e ainda para fornecer a esta partícula uma quantidade de movimento suficiente para que ela abandone o átomo. Isso significa que, quanto mais interno é o elétron, maior deverá ser a quantidade de energia necessária para arrancá-lo do seu orbital. O desalojamento de elétrons periféricos dá origem ao aparecimento de fótons de baixa energia (calor ou luz visível), enquanto, ao serem removidos elétrons dos orbitais K e L, surgem, além dessas radiações, fótons muito energéticos cujo comprimento de onda está situado na faixa dos raios X (raios X característicos).

Quando a energia do fóton e a energia de ligação do elétron são aproximadamente iguais, as chances para que ocorra o efeito fotoelétrico aumentam.

A Tabela 16.2 mostra a energia de ligação da camada K de átomos que participam do processo das radiografias.

O efeito fotoelétrico é desejável para a radiografia, pois permite a formação de imagens com elevado contraste entre os órgãos. Todavia, ele é também responsável por um efeito indesejável, pois, ionizando o meio-alvo, aumenta a quantidade de radiação absorvida pelo corpo. Entre as formas de interação dos raios X com a matéria, esta é a que mais transfere energia ao corpo.

Efeito Compton

Na interação Compton, os raios X transferem para os átomos-alvo parte da sua energia, a fim de promover o deslocamento de elétrons que estão situados principalmente nos orbitais mais periféricos da eletrosfera (Fig. 16.13). A energia não transferida deixa o

Tabela 16.2 Energia da camada K de alguns elementos.

Número atômico	Átomo	Energia da camada K (keV)
6	Carbono	0,284
7	Nitrogênio	0,400
8	Oxigênio	0,532
13	Alumínio	1,56
20	Cálcio	4,04
50	Estanho	29,2
53	Iodo	33,2
56	Bário	37,4
74	Tungstênio	69,5
82	Chumbo	88,0

Fonte: Christensen, 1972, p. 45.

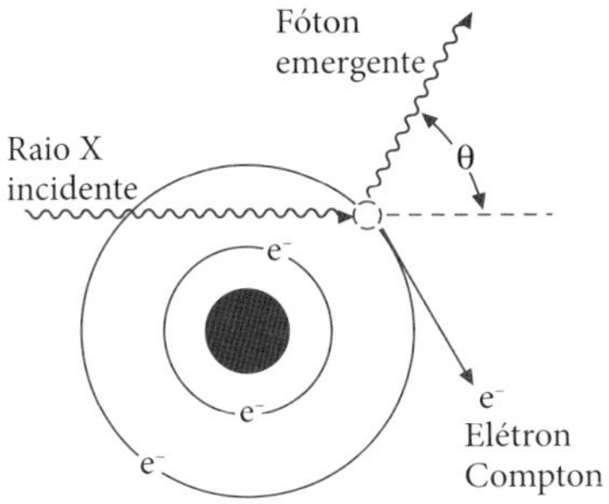

Figura 16.13 Efeito Compton. (De Knoche, 1991, p. 90.)

átomo como um fóton emergente, cuja energia é menor do que aquela do fóton incidente. Assim, nesse tipo de interação, um fóton continua a se propagar depois de interagir com o meio, seguindo, no entanto, uma direção diferente daquela que possuía antes da interação. O resultado disso é a produção de **par iônico** (elétron/átomo positivo) e de fóton dotado de baixa energia. A energia do fóton incidente é usada não só para deslocar o elétron-alvo do seu orbital, mas também para fornecer-lhe energia cinética para que abandone o átomo a que pertencia. A quantidade de energia perdida para deslocar o elétron periférico é pequena, quando comparada àquela do efeito fotoelétrico. Isso se deve ao fato de que, estando longe do núcleo, tais elétrons se ligam a ele fracamente.

Dois fatores determinam a quantidade de energia que permanece no fóton emergente:

- a energia inicial do fóton incidente;
- o ângulo com que o fóton emergente se desvia da trajetória do fóton incidente (ângulo de desvio).

Quanto maior for o ângulo de desvio, maior será a energia transferida para o elétron e, consequentemente, menos energético será o fóton emergente. Em alguns casos, o fóton emergente se propaga de volta ao longo da sua trajetória inicial, formando assim um ângulo de desvio de 180°. O ângulo de desvio é inversamente proporcional ao *momentum* do fóton incidente. Quanto maior o *momentun,* mais dificilmente eles são desviados. Utilizando-se raios X de alta energia, por exemplo, 1MeV, a maioria dos fótons emergentes sofre desvio do tipo refração, isto é, continua a se afastar da ampola de raios X que os produziu. Entretanto, na faixa de energias usadas no diagnóstico radiológico, uma fração importante dos fótons emergentes sofre desvio do tipo reflexão e se move numa direção e sentido que os aproxima da ampola de raios X.

O perfil de distribuição de fótons espalhados por efeito Compton, quando se usam raios X de 100keV, é semelhante ao de uma pera, cuja extremidade mais delgada aponta em direção à ampola. Os fótons emergentes com baixo ângulo de desvio são os mais energéticos. Eles representam um problema de solução impossível durante as radiografias, pois, possuindo elevada energia, não são retidos pelos filtros que estão acoplados à ampola. Além do mais, o pequeno ângulo de desvio favorece a sua passagem pela grade, como veremos adiante, e mantém a sua chance de atingir a placa radiográfica, enegrecendo a película e comprometendo a qualidade da imagem.

Os fótons espalhados por efeito Compton aumentam a probabilidade de irradiação dos técnicos encarregados de executar o exame radiológico. Isso é sobretudo importante durante as radioscopias, quando os tempos de exposição são longos. Ocorre que, mesmo desviados de 90°, os fótons emergentes permanecem com a maior parte da energia original, o que mantém o seu poder de penetração. Como se propagam em direções aleatórias, esses raios secundários são dificilmente atenuados pelas blindagens usadas na proteção dos operadores de raios X.

A probabilidade de ocorrência de uma reação Compton depende da densidade do absorvedor e do número de elétrons por grama de material. Contudo, não depende do número atômico do elemento-alvo. Quanto maior a energia do fóton incidente, menor será a probabilidade de ocorrência desse efeito.

Produção de par e fotodesintegração

Estes mecanismos de interação não ocorrem na faixa de energias usadas no radiodiagnóstico. Na produção de par, um fóton de alta energia, ao se aproximar de um núcleo atômico pesado, é transformado em duas partículas com massas semelhantes à massa do elétron (Fig. 16.14). Uma delas, o pósitron (e^+), transporta carga positiva, enquanto a outra, o négatron (e^-), é negativa. Essas partículas se afastam uma da outra com grande velocidade. Com isso elas são impedidas de se recombinar e, consequentemente, de sofrer **aniquilação**. A massa do elétron e do pósitron é de 0,51MeV. Assim, esse tipo de interação não pode existir com fótons de energia menor que 1,02MeV.

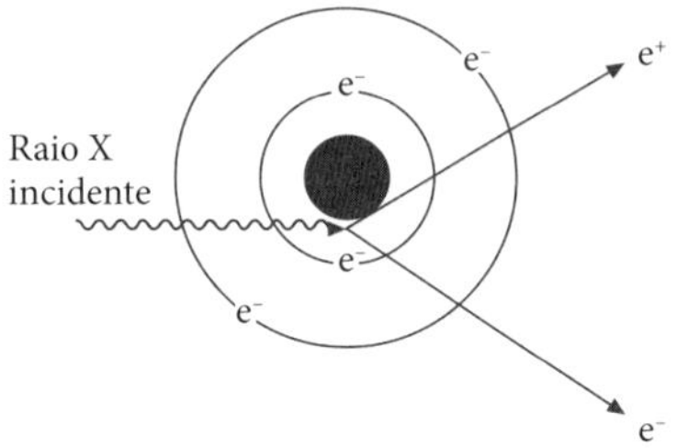

Figura 16.14 Produção de par. (De Knoche, 1991, p. 91.)

Na fotodesintegração, o fóton de raios X de alta energia (7 a 15MeV) é absorvido pelo núcleo que, assim, se desestabiliza e acaba por ejetar um nêutron, um próton, uma partícula alfa ou mesmo um grupo de partículas.

ATENUAÇÃO

Conceito, equação geral e coeficientes. A atenuação é a redução da intensidade de um feixe de raios X à medida que ele atravessa a matéria. A atenuação se deve aos fenômenos de absorção e de espalhamento dos fótons do feixe incidente. Ela depende do fluxo e da energia dos fótons que formam o feixe de raios X. Aqui trataremos da atenuação de feixes monocromáticos, isto é, feixes de raios X cujos fótons têm a mesma qualidade. Com esta restrição, a atenuação pode ser vista como uma redução do fluxo de fótons do feixe. A equação fundamental da atenuação de um feixe monocromático é:

$$\mathbf{N_x = N_o \cdot e^{-\mu x}}$$

onde:

$\mathbf{N_x}$ – número ou percentual de fótons que atravessam um meio de espessura x
$\mathbf{N_o}$ – número ou percentual de fótons incidentes
e – base dos logaritmos neperianos
μ – coeficiente de absorção linear
x – espessura do meio absorvedor (cm)

Esta equação é uma equação exponencial decrescente. O número de fótons transmitidos diminui rapidamente à medida que a espessura do meio aumenta. Assim, se compararmos dois meios constituídos pelo mesmo material (mesmo coeficiente de absorção linear), mas com espessuras diferentes, o mais espesso reterá maior quantidade de fótons.

Fatores que interferem com a atenuação. Outro coeficiente importante no estudo dos raios X é o **coeficiente de atenuação de massa** (ρ). Ele pode ser obtido dividindo-se o coeficiente de absorção linear (μ) pela densidade do meio (**d**).

$$\rho = \frac{\mu}{\mathbf{d}}$$

A vantagem do coeficiente de atenuação de massa sobre o coeficiente de absorção linear é que ele não varia com o estado de agregação da matéria a ser atravessada pela radiação.

Quatro fatores determinam o grau de atenuação de um feixe de raios X quando ele passa através da matéria:

- a energia da radiação;
- a densidade do meio;
- o número atômico do elemento químico principal que constitui o meio;
- a quantidade de elétrons por grama do meio.

Quanto maior for a energia da radiação, menor será a atenuação. O aumento da densidade, do número atômico ou da quantidade de elétrons por grama do meio aumenta a absorção. A quantidade de elétrons por grama de meio pode ser obtida resolvendo-se a expressão:

$$N_e = \frac{N \cdot Z}{A}$$

onde:

N_e – é o número de elétrons por grama
N – é o número de Avogadro ($6{,}02 \times 10^{23}$)
Z – é o número atômico efetivo
A – é o peso atômico efetivo

A Tabela 16.3 mostra algumas características físicas de materiais de interesse biológico.

Tabela 16.3 Parâmetros físicos de alguns meios biológicos.

Substância	Número atômico efetivo	Densidade (g/cm³)	Elétrons/g	Elétrons/cm³
Ar	7,64	0,00129	$3{,}01 \times 10^{23}$	$0{,}0039 \times 10^{23}$
Gordura	5,92	0,91	$3{,}48 \times 10^{23}$	$3{,}27 \times 10^{23}$
Água	7,42	1,00	$3{,}34 \times 10^{23}$	$3{,}34 \times 10^{23}$
Osso	13,8	1,85	$3{,}0 \times 10^{23}$	$5{,}55 \times 10^{23}$

Fonte: Christensen, 1972, p. 62.

FILTROS, RESTRITORES E COLIMADORES

O feixe de raios X produzido nas ampolas é policromático. Isso implica que os seus fótons possuem um largo espectro de energias. O fóton mais energético é determinado pela quilovoltagem usada para gerar o feixe. Como regra, a energia média de uma radiação policromática está entre $^1/_3$ e $^1/_2$ de sua energia de pico. Assim, um feixe de 100kVp tem uma energia média de aproximadamente 40kV. Os filtros são elementos que melhoram a qualidade dos raios X de um feixe. Quando uma radiação X policromática passa através de um absorvedor (filtro), sua energia média aumenta. Isso porque os fótons de baixa energia são absorvidos, elevando a energia média dos fótons transmitidos. Até alcançar a película radiográfica, os raios X sofrem diversas atenuações:

- filtração que ocorre na parede da ampola de raios X;
- filtros metálicos colocados no trajeto dos raios;
- estruturas biológicas do paciente;
- écrans reforçadores.

O feixe de raios X produzido numa ampola deve ser restringido por meio dos diafragmas, cilindros e colimadores, a fim de evitar grande dispersão da radiação.

Os diafragmas são folhas de chumbo com um orifício no centro. Esse tipo de restritor é de baixo custo, mas produz uma grande área de penumbra, o que é indesejável.

Os cones e os cilindros atuam como melhores restritores, delimitando mais nitidamente a área do feixe de raios X e proporcionando zona de penumbra menor do que aquela dos diafragmas.

Os colimadores são os melhores restritores. São formados por placas de chumbo que podem ser movidas à semelhança de um obturador de máquina fotográfica. Com isso, é possível delimitar um campo retangular para a exposição aos raios X. Os colimadores produzem uma área de penumbra quase nula e são dotados de um sistema de iluminação próprio, o que permite a visualização da área a ser exposta ao feixe de raios X.

AS GRADES RADIOGRÁFICAS

Para dificultar que os raios X secundários cheguem à película radiográfica, usam-se as grades (Gustave Bucky, 1913). Elas são construídas com lâminas de chumbo, separadas por espaçadores transparentes aos raios X. A Fig. 16.15 mostra esquematicamente um corte transversal do tronco de um paciente que está sendo examinado por meio de raios X. Os raios se dirigem da ampola para o filme (F) e, após atravessarem o corpo, passam através da grade de Bucky (PB). No canto superior esquerdo está uma ampliação mostrando o que se passa ao nível da grade. Os raios que são paralelos às fendas conseguem atravessar a grade

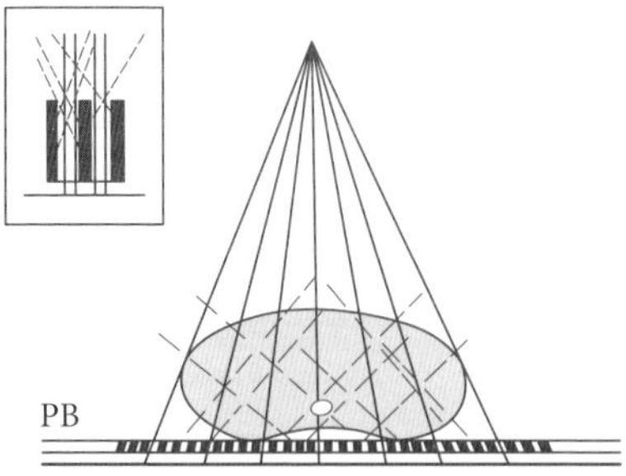

Figura 16.15 Esquema do posicionamento das placas Potter-Bucky. No retângulo à esquerda está mostrada uma ampliação das fendas da placa indicando que os raios inclinados são retidos por ela e, assim, não chegam à película radiográfica. (De Freitas et al., 1994, p. 68.)

e, assim, alcançam a película radiográfica. Os raios secundários, no entanto, por terem direções aleatórias, são retidos pelo chumbo, por isso não chegam ao filme.

Em 1920, Dr. Hollis E. Potter idealizou uma grade semelhante à grade de Bucky. Todavia, a grade de Potter se movia com velocidade constante e com direção paralela à película radiográfica. Essa grade, conhecida como Potter-Bucky, apresenta uma eficiência muito maior do que a grade estática de Bucky.

ÉCRANS DE INTENSIFICAÇÃO

Conversão dos raios X em luz visível. Para a obtenção de imagens, os filmes radiográficos podem ser expostos diretamente aos raios X. Todavia, a sensibilidade da emulsão fotográfica à ação direta desses raios é baixa. Assim, para prevenir grandes exposições dos pacientes foram desenvolvidos os écrans luminescentes. A função desse equipamento é converter o fóton de raios X em fótons visíveis que podem impressionar com muito mais facilidade a película radiográfica.

A luminescência é o fenômeno pelo qual uma substância emite luz sob ação de um estímulo. Ela pode ser de dois tipos:

- fluorescência;
- fosforescência.

Na fluorescência, a luminescência está em fase com o estímulo, isto é, a produção de luz começa junto com o início do estímulo e é interrompida bruscamente quando o estímulo cessa. A fosforescência se caracteriza porque, mesmo após a interrupção da excitação, a luz continua a ser produzida durante um tempo relativamente longo. Como a fosforescência não pode ser adequadamente controlada, ela se torna um fenômeno indesejável nas radiografias e sua presença contribui para o borramento das imagens.

Écran de intensificação. Os écrans funcionam como transformadores de energia (*wave-shifters*). Isso deve ser tomado a fim de que eles permitem a conversão dos fótons de raios X em fótons de luz azul (comprimento de onda entre 3.500 e 5.800 angströms). Por outro lado, verificou-se que eles também podem multiplicar a quantidade de fótons recebidos, de modo que, para cada fóton de raios X que chega, sejam emitidos muitos milhares de fótons de luz. Considerando que a sensibilidade da película radiográfica é maior para a luz do que para os raios X, compreende-se porque esses écrans podem reforçar a impressão sobre o filme radiográfico. Para aumentar a sensibilidade e melhorar a qualidade da imagem, os filmes contêm emulsão fotossensível em ambos os lados e são expostos colocados entre dois écrans de intensificação.

O écran de intensificação é constituído por quatro camadas:

- base plástica;
- camada refletora de dióxido de titânio (TiO_2);
- camada fluorescente de tungstato de cálcio ($CaWO_4$);
- camada protetora.

A fluorescência é produzida na camada de $CaWO_4$. A luz ali gerada se espalha em todas as direções e, sem o auxílio da camada refletora, a maioria dos fótons não chegaria à película radiográfica. O TiO_2 serve para refletir os fótons de modo que eles retornem e, assim, possam alcançar o filme.

A CHAPA RADIOGRÁFICA

Corpo radiopaco e corpo radiotransparente. A grande distinção entre o feixe de raios X incidente e o emergente é que este transporta uma informação do objeto interposto. Quando o objeto se trata de um paciente, a informação contida nos raios transmitidos tem valor médico e precisa ser decodificada, isto é, precisa ser transformada numa radiação capaz de ser vista e também registrada. A informação transportada pelos raios X está contida nas diversas densidades de radiação por unidade de área do feixe emergente. Isso ocorre porque as estruturas orgânicas absorvem de modo diferente os raios X incidentes. Assim, nos trajetos onde a absorção é mínima, a densidade da radiação emergente é maior do que nos trajetos de grande absorção. Quando um corpo absorve muito os raios X, ele é chamado de radiopaco. Caso contrário, é radiotransparente.

Decodificação, visualização e registro da imagem. A decodificação da imagem é feita pela mudança do comprimento de onda dos fótons que emergem do paciente examinado. Os fótons de luz produzidos nos écrans fluorescentes e nos écrans de intensificação podem ser vistos, como ocorre nas radioscopias, ou então registrados (radiografias).

Todo processo de transformação ou transmissão de energias está acompanhado de perdas. Também aqui, quando a imagem latente no feixe emergente de raios X é decodificada transformando-se em imagem luminosa, a qualidade da imagem é menor do que aquela inicial. Essa qualidade se reduz ainda mais quando a imagem luminosa tenta ser gravada nos cristais fotossensíveis da película radiográfica. A cada etapa do processamento da imagem, sua qualidade piora. Também a base plástica e os processos de revelação e de fixação química dos cristais contribuem para a redução da qualidade da imagem.

Filme radiográfico. O filme radiográfico consiste em uma **base plástica**, feita de poliéster transparente ou de triacetato, sobre a qual é depositada uma fina camada de cristais fotossensíveis de haleto de prata. A superfície dessa camada sensível é protegida contra danos mecânicos por uma fina camada de **gelatina**. A camada fotossensível é chamada de **emulsão** e é constituída por brometo de prata (90 a 99%) e iodeto de prata (1 a 10%). Normalmente, as películas radiográficas têm sua base plástica recoberta por emulsão nos dois lados. A espessura da emulsão é extremamente fina, pois os fótons de luz não conseguem penetrar profundamente. A qualidade da imagem depende fundamentalmente dessa espessura, bem como do tamanho e da densidade dos grãos fotossensíveis. Quanto menor forem, maior será a resolução apresentada pela imagem. Resolução é o poder de distinguir, como separados, dois pontos próximos. A gelatina usada na camada protetora é também usada em mistura com os cristais de haleto de prata para formar a emulsão. Ela é obtida de ossos e cartilagens animais, geralmente de gado bovino. A resolução da emulsão depende muito da homogeneidade com que se dispersam os grãos na gelatina.

FORMAÇÃO DA IMAGEM RADIOGRÁFICA

Numa radiografia, a imagem é obtida porque a quantidade de prata que se precipita em cada ponto da película radiográfica é diferente. Quando a luz, que incide sobre os cristais, é suficientemente intensa para desorganizar a maioria dos cristais de uma determinada área, o processo de revelação produzirá, nessa área, muita prata metálica. A prata metálica é negra. Por outro lado, quando uma área não recebe luz, a revelação química dissolve os cristais de brometo de prata e nenhuma prata é precipitada, ficando a área clara e transparente. Entre esses extremos, muitas tonalidades de cinza são possíveis.

O fóton de luz produzido no écran de intensificação, ao incidir sobre o brometo de prata, desloca alguns elétrons dessa estrutura. Isso permite que os íons brometo se convertam em átomos de bromo. Estes abandonam a rede cristalina e são absorvidos pela gelatina da emulsão deixando livre a prata iônica. Até antes da revelação, a prata liberada no ponto de incidência do fóton luminoso constitui o que se chama de **imagem radiográfica latente**.

REVELAÇÃO DA CHAPA RADIOGRÁFICA

O processo de revelação é feito com substâncias redutoras como a hidroquinona. Quando a hidroquinona interage com os íons de prata ela os neutraliza e produz prata metálica. A hidroquinona, ao atuar sobre a emulsão fotossensível, reage tanto com os átomos de brometo de prata, que não têm a informação da imagem latente, como com aqueles que foram desestabilizados pela luz. Contudo, a reação com o haleto não sensibilizado é lenta. Isso permite que, controlando-se o tempo de revelação, possam ser vistos apenas aqueles pontos que contêm a imagem latente.

No processo de revelação as moléculas de hidroquinona perdem elétrons para os íons de prata. Enquanto aquelas são oxidadas, estes são reduzidos de acordo com a reação:

$$\text{Hidroquinona} + 2Ag^{+} \xrightarrow{\text{pH alcalino}} \text{quinona} + 2Ag + 2H^{+}$$

Toda a prata que não foi reduzida pelo revelador acaba sendo removida pela solução fixadora. Esta é feita à base de tiossulfato de sódio ou de amônio.

A IMAGEM RADIOGRÁFICA

Contraste

A radiografia é o registro da imagem de um objeto produzida pelos raios X. O valor propedêutico de uma imagem radiográfica exige que ela possua bom contraste. Define-se como contraste (**C**) à relação entre a intensidade da radiação que atravessa o objeto (**I_s**) e a intensidade da radiação que atravessa as áreas vizinhas (**I_o**) a ele (Fig. 16.16). Assim:

$$C = \frac{I_o}{I_s}$$

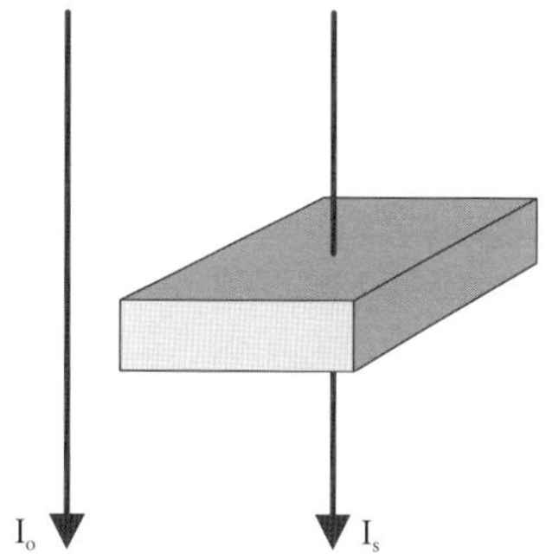

Figura 16.16 Contraste do corpo **S**. **I_s**, intensidade da radiação emergente; **I_0**, intensidade da radiação incidente. Ver texto para detalhes.

O contraste depende dos seguintes fatores:

Qualidade dos raios X

O contraste que permite uma correta visualização das imagens nas chapas radiográficas exige raios X que sejam adequados ao exame da estrutura biológica. A qualidade desses raios depende da corrente de aquecimento do filamento e da tensão aplicada à ampola. Raios X de alta frequência (raios "duros") têm grande poder de penetração e por isso não servem para examinar os músculos e o tecido mamário. Por outro lado, a radiografia dos órgãos intra-abdominais exige que o feixe de radiação possa penetrar profundamente os tecidos. Para a realização de exames radiográficos já existem valores tabulados, que dão aos técnicos os parâmetros adequados à produção de uma boa imagem.

Natureza do objeto e a atenuação do seu entorno

Densidade radiológica. A densidade radiológica de um corpo depende diretamente do seu número atômico e da sua espessura, pois, quanto maiores forem, maior será a atenuação do feixe de raios X. Na radiologia médica o efeito fotoelétrico é a principal forma de atenuar os raios X quando eles atravessam o corpo humano. Isso é mais relevante quando se usam raios X pouco energéticos.

O osso atenua muito mais a radiação X do que a gordura ou os músculos. Assim, o contraste do osso, que está envolvido por tecido muscular e gorduroso, é grande. Quanto mais próximos estiverem os coeficientes de atenuação do objeto e do seu entorno, menor deve ser a energia dos raios X que devem ser usados para estudar o objeto. Por isso, quando se estuda um tecido onde seus constituintes têm densidades radiológicas muito próximas, como acontece nas mamografias, não se devem usar raios de energia maiores do que 30keV (30kV de diferença de potencial ânodo-cátodo).

Os tecidos moles como pele, tecido celular subcutâneo, músculo, mama etc. são constituídos por elementos químicos de pequeno número atômico (Tabela 16.4).

Tabela 16.4 Principais elementos químicos presentes nos tecidos moles.

Elemento	Ntímero atômico (Z)
Hidrogênio	1
Carbono	6
Nitrogênio	7
Oxigênio	8

A Fig. 16.17 mostra uma radiografia do tórax. Nela podem ser observados vários níveis de densidade radiológica representados pelas letras A, **B**, **C e D** que definem uma progressão da maior para a menor densidade. Note-se como a área correspondente ao precórdio absorve muita radiação. Isso se deve principalmente à absorção dos ossos (vértebras e esterno) e da massa de sangue contida nas cavidades cardíacas. O ar (área D) é muito transparente aos raios X e, por isso, permite que o fluxo dessa radiação chegue em grande quantidade até a película radiográfica, permitindo a decomposição do sal de prata e enegrecendo a chapa. As áreas B e C têm transparência situada entre os dois valores extremos.

Radiografias contrastadas. Para estudar os órgãos que não apresentam contraste com o entorno, são usados meios contrastantes. Esses meios podem ser mais radiopacos (contraste positivo) ou menos radiopacos (contraste negativo) do que os tecidos que delimitam o órgão ou o objeto a ser estudado. Assim, para o aparelho digestivo, o bário é o elemento de escolha, pois além de ter elevado número atômico (Z = 56), sob a forma de sulfato, não é absorvido pelos intestinos. Nos estudos radiológicos das artérias, veias e coração o meio de contraste usado é um sal orgânico do iodo (Z = 53). O bário e o iodo fornecem um contraste positivo. O ar tem sido também usado para radiografar o estômago e os intestinos ou delinear órgãos da cavidade abdominal, bem como estruturas do sistema nervoso central. Nesses casos ele fornece contraste negativo.

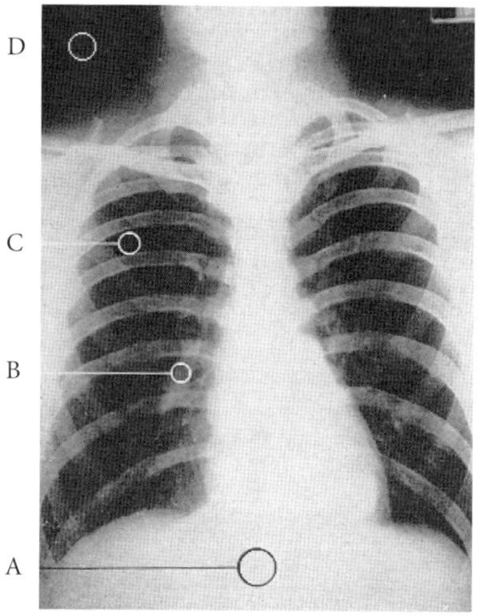

Figura 16.17 Radiografia do tórax mostrando os diversos graus de densidade radiológica. Ver texto para detalhes. (De Glasser, 1944, p. 1282.)

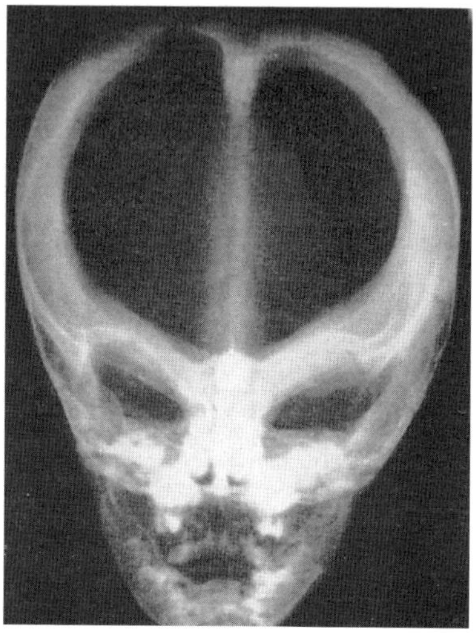

Figura 16.18 Ventriculografia cerebral contrastada com ar. (De Glasser, 1944, p. 1317.)

A Fig. 16.18 mostra uma ventriculografia obtida em paciente com hidrocefalia. A radiografia foi feita com o paciente sentado. As cavidades ventriculares foram parcialmente preenchidas por ar atmosférico injetado no espaço subdural por punção lombar.

A Fig. 16.19 mostra dois exemplos de contraste positivo. Ambos são estudos do aparelho urinário feitos com um contraste iodado. Em **A,** o contraste foi administrado na veia do paciente e após algum tempo começou a ser eliminado pelo rim direito. Por isso, o exame se chama **urografia excretora**. Note-se que não há função no rim esquerdo. Nessa radiografia podem ser visualizados os cálices e o bacinete renal. Em **B**, o contraste foi injetado na pélvis renal por meio de dois cateteres introduzidos através dos ureteres. Trata-se de uma **urografia retrógrada ou ascendente**. Nesse caso, estão bem nítidos os cálices e o bacinete renal.

Densidade do objeto. Quanto mais denso for um corpo, maior será a quantidade de radiação que ele absorve. Nos exames radiográficos dos órgãos constata-se que os pulmões são os que apresentam maior transparência aos raios X, enquanto os mais opacos são o coração e os ossos. A pequena absorção observada no parênquima pulmonar se deve à presença de ar. Os ossos, no entanto, como são estruturas compactas formadas basicamente por cálcio (Z = 20) e fósforo (Z = 16), e o coração, por estar sempre cheio de sangue cuja densidade é um pouco maior do que a da água, retêm muita radiação.

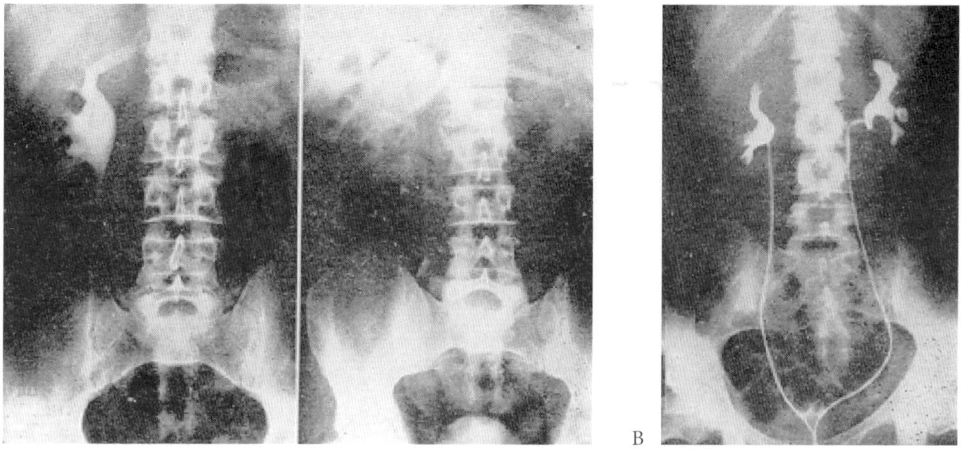

A B

Figura 16.19 **A**) Urografia excretora contrastada mostrando a eliminação do contraste (sal de iodo) apenas pelo rim direito (exclusão renal esquerda devido a processo patológico). A chapa radiográfica à direita refere-se a uma fase final do exame, pois nela se pode ver que a bexiga acumulou o contraste eliminado. (De Glasser, 1944, p. 1329.) **B**) Pielografia renal realizada por técnica ascendente. Através da uretra foram introduzidos tubos plásticos nos ureteres, a fim de por eles injetar o contraste iodado, enchendo, assim, a pélvis renal. (De Glasser, 1944, p. 1329.)

Espessura do objeto. Quanto mais espesso for um objeto, maior será a quantidade de raios X absorvidos por ele e sobre isso já se tratou anteriormente.

Fatores geométricos

1. RELAÇÕES GEOMÉTRICAS ENTRE O TUBO DE RAIOS X E O OBJETO

Os princípios da óptica geométrica se aplicam à formação de imagens com raios X. Assim, pode-se concluir que:

- quanto menor for a superfície do ânodo (A), menor será a zona de penumbra da imagem (I) referente a um objeto (O) (Fig. 16.20);
- quanto mais afastado do filme estiver o objeto, maior será a ampliação da imagem (Fig. 16.21);
- quanto maior for o afastamento do objeto em relação ao tubo de raios X, menor será a ampliação da imagem. Isso decorre do princípio de que uma fonte puntiforme emite raios que são divergentes. Todavia, se os raios forem observados a grande distância da fonte eles se tornam quase paralelos;
- o objeto deve ser posicionado de forma a ficar paralelo ao filme, a fim de evitar distorções da imagem;
- o centro geométrico do objeto deve coincidir com os raios X mais centrais do feixe, a fim de evitar distorções da imagem (Fig. 16.22).

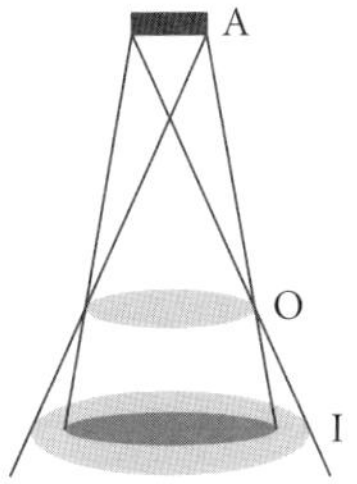

Figura 16.20 Esquema mostrando a formação da zona de penumbra associada com os exames radiográficos.

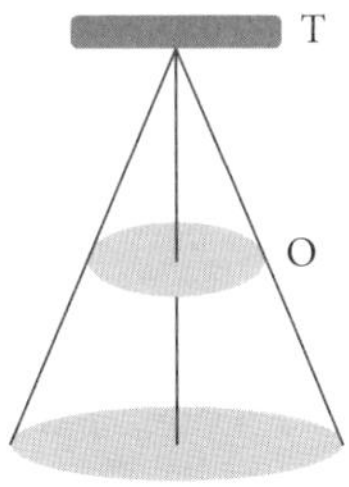

Figura 16.22 Centralização dos raios X para reduzir a distorção da imagem.

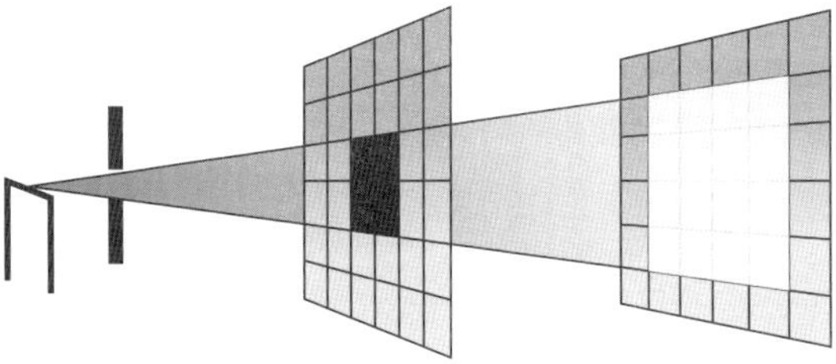

Figura 16.21 Ampliação da imagem radiográfica. (De Freitas et al., 1994, p. 64.)

2. MOVIMENTOS RELATIVOS

O movimento do objeto em relação ao filme ou deste em relação ao objeto borrará a imagem, reduzindo o contraste.

O filme e o seu processamento

A qualidade da película radiográfica pode comprometer o contraste dos objetos estudados. Por isso não se devem usar películas:

- úmidas ou com prazo de validade vencido;
- submetidas a temperaturas elevadas;
- submetidas à elevada radiação ambiental (*background* radioativo);
- fora do prazo de validade.

O contraste de uma radiografia é melhor:

- quanto menores forem os grãos dos cristais de brometo de prata da emulsão;
- quando a revelação é feita entre 16ºC e 35ºC.

Espalhamento dos raios X

O espalhamento dos raios X provoca o aparecimento de radiações secundárias indesejáveis. Esses raios são menos energéticos e se propagam aleatoriamente. Quando atingem a película radiográfica, produzem na chapa revelada um aspecto brumoso conhecido como **véu** ou *fog*.

TOMOGRAFIA

Tomografia é uma técnica radiológica utilizada na obtenção de imagens de secções do corpo. O seu princípio está baseado no borramento das imagens dos objetos que estão antes ou depois do plano de interesse, também chamado plano focal ou plano objeto. Esse exame é chamado também de planigrafia, estratigrafia ou laminografia. Para se obter a imagem do objeto desejado, usam-se tomografias lineares, circulares, elípticas ou hipocicloidais. Dessas, trataremos das lineares.

Tomografia linear. Baseia-se num movimento sincronizado da ampola de raios X e do filme (Fig. 16.23). Essas peças são presas por uma haste rígida que gira em torno de um fulcro. O braço da ampola é maior do que o braço do filme. Quando o tubo se move num sentido, o filme radiográfico se move em sentido oposto. O ângulo máximo do movimento chama-se **ângulo tomográfico**. O plano de interesse médico se localiza ao nível do fulcro (plano focal). Os órgãos do paciente que estiverem neste plano formarão imagens mais nítidas do que aqueles outros não pertencentes ao plano.

Os raios X, ao passarem pelo corpo, projetam as imagens dos órgãos internos sobre a película radiográfica. Quando a ampola e o filme se movem sincronizadamente em torno do fulcro, as imagens dos órgãos que estão no plano objeto apresentam-se paradas sobre a película radiográfica, enquanto as imagens dos objetos que não pertencem a este plano movem-se sobre o filme apresentando-se, ao final, borradas. Note-se a inversão das posições das imagens de **A** e de **C** em relação à imagem do ponto **B**. No início do

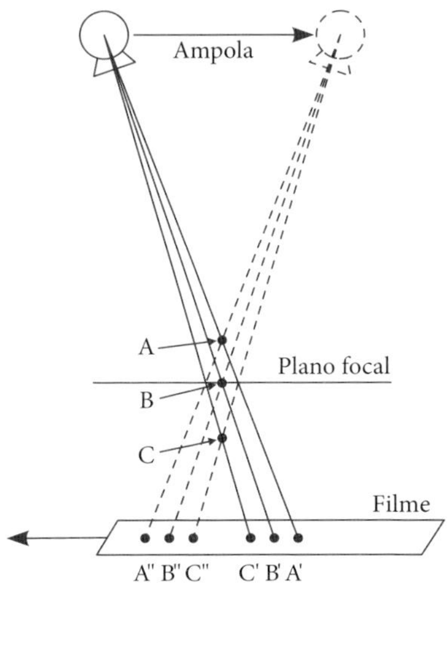

Figura 16.23 Técnica da tomografia linear. Ver texto para detalhes. (Modificado de Christensen et al., 1972, p. 198.)

movimento da ampola, a imagem de **A** estava à direita da imagem do ponto **B**, enquanto ao final do movimento a imagem do ponto **A** deslocou-se para a esquerda da imagem do ponto **B**, mostrando assim que ela não esteve parada em relação a esse ponto. O mesmo aconteceu com a imagem do ponto **C**.

Numa tomografia, a melhor imagem é aquela de uma fatia plana localizada no fulcro. A espessura dessa fatia é inversamente proporcional ao ângulo tomográfico (Tabela 16.5). Assim, quanto maior for o ângulo, mais delgada será a secção do órgão que pode ser examinada.

Tabela 16.5 Ângulo tomográfico e espessura do plano de corte.

Ângulo	Espessura (mm)
4°	15,0
2°	25,0
10°	5,0
36°	1,8
48°	1,0

Fonte: Christensen, 1972, p. 201.

PANTOMOGRAFIA

A pantomografia é muito empregada nos estudos das arcadas dentárias. Graças a essa técnica, superfícies curvas podem ser radiografadas e apresentadas como se fossem planas (Fig. 16.24). A radiografia é obtida da seguinte maneira: o paciente mantém sua cabeça imóvel entre a ampola de raios X e o filme radiográfico. Esse filme é protegido por uma cobertura metálica que possui uma única fenda através da qual o filme pode ser exposto aos raios. Essa fenda se move sincronicamente com a ampola, a qual descreve um arco de círculo em torno da cabeça do paciente. Assim, ao término do movimento circular da ampola, a fenda terá percorrido toda a superfície da película radiográfica, projetando a imagem de cada ponto do percurso.

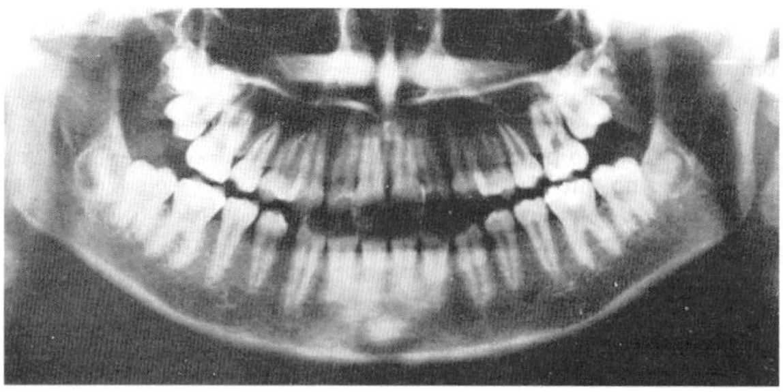

Figura 16.24 Pantomografia da arcada dentária. (De Freitas et al., 1994, p. 224.)

Uma outra técnica mantém fixa a posição da ampola de raios X e faz girar a cabeça e o filme (**F**), como mostrado na Fig. 16.25.

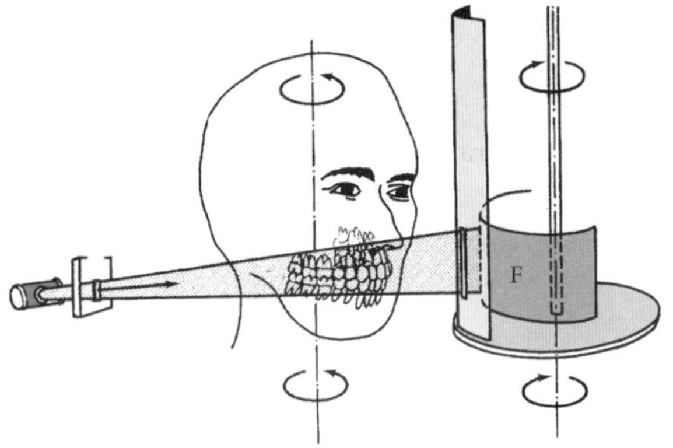

Figura 16.25 Técnica alternativa para a obtenção de pantomografias. (De Freitas et al., 1994, p. 218.

BIBLIOGRAFIA

Burns, D.M., MacDonald, S.G.G. (1970). Physics for Biology and Pre-medical Students. Addison-Wesley Publishing Company, Inc., Philippines.

Carneiro Leao, M. (1982). Princípios de Biofísica. Guanabara Koogan, Rio de Janeiro.

Christensen, E.E., Curry, T.S., Nunnally, J. (1972). An Introduction to the Physics of the Diagnostic Radiology. Lea & Febiger, Philadelphia.

Freitas, A., Rosa, J.E., Souza, I.F. (1994). Radiologia Odontológica. 3ª ed. Livraria Editora Artes Médicas Ltda.

Glasser, O. (1944). Medical Physics. The Year Book Publishers Inc., Illinois.

Halliday, D., Resnick, R. (1966). Física – Parte II. Ao Livro Técnico e Editora da Universidade de São Paulo, Rio de Janeiro.

Heneine, I.F. (1984). Biofísica Básica. Livraria Atheneu, Rio de Janeiro.

Knoche, H.W. (1991). Radioisotopic Methods for Biological and Medical Research. Oxford University Press, New York.

Okuno, E., Caldas, I., Chow, C. (1982). Física para Ciências Biológicas e Biomédicas. Harper & Row do Brasil, São Paulo.

Ségré, E. (1980). Dos raios X aos quarks. Editora Universidade de Brasília. Brasília, DF.

Wald, P.H., Stave, G.M. (1994). Physical and Biological Hazards of the Workplace. Van Nostrand Reinhold, New York.

CAPÍTULO 17

Física dos radionuclídeos

INTRODUÇÃO

A descoberta das radiações ionizantes e dos compostos dotados de radioatividade natural logo interessou à biologia e às ciências médicas. A princípio, pelos danos que causavam nas estruturas vivas, mas, depois, pelo seu valor como meio para o diagnóstico e o tratamento das doenças. Durante os últimos anos a ciência aprendeu a produzir, manipular e controlar as substâncias radioativas, permitindo que os processos envolvidos na sua produção, no seu armazenamento e no seu uso se tornassem mais seguros.

Alguns elementos químicos existentes na natureza já são radioativos. Outros podem ser gerados pelo bombardeamento nos reatores nucleares ou nos aceleradores de partículas. Por isso, os radioisótopos podem ser genericamente classificados em naturais e artificiais.

A emissão radioativa altera profundamente a estrutura atômica do elemento emissor, pois modifica a composição e o balanço energético do seu núcleo. Os núcleos instáveis dissipam o excesso de energia que possuem emitindo radiações. Como a origem do fenômeno radioativo é nuclear, os isótopos que emitem radiação são chamados mais apropriadamente de **radionuclídeos**.

Na Medicina, os radionuclídeos são usados como fonte primária de radiação tanto para o tratamento de tumores, como para o diagnóstico e para a investigação científica. Para tratar, usam-se as radiações emitidas por amostras de alta atividade, que são mantidas em ampolas metálicas apropriadas. Nessas ampolas, a quantidade de radiação que servirá para a exposição do organismo pode ser regulada, a fim de que sejam alcançadas as doses terapêuticas adequadas. Os principais elementos radioativos usados com essa finalidade são o césio-137, o cobalto-60 e o rádio-226. Os equipamentos que trabalham com esses isótopos são conhecidos como bomba de césio, bomba de cobalto e bomba de rádio. Como **traçador radioativo**, o isótopo instável é usado, por exemplo, para permitir a determinação de fluxos, para esclarecer etapas metabólicas, bem como para permitir o conhecimento da distribuição de substâncias e elementos de interesse médico nos diversos compartimentos orgânicos.

OS MODELOS ATÔMICOS

Kanáda, Democritus, Lavoisier e Dalton. Desde Kanáda (hindu, século 10 a.C.) e Democritus (grego, século 5 a.C.), a matéria é entendida como sendo formada por partículas diminutas e indivisíveis. A teoria da estrutura da matéria acabou migrando do domínio dos filósofos para o campo da ciência, e Robert Boyle, em 1661, cunhou a expressão "elemento" para identificar a porção de matéria que não poderia ser decomposta em partes mais simples. Desde então, vários cientistas têm contribuído para aperfeiçoar o conhecimento das partículas fundamentais que constituem os corpos. Entre eles, Lavoisier estabeleceu a diferença entre elemento e composto químico, e Dalton, em 1808, propôs uma teoria atômica. Todavia, a grande renovação dos conceitos começou quando Boltwood descobriu o iônio e mostrou que ele não podia ser separado do tório através das técnicas químicas. Pouco tempo depois, viu-se que o mesotório também não podia ser separado do rádio por processos químicos, e, a essa lista, foram sendo adicionados muitos outros elementos que se distinguiam dos seus isótopos estáveis, porque eram capazes de emitir, de forma espontânea, algum tipo de radiação nuclear.

Goldstein e Thomson. O modelo atômico sofreu muitas modificações desde a sua primeira concepção. A primeira partícula subatômica observada foi o próton. Essa partícula formava os "raios canais" de Goldstein (1896). No ano seguinte, Thomson (1897) descobriu o elétron e, em 1910, propôs que nos átomos essas partículas carregadas negativamente estivessem contidas numa esfera na qual havia uma quantidade igual de prótons.

Rutherford, Chadwick e Bohr. A descoberta dos prótons e elétrons excitou a curiosidade dos cientistas para esclarecer como eles deveriam estar arrumados de modo a formar a estrutura dos átomos. Em 1911, Rutherford, bombardeando folhas de ouro com partículas alfa emitidas pelo rádio, mostrou que os prótons e os elétrons não podiam estar distribuídos uniformemente no espaço. Ele concluiu que os átomos deveriam ter um núcleo muito denso, formado por prótons, e em torno dele haveria elétrons que, atraídos eletrostaticamente pelo núcleo, reproduziriam, no microcosmo atômico, a estrutura do sistema solar.

O átomo de Rutherford representou um notável avanço na concepção do modelo atômico. Todavia, a massa atômica dos elementos, estimada com a ajuda desse modelo, representava apenas parte da massa atômica determinada pelos métodos químicos. Essa falha somente foi esclarecida com a descoberta dos nêutrons por Chadwick (1932). Estes, por terem massa aproximadamente igual à dos prótons e por não serem portadores de carga elétrica, contribuiriam para a massa atômica sem, contudo, alterar o número atômico dos elementos.

O átomo nucleado de Rutherford encontraria, contudo, dois grandes obstáculos. O primeiro foi o fato de que não explicava as bandas espectrais discretas que eram emitidas por átomos excitados e, o segundo, porque, de acordo com os estudos de Maxwell, qualquer corpo acelerado deveria ganhar ou perder energia. Os elétrons de Rutherford estavam, ao menos, sob a ação de uma aceleração centrípeta e esta deveria impor uma perda contínua de energia.

Assim, não havendo uma fonte que contrabalançasse, a cada instante, a energia perdida, eles deveriam chocar-se contra o núcleo atômico. Esse conflito foi estudado por Niels Bohr (1913) que, trabalhando ao lado de Rutherford na Universidade de Manchester, idealizou um novo modelo para a estrutura atômica dos elementos.

De acordo com o modelo de Bohr os átomos deveriam possuir um núcleo estacionário e central no qual estariam os prótons e os nêutrons. Como essas partículas possuem, cada uma, quase 2.000 vezes mais massa do que o elétron, então elas praticamente determinam a massa do átomo. Os prótons são portadores de massa e de carga positiva. Os nêutrons possuem massa, mas não apresentam carga elétrica. De acordo com os modelos, no átomo eletricamente neutro, a quantidade de prótons seria igual à quantidade de elétrons. Os elétrons girariam em torno do núcleo, ocupando orbitais específicos. Nos átomos não excitados, os elétrons se encontrariam em orbitais estacionários e, nessa condição de equilíbrio, não emitiriam nenhuma radiação. Todavia, ao ganhar energia, eles poderiam saltar para orbitais mais externos, isto é, mais afastados do núcleo atômico. Aplicando a teoria dos *quanta* desenvolvida por Planck, Bohr postulou que a energia dos orbitais deveria estar relacionada com os múltiplos inteiros de $\mathbf{h/2\pi}$, onde h é a constante de Planck.

No modelo de Bohr, o salto de um elétron para um orbital de energia menor deveria ser acompanhado pela emissão de fóton. A energia do fóton emitido deveria ser igual à diferença entre as energias dos orbitais. O modelo de Bohr explicou com sucesso as reações do átomo de hidrogênio e, por isso, ganhou muita atenção.

Einstein. Apesar do grande avanço feito por Niels Bohr, o seu modelo de átomo também não foi suficiente para explicar os achados espectroscópicos que revelaram ser os espectros constituídos por uma série de bandas largas. Estas, por sua vez, continham uma estrutura de bandas finas agrupadas muito juntas uma das outras. Além do mais, o modelo de Bohr não considerava a influência da velocidade das partículas sobre as suas massas. Esse fato, esclarecido depois por Albert Einstein (Fig. 17.1) na sua Teoria da Relatividade, permitiu que fossem feitos acréscimos importantes à ideia de Rutherford e de Bohr.

Schrödinger e De Broglie. A primeira modificação proposta pela física relativística foi a de que o núcleo atômico não deveria ser estacionário, mas, ao contrário, mover-se-ia deslocado por forças provenientes da rotação dos elétrons orbitais. Essa modificação aperfeiçoou o modelo e o tornou capaz de prever melhor as respostas dos átomos cuja eletrosfera contivesse mais do que um elétron. Em seguida, Sommerfeld idealizou órbitas elípticas para os elétrons, em vez das circulares de Bohr. Em 1926, Irwin Schrödinger, baseado na ideia do binômio partícula-onda proposto por De Broglie, sugeriu que os

Figura 17.1 Albert Einstein.

elétrons deveriam atuar como ondas e que cada estado quântico de um dado elétron num átomo obedeceria à equação das ondas propagadas numa corda de extremidades fixas. No seu entender, cada orbital somente seria possível se pudesse conter um número inteiro de comprimentos de onda associados ao elétron. O átomo de Schrödinger encontraria também alguns problemas. Suas equações são muito complexas e a solução delas, para átomos com muitos elétrons, é de difícil realização. Além do mais, à semelhança do átomo de Bohr, o modelo de Schrödinger não abrangia as considerações relativísticas de Einstein.

Para os propósitos deste estudo, adotaremos o modelo de Bohr. Assim, praticamente toda a massa atômica está concentrada no núcleo e os elétrons serão considerados girando em torno dele. Cada orbital (n) não pode possuir mais que $2n^2$ elétrons. O número de prótons será chamado de número atômico e será representado por Z, e a massa atômica, equivalente à soma dos prótons mais nêutrons, será representada por **A**. A massa atômica dos elementos é calculada tomando-se como referência a massa do carbono, que é considerada igual a 12. A massa dos átomos não se apresenta como um número inteiro em virtude da variação de energia necessária para reunir os constituintes de cada átomo. Os elementos são identificados pelos seus números atômicos e assim estão arrumados na Tabela Periódica. Os elementos naturais ou artificiais que possuem o mesmo número atômico, mas diferem quanto à massa atômica, são chamados de isótopos.

A TABELA PERIÓDICA DOS ELEMENTOS

A Tabela Periódica classifica os elementos conhecidos. Cada elemento é ordenado de acordo com o seu número atômico. As colunas da Tabela mostram os grupos ou famílias. Os elementos de um mesmo grupo apresentam comportamento químico semelhante, porque possuem o mesmo número de elétrons no seu orbital mais externo. Verificou-se que os átomos que possuem 8, ou então múltiplos de 8 elétrons no orbital mais externo, são particularmente muito estáveis, sendo essa a condição de equilíbrio. Assim, existem famílias de elementos que adquirem maior estabilidade cedendo elétrons, enquanto outras necessitam ganhar elétrons. Por isso, a valência dos elementos é dada pela quantidade de elétrons que eles possuem no orbital mais externo.

Átomos como o sódio e o potássio têm valência +1, pois tornam-se mais estáveis, cedendo um elétron da sua camada mais superficial. Outros, como o cloro, o bromo e o flúor, têm valência –1, pois tendem a receber um elétron externo para dar maior estabilidade à sua eletrosfera.

A eletrosfera atômica é importante para o estudo das radiações ionizantes, pois é o principal alvo para a interação das radiações fotônicas e particuladas, além de ser, ela mesma, sob determinadas condições, produtora de radiações eletromagnéticas. A emissão de fótons pela eletrosfera dá-se em virtude dos fenômenos de excitação eletrônica e de ionização dos átomos. Um átomo em estado excitado possui um excedente de energia que pode estar acumulada tanto no núcleo quanto na eletrosfera.

A DESCOBERTA DA RADIOATIVIDADE E OS TIPOS DE RADIAÇÕES

Primeiras evidências. O primeiro a observar os efeitos das radiações nucleares pode ter sido Niepce de Saint-Victor, em 1867. Ele percebeu que uma emulsão de cloreto de prata era velada quando posta em presença de sais de urânio. Depois, Becquerel (1896) repetiu o experimento e acabou por descobrir a radioatividade do urânio e, dois anos mais tarde, Pierre Curie e Marie Sklodowska Curie (1898) descreveram o rádio e o polônio como elementos dotados de radioatividade natural.

Descoberta das radiações alfa, beta e gama. Rutherford, estudando as emanações radioativas do urânio, concluiu, em 1899, que existem dois tipos de radiações, as quais denominou alfa e beta. Em 1900, Curie e Villard descobriram um terceiro tipo de radiação, os raios gama. Estes tinham natureza eletromagnética e não sofriam desvio quando submetidos ao campo elétrico. A Fig. 17.2 mostra o desvio provocado por um campo elétrico, nas trajetórias das partículas alfa e beta. O maior efeito sobre a trajetória das beta ocorre em virtude de elas possuírem menor massa do que as partículas alfa. A inexistência de desvio na trajetória das radiações gama sugere que elas não transportam carga elétrica, sendo, por isso, insensíveis ao campo.

Os raios gama pertencem à família das radiações eletromagnéticas. Ela inclui desde ondas longas de calor até os raios cósmicos (Tabela 17.1). Os raios gama diferem dos raios X, no entanto, por serem provenientes do núcleo atômico. A emissão gama nunca é um efeito primário, pois geralmente está precedida por uma emissão alfa ou beta. Uma exceção a essa regra ocorre quando o átomo decai por captura K, fenômeno que será estudado adiante.

Rutherford encerrou radônio numa ampola de vidro de paredes muito finas e conseguiu coletar, no meio exterior, as partículas alfa emitidas pelo gás radioativo. A análise dessas partículas mostrou que se tratava de estruturas semelhantes ao núcleo do hélio.

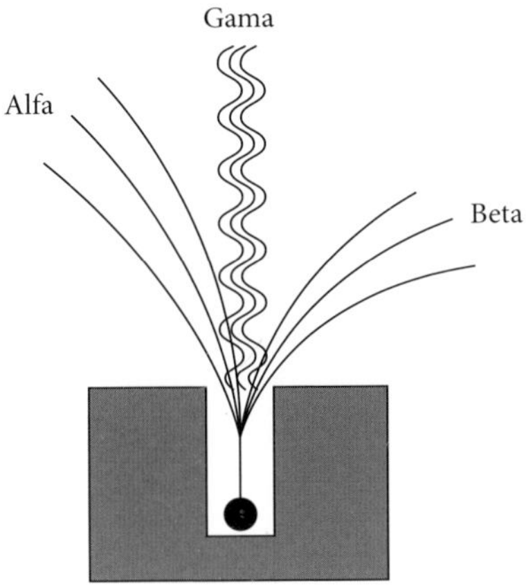

Figura 17.2 Separação das emissões radioativas do urânio.

Tabela 17.1 Família das radiações eletromagnéticas.

Radiação	Comprimento de onda	Energia aproximada (eV)	Frequência (Hz)	Transição típica
Ondas elétricas	> 10km	$< 10^{-10}$	$< 10^{4}$	Vibração molecular
Diatermia	500m-10m	10^{-8}-10^{-7}	10^{6}-10^{7}	Vibração molecular
Ondas de rádio	1km-1cm	10^{-10}-10^{-3}	10^{4}-10^{11}	Vibração molecular
Micro-ondas	10cm-0,1cm	10^{-5}-10^{-3}	10^{9}-10^{11}	Vibração molecular
Infravermelho	400μm-800nm	0,05-0,5	10^{11}-10^{14}	Vibração molecular
Visível	800nm-400nm	1-3	10^{14}-10^{15}	Orbitais externos
Ultravioleta	400nm-100Å	3-124	10^{15}-10^{17}	Orbitais externos e ionização
Raios X	100Å-1Å	124-12k	10^{17}-10^{20}	Orbitais internos
Raios gama	1Å-10^{-3}Å	12k-12M	10^{19}-10^{22}	Nuclear
Raios cósmicos	< 10^{-3}Å	> 12M	$>10^{22}$	

Fonte: Modificado de Knoche, 1991, p. 19

Por outro lado, os estudos com a deflexão das radiações beta em campos elétricos e magnéticos mostraram que essas radiações eram constituídas por elétrons dotados de elevada velocidade.

A NOMENCLATURA NUCLEAR

Já vimos que os elementos são classificados na Tabela Periódica de acordo com os seus números atômicos. Os radionuclídeos são especificados da seguinte forma:

$$^{131}_{53}\mathrm{I}_{78}$$

onde o sobrescrito 131 representa a massa atômica **A**, o subscrito 53 o número atômico Z e o subscrito 78, que é obtido pela diferença A-Z, o número de nêutrons do elemento **I** (iodo). Assim, como fórmula geral, pode-se escrever:

$$^{A}_{Z}\mathbf{X}_{A\text{-}Z}$$

Muitas vezes, o número atômico (**Z**) e o número de nêutrons (A-Z) são omitidos e os radionuclídeos, frequentemente, referidos simplesmente como ^{131}I ou ainda como iodo-131, por exemplo. Reserva-se a área do sobrescrito situada depois do elemento para especificar uma ionização (±) ou um estado excitado (*). Por exemplo:

$^{131}I^{-}$ – radionuclídeo iodo-131 em estado ionizado

$^{131}I^{*}$ – radionuclídeo iodo-131 com núcleo em estado excitado

Um sobrescrito à direita do elemento ausente ou zero indica que o átomo está no seu estado fundamental, não apresentando ionização nem excitação. Assim:

^{131}I ou $^{131}I^{0}$ – é o radionuclídeo iodo em estado fundamental

Isótopos e decaimento. Isótopos são átomos dotados de mesmo número atômico, porém com massas atômicas diferentes, porque possuem diferentes quantidades de nêutrons. O iodo possui, entre outros, os isótopos ^{125}I, ^{126}I, ^{127}I, ^{128}I, ^{129}I, ^{130}I e ^{131}I. São chamados radioisótopos ou, como tem sido preferido, radionuclídeos aqueles isótopos que apresentam núcleos instáveis e que emitem radiações, a fim de alcançar um estado de equilíbrio. Os mecanismos nucleares, que fazem com que esses isótopos emitam radiações particuladas, impõem uma tal mudança na composição nuclear que, após a emissão, o elemento emissor desaparece, criando um outro elemento químico. A esse processo de transformação nuclear chama-se de **decaimento**. O átomo inicial é chamado de **pai**, e aquele formado pela transmutação nuclear, de **filho**.

Isômeros. Um átomo pode encontrar-se em estado excitado por possuir um excedente de energia ao nível do núcleo. São **isômeros** os átomos que, tendo o mesmo número de massa e o mesmo número atômico, diferenciam-se, contudo, pelo estado de energia dos seus núcleos. O estado de energia mais elevado é chamado de metaestável e é representado pela letra **m** colocada junto com a massa atômica. Por exemplo:

$$^{130\mathbf{m}}_{53}\mathbf{I}$$

Instabilidade nuclear. Os elementos com núcleos estáveis não emitem radiação, ao contrário do que ocorre com aqueles instáveis. Vários graus de instabilidade são possíveis. Diz-se que um átomo é muito instável quando uma população deles apresenta uma transmutação acelerada. Por exemplo, o carbono-10 gera átomos-filhos mais rapidamente do que o carbono-14. Uma maneira de medir o grau de instabilidade nuclear é determinar o tempo de meia-vida do radionuclídeo. Quanto menor for esse tempo, mais instável é o radionuclídeo. Na prática, no entanto, é impossível a determinação de taxas de decaimento radioativo que sejam maiores que 10^{20} anos. Por isso, não se pode afirmar, com absoluta convicção, que os núcleos ditos estáveis não apresentem decaimento. Para conceituar núcleo estável é prudente dizer-se que são aqueles que não apresentam decaimento no intervalo de tempo passível de ser medido ou estimado pela ciência.

A DESINTEGRAÇÃO RADIOATIVA

A estabilidade nuclear

Forças nucleares. A experiência tem mostrado que existem átomos cujos núcleos são mais estáveis do que outros. Muitas partículas intranucleares contribuem para o complexo jogo das forças que determinam o grau de estabilidade nuclear. Os prótons, por serem positivos, desenvolvem entre si uma intensa repulsão, mas, enquanto estão no interior do núcleo atômico, essa tendência é neutralizada por uma força atrativa especial chamada de **força forte**. Os estudos têm mostrado que a força gravitacional – resultante da atração entre as massas das partículas nucleares – tem intensidade muito pequena e, por isso, não pode ser responsável pela manutenção do estado confinado em que se encontram as partículas do núcleo. Além da força forte existente entre os prótons e nêutrons nucleares, também contribui para a estabilidade do núcleo a **força superforte** que, atuando sobre os quarks em conjunto com a força forte, forma os núcleons. A **força fraca** está relacionada com a promoção do desequilíbrio nuclear, sendo responsável pelo decaimento do nêutron.

Transmutação. Quanto maior for a instabilidade nuclear, maior será a probabilidade para que o núcleo sofra uma transformação capaz de alterar o seu número atômico. Esse decaimento é chamado de **transmutação**. Nessa evolução, desaparece o átomo-pai e cria-se um átomo-filho. A transmutação radioativa se faz pela emissão de energia sob a forma de radiações alfa e beta, as quais podem estar acompanhadas por emissão gama. Os núcleos instáveis, ao perderem energia, aumentam os seus graus de estabilidade. Os átomos com número atômico menor que 20 e que têm o número de prótons igual ao de nêutrons são particularmente muito estáveis. O exemplo do ^{14}**C** é característico. Esse elemento tem uma relação nêutron/próton igual a 1,33. Para tornar-se mais estável, tem que transformar um dos seus nêutrons em próton e, quando isso acontece, forma-se o ^{14}N. Esse átomo-filho é muito estável e sua relação nêutron/próton é igual a 1.

A Fig. 17.3 mostra a **linha de estabilidade** (curva sólida) construída a partir do número de nêutrons (**N**) e do número atômico (**Z**) dos elementos. Note-se que, para os elementos com número atômico maior que 20, a relação nêutron/próton, que estabiliza o núcleo, não é mais igual à unidade, mas há necessidade de uma quantidade relativamente maior de nêutrons.

O processo de transmutação radioativa é estocástico, isto é, o instante da sua ocorrência não pode ser previsto com exatidão, mas apenas por métodos estatísticos. Isso implica dizer que, numa população de núcleos instáveis, não é possível prever-se qual deles sofrerá primeiro uma transmutação.

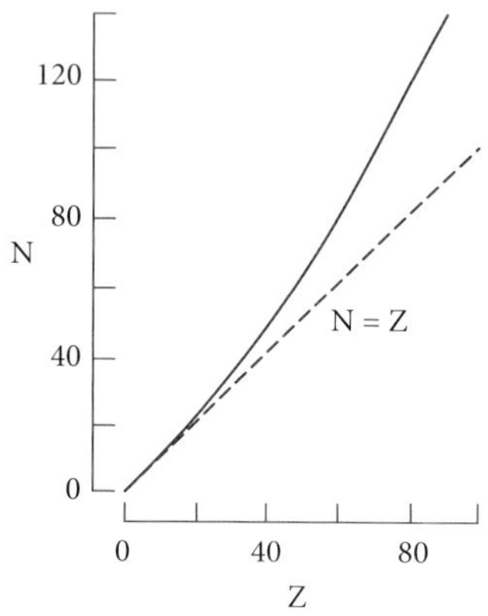

Figura 17.3 Linha de estabilidade nuclear. **N,** número de nêutrons; Z, número atômico. (De Rollo, 1977, p. 19.)

Características das radiações nucleares

A Tabela 17.2 mostra algumas características das radiações nucleares.

Tabela 17.2 Radiações nucleares.

Radiação	Símbolo	Carga	Faixa de energia (MeV)	Penetração	
				Ar	Água
Alfa	α	+2	3-9	3-9cm	25-45μm
Beta negativa	β^-	–1	0-3	0-10m	0-1mm
Beta positiva	β^+	+1	0-3	0-10m	0-1mm
Nêutrons	n	0	0-10	0-100m	0-1m
Gama	γ	0	0,01-10	até 100m	até 10cm

Fonte: Modificado de Rollo, 1977, p. 32.

O decaimento nuclear

A princípio, as emanações radioativas do urânio e do rádio pareceram, a Becquerel e aos Curie, ser uma fonte inesgotável de energia. Isso foi abalado quando Owens, Rutherford e Soddy perceberam que alguns elementos radioativos perdiam rapidamente a capacidade de emitir radiação. Para caracterizar esse fenômeno, Rutherford, no começo desse século, chamou de decaimento ao aumento de estabilidade nuclear em virtude da emissão de radiação. Também é dele a expressão **desintegração**, que expressa as transformações intranucleares capazes de promover o decaimento.

1. LEI FUNDAMENTAL DA DESINTEGRAÇÃO RADIOATIVA E ATIVIDADE DE UMA AMOSTRA

Considere-se uma população de átomos todos de um mesmo isótopo instável que, no tempo t = 0, contenha N_0 átomos. Sendo instáveis, eles se desintegrarão com o tempo. Decorrido um intervalo de tempo qualquer, a quantidade (N) de átomos do elemento original que ainda existe na amostra é dada por:

$$\mathbf{N = N_0 \cdot e^{-\lambda \cdot t}}$$

onde:

λ – é a constante de decaimento radioativo do isótopo que constitui a população

Atividade de uma amostra radioativa. Chama-se de **atividade** (**A**) de uma amostra radioativa a quantidade de átomos que sofrem desintegração na unidade de tempo. Assim:

$$A = \frac{\mathbf{dN}}{\mathbf{dt}}$$

O uso do cálculo integral permite que a lei da desintegração radioativa seja expressa em termos de atividade do seguinte modo:

$$\mathbf{A = A_0 \cdot e^{-\lambda \cdot t}}$$

onde:

A – é a atividade da amostra num tempo **t**
$\mathbf{A_0}$ – é a atividade da amostra no tempo **t** = 0
λ – é a constante de decaimento radioativo do isótopo que constitui a amostra

Unidades de atividade. As unidades de atividade radioativa são o becquerel (**Bq**) e o curie (**Ci**). O becquerel é a unidade do Sistema Internacional (SI) e se refere ao número de desintegrações por segundo (**dps**) do seguinte modo:

$$1\text{Bq} = 1\text{dps}$$

O curie é a atividade equivalente àquela de 1g de rádio-226 e vale $3{,}7 \times 10^{10}$dps. Os seus submúltiplos mais usados são:

- o milicurie (mCi), que equivale a $3{,}7 \times 10^7$dps
- o microcurie (μCi), que equivale a $3{,}7 \times 10^4$dps

2. MEIA-VIDA DE UM RADIONUCLÍDEO

Meia vida ($t_{1/2}$) é o tempo necessário para que sofra decaimento metade dos átomos de uma amostra constituída, inicialmente, por um único radionuclídeo. A Tabela 17.3 mostra o tempo de meia-vida para alguns radionuclídeos, bem como os tipos de radiações que emitem.

Tabela 17.3 Características de alguns radionuclídeos.

Elemento	Z	A	$t_{1/2}$	Radiação
Antimônio	51	122	67h	β^-, γ
Arsênico	33	74	17,5d	β^-, β+, γ
Bismuto	83	210	5d	β^-
Bromo	35	82	35,7h	β^-, γ
Cálcio	20	45	164d	β^-, γ
Carbono	6	11	20,4min	β+
Carbono	6	14	5.730a	β^-
Césio	55	134	2,3a	β^-, γ
Cloro	17	38	37,3min	β^-, γ
Cobalto	27	60	5,2a	β^-, γ
Cobre	29	64	12,8h	β^-, β+, γ, EC
Enxofre	16	35	87,3d	β^-
Estrôncio	38	90	29a	β^-
Ferro	26	59	45d	β^-, γ
Fósforo	15	32	14,3d	β^-
Gálio	31	72	14,3h	β^-, γ
Hidrogênio	1	3	12,2a	β^-
Iodo	53	125	59,9d	EC
Iodo	53	131	8,04d	β^-
Iodo	53	132	2,33h	β^-, γ
Magnésio	12	28	21,2h	β^-, γ
Ouro	79	198	2,69d	β^-, γ
Potássio	19	42	12,5h	β^-, γ
Rádio	88	226	1.620a	α, β^-, γ
Sódio	11	22	2.605a	β^+ (90%), EC (10%)
Sódio	11	24	15h	β^-, γ
Tecnécio	43	99	6h	EC, γ
Zinco	30	65	245d	EC, β^+, γ

d = dia; a = anos.

Fontes: De Strominger et al., *in* Wagner, 1968, p. 863; Knoche, 1991, p. 416.

Relação entre meia-vida e constante de decaimento radioativo. Usando-se a equação fundamental para a desintegração radioativa, pode-se relacionar a constante de meia-vida com a constante de decaimento. Assim:

$$N = N_0 \cdot e^{-\lambda t}$$

Quando **t** = $t_{1/2}$, então $N = N_0/2$. Logo a expressão ficará:

$$\frac{N_0}{2} = N_o \cdot e^{-\lambda t_{1/2}}$$

Simplificando e, em seguida, logaritmando-se a equação, tem-se que:

$$\ln (1/2) = \ln (e^{-\lambda t_{1/2}})$$
$$\ln 1 - \ln 2 = -\lambda\, t_{1/2} \ln e$$
$$- \ln 2 = -\lambda\, t_{1/2}$$
$$\ln 2 = -\lambda\, t_{1/2}$$

donde,

$$\lambda = \frac{\ln 2}{t_{1/2}}$$

ou

$$\lambda = \frac{0{,}693}{t_{1/2}}$$

3. REPRESENTAÇÃO ESQUEMÁTICA DO DECAIMENTO

Símbolos e convenções. Todas as formas de decaimento radioativo podem ser representadas em esquemas que começam com o elemento-pai e terminam no elemento-filho mais estável. O decaimento que se processa com a emissão de partículas positivas é indicado por setas desenhadas para a esquerda e para baixo (↙), enquanto o decaimento por emissão de partículas negativas é representado por setas orientadas para baixo e para a direita (↘). A emissão gama representa-se por uma seta vertical, dirigida para baixo (↓). Os níveis de energia dos núcleos-filhos são representados por linhas horizontais onde se indica a energia em MeV, medida entre o nível e o estado de energia do elemento-filho estável. Também podem estar representados o percentual de ocorrência para cada tipo de emissão, a meia-vida de cada núcleo instável, bem como a quantidade total de energia envolvida na transmutação. Alguns autores preferem, em vez de indicar o nível de energia dos estados intermediários, quantificar a energia das radiações emitidas em cada tipo de decaimento. A seguir mostraremos as duas maneiras de representar, mas adotaremos a última.

4. DECAIMENTO ALFA

Equação geral do decaimento alfa. A maioria dos elementos que apresentam decaimento alfa possuem número atômico maior que 82. Sobre eles, há grande interesse médico, pois, além de a radiação alfa produzir intensa ionização na matéria com a qual interage, eles tendem, geralmente, a se acumular nos ossos. A equação geral para esse tipo de decaimento é a seguinte:

$$^{A}_{Z}\mathbf{X}^{0} \rightarrow {}^{A-4}_{Z-2}\mathbf{Y}^{-2} + {}^{4}_{2}\alpha^{+2} + \gamma + \mathbf{Q}$$

A partícula alfa. É formada por dois prótons e dois nêutrons e, por isso, é semelhante ao núcleo do hélio. A emissão gama ocorre se, após a emissão alfa, o núcleo permanecer em estado excitado. A letra **Q** representa a energia equivalente à perda de massa ocorrida na transformação.

Admitindo-se que depois da emissão da partícula alfa a eletrosfera não tenha sido modificada, o átomo-filho, ao ser criado, possui um excedente de carga elétrica, pois terá dois elétrons a mais do que o número de prótons. Assim, para estabilizar a sua eletrosfera o novo elemento terá que perder esses elétrons.

O esquema do decaimento alfa. A Fig. 17.4 mostra o esquema de decaimento radioativo do rádio-226. Nela pode-se observar que o rádio se transforma em radônio, que, ainda instável, acabará transmutando para chumbo-210 depois de passar por vários outros elementos também instáveis. Nesse esquema, pode-se ver que o $^{226}_{88}\mathbf{Ra}$ pode emitir partículas alfa com quatro energias diferentes. Durante 94,6% do tempo os átomos emitem radiação alfa que retira do núcleo-pai toda a energia necessária para transformá-lo em $^{222}_{88}\mathbf{Rn}$. Em outros 5,4% do tempo, a partícula alfa retira energia do rádio, porém o deixa excitado em um nível que é 0,19MeV mais elevado do que o do núcleo do radônio-222 no seu estado fundamental. Nesse metaestado, o núcleo permanece 0,3ns, quando então emite uma radiação gama de 0,19MeV e, então, transforma-se em radônio-222. Ainda são possíveis níveis de 0,45 e 0,60MeV. A quantidade (**Q**) de energia envolvida na transição de rádio-226 para o radônio-222 é de 4,87MeV e a meia-vida ($t_{1/2}$) do rádio-226 é de 1.620 anos.

Uma outra maneira de representar o decaimento está ilustrada na Fig. 17.5. Nela, o polônio-214 se transforma em chumbo-210. Isso é conseguido preferencialmente (> 99,9%) pela emissão de uma partícula alfa (α_1) com 7,686MeV, mas também pode ser feito pela emissão de α_2 com 6,904MeV. Quando ocorre uma emissão de α_2, o núcleo fica excitado e, após uma emissão gama com energia de 0,800MeV, transforma-se em chumbo-210. A energia da transmutação é de 7,833MeV e a meia-vida do polônio é de $1,64 \times 10^{-4}$s.

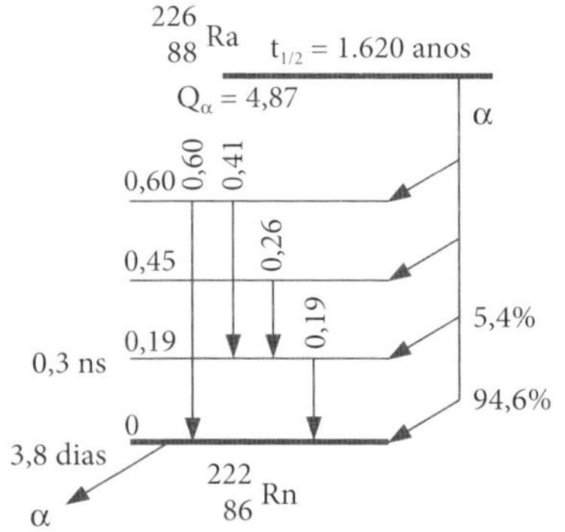

Figura 17.4 Esquema do decaimento do rádio-226. (De Rollo, 1977, p. 33.)

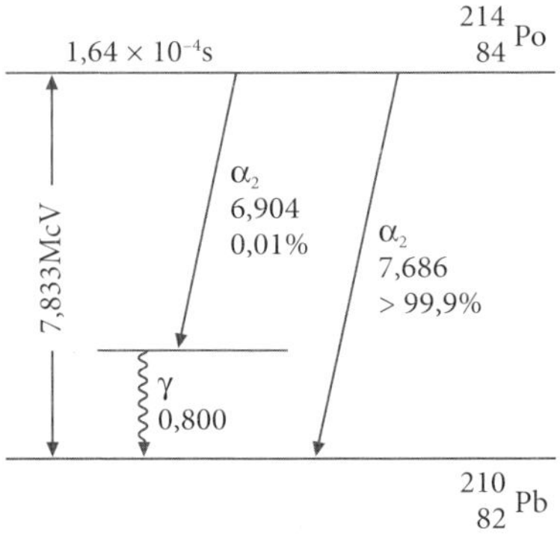

Figura 17.5 Esquema do decaimento do polônio-214. (De Knoche, 1991, p. 36.)

A emissão de partículas alfa retira dos núcleos atômicos grande quantidade de energia. Rutherford observou que o tempo de meia-vida dos radionuclídeos é inversamente proporcional à energia das partículas alfa emitidas.

Propagação das partículas alfa no ar. As partículas alfa se propagam no ar percorrendo trajetórias quase retilíneas. Isso pode ser visto na câmara de bolhas de Wilson. Nela, a radiação passa através de ar frio e saturado com vapor d'água (Fig. 17.6). A grande massa dessas partículas lhes garante quantidade de movimento suficiente para que, nessas condições, sua trajetória seja retilínea. Quanto mais energéticas forem, maior será o caminho percorrido no ar (Fig. 17.7).

Interação e destino das partículas alfa. À medida que as partículas alfa se propagam, elas interagem com os átomos do meio e, assim, perdem energia cinética. Essa transferência de energia se faz tanto por colisão mecânica, quanto por interação de campo elétrico. Por essa razão, durante o seu percurso, as partículas alfa promovem a excitação e a ionização do meio por onde passam. Quando excitam, transferem parte da sua energia para mover elétrons dos átomos para orbitais mais energéticos e, quando ionizam, arrancam elétrons desses átomos, produzindo pares iônicos (elétrons errantes e íons). Alguns elétrons podem ganhar energia bastante para produzir ionizações secundárias. Na câmara de Wilson (Fig. 17.6) a trajetória desses elétrons rápidos pode ser vista como ramificações que partem do caminho percorrido pela partícula alfa. Os elétrons que formam essas trajetórias secundárias são chamados de raios delta.

Straggling. Ao transferir sua energia para o meio, a velocidade das partículas alfa diminui, o que facilita a sua interação e a produção de um número maior de pares iônicos por unidade de percurso (ionização específica). A Fig. 17.8 mostra como aumenta a ionização específica (curva de Bragg) à medida que se reduz a energia residual da par-

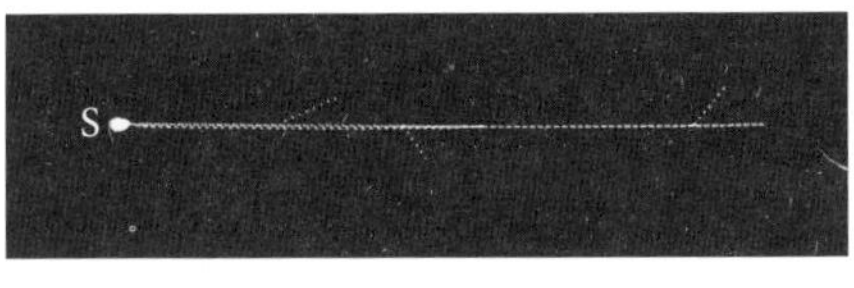

Figura 17.6 Trajetória das partículas alfa na câmara de bolhas de Wilson. (De Rollo, 1977, p. 38.)

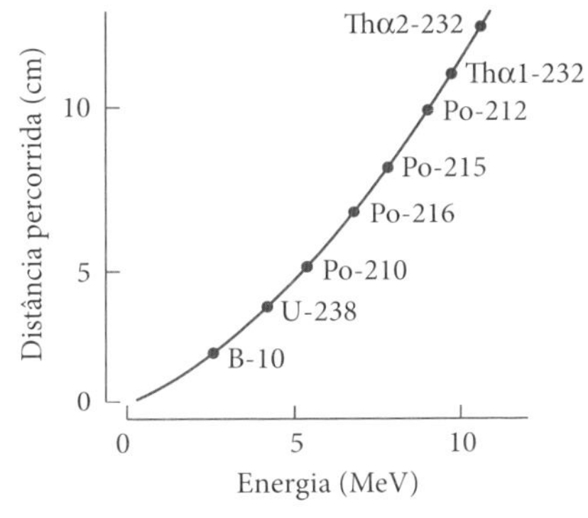

Figura 17.7 Distâncias no ar percorridas por partículas alfa de energias diferentes. (De Rollo, 1977, p. 36.)

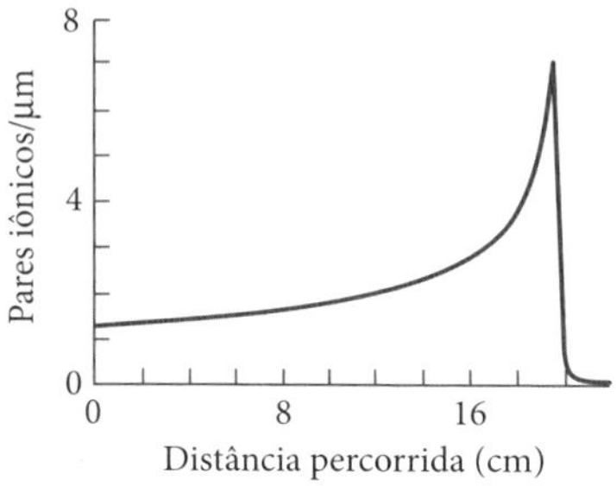

Figura 17.8 *Straggling* das radiações alfa monoenergética mostrando a variação da ionização do meio em relação à distância percorrida no ar pela partícula. (De Knoche, 1991, p. 82.)

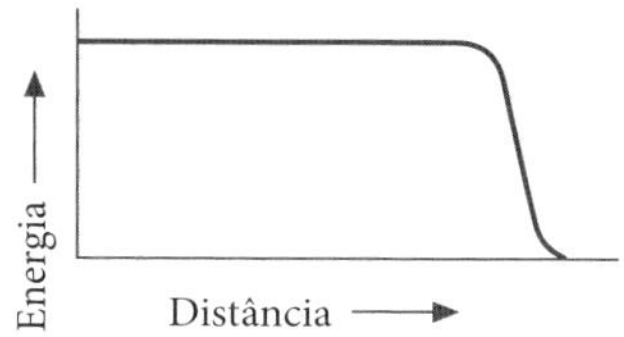

Figura 17.9 Variação da energia de uma partícula alta em função da distância percorrida em um meio. (De Knoche, 1991, p. 83.)

tícula alfa. Durante a interação com o meio (*straggling*), a partícula alfa vai transferindo a sua energia para ele e, quando ela se torna suficientemente lenta, acaba por atrair dois elétrons do meio e, então, sofre neutralização, transformando-se em um átomo de hélio. A Fig. 17.9 mostra que o *straggling* ocorre, principalmente, no final do caminho percorrido pela radiação alfa.

5. O DECAIMENTO BETA

Existem três formas de decaimento tipo beta:

- emissão de négatrons (β^-);
- emissão de pósitrons (β^+)
- captura de elétrons (EC)

5.1. Decaimento por emissão de négatrons

Os emissores β^- são de grande interesse no campo da Biologia e da Medicina, pois constituem a maioria dos radionuclídeos usados como traçadores. A característica desse tipo de decaimento é a emissão de uma radiação que é constituída por partículas semelhantes aos elétrons.

Equação geral do decaimento β^-. O decaimento beta negativo pode ser expresso pela seguinte equação:

$$^{A}_{Z}\mathbf{X}^{0} \rightarrow {}^{A}_{Z+1}\mathbf{Y}^{1+} + \beta^- + \overline{\nu} + \gamma + \mathbf{Q}$$

Pode-se ver que o elemento Y, formado após a emissão beta, tem número atômico que é uma unidade maior do que aquele do radionuclídeo-pai. A conversão nuclear que se supõe estar associada a esse tipo de emissão é a seguinte:

$$\mathbf{n}^{0} \rightarrow \mathbf{p}^{+} + \beta^- + \overline{\nu} + \mathbf{Q}$$

A partícula beta negativa e o antineutrino. O emissor beta apresenta um excesso de nêutrons em relação aos prótons. Com a conversão de nêutrons em prótons, o núcleo aumenta o seu grau de estabilidade. A partícula β^- é idêntica ao elétron orbital, com a diferença de que ela possui grande energia cinética e origem nuclear. Uma parte da energia da conversão nêutron-próton é transportada pelo antineutrino ($\bar{\nu}$) que, além de não possuir carga elétrica, tem massa desprezível ou nula. Essa antipartícula é um elemento subatômico diferenciado e não deve ser confundida nem com o fóton eletromagnético, nem com uma partícula. A detecção do antineutrino é uma tarefa difícil, pois, não possuindo massa nem carga elétrica, essa antipartícula apresenta uma fraca interação com os meios pelos quais atravessa. Supõe-se que se ela atravessasse toda a massa da Terra 100 bilhões de vezes, teria 50% de chance de não sofrer uma única interação. Considere-se que a maioria das partículas alfa e beta não atravessam poucos milímetros de papel e, então, ter-se-á a noção exata de quão pequena é a interação do antineutrino.

O papel do antineutrino. Pauli, em 1931, previu a existência do neutrino e do antineutrino. Na época, ele estava preocupado em entender porque era contínuo o espectro das partículas beta emitidas por um radionuclídeo. Ele queria saber porque existiam partículas beta dotadas de energias que variavam de valores próximos a zero até um determinado valor máximo ($E_{máx}$), característico para cada tipo de emissor. Pauli propôs que, ao se formar uma partícula β^-, deveria também ser criada uma antipartícula. Com essa teoria, ele explicou a existência do espectro contínuo de energias observado para as partículas β^-, propondo que o antineutrino seria o responsável pelo transporte da energia complementar. Assim, a energia transportada por cada antineutrino seria sempre a diferença entre a energia da beta de mais elevada energia e a beta emitida na conversão nuclear que formou a antipartícula. A Fig. 17.10 mostra o número de partículas beta em função das energias que elas transportam. Note-se que existem poucas partículas transportando valores elevados de energia e que existe um valor de energia máximo possível. E_{β^-} representa a energia de uma dada partícula β^-, enquanto $E_{\bar{\nu}}$ é a energia transportada pelo antineutrino. Para qualquer valor de E_{β^-}, a soma de E_{β^-} com $E_{\bar{\nu}}$ é sempre igual a $E_{máx}$.

A emissão gama acoplada à emissão beta negativa. A quantidade de energia Q representa toda a energia envolvida com a transformação do radionuclídeo-pai para o elemento-filho. No caso da emissão beta, a quantidade de energia cinética do núcleo-filho que se deve ao recuo por causa da ejeção da partícula é considerada desprezível. Quando a partícula beta retira do núcleo toda a energia necessária para que o radionuclídeo se transforme em seu átomo-filho, então não há produção de radiação gama associada à emissão beta. Isso é o que acontece com o ^{3}H, ^{14}C, ^{32}P e ^{35}S. Em outros, como no decaimento do ^{39}Cl e do ^{131}I, a emissão beta é sempre acompanhada por emissão gama, pois a partícula geralmente não transporta toda a energia necessária para a transmutação.

O esquema de decaimento β^-. A Fig. 17.11 mostra um exemplo de decaimento β^- sem emissão de gama. Trata-se do ^{14}C que, ao emitir uma partícula beta de 0,156MeV, transforma-se em ^{14}N.

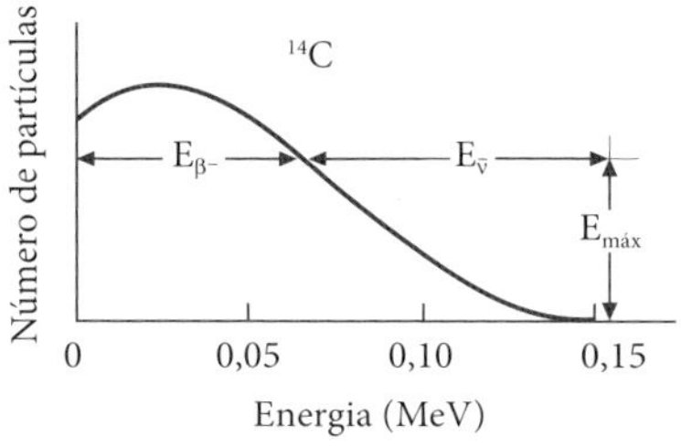

Figura 17.10 Espectro de energias das partículas beta negativas (E_{β^-}) emitidas por um radionuclídeo. $E_{\bar{\nu}}$, energia do antineutrino. $\mathbf{E_{máx}}$, energia máxima transportada pela partícula β^-. (Modificado de Knoche, 1991, p. 40.)

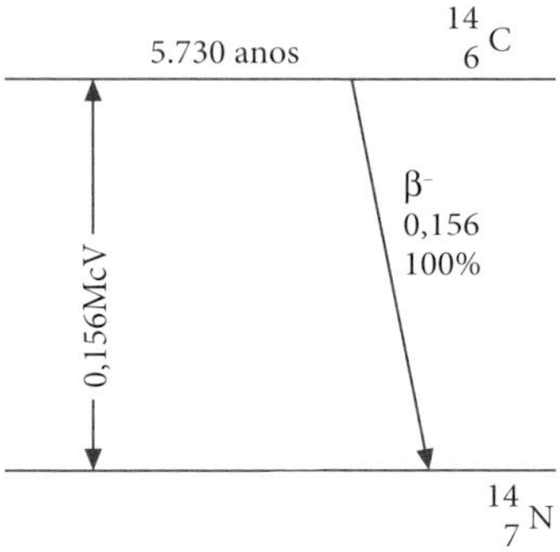

Figura 17.11 Esquema do decaimento do carbono-14. (De Knoche, 1991, p. 41.)

O ^{39}Cl, por sua vez, emite partículas β^- com três níveis máximos de energia:

$$\beta_1^- \; [-] \; 3{,}45\text{MeV}$$
$$\beta_2^- \; [-] \; 2{,}18\text{MeV}$$
$$\beta_3^- \; [-] \; 1{,}91\text{MeV}$$

Como a energia total da transmutação é igual a 3,44MeV, então para os dois metaestados criados com a emissão β_2^- e β_3^- há emissão de raios gama, como se vê no esquema da Fig. 17.12.

Interação e destino das partículas beta negativas. Os négatrons interagem com a matéria em virtude da sua massa e da sua carga elétrica. A interação pode ser com os núcleos ou com os elétrons dos átomos do meio. Quando ocorre com os núcleos atômicos, ela pode ser elástica ou inelástica. É **elástica** quando se conserva a energia cinética, mas a trajetória da partícula sofre alteração (Rutherford *scattering*). A colisão com núcleos pode, no entanto, reduzir a quantidade de energia cinética. Nesse caso, ela é chamada de **inelástica**. Quando a partícula beta é atraída para o interior do núcleo, ela cede a ele toda a sua energia de movimento. Ao passar na proximidade do núcleo, ela sofre desvio de trajetória por causa da atração eletrostática, e perde energia cinética. A quantidade de energia perdida depende do grau de desvio que sofre. Esse fenômeno, conhecido como *bremsstrahlung*, é responsável pela desvio de fótons (radiação de frenagem) durante a interação das radiações β^- com a matéria. A energia transportada pelos fótons é igual àquela perdida pela partícula. O *bremsstrahlung* não é um fenômeno frequente. Ele acontece em apenas 1% das interações dos négatrons, mas a interação com átomos de número atômico elevado aumenta a chance de que ele ocorra. Depois de perder sua energia cinética, as partículas beta negativas se transformam em elétrons vagueantes ou então são atraídas por cátions do meio.

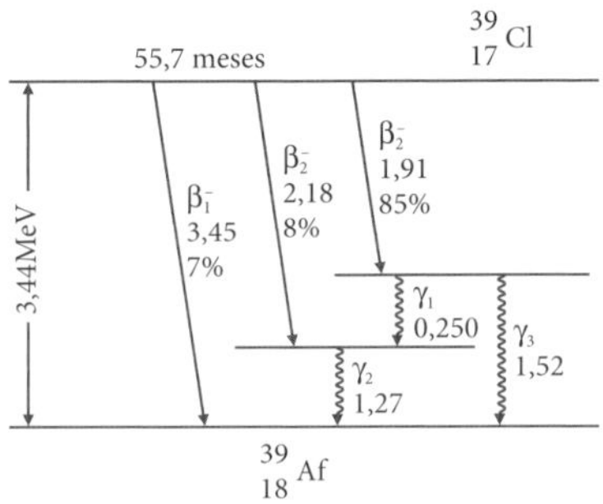

Figura 17.12 Esquema do decaimento do cloro-39. (De Knoche, 1991, p. 42.)

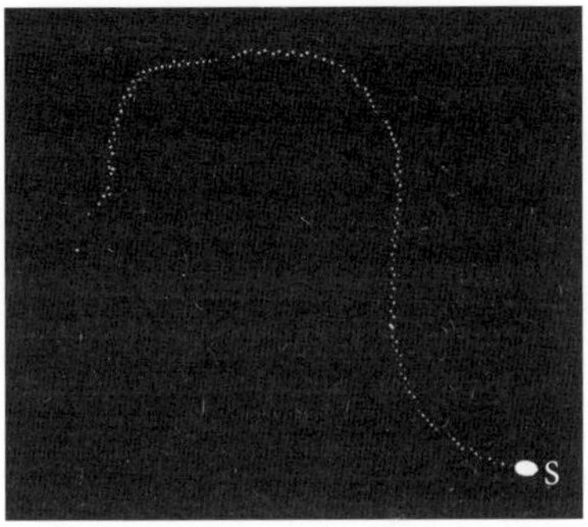

Figura 17.13 Trajetória de uma partícula β^- na câmara de bolhas de Wilson. (De Rollo, 1977, p. 45.)

Propagação das partículas beta negativas no ar. Durante o seu percurso pela matéria, as partículas β^- podem interagir com elétrons, promovendo a formação de pares iônicos ou a excitação dos átomos do meio. O deslocamento de elétrons das camadas K, L e M é acompanhado pela produção de raios X característicos, que se formam quando a posição orbital vazia é preenchida por elétrons mais periféricos.

A trajetória da partícula β^- no ar é sinuosa, pois a sua pequena massa a torna vulnerável à mudança de direção quando interage com o meio (Fig. 17.13).

5.2. Decaimento por emissão de pósitrons

Equação geral do decaimento β^+. Muitos emissores β^+ são usados em Medicina como traçadores. Eles não existem naturalmente e, assim, devem ser produzidos nos reatores nucleares ou nos aceleradores de partículas. A maioria deles tem número atômico menor que 85. Esses emissores decaem obedecendo à seguinte equação:

$$ {}^{A}_{Z}\mathbf{X}^{0} \rightarrow {}_{Z-1}^{A}\mathbf{Y}^{1-} + \beta^{+} + \nu + \gamma + \mathbf{Q} $$

A partícula beta positiva e o neutrino. Ao contrário da emissão β^-, o número atômico do elemento-filho reduz-se de uma unidade. A conversão nuclear que explica essa emissão é a seguinte:

$$ \mathbf{p}^{+} \rightarrow \mathbf{n}^{0} + \beta^{+} + \nu + \mathbf{Q} $$

Os radionuclídeos que emitem β^+ têm uma relação nêutrons/prótons desfavorável, e a sua estabilidade é aumentada quando transformam um próton em um nêutron, como mostra a equação acima. Isso indica que esses núcleos têm excesso de prótons e a conversão dessas partículas em nêutrons aumenta a relação nêutron/próton.

O papel do neutrino. O pósitron tem massa igual ao elétron, porém transporta carga positiva. À semelhança dos négatrons, os emissores β^+ apresentam um espectro contínuo, indicando que as partículas são ejetadas com energias diferentes e contínuas. Há, contudo, um valor máximo de energia possível de ser transportado por uma partícula β^+. A diferença entre a energia de um dado pósitron emitido e a energia máxima possível é transportada por uma partícula que não possui carga nem massa. A ela se deu o nome de neutrino (ν).

A emissão gama acoplada à emissão beta positiva. No decaimento por emissão de pósitrons, o núcleo pode permanecer excitado depois da emissão. O excedente de energia é perdido sob a forma de uma emissão gama. A transformação nêutron-próton pode ser espontânea, pois a massa do nêutron é maior do que a do próton. Todavia, para converter um próton em nêutron, é necessária a adição de energia externa, que, tudo indica, provém das ligações intranucleares.

O esquema do decaimento β^+. A Fig. 17.14 mostra um esquema incompleto do decaimento do sódio-22. Note-se que em 90% das vezes são produzidas partículas β^+ com 0,545MeV, mas que há uma pequena chance (0,06%) para que se produzam partículas com 1,82MeV. A energia total da transmutação (2,84MeV), além de envolver a energia das radiações, inclui a energia necessária para formar a massa do pósitron e aquela relativa à perda de um elétron orbital que é necessária para tornar neutro o elemento Y. Após a emissão β^+, o átomo-filho fica com o excesso de um elétron, e, por isso, Y está representado com carga elétrica negativa.

Quando o núcleo fica excitado depois de ter emitido o pósitron, ele perde o excesso de energia, emitindo uma radiação gama de 1,27MeV. Em 10% do tempo de decaimento, ocorre a captura de elétron.

Interação e destino das partículas beta positivas. O pósitron é ejetado dos núcleos com uma quantidade de energia cinética e, ao longo do seu trajeto no meio com o qual interage, produz excitação e ionização. Contudo, sendo ele a antipartícula dos elétrons, tem vida efêmera, pois logo interage com um elétron do meio e sofre aniqui-

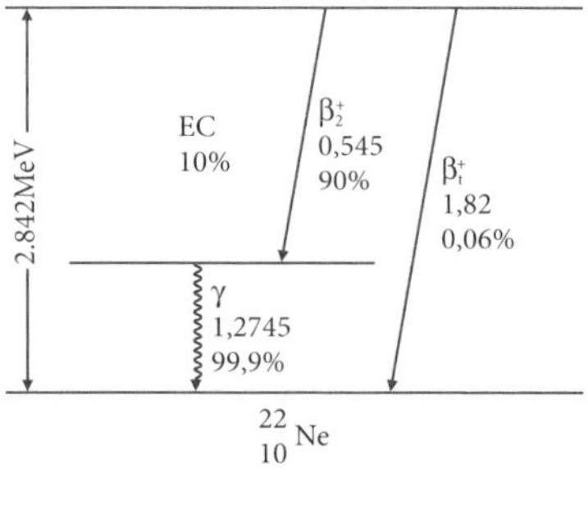

Figura 17.14 Esquema do decaimento do sódio-22 por emissão beta. Não está representado o decaimento por captura de elétrons que também acontece com este radionuclídeo. (Modificado de Knoche, 1991, p. 45.)

lação. A **aniquilação** é o fenômeno que se caracteriza pela transformação da matéria e da antimatéria em energia eletromagnética. Assim, na reação entre pósitron e elétron, é liberada uma quantidade de energia igual a:

$$\Delta E = 2 \cdot m_{\text{elétron}}\, c^2$$

$$\mathbf{\Delta E = 1{,}022MeV}$$

Essa energia aparece sob a forma de dois fótons cada um com uma energia de 511keV.

5.3. Decaimento por captura de elétron orbital

Equação geral do decaimento por captura de elétron orbital. Esse é o tipo de decaimento que acontece no ^{125}I e no ^{55}Fe. Todavia, muitos emissores β^+ também usam essa via de desintegração. No fenômeno da captura de elétrons (EC), o núcleo absorve um dos elétrons orbitais e este reage com um próton para formar um nêutron. Como a interação do elétron é sempre feita com um próton, haverá redução do número atômico, o que se assemelha ao mecanismo de emissão β^+. Por isso, esse tipo de decaimento pode ser considerado uma variação da desintegração β^+. A equação geral desse processo é:

$$^{A}_{Z}X^0 \rightarrow {}^{A}_{Z-1}Y^0 + \nu + \gamma + Q$$

A conversão nuclear. A conversão nuclear que explica a redução do número atômico é:

$$e^- + p^+ \rightarrow n + \nu$$

Captura K. Esse tipo de decaimento ocorre em radionuclídeos com baixa relação nêutrons/prótons. Praticamente todos os elétrons absorvidos são tomados do orbital K (90%) e, por essa razão, esse decaimento é também conhecido como captura K. Cerca de 10% dos elétrons são, contudo, retirados dos orbitais L e aproximadamente 1% do orbital M. A única emissão nuclear é o neutrino (ν). Pode ocorrer, junto com a emissão do neutrino, a emissão de radiação γ, sempre que o núcleo permanecer em estado excitado. Uma característica desses neutrinos é que são monoenergéticos, isto é, todos transportam a mesma quantidade de energia. Isso se deve ao fato de que devem transportar toda a energia da transição nuclear por eles serem a única emanação do núcleo.

Elétrons de Auger e efeito fotoelétrico interno. A retirada de um elétron orbital desequilibra a eletrosfera e, como os orbitais envolvidos são muito energéticos, o preenchimento do vazio se faz por elétrons mais periféricos, que, ao transitar para um orbital mais interno, perdem energia sob a forma de raios X característicos. O fóton de raios X emitido pode, em alguns casos, interagir com um elétron orbitário, transferindo para ele sua energia e promovendo sua ejeção do átomo. Os elétrons ejetados por esse processo são conhecidos como **elétrons de Auger** (pronuncia-se "ô-zei"), e a interação dos fótons com os elétrons orbitários, como **efeito fotoelétrico interno**.

Esquema do decaimento por captura de elétron orbital. AFig. 17.15 mostra o esquema completo do decaimento do ^{22}Na. A desintegração com emissão de pósitrons já foi discutida anteriormente. Note, no entanto, que cerca de 10% da transmutação se faz por captura de elétrons. Nesse caso, o núcleo fica excitado e chega ao estado de energia potencial mínima, emitindo uma radiação gama de 1,27MeV.

Também o cromo-51 decai por captura de elétrons, gerando o vanádio-51 (Fig. 17.16). Nesse decaimento, em 90% das vezes, a captura de elétrons com emissão de um neutrino leva o átomo-filho ao seu estado de repouso, mas pode ocorrer também um metaestado, que acaba por desaparecer com uma emissão gama de 0,32MeV.

6. AS TRANSIÇÕES ISOMÉRICAS

Conceito. Já dissemos que isômeros são átomos de um mesmo elemento, cujos núcleos se diferenciam apenas pela quantidade de energia que possuem. O estado excitado é instável e o núcleo tende a perder o excesso de energia, emitindo uma radiação gama. Se os núcleos excitados possuem uma meia-vida mensurável, então diz- se que estão em um estado metaestável que se representa pela letra "m" colocada junto à massa atômica do elemento.

Estado metaestável e emissão gama. Os núcleos podem adquirir um estado metaestável, depois de emitir uma partícula ou de ser bombardeados por radiações particuladas ou fotônicas. O processo de desexcitação pode ser feito por três modos:

- emissão de gama;
- conversão interna;
- produção de par.

A emissão de gama já foi abordada em vários decaimentos aqui estudados. No caso dos núcleos metaestáveis a equação geral é a seguinte:

$$^{Am}_{Z}X \rightarrow ^{A}_{Z}X + \gamma$$

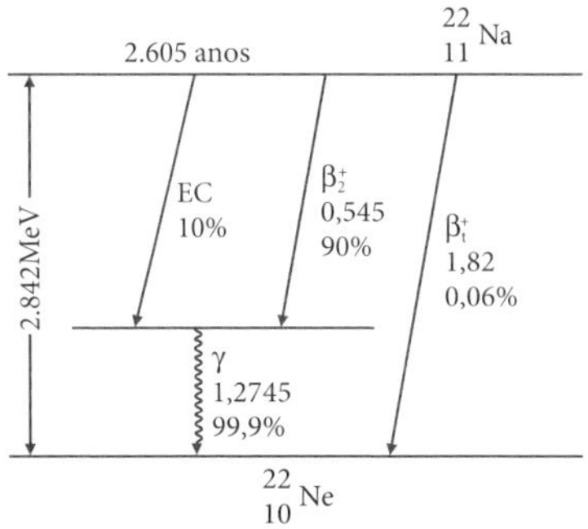

Figura 17.15 Esquema do decaimento do sódio-22. (De Knoche, 1991, p. 45.)

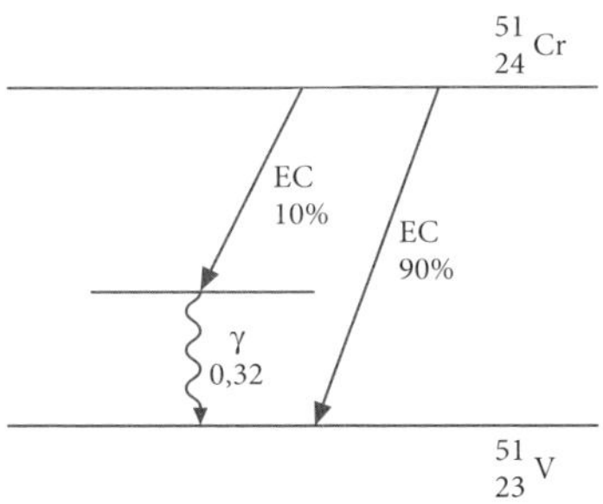

Figura 17.16 Esquema do decaimento do cromo-51. **EC**, captura de elétron. (Modificado de Penna Franca, 1961, p. 48.)

Na conversão interna, o fóton ejetado pelo núcleo interage por efeito fotoelétrico interno com um dos elétrons orbitais do próprio átomo, arrancando-o e produzindo raios X característicos, radiação ultravioleta, bem como outras radiações eletromagnéticas.

Enquanto a emissão gama e a conversão interna são processos frequentes, a produção de par somente ocorre em situações especiais, pois para isso o núcleo tem que ter um excesso de energia capaz de poder produzir uma radiação gama de energia maior que 1,022MeV. Esse valor é considerado elevado e, por isso, a ocorrência do fenômeno é pouco frequente. O núcleo, fortemente excitado, pode produzir uma radiação gama que leve à criação de um pósitron e um elétron que, uma vez formados, afastam-se com grande energia cinética.

RESUMO DA INTERAÇÃO DAS RADIAÇÕES COM A MATÉRIA

Quando as radiações passam através de um corpo, elas sofrem interação com os átomos desse material e transferem para ele toda ou parte da sua energia. O meio que recebe a energia é chamado de **absorvedor**. As radiações emitidas pelos radionuclídeos possuem uma característica comum: produzem ionização na matéria com a qual interagem. Por isso, são chamadas de radiações ionizantes. O comprimento da trajetória percorrida por uma radiação dentro de um meio depende de modo inverso da chance que ela apresenta para interagir com os átomos que constituem o meio.

a) Formas de interação das partículas alfa com o meio:
- excitação;
- ionização primária e secundária.

b) Formas de interação dos négatrons com o meio:
- excitação;
- ionização;
- *bremsstrahlung*.

c) Forma de interação dos pósitrons com o meio:
- aniquilação.

d) Formas de interação dos raios gama e raios X com o meio:
- efeito fotoelétrico;
- efeito Compton;
- produção de par;
- fotodesintegração.

DETECTORES DE RADIAÇÃO

Detectores com câmaras de ionização

1. O ELETROSCÓPIO DE LAURITSEN

O eletroscópio de Lauritsen é uma versão moderna do eletroscópio de folhas de ouro (Fig. 17.17). O princípio desses aparelhos está baseado na repulsão que dois corpos apre-

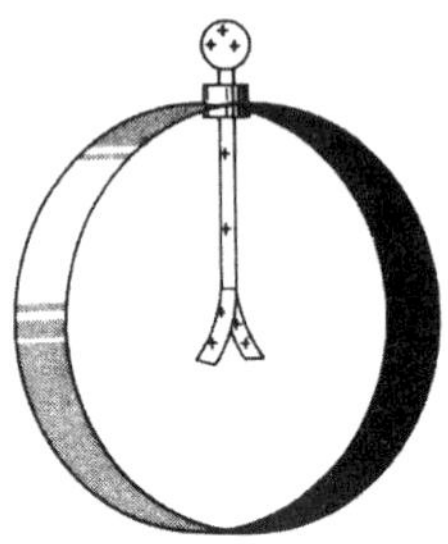

Figura 17.17 Eletroscópio de folha de ouro. (Modificado de Orear, 1971, p. 166.)

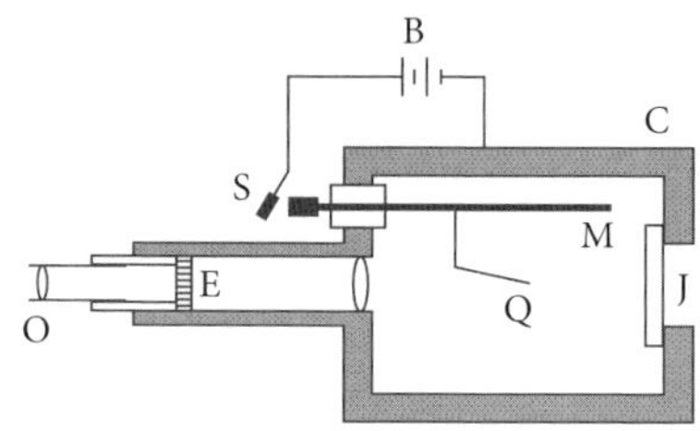

Figura 17.18 Eletroscópio de Lauritsen. (Modificado de Knoche, 1991, p. 104.)

sentam quando estão eletrizados com cargas de mesmo sinal. No aparelho de Lauritsen (Fig. 17.18), usa-se um suporte metálico (**M**) fixo e uma fibra de quartzo (**Q**). Essas peças estão encerradas dentro de uma caixa metálica (**C**), geralmente feita de latão ou bronze, que apresenta uma janela (**J**) ocluída por mica ou plástico Mylar muito fino. A posição da fibra de quartzo pode ser vista por meio de um sistema óptico (O) e sua posição pode ser medida numa escala (**E**) transparente. A bateria (**B**) é usada para eletrizar a fibra de quartzo. Isso se dá ao se fechar a chave (**S**). Quando uma radiação ionizante atravessa a janela **J** e penetra no interior do eletroscópio, ela ioniza o meio formando pares iônicos. Os cátions migram para o eletrodo negativo (parede do instrumento), enquanto os elétrons se dirigem para o eletrodo positivo (quartzo). A chegada dessas cargas diminui a diferença de potencial elétrico entre os eletrodos, reduzindo, assim, o ângulo de afastamento entre a fibra de quartzo e o suporte metálico. Como a dose absorvida é uma medida da energia dissipada no meio, o aparelho pode ser calibrado para ler doses (rad, rem, Gy). O eletroscópio de Lauritsen é usado como dosímetro de bolso e serve para estimar a dose recebida por pessoas que estão sujeitas às radiações.

2. O GEIGER-MÜLLER (G-M)

Estrutura dos tubos Geiger-Müller. Esse detector tem sido largamente usado. Ele é constituído por um tubo cilíndrico dotado de uma janela que está ocluída por uma membrana de mica ou de plástico Mylar muito fino (Fig. 17.19). O volume interno é preenchido por uma mistura gasosa composta por argônio, hélio ou neônio (90%), à qual se adiciona um gás halógeno (Cl_2 ou Br_2) ou um gás orgânico, tal como o metano, o álcool etílico ou o butano (10%).

O tubo Geiger-Müller possui dois eletrodos: o ânodo (**A**) e o cátodo (**C**). O ânodo é colocado no interior do tubo, enquanto a parede metálica do instrumento serve de cátodo (**C**). A amostra radioativa é posta à frente da janela (**J**). Quando suas radiações penetram no interior do tubo, então são produzidos muitos pares iônicos na massa gasosa, os quais migram para os eletrodos de acordo com as suas polaridades. A chegada de cargas com sinal contrário reduz a diferença de potencial entre os eletrodos, e essa variação pode, então, ser detectada e contada por um circuito eletrônico ligado ao tubo.

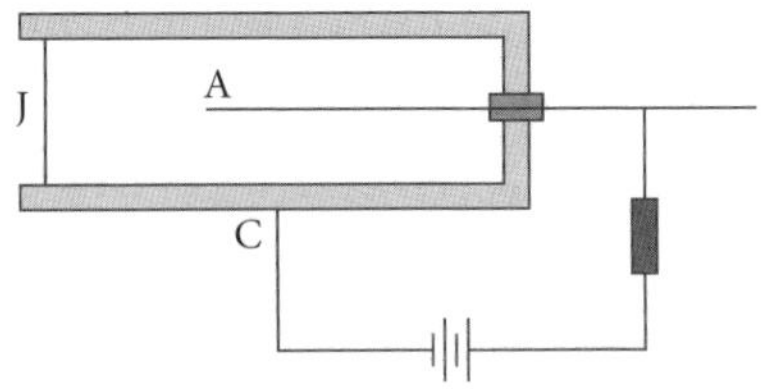

Figura 17.19 Esquema de um tubo Geiger-Müller. **J**, janela; **A**, ânodo; **C**, cátodo.

O quenching. A densidade relativamente alta do argônio facilita a interação das radiações alfa e beta com o meio gasoso. Durante a interação entre a radiação e este gás, formam-se pares iônicos, desprendendo elétrons dos átomos e deixando-os eletricamente positivos. Na migração desses cátions em direção ao polo negativo do tubo Geiger-Müller, esses íons acabam por ser neutralizados após receberem um elétron do meio. Ao ser recebido pelo cátion o elétron passa a ocupar orbitais periféricos e, portanto, de maior energia. Isso significa dizer que o átomo de argônio, antes ionizado, transforma-se em um átomo em estado excitado (Ar*) ao ser neutralizado. Quando esses elétrons migram para os orbitais de mais baixa energia para dar maior estabilidade à estrutura do átomo, há, geralmente, emissão de radiação ultravioleta ou de raios X de baixa energia. Essas radiações, por sua vez, podem interagir com novas moléculas de argônio, reproduzindo o fenômeno e levando a um efeito em avalanche, o que é indesejado. Para reduzir essa possibilidade, usa-se um gás halógeno ou orgânico para absorver as radiações secundárias do argônio excitado, evitando assim que elas interfiram no processo de detecção. Esse mecanismo é conhecido como *self-quenching* (autoapagamento). Quando se usa um composto orgânico como gás apagador (*quencher*), ele, ao receber as radiações emitidas pelo argônio excitado, sofre decomposição devido a rupturas de suas ligações químicas. Esse fato faz com que os tubos "apagados" com metano, álcool etílico ou butano tenham vida limitada. Também o Cl_2 e o Br_2 têm suas ligações químicas rompidas pelas radiações secundárias do argônio. Todavia, os átomos de Cl ou de Br logo se recombinam, formando novas moléculas de CI_2 ou Br_2. Por isso, os tubos dotados de autoapagamento com halogênio têm vida mais longa do que aqueles que usam gases orgânicos.

O *quenching* com halogênio tem a vantagem da durabilidade do tubo. Todavia, sua eficiência como gás apagador é menor do que aquela dos gases orgânicos. Assim, quando é necessário maior precisão nas medidas, são preferíveis os tubos com compostos orgânicos.

O *quenching* do gás pode ser feito também por redução da diferença de potencial entre os eletrodos logo após uma contagem e mantendo-se baixa essa voltagem até que o gás tenha retornado ao seu estado fundamental (*ground state*). Isso é realizado por circuitos eletrônicos muito rápidos.

Tempo de resolução. Chama-se de tempo de resolução de um tubo o tempo que é necessário para que a mistura gasosa readquira o seu estado fundamental e para que a diferença de potencial dos eletrodos se tenha normalizado. Nos tubos G-M esse tempo, geralmente, está na faixa de 100μs a 300μs, mas, em alguns deles, pode chegar a 1ms. Durante esse intervalo, o tubo é insensível às radiações que nele penetram. Assim, quanto maior for o tempo de resolução de um tubo, menor será a sua eficiência. Também, quanto maior for a atividade da amostra, maior será o erro cometido na contagem.

Efeito da tensão elétrica aplicada ao tubo G-M sobre a eficiência da contagem. Quando uma mesma amostra radioativa é colocada à frente da janela do detector, o número de contagens por minuto varia de acordo com a diferença de potencial que se aplica aos eletrodos. A Fig. 17.20 mostra, esquematicamente, como se comporta essa dependência. Note-se que a taxa de contagem é nula quando a diferença de potencial aplicada é zero, mas, a partir de um dado valor de voltagem (**A**), o sistema começa ser capaz de contar. Daí, à medida que se eleva a tensão, a contagem por minuto também aumenta até alcançar o ponto **B**. De **B** até **C**, ocorre um platô, que é a faixa de tensões onde operam as câmaras de ionização. Aumentando-se ainda mais a diferença de potencial, tem-se um aumento proporcional na taxa de contagem. Essa é a faixa onde trabalham os contadores proporcionais. Próximo ao ponto **D**, a proporcionalidade da medida é perdida e, além da voltagem representada por **D**, inicia-se um outro platô. Nele, geralmente na sua porção média, está a voltagem de operação dos tubos Geiger-Müller. Note-se que a taxa de contagem nessa região não mais depende da energia da partícula incidente. Isso está mostrado pelo fato de que as curvas para as radiações alfa e beta coincidem nessa região. Se a tensão é levada além da voltagem representada por **E**, ocorre uma desorganização na estrutura da mistura gasosa, caracterizada pela produção desordenada e incontrolável de pares iônicos. Isso se forma porque os elétrons arrancados dos átomos pela radiação são fortemente acelerados em direção ao ânodo e passam, eles mesmos, a se comportar como novas partículas, produzindo ionizações secundárias, terciárias etc. Esse fenômeno é conhecido como "efeito avalanche". Os tubos Geiger-Müller trabalham com voltagem entre 1.500 e 4.000V.

Uso dos contadores G-M. O uso desses contadores está largamente difundido nos ambientes que lidam com radiações ionizantes. Suas principais vantagens são:

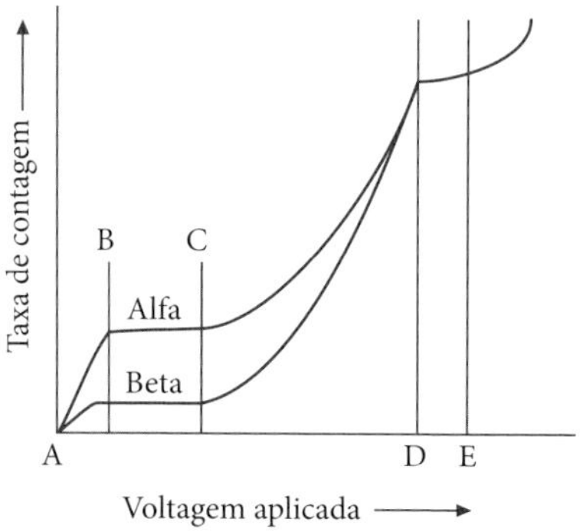

Figura 17.20 Variação da taxa de contagem em função da diferença de potencial aplicada ao detector. Ver texto para detalhes. (De Knoche, 1991, p. 108.)

- baixo preço;
- transportabilidade;
- robustez.

Suas desvantagens são:

- pequena interação com radiações gama em virtude da baixa densidade da mistura gasosa;
- absorção feita pelo material que oclui a janela (mica ou plástico), impedindo a penetração e, consequentemente, a detecção e a contagem de radiações alfa ou beta de pequena energia.

Cintiladores sólidos

1. INTRODUÇÃO

Crooks, em 1903, anunciou à comunidade científica que as radiações emanadas por um radionuclídeo emissor alfa eram capazes de produzir pequenos pontos luminosos em uma placa de ZnS. Construiu, assim, os primeiros espintariscópios [*spintaris* (centelha) + *scop* (ver)], com os quais se começou o estudo das manifestações radioativas. Para que as fracas cintilações do sal pudessem ser visualizadas, eram usadas lupas e a observação tinha que ser feita no escuro. O desenvolvimento das câmaras de ionização tornou esses instrumentos obsoletos e eles foram desprezados até que foi inventada a válvula fotomultiplicadora. Esse instrumento permitiu a construção de equipamentos muito mais sensíveis à luz do que o olho humano e revolucionou as técnicas baseadas em cintilação.

Todas as radiações, sejam elas alfa, beta ou gama, podem produzir cintilação quando interagem com meios apropriados. Para isso, foram desenvolvidos cristais especiais com alta densidade, a exemplo do NaI (3,7g/cm^3), que tem sido usado para a interação com a radiação gama, do antraceno e dos plásticos cintiladores (compostos orgânicos misturados com resinas plásticas) usados para a detecção das radiações alfas e betas.

2. A TEORIA DA CINTILAÇÃO

Bandas de valência, de condução e proibida. No átomo de Rutherford-Bohr, os elétrons estão situados em orbitais específicos, caracterizados pelo número quântico principal (Fig. 17.21). Esses níveis de energia, no entanto, possuem subníveis internos. Entre um nível e outro existe um espaço onde a presença de elétrons é proibida.

Quando átomos são colocados muito próximos, os seus níveis de energia mais externos tendem a se tornar uma banda contínua de energia. Os elétrons situados nas bandas mais afastadas do núcleo se tornam responsáveis pela interação átomo-átomo e, consequentemente, pela formação da rede cristalina. Esses elétrons são chamados de elétrons de valência. Na Fig. 17.22 está uma representação esquemática onde dois e três átomos interagem. Os elétrons de valência se tornam atraídos por ambos os núcleos e os níveis de energia mais alta que cada átomo possui passam a ser compartilhados pelos núcle-

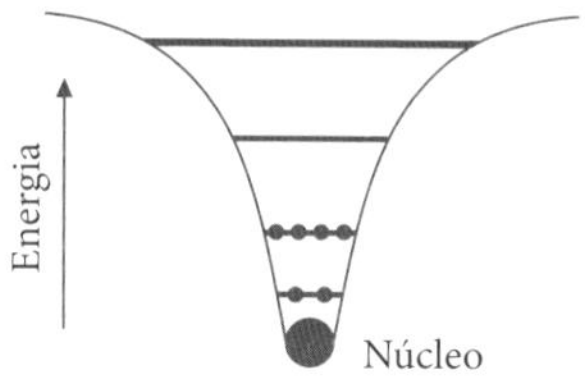

Figura 17.21 Bandas de energia da eletrosfera de um átomo. (De Brophy, 1972, p. 156.)

Figura 17.22 Interação das bandas de energia entre átomos mostrando a formação das bandas de valência e das bandas de condução (níveis de energia mais externos). (De Brophy, 1972, p. 157.)

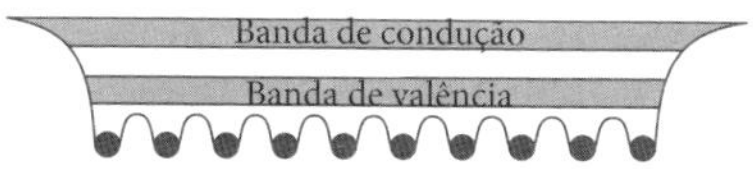

Figura 17.23 Bandas de condução e de valência em um cristal. (De Brophy, 1972, p. 157.)

os, resultando em dois e três níveis possíveis, respectivamente. O mesmo raciocínio se aplica quando são muitos átomos (Fig. 17.23). Dessa interação atômica podem ser reconhecidas duas bandas especiais de energia: a **banda de valência** e a **banda de condução.**

A banda de valência abriga os elétrons de valência, enquanto na banda de condução estão os elétrons dotados de maior energia. Estes podem abandonar o átomo facilmente, tornando-se livres, e, assim, vaguear erraticamente por entre os átomos, ou mesmo mover-se ordenadamente, conduzidos por forças elétricas externas. Entre a banda de valência e a banda de condução existe um *gap* (espaço) proibido aos elétrons. Quando elétrons de valência ganham energia adequada, eles podem saltar para a banda de condução. Esse processo, nos sólidos, representa uma ruptura de ligações entre os átomos com consequente formação de íons. A recombinação dessas partes, para formar a molécula primitiva, envolve a transição de elétrons da banda de condução para a banda de valência, com consequente perda de energia.

Conceito de "buraco". A passagem de um elétron de valência para a banda de condução deixa na banda de valência um vazio, que é conhecido como "buraco". Por essa razão, o buraco representa a deficiência de uma carga negativa e, por isso, a ele se pode associar uma polaridade positiva. Nos cristais, os buracos podem mover-se, pois, ao atraírem elétrons dos átomos vizinhos, deixam neles novos buracos, o que pode ser visto com a migração de buracos de um átomo para outro. Quando se aplica uma diferença de potencial sobre um cristal, os buracos existentes movem-se em direção contrária àquela em que se movem os elétrons.

Centros de ativação de um cristal. Os cristais de iodeto de sódio são feitos misturando-se ao iodo e ao sódio uma pequena quantidade de tálio, que funciona como impureza. O tálio se incorpora à rede cristalina, substituindo o sódio e produzindo pequenas deformações na estrutura da rede. As regiões que apresentam defeitos na estrutura da rede cristalina são chamadas de **centros de ativação**, porque, quando o cristal recebe a energia deixada por uma radiação, são essas regiões que respondem mais prontamente, tornando-se excitadas. Esse estado é transitório e, após pouco tempo, os centros de ativação devolvem, sob a forma de luz visível (fluorescência), a energia que receberam. Por isso, os cristais de NaI usados como detectores de radiação gama são geralmente representados como NaI(Tl), para caracterizar o tipo de impureza que possuem.

Os centros de ativação respondem mais facilmente do que os átomos da matriz cristalina, porque, ao nível da impureza, a região proibida entre as bandas de valência e de condução é menor do que aquela que existe nas demais regiões do cristal.

Importância dos centros de ativação para a emissão de fótons. Todos os cristais possuem uma banda de valência e outra de condução e, entre elas, uma banda proibida. A diferença de energia entre a banda de condução e a de valência – o que reflete, de certa forma, a espessura da banda proibida – depende da composição química do cristal. Nas regiões onde há átomo de tálio, por exemplo, a banda proibida é menor do que naquelas onde somente existem sódio e iodo. Por isso, todas as transferências de energia feitas para a rede cristalina acabam nos centros de ativação. Ali, a possibilidade de recombinação entre elétrons e buracos é grande por causa do pequeno desnível energético existente na banda proibida. Quando o elétron de condução migra para a banda de valência, seu excesso de energia é liberado sob a forma de um fóton de luz visível. A maioria dos fótons emitidos por átomos de Tl, em cuja eletrosfera está havendo recombinação, é absorvida pelo cristal e apenas 10% deles conseguem escapar para o meio exterior.

Éxcitons. A radiação ionizante, ao penetrar no cristal de NaI(Tl), pode formar **éxcitons**. Estes são iodetos excitados ($\mathbf{I^{-*}}$). Quando isso acontece, a energia dos éxcitons é transmitida aos átomos vizinhos até alcançar um átomo de tálio. No processo de desexcitação, o tálio emite fóton visível.

3. A DETECÇÃO DA LUZ

Válvulas fotomultiplicadoras. A invenção e o desenvolvimento dos tubos ou válvulas fotomultiplicadoras permitiram que pulsos luminosos muito fracos pudessem ser detectados e, consequentemente, medidos. Depois, surgiram os fotodiodos que, possuindo junções pn, também serviram para detectar a emissão de luz dos cristais.

Estrutura do tubo fotomultiplicador. A Fig. 17.24 mostra o esquema de um tubo fotomultiplicador. Ele é formado por uma caixa metálica cilíndrica, dotada de uma janela (**J**) em uma de suas faces. No seu interior existem: um fotocátodo (**FC**), um sistema para focalização de elétrons (**F**), vários dinodos (**D**) e um ânodo (**A**). A janela encontra-se ocluída por vidro ou quartzo, que, sendo transparente a muitas radiações fotônicas,

Figura 17.24 Esquema de um tubo fotomultiplicador. **J**, janela; **FC**, fotocátodo; **D**, dinodo; **F**, focalizador; A, ânodo. (Modificado de Knoche, 1991, p. 128.)

permite que elas penetrem no interior do tubo. O fotocátodo é formado por uma liga metálica de antimônio e césio (Sb-Cs) ou de prata e magnésio (Ag-Mg). Também são usados os chamados fotocátodos bialcalinos (Sb-K_2-Cs) e os trialcalinos (Sb-K-Na-Cs).

Quando um fóton de luz visível atinge o fotocátodo então interage com ele e arranca elétrons dos átomos que o constituem. Esses elétrons são chamados de fotoelétrons. Como o fotocátodo está ligado a uma fonte de elevado potencial negativo, os fotoelétrons liberados no seu interior sofrem forte repulsão, abandonando-o. Os dinodos, por sua vez, estão ligados a fontes de potencial elétrico de polaridade positiva e crescente. Assim, o potencial do primeiro dinodo (aquele situado mais perto do fotocátodo) é menos positivo do que o do segundo. Este, menos positivo do que o terceiro, e assim por diante. Os fotoelétrons arrancados do fotocátodo e repelidos por ele são acelerados em direção ao primeiro dinodo, bombardeando-o com alta velocidade. Isso faz com que novos elétrons, agora do dinodo, sejam arrancados. Estes sofrem a atração do segundo dinodo, são acelerados e, ao colidirem com esse eletrodo, arrancam mais elétrons, que passam a ser atraídos pelo terceiro dinodo. O processo continua até alcançar o ânodo. Em cada etapa, o feixe de elétrons vai-se intensificando, de modo que, ao final, há carga negativa suficiente para reduzir transitoriamente o potencial do ânodo. Essa variação de potencial é detectada e contada por circuitos eletrônicos especiais.

Cintiladores líquidos

1. SOLUÇÕES CINTILADORAS

A cintilação pode ser produzida em líquidos. Com essa finalidade, usam-se misturas cintiladoras conhecidas como solução para cintilação líquida ou *cocktail* cintilador. Essa solução é constituída por:

- solvente orgânico;
- substância cintiladora;
- *quenchers* (apagadores).

A amostra radioativa é misturada ao líquido de cintilação contido em pequenos tubos (5 a 20ml), que são colocados em frente às duas fotomultiplicadoras dispostas 180° uma da outra. Como o cintilador envolve toda a amostra radioativa, diz-se que esses contadores têm geometria 2π. Além do mais, não existe nenhum meio interposto entre a fonte de radiação e a substância fotoemissora. Por conta disso, esse tipo de contador apresenta elevada eficiência e se presta para estudar as fracas emissões do ^{3}H, ^{14}C e ^{35}S.

Os principais solventes são:

- compostos aromáticos;
- tolueno.

As substâncias cintiladoras mais usadas estão mostradas na Tabela 17.4.

Como *quencher* se usam:

- oxigênio;
- acetona;
- halogênios.

Tabela 17.4 Substâncias cintiladoras.

Sigla	Substância	Fluorescência máxima (nm)
PPO	2,5-difeniloxazol	365
Butil-PBD	2-(4-tert-butilfenil)5-(4-bifenil)-1,3,4-oxazol	367
BBOT	2,5-bis-2-(5-tertbutilbenzoxazolil)-tiofeno	438
Bis-MSB	p-bis-(O-metilstiril)-benzeno	412
POPOP	1,4-bis-2-(5-feniloxazolil)-benzeno	418
Dimetil-POPOP	1,4-bis-2-(4-metil-5-feniloxazolil)-benzeno	429

Fonte: Adaptado de Knoche, 1991, p. 182.

2. O MECANISMO DA CINTILAÇÃO NOS LÍQUIDOS

Função das substâncias cintiladoras e do *quencher*. A maioria das moléculas do *cocktail* de cintilação é formada por moléculas de solvente. Assim, quando uma radiação interage com essa solução, ela ioniza e excita, preferencialmente, as moléculas do solvente. Estas transferem o excesso de energia para moléculas vizinhas que, na maioria das vezes, também são moléculas de solvente. Todavia, a grande quantidade de interações moleculares aumenta a chance para que o solvente possa transferir energia para uma molécula diferente. Quando a transferência se dá para uma molécula *quencher*, a energia transferida é dissipada sob a forma de calor. Se a transferência é feita para uma molécula cintiladora (POP, p. ex.), então essa molécula emitirá fótons de luz visível.

Estes poderão ser absorvidos pelo líquido de cintilação ou emergir dele, permitindo que sejam, então, detectados e contados com a ajuda de válvulas fotomultiplicadoras. A presença de moléculas *quenchers* no líquido de cintilação serve para absorver as radiações provenientes de moléculas do solvente excitadas, evitando-se, assim, o efeito cascata, e que se produza mais do que um fóton para cada radiação incidente.

Cintilador primário e secundário. Muitas misturas cintiladoras usam dois compostos fluorescentes. Aquele com maior concentração é chamado de **cintilador primário** (S_1), e o outro, de **cintilador secundário** (S_2). A função do cintilador secundário é mudar o comprimento de onda da luz (*waveshifter*) que deve ser emitida pela solução cintiladora, a fim de adequá-la às características físicas do fotocátodo, bem como do meio transparente que oclui a janela das válvulas fotomultiplicadoras.

3. RESUMO DO PROCESSO DE CINTILAÇÃO LÍQUIDA

A Fig. 17.25 mostra uma síntese das diversas maneiras através das quais se processa a interação entre a radiação ionizante e a solução cintiladora. Nela se vê que as moléculas-alvo da radiação são aquelas do solvente (M). Quando ocorre a interação com essas moléculas elas podem passar para um estado excitado (M*) ou, se já estiverem previamente excitadas, perder o excesso de energia ($M^* \Rightarrow M^o$). Em ambas as situações, quando elas perdem o excedente de energia, pode haver a excitação de moléculas cinti-

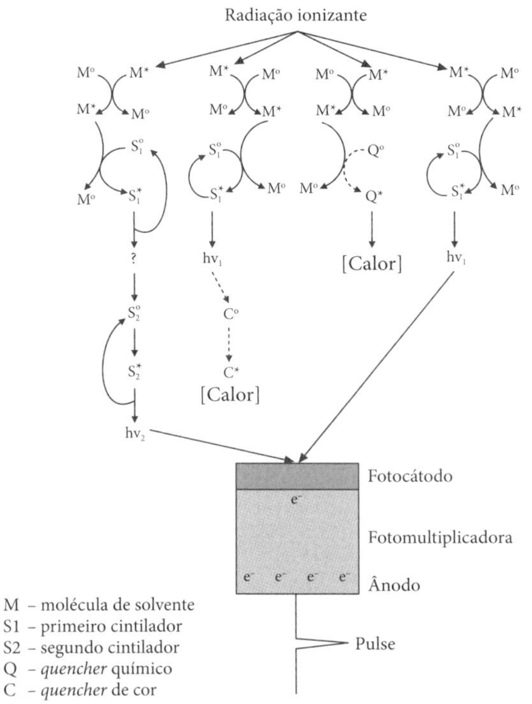

Figura 17.25 Esquema das transformações que ocorrem numa cintilação líquida. **M**, molécula de solvente; $\mathbf{S_1}$, cintilador primário; $\mathbf{S_2}$, cintilador secundário; **Q**, *quencher* químico; **C**, *quencher* de cor. O asterisco denota o estado excitado da molécula. (De Knoche, 1991, p. 174.)

ladoras primárias (S_1). Estas podem emitir fótons (hv_1) ou então transferir o excesso de energia para as moléculas cintiladoras secundárias (S2), fazendo-as passar de um estado de equilíbrio estável (S_2) para um metaestado (S_2*). Na desexcitação destas moléculas há a emissão de fótons (hv_2). Poucos fótons provenientes da desexcitação das primeiras moléculas cintiladoras (S_1*) chegam ao fotocátodo, pois a maioria deles é capturada pelas moléculas que funcionam na mistura como *quenchers* de cor (C). Estas, quando ganham energia, tornam-se excitadas ($C^o \Rightarrow C^*$) e, quando se desexcitam, emitem fótons de baixa energia (radiações caloríficas). A desexcitação das moléculas que funcionam como *quenchers* químicos ($Q^* \Rightarrow Q_0$) também se faz por emissão de radiação calorífica. Assim, a excitação do fotocátodo se faz pelos fótons provenientes do cintilador primário, mas, sobretudo, pelos fótons que são emitidos pelo cintilador secundário.

Detectores com junções pn

Doping. Quando uns poucos átomos estranhos são introduzidos na rede de um cristal de silício ou de germânio, eles passam a ser conhecidos como impurezas. O processo de alterar a rede cristalina com impurezas é chamado *doping* e, por isso, os átomos espúrios são também chamados dopantes.

O *doping* pode ser feito com átomos pentavalentes (N, P, As, Sb), produzindo-se um tipo de material especial conhecido como semicondutor **tipo n**, porque tem excesso de elétrons e que, por isso, é chamado de **doador**. Quando o dopante é trivalente (B, Al, Ga, In), forma-se um semicondutor do **tipo p**, que tem excesso de buracos e então é um **receptor** de elétrons.

Junção pn. A união de dois semicondutores de tipos diferentes produz uma interface eletricamente carregada, pois os elétrons do semicondutor **n** migrarão para ocupar os buracos do semicondutor **p**. Isso faz com que apareça uma diferença de potencial elétrico entre os semicondutores, ficando o do tipo n positivo, em virtude da perda de elétrons, e o do tipo p negativo, porque recebeu elétrons para ocupar suas posições vazias. Os elétrons de **n** não podem migrar para longe da junção, pois o campo elétrico que se forma os atrai para o lado original, limitando assim as camadas de semicondutores **n** e **p** que sofrem interação. Essas camadas são chamadas de **zona de depleção** ou, como é mais comum, de **junção pn** (Fig. 17.26).

Alteração na junção pn provocada por radiação ionizante. Quando uma radiação ionizante atravessa a junção pn, o equilíbrio é alterado, porque a radiação, ao ionizar, produz novos buracos. Os elétrons e os buracos migram para os polos atratores e isso se constitui numa corrente elétrica transitória, que pode ser detectada e contada.

Eficiência da detecção de radiação por semicondutores. A densidade do Si (2,33g/cm^3) e do Ge (5,37g/cm^3) é cerca de 2.000 a 4.000 vezes maior do que a do ar. Isso torna os diodos detectores particularmente eficientes para os estudos e a monitori-

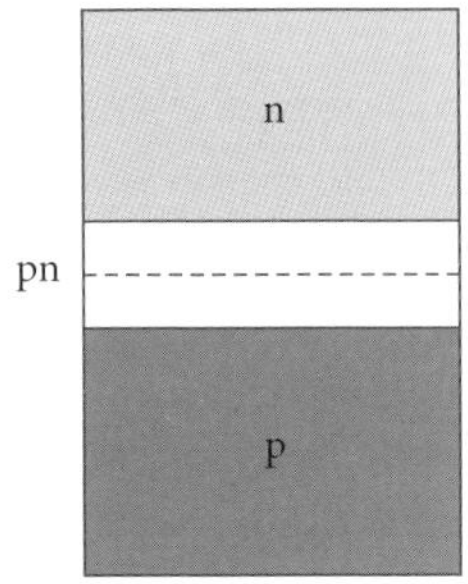

Figura 17.26 Formação da zona de depleção (junção pn). Ver texto para detalhes.

zação das radiações gama e X. Além disso, esses detectores podem ser construídos com geometria adequada que lhes permita a interação com radiações particuladas e, por isso, ser úteis para a identificação e o controle dessas radiações.

PRODUÇÃO DE RADIONUCLÍDEOS

A depender da forma como são produzidos, os radionuclídeos podem ser classificados como:

- naturais;
- artificiais.

Os naturais foram produzidos em algum momento da formação da Terra. Os artificiais são criados, submetendo-se certos átomos ao bombardeamento de partículas ou de fótons de alta energia. Isso é feito nos aceleradores de partículas ou nos reatores nucleares.

O constante bombardeio da radiação cósmica sobre a Terra também contribui para a produção de radioelementos naturais. A Tabela 17.5 mostra os principais radionuclídeos formados por esse processo.

Tabela 17.5 Meia-vida de radionuclídeos produzidos por radiações cósmicas.

Radionuclídeo	Meia-vida
^{3}H	12,3a
14C	5.730a
^{7}Be	53,6d
^{22}Na	2,6a
^{24}Na	15h
32p	14,3d
35_S	88d
^{38}Cl	37,3min
^{32}Si	~700a

Fonte: Adaptado de Knoche, 1991, p. 331; Adaptado de Goldman e Roesser, 1968.

Os radionuclídeos têm sido largamente empregados em vários domínios da ciência, mas especialmente têm contribuído muito para o entendimento dos processos vitais. Muitos mecanismos bioquímicos e farmacológicos têm sido desvendados com a ajuda dos traçadores radioativos e também a dinâmica de substâncias no interior dos organismos vivos tem sido compreendida graças à ajuda desses elementos. Os radionuclídeos têm sido largamente usados também na análise clínica de meios biológicos e no mapeamento de estruturas orgânicas. Além desses campos, eles têm sido de grande utilidade no tratamento de neoplasias malignas.

BIBLIOGRAFIA

Becquerel, H. (1896). Compt. Rend., 122:420, *apud* Wagner, H.N. (1968). Principies of Nuclear Medicine. W.B. Saunders Company, Philadelphia.

Carneiro Leão, M. (1982). Princípios de Biofísica. Guanabara Koogan, Rio de Janeiro.

Chadwick, J. (1932). Possible Existence of a Neutron. Nature, 129:312.

Crooks, W. (1903). Proc. Roy. Soc., 71:405, *apud* Wagner, H.N. (1968). Principies of Nuclear Medicine. W.B. Saunders Company, Philadelphia.

Curie, P., Sklodwska-Curie (1898). Compt. Rend. Acad. Sci. 127:175, *apud* Wagner, H.N. (1968). Principies of Nuclear Medicine. W.B. Saunders Company, Philadelphia.

Goldestein, E. (1896). Berlin Ak. Sber. 39:691, *apud* Wagner, H.N. (1968). Principies of Nuclear Medicine. W.B. Saunders Company, Philadelphia.

Goldman, D.T., Roesser, J.R. (1968). Chart of the Nuclides, Educational Relations, General Electric Company, Schenectady, New York.

Halliday, D., Resnick, R. (1966). Física, parte II. Ao Livro Técnico e Editora da Universidade de São Paulo, Rio de Janeiro.

Heneine, I.F. (1984). Biofísica Básica. Livraria Atheneu, Rio de Janeiro.

Knoche, H.W. (1991). Radioisotopic methods for biological and medical research. Oxford University Press, New York.

Okuno, E., Caladas, I.L., Chow, C. (1982). Física para Ciências Biológicas e Biomédicas. Harper & Row do Brasil, São Paulo.

Penna Franca, E. (1961). Manual de Biofísica, Fascículo VI, Metodologia de rádio-isótopos e suas aplicações em Biologia e Medicina. Universidade do Brasil, Instituto de Biofísica, Rio de Janeiro.

Pessoa, E.F., Coutinho, F.A., Sala, O. (1978). Introdução a Física Nuclear. Editora da Universidade de São Paulo, Editora McGraw-Hill do Brasil Ltda., São Paulo.

Rollo, F.D. (1977). Nuclear Medicine Physics, Instrumentation, and Agents. C.V. Mosby Company, Saint Louis.

Segrè, E. (1980). Dos Raios X aos Quarks. Editora Universidade de Brasília, Brasília, DF.

Thomson, J.J. (1897). Phil. Mag. 5th series 44:293, *apud* Wagner, H.N. (1968). Principles of Nuclear Medicine. W.B. Saunders Company, Philadelphia.

Wagner, H.N. (1968). Principles of nuclear medicine. W.B. Saunders Company, Philadelphia.

CAPÍTULO 18

Biofísica das radiações ionizantes

DOSE ABSORVIDA

Conceito e classificação das radiações. Radiação é a transmissão de energia de um sistema para outro por meio de ondas eletromagnéticas (calor, luz visível, raios ultravioleta, raios X etc.) ou então de partículas dotadas de massa (p. ex., radiações alfa e beta). De acordo com o efeito que a radiação produz na matéria com a qual interage, ela pode ser classificada em:

- ionizante, como a radiação alfa e os raios X;
- não ionizante, como a luz e o calor radiante.

As radiações ionizantes são aquelas cujos fótons ou partículas produzem íons na matéria com a qual interagem. Por causa dessa ionização, essas radiações podem produzir danos nas estruturas vivas e, por isso, o seu estudo é relevante para a Biologia e para a Medicina.

As primeiras radiolesões. O efeito das radiações ionizantes sobre os seres vivos e, em especial sobre o homem, foi observado já nos primeiros experimentos em que foram usadas fontes produtoras dessas radiações. Emil H. Grubbé, em 1896, cerca de dois meses após Röntgen ter descoberto os raios X, apresentou-se ao Habnemann College, em Chicago, com manifestações de eritema, dor, edema, depilação e ulceração na mão esquerda. Grubbé fabricava e testava tubos de Crookes usados para a produção dos raios X. Logo, os médicos relacionaram os seus males a uma exposição excessiva a esses raios. A síndrome apresentada por Grubbé ficou, a partir de então, conhecida como **radiodermite**.

Alcântara Gomes e Leitão (1986) contam que também Henry Becquerel apresentou radiodermite por ter transportado, no bolso do colete, uma amostra radioativa. Em 1902 foi diagnosticado, na mão de um dos fabricantes de tubos de raios X, o primeiro caso de câncer radioinduzido. O uso dos raios X se espalhou rapidamente em várias partes do mundo e, em 1922, a literatura médica já registrava a morte de cerca de 100 radiologistas, todas elas relacionadas com a exposição excessiva a essas radiações.

Exposição às radiações nucleares. Muito do que se sabe sobre os efeitos biológicos das radiações tem sido desenvolvido em estudos com micro-organismos, com cultura de tecidos e com animais de experimentação. Todavia, vários acidentes envolvendo instalações nucleares, tais como os que ocorreram em *Three Mile Island (USA)* e *Chernobyl (Ucrânia),* permitiram que fossem aprofundados os conhecimentos sobre os efeitos das radiações ionizantes sobre seres humanos. Além deles, muitas pessoas têm sido vítimas da manipulação inadequada de radionuclídeos, tal como ocorreu com os operários que pintavam os mostradores de relógios para torná-los fosforescentes. A tinta que usavam continha ^{226}**Ra** na sua composição e esses trabalhadores acabaram por ingerir uma grande quantidade do radionuclídeo e, por isso, passaram a apresentar um conjunto de sinais e sintomas que foram correlacionados com a presença do radionuclídeo no corpo. Recentemente, foi divulgado que, durante a guerra fria, o exército dos Estados Unidos expôs deliberadamente 250.000 soldados de suas forças regulares aos efeitos de uma explosão nuclear no deserto de Nevada para estudar os danos físicos e psicológicos que seriam produzidos por uma catástrofe atômica. Os resultados dessa experiência não foram, contudo, divulgados com a amplidão esperada pela comunidade científica internacional.

Em 1987, na cidade de *Goiânia/GO (Brasil),* a manipulação inadequada de uma fonte contendo césio-137 contaminou muitas pessoas e também o meio ambiente, constituindo-se em um dos acidentes nucleares mais graves da história da humanidade. Entretanto, os dados mais importantes sobre os efeitos biológicos das radiações ionizantes foram e continuam sendo obtidos nas populações das cidades japonesas de Hiroshima e Nagasaki, que estiveram expostas, direta ou indiretamente, aos efeitos das radiações das bombas atômicas explodidas sobre essas cidades (Fig. 18.1) durante a II Guerra Mundial. A história da energia nuclear registra também um grave acidente envolvendo pescadores japoneses, habitantes das Ilhas Marshall, que foram atingidos pela precipitação radioativa decorrente da explosão de um artefato de fusão nuclear no atol de Bikini (Pacífico sul), em março de 1954. Além desses fatos, muito se aprendeu sobre os danos biológicos causados pela radiação, a partir dos estudos feitos em pacientes que receberam doses elevadas de radiação com fins terapêuticos. Também foram estudadas as manifestações patológicas ocorridas em profissionais que lidam com radiações ionizantes, tais como médicos radiologistas, engenheiros nucleares, radioterapeutas, técnicos de raios X, mineradores e outros. Em um outro domínio, as populações que vivem em

Figura 18.1 Fotografia de uma explosão nuclear. (De Revista VEJA, 1995.)

regiões de elevado *background* radioativo, como aquelas de Araxá (MG), Morro do Ferro (MG) e Guarapari (ES), no Brasil, ou Kerala e Chennai (antiga Madras), na Índia, forneceram importantes dados para que fossem compreendidos os mecanismos e a ação dos diferentes tipos de radiação.

Conceito de dose absorvida. Quando um corpo é exposto a uma radiação, ele absorve uma certa quantidade de energia dessa radiação. A quantidade de energia absorvida pelos tecidos é chamada de **dose absorvida**. Quanto maior for a dose absorvida, maiores serão os riscos para que apareçam os danos provocados pela radiação.

Tipos de efeitos produzidos pelas radiações ionizantes. Para produzir os seus efeitos, as radiações ionizantes podem agir direta ou indiretamente sobre a molécula-alvo. Os **efeitos indiretos** resultam da formação de radicais livres, geralmente originados por modificações das moléculas de água que constituem os meios intra e extracelulares. Os **efeitos diretos** são produzidos quando a energia da radiação é absorvida diretamente por moléculas que são importantes nos diversos metabolismos das células. Entre tais moléculas estão as enzimas e o DNA. Os efeitos biológicos provocados pelas radiações ionizantes podem ser **somáticos**, quando se manifestam no próprio indivíduo irradiado, ou então podem ser **genéticos**, quando se manifestam nos seus descendentes.

Dose limiar e subletal. Chama-se de **dose limiar** aquela abaixo da qual não podem ser detectadas alterações no funcionamento e na expressão de um dado ser vivo. Esse é um conceito puramente teórico, pois, do ponto de vista atômico-molecular, qualquer que seja a dose absorvida, haverá sempre a formação de um radioproduto e este, por sua vez, pode produzir uma radiolesão. Por isso, tem sido usado o conceito de **dose subletal**. Esta é definida como sendo a dose que não causa a morte celular, independentemente de produzir ou não outros efeitos biológicos.

OS RADICAIS LIVRES E OS EFEITOS BIOLÓGICOS DAS RADIAÇÕES

Radiólise da água e a produção de radicais livres. A radiação ionizante, agindo sobre as moléculas de água, provoca alterações na sua composição ou nos seus níveis de energia. A modificação estrutural da molécula da água chama-se **radiólise da água**. Quando a radiação ionizante interage com a água pode levar as moléculas dessa substância a um estado excitado (H_2O^*) ou então propiciar a formação de radicais do tipo H_3O^+, H_2O^+ e H_2O^-, os quais, por serem instáveis, acabam levando à produção de radicais livres do tipo $H^\bullet$ e $^\bullet OH$. Os radicais livres são, geralmente, muito reativos. Em virtude da sua grande reatividade eles podem interferir com o metabolismo das proteínas, dos lipídios e dos carboidratos. Além disso, a liberação de prótons hidrogênio reduz o pH do meio, alterando a cinética das reações bioquímicas e, em grau mais avançado, levando à desnaturação das proteínas e à morte celular. Também, durante a interação da radiação ionizante com os tecidos, podem ser formados peróxidos (H_2O_2), radicais hidroperóxidos (HO_2), radicais peróxidos livres (RO_2), radicais orgânicos, além de outros. A célula responde à radiólise da água de um modo que vai desde a completa recuperação das lesões moleculares até a morte celular.

Principais radicais livres. Ao ser absorvida pela água, a radiação produz, primariamente, $\mathbf{H_2O^+}$ e $\mathbf{e^-}$. Esses radioprodutos têm uma reatividade muito elevada, o que explica sua pequena taxa de recombinação. Assim, num tempo médio de 10^{-8}s, eles reagem com moléculas próximas, produzindo H_2, H_2O_2, $^\bullet OH$ e H_3O^+. As principais reações podem ser assim descritas:

$e^- + H_2O \rightarrow OH + H^\bullet$

$e^- + H_3O^+ \rightarrow H_2O + H^\bullet$

$H_2O^+ + H_2O \rightarrow H_3O^+ + {}^\bullet OH$

$H^\bullet + H_2O_2 \rightarrow H_2O + {}^\bullet OH$

$H_2O^* \rightarrow H^\bullet + {}^\bullet OH$

Os radicais livres, por sua vez, reagem formando os seguintes compostos:

$H^\bullet + H^\bullet \rightarrow H_2$

${}^\bullet OH + {}^\bullet OH \rightarrow H_2O_2$

$H^\bullet + {}^\bullet OH \rightarrow H_2O$

Na presença de oxigênio, a formação de peróxido de hidrogênio aumenta:

$H^\bullet + O_2 \rightarrow HO_2^\bullet$

$H^\bullet + HO_2^\bullet \rightarrow H_2O_2$

A RADIOSSENSIBILIDADE E OS MECANISMOS CELULARES DE DEFESA

O peróxido de hidrogênio pode difundir-se alcançando grandes distâncias. Os radicais livres, ao contrário, sendo muito reativos, sofrem combinação no mesmo local em que são formados. As moléculas de peróxido de hidrogênio são potentes oxidantes e reagem fortemente com os grupamentos sulfidrilas que existem em muitas proteínas. As alterações produzidas sobre o DNA, o RNA ou sobre moléculas que controlam a síntese proteica produzem efeitos mais graves do que aquelas que se passam diretamente nas enzimas já formadas ou em moléculas que atuam como fatores intermediários nos diversos metabolismos. Isso tem sido observado desde os trabalhos pioneiros de von Borstel e Rogers (1958) e Rogers e von Borstel (1957). Esses autores trabalharam com ovos de *Habrobracon* (parasito de vespas) cuja característica é possuir o núcleo situado muito superficialmente, permitindo, assim, que a radiação atue diretamente sobre ele ou então sobre o citoplasma. Os pesquisadores demonstraram que apenas uma partícula alfa, passando através do núcleo, era letal ao ovo, enquanto o bombardeio do citoplasma com 16×10^6 partículas alfa somente inviabilizava 50% dos ovos.

Sistemas biológicos de defesa. As células vivas possuem mecanismos de defesa contra os efeitos deletérios das radiações. A **catalase**, a **superóxido dismutase** e as **peroxidases** são enzimas que atuam defendendo o organismo vivo. Os radicais peróxidos são destruídos pela catalase e pelas peroxidases, enquanto os superóxidos são combatidos pela superóxido dismutase. Também os antioxidantes naturais, como as vitaminas C e E, neutralizam a ação dos radicais livres. Além desses mecanismos protetores, existem ainda os sistemas de reparação que atuam no DNA lesado pela radiação. Os danos no DNA que não podem ser corrigidos pelos mecanismos de defesa da célula levam ao aparecimento de mutações e estas são, muitas vezes, letais. Quando há lesão do DNA também podem ser alterados os mecanismos que controlam a divisão celular, facilitando, assim, a formação de tumores geralmente cancerosos. A radiolesão provocada numa célula germinal pode transmitir um gene mutante ao descendente, comprometendo a formação e a expressão funcional de tecidos e de órgãos do novo indivíduo.

Radiossensibilidade celular e fatores que a modificam. As células que apresentam grande atividade mitótica, bem como aquelas mais indiferenciadas, são mais sensíveis à radiação ionizante (Bergonié e Tribondeau, 1959). Por isso, o sistema hematopoiético e o reprodutivo são mais agredidos durante uma exposição às radiações ionizantes do que o tecido nervoso e o parênquima renal. Em virtude da grande atividade mitótica, as células neoplásicas são, via de regra, mais sensíveis do que as células normais e isso permite que se usem as radiações ionizantes para tratar alguns tipos de tumores cancerosos.

Vários fatores contribuem para aumentar a radiossensibilidade dos tecidos biológicos. Entre eles estão:

- a pressão parcial do oxigênio no tecido;
- a quantidade de água por unidade de volume do tecido;
- a temperatura do tecido;
- a atividade mitótica do tecido;
- a ausência ou o bloqueio do sistema de restauração;
- a presença de compostos químicos sensibilizadores (metronidazol, actinomicina D, bleomicina, adriamicina, 5-bromouracil, iodoacetamida, N-etilmaleidamida etc.);
- a exposição em dose única.

Por outro lado, tem sido verificado *in vitro* que alguns compostos protegem as células contra os efeitos das radiações ionizantes. Entre eles estão:

- substâncias dotadas de grupamentos sulfidrilas (cisteína, cisteamina e o glutaton);
- sequestradores de radicais livres (*free radical scavengers*);
- compostos que reduzem a quantidade de oxigênio livre no meio (redutona, p. ex.).

A radiossensibilidade não é igual para todas as células, mas varia de acordo com a sua atividade metabólica e com fatores estruturais inerentes a cada tipo celular. A Tabela 18.1 mostra, sumariamente, a radiossensibilidade de algumas células de mamíferos.

Tabela 18.1 Radiossensibilidade de algumas células de mamíferos.

Célula	Radiossensibilidade	Capacidade de divisão	Nível de diferenciação
1. Eritroblastos, células das criptas intestinais, células basais da epiderme	++++	++++	+
2. Mielócitos e espermatócitos	+++	++++	++
3. Células dos rins, fígado, pâncreas e tireoide	++	++	+++
4. Neurônios e células musculares	+	–	++++

Fonte: Adaptada de Hall (1978); Gomes R.A., *in* Rocha, 1976, p. 87.

Bergonié e Tribondeau postularam que as células que exibem elevada atividade mitótica e aquelas com menor grau de diferenciação são mais radiossensíveis. Uma exceção a essa regra são os linfócitos que, apesar de terem baixa taxa de divisão, são extremamente sensíveis à radiação. Também fogem à regra determinados tumores malignos, como os melanomas, os sarcomas osteogênicos, vários adenocarcinomas e o lipossarcoma indiferenciado, que, apesar de apresentarem elevada taxa de divisão celular, são radiorresistentes. Os linfomas e os linfossarcomas têm reduzida atividade mitótica, mas, a despeito disso, são radiossensíveis.

EFEITOS GENÉTICOS DAS RADIAÇÕES

Tipos de radiolesões moleculares. Esses efeitos aparecem em virtude de radiolesão do DNA. A interação de uma radiação ionizante com esta macromolécula pode produzir:

1. Danos em bases nitrogenadas do DNA:
   - formação de sítios apúricos ou apirimídicos:
     a perda de base púrica ou pirimídica pode ocorrer por interação da radiação com a ribose ou com qualquer outra parte da base nitrogenada. Esses efeitos são mais frequentes em pH alcalino;
   - efeitos sobre purinas (adenina e guanina):
     ocorrem por ataque dos radicais livres ou de hidroxilas levando ao rompimento da ligação C-8 e N-9 do anel imidazólico;
   - efeitos sobre pirimidinas (timina e citosina):
     os radicais livres, atuando sobre essas bases, podem produzir a formação de peróxidos em virtude da saturação da dupla ligação existente entre C-5 e C-6. A presença de alta pressão parcial de oxigênio exacerba esse efeito e a degradação dos peróxidos formados pode levar à produção de pirimidina-glicol ou de fragmentos de ureia que passam a se incorporar ao DNA.

2. Ruptura nas ligações das cadeias polinucleotídicas e ligações cruzadas inter e intramoleculares:

   - ruptura de cadeia:

     a lesão do DNA provocada pela radiação ionizante se apresenta muitas vezes como uma ruptura de uma (radiação com baixo LET) ou de ambas (radiação com alto LET) as hélices dessa macromolécula. A Fig. 18.2 mostra, esquematicamente, um DNA íntegro (A) e dois outros com rupturas de cadeias. Destes, um apresenta ruptura unilateral (B), e o outro, ruptura das duas hélices (C).

   Além de provocar rupturas, a radiação ionizante pode promover a formação de ligações anormais (*cross linking*) entre partes de uma mesma molécula (DNA ou proteínas) ou mesmo entre moléculas diferentes (DNA e proteínas). A Fig. 18.3 mostra, esquematicamente, esses dois tipos de *cross linking*. Além disso, as radiações podem produzir também o rompimento de pontes de hidrogênio situadas entre duas moléculas diferentes ou em uma mesma molécula, alterando, dessa forma, sua configuração espacial.

Restauração das radiolesões. O processo de restauração das radiolesões pode ser subdividido em:

- restauração espontânea por instabilidade do radioproduto;
- restauração por excisão e substituição do fragmento molecular lesado;
- restauração por recombinação gênica;
- restauração pelo sistema SOS.

Algumas radiolesões sofrem restauração espontânea porque os radioprodutos são instáveis. Assim, passado um certo tempo, a estrutura lesada recupera seu estado inicial devolvendo ao meio a quantidade de energia que tinha absorvido da radiação incidente. Isso ocorre, por exemplo, com a água em estado excitado (H_2O^*).

Quando o DNA é irradiado, além das rupturas e das quebras de pontes de hidrogênio, podem ser formados dímeros de timina (T–T). Quando isso ocorre, a restituição ao

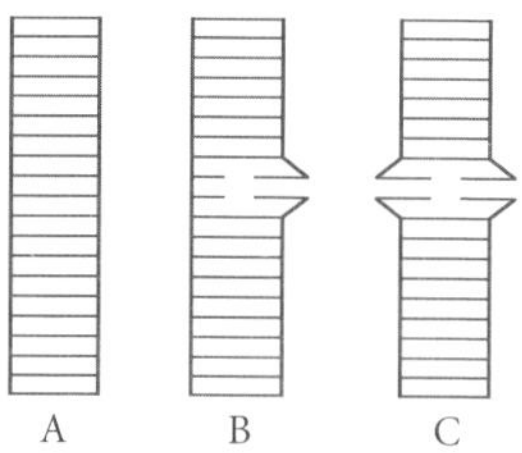

Figura 18.2 Esquema para mostrar dois tipos de radiolesões do DNA. **A**, DNA normal; **B**, ruptura de uma cadeia; **C**, ruptura das duas cadeias.

Figura 18.3 Esquema mostrando o *cross linking* entre duas moléculas proteicas.

estado primitivo do DNA se faz com o auxílio de um complexo e adequado sistema enzimático capaz de reconhecer e excluir (DNA endonuclease) a região do DNA onde se formou o dímero de timina. Em seguida, algumas polimerases decodificam a região da hélice íntegra do DNA e, a partir dela, fabricam um novo segmento de DNA idêntico ao original. Esse pequeno segmento de DNA é então fixado na posição correta com a ajuda de uma DNA ligase. A Fig. 18.4 mostra, esquematicamente, essas etapas. Em **A** está representada a dupla hélice do DNA. A radiação promoveu o aparecimento de uma ligação laterolateral entre duas timinas vizinhas (**B**). Quando esses dímeros se formam, a força de atração lateral entre essas moléculas aumenta a ponto de provocar deformações na estrutura da hélice e de impedir que, durante o processo de transcrição, o segmento lesado possa ser lido pelas enzimas envolvidas no processo. **C** e **D** representam as fases de excisão e de substituição, respectivamente.

Na restauração por recombinação gênica (Fig. 18.5), o DNA lesado serve como *primer* para a síntese de novas hélices de DNA. Nesse processo, são copiadas apenas as partes não lesadas pela radiação (síntese descontínua, Fig. 18.5B). Em seguida, os segmentos não sintetizados do novo DNA são transcritos a partir das hélices que sofreram a radiolesão e então passam a ser incorporados ao novo DNA (troca de segmentos, Fig. 18.5C). A etapa final do processo se dá com o preenchimento das lacunas do DNA primitivo por bases ou resíduos químicos que se adicionam ao DNA, alterando ainda mais a sua estrutura primitiva.

Além dos mecanismos citados, a radiolesão pode ser reparada com a ajuda de um complexo sistema enzimático que envolve a expressão de dois genes fundamentais – o gene Rec A e o Lex A. Este mecanismo é conhecido como sistema SOS.

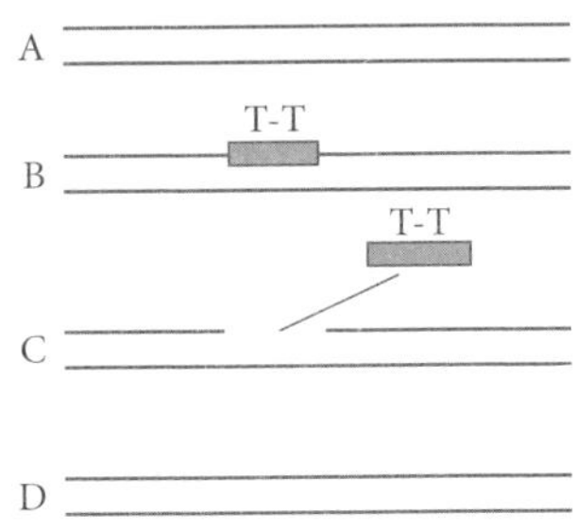

Figura 18.4 Dimerização da timina produzida pela radiação ionizante. Mecanismo de excisão e reparo da região lesada pela radiação. **A**, DNA normal; **B**, dímero de timina; **C**, excisão do dímero de timina; **D**, reconstituição da alça lesada a partir da alça íntegra.

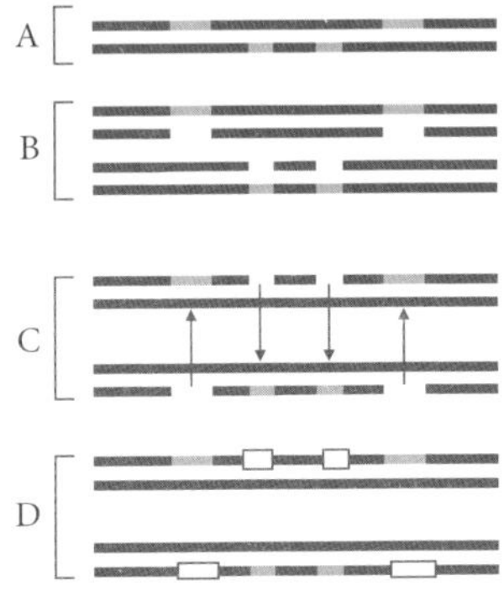

Figura 18.5 Restauração por recombinação gênica. **A**, hélices de DNA lesadas pela radiação (segmentos claros); **B**, síntese descontínua; **C**, troca de segmentos entre o DNA lesado e os segmentos sintetizados; **D**, preenchimento das lacunas do DNA lesado.

EFEITOS SOMÁTICOS DAS RADIAÇÕES

Classificação. As radiações ionizantes, além da radiólise da água e das radiolesões provocadas no DNA, são capazes também de alterar, por ação direta ou indireta, as proteínas e os aminoácidos. As proteínas podem sofrer inativação em virtude do rompimento de ligações químicas importantes para a estabilidade da sua estrutura. Entre essas macromoléculas, as mais sensíveis são as que possuem triptofano, cistina, cisteína, fenilalanina e tirosina. Também, pela ação das radiações, um aminoácido pode ser convertido em outro, alterando, assim, a estrutura e o comportamento da proteína.

Do ponto de vista macroscópico, os efeitos somáticos das radiações ionizantes podem ser classificados em:

- imediatos – quando ocorrem nos primeiros dois meses da irradiação;
- tardios – quando se manifestam após dois meses da irradiação.

Síndrome aguda da radiação. A exposição de um animal à radiação ionizante pode levar ao aparecimento de um quadro clínico conhecido como **síndrome aguda da radiação**. Isso acontece quando a dose absorvida é muito grande, da ordem de centenas ou de milhares de rads. O paciente pode apresentar manifestações gastrointestinais como náuseas, vômitos, hemorragia digestiva, anorexia, diarreia etc. Geralmente, eles têm febre e se mostram apáticos, astênicos, com sudorese abundante e cefaleia. Quando a dose absorvida é da ordem de dezenas de milhares de rads, o que equivale a centenas de grays, a morte pode ocorrer em poucos minutos em virtude da inativação de muitos tipos de moléculas vitais. A síndrome aguda da radiação é um quadro grave, cuja gravidade varia de acordo com a dose absorvida, a quantidade de tecido irradiado, a presença de radiossensibilizadores e com as características biológicas que são próprias do ser irradiado.

Indivíduos que receberam doses da ordem de 10.000rads (100Gy) morrem em algumas horas ou no máximo em 2 dias. Esses pacientes, logo após a irradiação, passam a apresentar desorientação espacial e temporal, perdem a coordenação motora e têm convulsões. O quadro evolui sempre para pior, e o coma geralmente antecipa a morte.

Efeitos estocásticos e não estocásticos. Quanto à natureza, os efeitos das radiações podem ser divididos em estocásticos e não estocásticos. Os efeitos não estocásticos ocorrem em todos os indivíduos irradiados e, por isso, não se sujeitam às leis da probabilidade. A Tabela 18.2 mostra alguns deles.

Não há unanimidade entre os autores sobre a dose localizada necessária para produzir os diversos efeitos biológicos. Assim, podem-se encontrar na literatura especializada:

- eritema – 3Sv;
- esterilidade masculina temporária – 0,5 a 1Sv;
- esterilidade feminina temporária – 3 a 4Sv;
- catarata – 15Sv.

Tabela 18.2 Efeitos não estocásticos das radiações.

Dose equivalente absorvida (Sv)	Tecido-alvo	Efeito
1 a 1,5	Medula óssea	Aplasia
3 a 4	Gônadas	Esterilidade
5 a 8	Cristalino	Catarata
10 a 12	Pele	Radiodermite

Fonte: Adaptado de Légaré, J-M et al. *in* Rocha, 1976, p. 92.

Entre os efeitos estocásticos estão aqueles que se manifestam tardiamente. Nem todos os indivíduos irradiados apresentam os efeitos tardios, por isso, eles têm que ser tratados de acordo com a teoria das probabilidades. Os efeitos tardios se manifestam como mutações, mas, muitas vezes, aparecem sob a forma de tumores malignos. A probabilidade de ocorrência desses efeitos se eleva com o aumento da dose absorvida pela população.

Dose letal. Para mostrar o efeito deletério das radiações, costuma-se usar um parâmetro conhecido como dose letal. Essa dose corresponde à quantidade de radiação capaz de matar, em 30 dias, 50% da população dos animais irradiados. Por isso, ela é representada como $\mathbf{LD_{50\,(30)}}$. A Tabela 18.3 mostra valores para alguns animais.

Respostas dos sistemas orgânicos à dose absorvida. A Fig. 18.6 mostra, em ratos irradiados, como se distribuem os principais efeitos das radiações. Todo o corpo dos animais irradiados foi exposto aos raios X. Observe-se que doses menores que 1.000rads produziram efeitos tardios (**ET**) e manifestações no sistema hematopoiético (**SH**), levando a eritropenia, leucopenia, trombocitopenia, petéquias, hemorragias e infecções. Doses entre 1.000rads e 10.000rads produziram manifestações gastrointestinais (**GI**), tais como vômitos, diarreias, hemorragias digestivas, distúrbios dos equilíbrios acidobásico e hidroeletrolítico, e levaram à morte em poucos dias. Doses próximas a 10.000rads mataram os animais em 1 ou 2 dias. Antes de morrer, os animais irradiados apresentaram manifestações nervosas (**SN**) como irritabilidade, ausência de coordenação motora, distúrbios respiratórios etc. Doses de 100.000rads produziram morte em poucos segundos. Isso se deu em virtude de uma grande destruição celular (**MC**).

O acúmulo de dados sobre os efeitos biológicos das radiações ionizantes tem levado à verificação de que doses muito menores do que as que estavam estabelecidas no passado são suficientes para induzir radiolesões severas. Assim, a literatura tem mostrado que a irradiação (raios X ou gama) de corpo inteiro com dose aplicada de uma só vez apresenta os efeitos descritos na Tabela 18.4.

Entre os efeitos tardios das radiações devem ser ressaltados a carcinogênese, o envelhecimento precoce, as cataratas, a depressão do sistema imunológico e as malformações.

Tabela 18.3 Dose letal de radiação para alguns animais.

Animal	$LD_{50\,(30)}$ (rad)
Carneiro	155
Burro	155
Porco	195
Sagui	200
Bode	230
Homem	225-270
Cão	265-350
Cobaia	255-400
Camundongo	900
Macaco	398-600
Galinha	600
Sapo	700
Hamster	900
Rato	900
Coelho	840
Pardal	800
Tartaruga	1.500
Peixe dourado	2.300
Gerbilo (roedores do gênero *Gerbillus*)	10.590
Rato do deserto	15.200

Fonte: Adaptado de Casarett (1968) por Gomes, R.A., *in* Rocha, 1976, p. 87; Bond (1969), *in* Knoche, 1991, p. 321.

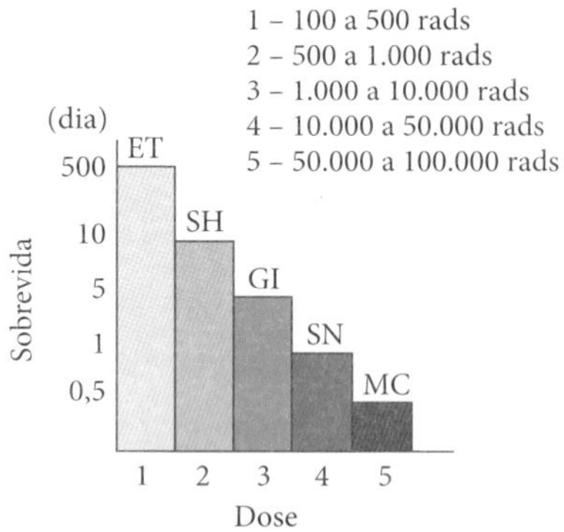

Figura 18.6 Efeitos das radiações ionizantes sobre ratos em função da dose absorvida. **ET**, efeitos tardios; **SH**, sistema hematopoiético; **GI**, lesões gastrointestinais; **SN**, lesão do sistema nervoso central; **MC**, morte celular. (Modificado de Casarett (1968), ***in*** Rocha, 1976, p. 87.)

Tabela 18.4 Manifestações clínicas em indivíduos irradiados.

Dose (Sv)	Achados clínicos e laboratoriais
< 1	Indivíduo geralmente assintomático. Pequena diminuição dos leucócitos e das plaquetas detectável em algumas pessoas, principalmente se os valores controle forem conhecidos antes da irradiação.
1-2	Náuseas, vômitos e diarreia. Há alterações hematológicas na maioria dos irradiados. Os linfócitos sofrem diminuição de 50% nas 48 horas após a irradiação.
2-5	Grave lesão da medula óssea e dos linfáticos, que chegam a sofrer redução de 75%. Aproximadamente 50% dos indivíduos irradiados morrem se não forem tratados.
> 5	Síndrome aguda da radiação com complicações gastrointestinais que aparecem no intervalo de 2 semanas após a irradiação. Os indivíduos podem apresentar sangramentos diversos e a maioria deles morre.
> 50	Curso fulminante. Há complicações gastrointestinais, cardiovasculares e do SNC incontroláveis e a morte advém entre 24 e 72 horas após a irradiação.

Fonte: Adaptado de Voelz, G., *in* Wald e Stave, 1994, p. 179.

Os indivíduos que sofreram grande exposição às radiações apresentaram ao longo da vida um índice muito elevado de tumores malignos. Essas neoplasias se localizaram preferencialmente no pulmão, nas glândulas mamárias e na tireoide. As leucemias foram uma outra forma de manifestação tardia dessa irradiação. Na população de Hiroshima, o Relatório do Comitê Científico das Nações Unidas para o Estudo dos Efeitos das Radiações Atômicas, apresentado em 1972, mostra que entre 1945 e 1970 a taxa de leucemia na população exposta aos efeitos da bomba foi muito maior do que aquela verificada entre os japoneses não irradiados (Fig. 18.7).

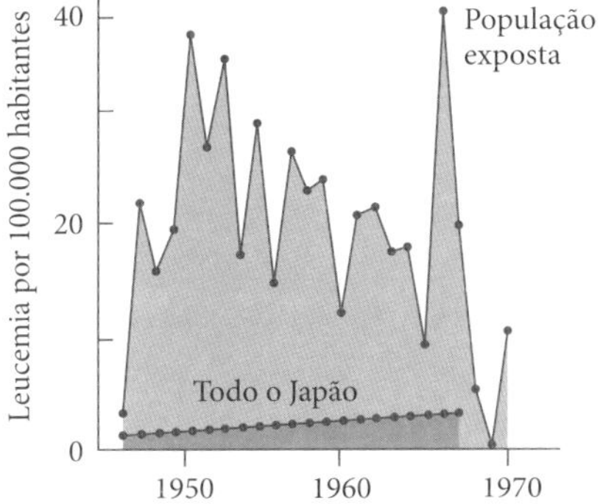

Figura 18.7 Incidência de leucemia entre a população exposta aos efeitos das explosões atômicas em relação à leucemia observada na população não exposta. (Modificado de Gomes, 1988, p. 24.)

Todos os seres vivos estão submetidos a radiações que provêm de fontes naturais, sejam elas terrestres ou não. Esse tipo de radiação é chamado de radiação de fundo (*background*). Vários tipos de radiações contribuem para formar a radiação de *background*. Entre elas estão os raios cósmicos que, vindos do espaço sideral, atravessam a atmosfera, as radiações emanadas dos radionuclídeos existentes no meio ambiente e também no interior do corpo, as fontes de radiação que se destinam ao lazer ou ao trabalho, tais como televisores, monitores de computador etc., bem como as fontes usadas para o diagnóstico e para o tratamento médico e odontológico (radiografia e radioterapia). Algumas populações vivem em áreas de elevado *background* radioativo. Entre elas estão a do Morro do Ferro (MG) e a que vive em Guarapari (ES). Em Morro do Ferro existe uma jazida de tório, e em Guarapari, as areias monazíticas são a causa principal da elevada radioatividade ambiental.

Não existem estudos completos e bem controlados sobre os possíveis efeitos tardios quando são empregadas baixas taxas de irradiação. Nesse sentido, os dados disponíveis foram obtidos por extrapolação de curvas dose-efeito relativas a experimentos nos quais foram usadas taxas de irradiação elevadas. Também tem sido possível estimar a ação tardia das baixas exposições estudando-se os sobreviventes das explosões atômicas e também pacientes que foram submetidos à radioterapia (0,5-2Gy) para tratar a espondilite anquilosante, o câncer cervical e a *tinea captis*. Ainda é discutível a existência de efeitos tardios para as radiações de *background*. É do Comitê sobre os Efeitos Biológicos das Radiações Ionizantes (BEIR V), órgão do Conselho Nacional de Pesquisa dos Estados Unidos, a seguinte frase:

> "... Além do mais, dados epidemiológicos não excluem rigorosamente a existência de um limiar na faixa de dose de milisievert. Assim, a possibilidade de que não exista risco em exposições comparáveis àquelas do *background* radioativo natural não pode ser descartada".

Muitos estudos foram feitos em mineradores de urânio que desenvolveram câncer de pulmão ou em trabalhadores especializados na pintura fosforescente de mostradores de relógios. Esses operários desenvolveram osteossarcomas por terem ingerido quantidades importantes de rádio, pois afilavam, na língua, as pontas dos pincéis contendo substâncias radioativas. O câncer do pulmão nos mineradores de urânio se deve à irradiação alfa produzida pelo radônio. O radônio é um isótopo radioativo produzido pela desintegração do rádio-226 ($t_{1/2}$ = 1.620 anos) que, por sua vez, é um produto do decaimento do urânio. Ele se apresenta como gás nas condições ambientais normais e, por isso, a sua capacidade irradiante é muito grande. O radônio-222 é um gás nobre e chega aos pulmões por inalação. Quando decai, produz muitos metais, que ficam retidos na superfície das vias aéreas. O esquema de decaimento do rádio é o seguinte:

Rádio-226 ($t_{1/2}$ = 1.620 anos) $\Rightarrow$ Radônio-222 + α + γ
Radônio-222 ($t_{1/2}$ = 3,8 dias) $\Rightarrow$ Polônio-218 + α + γ
Polônio-218 ($t_{1/2}$ = 3,05min) $\Rightarrow$ Chumbo-214 + α
Chumbo-214 ($t_{1/2}$ = 26,8min) $\Rightarrow$ Bismuto-214 + β^- + γ

Bismuto-214 ($t_{1/2}$ = 19,7min) $\Rightarrow$ Polônio-214 + β^- + γ

Polônio-214 ($t_{1/2}$ = 0,000164s) $\Rightarrow$ Chumbo-210 + α

Nessa cadeia de decaimento se vê que vários isótopos sofrem transmutação por emissão alfa. Como essas partículas apresentam elevado poder de ionização, a maior parte da energia transferida para o epitélio brônquico dos mineradores de urânio se faz pela irradiação alfa. As primeiras manifestações da irradiação desse epitélio é o aparecimento de metaplasias e de atipias celulares e, em muitos casos, o estágio final da agressão culmina com o aparecimento de carcinoma brônquico.

O ACIDENTE COM CÉSIO-137 EM GOIÂNIA (BRASIL)

Preliminares

Irradiação e contaminação radioativa. Num acidente que envolve energia nuclear, o primeiro parâmetro médico a ser avaliado é se o paciente sofreu irradiação ou se, além disso, está contaminado por material radioativo. Um corpo irradiado com radiações γ ou raios X (exposição externa) não se torna radioativo, a não ser em situações experimentais em que são usadas radiações de muito alta energia. Os radionuclídeos, no entanto, podem contaminar a pele do indivíduo ou mesmo penetrar no corpo por ingestão, inalação, lesão da pele, queimadura etc. Nesses casos, a substância radioativa continua a emitir radiação e o indivíduo contaminado pode contaminar outras pessoas ou mesmo o meio ambiente.

Um grave exemplo de contaminação radioativa aconteceu em setembro de 1987, em Goiânia/GO, quando 17g de ^{137}Cs (atividade: 1.375Ci, massa de CsCl: 19,26g, massa total [CsCl + aglutinante]: 91g, atividade específica: 15,11Ci/g) contaminaram várias pessoas e o meio ambiente, provocando um dos mais graves acidentes da história da energia nuclear em todo o mundo. Uma bomba de césio-137, que estava abandonada nos escombros do antigo Instituto Goiano de Radioterapia, foi desviada por sucateiros, aberta e vendida em um ferro-velho. A fosforescência do ^{137}Cs atraiu a curiosidade de muitas pessoas, incluindo adultos e crianças. O ^{137}Cs é um emissor β^- (0,51MeV, 1,17MeV) e γ (0,662MeV). O seu átomo-filho é ^{137}Ba. Ao final da tragédia, quatro dos contaminados morreram, um outro teve um dos seus braços amputados, outro apresentou grave queimadura nas pernas e mais de 200 pessoas, bem como o meio ambiente, sofreram contaminação.

Conduta médica

No acidente de Goiânia, os primeiros sinais de contaminação grave se manifestaram nas pessoas como náuseas, vômitos, tonturas e diarreia. Por se tratar de sinais inespecíficos, foram confundidos com manifestações de doença infecciosa. Todavia, um dos médicos que teve a oportunidade de atender esses pacientes suspeitou de contaminação radioativa por associar os sinais dos doentes à história de que a doença havia começado poucas horas após o contato com um estranho pó luminescente.

A cintilometria desse pó mostrou que se tratava de um acidente envolvendo material radioativo. Assim, foi logo mobilizada a Comissão Nacional de Energia Nuclear (CNEN) que prontamente enviou técnicos e médicos especializados para o local e providenciou informar a população sobre o que estava ocorrendo. Para controlar a situação e tratar das pessoas irradiadas e contaminadas, o Brasil recebeu ajuda de médicos e físicos provenientes de vários países: Gunter Draxler (Alemanha), Elias Palacios e Juan Carlos Jimenes (Argentina), Gerald Hanson (Organização Mundial da Saúde), Robert Ricks, Robert P. Gale e Clarence C. Lushbaugh (Estados Unidos) e Georgui Selidovkin (União Soviética).

No depoimento de Alexandre R. Oliveira, da Divisão de Higiene das Radiações Ionizantes, Área de Saúde do Instituto Nuclebrás de Seguridade Social, que esteve em Goiânia na época do acidente, consta (Ciência Hoje, 1988):

> "... Na área médica, a prioridade era o atendimento às vítimas. Definimos as áreas de risco e o ritual que a partir daquele momento deveríamos seguir. Tomamos todas as precauções: usamos calça, bota, avental, máscara, gorro, luvas duplas e sobres-sapatos.
>
> Acompanhados de dois físicos de radioproteção, entramos finalmente na enfermaria, o Dr. Brandão e eu. Foi uma situação que nos chocou muito. Os onze pacientes estavam no fundo, todos sentados, juntos. Alguns apresentavam lesões graves e sentiam dor..."

Tratamento do paciente contaminado. Todo paciente que apresenta contaminação radioativa na pele deve submeter-se a uma rigorosa lavagem com água morna e sabão neutro ou detergente suave. No caso de Goiânia, os pacientes com contaminação de pele foram tratados também com vinagre, que é um ácido fraco, com resina trocadora de íons e com pomada de lanolina misturada ao dióxido de titânio, que atua como abrasivo. Também foram usados o permanganato de potássio e métodos para provocar sudorese. Procurou-se eliminar o ^{137}Cs através do suor, submetendo-se os contaminados à sauna e aos exercícios ergométricos.

A descontaminação do aparelho digestivo exigiu o uso de quelantes como o azul-da-prússia (ferro + ferrocianeto férrico) na proporção de 4:3 e resinas trocadoras de íons. Ambos funcionam quelando o césio e, por isso, permitiram que boa parte do radioisótopo fosse eliminada pelas fezes. O meio ambiente foi descontaminado usando-se o azul-da-prússia, ácidos, lixas e escovas para as diversas superfícies contaminadas. Os relatos disponíveis na época diziam que o azul-da-prússia somente era útil como descontaminante caso fosse administrado até 48 horas após a ingestão do radionuclídeo. A experiência de Goiânia mostrou que, mesmo após duas semanas, os resultados com essa substância são bons.

No seu depoimento Alexandre Oliveira relata:

> "O tratamento das lesões, das feridas provocadas pela radiação, não foi um trabalho simples. Elas são peculiares: no início, surge um eritema e uma sensação de coceira,

formigamento ou dormência. Depois, surgem bolhas muito dolorosas. Nessa fase, começamos a fazer aplicações tópicas de medicamentos e imersões em bacias com substâncias analgésicas. Na terceira fase das lesões, quando as bolhas se rompem, utilizamos soluções e pastas à base de tanino, de óleo de babosa e substâncias anti-inflamatórias..."

Depoimentos sobre o acidente. Um outro depoimento importante foi dado por Nelson Valverde (Ciência Hoje, março, 1988). Ele relata:

"... Quando cheguei a Goiânia, havia poucas pessoas no HGG e elas se mostravam temerosas de agir. Não contávamos com ninguém de enfermagem. Esse temor pode ser atribuído ao mito criado em torno do átomo e da energia nuclear, sempre vinculado a guerras, planos secretos, filmes e espionagem. Mesmo que os médicos não tivessem receio, poucos teriam condições de nos ajudar, pois não há nos currículos de medicina informações sobre contaminação, irradiação e proteção radiológica..."

Mais adiante ele diz que os pacientes foram irradiados com doses entre 600 e 700rads com o atenuante de que não receberam as doses de uma só vez. Quatro contaminados desenvolveram a síndrome aguda da radiação e apresentaram grande depressão leucocitária e "morreram de septicemia", conta.

Para Georgui Dmitrivitch Selidovkin, Diretor do Departamento de Transplante de Medula Óssea do Hospital Geral nº 6 de Moscou (URSS):

"As doses de radiação recebidas pelas vítimas do acidente de Goiânia foram provavelmente inferiores àquelas calculadas pelos técnicos brasileiros e em nenhum caso devem ter ultrapassado 6Gy. Além disso, os processos infecciosos que resultaram na morte de quatro pacientes foram mais graves do que se poderia esperar em relação a essas doses. Embora todo paciente irradiado sofra uma queda em sua capacidade imunológica, a morte de pelo menos dois deles poderia ter sido evitada se, logo no início, tivessem ficado em enfermarias absolutamente esterilizadas, especiais para esses casos, mas inexistentes no Brasil". (Ciência Hoje, março, 1988.)

Controle ambiental

Disseminação do radionuclídeo e a descontaminação dos ambientes. João Alfredo Medeiros (Laboratório de Análise Mineral, Instituto de Radioproteção e Dosimetria) conta que:

"... o 'pó venenoso', contendo cloreto de césio, foi manuseado, levado para casa em vidrinho, colocado no bolso, esfregado no corpo. Foi varrido para baixo do armário, para a cozinha, para o quintal. Foi lavado pela chuva e carregado pelo vento. Mais grave ainda foi a sua disseminação pelas pessoas que o deixavam onde colocavam as mãos, os pés e onde se sentavam. Nos locais em que trabalhamos, era possível seguir o rastro da contaminação nos bancos, mesas, torneiras, azulejos e outros objetos".

e adiante:

> "Para descontaminar cimento e concreto, usamos misturas de ácidos com alúmen e azul-da-prússia, combinando-os com uma ação mecânica, escovas manuais ou elétricas e, às vezes, lixadeiras. Para azulejos de cozinhas e banheiros, escolhemos o ácido fluorídrico. Pisos encerados e objetos que acumulam gordura foram lavados com soda cáustica e detergente ou com soluções não aquosas de ácido clorídrico".
>
> "O local de maior contaminação foi a casa 68, na rua 57, em cujo quintal foi aberta a cápsula (Fig. 18.8). Quando a equipe da CNEN chegou, o césio já estava completamente espalhado. Lá, registramos o ponto mais ativo. Foi o último e mais perigoso local a ser descontaminado. As taxas de exposição à radiação eram muito altas, obrigando os técnicos a permanecer no local apenas alguns segundos. Um pequeno erro poderia expor as pessoas a doses comprometedoras".

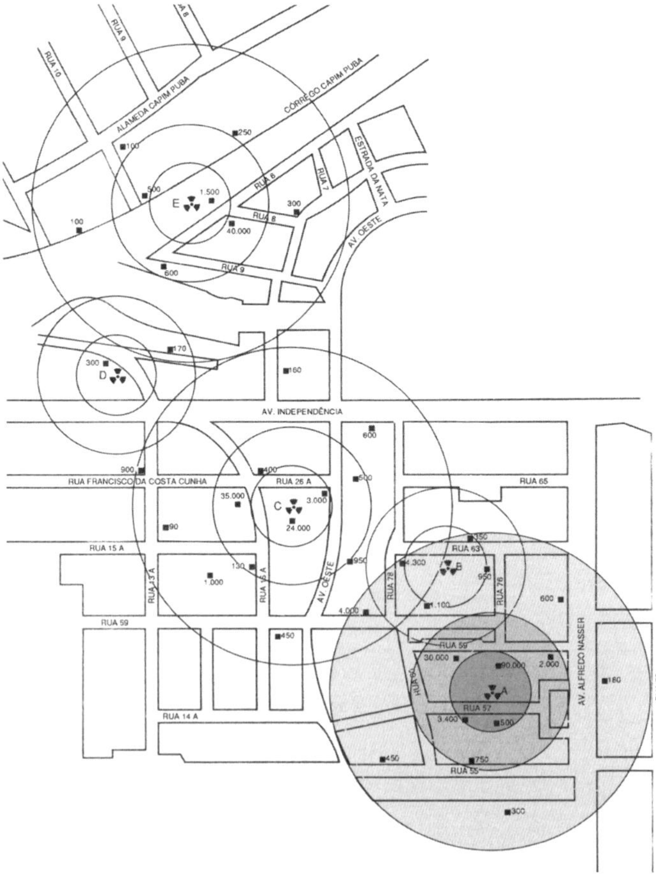

Figura 18.8 Mapa da cidade de Goiânia/GO mostrando os principais locais onde ocorreu a contaminação pelo césio-137. Os círculos mais escuros referem-se ao local onde a cápsula de césio foi aberta. (Guimarães, 1988, p. 34.)

A cápsula contendo o césio foi aberta num quintal em local próximo a uma mangueira (Fig. 18.9). Quando as equipes técnicas chegaram ali, o solo e as plantas apresentavam elevada contaminação radioativa. O césio havia penetrado no solo e sido absorvido pelas raízes das plantas. Com isso, espalhou-se através da seiva por todas as folhas, frutos e tecidos vegetais. As folhas, por sua vez, ao caírem, foram espalhadas pelo vento, espalhando, assim, a contaminação (Fig. 18.10).

A presença do radionuclídeo nas folhas das mangueiras próximas ao local de abertura da cápsula pôde ser detectada por autorradiografia (Fig. 18.11).

Figura 18.9 Fotografia do quintal onde foi aberta a cápsula de césio-137 (Goiânia/GO). (De Ferraz, 1988, p. 30.)

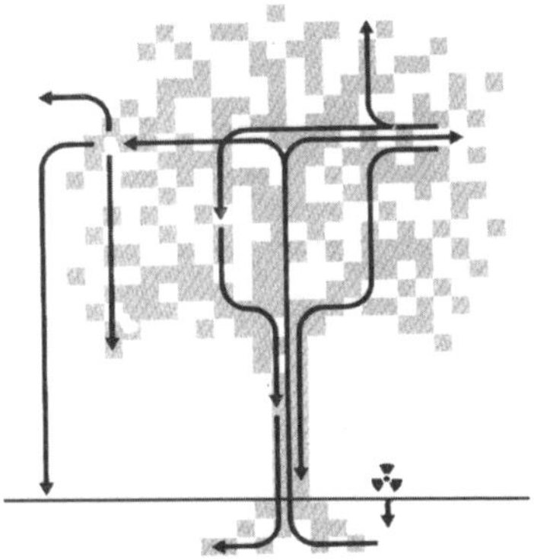

Figura 18.10 Esquema da disseminação do césio-137 através de folhas de árvores e das raízes. (De Ferraz, 1988, p. 30.)

Figura 18.11 Autorradiografia de uma das folhas da mangueira que havia próximo ao local onde foi aberta a cápsula de césio-137 (Goiânia/GO), mostrando o grau de contaminação radioativa. (De Ferraz, 1988, p. 31.)

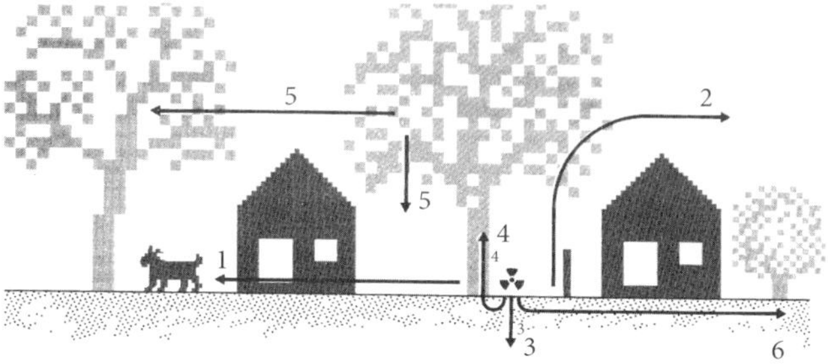

Figura 18.12 Vetores de disseminação do césio-137 (Goiânia/GO). (De Ferraz, 1988, p. 32.)

Os principais vetores de espalhamento do césio foram (Fig. 18.12):

1. pessoas e animais;
2. poeira do solo;
3. penetração do radioisótopo no solo;
4. absorção pelas raízes das árvores;
5. transporte de folhas para o solo, plantas e telhados;
6. movimentação horizontal no solo.

O solo das áreas contaminadas foi removido, gerando cerca de 3.000m^3 de lixo que foram acondicionados em 1.219 caixas, 2.822 tambores de aço e cimento (Fig. 18.13), bem como em 14 "contêineres", os quais serão mantidos em ambiente isolado e vigiado ininterruptamente por cerca de 180 anos (Fig. 18.14). As chuvas, os ventos, animais domésticos e as árvores de grande porte – em virtude da extensa rede radicular – tiveram grande contribuição para que o césio se espalhasse.

Figura 18.13 Tambores de aço e concreto usados para fazer o isolamento do lixo radioativo retirado do ambiente contaminado pelo césio-137 em Goiânia/GO. (De Penna Franca, 1988, p. 39.)

Figura 18.14 Aspecto geral do depósito de lixo radioativo (Goiânia/GO). (De Penna Franca, 1988, p. 39.

RECOMENDAÇÕES PARA O TRATAMENTO DE PACIENTES COM CONTAMINAÇÃO INTERNA

Tabela 18.5 Tratamento para indivíduos com contaminação interna.

Nuclídeos	Tratamento	Comentário
Elementos transurânicos: americium, californium, curium, neptunium	CaDTPA ou ZnDTPA	O CaDTPA pode ser usado se o ZnDTPA não está imediatamente disponível, mas é menos eficaz
Terras raras: cerium, lantanium, prometium, scandium, ytrium	CaDTPA ou ZnDTPA	O CaDTPA pode ser usado se o ZnDTPA não estiver imediatamente disponível. Todavia, ele é menos eficaz. Deve ser considerada ainda a lavagem do estômago e o uso de purgativos
Césio	Azul-da-prússia	Considerar a lavagem estomacal e o uso de purgativos
Iodo	KI, NaI ou SSKI	O sucesso do tratamento depende da precocidade da administração do remédio
Fósforo	Hidróxido de alumínio e fosfatos	Doses internas muito grandes podem ser tratadas com extrato de paratireoide e pela administração por via oral de fósforo
Estrôncio	Fosfato de alumínio, estrôncio ou cálcio	Sulfato de bário e alginatos podem ser alternativas
Tecnécio	Perclorato de potássio	Visa reduzir a dose sobre a tireoide
Trício	Ingestão forçada de água	Diluição

CaDTPA (cálcio dietilenotriaminopentacético): quelante.
ZnDTPA (zinco dietilenotriaminopentacético): quelante.
Fonte: Recomendação da NCRP, relatório Nº 65 (1980), *in* Wald e Stave, 1994, p. 180.

A formação científica dos profissionais que devem atuar no campo das ciências médicas não pode prescindir dos conhecimentos sobre as radiações, sobre os seus danos e como pode o homem proteger-se delas. O acidente nuclear de Goiânia foi um exemplo e uma advertência.

BIBLIOGRAFIA

Alberts, B., Bray, D., Lewis, J., Ralf, M., Roberts, K., Watson, J.D. (1994). Molecular biology of the cell. 3rd ed. Garland Publishing Inc., London.

Alcântara Gomes, R., Leitão, A.C. (1986). Radiobiologia e fotobiologia. Instituto de Biofísica da Universidade Federal do Rio de Janeiro, Rio de Janeiro.

Bergonié, J., Tribondeau, L. (1959). Radiat. Res. 11:587, *apud* Knoche, H.W. (1991). Radioisotopic Methods for Biological and Medical Research. Oxford University Press, Inc.

Ciência Hoje (1988). Autos de Goiânia. Suplemento volume 7, nº 40.

DeBusk, A.G. (1968). Genética Molecular. Editora da Universidade de São Paulo.

Freitas, A., Rosa, J.E., Souza, I.F. (1994). Radiologia Odontológica. Livraria Editora Artes Médicas Ltda.

Hall, E.H. (1978). Radiobiology for the radiologist. Harper and Row Publishers, Co., New York.

Knoche, H.W. (1991). Radioisotopic Methods for Biological and Medical Research. Oxford University Press, Inc.

Martin, A. (1986). An introduction to radiation protection. 3rd ed. Chapman and Hall Ltd., New York.

NCRP – National Council on Radiation Protection and Measurements (1980). Management of person accidentally contaminated with radionuclides. NCRO report Nº 65, Washington, D.C.

National Research Council, Committee on the Biological Effects of Ionizing Radiation (BEIR V), Health effects of exposure to low levels of ionizing radiation. Washington, D.C., National Academy Press, 1990.

Rocha, A.F.G. (1976). Medicina Nuclear. Editora Guanabara Koogan, Rio de Janeiro.

Rogers, R.W., von Borstel, R.C. (1957). Alpha-particle bombardment of the Habrobracon egg. I. Sensitivity of the nucleus. Radiat. Res., 7:484.

Von Borstel, R.C., Rogers, R.W. (1958). Alpha-particle bombardment of the Habrobracon egg. II. Response of the cytoplasm. Radiat. Res., 8:248.

Wagner, H.N. (1968). Principles of Nuclear Medicine. W.B. Saunders Company, Philadelphia.

CAPÍTULO 19

Dosimetria das radiações

Os efeitos biológicos das radiações dependem da quantidade de energia depositada nos tecidos. A ela chamamos de **dose absorvida**. Esses efeitos variam com o tipo, energia e intensidade das radiações, bem como com parâmetros que são inerentes ao tecido ou ao órgão irradiado.

DEFINIÇÕES PRELIMINARES

Energia, trabalho e potência

Energia (E) é a propriedade que confere aos corpos a capacidade de produzir um trabalho. Todo sistema possui energia, seja ela mecânica, elétrica, magnética, química ou outra qualquer. Por isso, todos podem, sob determinadas condições, executar trabalho.

Trabalho (**W**) é o fenômeno que se observa quando a energia de um sistema se transforma ou se transmite a outro sistema. As unidades de energia e de trabalho são as mesmas. No sistema CGS ela se chama **erg** e equivale ao trabalho produzido por uma força de 1 dina quando desloca uma massa qualquer num espaço de 1cm. No sistema MKS, a unidade se denomina **Joule** (**J**) e é definida como sendo o trabalho executado por uma força de 1N ao mover uma massa num percurso de 1m.

Na Termologia, usa-se com frequência a **caloria** (**cal**), que se chamava antigamente de pequena caloria, e que é definida como sendo a quantidade de energia térmica necessária para elevar de 14,5°C a 15,5°C a temperatura de 1g de água, mantida sob pressão de 1atm. A caloria é uma unidade pequena. Por isso, ela é geralmente empregada usando-se um dos seus múltiplos, como, por exemplo, a quilocaloria (**kcal**).

Na Física das radiações costuma-se usar o **elétron-volt** (**eV**), bem como os seus múltiplos (keV, MeV, GeV), como medida da energia de uma radiação. Define-se como elétron-volt a quantidade de energia cinética adquirida por um elétron, que é acelerado, a partir do repouso, por a uma diferença de potencial de 1V.

A energia (**E**) transportada por uma radiação de natureza ondulatória é dada pelo produto da constante de Planck (**h**) pela frequência (ν) da radiação expressa em ciclos/s. Assim:

$$\mathbf{E} = \mathbf{h} \cdot \nu$$

onde $h = 6{,}625 \times 10^{-27}$ erg.s

As relações entre as unidades citadas são as seguintes:

$$\mathbf{1N = 10^5\ dinas}$$
$$\mathbf{1J = 10^7 erg}$$
$$\mathbf{1cal = 4{,}18J}$$
$$\mathbf{1cal = 2{,}62 \times 10^{19} eV}$$

A **potência** (**P**) de uma fonte de radiação é definida como sendo a energia que ela libera por unidade de tempo. Isso equivale à taxa com que a energia de um sistema está sendo transformada ou está sendo transmitida a outro sistema. Assim:

$$P = \frac{E}{\Delta t}$$

No sistema CGS a unidade de potência é o erg/s e no sistema MKS ela é expressa em J/s. Esta unidade se chama **watt**.

A carga elétrica

Algumas radiações particuladas (α, β^- e β^+) transportam carga elétrica e esta contribui para aumentar a interação da radiação com o meio com o qual interage. A unidade MKS de carga elétrica é o **coulomb** (**C**), que é a quantidade de carga que se escoa em 1 segundo através de uma dada secção transversal de um condutor, quando por ele passa uma corrente de 1 ampère. Isso decorre da equação:

$$\mathbf{q = i \cdot \Delta t}$$

Sabendo-se que um elétron transporta $1{,}6 \times 10^{-19}$C de carga, então pode dizer-se que:

$$\mathbf{1C = 0{,}625 \times 10^{19} \times carga\ do\ elétron}$$

Fluxo e densidade de fluxo de uma radiação

Fluxo (Φ) de radiação (Fig. 19.1) é a quantidade de energia (**E**) que atravessa uma área num intervalo de tempo de um segundo (Δ**t**). Suas unidades são o **J/s** (MKS) e o **erg/s** (CGS).

A **densidade de fluxo** (δ) é a razão do fluxo (Φ) por área (**S**) e suas unidades são:

$$\frac{\left(\frac{erg}{s}\right)}{cm^2} \rightarrow \text{CGS}$$

$$\frac{\left(\frac{J}{s}\right)}{m^2} \rightarrow \textbf{MKS}$$

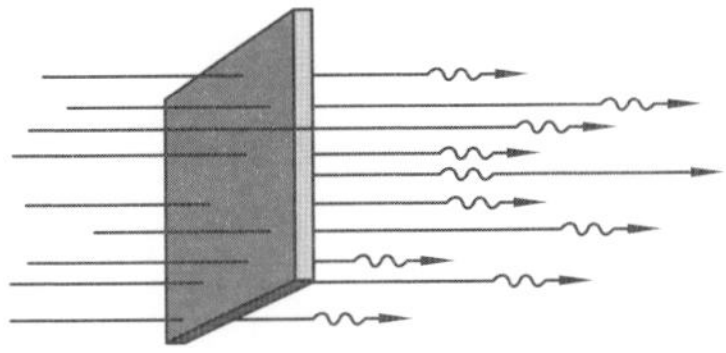

Figura 19.1 Fluxo de energia através de uma superfície.

Intensidade de radiação

Pode definir-se como **intensidade** (**I**) de uma radiação ao fluxo (Φ) de energia que atravessa uma dada superfície (S).

Assim:

$$I = \frac{\Phi}{S}$$

A intensidade da radiação varia inversamente com o quadrado da distância existente entre uma fonte puntiforme e o sítio de medida, desde que não haja absorção nem espalhamento dos raios durante o trajeto. Isso pode ser demonstrado considerando-se uma fonte puntiforme colocada em um meio homogêneo. Suponha-se que a fonte emita radiação com a mesma intensidade em todas as direções e que todos os raios tenham a mesma velocidade. Assim, a cada instante, as frentes de onda determinam esferas concêntricas. Tomemos duas dessas esferas. A menor, com área S_1, e a maior, com área S_2. As intensidades da radiação na superfície dessas esferas são dadas, respectivamente, por:

$$I_1 = \frac{\Phi_1}{S_1}$$

e

$$I_2 = \frac{\Phi_2}{S_2}$$

como $\Phi_1 = \Phi_2$, então:

$$\frac{I_1}{I_2} = \frac{S_2}{S_1}$$

A área (**S**) da esfera é dada por $4\ \pi\ r^2$, onde **r** é o raio da esfera. Substituindo S_1 e S_2 por suas expressões resulta que:

$$\frac{I_1}{I_2} = \frac{r_2^2}{r_1^2}$$

ATENUAÇÃO DAS RADIAÇÕES

Coeficiente de absorção linear

Ao passar por um meio absorvedor, um feixe monocromático de raios **X** ou radiação γ perde intensidade. A variação ΔI da sua intensidade é proporcional à intensidade incidente (I_0) e à espessura (Δx). Assim, podemos escrever que:

$$-\Delta I \propto I_0 \cdot \Delta x$$

ou

$$-\Delta I = \mu \cdot I_0 \cdot \Delta x$$

onde μ é o **coeficiente de absorção linear.** Esse coeficiente representa a capacidade do meio para reter a radiação incidente por unidade de percurso e o seu valor depende do estado de agregação do meio. Assim, a água, p. ex., apresenta coeficientes diferentes quando está sob a forma de gelo, líquido ou vapor.

Fazendo ΔI e Δx diminuírem cada vez mais, no limite próximo a zero, a expressão pode ser reescrita para:

$$dI = -\mu \cdot I_0 \cdot dx$$

ou

$$\frac{dI}{dx} = -\mu \cdot I_0$$

e por integração, tem-se que:

$$\mathbf{I_x = I_0 \cdot e^{-\mu x}}$$

onde:

$\mathbf{I_x}$ – é a intensidade da radiação que atravessa o meio
$\mathbf{x}$ – é a espessura atravessada

Em essência, cada processo de interação dos raios **X** ou da radiação γ com a matéria (efeito fotoelétrico, efeito Compton e produção de par iônico) é caracterizado por um coeficiente de absorção linear e a atenuação final oferecida pelo meio é a soma das atenuações provocadas por cada um desses processos.

Coeficiente de atenuação de massa

Para evitar a influência do estado de agregação física do meio, foi desenvolvido um outro parâmetro ao qual se chamou de **coeficiente de atenuação de massa** (μ_m) ou **coeficiente de massa de atenuação**. Ele foi obtido dividindo-se o coeficiente linear de absorção (μ) pela densidade (**d**) do meio. Assim,

$$\mu_m = \frac{\mu}{\mathbf{d}}$$

Cada processo de interação tem o seu próprio coeficiente de atenuação de massa, cuja unidade é **cm^2/g**. A Fig. 19.2 mostra como se comportam os coeficientes de atenuação de massa d'água devido ao efeito fotoelétrico (τ_m), ao efeito Compton (μ_{mc}) e à produção de par (μ_{mp}), em função da energia do fóton. Note-se que, para fótons de baixa energia, predomina a absorção por efeito fotoelétrico, mas para os fótons de alta energia predominam a produção de pares e o efeito Compton.

A vantagem do coeficiente de absorção de massa sobre o coeficiente de absorção linear pode ser vista na comparação dos coeficientes de absorção para a água líquida, para o gelo e para o vapor d'água. O coeficiente de absorção linear da água é de $0{,}214 cm^{-1}$. Como:

$$I_x = I_0 \cdot e^{-\mu x}$$

Então, 1cm de água absorverá:

$$\frac{I_x}{I_0} = e^{-0{,}214}$$

donde:

$$\frac{I_x}{I_0} = 0{,}80$$

ou seja, essa espessura de água absorve 20% do feixe incidente. Para efetuar esses cálculos foi considerado um feixe de raios X monocromático de 50keV. Em contrapartida, 1cm de gelo absorve 18,5%, pois o seu coeficiente de absorção linear é de $0{,}196 cm^{-1}$. O vapor d'água, por sua vez, possui coeficiente linear de apenas $0{,}000128 cm^{-1}$.

Quando se calcula o coeficiente de atenuação de massa para a água, o gelo e o vapor d'água, observa-se que, em todos os três estados, esse coeficiente é o mesmo. Senão vejamos: a água tem coeficiente linear de absorção igual a $0{,}214 cm^{-1}$ e sua densidade vale $1 g/cm^3$,

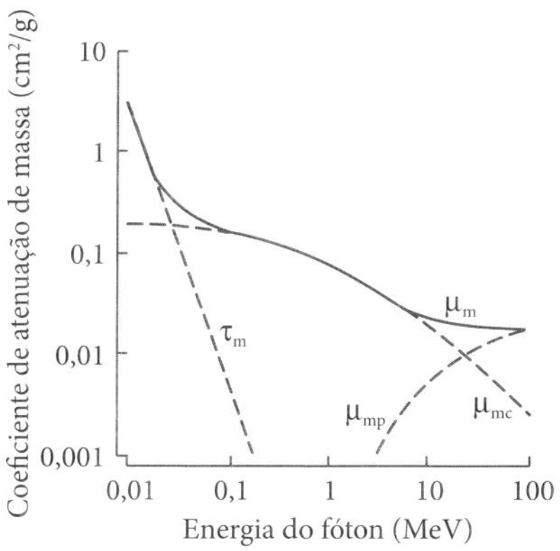

Figura 19.2 Variação do coeficiente de atenuação de massa (μ_m) em função da energia do fóton. τ_m, coeficiente de atenuação de massa por efeito fotoelétrico; μ_{mp}, coeficiente de atenuação de massa por produção de par; μ_{mc}, coeficiente de atenuação de massa devido ao efeito Compton. (Rollo, 1977, p. 55.)

então o coeficiente de atenuação de massa será de 0,214cm²/g. Para o gelo, cuja densidade é 0,917g/cm³, o coeficiente de atenuação de massa será também 0,214cm²/g, pois resulta do quociente 0,196/ 0,917. O mesmo se dá para o vapor d'água, cuja densidade é de 0,000598g/cm³. Neste caso, o coeficiente de atenuação de massa também será de 0,214cm²/g, pois será igual ao quociente da divisão de 0,000128 por 0,000598. Como se pode ver, apesar de a água se apresentar sob três estados diferentes, o seu coeficiente de absorção de massa é, no entanto, invariável, e independente do seu estado de agregação.

Camada semirredutora

A camada semirredutora (HDL) é a espessura (**x**) de um material que é necessária para reduzir a intensidade de um feixe de **raios X** ou de **raios** γ à metade do seu valor inicial. Assim, para calcular o valor de **x** que corresponde ao HDL, far-se-á:

$$\ln \frac{I_x}{I_0} = -\mu \cdot x$$

$$x = \frac{\ln\left(\frac{I_x}{I_0}\right)}{-\mu}$$

mas, quando × = HDL, então $I_x = I_0/2$. Logo, por substuição tem-se que:

$$HDL = \frac{\ln \frac{\left(\frac{I_0}{2}\right)}{I_0}}{-\mu}$$

$$\mathrm{HDL} = \frac{\ln \frac{1}{2}}{-\mu}$$

$$\mathbf{HDL = 0{,}693/\mu}$$

ATIVIDADE

Decaimento radioativo

A velocidade com que as substâncias radioativas se desintegram varia de um radionuclídeo para outro. Chama-se de **atividade** (**A**) de uma amostra radioativa à relação do número de átomos que se desintegram por unidade de tempo. Os estudos mostraram que essa taxa de desintegração **é** proporcional ao número (N) de átomos instáveis que estão presentes na amostra.

Assim:

$$\mathbf{A = -\frac{dN}{dt} = -\lambda \cdot N}$$

onde a constante de proporcionalidade λ é chamada de constante de decaimento. A integração dessa equação permite que se obtenha uma expressão para definir o número (**N**) de radionuclídeos de um mesmo tipo que existirá numa amostra, cuja constante de decaimento é λ, após um tempo **t** determinado, desde que seja conhecido o valor do número ($\mathbf{N_0}$) de átomos instáveis no instante inicial. Assim:

$$\mathbf{N = N_0 \cdot e^{-\lambda t}}$$

Dividindo-se ambos os membros por **Δt,** então **N** e $\mathbf{N_0}$ se transformam nas atividades **A** e $\mathbf{A_0}$. Daí:

$$\mathbf{A = A_0 \cdot e^{-\lambda t}}$$

Meia-vida

É o tempo ($t_{1/2}$) necessário para que a atividade de uma amostra diminua para a metade do valor inicial (Fig. 19.3). Impondo-se essa condição na equação do decaimento, temos:

$$(A/A_0) = e^{-\lambda t}$$
$$\ln (A/A_0) = -\lambda t$$
$$\ln (1/2) = -\lambda t_{1/2}$$

$$\mathbf{t_{1/2} = 0{,}693/\lambda}$$

A unidade de atividade é o **becquerel** (Bq) que equivale a uma desintegração por segundo. Todavia, ainda é muito usado o **curie** (Ci) e os seus submúltiplos (mCi, μCi, pCi, fentoCi). Uni curie equivale à atividade de uma amostra que produz $3{,}7 \times 10^{10}$ desintegrações por segundo (dps). Além do curie, o **mache** tem sido usado para medir a atividade de águas minerais radioativas. Essa unidade corresponde a $3{,}64 \times 10^{-10}$ curie/litro. A relação entre o curie e o becquerel é:

$$1Ci = 3{,}7 \times 10^{10} Bq \text{ ou } 1Bq = 2{,}7 \times 10^{-11} Ci$$

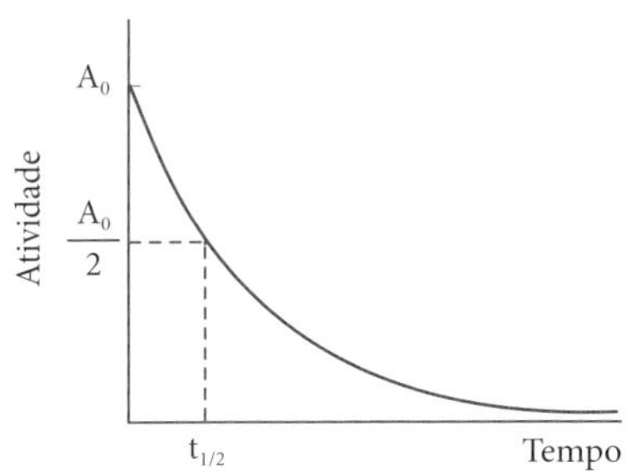

Figura 19.3 Tempo de meia-vida de um radionuclídeo.

UNIDADES DE EXPOSIÇÃO À RADIAÇÃO

A definição de exposição está relacionada com a absorção de radiação pelo ar seco. Assim, ela pode ser representada pelo quociente da quantidade total de cargas de mesmo sinal (dQ) produzidas pelo fluxo de radiação numa determinada massa de ar seco (dm). A unidade para exposição é chamada de **unidade X** e é definida pela expressão:

$$X = \frac{dQ}{dm}$$

$$\mathbf{1\ unidade\ X = 1\ \frac{C}{kg}}$$

Assim, **1 unidade X** é a quantidade de **raios X** ou de **radiação** γ que ioniza o ar seco, produzindo 1 coulomb de carga elétrica de um mesmo sinal 1 por quilograma de ar mantido nas condições normais de temperatura e pressão.

Outra unidade muito usada é o **röntgen** ou **roentgen** (**R**). Ela **é** definida como a quantidade de **raios X** ou de **raios** γ que produz 1 statcoulomb (statc = $2{,}998 \times 10^9$C) de carga em 1cm^3 de ar seco mantido a 0°C e sob pressão de 760mmHg, ou $2{,}58 \times 10^{-4}$C por quilograma de ar seco

$$\mathbf{1R = 1statc/cm^3}$$

DOSE ABSORVIDA

As unidades de dose absorvida (**D**) são: o **Gray** (**Gy**) e o **rad** (*radiation absorbed dose*). O **Gray** é definido como a quantidade de radiação que deposita 1 joule (**J**) de energia por quilograma (**kg**) do meio absorvedor. Assim:

$$\mathbf{1Gy = 1\ \frac{J}{kg}}$$

O rad é a quantidade de radiação de qualquer natureza que deposita uma quantidade de energia equivalente a 100erg por grama de meio absorvedor.

$$\mathbf{1rad = 100erg/g}$$

$$1Gy = 10^4erg/g$$

Considerando que 1J = 10^7erg, então:

$$\mathbf{1Gy = 100rad}$$

A quantidade de energia absorvida pelos tecidos moles é de 96erg/g para uma exposição de 1R de raios X ou de radiação γ. A energia depositada no ar por 1R dessas radiações é de 87,6erg/g. Por isso, para os tecidos biológicos, 1R é aproximadamente igual a 1rad:

$$\mathbf{1R = 0{,}96rad = 0{,}0096Gy}$$

$$\mathbf{1\ unidade\ X = 34Gy = 3.400rad}$$

EFEITO BIOLÓGICO RELATIVO

Os diferentes tipos de radiação produzem efeitos biológicos diferentes. Isso porque cada radiação deposita no material biológico quantidades diferentes de energia por unidade de comprimento de percurso ou por unidade de volume irradiado. Assim, para poder comparar os efeitos biológicos das diversas radiações, criou-se um fator de correção chamado de **Eficácia Biológica Relativa** ou **RBE** (*Relative Biological Effectiveness*). O **RBE** de uma dada radiação depende da quantidade e da qualidade da radiação. O fator RBE é calculado pela seguinte expressão:

$$RBE = \frac{RX_{200}}{Rd}$$

onde:

RX_{200} – é a dose em Gy de raios X de 200keV que produz um determinado efeito
Rd – é a dose em Gy da radiação considerada capaz de produzir o mesmo efeito

A Tabela 19.1 mostra alguns valores de RBE.

Os dados indicam que para produzir um efeito biológico semelhante ao de uma determinada radiação alfa é preciso irradiar o tecido com uma quantidade de radiação X, gama ou beta, que seja 20 vezes maior do que a da radiação alfa.

Tabela 19.1 Eficácia Biológica Relativa de algumas radiações.

Radiação	RBE
Raios X	1
Raios γ	1
Raios β	1
Nêutrons lentos	5
Prótons	10
Nêutrons rápidos	10
Dêuterons	10
Raios α	20

Fontes: Adaptado de Carneiro Leão, 1982, p. 233; Heneine, 1984, p. 372; Rezende, D.A.O., *in* Rocha, 1976, p. 67.

TRANSFERÊNCIA LINEAR DE ENERGIA E FATOR DE QUALIDADE DE UMA RADIAÇÃO

Fator de qualidade (QF) é uma grandeza usada para estimar o dano biológico potencial das radiações. Este depende da **transferência linear de energia** (LET), que é a quantidade de energia que a radiação deposita no tecido por unidade de trajeto percorrido. A Tabela 19.2 mostra a relação entre essas duas grandezas.

A Tabela 19.3 mostra fatores de qualidade para algumas radiações.

Nêutrons térmicos são aqueles que possuem baixa velocidade e que transportam energia semelhante às energias das moléculas e átomos do meio (0,02-0,03eV). Os nêutrons rápidos têm energia da ordem de MeV. Estes, ao passarem em absorvedores como o grafite, a água ou a água pesada (D_2O), transformam-se em nêutrons térmicos.

Tabela 19.2 Correlação entre Fator de Qualidade e a Transferência Linear de Energia de radiação ionizante.

LET (keV/nm)	QF
< 3,5	1
3,5-7,0	1-2
7,0-23,0	2-5
23,0-53,0	5-10
53,0-175,0	10-20

Fonte: Knoche, 1991, p. 317.

Tabela 19.3 Fator de Qualidade de algumas radiações.

Radiação	QF
Raios X, raios γ, raios β e pósitrons	1
Nêutrons térmicos	2,3-5
Nêutrons rápidos, prótons, partículas α e íons pesados	20

Fonte: Knoche, 1991, p. 317.

DOSE EQUIVALENTE

A grandeza que relaciona o dano biológico com as doses de radiação chama-se de **dose equivalente** (**H**). O valor da dose equivalente é dado pelo produto:

$$\mathbf{H = (D)\ (QF)\ (DF)}$$

onde:

D – é a dose absorvida
QF – é o fator de qualidade da radiação
DF – é o fator de distribuição da radiação

O fator de distribuição (DF) tem valor unitário quando o campo de radiação é perfeitamente uniforme. Isso pode acontecer para fluxos externos. Todavia, no caso de irradiação interna, o radionuclídeo pode não se distribuir uniformemente em todo o organismo. Um bom exemplo é o que ocorre com o ^{131}I que se concentra preferencialmente na glândula tireoide. Nesses casos, o DF não tem valor unitário.

A unidade no SI para dose equivalente é o **Sievert** (**Sv**). Ela é dada pelo produto da dose absorvida, pelo fator de qualidade (QF) e pelo fator de distribuição (DF). Assim:

$$\mathbf{Sv = (Gy)\ (QF)\ (DF)}$$

No sistema CGS, usa-se o **rem** (*roentgen equivalent man or roentgen equivalent mammal*), que é definido como:

$$\textbf{rem} = \textbf{(rad) (QF) (DF)}$$

O **RBE** também pode ser expresso pelo produto do fator de qualidade pelo fator de distribuição da radiação. Logo:

$$\text{RBE} = (\text{QF})\ (\text{DF})$$

daí:

$$\textbf{rem} = \textbf{rad} \cdot \textbf{RBE}$$

RESUMOS DAS PRINCIPAIS UNIDADES

Tabela 19.4 Principais unidades radiométricas.

Descrição	Nome	Símbolo	Definição
Atividade	curie becquerel	Ci Bq	$3{,}7 \times 10^{10}$dps 1dps
Exposição	roentgen	R	$2{,}58 \times 10^{-4}$C/kg
Dose absorvida	rad gray	rad Gy	100erg/g 100rad
Dose equivalente	rem sievert	rem Sv	rad × QF 100rem

Fonte: De Breitenstein Jr., B.D., Spickard, J.H., *in* Wald e Stave, 1994, p. 173.

DOSES PERMISSÍVEIS

Tabela 19.5 Dose limite.

Categoria	Período	rem	mSv
Exposição ocupacional	ano	5	50
Gônadas, medula óssea ou corpo inteiro	ano	5	50
Cristalino	ano	15	150
Pele, osso, tireoide	ano	30	300
Extremidades	ano	40	400
Outros órgãos	ano	50	500
Pessoas do público	ano	0,16	1
Dose acumulada	vida	idade	idade × 10

Fontes: Knoche, 1991, p. 335; Légaré, J.M., et al., *in* Rocha, 1976, p. 96; De Breitenstein Jr., B.D. e Spickard, J.H., *in* Wald e Stave, 1994, p. 174.

CLASSIFICAÇÃO DAS INSTALAÇÕES ONDE SE TRABALHA COM RADIAÇÕES IONIZANTES

As instalações onde se manipula material radioativo são classificadas em:

1. Instalações que utilizam fontes seladas:
   Grupo I – fontes seladas de grande atividade na indústria.
   Grupo II – fontes seladas usadas em radioterapia ou gamagrafia.
   Grupo III – fontes seladas usadas para outros fins.
2. Instalações que utilizam fontes não seladas:
   Pertencem aos grupos IV, V e VI e são classificadas de acordo com os limites de atividade radioativa manipulada ou armazenada.

ORGANIZAÇÕES INTERNACIONAIS RESPONSÁVEIS PELO CONTROLE DO USO DAS RADIAÇÕES IONIZANTES

- ICRP – Comissão Internacional de Proteção Radiológica (*International Comission for Radiological Protection*).
  Tarefa: definir e divulgar as recomendações fundamentais para a proteção radiológica no uso das radiações.
- ICRU – Comissão Internacional de Unidades Radiológicas (*International Comission for Radiological Units*).
  Tarefa: padroniza métodos de uso, de medidas e define as unidades radiológicas.
- IAEA – Agência Internacional de Energia Atômica (*International Atomic Energy Agency*).
  Tarefa: produz padrões para a proteção radiológica e define limites de segurança.
- WHO – Organização Mundial da Saúde (*World Health Organization*).
  Tarefa: entidade científica para deliberar sobre questões técnicas que interessam à humanidade. No campo das radiações colabora com a IAEA.
- CNEN – Comissão Nacional de Energia Nuclear.
  Tarefa: é o órgão brasileiro responsável pelo acompanhamento e controle do uso de fontes radioativas no País.

BIBLIOGRAFIA

Carneiro Leão, M. (1982). Princípios de Biofísica. Guanabara Koogan, Rio de Janeiro.

Freitas, A., Rosa, J.E., Souza, I.F. (1994). Radiologia Odontológica. Artes Médica, São Paulo.

Halliday, D., Resnick, R. (1966). Física. Editora Ao Livro Técnico S.A. e Editora da Universidade de São Paulo, Rio de Janeiro.

Knoche, H.W. (1991). Radioisotopic Methods for Biological and Medical Research. Oxford University Press, New York.

National Council on Radiation Protection and Measurements. Recommendations on limits for exposure to ionizing radiation. Relatório do NCPR nº 91, Washington, DC, National Council on Radiation Protection and Measurements, 1987.

Rocha, A.F.G. (1976). Medicina Nuclear. Guanabara Koogan, Rio de Janeiro.

Rollo, F.D. (1977). Nuclear medicine physics, instrumentation, and agents. C.V. Mosby Company. Saint Louis.

Tauhata, L., Almeida, E.S. (1984). Radiações Nucleares. Comissão Nacional de Energia Nuclear – CNEN, Ministério das Minas e Energia, Rio de Janeiro.

Wagner Jr., H.N. (1968). Principles of Nuclear Medicine. W.B. Saunders Company, Philadelphia.

Wald, P.H., Stave, G.M. (1994). Physical and Biological Hazards of the Workplace. Van Nostrand Reinhold, New York.

CAPÍTULO 20

Radioproteção

INTRODUÇÃO

Os seres vivos, especialmente o homem, estão submetidos constantemente às radiações que chegam à superfície da Terra. A Radiobiologia e a Fotobiologia tratam, respectivamente, das ações e dos efeitos biológicos das radiações ionizantes e das não ionizantes. A Radioproteção tem como objetivo estudar e propor medidas que visem reduzir a exposição do homem às radiações ionizantes.

AS FONTES NATURAIS DE RADIAÇÃO IONIZANTE

O ambiente em que vivem os seres vivos está sendo constantemente agredido por muitos tipos de radiações ionizantes cujas fontes não foram criadas pelo homem. A isso se chama de radiação natural, radiação de fundo ou *background* radioativo. Além dessa radiação natural, algumas fontes artificiais foram criadas pelo homem. Levando em consideração o aspecto social, entre as fontes artificiais as que mais têm contribuído para aumentar a taxa média da dose absorvida são aquelas que produzem raios X.

O *background* radioativo

Com relação ao indivíduo irradiado, as fontes responsáveis pelo *background* radioativo podem ser classificadas como:

- Fontes externas.
- Fontes internas.

1. FONTES EXTERNAS

Radiação cósmica. A radiação cósmica provém do espaço sideral. Uma grande parte dela se origina no Sol, mas acredita-se que outras galáxias e outras estrelas também contribuem para a irradiação da Terra. A maior parte dos raios que chegam à alta atmosfera, chamados de raios cósmicos primários, são prótons de energia muito elevada (20 a 10.000MeV). Aproximadamente 15% do fluxo total das partículas que bombardeiam o nosso planeta são núcleos de hélio e 1% são elétrons rápidos. Além dessas radiações, existe um grande fluxo radioativo constituído por núcleos de elementos pesados que chegam ininterruptamente à Terra. A atmosfera terrestre absorve uma grande parte dessas radiações. Outras, no entanto, após sofrerem modificação, chegam à superfície do planeta, constituindo os raios cósmicos secundários.

A interação dos raios cósmicos primários com as camadas da alta atmosfera resulta na produção de uma grande quantidade de mésons e de núcleons (nêutrons e prótons). No trajeto até a superfície da Terra os núcleons sofrem interação com átomos dos gases que formam a atmosfera e, assim, produzem mésons μ, fótons, elétrons e pósitrons de alta energia. Os fótons, elétrons e pósitrons constituem o que se chama de componente mole (*soft component*) dos raios cósmicos. Essas radiações são absorvidas pela atmosfera ou então pelas camadas mais superficiais da crosta terrestre. Todavia, a atmosfera é praticamente transparente aos mésons μ, os quais formam o componente duro (*hard component*) da radiação cósmica. O fluxo desses mésons penetra profundamente no subsolo terrestre até serem absorvidos.

A atmosfera terrestre interage com o componente *soft* da radiação cósmica e, por isso, o fluxo dessa radiação varia com a altitude. A 2.000m de altura, a quantidade de radiação cósmica duplica em relação àquela que pode ser observada ao nível do mar. Na altitude dos voos supersônicos (aproximadamente 18km) existem 100 vezes mais radiação cósmica do que ao nível do mar, onde a dose anual é de 240μSv.

Nos Estados Unidos, a dose anual efetiva média recebida por cada indivíduo é de 270μSv. Ela varia com o local em que a pessoa vive e, na sua determinação, inclui uma estimativa de viagens aéreas (5μSv/h de voo a 12km de altura) e do tempo de permanência fora de região abrigada. As construções de cimento e alvenaria reduzem em 10% a taxa de exposição aos raios cósmicos.

Fontes terrestres. Todos os elementos com número atômico maior do que o do bismuto (Z = 83) apresentam radioisótopos naturais. Todavia, alguns elementos com número atômico menor também apresentam isótopos radioativos. A composição geológica do solo terrestre varia muito em função do local. Isso faz com que a quantidade de radiação ambiental proveniente das fontes contidas nas estruturas do solo seja muito variada. As pedras e os granitos usados para a construção de casas e edificações contribuem para aumentar a taxa de dose a que se expõem as pessoas.

O ^{222}Rn é o gás radioativo natural mais importante. Ele pode ser inalado e isso geralmente ocorre nos indivíduos que vivem próximo a subsolos ricos em urânio. A concentração do radônio dentro das casas tem sido objeto de estudos, porque ali foi verificado que ela é mais elevada do que a que existe fora das residências ou dos abrigos. Isso acontece porque, quando não está confinado ao ambiente das edificações, o radônio emanado do solo logo se dilui nos gases da atmosfera. A inalação de radônio faz com que sejam depositados nos pulmões o ^{218}Po, o ^{214}Po, o ^{214}Pb e o ^{210}Pb, que são emissores alfa e, por isso, grandes agressores dos tecidos dos órgãos respiratórios.

2. FONTES INTERNAS

Alguns radionuclídeos se depositam em tecidos e órgãos do corpo e, dessa forma, constituem-se em um componente importante do *background* radioativo que irradia permanentemente o indivíduo. A maioria dos radionuclídeos que se localizam dentro do corpo chega a ele através dos alimentos e da água. Outros, contudo, são inalados ou atravessam a barreira da pele, sobretudo através de ferimentos.

A fonte de radiação interna mais importante é o ^{40}K, mas outros derivados da interação da radiação cósmica com a Terra, chamados erroneamente por alguns de radionuclídeos cosmológicos, são também importantes. Entre estes os principais são:

- ^{14}C
- ^{3}H
- ^{22}Na
- ^{14}Be

A interação dos nêutrons gerados na alta atmosfera com átomos de nitrogênio permite a formação do ^{14}C de acordo com a reação:

$$\mathbf{n + {}^{14}N \rightarrow p^{+} + {}^{14}C}$$

O ^{14}C, sob a forma de $^{14}CO_2$, é utilizado pelo processo fotossintético das plantas e passa, assim, para a cadeia alimentar, chegando até os seres humanos.

FONTES ARTIFICIAIS DE RADIAÇÃO

Neste grupo estão:

- Raios X.
- Radionuclídeos usados na Medicina Nuclear.
- Contaminantes radioativos presentes em produtos de consumo.
- Precipitação radioativa (*fall out*).
- Outras fontes.

Estima-se que a dose média efetiva absorvida por exposição aos raios X seja de 390μSv/ano, e aquela decorrente dos procedimentos usados em Medicina Nuclear seja de 140μSv/ano. Os produtos de consumo, tais como cigarros, vidros e cerâmicas que contêm urânio ou tório, mantas para lampiões a gás, lentes de câmeras fotográficas, *starters* usados em lâmpadas fluorescentes e outras fontes como as de raios X usadas nos aeroportos para a inspeção de bagagens, contribuem com cerca de 50 a 150μSv/ano.

RESUMO DA CONTRIBUIÇÃO DAS PRINCIPAIS FONTES DE RADIAÇÃO QUE ATUAM SOBRE O HOMEM

A Fig. 20.1 (NCRP, 1987) mostra, esquematicamente, a contribuição das diversas fontes de radiação para a irradiação de seres humanos. Note-se a grande importância do radônio e como são significativas as contribuições dadas pelas fontes cósmica, terrestre, internas e de raios X.

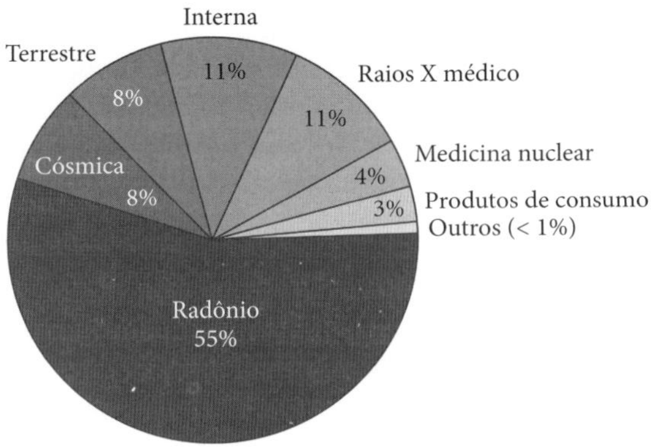

Figura 20.1 Contribuição das principais fontes radioativas para a exposição humana. (Modificado de Knoche, 1991, p. 333.)

LIMITES DE EXPOSIÇÃO RECOMENDADOS

Tabela 20.1 Doses limites recomendadas.

Situação	Limite
Técnicos que trabalham na área de radiações	
Cristalino	150mSv/ano
Outros órgãos e tecidos	500mSv/ano
Gestantes	
Feto	5mSv
Outras pessoas	
Exposição infrequente	5mSv/ano
Dose cumulativa	Idade × 10mSv

Fonte: NCRP (National Council on Radiation Protection, 1987).

As normas do CNEN (CNEN-NE-3.01 Diretrizes de radioproteção, 1988) determinam que os indivíduos que não trabalham com materiais radioativos não devem receber mais do que 0,1rem/ano, o que equivale a 1mSv/ano.

PROTEÇÃO CONTRA AS RADIAÇÕES

Objetivos

O objetivo da proteção radiológica é prevenir os riscos decorrentes dos efeitos não estocásticos, obedecendo-se a doses limites de segurança. Além disso, a radioproteção engloba os estudos que visam definir como expor com critério os indivíduos que, por qualquer razão, necessitam submeter-se às radiações ionizantes. Com isso, essa ciência procura padronizar procedimentos a fim de que os efeitos estocásticos da exposição possam situar-se dentro dos limites níveis considerados aceitáveis. De acordo com esse espírito, foi desenvolvido o Conceito ALARA (*As Low As Reasonably Achievable*), cujos fundamentos podem ser assim definidos:

- sempre que possível, não se permitirá a exposição de indivíduos às radiações ionizantes, quando esse procedimento não apresentar probabilidade de trazer algum tipo de benefício ao homem irradiado;
- a dose absorvida pelo indivíduo irradiado deve ser a mais baixa possível, mas que permita a realização do objetivo em que se baseou a indicação do seu uso;
- toda irradiação deve obedecer às doses que foram preconizadas como limites de segurança, de acordo com os critérios da ICRP;
- em toda exposição, devem-se estimar os efeitos deletérios à saúde, calculando-se o detrimento biológico. O detrimento é definido como a expectativa matemática para a ocorrência de danos biológicos em virtude da dose absorvida. O detrimento biológico se relaciona com o benefício promovido pela irradiação de acordo com a equação:

$$\mathbf{B = V - (P + X + Y)}$$

onde:

B – é o benefício líquido
V – é o benefício bruto
P – representa os custos de produção das radiações
X – representa os custos da proteção radiológica
Y – representa o detrimento biológico

Proteção radiológica para os diversos tipos de radiações

1. RAIOS X E RADIAÇÕES γ

São duas as formas usadas para proteger as pessoas e seres vivos em geral contra a exposição a fótons de alta energia:

- distância;
- blindagem.

Distância. A intensidade dos raios X e dos raios γ diminui à medida que se aumenta a distância entre a fonte de radiação e o ser irradiado. A taxa de exposição reduz-se com o inverso do quadrado da distância. Esse é o método de proteção radiológica de mais baixo custo e mais prático. Para isso, as fontes radioativas de grande atividade devem ser manipuladas com a ajuda de garras longas ou então de braços mecânicos que devem ser controlados de forma remota. O transporte dessas fontes deve ser feito utilizando-se caixas resistentes, de grandes dimensões, e fixando-se a fonte radioativa no centro da embalagem de forma a manter uma distância mínima entre ela e o meio exterior.

Blindagem. Muitos materiais são capazes de absorver fótons de alta energia. A eficiência dessa absorção é definida pelo valor da sua camada hemirredutora, também conhecida pela sigla HVL (*half value layer*). Essa camada equivale à espessura do material que é capaz de reduzir à metade a taxa de exposição a uma dada radiação.

A taxa de exposição (X) observada após a radiação atravessar um determinado absorvedor pode ser calculada em função da taxa de exposição inicial (X_0), da espessura (x) do absorvedor e do valor HVL do material que o constitui. Isso é dado pela equação:

$$X = X_0 \cdot e^{-x \cdot \ln 2/HVL}$$

2. RADIAÇÕES α E β

A proteção contra as fontes que emitem radiações alfa e beta é um método de fácil execução, porque o poder de penetração desses raios é pequeno, quando comparados àquele dos raios X e dos raios γ. Geralmente, as roupas podem proteger o corpo contra essas radiações. Por isso, as mãos e o rosto, que geralmente estão descobertos, devem merecer atenção especial. Quando se manipulam fontes emissoras alfa ou beta, o rosto deve ser protegido com capacetes adequados, e as mãos, com luvas plásticas apropriadas.

AS FONTES DE RADIAÇÃO

Fontes internas

Os radionuclídeos chegam ao interior do corpo humano quando são ingeridos, inalados, absorvidos pela pele ou por uma mucosa, ou então quando são administrados durante os exames realizados com radionuclídeos. O dano produzido pela radiação que essas fontes emitem vai depender das seguintes variáveis:

- energia das partículas;
- tipo de radiação emitida;
- distribuição do radionuclídeo no corpo;
- taxa de eliminação do radionuclídeo.

Energia das partículas. A emissão de radiações de alta energia permite que grandes doses possam ser absorvidas pelos tecidos do corpo. A Tabela 20.2 mostra, para alguns radionuclídeos, a energia média absorvida Por cada desintegração nuclear (E_m).

Tipo de radiação emitida. A radiação gama, produzida por um radionuclídeo que se encontra no interior do corpo, tem grande probabilidade de atravessar os tecidos e os órgãos sem interagir com eles. Por outro lado, as radiações beta e, sobretudo, as radiações alfa são absorvidas e transferem de forma total ou parcial a sua energia para

Tabela 20.2 Energia média absorvida pelos tecidos humanos para cada desintegração nuclear.

Radionuclídeo	E_m(keV)
^{3}H	6
^{125}I	30
^{14}C	45
^{35}S	49
^{131}I	181
^{32}P	700

Fonte: Knoche, 1991, p. 344.

as estruturas biológicas. A grande capacidade de interação das radiações alfa determina que o seu fator de qualidade (QF – *quality factor*) seja elevado (QF = 20) quando comparado àquele das radiações gama (QF = 1).

Distribuição do radionuclídeo no corpo. Muitos radionuclídeos se distribuem por todo o corpo, enquanto outros se concentram em determinadas regiões ou órgãos. A estrutura biológica que é capaz de concentrar uma determinada espécie de radionuclídeo é chamada de **órgão crítico**. Nesse órgão, como a concentração de átomos radioativos está aumentada, cresce a probabilidade para que apareçam radiolesões. Um bom exemplo de órgão crítico é a glândula tireoide. O funcionamento dessa glândula está diretamente relacionado com o metabolismo do iodo plasmático. Assim, a administração por via intravenosa de $Na^{131}I$ faz com que esse radionuclídeo se concentre na glândula. Essa propriedade permite que esse isótopo radioativo possa ser usado tanto para o diagnóstico como para o tratamento de patologias dessa glândula. Quando se deseja estudar o funcionamento da tireoide, a atividade do radioemissor administrado deve ser muito menor do que aquela usada para a destruição do tecido glandular. Este procedimento é por vezes indicado para tratar tumorações malignas da glândula afetada. O fato de o radionuclídeo concentrar-se preferencialmente numa determinada região pode ser útil, pois isso evita que outras estruturas biológicas recebam desnecessariamente altas doses de radiação.

Alguns radionuclídeos podem depositar-se nos ossos, substituindo o cálcio. Entre eles estão o Sr, Ra, Ba, Ce, Pr e Pu. Eles são conhecidos como *bone seekers*, pois ligam-se à estrutura mineral dos ossos e passam, dali, a irradiar a medula óssea, podendo produzir a sua destruição ou então leucemias.

Taxa de eliminação do radionuclídeo. Quanto maior for o tempo de permanência do radionuclídeo no interior do corpo, maior será o risco para que ocorram radiolesões. A meia-vida biológica de um radioemissor depende não somente do radionuclídeo, mas também do composto que é usado para veiculá-lo. Os átomos radioativos que se acumulam nos ossos têm, via de regra, meia-vida biológica muito longa. Outros, no entanto, apresentam elevada taxa de eliminação, tal como ocorre com o ^3H. Esse radionuclídeo pode formar ^3HOH nos diversos líquidos corpóreos e, como o *turnover* da água no corpo é elevado, o radioelemento pode ser eliminado rapidamente. Os estudos com trício têm mostrado que a meia-vida biológica da água é de 12 dias. A Tabela 20.3 mostra a meia-vida biológica ($t_{1/2b}$) de alguns radionuclídeos. A taxa de eliminação de um radionuclídeo que determina a velocidade da sua saída dos líquidos ou dos tecidos do corpo depende da sua meia-vida biológica e do seu decaimento radioativo. Quanto menor for sua meia-vida biológica e mais rápido for o seu decaimento, mais rápida também será a sua eliminação do corpo. O tempo de meia-vida efetivo é dado por:.

$$\frac{1}{t_{\frac{1}{2}ef}} = \frac{1}{t_{\frac{1}{2}}} + \frac{1}{t_{\frac{1}{2}b}}$$

Tabela 20.3 Meia-vida biológica de alguns radionuclídeos.

Radionuclídeo	$t_{1/2b}$ (dias)
^3H	12
^{14}C	10
^{32}P	257
^{35}S	90
^{125}I	138
^{131}I	138

Fonte: Knoche, 1991, p. 344.

Fontes externas: concentrações ambientais máximas permitidas

Ver Tabela 20.4.

AS RADIAÇÕES E OS RISCOS À SAÚDE

A tabela 20.5 mostra dados comparativos sobre a estimativa da redução esperada no tempo de vida de acordo com vários tipos de agentes agressores.

SEGURANÇA NO USO DE MATERIAL RADIOATIVO

Símbolo universal de advertência

Os ambientes onde são guardadas as fontes radioativas devem estar sinalizados com o símbolo universal de advertência usado para indicar a presença de material radioativo

Tabela 20.4 Concentrações ambientais máximas permitidas.

Radionuclídeo	Apresentação	Área sob monitorização		Área não monitorizada	
		Ar*	Água*	Ar*	Água*
^{3}H	S	5×10^{-6}	1×10^{-1}	2×10^{-7}	3×10^{-3}
	I	5×10^{-6}	1×10^{-1}	2×10^{-7}	3×10^{-3}
^{14}C	S	4×10^{-6}	2×10^{-2}	1×10^{-7}	8×10^{-4}
	CO_2	5×10^{-5}	–	1×10^{-6}	–
^{22}Na	S	2×10^{-7}	1×10^{-3}	6×10^{-9}	4×10^{-5}
	I	9×10^{-9}	9×10^{-4}	3×10^{-10}	3×10^{-5}
^{32}P	S	7×10^{-8}	5×10^{-4}	2×10^{-9}	2×10^{-5}
	I	8×10^{-8}	7×10^{-4}	3×10^{-9}	2×10^{-5}
^{35}S	S	3×10^{-7}	2×10^{-3}	9×10^{-9}	6×10-5
	I	3×10^{-3}	8×10^{-3}	9×10^{-9}	3×10^{-4}
^{125}I	S	5×10^{-9}	4×10^{-5}	8×10^{-11}	2×10^{-7}
	I	2×10^{-7}	6×10^{-3}	6×10^{-9}	2×10^{-4}
^{131}I	S	9×10^{-9}	6×10^{-5}	1×10^{-10}	3×10^{-7}
	I	3×10^{-7}	2×10^{-3}	1×10^{-8}	6×10^{-5}

*Valores em µCi/ml; **S**, forma solúvel; **I**, forma insolúvel.
Fonte: Knoche, 1991, p. 346.

Tabela 20.5 Fatores de risco e redução média do tempo de vida.

Fator de risco	Redução média do tempo de vida (dias)
Fumo (20 cigarros/dia)	2.370 (6,5 anos)
Obesidade (20% acima do peso normal)	985 (2,7 anos)
Todos os acidentes combinados	435 (1,2 ano)
Acidentes de automóvel	200
Álcool	130
Acidentes domésticos	95
50mSv/ano durante 30 anos	50
Trabalhos de baixo risco	30
l0mSv/ano durante 30 anos	30
Background radioativo	8
Raios X para uso médico	6
Catástrofes	3,5
Exposição ocupacional (10mSv/ano)	1

Fonte: NCR – National Research Council (1980), *in* Knoche, 1991, p. 353.

(Fig. 20.2). Além disso, todas as áreas capazes de irradiar pessoas com uma taxa de dose maior que 0,05mSv/h devem conter frases de alerta, tal como: **"Perigo! Material radioativo"**. O acesso a esses ambientes deve ser restrito ao pessoal treinado e possuir sistema de alarme que sinalize a entrada de qualquer pessoa.

Figura 20.2 Símbolo internacional de advertência para áreas com potencial para expor o homem às radiações ionizantes.

Fontes radioativas

As fontes podem ser genericamente classificadas em:

- fontes seladas ou fechadas;
- fontes não seladas ou abertas.

São fechadas aquelas nas quais a radiação emitida pelo radionuclídeo pode ser utilizada, mas não o elemento radioativo. Um exemplo são as bombas de ^{137}Cs e ^{60}Co. Essas fontes devem sofrer inspeção a cada 6 meses, a fim de que possíveis vazamentos possam ser detectados. Para isso, envolve-se a fonte com papel absorvente que será depois monitorado para saber se houve contaminação radioativa.

Controle das fontes radioativas

1. FONTES EXTERNAS

Monitores de ambiente. Nas áreas onde estão guardadas amostras de grande atividade, é obrigatório o uso de monitores Geiger-Müller ou de câmaras de ionização acopladas a sistemas de alarme sonoro e luminoso.

Monitores portáteis. Esses monitores servem para rastrear possíveis contaminações do ambiente com material radioativo. São aparelhos de baixo custo que podem ser operados a bateria. A Fig. 20.3 mostra diferentes tipos desses rastreadores. São do tipo Geiger-Müller, mas também podem ser cintiladores sólidos.

Dosímetros de bolso. Os dosímetros de bolso possuem diversos formatos. Alguns são parecidos com uma caneta, enquanto outros têm a forma de pequenas caixas. Os do tipo caneta funcionam eletricamente, à semelhança do eletroscópio de Lauritsen.

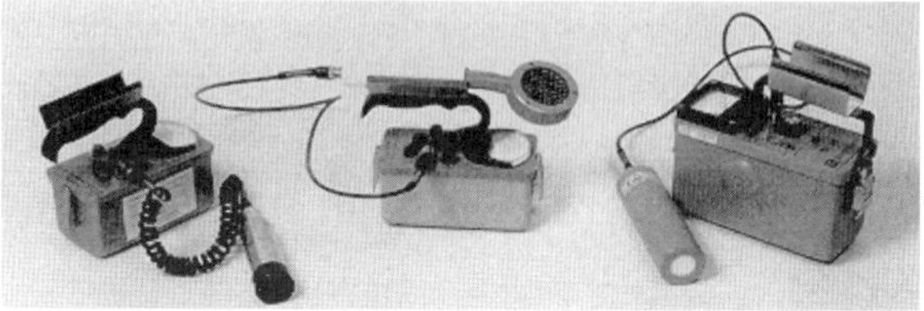

Figura 20.3 Dosímetros portáteis. (De Knoche, 1991, p. 361.)

A Fig. 20.4 mostra um deles com o seu respectivo carregador. Os dosímetros com forma de caixa se baseiam na decomposição de sais de prata de uma emulsão fotográfica. O filme sensível fica protegido da luz, mas sujeito às radiações X, beta e gama. Pelo grau de escurecimento que apresenta ao ser revelado ele permite que a quantidade de radiação recebida seja determinada. Esses filmes podem ser usados com absorvedores específicos de forma a permitir que seja selecionada a energia da radiação que se quer monitorar. Eles são muito eficientes para as radiações X, gama e para as radiações beta de alta energia. Contudo, não servem para detectar radiações de nêutrons nem as radiações alfa ou beta de baixa energia.

Dosímetros termoluminescentes (TLD – *termoluminescent dosimeter*). Certos materiais como o LiF ativado com magnésio e tálio se tornam metaestáveis quando recebem radiação. Eles permanecem excitados até que sejam aquecidos, quando, então, perdem o excesso de energia, emitindo fótons de luz visível. Esses fótons podem ser captados por tubos fotomultiplicadores e, então, quantificados. Como a quantidade de fótons emitidos varia com a quantidade de radiação que o cristal recebeu, esses cristais podem ser usados como dosímetro.

2. FONTES INTERNAS

Para determinar a presença de elementos emissores alfa e beta no interior do corpo devem ser feitos exames periódicos dos líquidos orgânicos de todo o pessoal que trabalha com material radioativo. Muitos radionuclídeos são eliminados pela urina. Deve-se buscar também a presença do contaminante no sangue, na saliva, nas secreções nasais e traqueopulmonares, bem como nas fezes.

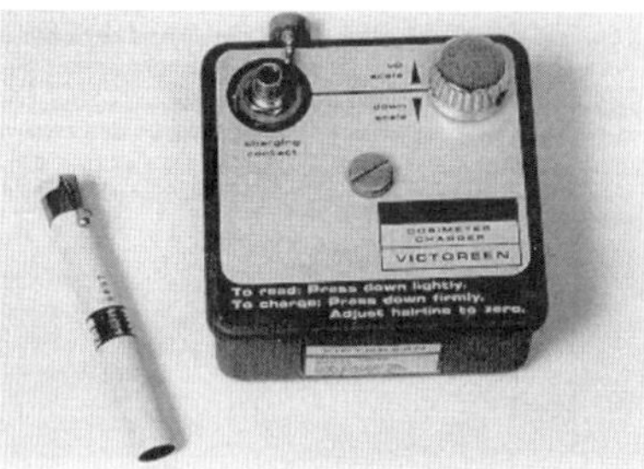

Figura 20.4 Dosímetro de bolso. (De Knoche, 1991, p. 362.)

Regras gerais de segurança

A segurança do pessoal e do ambiente dos laboratórios onde se manipula material radioativo depende estritamente de uma educação adequada do pessoal técnico envolvido. A seguir, listam-se algumas regras fundamentais que devem ser obedecidas por todos os que estão em ambientes onde se trabalha com radionuclídeos.

É proibido:

- comer, beber, preparar comida, armazenar alimentos, fumar ou usar cosméticos;
- armazenar alimentos ou bebidas no mesmo refrigerador usado para guardar amostras radioativas;
- pipetar com a boca soluções radioativas;
- manipular radionuclídeos quando se tem ferimentos.

É obrigatório:

- a todos os que manipulam com radionuclídeo usar luvas apropriadas;
- a identificação dos locais que guardam material radioativo (caixas, contêineres, armários, refrigeradores, salas etc.) com o símbolo universal que sinaliza a presença de radiação, bem como a indicação da data de produção, do tipo e da atividade da amostra radioativa estocada;
- usar capela ou caixa apropriada para manipular amostras radioativas que possam produzir gás ou outra forma de contaminação do ar (vaporizadores, borrifadores, aerossóis, poeira, soluções efervescentes etc.);
- isolar, em área apropriada, instrumentos e outros materiais contaminados;
- construir-se pia com esgoto apropriado para lavar o material contaminado;
- recobrir mesas e bancadas de trabalho com papel apropriado que tenha uma face absorvente e a outra impermeável.

É recomendado:

- manipular com cautela os instrumentos cortantes ou perfurantes;
- manipular com cautela os solventes orgânicos, pois geralmente eles facilitam a penetração de alguns elementos através da pele e alguns podem produzir lesões da superfície cutânea;
- usar dois pares de luvas de polietileno durante os trabalhos com iodo radioativo. As luvas de borracha, látex e polivinil não servem para essa tarefa, pois são permeáveis ao iodo;
- monitorar com frequência as mãos, os pés e as roupas;
- usar roupas de proteção durante o trabalho;
- não fazer experimento com radionuclídeo até que todas as etapas tenham sido testadas e treinadas usando-se uma substância que não seja radioativa.

Descontaminação

O procedimento para descontaminar ambientes e pessoas depende do radionuclídeo envolvido e da extensão da contaminação. Em caso de acidente grave, a Comissão Nacional de Energia Nuclear deve ser imediatamente avisada.

Vidraria. A lavagem com água e sabão é geralmente eficaz. Pode-se usar também solução sulfocrômica ($K_2Cr_2O_7/H_2SO_4$), permanganato de potássio em meio básico ($KMnO_4$/NaOH), HCl (6N) e EDTA (10%). O ultrassom tem sido empregado com sucesso para ajudar na descontaminação desses materiais.

Respingos. Usar papel absorvente que deve ser expurgado em saco plástico, contendo rótulo que indique o radionuclídeo presente, a data da embalagem e a sua atividade. O local contaminado deve ser lavado com água morna e sabão, usando-se pia apropriada para material radioativo. Produtos a base de iodo não radioativo (p. ex., polvidine, solução de Lugol) são úteis quando a contaminação se deu por iodo radioativo. A zona contaminada tem de ser lavada até que o nível de radiação se torne aceitável (2 vezes o *background* radioativo). Quando a contaminação ocorrer em pessoas, devem ser usadas escovas macias que ajudem a lavar a área contaminada. Todavia, deve-se evitar qualquer instrumento químico ou físico que proporcione dano à pele íntegra. Durante o processo de descontaminação, o técnico responsável pelo processo deve usar luvas, capa e botas descartáveis apropriadas.

BIBLIOGRAFIA

Barreira Filho, J.L. (1990). Proteção Radiológica. Universidade Federal de Pernambuco, Departamento de Energia Nuclear.

Knoche, H.W. (1991). Radioisotopic methods for biological and medical research. Oxford University Press, Oxford.

NRC (National Research Council) (1980). Task OH 902-1. Nuclear regulatory commission. Washington, D.C.

NCRP (National Council on Radiation Protection) (1987). Exposure of the population in the United States and Canada from natural background radiation. Repport No. 94, Bethesda, MD.

Rocha, A.F.G. (1976). Medicina Nuclear. Guanabara Koogan, Rio de Janeiro.

Rollo, F.D. (1977). Nuclear medicine physics, instrumentation, and agents. C.V. Mosby Company, Saint Louis.

Wagner Jr., H.N. (1968). Principles of nuclear medicine. W.B. Saunders Company, Philadelphia.

Wald, P.H., Stave, M.S. (1994). Physical and Biological Hazards of the Workplace. Van Nostrand Reinhold, New York.

PARTE VII

Técnicas especiais

CAPÍTULO 21

Ressonância magnética nuclear

Em Medicina, a ressonância magnética nuclear (RMN) é usada para produzir imagens das estruturas do corpo. Essa técnica tem prestado valiosa colaboração porque, além de usar radiações que não são lesivas para os tecidos biológicos, apresenta grande resolução para os tecidos moles. No campo da imaginologia, também os raios X e os ultrassons têm dado grande contribuição ao estudo dos pacientes. O baixo custo operacional dessas técnicas, aliado ao fato de não serem invasivas, transformou-as em ferramentas indispensáveis ao diagnóstico de muitas patologias. Os raios X, contudo, são radiações ionizantes e, por isso, devem ser empregados com cautela. Por outro lado, sua resolução para os tecidos moles não é boa. O ultrassom, por sua vez, agride menos o tecido vivo que os raios X, porém produz imagens mais confusas e o seu uso está muitas vezes limitado pela presença de barreiras refletoras decorrentes de interfaces anatômicas que impedem a boa visualização do objeto estudado.

A RMN não agride os tecidos e gera imagens dotadas de grande nitidez. Ela foi desenvolvida na década de 1960, baseando-se nas propriedades magnéticas naturais que os núcleos atômicos apresentam. No início dos anos 1970, percebeu-se que as propriedades de relaxação magnética dos núcleos diferiam entre os tecidos biológicos e, ainda, que, num mesmo tecido, essa relaxação dependia do estado de vitalidade em que ele se encontrava. O pioneiro da RMN foi P.C. Lauterbur. Seus estudos foram aperfeiçoados por P. Mansfield e W.S. Hinshow (Inglaterra), J.M.S. Hutchinson (Escócia), R.R. Ernst (Suíça) e Z.H. Cho (Coreia).

Propriedades magnéticas dos núcleos. A imagem obtida por RMN (IRMN) baseia-se no registro da localização espacial da densidade de núcleos atômicos existente em cada ponto da amostra estudada. Todo núcleo atômico que possui núcleons não pareados apresenta um *momentum* angular intrínseco chamado ***spin***. Em sua essência, o *spin* é uma propriedade fundamental das partículas elementares que constituem o átomo. A sua existência foi proposta pelos físicos Samuel Abraham Goudsmit e George Eugene Uhlenbeck, em 1925. A ideia aplicada inicialmente aos elétrons para explicar certos padrões da resposta espectral foi posteriormente estendida às partículas subatômicas, incluindo os prótons, nêutrons e antipartículas. Assim, nos núcleos onde os *spins* dos prótons e nêutrons não se encontram pareados há um campo magnético resultante que pode ser representado por um vetor magnético dipolar. A magnitude intrínseca desse campo é chamada de **momento magnético nuclear** e sua existência permite que tais núcleos possam responder ativamente a campos magnéticos externos.

Quando submetido a um campo magnético externo (B_0), o vetor magnético nuclear não se mantém estático numa direção, mas apresenta um movimento de **precessão**. Núcleos com precessão podem ganhar energia por ressonância quando submetidos a campos eletromagnéticos adequados. Com isso, a frequência da precessão do seu vetor magnético pode ser controlada e esta ação é fundamental para a produção de imagens por RMN. Núcleos que não têm momento magnético não apresentam precessão e por isso não interagem com radiações externas de radiofrequência (RF). Estes não têm importância para a IRMN. Entre os núcleos mais usados para a geração de imagens por RMN estão o ^{1}H, ^{23}Na, ^{31}P e o ^{13}C.

Dois terços dos átomos que constituem o corpo humano são de hidrogênio. Afortunadamente, o núcleo desses átomos possui *momentum* angular intrínseco e isso faz deles um alvo importante para a IRMN. Além do mais, esses núcleos apresentam vetor magnético de elevada intensidade, o que aumenta a sua sensibilidade para interferir e para responder a campos magnéticos externos. A Tabela 21.1 mostra o coeficiente de sensibilidade magnética relativo aos principais elementos usados na IRMN.

Tabela 21.1 Coeficientes de sensibilidade magnética de alguns núcleos.

Núcleo	Sensibilidade relativa
^{1}H	1,0
^{2}H	0,0096
^{13}C	0,016
^{23}Na	0,093
^{31}P	0,066
^{19}F	0,830

Fonte: Lufkin, 1990, p. 4.

Em virtude das características magnéticas do núcleo do hidrogênio, praticamente todas as imagens produzidas pela RMN estão relacionadas com a ressonância produzida nesse átomo. Os outros elementos fornecem imagens menos nítidas e, por isso, somente são usados em situações especiais. O núcleo do hidrogênio é formado apenas por um próton. Para se entender como o hidrogênio pode ser usado para produzir imagens dos órgãos internos do corpo, é preciso analisar o comportamento magnético do seu núcleo. Neste texto, quando se falar em próton, estar-se-á sempre referindo-se ao próton que constitui o núcleo do átomo de hidrogênio.

Dipolo magnético. Todo próton dotado de *spin* gera um campo magnético orientado. Isso quer dizer que ele equivale a um pequeno ímã com polaridade magnética definida (Fig. 21.1). Na ausência de um campo magnético externo, os dipolos magnéticos dos núcleos de hidrogênio, que constituem uma amostra biológica, estão orientados de modo errático e mutável, tal como se representa na Fig. 21.2.

O campo magnético. É o espaço dotado de propriedades magnéticas que existe em torno de uma massa magnética. Nele, outras massas magnéticas ficam sujeitas a forças atrativas ou repulsivas, enquanto as partículas carregadas de eletricidade e que se movem nesse campo sofrem aceleração numa direção que é perpendicular às linhas de força do campo. Excetuando-se os efeitos das bordas, o campo magnético existente entre polos extensos e de polaridades opostas que estão colocados frontalmente tende a ser uniforme. A grandeza que define o fenômeno magnético existente nesse espaço é o vetor campo magnético (B). No sistema MKS, a intensidade do campo magnético é medida em tesla (T), e no CGS, em gauss (G). A relação entre essas unidades é dada por:

$$1T = 10.000G$$

Campo magnético usado na IRMN. A produção de imagens das estruturas biológicas por RMN normalmente utiliza campos magnéticos com intensidade entre 0,02T e 2T. Para se ter uma ideia da magnitude desses campos, deve-se considerar que o campo magnético da Terra varia entre 3×10^{-5}T no equador e 7×10^{-5}T nos polos. Como se pode observar, os campos usados na IRMN são 100.000 vezes maiores do que o campo magnético terrestre.

Orientação paralela e antiparalela. Quando os núcleos de hidrogênio são submetidos aos intensos campos da RMN (Fig. 21.3), seus dipolos tendem a orientar-se for-

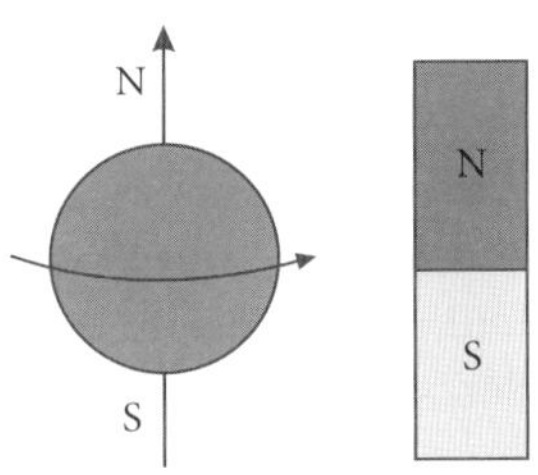

Figura 21.1 *Spin* do próton e a formação de um campo magnético.

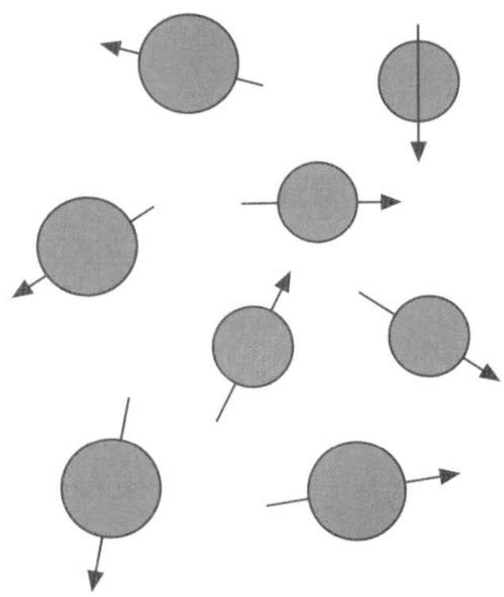

Figura 21.2 Aleatoriedade na orientação dos *spins* dos prótons de um meio.

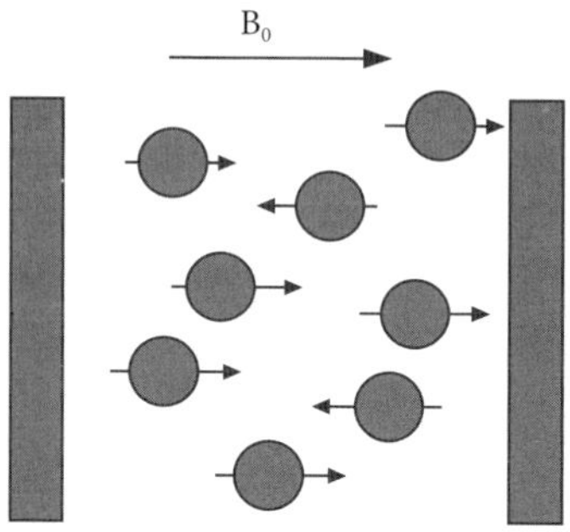

Figura 21.3 Orientação paralela e antiparalela dos *spins* de prótons submetidos a um campo magnético externo ($\mathbf{B_0}$).

çados pelo campo magnético externo ($\mathbf{B_0}$). A mecânica quântica demonstra que existem dois estados possíveis para o equilíbrio desses prótons estressados:

- o paralelo;
- o antiparalelo.

A **orientação paralela** é a de menor energia potencial e, portanto, representa a situação mais estável. Nela, o sentido dos dipolos coincide com o sentido do vetor campo magnético. Na **orientação antiparalela**, o vetor dipolo dos prótons se dispõe em sentido contrário ao vetor $\mathbf{B_0}$. Esse é um estado metaestável, isto é, um estado excitado, cuja energia potencial é superior à energia do estado paralelo. Sob campos magnéticos intensos, a maioria dos núcleos tem uma orientação paralela, mas a diferença entre essa população e a população antiparalela não é grande.

A quantidade de núcleos de hidrogênio que existe no corpo humano é muito grande. Para se ter uma ideia, deve-se considerar que $1cm^3$ de água tem aproximadamente 10^{23} átomos de hidrogênio. Quando os núcleos estão orientados por um campo magnético externo, a soma de todos os vetores magnéticos nucleares fornece uma resultante $\mathbf{M_0}$ que tem a mesma direção e sentido do vetor campo $\mathbf{B_0}$. Essa resultante se deve ao fato de a população paralela ser mais numerosa do que a população de núcleos alinhados antiparalelamente.

Frequência de Larmor. Uma população de núcleos submetida a um campo magnético externo forte ($\mathbf{B_0}$) tem os seus dipolos orientados. Essa orientação, quer no sentido paralelo, quer no sentido antiparalelo, não é estática, mas os núcleos apresentam um movimento de precessão em torno de um eixo que é paralelo ao vetor $\mathbf{B_0}$ (Fig. 21.4).

A precessão dos prótons com alinhamento paralelo, juntamente com a precessão dos prótons alinhados antiparalelamente, define no espaço uma figura em forma de ampulheta. O vetor magnético resultante ($\mathbf{M_0}$) dessas duas populações não é nulo, porque a população de núcleos alinhados paralelamente é maior do que aquela alinhada antiparalelamente (Fig. 21.5). Os núcleos não estão igualmente distribuídos no espaço e, por isso, o vetor magnético $\mathbf{M_0}$ apresenta um movimento de precessão cuja frequência é chamada

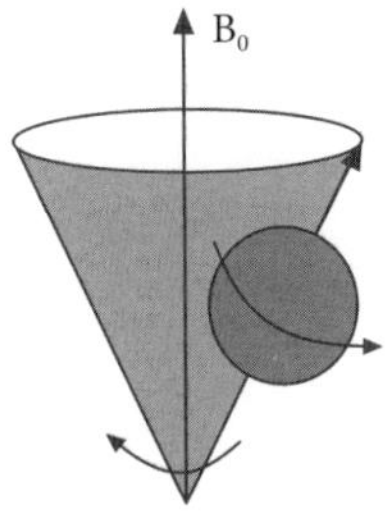

Figura 21.4 Movimento de precessão de um próton submetido a um campo magnético externo ($\mathbf{B_0}$).

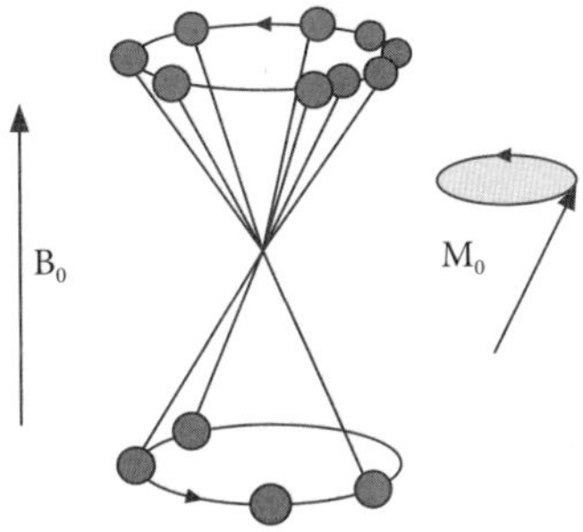

Figura 21.5 Populações de átomos alinhados paralela e antiparalelamente por um campo magnético externo ($\mathbf{B_0}$). $\mathbf{M_0}$, vetor magnético resultante dos *spins* das duas populações de átomos alinhados.

de **frequência de Larmor** em homenagem ao físico britânico Sir Joseph Larmor. Essa frequência cresce à medida que cresce a intensidade do campo magnético externo ($\mathbf{B_0}$), obedecendo à equação:

$$\Psi = \mathbf{k} \cdot \mathbf{B_0}$$

onde:

Ψ - é a frequência de precessão
k - é a constante giromagnética, que é específica para cada elemento ou isótopo
$\mathbf{B_0}$ - é a intensidade do campo magnético externo

A constante giromagnética **k** é dada pela relação entre a frequência da precessão ψ (MHz) e a intensidade do campo magnético externo $\mathbf{B_0}$ (T). Para o hidrogênio ela vale:

$$K_{H+} = 42{,}58 \ \frac{\text{MHz}}{\text{T}}$$

A componente transversa. Para que o vetor magnético dos núcleos possa ser detectado e processado ele precisa apresentar rotação num plano que é perpendicular ao do vetor $\mathbf{B_0}$. Isso é conseguido fornecendo-se energia ao movimento precessional dos núcleos. Para isso usam-se pulsos de radiofrequência (RF) sintonizados, a fim de promover a ressonância desses prótons. Quanto maior for a quantidade de energia que eles recebem, maior será a componente transversal de $\mathbf{M_0}$.

Ângulo *flip*. A absorção de energia é um fenômeno quantizado, isto é, os prótons não recebem nenhuma quantidade de energia, mas apenas valores discretos. A Fig. 21.6 mostra uma população de núcleos que gera um campo magnético $\mathbf{M_0}$. Essa população é

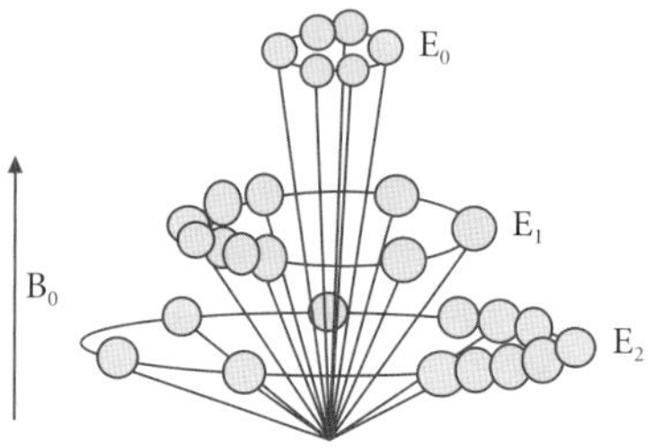

Figura 21.6 Estados de energia ($\mathbf{E_0}$, $\mathbf{E_1}$, $\mathbf{E_2}$) de uma população de núcleos alinhados por um campo magnético externo ($\mathbf{B_0}$).

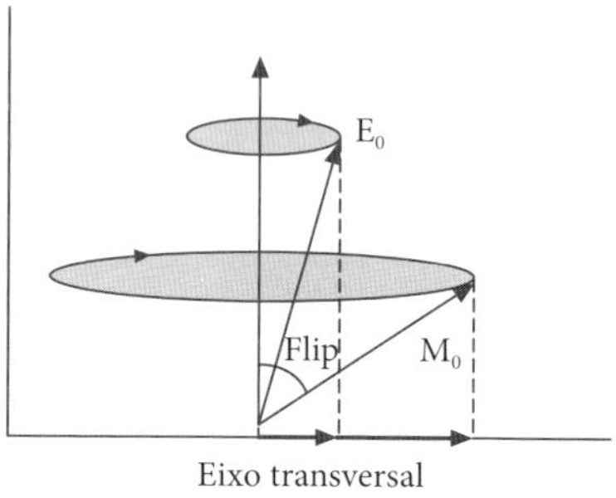

Figura 21.7 Ângulo *flip* do vetor magnético nuclear. A população de prótons situada em um nível de maior energia ($\mathbf{E_2}$) produz uma componente transversal mais intensa.

igual à diferença entre as populações de núcleos alinhados paralelamente e os alinhados antiparalelamente. Nessa figura está também mostrado o estado $\mathbf{E_0}$ correspondente à posição que os núcleos teriam caso estivessem apenas sob a ação do campo $\mathbf{B_0}$. Além dele, estão mostrados dois metaestados possíveis: $\mathbf{E_1}$ e $\mathbf{E_2}$. Para passar de $\mathbf{E_0}$ para $\mathbf{E_1}$ ou então para $\mathbf{E_2}$, os núcleos têm de ganhar energia. O estado $\mathbf{E_2}$ tem nível de energia mais alto do que $\mathbf{E_1}$. Em qualquer desses estados, os núcleos giram e os movimentos do vetor $\mathbf{M_0}$ formam troncos de cone, cujo ângulo sólido é maior do que aquele correspondente ao estado de energia $\mathbf{E_0}$. Na Fig. 21.7 os núcleos foram substituídos pelo vetor magnético $\mathbf{M_0}$. O ângulo entre $\mathbf{M_0}$ e o eixo longitudinal é chamado de ângulo *flip*. Quando esse ângulo cresce entre 0° e 90°, a componente transversal do vetor magnético nuclear também cresce.

Precessão coerente e vetor magnético transverso. Para que haja uma intensa resultante magnética transversa é preciso que o pulso de RF, além de modificar a trajetória dos prótons, também sincronize as populações de *spins* paralelos e antiparalelos. Com o ganho de energia, alguns núcleos alinhados paralelamente mudam para o estado de alinhamento antiparalelo. Com isso, as populações paralelas e antiparalelas tendem a se tornar iguais. Esses efeitos estão esquematizados na Fig. 21.8. Nela podem ser vistos os núcleos paralelos e antiparalelos apresentando precessão sincronizada e em fase. Esse movimento coerente cria as resultantes magnéticas paralela ($\mathbf{M_0^p}$) e antiparalela ($\mathbf{M_0^a}$) e elas geram uma componente no plano transverso ($\mathbf{M_0^t}$).

Ressonância nuclear. Para que os núcleos possam ganhar energia e assim mudar de estado, é preciso que a fonte externa seja capaz de produzir ressonância nos núcleos-alvo. Isso se consegue com o auxílio de uma fonte de radiofrequência (RF) ajustada para que a sua frequência seja igual à frequência de Larmor dos prótons. As ondas de RF são eletromagnéticas e em tudo se assemelham às da luz e às ondas de rádio. O corpo huma-

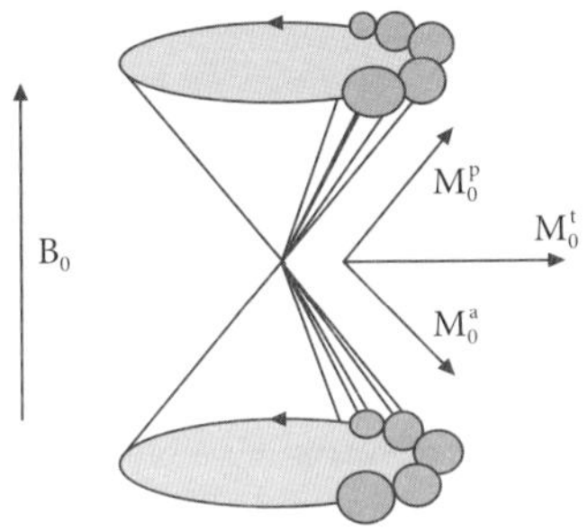

Figura 21.8 Formação da componente transversal de $\mathbf{M}_0$. M_0^p, momento magnético dos núcleos alinhados paralelamente; M_0^a, momento magnético dos núcleos alinhados antiparalelamente.

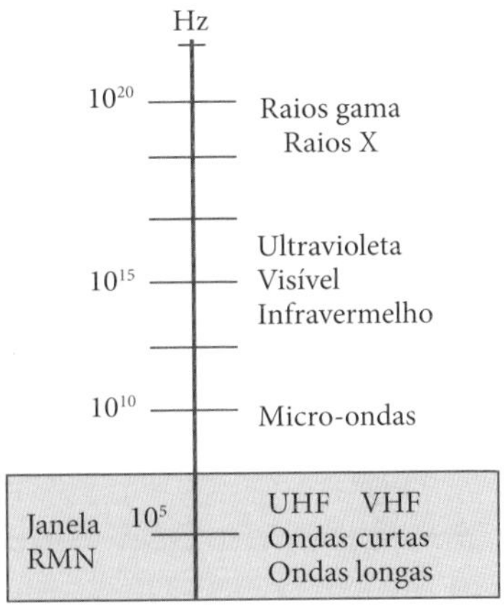

Figura 21.9 Espectro das frequências eletromagnéticas.

no é opaco às radiações luminosas, mas é transparente às radiações de maior frequência como os raios X, as radiações gama e os raios cósmicos. Essas são, no entanto, ionizantes e, por isso, possuem um potencial lesivo sobre os seres vivos. Afortunadamente, o corpo é transparente também a muitas radiações cujas frequências são menores do que a cor vermelha. Entre elas estão aquelas usadas na RMN. O espectro dessas frequências pode ser visto na janela RMN da Fig. 21.9.

Relaxação e nutação do vetor de magnetização nuclear. Um pulso de RF adequado pode deslocar M_0 e torná-lo perpendicular ao vetor B_0. Esses sinais são chamados de **pulsos de 90º**. Quando esse pulso é desligado, o vetor M_0, que se encontrava girando no plano transversal, volta progressivamente para a sua posição inicial, descrevendo um movimento espiralado. Chama-se de **relaxação** ao aumento do grau de liberdade de M_0, o que lhe permite retornar à orientação primitiva. O movimento que está associado à relaxação chama-se **nutação** (Fig. 21.10). Durante a nutação, o movimento de M_0 não se faz por saltos discretos, mas o vetor apresenta uma precessão em que a sua ponta percorre uma trajetória espiralada e contínua.

A trajetória contínua que se observa na nutação de M_0 pode ser explicada considerando-se que a intensidade desse vetor depende tanto da energia de rotação dos prótons, quanto das populações alinhadas paralela e antiparalelamente. À medida que M_0 relaxa, alguns prótons pertencentes à população antiparalela passam para a população paralela e essa transição não segue uma lei quantizada, sendo isso responsável pelo comportamento analógico da nutação.

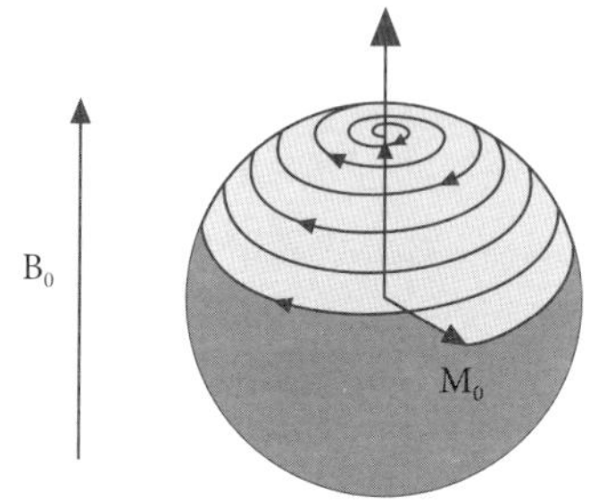

Figura 21.10 Nutação do vetor magnético nuclear (**M_0**) durante o processo de relaxação. (Modificado de Panetucci et al., 1985, p. 52.)

Perda da coerência com a nutação. À medida que o vetor M_0 sofre nutação, os núcleos perdem coerência e a componente transversal diminui. Quando M_0 volta à posição original, a sua componente transversal é praticamente nula, pois, tornando-se aleatória a direção dos *spins* nucleares, o vetor magnético resultante assume uma orientação paralela àquela do vetor B_0.

Inomogeneidade magnética do meio. A nutação de M_0 se deve às imperfeições do campo magnético em torno de cada núcleo alinhado. A presença de cargas elétricas livres na proximidade ou mesmo a existência de campos magnéticos gerados por estruturas atômico-moleculares próximas faz com que os núcleos, que foram alinhados pelo pulso de RF, percam, progressivamente, a sua coerência e se tornem cada vez mais dispersos e sujeitos à orientação imposta pelo intenso campo B_0.

Detecção da componente transversal do vetor magnético nuclear. A IRMN está baseada na detecção da componente transversal de M_0. Para isso, são colocadas bobinas elétricas em posições adequadas, a fim de que, ao girar, a componente transversal de M_0 possa "cortar" as espiras da bobina e induzir uma tensão elétrica nos seus terminais (Fig. 21.11). A intensidade do sinal de saída da bobina é proporcional à intensidade da componente transversal de M_0. Por sua vez, a intensidade desse vetor depende da densidade dos prótons no meio estudado. Assim, quanto maior for essa densidade, maior será o vetor magnético nuclear e, consequentemente, maior será a sua componente no plano transverso.

***Fid* ou decaimento livre de indução.** Pulsos de RF de 90° modificam a direção do vetor M_0, fazendo-o girar no plano transverso. O sinal detectado, no entanto, sofre rápido amortecimento, e a sua intensidade decai para zero. A essa diminuição se chama de *fid* (*free induction decay*). O *fid* se deve à nutação do vetor M_0. A Fig. 21.12 mostra dois exemplos de *fids* correspondentes a amostras que contêm densidades protônicas diferentes. Elas estão simbolizadas pelos volumes dos cubos. Note-se que, quanto maior for a densidade dos núcleos, mais intenso será o sinal inicial detectado pela bobina e mais prolongado será o seu *fid*. O *fid* de M_0 segue uma função exponencial decrescente e, em RMN, essa variação do sinal é chamada de T2*.

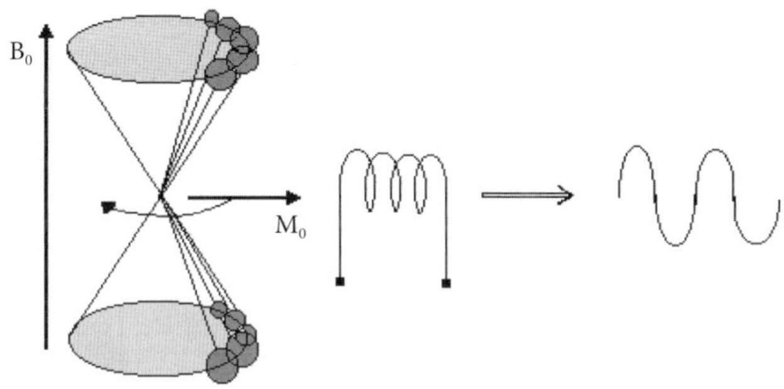

Figura 21.11 Detecção da componente magnética nuclear transversa. Ver texto para detalhes.

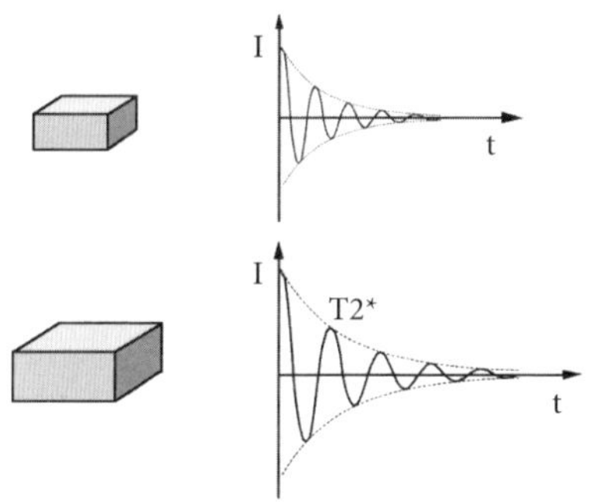

Figura 21.12 Decaimento livre de indução (*fid*). Ver texto para detalhes.

Pulso de 180° e eco dos *spins*. O pulso RF de 90° desloca M_0 para o plano transverso e agrupa os núcleos fazendo-os girar em fase. Todavia, essa situação ordenada é instável. Assim, rapidamente a coerência da precessão é perdida e a componente transversal de M_0 decai para zero. O grau de desordem aumenta porque, depois do pulso de RF, cada núcleo precessiona com uma frequência diferente em virtude das influências magnéticas que recebem dos átomos e moléculas que lhes são vizinhos. Alguns apresentam velocidade angular maior do que outros e, por isso, decorrido um certo intervalo de tempo, os mais velozes estarão à frente dos mais lentos. E possível, contudo, reordená-los. Para isso, pode-se aplicar um outro pulso de radiofrequência. Dessa vez, um pulso que seja capaz de inverter o sentido de rotação do movimento de precessão. A essa onda de excitação se chama **pulso de 180°**.

A Fig. 21.13 mostra o efeito de um pulso de 180°. A princípio, o pulso de 90° sincroniza os prótons, que passam então a gerar um *fid*. Quando o sinal captado pela bobina decai a zero, aplica-se então um pulso de 180°, invertendo-se o sentido da precessão dos núcleos alinhados. Com isso, os núcleos mais rápidos que estavam à frente dos mais lentos ficam atrás destes, mas, como são mais rápidos, logo alcançam os lentos e promovem, nesse instante, uma nova coerência. Essa coerência rapidamente é perdida, pois os núcleos

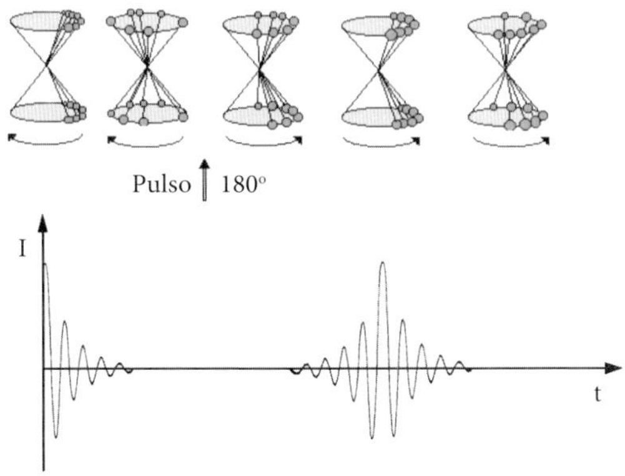

Figura 21.13 Pulso de 180° e eco dos *spins*. Ver texto para detalhes.

mais rápidos passam à frente dos mais lentos. O processo pode ser repetido pela aplicação de um novo pulso de 180°. Os sucessivos estados de sincronização permitem que os sinais captados pela bobina se apresentem como pulsos em crescendo-decrescendo, chamados de **ecos**. Com essa técnica, podem-se obter muitos ecos para um mesmo pulso de 90°. Contudo, a intensidade máxima de cada eco diminui progressivamente. Uma outra maneira de produzir ecos é inverter rapidamente o sentido do vetor B_0 após o pulso de 90°, a fim de promover um efeito semelhante àquele do pulso RF de 180°.

Obtenção de imagem por RMN (IRMN). Os objetos são identificados por suas propriedades. Para se obter a imagem de um corpo é preciso registrar uma das suas propriedades em função da posição no espaço. No caso da RMN a propriedade que importa é a manifestação magnética dos *spins* nucleares organizados. A visualização de um objeto qualquer exige que haja contraste entre ele e o meio que o cerca. Na IRMN o contraste é dado pela relação entre as intensidades de M_0 do objeto e de M_0 dos tecidos que estão em volta dele.

A Fig. 21.14 mostra, esquematicamente, um corpo retangular que possui no seu interior três estruturas diferentes simbolizadas pelos cubos, cujos volumes representam a quantidade de hidrogênio existente em cada uma das amostras. Um campo B_0 de magnitude constante ordena os vetores magnéticos nucleares de todo o corpo. Para permitir o reconhecimento das posições dos núcleos que pertencem às estruturas sob estudo, aplica-se na mesma direção de B_0 um campo magnético (G_x), cuja intensidade varia linearmente na direção **x**. A combinação desses dois campos faz com que cada fatia da amostra tomada ao longo do eixo **x** possua uma frequência de Larmor própria. Assim, o campo variável G_x permite que se estabeleça uma correspondência biunívoca entre posição e frequência, o que é fundamental para a técnica de IRMN.

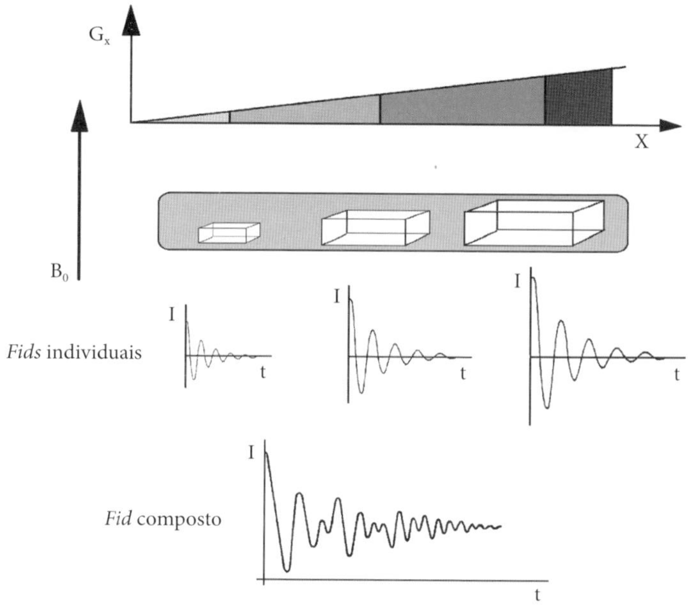

Figura 21.14 Determinação da densidade protônica de um meio por ressonância magnética nuclear. Ver texto para detalhes.

Quando as amostras estão submetidas simultaneamente aos campos B_0 e G_x, a aplicação de um pulso de 90° faz aparecer componentes transversais dos vetores M_0 dos núcleos contidos nas amostras. Esses componentes induzem na bobina de saída um sinal que é igual ao somatório dos *fids* individuais de cada amostra (*fid* composto). No exemplo da Fig. 21.14, os *fids* individuais não contribuem igualmente para a formação do *fid* composto, pois, além das diferenças nas frequências, a amostra com maior quantidade de núcleos ressonantes contribui mais intensamente ao produzir um *fid* de maior magnitude.

O *fid* composto, por ser o resultado do somatório dos *fids* individuais, deve conter a informação de frequência e amplitude de cada um dos *fids* individuais. Para decompor o sinal composto, usa-se a transformada de Fourier, pois ela permite que se obtenha o espectro de frequência de um dado sinal. Esse espectro é a representação gráfica da amplitude e das frequências dos sinais primitivos que foram usados para gerar o sinal composto (Fig. 21.15). A amplitude do sinal codifica a quantidade dos núcleos ressonantes, enquanto a frequência de cada onda permite que a posição de cada amostra possa ser conhecida. O *fid* composto, que aparece na Fig. 21.15, é o mesmo que apareceu na Fig. 21.14. Na Fig. 21.15, pode-se ver que a transformada de Fourier desse sinal fornece um espectro onde aparecem três frequências (f1, f2 e f3) com amplitudes diferentes. A amplitude de f3 é maior do que a de f2 e f1, indicando a maior quantidade de núcleos ressonantes nessa amostra.

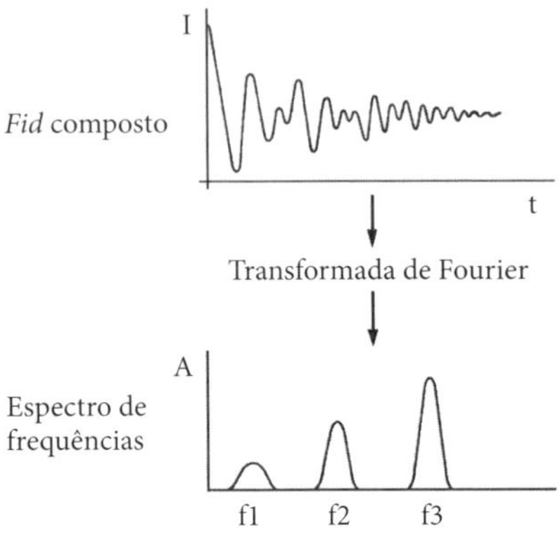

Figura 21.15 Espectro de frequências obtido pela decomposição do *fid* composto (técnica de Fourier). Ver texto para detalhes.

Pulsos RF seletivos. Os núcleos alinhados pelo campo B_0 têm suas frequências de Larmor alteradas pela aplicação de um outro campo magnético G imposto numa determinada direção. Esse campo varia uniformemente. Desse modo, a frequência de precessão dos núcleos passa a ser uma função da posição em que eles se encontram. Quando o campo G tem direção longitudinal à direção do corpo estudado, pode-se obter a imagem de uma fatia tomográfica de uma secção transversa desse corpo aplicando-se pulsos RF seletivos que excitem apenas os núcleos de uma determinada posição. Isso somente é possível porque, em cada região, os núcleos têm frequência de Larmor própria. Assim, para excitar uma população de núcleos que se encontram numa determinada posição, basta encontrar a frequência RF capaz de ressoar com esses núcleos.

Definição da imagem. A construção da imagem de uma estrutura do corpo exige que ela seja analisada pelo menos em dois planos. Para isso, aplicam-se campos G_x, G_y e G_z capazes de criar gradientes magnéticos uniformes nas direções x, y e z, respectivamente.

A Fig. 21.16 mostra um esquema geral das partes de um equipamento usado para a IRMN. O gerador de RF produz as ondas de radiofrequência que são usadas como pulsos de 90° ou 180°. Elas chegam às bobinas encarregadas através de um circuito transmissor. As bobinas funcionam como antenas de transmissão e os seus sinais excitam os núcleos das amostras biológicas.

Os *fids* e os ecos são sinais muito fracos e necessitam de amplificação. Essa função é executada pelo receptor. Daí, os sinais são digitalizados por um conversor analógico-digital e são então armazenados na memória de um computador. Os dados arquivados são processados e, com a ajuda da transformada de Fourier, são obtidas as frequências que compõem o sinal de saída da bobina receptora. Essas frequências indicam a posição espacial da estrutura estudada, enquanto as suas amplitudes indicam a densidade protônica de cada amostra. A densidade de núcleos ressonantes existente em cada posição do espaço pode ser visualizada, num monitor de vídeo, como pontos cuja luminosidade é função da quantidade dos núcleos presentes na amostra-alvo. Isso produz a imagem do objeto estudado que, além de visualizada, pode ser processada e registrada.

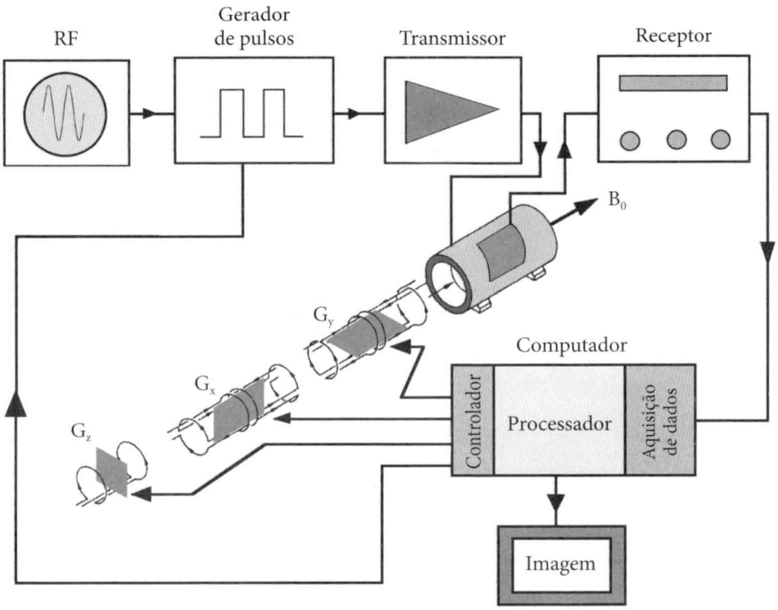

Figura 21.16 Esquema de um equipamento usado para obtenção de imagens por ressonância magnética nuclear. (Modificado de Panetucci et al., 1985, p. 56.)

Imagem por RMN. As Figs. 21.17, 21.18 e 21.19 mostram cortes tomográficos obtidos do crânio de um paciente. Na Fig. 21.17, o corte foi feito num plano sagital ao nível da região mediana da cabeça. Isso pode ser comprovado, entre outros parâmetros, pela ausência de imagens dos globos oculares e pela nítida presença das fossas nasais (FN). Nesse corte podem ser visualizadas: a língua (L), um dos seios frontais (SF), um dos hemisférios cerebrais (H), o corpo caloso (CC), o trígono (T), a protuberância (P), a medula espinhal (M) e o cerebelo (C).

A Fig. 21.18 foi obtida a partir de um corte coronal (plano frontal). Podem ser vistos os hemisférios cerebrais direito e esquerdo, bem como o cerebelo. Note-se a inexistência de ressonância nos cabelos. Na superfície do crânio pode ser vista a contribuição do couro cabeludo.

A Fig. 21.19 mostra dois cortes transversais do crânio. A imagem vista na Fig. 21.19A foi obtida ao nível da base do crânio. Nela se pode comparar a diferença de intensidade dos ecos produzidos pelo cerebelo e pelas estruturas ósseas. O grande conteúdo de água do cerebelo faz com que a intensidade dos vetores M_0, gerados por esse órgão, seja muito maior do que aqueles gerados pelo osso.

Na Fig. 21.19B, o corte foi feito ao nível dos olhos que aparecem destacados, podendo-se ver o orifício de abertura da esclerótica. Visualizam-se ainda os hemisférios cerebrais, os ossos do crânio e o couro cabeludo.

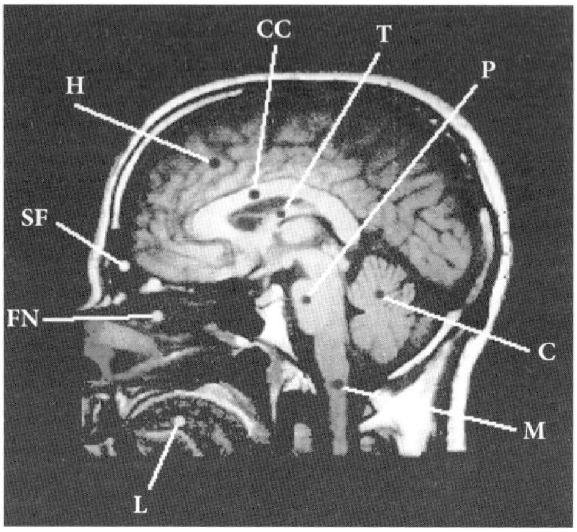

Figura 21.17 Imagem das estruturas do crânio obtida por ressonância magnética nuclear (corte sagital). **FN**, fossa nasal; **SF**, seio frontal; **H**, hemisfério cerebral; **CC**, corpo caloso; **T**, trígono; **P**, protuberância; **C**, cerebelo; **M**, medula; **L**, língua.

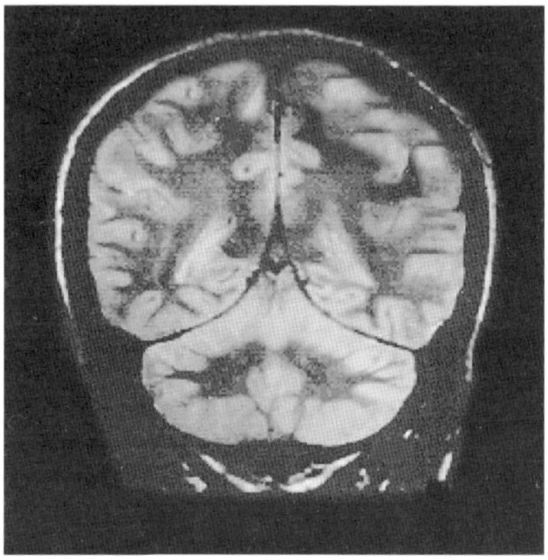

Figura 21.18 Imagem das estruturas do crânio obtida por ressonância magnética nuclear (corte coronal) mostrando os hemisférios cerebrais e o cerebelo.

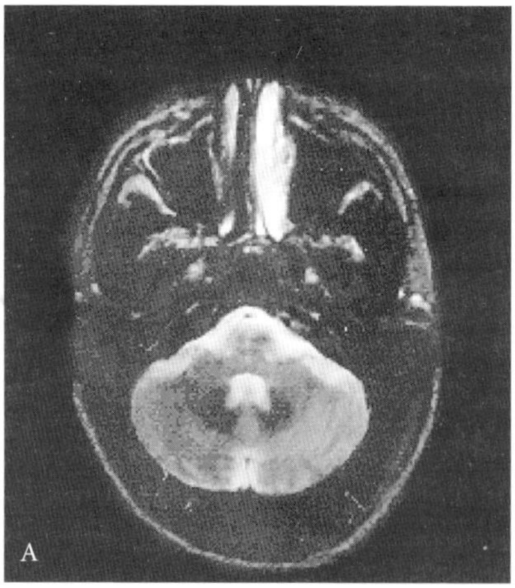

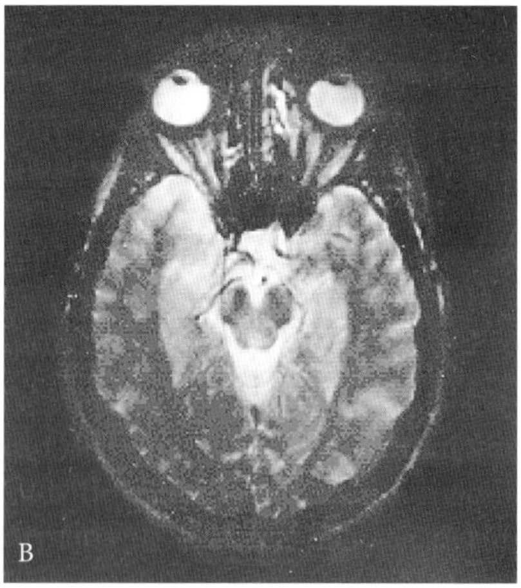

Figura 21.19 Corte transversal do crânio obtido por ressonância magnética nuclear. **A**) estruturas ósseas e cerebelo; **B**) globos oculares, trajetos nervosos, cérebro e ossos

Estudos utilizando-se meios especiais de contraste podem também ser realizados na IRMN. Eles permitem aumentar a definição de determinadas estruturas, facilitando, assim, o diagnóstico de patologias.

BIBLIOGRAFIA

Lufkin, R.B. (1990). The MRI manual. Year Book Medical Publishers, Inc., Massachussets.

Panepucci, H., Donoso, J.P., Tannus, A., Beckman, N., Bonagamba, T. Novas imagens do corpo (1985). Ciência Hoje, 4:46-56.

Índice Remissivo

D

E

Q

R

W

Z

Impresso por :

Graphium
gráfica e editora

Tel.:11 2769-9056